Joerg M. Diehl
Heinz U. Kohr

Deskriptive Statistik

12. Auflage 1999

Verlag Dietmar Klotz,

Die Deutsche Bibliothek – CIP-Einheitsaufnahme

Diehl, Joerg M.:
Deskriptive Statistik / Joerg M. Diehl ;
Heinz U. Kohr. – 12. Aufl. – Eschborn bei
Frankfurt am Main : Klotz, 1999
ISBN 3-88074-110-7
NE: Kohr, Heinz-Ulrich

12. Aufl. 1999

Sulzbacher Str. 45
65760 Eschborn bei Frankfurt am Main

ISBN 3-88074-110-7

V O R W O R T

Dieser Band führt ein in die Methoden der deskriptiven (beschreibenden) Statistik. Sein didaktisches Konzept wurde anhand einer Vorform in mehreren Statistik-Veranstaltungen für Psychologen erprobt. Aufgrund der damit gewonnenen Erfahrungen wird gezielt auf die sich dem Studenten bei der Anwendung der Statistik ergebenden Probleme eingegangen.

Das Buch ist als Grundlage für einen einsemestrigen Kurs gedacht. Die statistischen Methoden werden dabei so ausführlich abgehandelt, daß für den Studenten ein selbständiges Erarbeiten möglich ist. Dadurch entfällt größtenteils die Notwendigkeit der Stoffdarstellung und -übermittlung in den Veranstaltungssitzungen; die so freigesetzte Zeit kann genutzt werden für die Diskussion und Anwendung der statistischen Konzepte und Methoden.

Breiter Raum ist in diesem Buch der Behandlung (einfacher) linearer und nicht-linearer sowie multipler Korrelation und Regression gewidmet. Hinzu kommt eine nicht-mathematische Einführung in die Grundlagen der Faktorenanalyse und ein Kapitel über Itemanalyse. Durch diese Schwerpunktsetzung glauben wir den Bedürfnissen von Studenten der Psychologie (sowie der übrigen Sozialwissenschaften) besonders entgegenzukommen.

Gießen und München, im September 1977

Joerg M. Diehl

Heinz-U. Kohr

VORWORT ZUR VIERTEN AUFLAGE

Die vorliegende Auflage wurde zum einen um einen Anhang mit Übungsaufgaben und deren Lösungen erweitert (Anhang A + B). Bei den Übungsaufgaben sind zu einem großen Teil tatsächlich erhobene, nichtfiktive Daten zu verarbeiten. Im Rahmen der Lösungen wird die Verarbeitung dieser Daten mittels der entsprechenden Prozeduren des Programmsystems SPSS 8 ("Statistik-Programm-System für die Sozialwissenschaften") demonstriert.

Die Integration der statistischen Auswertung durch SPSS ist jedoch so gehalten, daß auch ohne Zugangsmöglichkeiten zu diesem Programmsystem die Aufgaben effektiv bearbeitet werden können. Ausnahmen bilden lediglich die Probleme zur multiplen Regression und zur Faktoren- und Itemanalyse, deren Lösung ohne Verwendung von entsprechenden EDV-Programmen zwar prinzipiell möglich, jedoch wenig sinnvoll (weil zu aufwendig) ist.

Neben dem Übungsteil wurde diese Auflage um ein Sachregister und ein Symbolverzeichnis sowie um ein Englisch-Deutsches Verzeichnis deskriptivstatistischer Begriffe erweitert. Durch das Symbol- und Sachregister soll das Auffinden der gesuchten Informationen erleichtert werden. Das Englisch-Deutsche Stichwortverzeichnis soll daneben den Zugriff zu englischsprachiger Statistik-Literatur sowie das Verständnis der (englischen) SPSS-Ausdrucke erleichtern.

Gießen und München, im Februar 1982

Joerg M. Diehl

Heinz-U. Kohr

INHALTSVERZEICHNIS

1 AUFGABE UND ANLIEGEN DER STATISTIK IN DER PSYCHOLOGIE

Einer bekannten Definition zufolge beschäftigt sich die wissenschaftliche Psychologie mit Problemen der

(a) Erfassung
(b) Vorhersage
(c) Erklärung
(d) Modifikation

menschlichen Verhaltens und Erlebens. Die unter (a) bis (c) angedeuteten Probleme lassen sich ohne große Mühe unter einem hierarchischen Aspekt betrachten: Der Erfassung (Beobachtung) übergeordnet ist die Vorhersage (Hypothese), dieser übergeordnet die Erklärung (Theorie). Erklärung und Theorienbildung ist ein zentrales Anliegen der wissenschaftlichen Psychologie, da die Erkenntnisse der Psychologie erst dann in vollem Umfang befriedigend in Praxis umgesetzt werden können, wenn eine möglichst umfassende Erklärung menschlichen Verhaltens und Erlebens geleistet werden kann. Wir wollen in diesem Zusammenhang nicht die Frage klären, was die oben genannten Begriffe im einzelnen bedeuten und wie man zu Hypothesen und Theorien gelangt. Diese Probleme, bei deren Diskussion von verschiedenen "Schulen" recht unterschiedliche Standpunkte bezogen werden, sind im Rahmen der Wissenschafts- und Erkenntnistheorie zu behandeln.

Allgemeine Übereinstimmung zwischen den Anhängern verschiedenartiger erkenntnistheoretischer Positionen besteht in der Anerkenntnis des Faktums der außerordentlich komplexen Bedingtheit des menschlichen Verhaltens und Erlebens. Allseits wird anerkannt, daß Aussagen, die für jedes Individuum unabhängig von der sozialen Umwelt zutreffen, in der

Psychologie nicht möglich sind und daß Theorien nicht alle möglichen Verhaltensdeterminanten und deren Zusammenwirken voll befriedigend berücksichtigen können. Es liegt also in der Natur des Gegenstandes der Psychologie, daß Theorien mehr oder minder unvollständig sind und daß Verhaltensvorhersagen nur mit einer gewissen Wahrscheinlichkeit, nicht jedoch mit Sicherheit zutreffen. Wann und unter welchen spezifischen Umständen Verhaltensmodifikationen erfolgreich sein werden, läßt sich ebenso nicht mit Sicherheit sagen. Die Aussagen, die wir in der Psychologie machen können, sind also nicht deterministisch. Wir können lediglich Wahrscheinlichkeitsaussagen machen. Kann man mit solchen Aussagen etwas anfangen? Wozu sind solche Aussagen, die für einen bestimmten Menschen gelten können, aber nicht gelten müssen, überhaupt nützlich? Im Zusammenhang mit der Beantwortung dieser Fragen ist es entscheidend, wie man den Begriff der Wahrscheinlichkeit faßt und präzisiert.

In unserer Alltagssprache ist uns dieser Begriff geläufig. Wir sprechen oft davon, daß ein bestimmtes Ereignis wahrscheinlich eintreten wird. Häufig verwenden wir das Wort "wahrscheinlich" zusammen mit verbalen Quantoren, wie "ziemlich", "sehr", "recht", "höchst", etc. Es ist offenkundig, daß uns eine Verständigung über den Grad, mit dem wir das Eintreffen eines Ereignisses erwarten, unter Verwendung der Alltagssprache kaum befriedigend gelingen kann. Wir benötigen daher einen Wahrscheinlichkeitsbegriff, der präzise und damit allgemein mitteilbar und anwendbar ist. Haben wir einen solchen Wahrscheinlichkeitsbegriff, so ist es uns möglich, die Wahrscheinlichkeitsaussagen, die wir in der Psychologie treffen können, zu präzisieren und damit nutzbar zu machen. Entscheidend ist dabei, daß das Fehlerrisiko, mit dem unsere Aussagen ja stets belastet sind, ebenfalls angegeben werden kann.

Die Statistik - ein Bereich der Angewandten Mathematik - liefert uns Denkmodelle und Verfahrensanleitungen, die es uns ermöglichen, Entscheidungen und Aussagen im Fall von Unsicherheit zu treffen: Statistische Methoden und Denkmodelle stellen daher in der psychologischen Forschung und Praxis, angesichts der stets gegenwärtigen Unsicherheit, mit der die möglichen Aussagen behaftet sind, ein unerläßliches Hilfsmittel dar. Sie ermöglichen es uns, das Risiko von Fehlentscheidungen bzw. falschen Aussagen und Prognosen zu quantifizieren. Die Nützlichkeit der Anwendung statistischer Modelle und Methoden soll im folgenden an zwei Beispielen aufgewiesen werden.

Nach einem Verkehrsunfall kann ein Vertreter nicht mehr in seinem alten Beruf arbeiten. Ein Umschulung ist daher notwendig. Der Mann äußert Interesse für einige Berufe und ersucht um eine Beurteilung seiner Eignung. Nach Maßgabe seiner Interessen und seiner Eignung soll der für ihn optimale Beruf ermittelt werden. Wir haben es hier mit dem Beispiel einer Situation zu tun, mit der sich Psychologen - und nicht nur diese - häufig befassen müssen. Es muß eine im Sinne des Ratsuchenden optimale Entscheidung getroffen werden. Dazu ist es notwendig, daß einerseits die in dem jeweiligen Beruf zu erfüllenden Anforderungen (Fähigkeiten, Kenntnisse, Fertigkeiten) spezifiziert werden und wo bei der ratsuchenden Person Leistungsschwerpunkte und Leistungsschwächen liegen. Eine Beurteilung ist jedoch nur möglich, wenn ein Vergleich mit anderen Personen angestellt werden kann, wenn Normen vorhanden sind. Die Fähigkeiten etc. der zu beratenden Person müssen also mit denen anderer Personen verglichen werden. Vorbedingung für einen Vergleich ist die Erfassung der Fähigkeiten. Häufig erfolgt die Erfassung aus Gründen der Objektivität und Ökonomie unter Verwendung eines Testverfahrens. Die Fähigkeit oder Leistung einer Person wird dabei in der Regel durch einen Punktwert repräsentiert: Man lokalisiert eine Person dadurch auf einer Fähigkeits- oder Leistungsdimension.

Bei Vergleichen mit einer Norm bedienen wir uns der Deskriptiven Statistik[1]. Wie dabei im Prinzip vorgegangen wird, soll uns das folgende Beisiel zeigen. Nehmen wir dazu an, Herr X interessiert sich für den Beruf des Programmierers. Es sei bekannt, daß man zur erfolgreichen Bewältigung dieser Tätigkeit eine überdurchschnittliche Fähigkeit zum formal-logischen Denken braucht. Zur Erfassung dieser Fähigkeit bitten wir Herrn X um die Bearbeitung eines Testverfahrens. Wir wollen annehmen, daß Herr X in einer bestimmten Zeiteinheit 17 Aufgaben dieses Testverfahrens löst. Um nun zu beurteilen, ob Herr X hinsichtlich der geprüften Fähigkeit über dem Durchschnitt liegt, müssen wir die Verteilung der Testwerte einer repräsentativen Stichprobe von männlichen Erwachsenen vergleichbaren Alters und vergleichbarer Ausbildung kennen. Nehmen wir an, diese Verteilung habe die in Abbildung 1 dargestellte Form. Vergleichen wir den Punktwert von Herrn X mit dieser Verteilung, so stellen wir fest, daß Herr X bezüglich der hier erfaßten Fähigkeit über dem Durchschnitt liegt: Unter Verwendung bestimmter Techniken können wir darüber hinaus angeben, wieviel Prozent aller gleichaltrigen männlichen Personen mit vergleichbarer Ausbildung über diesem Punktwert liegen, bzw. wieviel Prozent einen Punktwert erreichen, welcher kleiner oder gleich demjenigen Wert ist, den Herr X erreicht hat. Zweifellos haben wir hiermit die Möglichkeit, unsere Aussagen zu präzisieren und zu konkretisieren.

Abbildung 1: Verteilung der Testpunktwerte einer repräsentativen Stichprobe von männlichen Erwachsenen in einem Test zur Erfassung des formal-logischen Denkens

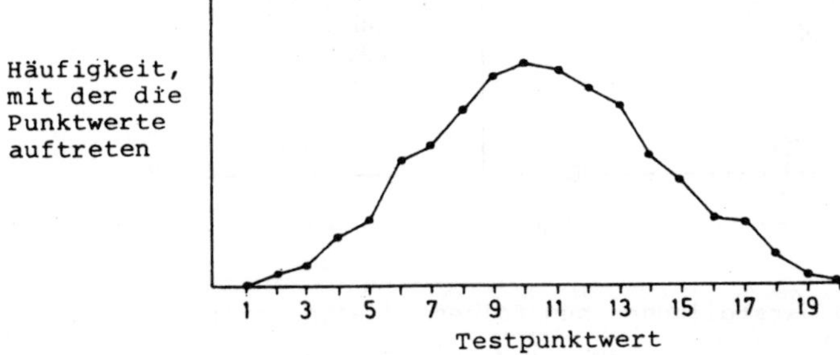

Bei der Frage nach der beruflichen Eignung einer Person für einen von mehreren Berufen würden wir natürlich nicht mit einer derart sparsamen Information auskommen; es wären wesentlich mehr Informationen zu berücksichtigen. Da es uns jedoch in erster Linie darum geht, das Prinzip aufzuzeigen, dem folgend statistische Methoden im Zusammenhang mit Problemen der Vorhersage eingesetzt werden, führen wir - um anschaulich zu bleiben - eine wesentliche Vereinfachung des Problems durch.

---

1) Als Deskriptive (Beschreibende) Statistik bezeichnen wir den Bereich der Statistik, der sich mit der Erstellung von Häufigkeitsverteilungen, der graphischen Darstellung von Daten und Ergebnissen, sowie der Beschreibung von Datenmengen durch Kennwerte (wie z.B. Mittelwert) befaßt.

Wir nehmen an, Herr X interessiert sich lediglich für entweder den Beruf des Programmierers, oder den des Englisch-Übersetzers. Für beide Berufsgruppen liegen Kriterien vor, anhand deren erfolgreiche Berufsausübung eingeschätzt werden kann. Nehmen wir weiterhin an, daß bei beiden Berufsgruppen ein starker Zusammenhang zwischen beruflichem Erfolg und Allgemeiner Intelligenz besteht: die Wahrscheinlichkeit einer erfolgreichen Berufsausübung nimmt mit steigender Allgemeiner Intelligenz zu, wie bei einer Untersuchung an jeweils 100 Berufsanfängern nachgewiesen werden konnte. Der Zusammenhang zwischen dem Kriterium des Berufserfolgs (z.B. Beurteilung der Arbeitsqualität durch unabhängige Beurteiler) und der Allgemeinen Intelligenz (erhoben beim Eintritt in den Beruf mittels eines Intelligenztests) stellte sich in unserem vereinfachten Beispiel wie folgt dar:

Abbildung 2: Zusammenhang zwischen "Berufserfolg" und Allgemeiner Intelligenz (Test-IQ) bei Angehörigen zweier Berufsgruppen (Hypothetisches Beispiel)

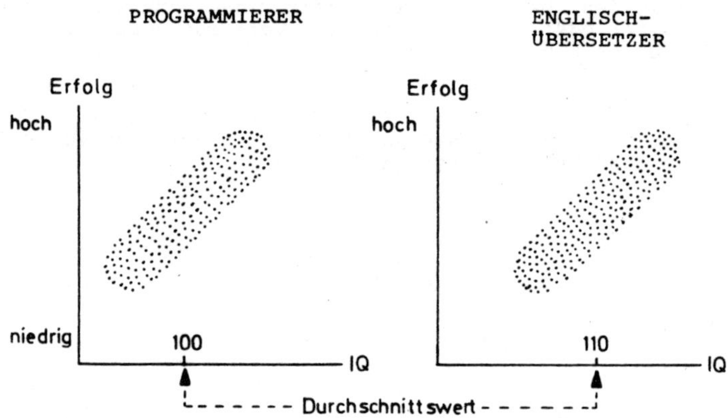

Wir können diesen Darstellungen nun folgendes entnehmen:

* Der Tendenz nach gilt für Angehörige beider Berufe: Mit steigender Allgemeiner Intelligenz steigt auch der berufliche Erfolg. Zwischen Berufserfolg und Intelligenz besteht eine positive Korrelation.
* Kennen wir die Allgemeine Intelligenz eines Berufsanwärters, so können wir - freilich nur mit einem bestimmten Fehlerrisiko - den Berufserfolg vorhersagen.
* Obwohl die Korrelation zwischen Berufserfolg und Allgemeiner Intelligenz bei Angehörigen beider Berufe gleich ist, unterscheiden sich beide hinsichtlich des Durchschnittswertes der Allgemeinen Intelligenz.

Nehmen wir an, Herr X erhält in einem Test zur Erfassung der Intelligenz einen Punktwert von 105. Welchen der beiden Berufe würden wir ihm empfehlen? In welchem Beruf hätte er mit größerer Wahrscheinlichkeit Erfolg? Wir sind nun in der Lage, auf diese Frage eine recht genaue und differenzierte Auskunft zu geben. Beachten Sie jedoch, daß unsere Empfehlung für den Beruf des Programmierers ein Fehlerrisiko enthält. In praktisch bedeutsamen Situationen ist die zu wählende Vorgehensweise zwar nicht derart einfach, aber auch in solchen Fällen stehen uns statistische Methoden, allerdings komplizierter Art, zur Verfügung.

Wir wollen uns nun einem Beispiel zuwenden, daß uns die Einsatzmöglichkeiten eines zweiten, sehr bedeutsamen Bereichs der Statistik, der sog. Inferenzstatistik, veranschaulicht. Nehmen wir an, Sie sind als Schulpsychologe tätig. Sie erhalten von ihrem Kultusministerium den Auftrag zu untersuchen, ob Unterricht in Mengenlehre das Abstraktionsvermögen der Kinder fördert. Bei einer Untersuchung dieser Art können natürlich nicht alle Kinder eines Jahrgangs in der BRD einbezogen werden. Man wird deshalb eine Stichprobe von Schülern, die möglichst repräsentativ für alle Schüler eines Jahrgangs ist, an der Untersuchung teilnehmen lassen. Nehmen wir der Einfachheit halber an, daß zwei Klassen mit jeweils 40 Schülern die Untersuchungsstichprobe darstellen. Klasse I und Klasse II werden zu Beginn des Schuljahres mit einem Test zur Erfassung des Abstraktionsvermögen untersucht. Klasse I erhält Unterricht in Mengenlehre, Klasse II "normalen" Mathematikunterricht während des Schuljahres. Am Ende des Schuljahres wird ein erneuter Test zur Erfassung der Abstraktionsfähigkeit durchgeführt um festzustellen, wie sich gegebenenfalls die Fähigkeit der Schüler verändert hat. Das Schema der Untersuchung gibt Abbildung 3 noch einmal wieder.

Abbildung 3: Anlage einer Untersuchung zur Erfassung des Einflusses von Unterricht in Mengenlehre auf das Abstraktionsvermögen von Schulkindern (Bezug: Normaler Mathematikunterricht)

Untersuchung beider Klassen zu Beginn des Schuljahres mit einem Verfahren zur Erfassung des Abstraktionsvermögens.

Klasse I	Klasse II
Mengenlehre	Normaler Mathematikunterricht

Untersuchung beider Klassen am Ende des Schuljahres mit demselben oder einem äquivalenten Verfahren

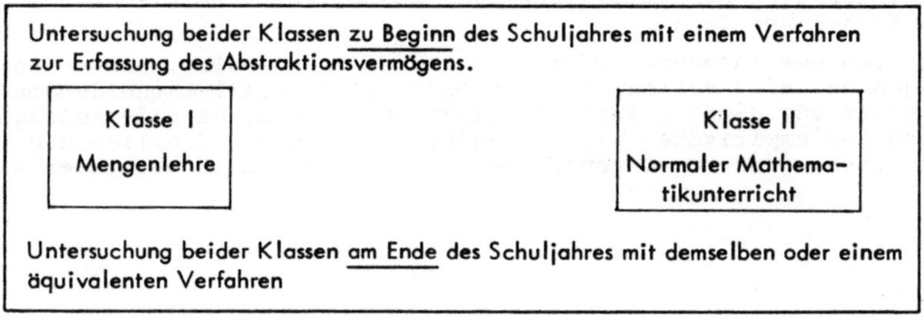

Nehmen wir nun an, diese Untersuchung hätte folgende Ergebnisse gezeigt:

(a) In den Klassen ergab sich zu Beginn des Schuljahres ein Durchschnittswert von 34,0 (Klasse I) bzw. 34,2. (Klasse II).

(b) Nach Ablauf eines Schuljahres stellte der Untersucher in Klasse I einen Durchschnittswert von 40,4, in Klasse II einen durchschnittlichen Wert in dem Test zur Erfassung des Abstraktionsvermögens von 37,5 fest.

Bei der Interpretation dieser Ergebnisse ist folgendes zu beachten: Wir haben festgestellt, daß das durchschnittliche Abstraktionsvermögen, das zu Beginn der Untersuchung in beiden Klassen annähernd gleich war, nach Ablauf eines Jahres in der Klasse, die Mengenlehreunterricht erhielt, höher ist. Diese Aussage stellt zunächst nur eine schlichte Beschreibung dar: wir brauchen lediglich die Mittelwerte zu betrachten, um uns davon zu überzeugen, daß diese Aussage richtig ist. Wir können nun jedoch noch nichts darüber aussagen, ob Mengenlehreunterricht allgemein im Vergleich zum normalen Mathematikunterricht das Abstraktionsvermögen fördert. Wir können also keine verallgemeinernde Schlußfolgerung anstellen. Genau das ist jedoch das Ziel dieser Untersuchung, denn es geht uns nicht um eine Aussage über den Effekt des Mengenlehreunterrichts in dieser einen Klasse, sondern um eine generelle Aussage. Entscheidend ist bei diesem Anliegen die Frage, ob der Unterschied im Durchschnittswert von Klasse I und Klasse II auf Zufallseinflüsse zurückführbar ist oder ob ein systematischer Einfluß des Mengenlehreunterrichts angenommen werden kann. Diese Frage ist nicht unmittelbar beantwortbar. Wir wissen lediglich, daß wir bei einer erneuten Untersuchung an diesen oder anderen Stichproben mit hoher Wahrscheinlichkeit "ein wenig" abweichende Ergebnisse erhalten werden.

Offenkundig befinden wir uns, wenn wir eine Aussage über den Effekt des Mengenlehreunterrichts machen wollen, in einer Situation der Unsicherheit: Einerseits möchten wir verallgemeinern, andererseits haben wir nur einen vergleichsweise geringen Anteil der Schüler eines Jahrganges in die Untersuchung einbezogen.

In Situationen dieser Art können wir uns der Denkmodelle und Methoden der Inferenzstatistik bedienen: Sie erlauben uns nämlich die Bestimmung des Risikos, das wir bei einer Aussage eingehen. Wir können dieses Risiko in einer quantifizierten Irrtumswahrscheinlichkeit ausdrücken und gelangen dann - um auf unser Beispiel zurückzukommen - zu verallgemeinernden Aussagen wie der folgenden: Es konnte gezeigt werden, daß Mengenlehreunterricht im Vergleich zum normalen Mathematikunterricht das durchschnittliche Abstraktionsvermögen von Schülern erhöht. Allerdings kann diese Aussage nicht mit Sicherheit gemacht werden - es besteht vielmehr eine bestimmte (aber angebbare) Wahrscheinlichkeit, daß sie auch falsch sein kann.

Die Verfahren der Inferenzstatistik erlauben es uns also, unsere Entscheidungen auf eine rationale Basis zu stellen. Die Entscheidungen selbst werden uns damit allerdings nicht abgenommen, da alle Aussagen im Bereich der empirischen Wissenschaften mit einem - freilich u.U. beliebig kleinen, aber von 0 verschiedenen - Fehlerrisiko verbunden sind.

2 MESSEN, SKALEN UND STATISTIK

2.1. MESSEN

Wir können "Messen" folgendermaßen definieren: Das Zuordnen von Zahlen zu Objekten oder Ereignissen nach bestimmten Regeln; oder anders gesagt: Messen besteht im Zuordnen von Zahlen zu Objekten, so daß bestimmte Relationen zwischen den Zahlen analoge Relationen zwischen den Objekten reflektieren.

Wenn wir z.B. die Körpergröße einer Person messen, so ordnen wir der Distanz zwischen Kopf und Fuß nach einer Regel (z.B. nach dem Zentimetermaß) eine Zahl zu; messen wir den Intelligenzquotienten (IQ) eines Kindes, so ordnen wir dem Gesamt seiner Reaktionen auf einen Satz von Standardproblemen eine Zahl zu.

Wir wollen den Vorgang des Messens an einem einfachen Beispiel illustrieren. Gegeben sind als Objekte die nachfolgend dargestellten Hölzer:

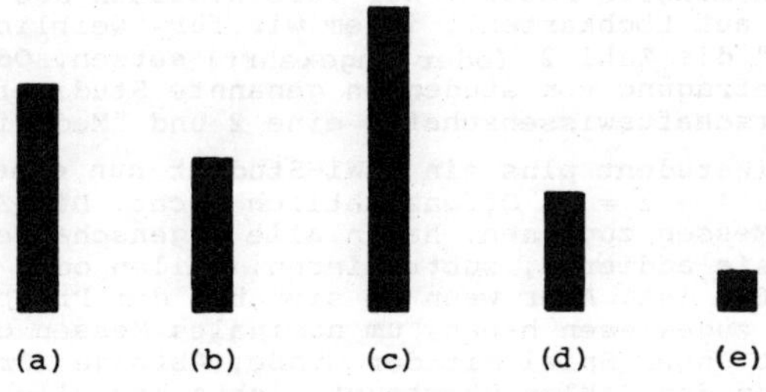

Von Interesse ist für uns im Augenblick nur eine bestimmte Eigenschaft dieser Hölzer, nämlich die, daß sie eine bestimmte Länge haben. Bezüglich des Merkmals "Länge" bestehen nun bestimmte Relationen zwischen den Hölzern, so ist z.B. Holz (e) das kürzeste, Holz (c) das längste; wir können die Hölzer hinsichtlich ihrer Länge in eine Abfolge bringen. Wir stellen nun folgende Regel auf: Es sollen den Hölzern Zahlen so zugeordnet werden, daß durch die Größen-Abfolge der Zahlen - beginnend bei der größten Zahl, absteigend bis zur kleinsten - die Längen-Abfolge der Hölzer - vom längsten bis zum kürzesten - wiedergegeben wird. Durch das Zuordnen von Zahlen zu der Länge der Hölzer nach dieser Regel messen wir die Länge der Hölzer. Das Ergebnis könnte wie folgt aussehen:

Holz (c) erhält die Zahl 5
Holz (a) " " " 4
Holz (b) " " " 3
Holz (d) " " " 2
Holz (e) " " " 1

Die größer-kleiner Relationen zwischen den Zahlen geben jetzt die länger-kürzer Relationen zwischen den Hölzern (den Objekten) wieder.

Das Beispiel zeigt uns, daß wir durch das Messen bestimmte Eigenschaften, die wir an Objekten wahrnehmen, in Zahlen transformieren - wodurch sie besser der Verarbeitung zugänglich werden. Wir werden auf dieses Beispiel unten noch zurückkommen - wenn wir diskutieren, welche besondere Schwierigkeiten entstehen, wenn es um die Messung von psychischen Eigenschaften von Personen geht, im Gegensatz zur Erfassung derartiger physikalischer Eigenschaften wie Länge etc.

2.2. SKALEN

Wir wollen nun die verschiedenen Arten von Skalen, mit denen wir es beim Messen in der Psychologie zu tun haben können, betrachten - und ihre Implikationen für die Statistik.

Nominales Messen (Nominalskala)

Das nominale Messen verdient es im Grunde kaum, "Messen" genannt zu werden. Wir gruppieren hierbei Objekte in bestimmte Klassen - so, daß alle Objekte einer Klasse äquivalent sind in bezug auf ein Merkmal oder eine Eigenschaft. Diesen Klassen geben wir dann Namen; daß wir den Klassen statt Namen genauso gut Zahlen zur Identifizierung zuordnen können, mag zu der Bezeichnung nominales "Messen" geführt haben.

Zwei Beispiele für nominales Messen: Wir verschlüsseln das Geschlecht (z.B. beim Ablochen auf Lochkarten), indem wir für "weiblich" die Zahl 1 und für "männlich" die Zahl 2 (oder umgekehrt) setzen. Oder wir ordnen dem bei einer Befragung von Studenten genannte Studienfach "Psychologie" eine 1, "Wirtschaftswissenschaft" eine 2 und "Medizin" eine 3 zu.

Gibt ein Psychologiestudent plus ein WiWi-Student nun einen Medizinstudenten, analog zu 1 + 2 = 3? Offensichtlich nicht. Die Zahlen, die wir beim nominalen Messen zuordnen, haben alle Eigenschaften wie andere Zahlen. Wir können sie addieren, subtrahieren, teilen oder einfach schauen, welche größer ist. Aber wenn es sich bei dem Prozess, nach dem wir Zahlen Objekten zugewiesen haben, um nominales Messen gehandelt hat, dann impliziert unser Spiel mit der Größe, Abfolge (Ordnung) oder anderer Eigenschaften der Zahlen überhaupt nichts bezüglich der Objekte selbst - da wir Größe, Ordnung oder andere Eigenschaften der Zahlen bei der Zuordnung nicht zur Kenntnis genommen hatten.

Wenn es sich um nominales Messen handelt, so machen wir nur von der Eigenschaft der Zahlen Gebrauch, daß z.B. 1 sich von 2 oder 5 unterscheidet, und daß, wenn Objekt A die Zahl 2 und Objekt B die Zahl 5 zugewiesen bekam , sich A und B in bezug auf das gemessene Merkmal unterscheiden - da sich die Zahlen unterscheiden. Es folgt daraus nicht notwendigerweise, daß B irgend etwas mehr hat von dem Merkmal als A.

Die nun folgenden Skalen machen von drei weiteren Eigenschaften von Zahlen Gebrauch: Zahlen lassen sich in bezug auf ihre Größe anordnen (Ordnung); man kann sie addieren, man kann sie teilen.

Ordinales Messen (Ordinal- oder Rangskala)

Ordinales Messen ist möglich, wenn wir an den Objekten unterschiedliche Ausprägungsgrade eines Merkmals feststellen können (z.B. A ist freundlicher als B, etc.); dann machen wir von der Ordnung der Zahlen Gebrauch, indem wir Zahlen den Objekten so zuordnen, daß wenn die Zahl, die wir A zuweisen, größer ist als die Zahl, die B erhält, A dann auch mehr von dem in Frage stehenden Merkmal besitzt als B.

Nehmen wir an, wir bitten einen Lehrer, in seiner Klasse die Schüler Hugo, Karl, Ede, Detlev und Gottlieb hinsichtlich ihrer "Intelligenz" in eine Rangfolge zu bringen - von "am intelligentesten" bis "am wenigsten intelligent". Der Lehrer schlägt nun die Abfolge Ede, Detlev, Karl, Gottlieb und Hugo vor.

Ordinales Messen liegt nun vor, wenn wir den Schülern in der eben genannten Abfolge die Zahlen 5, 4, 3, 2, 1 zuordnen. Gleichermaßen hätten wir aber auch die Zahlen 1781, 530, 43, 21, 2 zuweisen können, da der Abstand zwischen zwei aufeinanderfolgenden Zahlen bedeutungslos ist. Denn die messende Person - der Lehrer - hatte nur die Aufgabe, hinsichtlich der Intelligenz eine Rangfolge zu bilden, sie machte jedoch keine Angaben über die Größe der Intelligenzunterschiede zwischen den Schülern, d.h. sie sagte nichts darüber aus, ob der Intelligenzunterschied zwischen Ede und Detlev größer oder kleiner ist als der Intelligenzunterschied zwischen Gottlieb und Hugo. Deshalb kommt dem Sachverhalt, daß die Differenz zwischen den Meßwerten von Ede und Detlev (5 - 4 = 1) gleich ist der Differenz den Meßwerten von Gottlieb und Hugo (2 - 1 = 1) keine Bedeutung zu.

Betrachten wir noch einmal, in welcher Weise die Zahlen die Stelle der unter Betracht stehenden Objekte einnehmen. Die Zahlen sind hier eine partielle Repräsentation der Objekte: wir sehen bei den Zahlen die Eigenschaften als bedeutsam an, daß sie sich voneinander unterscheiden und daß man sie in eine Reihenfolge bringen kann (daß sie eine Ordnung haben).

Nichts hindert uns daran, die Zahlen, die wir durch ordinales Messen den Objekten zugewiesen haben, zu addieren, zu subtrahieren oder zu multiplizieren. Das Ergebnis solcher Operationen sagt jedoch nichts über den Ausprägungsgrad des in Frage stehenden Merkmals aus, den die den Zahlen zugehörigen Objekte besitzen. So ist z.B. die Differenz zwischen den "Intelligenzwerten" von Ede und Hugo 5 - 1 = 4, die Differenz zwischen Detlev und Karl gleich 1; heißt das nun, daß der Intelligenzunterschied zwischen Ede und Hugo viermal so groß ist wie der zwischen Detlev und Karl? Natürlich nicht. Die Ergebnisse einer solchen Arithmetik kann man eben nicht dahingehend interpretieren, daß sie etwas über die Ausprägung des Merkmals aussagen, die die Objekte tatsächlich besitzen. Wir können mit den Zahlen, die wir erhalten haben, machen was wir wollen, aber wir stehen immer der Frage gegenüber: "Haben die Ergebnisse solcher Operationen überhaupt einen Sinn?"

Bei dem in Abschnitt 2.1. angeführten Beispiel hatten wir es bereits mit einem Fall ordinalen Messens zu tun gehabt. Was unterscheidet nun die dortige Messung der Länge der Hölzer (a), (b), (c), (d) und (e) von der eben geschilderten Messung der Intelligenz von Hugo, Karl, Ede, Detlev und Gottlieb? Der große Unterschied besteht darin, daß wir bei dem Hölzer-Beispiel jederzeit überprüfen können, ob die zwischen den Zahlen bestehenden größer-kleiner Relationen wirklich die länger-kürzer Relationen zwischen den Hölzern wiedergeben; niemand wird bezweifeln, daß die oben vorgenommene Zahlenzuordnung die Längenabfolge der Hölzer wiedergibt. Ohne ein Zentimetermaß zu haben, können wir das überprüfen, indem wir die Hölzer absteigend nebeneinander stellen; denn die Längen sind direkt beobachtbar:

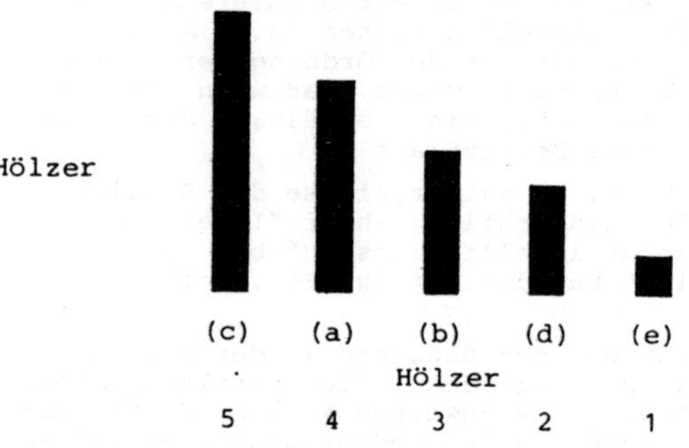

Tatsächliche länger-kürzer Relationen zwischen den Hölzern
FESTSTELLBAR

Im Rahmen der ordinalen Längenmessung zugeordnete Zahlen

Anders stellt sich jedoch die Situation dar, wenn wir psychische Eigenschaften - wie die Intelligenz - messen wollen; diese sind nicht direkt beobachtbar. Unser Lehrer hatte die 5 Schüler hinsichtlich ihrer Intelligenz in die (absteigende) Folge: Ede, Detlev, Karl, Gottlieb und Hugo gebracht.

Wir wollen nun unterscheiden zwischen der "tatsächlichen" Intelligenz[1] der Schüler und den Angaben des Lehrers über deren Intelligenz. Wir können dann feststellen, ob durch unsere Zahlenzuordnungsregel die größer-kleiner Relationen zwischen den Zahlen exakt die intelligenter - weniger intelligent Relationen bei den Angaben des Lehrers reflektieren - jedoch nicht, ob die Ordnung der Zahlen korrekt die Ordnung in der "tatsächlichen" Intelligenz der Knaben wiedergibt, da wir hier - anders als wenn es um die Messung der Länge der Hölzer oder um die Messung der Größe der Schüler ginge - nicht in der Lage sind, durch irgendeine Art von "Nebeneinanderstellen" die mehr- oder weniger Relationen bei der tatsächlichen Intelligenz festzustellen. Die Situation stellt sich somit wie folgt dar:

---

1) Es gibt für "Intelligenz" (die wir im Rahmen der jetzigen Diskussion als "tatsächliche" Intelligenz bezeichnen) verschiedene Definitionen. Für unsere Zwecke - nämlich zu zeigen, welch komplexe Eigenschaft mit Intelligenz gemeint ist - genügt die von WECHSLER gegebene (nach DREVER + FRÖHLICH 1974, S. 153): "Intelligenz ist eine zusammengesetzte oder globale Fähigkeit (capacity), zielgerichtet zu handeln, rational zu denken und sich wirkungsvoll mit seiner Umwelt auseinanderzusetzen".

Ede		Hugo
	Detlev	
Gottlieb		Karl

Tatsächliche intelligenter-weniger intelligent Relationen zwischen den Schülern

NICHT FESTSTELLBAR

Ede ("am intelligentesten")	Detlev	Karl	Gottlieb	Hugo ("am wenigsten intelligent")
5	4	3	2	1

Angaben des Lehrers über die "intelligenter-weniger intelligent" Relationen zwischen den Schülern

Im Rahmen der ordinalen "Intelligenzmessung" zugeordnete Zahlen.

Die zugewiesenen Zahlen geben offensichtlich korrekt die Relationen bei den Intelligenzangaben des Lehrers wieder - wenn wir jetzt allerdings darüber hinausgehen und postulieren, daß wir durch die Zahlen die "tatsächliche" Intelligenz der Schüler ordinal gemessen haben, so muß dies eine Behauptung bleiben, da wir die "tatsächliche" Intelligenz nicht beobachten können und damit auch nicht prüfen, ob die Zahlen 5 4 3 2 1 die Ordnung der Schüler hinsichtlich ihrer Intelligenz exakt wiedergeben.

Intervall-Messung (Intervall- oder Einheitenskala)

Intervall-Messung ist möglich, wenn wir an den Objekten nicht nur verschiedene Ausprägungsgrade eines Merkmals unterscheiden können (das Typische für ordinales Messen), sondern auch noch gleiche Differenzen zwischen den Objekten feststellbar sind.

Bei der Intervallmessung wird eine Maßeinheit (z.B. Grad Celsius) definiert. Einem Objekt wird eine Zahl so zugeordnet, daß diese gleich ist der Anzahl von Maßeinheiten, die der Ausprägung des Merkmals entspricht, welche das Objekt besitzt. So stellen wir z.B. - beim Mittagstisch in der Mensa - fest, daß die Temperatur der Suppe 12° Celsius beträgt, die des Biers 17° Celsius.

Wichtig: wenn ein Objekt beim Messen mit einer Intervallskala einen Meßwert O erhält, so heißt dies nicht, daß das Objekt nichts von dem gemessenen Merkmal besitzt. So kann man z.B. nicht sagen, daß Wasser von O Grad C keine Temperatur hat. Der Nullpunkt einer Intervallskala ist willkürlich.

Die Zahlen, die wir im Prozeß der Intervall-Messung zuweisen, haben die Eigenschaften, daß sie sich voneinander unterscheiden, daß sie eine Ordnung haben und daß die Differenz zwischen Zahlen einen Sinn ergibt. Die Zahl, die einem Objekt zugeordnet wird, ist die Anzahl der Maßeinheiten, die wir an ihm festgestellt haben. Angenommen, wir haben heute 10 Grad C, gestern hatten wir 5 Grad C. Heute ist es dann 5 Grad wärmer als gestern. Wenn wir morgen 20 Grad haben, dann wissen wir, daß sich die Temperatur von gestern und heute mehr ähnlich sind als die von heute und morgen. Die Differenz zwischen 10 und 5 Grad ist halb so groß wie die Differenz zwischen 10 und 20 Grad. Weiterhin sagt uns die Größe der Differenz zwischen den Zahlen etwas über die Größe der Differenz in der Lufttemperatur.

Unser Jahreszahlensystem ist ebenfalls eine Intervallskala. Das Geburtsjahr von J.Christus wurde willkürlich als das Jahr 1 festgesetzt. Die Maßeinheit ist hierbei die Spanne von 365 1/4 Tagen. Die Zeitspanne zwischen 1726 und 1730 ist gleich der Spanne zwischen 1920 und 1924. Beim Intervallmessen werden also den Objekten so Zahlen zugeordnet, daß gleiche Differenzen zwischen den Zahlen gleichen Differenzen in den Ausprägungen des gemessenen Merkmals bei den Objekten entsprechen.

Ein Vorteil der Intervallskala gegenüber der Ordinalskala besteht darin, daß man jemanden z.B. die Körpertemperatur eines Menschen mitteilen kann, den er selbst niemals gesehen hat - vorausgesetzt, daß er die Einheit kennt oder ihm mitgeteilt werden kann, wie sie herzustellen ist. Die Einheit muß operational definiert sein; ihre Definiton ist identisch mit den Maßnahmen zu ihrer Herstellung. Haben wir für die Messung einer psychologischen Variablen eine Maßeinheit vorliegen, so ermöglicht uns das, z.B. einen Probanden A aus einer Stichprobe in Berlin mit dem Probanden B aus einer Stichprobe in Frankfurt hinsichtlich dieser Variablen zu vergleichen - ohne sie zusammen untersuchen zu müssen. Haben wir hingegen in beiden Stichproben nur auf Ordinalskalenniveau gemessen, indem wir in jeder Stichprobe eine Rangfolge der Probanden hinsichtlich unseres Merkmals bildeten, so ist ein Vergleich zwischen den Gruppen nicht möglich.

Betrachten wir nun wieder den Unterschied zwischen der Messung einer physikalischen Größe, wie z.B. der Temperatur und einer psychologischen Größe, wie z.B. der Intelligenz. Nehmen wir an, wir messen mittels eines Thermometers die Temperatur eines Sees an 5 aufeinanderfolgenden Montagen und erhalten folgende Werte $M_1 : 15^{\circ}$ C; $M_2 : 18^{\circ}$ C; $M_3 : 19^{\circ}$ C; $M_4 : 22^{\circ}$ C; $M_5 : 26^{\circ}$ C. Hier ist nun sehr wohl überprüfbar, wieweit die zwischen den Zahlen zum Ausdruck kommenden Relationen (was deren Abfolge und Abstände angeht) exakt die Relationen zwischen der Wassertemperatur zu den verschiedenen Meßzeitpunkten wiedergeben; wir wären z.B. in der Lage, festzustellen, ob das verwendete Thermometer in Ordnung war, und die Temperatur wirklich auf Intervallniveau gemessen hat.

Anders liegt der Fall wieder, wenn wir eine psychische Eigenschaft wie die Intelligenz erfassen wollen. Im vorangegangenen Abschnitt hatten wir die Schüler Hugo, Karl, Ede, Detlev und Gottlieb von ihrem Lehrer nach ihrer Intelligenz in eine Rangfolge bringen lassen. Die so erhaltenen Rangzahlen sind natürlich nur ein sehr grobes Maß für die Intelligenz dieser Schüler. Zur genaueren Messung der Intelligenz empfiehlt sich die Erhebung eines IQ mittels eines Intelligenztests (z.B. des Hamburg-Wechsler-Intelligenztest für Kinder-HAWIK). Hierbei wird mittels eines relativ aufwendigen Verfahrens dem Gesamt von der getesteten Person auf die Standardaufgaben gegebenen Antworten eine Zahl zugeordnet, der Intelligenzquotient. Im Rahmen dieses Zahlenzuordnungs- bzw. Meßvorgangs wird u.a. die Schwierigkeit der gestellten Aufgaben, usw. berücksichtigt. Dadurch sollen die den Personen zugeordneten IQ's mehr als nur Ranginformation - möglichst nämlich Information auf Intervallniveau - über die Intelligenz der Getesteten geben.

Nehmen wir an, wir hätten für unsere Schüler folgende HAWIK-IQ-Werte erhalten:

Ede	: IQ = 125
Detlev	: IQ = 120
Karl	: IQ = 105
Gottlieb	: IQ = 103
Hugo	: IQ = 85

Wir müssen uns nun fragen, ob diese Zahlen hinsichtlich ihrer Abfolge und Abstände die Relationen bei der "tatsächlichen" Intelligenz der Schüler - was Abfolge und Abstände angeht - wiedergeben; z.B.: ist der Intelligenzunterschied zwischen Detlev und Karl dreimal so groß wie zwischen Ede und Detlev, was ja die Differenzen zwischen den Zahlen ausdrücken?

Auch hier müssen wir erkennen, daß wir dies nicht überprüfen können, da die "tatsächliche" Intelligenz der Schüler nicht beobachtet bzw. festgestellt werden kann. Wir kennen die Relationen zwischen der "tatsächlichen" Intelligenz der 5 Schüler nicht. Wenn wir in der Psychologie davon ausgehen, daß wir die Intelligenz (sei sie so wie in Fußnote 1 auf Seite 10 oder anders definiert) mittels eines Intelligenztests auf Intervallniveau messen - so ist dies eine Annahme, und muß eine Annahme bleiben, gleichgültig, wie aufwendig der Intelligenztest konstruiert ist, den wir verwenden. An dieser Problematik ändert sich im Prinzip auch nichts, wenn wir nur bestimmte Aspekte der Intelligenz - die enger umrissen sind als in Fußnote 1 auf Seite 10 - mit dem Test erfassen wollen; auch hinsichtlich derartiger enger umrissener psychischer Merkmale können wir die Personen nicht - wie etwa beim Vergleich ihrer Körpergrößen - auf irgendeine Art "nebeneinanderstellen", um den Meßvorgang zu überprüfen, um festzustellen, ob die verwendete Skala das vermutete Intervallniveau bei der numerischen Abbildung der Merkmalsausprägungen der Personen besessen hat.

Verhältnis-Messung (Verhältnisskala)

Die Verhältnismessung unterscheidet sich von der Intervallmessung nur dadurch, daß der Nullpunkt nicht willkürlich ist, sondern einen empirischen Sinn hat und das Nichtvorhandensein des gemessenen Merkmals angibt. Wenn wir auf dem Niveau der Verhältnisskala messen, so können wir das Nichtvorhandensein des Merkmals feststellen und wir haben eine Maßeinheit, mit der wir unterschiedliche Ausprägungen des Merkmals registrieren. Gleiche Abstände zwischen den beim Messen zugewiesenen Zahlen reflektieren gleiche Differenzen in der Merkmalsausprägung bei den gemessenen Objekten. Da der Nullpunkt nicht willkürlich ist, ist es weiterhin sinnvoll zu sagen, daß A zwei, drei oder viermal so viel von dem Merkmal hat wie B. Beispiele für Verhältnis-Messung sind die Messung von Körpergröße und -gewicht. Null-Größe heißt dann "überhaupt keine Größe", ein Mann von 180 cm ist doppelt so groß wie ein Knabe von 90 cm.

Die Verhältnisskala führt ihren Namen, weil das Verhältnis der Zahlen auf dieser Skala einen Sinn ergibt. Man kann diese Zahlenverhältnisse als Verhältnisse der Merkmalsausprägungen bei den gemessenen Objekten interpretieren. Bei einer Intervallskala war dies nicht möglich. Wenn am 18. August eine Temperatur von 34 Grad C herrscht und am 13. Oktober eine von 17 Grad, so können wir nicht sagen, daß es an dem Augusttag doppelt so warm ist wie an dem Oktobertag.

Verhältnisskalen treten in der Psychologie nur insoweit auf, als wir es mit der Messung von Zeit (zur Lösung eines Problems), Größe, Gewicht o.ä. zu tun haben. Allerdings muß auch bei der Messung solcher Größen berücksichtigt werden, "wofür die Meßwerte stehen", wofür sie ein Indikator sein sollen. Messen wir z.B. die Variable "Zeit, in der eine Aufgabe gelöst wird", so messen wir, wenn wir mit der Stoppuhr arbeiten, zweifelsohne auf Verhältnisniveau. Soll die Geschwindigkeit der Aufgabenlösung jedoch als Indikator für eine bestimmte intellektuelle Leistungskomponente verwendet werden, so muß gefragt werden, ob diese mittels der Stoppuhr den Personen zugewiesenen Zahlen die Merkmalsausprägungen bei den Personen verhältnisgerecht wiedergeben; die Beantwortung dieser Frage stößt dann auf die oben geschilderten grundsätzlichen Schwierigkeiten.

Absolutmessung (Absolutskala)

Hat man über die Gegebenheiten der Verhältnisskala hinaus noch eine natürliche Maßeinheit, dann spricht man von einer absoluten Skala. Eine solche Skala (und zugleich die einzige) ist die Häufigkeitsskala. Die Menge von Menschen geben wir an durch 1, 3 oder 300 Menschen etc.

Zur besseren Übersicht sind nachstehend die Charakteristika der einzelnen Skalen noch einmal zusammengestellt. Außerdem werden einige Beispiele zu den Skalen gegeben; die Einordnung der Beispiele aus dem psychologischen Bereich geschieht dabei nur unter Vorbehalten (siehe die vorangegangene Diskussion).

Skala	Charakteristika	Beispiele
Nominal	Es werden Objekte klassifiziert und die Klassen werden mit Zahlen gekennzeichnet. Daß die Zahl für eine Klasse größer oder kleiner ist als die Zahl einer anderen Klasse sagt nichts über größer/kleiner Relationen auf der Merkmalsseite, sondern nur, daß die Objekte beider Klassen sich hinsichtlich des unter Betrachtung stehenden Merkmals unterscheiden.	Augenfarbe, Geschlecht, klinische Diagnose
Ordinal	Die relative Größe der den Objekten zugeordneten Zahlen reflektiert die Ausprägung des Merkmals, die die Objekte besitzen. Gleiche Differenzen zwischen den Zahlen implizieren nicht gleiche Differenzen in den Merkmalsausprägungen.	Härte von Mineralien, Rangbildung hinsichtlich eines psychol. Merkmals, Testrohwerte
Intervall	Es existiert eine Maßeinheit, mit der die Objekte nicht nur geordnet werden können - man kann ihnen auch Zahlen so zuweisen, daß gleiche Differenzen zwischen den den Objekten zugeordneten Zahlen gleiche Differenzen in der Ausprägung des gemessenen Merkmals reflektieren. Der Nullpunkt ist willkürlich und bedeutet nicht "Nichtvorhandensein" des Merkmals.	Kalenderzeit, Celsius und Fahrenheit Temperaturskalen, Intelligenztestwerte (IQ's)
Verhältnis	Die den Objekten zugeordneten Zahlen haben alle Eigenschaften von denen einer Intervallskala - hinzu kommt, daß Verhältnisskalen einen absoluten Nullpunkt besitzen. Ein Meßwert von Null bedeutet, daß das Merkmal bei diesem Objekt nicht vorhanden ist. Verhältnisse zwischen den beim Messen zugeordneten Zahlen reflektieren die Verhältnisse in den Ausprägungen des gemessenen Merkmals.	Größe, Gewicht, Zeit, Temperatur auf der Kelvin Skala.
Absolut	Über die Gegebenheiten der Verhältnisskala hinaus gibt es eine natürliche Maßeinheit.	Häufigkeitsskala

2.3. SKALENTRANSFORMATIONEN

Wenn wir den Eigenschaften von Objekten Zahlen nach bestimmten Regeln zugeordnet haben, so ist damit das Skalenniveau festgelegt - sei es, daß wir eindeutig wissen, auf welchem Niveau wir messen (wie bei der Erfassung physikalischer Größen), sei es, daß wir von der Berechtigung der Annahme aus gehen wollen, ein bestimmtes Skalenniveau erreicht zu haben (wie bei der Messung einer psychischen Eigenschaft). Haben wir uns somit für ein Skalenniveau entschieden, dann dürfen wir - in Abhängigkeit vom Meßniveau - mit den Zahlen nur noch solche Veränderungen (Transformationen) durchführen, die die Relationen mit empirischen Sinn unverändert lassen. Wir wollen dies Problem - im Rahmen der einzelnen Skalen - eingehender betrachten.

Transformationen auf nominalem Niveau

Im Rahmen einer Verkehrszählung haben wir festgestellt, wie häufig einzelne PKW-Marken auftreten. Da wir die Daten ablochen wollen (und die EDV-Programme numerische Information benötigen), vergeben wir für die Marken zur Kennzeichnung Zahlen. Dies könnte wie folgt aussehen: Opel (= 1), Ford (= 2), VW (= 3), BMW (= 4), Mercedes (= 5). Da uns die Unterschiedlichkeit zweier Zahlen (z.B. 1 und 5) nur sagen soll, daß es zwei unterschiedliche Automarken sind, können wir mit den Zahlen jede Veränderung vornehmen, sofern danach für unterschiedliche Klassen weiterhin unterschiedliche Zahlen stehen, z.B. Opel (16), Ford (1), VW (3700), BMW (0), Mercedes (175). Wir ändern durch die Transformation lediglich die zahlenmäßige Bezeichnung der Klassen, die Gleichheit der Fälle innerhalb der PKW-Klassen und die Verschiedenheit zwischen den Klassen wird nicht verändert.

Transformationen auf ordinalem Niveau

Wir hatten oben fünf Schüler von ihrem Lehrer in eine Rangfolge hinsichtlich ihrer Intelligenz bringen lassen und den Schülern dann entsprechend ihrer Ordnung wie folgt Ränge zugewiesen: Ede (= 5), Detlev (= 4), Karl (= 3), Gottlieb (= 2), Hugo (= 1). Wir sind nun der Ansicht, daß diese Zahlen etwas über "mehr-weniger" hinsichtlich der Intelligenz der Schüler aussagen - wir haben uns dafür entschieden, von der Berechtigung der Annahme auszugehen, daß wir eine ordinale Messung der Intelligenz vorgenommen haben. Dann sind mit den Zahlen nur solche Transformationen erlaubt, die die Ordnung der Zahlen unverändert lassen. Solche Veränderungen nennt man monotone Transformationen; hierbei ist die Beziehung zwischen den ursprünglichen und den transformierten Zahlen eine kontinuierlich wachsende oder fallende, d.h. es treten keine Maxima oder Minima auf. Wir können somit z.B. Transformationen so durchführen, daß wir eine Konstante addieren, aus allen Zahlen die Wurzel ziehen, etc.; Tabelle 1 (S.16) gibt einige Beispiele.

Die ursprünglichen Zahlen gaben uns Informationen über die "intelligenter-weniger intelligent" Relationen zwischen den Schülern; wir sehen, daß wir die gleichen Informationen den transformierten Zahlen entnehmen können.

Transformationen auf Intervallniveau

Welchen Effekt die hier durchführbaren Transformationen auf die Zahlen haben, wollen wir am Beispiel der mittels einer Einstellungsskala erhobenen Meßwerte diskutieren, da daran in der hier notwendigen Kürze aufzeigbar ist, wie die Zahlenwerte für einzelne Personen zustande kommen und welche Veränderungen dieser Zahlen sinnvoll sind.

Tabelle 1 : Beispiele für Transformationen auf ordinalem Niveau (die die Ordnung der Zahlen unverändert lassen)

Ede[a)]	Detlev	Karl	Gottlieb	Hugo	
5	4	3	2	1	X (ursprüngliche Zahlen)
					Transformationen
105	104	103	102	101	X + c (c = 100)
2,24	2,00	1,73	1,41	1,00	$\sqrt{X}$
25	16	9	4	1	X^2
0,699	0,602	0,477	0,301	0	log X
1	2	3	4	5	Umkehrung der Abfolge[b)]

a) Am intelligentesten

b) Hierbei müssen wir aber mitteilen, daß nun 1 "am intelligentesten" bedeutet

Ausgehend von den von HEEMSKERK (1975) verwendeten Einstellungsitems[1)] sowie selbst erstellten Items wurden drei Skalen konstruiert, mit denen Aspekte der Einstellung und Haltung von Psychologiestudenten gegenüber der Statistik in der Psychologie erfaßt werden sollen. Eine davon ist in Abbildung 4 wiedergegeben. Mit ihr soll die "Einstellung zu Sinn und Nutzen statistischer Methoden in der Psychologie" erfaßt werden[2)]. Der Befragte hat hier auf die Items durch Ankreuzen einer Antwortkategorie anzugeben, wieweit er der Aussage zustimmt oder nicht. Den Antwortkategorien werden dann - in Abhängigkeit von der "Polung" des Items - folgende Zahlen zugeordnet

		Polung +	Polung -
stimmt	=	1	4
stimmt überwiegend	=	2	3
stimmt überwiegend nicht	=	3	2
stimmt nicht	=	4	1

Der Punkt (Skalen)-wert für einen Probanden in dieser Einstellungsskala ergibt sich dann durch die Summation der seinen neun Itembeantwortungen zugewiesenen Zahlen.

1) "Item" hier = Aussage über den Meinungsgegenstand Statistik/ Methoden, auf die mit Zustimmung oder Ablehnung zu reagieren ist.

2) Die Konstruktion der Skalen erfolgte über Faktorenanalysen (siehe Kap. 15) und Itemanalysen nach dem Konzept der klassischen Testtheorie (siehe Kap. 16). Durch dieses Vorgehen wurden aus 68 Items 24 Items ausgelesen und zu den drei Skalen geordnet. Insofern stellt die Benennung dieser Skala ("Einstellung zu Sinn und Nutzen statistischer Methoden in der Psychologie") den nachträglichen Versuch dar, in einem (möglichst kurzen) Namen für die Skala das auszudrükken, was den Items psychologisch gemeinsam ist, was durch die Items erfaßt wird.

Abbildung 4 : Items einer Skala zur Erfassung der "Einstellung zu Sinn und Nutzen statistischer Methoden in der Psychologie"; Demonstration des Zustandekommens des Skalenwertes einer Person X (durch Summation der seinen Itembeantwortungen zugewiesenen Zahlen)[a]

	stimmt	stimmt überwiegend	stimmt überwiegend nicht	stimmt nicht	Polung	Trennschärfe (korrigiert)
Die Psychologie sollte sich um ein Verständnis des Menschen bemühen, ohne ihn mit Zahlen zu beschreiben	[X] 1	[ ] 2	[ ] 3	[ ] 4	+	.71
Statistik hat eigentlich für Psychologie wenig Nutzen	[ ] 1	[ ] 2	[X] 3	[ ] 4	+	.78
Ich finde, daß ein Psychologe die Statistik besser den Mathematikern überlassen und sich mit anderen Bereichen seines Fachs beschäftigen sollte	[ ] 1	[ ] 2	[X] 3	[ ] 4	+	.73
Ich glaube, daß ich auch ohne Ausbildung in Methoden in meinem Beruf erfolgreich sein kann	[ ] 1	[X] 2	[ ] 3	[ ] 4	+	.76
Psychologische Fachkompetenz kann man nur dem zusprechen, der auch über fundierte statistische Kenntnisse verfügt	[ ] 4	[ ] 3	[X] 2	[ ] 1	-	.70
Statistische Methoden passen nicht zum Gegenstand der Psychologie	[ ] 1	[ ] 2	[X] 3	[ ] 4	+	.79
Unzureichende Kenntnisse in Statistik verhindern die kompetente Auseinandersetzung mit psychologischen Hypothesen und Theorien	[ ] 4	[ ] 3	[X] 2	[ ] 1	-	.67
Der Versuch, menschliches Verhalten und Erleben zu quantifizieren, ist zwar problematisch, aber ohne diesen Versuch kann die Psychologie nicht weiterkommen	[ ] 4	[X] 3	[ ] 2	[ ] 1	-	.72
Statistische Konzepte und Modelle sind angesichts der Komplexität des Gegenstandes in der Psychologie unentbehrlich	[ ] 4	[X] 3	[ ] 2	[ ] 1	-	.78

SKALENWERT DER PERSON X = 22

---

a) Es handelt sich hier um eine nach der Methode von LIKERT konstruierte Skala. Das Konzept der "Trennschärfe" (letzte Spalte der Tabelle) wird in Kap. 16 besprochen.

In Abbildung 4 ist dies für eine Person X illustriert. Durch die Art, wie hier für die Itembeantwortungen Zahlen (von 1 - 4) vergeben werden, ist der kleinstmögliche Skalenwert auf 9 festgelegt, der größtmögliche auf 36. Dabei ist ein niedriger Skalenwert ein Indikator dafür, daß die Person "Sinn und Nutzen statistischer Methoden in der Psychologie" gering bzw. negativ einschätzt, während ein hoher Wert ein Indikator für eine positive Einstellung in bezug auf diesen Meinungsgegenstand ist. Sofern man keine Normwerte zur Verfügung hat, ist ein einzelner Wert auf einer derartig konstruierten Skala (wie der der Person X) schwer einschätzbar. In der Regel geht es uns jedoch um den Vergleich von Personen oder Gruppen in einer solchen Einstellungsvariablen, oder um den Zusammenhang dieser Variablen mit einer anderen.

In Abbildung 5 ist nun unter (A) unsere Einstellungsskala graphisch dargestellt; außerdem sind dort die Skalenwerte (X_1, X_2, X_3, X_4) von vier Personen eingetragen.

Von besonderem Interesse sind nun für uns die Relationen der Punktwerte untereinander, die Abstände zwischen den Meßwerten. Wenn wir der Ansicht sind, daß diesen Abständen zwischen den Meßwerten (Zahlen) ein empirischer Sinn zukommt, d.h. daß wir der Größe der Differenz zwischen den Zahlen etwas über die Größe des Unterschieds auf der Einstellungsseite entnehmen können, dann dürfen wir nur solche Transformationen mit den Zahlen durchführen, die die Verhältnisse der Abstände zwischen den Meßwerten unverändert lassen[1]; m.a.W., wir entscheiden uns dafür, die unter (A) angeführte Skala wie eine Intervallskala zu behandeln. Dann ist für uns die Information bedeutungsvoll, daß der Abstand zwischen Meßwert X_3 und X_4 (= c) mit 12 Einheiten 4mal so groß ist wie der Abstand zwischen Meßwert X_1 und X_2 (= a) und daß weiterhin c/b = 12/6 = 2 und b/a = 6/3 = 2 ist. Diese Verhältnisse müssen deshalb bei der Zahlentransformation unverändert bleiben.

Dies ist der Fall, wenn wir mit den Daten eine lineare Transformation der Art $X' = m X + k$ (wobei $m \neq 0$) durchführen. Das bedeutet

a) Man kann zu allen Werten eine Konstante k addieren oder von allen Werten k subtrahieren. Hier haben wir es mit einer Nullpunkttransformation zu tun (vgl. Skala (B) in Abbildung 5); ein bestimmter Punkt auf der Skala wird willkürlich Null gesetzt. Dazu sind wir berechtigt, weil ja auf einer Intervallskala der Nullpunkt willkürlich ist und keinen empirischen Sinn hat. So bedeutet bei Skala (B) ein Meßwert von Null natürlich nicht "keine Einstellung zu Sinn und Nutzen statistischer Methoden in der Psychologie".

   Da der Nullpunkt willkürlich setzbar ist, ohne daß sich dadurch die Intervallinformation der Skala ändert, wählt man ihn bei Skalen zur Erfassung psychischer Merkmale meist so, wie es für die Verarbeitung der Zahlen am praktischsten ist; insofern wäre die Nullpunktsetzung in Fall (D) unpraktisch, da negative Zahlen entstehen.

b) Man kann alle Werte mit einer Konstanten m (wobei $m \neq 0$) multiplizieren. Dies wäre eine Einheitentransformation. Durch Multiplikation mit m ist die neue Einheit der m-te Teil der alten, bei Division durch m wird die neue Einheit m-mal so groß (vgl. Skala (C) und (D) in Abbildung 5); m.a.W. durch Multiplikation mit m liegen auf der neuen Skala zwischen zwei Meßwerten m-mal so viele Einheiten wie auf der ursprünglichen Skala.

---

1) Das impliziert, daß auch die Ordnung der Meßwerte unverändert bleibt.

Abbildung 5 : Graphische Darstellung der Skala "Einstellung zu Sinn und Nutzen statistischer Methoden in der Psychologie" (Items der Skala siehe Abb. 4) und des Effekts linearer Transformationen (Nullpunkt- und/oder Einheitentransformation) auf die Relationen zwischen vier Meßwerten

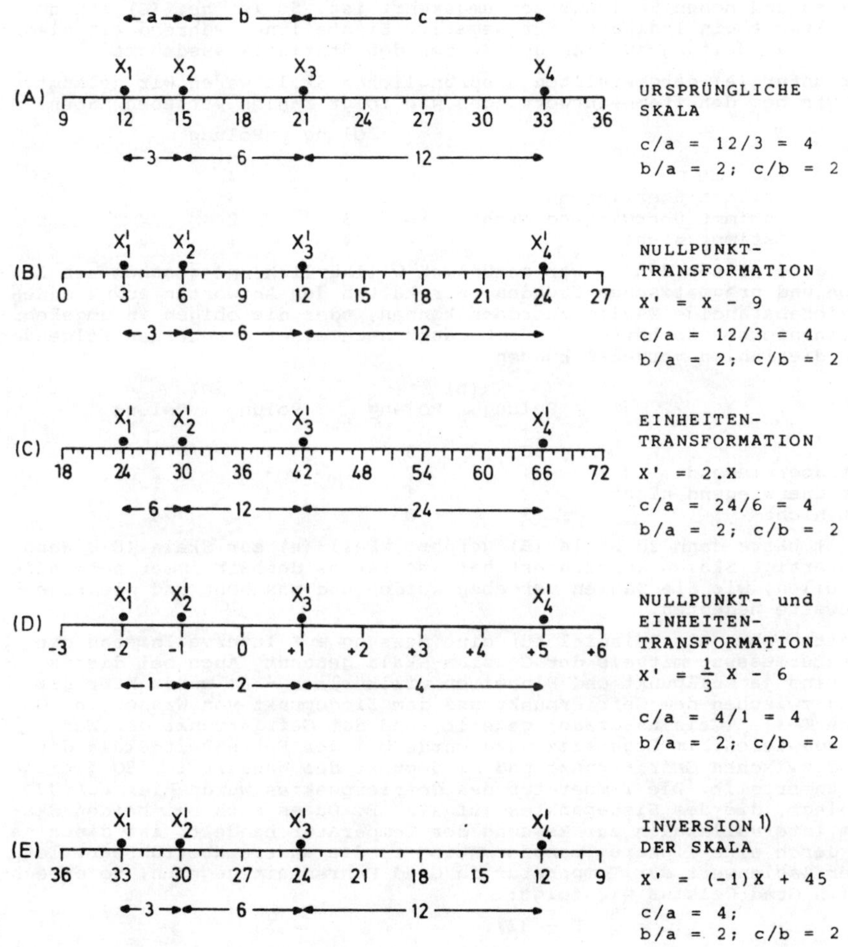

1) Eine derartige Inversion von Skalen, bei denen minimaler und maximaler Wert festliegen (hier 9 und 36), folgt der allgemeinen Formel: X' = (minimaler + maximaler Wert) - X; für unser Beispiel ist dies: X' = (9 + 36) - X = 45 - X.

c) Man kann gleichzeitig Nullpunkt und Einheiten transformieren (vgl. Fall (D) in Abbildung 5).

Wir erkennen an Abbildung 5, daß bei allen der durchgeführten Transformationen die Verhältnisse der Abstände zwischen den Meßwerten unverändert geblieben sind, d.h. es ist immer c/a = 4, c/b = 2 und b/a = 2. Einen speziellen Fall stellt die Transformation (E) dar. Hier wurde eine Inversion (Umkehrung) der Skala vorgenommen; wenn man dies tut, so ist es natürlich notwendig mitzuteilen, daß damit auch die Bedeutung von niedrigen und hohen Skalenwerten umgekehrt ist. So ist bei (E) ein hoher Punktwert ein Indikator für negative Einstellung, während ein niedriger positive Haltung zu Sinn und Nutzen der Statistik ausdrückt.

Zu der unter (A) dargestellten ursprünglichen Skala waren wir gelangt, indem wir bei den Itembeantwortungen wie folgt Zahlen vergeben haben:

		Polung +	Polung -
stimmt	=	1	4
stimmt überwiegend	=	2	3
stimmt überwiegend nicht	=	3	2
stimmt nicht	=	4	1

Die Vergabe dieser Zahlen war natürlich willkürlich und geschah aus Konvention und pragmatischen Gründen. Wir hätten den Antworten auch 4 andere gleichabständige Zahlen zuordnen können, oder die obigen in umgekehrter Reihenfolge. So hätten wir z.B. auch nach einer der beiden folgenden Regeln die Zahlen vergeben können

	(b)		(e)	
	Polung +	Polung -	Polung +	Polung -
stimmt	0	3	4	1
stimmt überwiegend	1	2	3	2
stimmt überwiegend nicht	2	1	2	3
stimmt nicht	3	0	1	4

Fall (b) hätte dann zu Skala (B) geführt, Fall (e) zur Skala (E). Wenn man derartige Skalen konstruiert hat, so ist es deshalb immer notwendig, mitzuteilen, wie die Zahlen vergeben wurden und was hohe und niedrige Skalenwerte bedeuten.

Wir hatten oben als Beispiel für eine Messung auf Intervallniveau die Temperaturmessung mittels der Celsius-Skala genannt. Auch bei dieser Skala sind ja Nullpunkt und Einheiten willkürlich - es wurde hier der Abstand zwischen dem Gefrierpunkt und dem Siedepunkt von Wasser in 100 gleiche Teile (Celsius-Grade) geteilt, und dem Gefrierpunkt der Wert Null zugewiesen. Im Gegensatz dazu wurde bei der Fahrenheit-Skala der Abstand zwischen Gefrierpunkt und Siedepunkt des Wassers in 180 gleiche Teile unterteilt. Die Temperatur des Gefrierpunktes wurde hier auf 32° F festgelegt, die des Siedepunktes auf 212° F. Da es sich bei beiden Skalen um Intervallskalen zur Messung der Temperatur handelt, ist die eine Skala durch eine lineare Transformation in die andere überführbar. Ist uns der Zahlenwert der Temperatur in Grad Fahrenheit gegeben, so errechnet sich Grad Celsius wie folgt:

$$C = \frac{5}{9}\ (F - 32).$$

Eine Temperaturdifferenz von 1 Grad Celsius entspricht einer Temperaturdifferenz von 9/5 Grad Fahrenheit.

Transformationen auf Verhältnisniveau

Da hier der Nullpunkt einen empirischen Sinn hat, sind keine Nullpunkttransformationen zulässig. Wenn wir z.B. einen Monat lang täglich die uns zur Verfügung stehende Geldmenge (Kaufkraft) messen, so können wir dies zwar in verschiedenen Einheiten erfassen (DM, Dollar, Pfund) - d.h. eine Einheitentransformation ist möglich - eine Nullpunkttransformation ist jedoch unsinnig, denn in jeder dieser Währungen bedeutet der Wert Null, daß kein Geld, keine Kaufkraft vorhanden ist. Transformiert man den Nullpunkt, so geben die Verhältnisse zwischen den Zahlen nicht mehr die Verhältnisse auf seiten des gemessenen Merkmals wieder. So stellen X_1 = 100 DM eine doppelt so große Kaufkraft wie X_2 = 50 DM dar, würden wir jedoch den Nullpunkt durch Addition einer Konstanten um +10 verschieben, so wäre X_1' (=110) nicht doppelt so groß wie X_2' (=60), d.h. die empirischen Kaufkraftrelationen werden durch die Zahlen nicht verhältnisgerecht abgebildet. Eine Einheitentransformation - d.h. die Multiplikation eines jeden Meßwerts mit einer Konstanten k - ändert hingegen die Verhältnisse zwischen den Meßwerten X_1 .... X_n nicht. Nehmen wir an, laut Tageskurs hätten wir für den Dollar 2,50 DM zu zahlen. Wenn wir dann gestern 125 DM hatten und heute 62,50 DM, dann war unsere Kaufkraft gestern doppelt so hoch wie heute - die gleiche Information erhalten wir, wenn wir unsere Kaufkraft mit der Dollar-Skala messen, gestern waren es 50 \$, heute sind es 25 \$. Da die Verhältnisse zwischen den Meßwerten für uns bedeutsame Information sind, dürfen diese Verhältnisse durch die Transformation der Zahlen nicht verändert werden.

Transformationen auf Absolutniveau

Bei der Häufigkeitsskala sind keine Transformationen zulässig, da weder Einheit noch Nullpunkt willkürlich sind. Wenn wir z.B. in der Statistik-Veranstaltung an fünf aufeinanderfolgenden Donnerstagen die Teilnehmerzahl erfaßt und erhalten haben

T_1	T_2	T_3	T_4	T_5
95	86	0 (Vatertag)	77	72

dann geben diese Zahlen (und nur diese) das wieder, was wir wissen wollen; sowohl eine Veränderung der Einheit als auch eine Veränderung des Nullpunktes führen dazu, daß die transformierten Zahlen das zu messende Merkmal - die Teilnehmerzahl - nicht mehr in absoluten Häufigkeiten wiedergeben.

2.4. KONSEQUENZEN DES MESSNIVEAUS FUER DIE STATISTISCHE BEHANDLUNG DER DATEN

Statistische Methoden sind Mittel zur Analyse von Zahlen - statistischen Verfahren ist es "gleichgültig" was die Zahlen, die sie verarbeiten, bedeuten, für welches Merkmal sie stehen, und ob den Relationen zwischen den Zahlen irgendwelche Relationen zwischen den Objekten entsprechen. So läßt sich das arithmetische Mittel - man bildet die Summe aus allen Zahlen und teilt diese Summe durch die Anzahl der Zahlen - für jede Ansammlung von Zahlen berechnen. Wenn wir für "männlich" eine 1 vergeben und für "weiblich" eine 2, dann beträgt das arithmetische Mittel der Zahlen 1,5. Gleichermaßen können wir das Mittel aus den Hausnummern der Frankfurter-Str. in Gießen berechnen oder den Durchschnitt der Nummern der deutschen Reisepässe.

Nur machen wir das nicht, weil unmittelbar einsichtig ist, daß eine derartige Operation unsinnig ist, daß das arithmetische Mittel hier keine empirische Bedeutung hat; so können wir uns unter dem "Durchschnittsgeschlecht" nichts vorstellen - sehr wohl aber etwas unter dem "durchschnittlichen Arzteinkommen".

Bevor wir weitere Überlegungen anstellen, wollen wir festhalten: von der Statistik und ihren Methoden können wir keine Hilfe bei der Frage erwarten, ob es sinnvoll ist, eine bestimmte statistische Operation oder Methode auf eine gegebene Zahlenmenge anzuwenden. Denn die Statistik erhält Zahlen, verarbeitet Zahlen und ermöglicht auch nur Aussagen über Zahlen. Bleiben wir bei obigem "Geschlechtsbeispiel". In die Mittelwertsformel werden die Zahlen 1 und 2 eingegeben. Nach der Formel wird nun $\frac{1+2}{2}$ = 1,5 bestimmt - und dieser Vorgang führt auch nur zu der Aussage: "Das Mittel aus 1 und 2 ist 1,5". Diese Aussage ist völlig korrekt; erst die Übertragung dieses Ergebnisses aus Operationen mit Zahlen auf empirische Gegebenheiten (als "Durchschnittsgeschlecht") läßt eine unsinnige Aussage entstehen. Für diese Übertragung ist jedoch die Statistik nicht verantwortlich - sondern der, der Statistik verwendet, also wir.

Wir müssen also entscheiden, wieweit statistische Operationen mit Zahlen eine Bedeutung für empirische Gegebenheiten haben. Es gibt Fälle, wo sich relativ leicht sagen läßt, ob eine bestimmte Operation mit den Zahlen noch zu sinnvollen Aussagen über die Zustände auf der Merkmalsseite führen wird - in den meisten Fällen ist jedoch eine derartige Feststellung nicht mit Sicherheit zu machen, wir können dann nur von bestimmten Annahmen ausgehen. Beginnen wir mit Beispielen, wo sich wenige Probleme ergeben.

Sofern wir auf nominalem Niveau gemessen haben, d.h. wir haben bestimmten Klassen von Objekten, die sich unterscheiden, unterschiedliche Zahlen zugeordnet, dann ist es nur sinnvoll, festzustellen, wieviele Objekte in die einzelnen Klassen gefallen sind - wir zählen die Anzahl in jeder Klasse. Es wäre unsinnig, hier eine Abfolge der Objekte entsprechend der Abfolge der Zahlen aufstellen zu wollen, desgleichen berechnen wir natürlich kein arithmetisches Mittel, usw.

Auch bei mancher Art von Ordinaldaten läßt sich noch relativ leicht sagen, was eine sinnvolle, was eine "unsinnige" statistische Operation ist. Das ist dann der Fall, wenn wir n Objekte hinsichtlich eines Merkmals in eine Rangordnung gebracht und die Ränge 1, 2, ..., n vergeben haben. Nehmen wir an, wir bitten den 1ojährigen Knaben Karl, er möge als erstes die Person nennen, die ihm am meisten imponiert, dann die, die an zweiter Stelle steht, usf. Er nennt nun Frankenstein, Albert Osswald, Doris Day und Daniel Düsentrieb, wofür wir die Ränge 1, 2, 3, und 4 vergeben. Karls Brüder Boris und Phillip bewundern die gleichen Personen, nennen jedoch eine etwas andere Abfolge. Boris : A. Osswald (=1), D.Day (=2), Frankenstein (=3) und D. Düsentrieb (=4); Phillip : Frankenstein (=1), D. Day (=2), A. Osswald (=3) und D. Düsentrieb (=4). Hier kämen wir nun nicht auf die Idee, die Daten intervallskaliert zu behandeln. Wir würden deshalb z.B. kein arithmetisches Mittel irgendwelcher Art (wie das Mittel der Ränge bei Phillip oder den durchschnittlichen Rang von Doris Day) berechnen wollen, da dies ohne empirischen Sinn wäre. Sinnvoll wären hingegen Aussagen der Art : "Daniel Düsentrieb wurde von allen Knaben an vierter Stelle genannt", "Frankenstein war am häufigsten die Person, die am meisten imponierte", usf.

Nehmen wir jedoch nun als Beispiel die Vergabe von Schulnoten. Mit welchem Skalenniveau haben wir es hier zu tun - welche statistischen Operationen sind mit Schulnoten sinnvoll? Gehen wir für unsere Überlegungen von fünf hypothetischen Schülern an fünf Orten in Hessen aus, die im Fach Deutsch die Abiturnoten 1 bis 5 haben : Karl/Frankfurt (Deutschnote 3), Gernot/Marburg (Deutschnote 2), Fritz/Gießen (Deutschnote 4), Hermann/Wetzlar (Deutschnote 1) und Friedhelm/Friedberg (Deutschnote 5).

Wir können nun im Grunde zwei Fragen stellen: a) Welche Relationen gelten zwischen den Schülern bezüglich ihrer Deutschnoten? und b) Welche Relationen gelten zwischen den Schülern bezüglich ihrer Leistungen im Fach "Deutsch". Der erste Fall (a) ist eindeutig beantwortbar, Hermann hat die beste Deutschnote, Gernot die zweitbeste, usf.; fragt man hier nach der Durchschnittsnote der 5 Schüler, so stellt die Bestimmung des arithmetischen Mittels eine sinnvolle statistische Operation mit den Daten dar, denn die Antwort: "Die Durchschnittsnote ist 3", sagt exakt das aus, was wir wissen wollten.

Ähnlich verläuft ja heute das Verfahren bei der Studienplatzvergabe in Numerus-Clausus-Fächern. Wenn für ein Fach sagen wir 500 Plätze nach "Leistungsliste" vergeben werden können, so werden die Bewerber aus dem Gesamt der Bewerber genommen, die die 500 besten Abitur-Durchschnittsnoten aufweisen. Die Auslese-Regel lautet hier: "Wir nehmen die mit den besten Abitur-Durchschnittsnoten". Auch hier ist - sowie das Problem formuliert wird - die Behandlung der Abiturnoten (z.B. Berechnung des Notendurchschnitts, Rangbildung nach den Durchschnitten) sinnvoll.

Uns fällt jedoch auf, daß bei dem eben geschilderten Vorgehen die Frage nach dem, was durch die Noten gemessen wird, d.h. wofür die Zahlen stehen, was sie uns über das gemessene Merkmal aussagen, nicht explizit gestellt wurde. Wie stellt sich das Problem sinnvoller statistischer Operationen jedoch dar, wenn wir fragen, zu welchem Zweck Noten vergeben werden, was durch sie erfaßt werden soll, bzw. warum die Studienplatzvergabe nach der Abitur-Durchschnittsnote erfolgt. Betrachten wir die obengenannten fünf Schüler, so wurde diesen die Note ja wohl mit dem Ziel zugewiesen, in der Zahl die jeweilige "Leistung in Deutsch" (wie immer man das definieren mag) zum Ausdruck kommen zu lassen. Zu fragen ist jetzt, welche Information uns die Noten von Karl (3), Gernot (2), Fritz (4), Hermann (1) und Friedhelm (5) nun über ihre "Leistung in Deutsch" geben. Sind alle unterschiedlich "gut" in Deutsch (da die Zahlen sich unterscheiden), ist Hermann der "Beste" in Deutsch, Gernot der "Zweitbeste", usf. (da die Zahlen diese Abfolge haben) und ist der "Abstand in Deutsch" zwischen Hermann und Gernot genau so groß wie zwischen Fritz und Friedhelm (da die Abstände zwischen den Noten gleich sind)? - bzw. etwas schwächer formuliert: sagen uns die Abstände zwischen den Noten etwas über die Abstände der Noteninhaber in der Deutsch-Leistung?

Wir müssen zugeben, daß wir diese Fragen im Grunde nicht mit irgendeiner Sicherheit beantworten, sondern lediglich Überzeugungen äußern können, die sehr stark davon abhängen, "was man von Noten hält" bzw. welches Gewicht man z.B. den Ergebnissen aus Untersuchungen über das Ausmaß der Übereinstimmung zwischen Lehrern bei der Notenvergabe (speziell bei Deutschaufsätzen) zukommen läßt.

Man kann auf der einen Seite - mit dem Hinweis darauf, daß die fünf Schüler aus verschiedenen Städten (und damit Schulen) stammen - den Standpunkt vertreten, daß diese Noten nicht vergleichbar sind, d.h. daß man z.B. nicht davon ausgehen kann, daß Karl (Note 3) und Friedhelm (Note 4) wirklich unterschiedlich gut in Deutsch sind. Wenn sich dies aber aus den Zahlen nicht ablesen läßt, dann befinden sich diese fünf Noten (bei der "Messung" der Deutschleistung) noch nicht einmal auf ordinalem Niveau. Das würde implizieren, daß sich mit derartigen Noten zwar statistische Operationen durchführen lassen, diese Operationen aber keinen empirischen Sinn ergeben.

Andererseits kann der Standpunkt vertreten werden, diesen Noten lasse sich zumindest etwas über die Abfolge in der Deutschleistung entnehmen, d.h. daß Hermann der Beste in Deutsch ist und Friedhelm der Schlechteste. Wenn man davon ausgeht, so sind bestimmte statistische Operationen insofern sinnvoll, als sie zu Ergebnissen führen, die nicht nur über die Verhältnisse auf der Zahlenseite, sondern auch über Zustände auf seiten des gemessenen Merkmals etwas aussagen. So läßt sich in solchen Fällen z.B. der Median bestimmen (der Punkt, oberhalb dessen die 50 % besseren Noten liegen, und unterhalb die 50 % schlechteren). Aus der Feststellung, daß der Schüler Gernot oberhalb des Medians bei den Noten liegt, läßt sich dann ableiten, daß er auch zu den 50 % hinsichtlich des Fachs Deutsch "besseren" Schülern gehört; "oberhalb des Medians" im Zahlenbereich bedeutet dann auch "oberhalb des Medians" im Bereich des gemessenen Merkmals.

Und schließlich kann auch noch der Standpunkt vorgetragen werden, daß auch die Abstände zwischen den Noten (Zahlen) empirischen Sinn haben; geht man von der Berechtigung dieser Annahme aus, dann spricht auch nichts dagegen, mit den Zahlen solche statistische Operationen wie Bestimmung des arithmetischen Mittels etc. durchzuführen. Das würde z.B. bedeuten, daß man dem Mittelwertsunterschied zwischen zwei Gruppen in den Zahlen auch Bedeutung zukommen läßt für die Unterschiedlichkeit der Gruppen in der durchschnittlichen Merkmalsausprägung. Nehmen wir an, wir hätten neben den oben aufgeführten 5 Schülern (deren Notendurchschnitt 3,0 ist) eine zweite Gruppe von 5 hessischen Schülern untersucht und deren Deutschnotendurchschnitt sei 2,5 gewesen. Dann würden wir annehmen, daß letztere Gruppe nicht nur in den Noten, sondern auch "in Deutsch" im Durchschnitt besser ist.

Ähnlich verhält es sich mit dem angeschnittenen Problem der Studienplatzvergabe nach den Durchschnittsnoten. Dieses System wurde von seinen "Erfindern" unter der Annahme eingeführt, daß die durchschnittliche Abiturnote ein Maß für die "Studieneignung" ist - d.h. unter der Annahme, daß eine Person A, deren Abitur-Durchschnittsnote besser ist als die einer Person B auch "geeigneter" für das Studium ist. In letzter Konsequenz müßte man hier dann z.B. davon ausgehen, daß A, wenn er die Durchschnittsnote 1,98 hat, geeigneter zum Studium ist, als B mit der Durchschnittsnote 2,01. Natürlich würde kaum jemand behaupten wollen, daß man aus dieser Zahlendifferenz eine unterschiedliche Studieneignung ablesen kann - aber für die Vergabe eines Studienplatzes kann diese Differenz zwischen zwei Durchschnittswerten sehr wohl entscheidend sein.

Fassen wir noch einmal das Wichtigste zusammen, was uns die Diskussion zum Zusammenhang zwischen Messen, Skalen und Statistik in diesem Kapitel zeigen sollte:

* Statistische Methoden sind Mittel zur Analyse von Zahlen als Zahlen (und nicht als Indikatoren der Ausprägungsgrade eines Merkmals).
* Es lassen sich die Meßniveaus Nominales-, Ordinales-, Intervall-, Verhältnis- und Absolutniveau unterscheiden; für jedes dieser Niveaus gibt es bestimmte "erlaubte" Transformationen, die die für das Niveau bedeutsamen Relationen zwischen den Zahlen unverändert lassen.
* In vielen Fällen in der Psychologie läßt sich nicht mit Sicherheit sagen, auf welchem Meßniveau sich bestimmte Daten befinden.
* In einem solchen Fall muß derjenige, der die Zahlen zuordnet und verwendet, entscheiden, von welchen Eigenschaften der Zahlen er Gebrauch machen will, von welchen Relationen zwischen den Zahlen er annimmt, daß sie ihm Information über entsprechende Relationen auf der Seite des gemessenen Merkmals liefern.
* Hat er sich dafür entschieden, welche Information an den Zahlen für ihn bedeutsam ist, dann sind nur noch solche Zahlentransformationen in seinem Interesse, die diese Information nicht verändern.

* Statistische Operationen mit Zahlen können meßtheoretisch unbefriedigend sein, trotzdem jedoch weit verbreitet und konsequenzenreich - wie das Beispiel der Studienplatzvergabe nach Schulnoten zeigt.

In vielen Bereichen ist zudem die Frage nach dem, was die Relationen zwischen den Zahlen von der Merkmalsseite wiedergeben, zu einem grossen Teil ausgeklammert. Man bewegt sich weitgehend ausschließlich im Zahlenbereich. Wenn man z.B. versucht, mittels statistischer Verfahren von den Abitursnoten die Noten im Studienabschluß (z.B. Diplom) vorherzusagen, so stehen Abitur- und Diplomnoten zwar für bestimmte Leistungen, der exakte Zusammenhang zwischen Zahlenrelationen und Objektrelationen spielt jedoch insofern nur eine geringe Rolle, als man primär wissen will, welche Noten (Zahlen) Personen, die im Abitur bestimmte Noten (Zahlen) haben, wahrscheinlich im Diplom haben werden.

Ähnlich läge der Fall, wenn man z.B. ein spezielles Trainingsprogramm entwickelt hat, das Kinder durchlaufen sollen, die im Vergleich zu ihren Altersgenossen in einem Intelligenztest sehr schlecht abschneiden und nun getestet werden soll, ob das Programm effektiv ist. Hier möchte man dann u.U. nur wissen, ob das Programm bei der Gruppe von Kindern, wo es appliziert wurde, einen bedeutsamen Anstieg (im Vergleich zu einer Kontrollgruppe) im Test-IQ bewirkt. Dann beantwortet ein Vergleich der entsprechenden arithmetischen IQ-Mittel zu Beginn und am Ende der Untersuchung genau die Fragen, die der Untersucher gestellt hat : nämlich primär Fragen darüber, wieweit das Programm eine Veränderung in der durchschnittlichen Testleistung (die in einer Zahl, einem IQ-Wert zum Ausdruck kommt) bewirken kann.

2.5. WEITERFUEHRENDE LITERATUR ZUM THEMA MESSEN, SKALEN UND STATISTIK

ANDERSON, N.H. Scales and statistics : parametric and nonparametric. Psychological Bulletin, 1961, 58, 305-316 (Wiederabdruck in STEGER 1971, S. 23-38).

BAAKER, B.O., HARDYCK, C.D. & L.F. PETRINOVICH. Weak measurements vs. strong statistics : an empirical critique of S.S. Stevens proscriptions on statistics. Educational and Psychological Measurement, 1966, 26, 291-309 (Wiederabdruck in STEGER 1971, S. 39-52).

LABOVITZ, S. Some observations on measurement and statistics. Social Forces, 1967, 46, 152-160.

LORD, F.M. On the statistical treatment of football numbers. American Psychologist, 1953, 8, 750-751 (Wiederabdruck in STEGER 1971, S. 19-22).

STEGER, J.A. (ed). Readings in statistics for the behavioral scientist. New York 1971

STEVENS, S.S. Scales of measurement. S. 8-18 in STEGER 1971.

STEVENS, S.S. Measurement, statistics, and the schemapiric view. Science, 1968, 161, 849-856.

3 VARIABLEN, DATEN UND STATISTISCHE NOTATION

In diesem Kapitel sollen (zum besseren Verständnis der nachfolgenden) einige Aspekte der Erhebung, Symbolisierung und Verarbeitung von Daten (Meßwerten) besprochen werden.

3.1. KONTINUIERLICHE UND DISKRETE VARIABLE

Variable sind Merkmale von Personen oder Objekten, wie Gewicht eines Steins, Alter eines Weines, Reaktionszeit einer Person, Lesegeschwindigkeit eines Kindes, Kinderzahl eines Ehepaares, usf. Die Erfahrung sagt uns, daß einige dieser Variablen kontinuierlich sind, d.h. ein Meßwert kann innerhalb eines bestimmten Abschnitts jeden Wert annehmen. So ist beim Gewicht im Abschnitt zwischen 6 und 7 Kilogramm jeder dazwischenliegende Wert möglich, gleichermaßen beim Alter zwischen 13 und 14 Jahren oder bei der Reaktionszeit im Abschnitt zwischen 1 und 1,5 sec. Andere Variablen, so wissen wir, sind diskret, d.h. beim Messen können nur bestimmte, separate Werte auftreten. So ist z.B. die Zahl der Kinder diskret, da diese Variable nur die Werte 1, 2, 3, ... annehmen kann aber keine dazwischenliegenden. Gleichermaßen diskret wäre die Variable "Anzahl der richtig gelösten Aufgaben" in einem psychologischen Test.

Wir können kontinuierliche Variable im Prinzip bis zu jeder gewünschten Genauigkeit messen, sofern wir nur ausreichend Mittel, Zeit und die notwendigen Instrumente haben. Im konkreten Fall messen wir aber immer nur bis zu einer bestimmten Genauigkeit. So teilen wir z.B. mit, daß bei einem Hundertmeterlauf Willi Wacker vom Kleingärtnerverein Butzbach in 10,2 sec. gewann. Mit genaueren Instrumenten hätten wir vielleicht festgestellt, daß seine Siegeszeit 10,236 sec. betrug. Aber auch diese Zeit ist nicht exakt, sie ist nur auf ein tausendstel genau. Der exakte Wert einer Variablen läßt sich durch keine Art von Messung erhalten, da wir beim Messen - und sei es noch so genau - immer kurz vor dem exakten Wert halt machen müssen.

Dem exakten Wert einer Variablen steht der festgestellte Wert gegenüber. Das ist der Wert, zu dem der Meßvorgang geführt hat. Wir erwarten nicht, daß festgestellter und exakter Wert zusammenfallen, aber der festgestellte Wert setzt für den exakten Wert gewissermaßen die Grenzen. Wenn wir z.B. die Größe einer Person als 186 cm feststellen (gemessen in Zentimetergenauigkeit), dann liegt der exakte Wert zwischen 185,5 und 186,5 cm. Beim Messen einer kontinuierlichen Variablen sollten wir immer eine Angabe über die Genauigkeit des Meßprozesses machen. Rennen werden bis auf eine Genauigkeit von 1/10 sec. gestoppt, Größen können in cm-Genauigkeit gemessen werden, etc.

Oft wollen wir die Grenzen um einen festgestellten Wert angeben, innerhalb derer der exakte Wert liegt. Diese Grenzen finden wir, indem wir beim festgestellten Wert die Hälfte der Einheit (mit deren Genauigkeit wir gemessen haben) dazuzählen und abziehen. Haben wir auf ein Kilo genau gemessen, daß eine Person 70 Kilo wiegt, so liegt ihr exaktes Gewicht zwischen 69,5 und 70,5 kg.

Bei Tests zur Messung psychologischer Merkmale gelangt man häufig zu den Punktwerten, indem man für jede Person die Anzahl der richtigen Antworten bestimmt. Wir wollen ein derartiges Vorgehen am Beispiel des "Mathematiktest für Abiturienten und Studienanfänger M-T-A-S" von LIENERT & HOFER (1972) näher betrachten.[1]

Der M-T-A-S prüft laut Handanweisung "Mathematikkenntnisse aus den Bereichen "Algebra", "Geometrie und analytische Geometrie" und "Funktionen", die nach den Lehrplänen der höheren Schulen an den Gymnasien vermittelt werden sollen". Der Test besteht aus 95 Aufgaben, die drei verschiedenen Untertests zugeordnet werden. Nachfolgend ist für jeden Untertest ein Aufgabenbeispiel wiedergegeben und die Gewinnung des Punktwerts erläutert.

a) Untertest Algebra

Der Test enthält 40 Aufgaben der folgenden Art :

$\frac{5}{3} + \frac{7}{6}$	$2 + \frac{4}{6}$	$\frac{12}{9}$	$\frac{17}{6}$	A B ~~C~~
	A	B	C	

1) Das relativ ausführliche Eingehen auf diesen Test erfolgt zum einen, weil sich an einem derartigen Mathematiktest (ausgehend von der Schulerfahrung) die Gewinnung der Punktwerte auch ohne große Psychologiekenntnisse nachvollziehen läßt, und zum anderen, weil im nachfolgenden Daten, die mit diesem Test gewonnen wurden, zu Demonstrationszwecken herangezogen werden.

Es ist bei jeder Aufgabe nur eine Antwort (von dreien) richtig; der Proband hat die vermutlich richtige anzukreuzen. Jede richtig gelöste Aufgabe ergibt einen Punkt, so daß in diesem Untertest 0 bis 40 Punkte möglich sind.

b) Untertest Geometrie und Analytische Geometrie

Der Untertest besteht aus 27 Aufgaben der folgenden Art :

Die Kurve, deren Punkte von einem gegebenen Punkt den gleichen Abstand haben, heißt :	Ellipse	Kreis	Raute	A ☒ C
	A	B	C	

Die Auswertung erfolgt wie unter a); in diesem Untertest sind somit 0 bis 27 Punkte möglich.

c) Untertest Funktionen

Der Untertest enthält 28 Aufgaben der folgenden Art :

Die Funktion $f(X) = 5X^2 - 3$ hat für $X = -4$ den Wert :	-83	77	-77	A ☒ C
	A	B	C	

Auswertung wie unter a); somit sind 0 bis 28 Punkte in diesem Untertest möglich.

Außer den Untertestwerten wird noch ein Gesamttestwert bestimmt - durch Summation der drei Untertestwerte einer jeden Person. Es sind dann hier Punktwerte von 0 bis 95 möglich.

Nehmen wir nun an, der Student Xaver habe in diesem Test von den 95 Fragen 55 richtig beantwortet. Sein Punktwert in der Variablen "Mathematikkenntnisse" ist somit 55. Da wir von den psychologischen Variablen, die den Tests zugrunde liegen, im allgemeinen annehmen, daß sie kontinuierlich sind, gehen wir von der Vorstellung aus, daß wir mit einem Test wie dem M-T-A-S die Variable "Mathematikkenntnisse" "auf ein Item genau" oder "auf einen Punkt genau" gemessen haben. Xavers festgestellter Wert war 55, sein exakter Punktwert in dem Mathematiktest läge dann zwischen 54,5 und 55,5. Auch wenn uns das auf den ersten Blick eigenartig vorkommt (da ja nur "ganze" Items im M-T-A-S vorkommen), so müssen wir berücksichtigen, daß wir die kontinuierliche Variable "Mathematikkenntnisse" und nicht die diskrete Varibale "Anzahl der richtigen Items" gemessen haben.

Es ist abschließend noch auf eine Eigenart der Betrachtungsweise von festgestellten Werten hinzuweisen. Wenn wir in einer Gruppe von n Personen z.B. feststellen, daß 10 Personen einen festgestellten M-T-A-S-Wert von 55 haben (wobei die Grenzen für den exakten Wert dann ja 54,5 und 55,5 sind), so machen wir bei bestimmten statistischen Berechnungen die Annahme, daß sich diese 10 Punktwerte gleichmäßig über das durch die Grenzen 54,5 - 55,5 bestimmte Intervall verteilen; graphisch stellt sich das wie folgt dar :

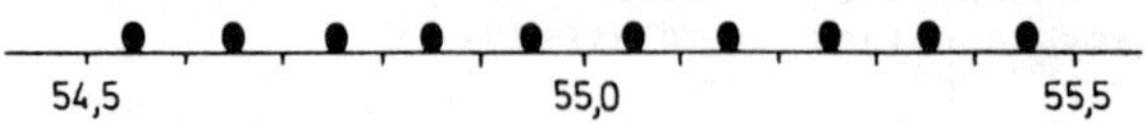

Ausgehend von dieser Vorstellung würden wir dann sagen, daß zwei Personen einen Meßwert haben, der größer als 55,3 ist.

3.2. SYMBOLISIERUNG VON DATEN

Die statistischen Formeln, die wir verwenden, sind wie alle Formeln allgemein gehalten. Sie sind somit auf jede Anzahl von Zahlen bzw. Meßwerten (wobei diese Anzahl allgemein mit n bezeichnet wird) anwendbar. Gleichermaßen gelten die Formeln für jeden Satz von Zahlen bzw. Meßwerten, unabhängig davon, was die Meßwerte ausdrücken.

Wenn wir nun einen beliebigen Satz von n Zahlen ins Auge fassen, dann wird ein beliebiger Wert in diesem Satz mit X_i bezeichnet. X steht hier allgemein für die Zahl, während uns i (genannt Subskript oder Index) angibt, daß es sich um die i-te Zahl in diesem Satz von Meßwerten handelt. Wenn das Subskript einen bestimmten Wert hat (z.B. i = 7), dann steht X_7 für eine bestimmte Zahl, nämlich die siebte in dem Wertesatz. X_1 bezeichnet eine Zahl und X_2 eine andere; die Subskripte 1 und 2 dürfen dabei nur als Kennzeichnungen verstanden werden. Aufgrund des Subskripts kann nicht gesagt werden, ob X_1 oder X_2 größer ist. Wenn wir eine Gruppe von n Zahlen haben, dann bezeichnen wir diese somit durch die Symbole $X_1, X_2, \ldots, X_n$.
Halten wir noch einmal fest : X_i ist die allgemeine Bezeichnung für eine Zahl in einem Satz von Zahlen - die i-te Zahl, wobei das Subskript i jeden der Werte 1, 2, ..., n annehmen kann.

Im Rahmen unserer Erörterungen wird X immer die allgemeine Bezeichnung für "Merkmal" oder "Variable" (kontinuierlich oder diskret) sein bzw. für die Meßwerte in dieser Variablen stehen. Falls wir es mit weiteren Variablen gleichzeitig zu tun haben, bezeichnen wir diese mit Y, Z, usf. In einer solchen Situation wären :

X_i = der i-te Meßwert in der Variablen X
Y_i = der i-te Meßwert in der Variablen Y
Z_i = der i-te Meßwert in der Variablen Z

Weiterhin wird es in der Regel so sein, daß das Subskript i - das uns sagt, daß wir den i-ten Meßwert betrachten - zugleich auch angibt, daß es sich um die i-te Person in der Gruppe von n Personen handelt. Denn meist haben wir es mit Situationen zu tun, wo an n Personen jeweils ein Meßwert in der Variablen X erhoben wurde. Soweit möglich wird i deshalb als Personen- oder Probandenindex verwendet werden - es sagt uns, der Meßwert welches Probanden gemeint ist.

Haben wir es nur mit einer Gruppe von n Personen bzw. Meßwerten zu tun, so genügt ein Index, der Index i. Nehmen wir an, wir haben bei einer Gruppe von n=5 Personen den Intelligenzquotienten (IQ) erhoben und folgende Werte erhalten :

$X_1 = 120$	$X_2 = 130$	$X_3 = 100$	$X_4 = 99$	$X_5 = 115$
1. Wert	2. Wert	3. Wert	4. Wert	5. Wert

Zur hinreichenden Kennzeichnung der Daten genügt hier ein Subskript. Durch die Angabe von z.B. X_3 können wir jedem mitteilen, daß wir den Wert 100 im Auge haben.

Häufig haben wir es in der Statistik jedoch mit Situationen zu tun, wo die Meßwerte nicht alle einer Gruppe angehören, sondern in zwei oder mehr Gruppen klassifiziert werden. Die Anzahl der Gruppen wollen wir allgemein mit J bezeichnen, eine beliebige Gruppe mit j (gleichermaßen, wie wir einen beliebigen Probanden mit i bezeichnen).

Während sich im Fall eines Satzes bzw. einer Gruppe von Meßwerten die Symbolisierung der Daten wie folgt darstellte :

$X_1, X_2, \ldots, X_i, \ldots, X_n$

haben wir es bei zwei oder mehr Gruppen zur Kennzeichnung der Position der Daten mit zwei Indices zu tun. Die allgemeine Bezeichnung für einen Meßwert ist dann X_{ij}, was bedeutet, daß es sich um den Meßwert im Schnittpunkt der Zeile i und der Spalte j der Datenanordnung handelt. Da wir es immer so handhaben werden, daß wir das Subskript i zur Kennzeichnung der Probanden und j zur Kennzeichnung der Gruppe verwenden, wäre X_{ij} dann der Meßwert des Probanden i in der Gruppe j.

Allgemein stellt sich die Datenanordnung im Fall von mehr als einer Gruppe (d.h. im Fall von J Gruppen) dann wie folgt dar :

	Gruppe					
	1	2	...	j	...	J
Proband	j=1	j=2	...	j=j	...	j=J
i = 1	X_{11}	X_{12}	...	X_{1j}	...	X_{1J}
i = 2	X_{21}	X_{22}	...	X_{2j}	...	X_{2J}
.	.	.		.		.
.	.	.		.		.
.	.	.		.		.
i = i	X_{i1}	X_{i2}	...	X_{ij}	...	X_{iJ}
.	.	.		.		.
.	.	.		.		.
.	.	.		.		.
$i = n_j$	$X_{n_1 1}$	$X_{n_2 2}$	...	$X_{n_j j}$	...	$X_{n_J J}$

J = Anzahl der Gruppen

n_j = Anzahl der Personen (Meßwerte) in Gruppe j

$i = 1, 2, \ldots, n_j$ (Personenindex)

$j = 1, 2, \ldots, J$ (Gruppenindex)

Falls die Gruppenumfänge alle gleich sind (d.h. $n_1=n_2= \ldots =n_J=n$), können wir für den Wertebereich des Probandenindex $i = 1, 2, \ldots, n$ schreiben.

Wenden wir uns nun einem konkreten Zahlenbeispiel zu. Im Rahmen der Statistik-I-Veranstaltung im WS 76/77 in Gießen wurde den Teilnehmern der oben beschriebene Mathematikkenntnistest M-T-A-S mit der Bitte um Bearbeitung mit nach Hause gegeben. Die Länge der Bearbeitungszeit war dabei von den Getesteten wählbar, es bestand lediglich die Auflage, keine Hilfmittel (wie Mathematikbücher, Rechner, etc.) zu verwenden. Die Handanweisung des Tests sieht zwar die Begrenzung der Bearbeitungszeit auf 60 Minuten vor. Da die Einhaltung dieser Zeit jedoch nicht zu kontrollieren gewesen wäre, wurde auf diese Begrenzung verzichtet. Die erhaltenen Daten sind somit nicht mit den Normdaten des Testmanuals vergleichbar. Insgesamt wurde der Test von 86 Personen bearbeitet.

In Tabelle 2 sind die erhaltenen Daten (Meßwerte für die drei Untertests und den Gesamttest) wiedergegeben. Dabei wurden die Personen nach der von ihnen genannten "letzten Note in Mathematik" (z.B. Abitursnote) in J = 3 Gruppen geteilt. In einem späteren Kapitel werden wir untersuchen, ob sich ein Zusammenhang zwischen der letzten Note in Mathematik und der Leistung im M-T-A-S ergibt. Zu erwarten wäre - und deshalb wurde die Unterteilung in Notenklassen auch vorgenommen - daß Personen mit den besseren Mathematiknoten in der Tendenz auch besser im Mathematiktest M-T-A-S abschneiden.

Im Augenblick interessiert uns jedoch primär die Anordnung und Kennzeichnung der Daten. Wir verwenden wie vereinbart das Subskript i zur Kennzeichung der Probanden und j zur Kennzeichnung der Gruppe. Außerdem haben wir es in dieser Situation mit vier Variablen zu tun :

X = Punktwert im Untertest Algebra
Y = Punktwert im Untertest Geometrie und Analytische Geometrie
Z = Punktwert im Untertest Funktionen
W = X + Y + Z = Gesamttestwert im M-T-A-S.

Die erste Gruppe besteht aus $n_1 = 29$, die zweite aus $n_2 = 29$ und die dritte aus $n_3 = 25$ Personen. Insofern nimmt der Index i für die J = 3 Gruppen die folgenden Werte an :

Gruppe j = 1 : i = 1, 2, ..., 29
Gruppe j = 2 : i = 1, 2, ..., 29
Gruppe j = 3 : i = 1, 2, ..., 25

Mittels der Subskripte i und j können wir in der Datenanordnung jedes Datum lokalisieren; so ist z.B.

$X_{25;1}$ = der 25. Meßwert in X in der 1. Gruppe = 36
$Z_{6;3}$ = der 6. Meßwert in Z in der 3. Gruppe = 11
$W_{10;2}$ = der 10. Meßwert in W in der 2. Gruppe = 38.

Auf diese Art ist - wenn wir i und j alle hier möglichen Wertekombinationen annehmen lassen - das Gesamt der 83 Meßwerte in X (gleichermaßen wie in Y, Z und W) kennzeichenbar.

Tabelle 2 : Untertest- und Gesamttestwerte im Mathematiktest M-T-A-S von 86 Studienanfängern in Psychologie, unterteilt nach der von den Getesteten angegebenen "letzten Note in Mathematik".[a]

	Gruppe 1				Gruppe 2				Gruppe 3			
	Letzte Note in Mathematik 1 oder 2				Letzte Note in Mathematik 3				Letzte Note in Mathematik 4,5 oder 6			
Index j (Gruppen-index)	j = 1				j = 2				j = 3			
	Untertestwert ALGEBRA	Untertestwert GEOMETRIE	Untertestwert FUNKTIONEN	Gesamt-Testwert	Untertestwert ALGEBRA	Untertestwert GEOMETRIE	Untertestwert FUNKTIONEN	Gesamt-Testwert	Untertestwert ALGEBRA	Untertestwert GEOMETRIE	Untertestwert FUNKTIONEN	Gesamt-Testwert
Proband Nr. (Index i)	X	Y	Z	W (X+Y+Z)	X	Y	Z	W (X+Y+Z)	X	Y	Z	W (X+Y+Z)
i= 1	28	14	16	58	36	17	22	75	24	5	2	31
i= 2	31	13	18	62	27	7	3	37	31	14	13	58
3	36	12	16	64	28	14	12	54	27	13	9	49
4	33	18	13	64	29	11	10	50	34	16	18	68
5	37	13	14	64	35	6	3	44	29	8	6	43
6	37	21	23	81	33	12	14	59	19	12	11	42
7	39	20	19	78	26	7	6	39	29	13	20	62
8	36	20	21	77	29	13	13	55	33	15	14	62
9	30	8	6	44	34	16	15	65	18	12	0	30
10	38	20	26	84	31	7	0	38	29	9	5	43
11	34	18	25	77	31	5	10	46	18	7	2	27
12	38	24	25	87	30	4	1	35	31	10	12	53
13	36	19	22	77	27	11	4	42	36	16	24	76
14	31	19	18	68	33	20	23	76	28	11	10	49
15	37	16	21	74	32	18	18	68	33	12	15	60
16	34	16	10	60	34	15	16	65	38	14	14	66
17	37	12	16	65	39	26	27	92	32	18	18	68
18	36	13	16	65	37	14	15	66	38	12	9	59
19	38	19	20	77	27	11	0	38	33	10	3	46
20	40	15	15	70	32	15	13	60	25	17	16	58
21	28	14	12	54	35	5	4	44	36	18	11	65
22	36	19	21	76	27	17	20	64	27	14	8	49
23	37	17	17	71	30	8	7	45	36	16	6	58
24	32	10	11	53	37	21	16	74	34	13	5	52
i=25	36	21	20	77	36	16	25	77	27	15	14	56
26	31	18	14	63	20	5	0	25				
27	35	22	27	84	32	9	18	59				
28	37	22	23	82	28	15	16	59				
i=29	32	19	19	70	37	16	19	72				
Messwert Summen	1010	492	524	2026	912	361	350	1623	745	320	265	1330

Anzahl der Personen in Gruppe j=1 : n_1 = 29

Anzahl der Personen in Gruppe j=2 : n_2 = 29

Anzahl der Personen in Gruppe j=3 : n_3 = 25

---

a) Oberhalb der gestrichelten Linie : weibliche Probanden; unterhalb : männliche Probanden.

Drei Personen machten keine Angaben zur "letzten Note in Mathematik";deren Mathematiktestwerte waren :

X	Y	Z	W
29	20	16	65
34	8	9	51
31	14	11	56

3.3. DAS ARBEITEN MIT DEM SUMMENZEICHEN

Bei statistischen Berechnungen müssen wir häufig alle Zahlen (Meßwerte) einer Gruppe o.ä. aufsummieren. Wenn es fünf Zahlen in einer Gruppe gibt (n=5), dann ist die Summe dieser Zahlen $X_1 + X_2 + X_3 + X_4 + X_5$. Allgemein steht $X_1 + X_2 + \ldots + X_n$ für die Summe aller n Zahlen einer Gruppe, wenn der Wert von n nicht spezifiziert ist.

Für $X_1 + X_2 + \ldots + X_i + \ldots + X_n$ wird nun eine abkürzende Schreibweise verwendet :

(1) $\sum_{i=1}^{n} X_i$ bedeutet $X_1 + X_2 + \ldots + X_i + \ldots + X_n$.

Das Summationssymbol $\sum$ ist der griechische Großbuchstabe "Sigma".

$\sum_{i=1}^{n} X_i$ wird gelesen : "Summe aller X_i von X_1 bis X_n" oder "Summation von X über i, i von 1 bis n".

Man bezeichnet i (oder wenn nötig, j oder k,...) als den Summationsindex. Betrachten wir einige Beispiele. Es sei

$X_1 = 2$; $X_2 = 4$; $X_3 = 0$; $X_4 = 3$; $X_5 = 8$. Dann ist :

$$\sum_{i=1}^{5} X_i = X_1+X_2+X_3+X_4+X_5 = 2 + 4 + 0 + 3 + 8 = 17$$

$$\sum_{i=2}^{4} X_i = X_2+X_3+X_4 = 4 + 0 + 3 = 7$$

$$\sum_{i=1}^{3} X_i = X_1+X_2+X_3 = 2 + 4 + 0 = 6$$

Bei unserem gesamten statistischen Erörterungen wird es allerdings immer so sein, daß der Summationsindex i (oder j, oder k,...) bei 1 beginnt. Weil dem so ist, führen wir folgende vereinfachende Schreibweise ein :

(2) $$\sum_{i}^{n} X_i = \sum_{i=1}^{n} X_i \text{ ; oder } \sum_{i}^{n} Y_i = \sum_{i=1}^{n} Y_i$$

Für das Rechnen mit dem Summenzeichen benötigen wir einige Regeln, die in den folgenden Sätzen enthalten sind :

SATZ 1 : Die Summe über eine Konstante (d.h. eine vom Summationsindex unabhängige Größe) ist gleich der Anzahl der Summanden multipliziert mit der Konstanten.

(3) $$\sum_{i}^{n} a = (n)(a)$$

da :

$$\sum_{i}^{n} a = \overbrace{a + a + \dots + a}^{n \text{ Summanden}} = (n)(a)$$

Zahlenbeispiel : n = 4 ; a = 3

$$\sum_{i}^{4} 3 = 3 + 3 + 3 + 3 = (4)(3) = 12$$

SATZ 2 : Ein allen Summanden gemeinsamer, vom Summationsindex unabhängiger Faktor kann vor das Summenzeichen gezogen werden.

(4) $$\sum_{i}^{n} a.X_i = a . \sum_{i}^{n} X_i$$

da

$$a.X_1 + a.X_2 + \dots + a.X_n = a\,(X_1 + X_2 + \dots + X_n)$$

Zahlenbeispiel : $n = 4;\ a = 2;\ X_1=2;\ X_2=1;\ X_3=3;\ X_4=0$

$$\sum_{i}^{4} 2.X_i = (2)(2)+(2)(1)+(2)(3)+(2)(0) = 2(2+1+3+0) = 12$$

SATZ 3 : Die Summe einer Summe ist gleich der Summe der getrennt summierten Meßwerte

(5) $$\sum_{i}^{n} (X_i + Y_i) = \sum_{i}^{n} X_i + \sum_{i}^{n} Y_i$$

da :

$$\sum_{i}^{n} (X_i + Y_i) = (X_1 + Y_1) + (X_2 + Y_2) + \dots + (X_n + Y_n)$$

$$= X_1 + X_2 + \dots + X_n + Y_1 + Y_2 + \dots + Y_n$$

$$= \sum_{i}^{n} X_i + \sum_{i}^{n} Y_i$$

Analog gilt für die Summe einer Differenz :

$$\sum_{i}^{n} (X_i - Y_i) = \sum_{i}^{n} X_i - \sum_{i}^{n} Y_i$$

Ein Zahlenbeispiel ist uns in Tabelle 2 gegeben. Betrachten wir einmal die Daten der Gruppe 1 unter Außerachtlassung des Gruppenindex j. In der Spalte W befindet sich jedesmal der Wert der Summe $X_i + Y_i + Z_i$. Wenn wir nun diese Werte $W_i = (X_i + Y_i + Z_i)$ über die n = 29 Personen summieren, d.h.

$$\sum_{i}^{29} (X_i + Y_i + Z_i)$$

bilden, dann erhalten wir den Wert 2026. Dazu gelangen wir aber gleichermaßen, wenn wir in den Variablen X, Y und Z die Meßwerte getrennt summieren und dann die Summe der drei Summen bilden, d.h. es ist

$$\sum_{i}^{29} X_i + \sum_{i}^{29} Y_i + \sum_{i}^{29} Z_i = 1010 + 492 + 524 = 2026$$

Wenn wir es - wie bei unseren Daten in Tabelle 2 - mit mehr als einer Gruppe zu tun haben, d.h. mit zwei Indices (i und j) arbeiten müssen, dann sind zur Durchführung von Summationen mit den Daten zwei Summenzeichen notwendig. Wir wollen die Handhabung an einigen Beispielen demostrieren.

* Es sollen alle $n_1 + n_2 + n_3 = 29 + 29 + 25 = 83$ Werte in der Variablen X summiert werden. Dies gibt dann unter Verwendung der in Tabelle 2 angegebenen Spaltensummen :

$$\sum_{j}^{J} \sum_{i}^{n_j} X_{ij} = \underbrace{\sum_{i}^{29} X_{i1}}_{\boxed{j=1}} + \underbrace{\sum_{i}^{29} X_{i2}}_{\boxed{j=2}} + \underbrace{\sum_{i}^{25} X_{i3}}_{\boxed{j=3}}$$

$$= 1010 + 912 + 745 = 2667$$

Es wird also bei einer derartigen Doppelsumme der (äußere) Index j als erstes auf j=1 gesetzt und dann von i = 1, 2, ..., n_1 summiert. Ist der Index i abgearbeitet, springt j auf 2, und es wird von i = 1, 2, ..., n_2 summiert; dann springt j auf 3, ... usf., bis j bei J angelangt ist und hier über i = 1, 2, ..., n_J summiert worden ist. Dann erfolgt die Summation der unter j=1, j=2, usf. gebildeten J Gruppensummen.

* Gegeben sei folgende Anweisung :

$$\sum_j^J \left(\sum_i^{n_j} X_{ij} \right)^2$$

Dann ist jede Gruppensumme zuerst zu quadrieren, und anschließend werden die J quadrierten Gruppensummen aufsummiert. Danach ergäbe sich für Daten aus Tabelle 2 (Variable X) :

$$\sum_j^3 \left(\sum_i^{n_j} X_{ij} \right)^2 = (1010)^2 + (912)^2 + (745)^2 = 2406869$$

* Gegeben ist

$$\sum_j^J \left(\sum_i^{n_j} X_{ij} \right) \left(\sum_i^{n_j} Y_{ij} \right)$$

Hier werden in jeder Gruppe zuerst das Produkt aus den Gruppensummen von X und Y gebildet und anschließend die J Produkte summiert; für Daten aus Tabelle 2 ergibt sich :

$$\sum_j^3 \left(\sum_i^{n_j} X_{ij} \right) \left(\sum_i^{n_j} Y_{ij} \right) = (1010)(492) + (912)(361) + (745)(320) = 1064552$$

* Betrachten wir abschließend noch einige Beispiele des Arbeitens mit dem Summenzeichen bei Vorliegen von nur einer Gruppe von n Meßwerten in der Variablen X und Y. Diese n = 5 Werte sind jeweils :

X : $X_1 = 7$; $X_2 = 8$; $X_3 = 2$; $X_4 = 5$; $X_5 = 3$

Y : $Y_1 = 15$; $Y_2 = 16$; $Y_3 = 7$; $Y_4 = 6$; $Y_5 = 10$.

Wichtig ist nun die Unterscheidung zwischen

$$\sum_i^n X_i^2 \quad \text{und} \quad \left(\sum_i^n X_i \right)^2 \quad \text{, denn}$$

$$\sum_i^5 X_i^2 = 7^2 + 8^2 + 2^2 + 5^2 + 3^2 = 151 \text{ , während}$$

$$\left(\sum_i^5 X_i \right)^2 = (7 + 8 + 2 + 5 + 3)^2 = 625$$

Gleichermaßen darf nicht verwechselt werden

$$\sum_{i}^{n} X_i \; Y_i \quad \text{und} \quad \left(\sum_{i}^{n} X_i\right)\left(\sum_{i}^{n} Y_i\right) \text{, denn}$$

$$\sum_{i}^{5} X_i \; Y_i = (7)(15) + (8)(16) + (2)(7) + (5)(6) + (3)(10) = 307$$

und

$$\left(\sum_{i}^{5} X_i\right)\left(\sum_{i}^{5} Y_i\right) = (7 + 8 + 2 + 5 + 3)(15 + 16 + 7 + 6 + 10) = 1350$$

$\sum_{i}^{n} (X_i + 2) = \sum_{i}^{5} (X_i + 2) = 10 + \sum_{i}^{5} X_i = 10 + 25 = 35$

$\sum_{i}^{n} 2.X_i = \sum_{i}^{5} 2.X_i = 2 . \sum_{i}^{5} X_i = (2)(25) = 50$

4 DARSTELLUNG VON DATENMENGEN

Im Rahmen von empirischen Untersuchungen werden Daten (Meßwerte) erhoben, um aufgrund dieser Daten zur Frage der Untersuchung Stellung nehmen zu können. Im Rahmen der Untersuchung fallen die Daten jedoch mehr oder weniger ungeordnet an, so daß sie im Rahmen der Auswertung so zu ordnen sind, daß ihnen Aussagen bezüglich der Untersuchungsfrage zu entnehmen sind. Wir wollen in diesem Kapitel besprechen, wie Datenmengen in Form von Häufigkeitsverteilungen tabellarisch und graphisch dargestellt werden.

Gehen wir für unsere Betrachtungen von den in Tabelle 2 auf Seite 32 wiedergegebenen Daten aus. Dabei wollen wir die Unterteilung in Gruppen - auf die wir im nächsten Kapitel zurückgreifen werden - im Augenblick außer acht lassen und weiterhin nur die Meßwerte in der Variablen W (Gesamttestwert im Mathematiktest M-T-A-S) ins Auge fassen. Bei dieser Datenanordnung sind lediglich Meßwert und Meßwertträger einander zugeordnet - wir können z.B. entnehmen, daß die zweite Person in Gruppe 1 den Wert $W_{2.1} = 62$ hat - sonstige Ordnungsgesichtspunkte fehlen jedoch. Eine solche Datenanordung nennt man "Urliste".

4.1. ANORDNUNG VON DATEN IN EINER RANGFOLGE

Der Urliste läßt sich nun zunächst relativ wenig Information entnehmen. Wir können z.B. aufgrund der Urliste nichts darüber aussagen, ob der Student, der den Gesamttestwert $W_{24;2}$ = 74 erzielte, im Vergleich zu den anderen getesteten Studenten gut oder schlecht abgeschnitten hat. Damit Aussagen dieser Art möglich werden, bringen wir die Punktwerte zunächst in eine "Rangordnung".

Für die Gesamttestwerte W_{ij} der 38 männlichen Personen aus Tabelle 2 ist diese Rangfolgebildung in Tabelle 3 durchgeführt. Man beginnt dabei mit dem größten Wert (=92). Diesem wird der Rang 1 zugeordnet. Dann wird der nächstkleinere Wert (=84) aufgesucht, der den Rang 2 erhält, usf. bis zum kleinsten Punktwert (=25), welcher den Rang 38 erhalten muß.

In Tabelle 3 ist neben jedem Punktwert ein Rangplatz verzeichnet. Sofern jeder Punktwert in einer Stichprobe nur einmal auftritt, ist die Vergabe der Ränge kein Problem. Treten jedoch ein oder mehrere Punktwert zweimal oder öfter auf, so müssen die Ränge in bestimmter Weise gemittelt werden. Dabei geht man wie folgt vor : Weisen zwei Personen denselben Punktwert auf, so können wir nicht sagen, daß die eine einen höheren Rangplatz habe als die andere Person - wir müssen vielmehr beiden denselben Rangplatz zuordnen.

Betrachten wir die drei Studenten 19;1 / 25;1 / 25;2 , die den Punktwert 77 erzielten. Es gibt in dieser Stichprobe offensichtlich drei Studenten, die einen höheren Punktwert haben. Diesen höheren Punktwerten entsprechen die Ränge 1, 2 und 3. Die nächsten drei Ränge (4, 5 und 6) müssen wir nun den Studenten mit den Punktwerten 77 zuteilen. Offensichtlich besteht die sinnvollste Strategie dann darin, diese Ränge zu mitteln - (4+5+6)/3 = 5 - und jeder dieser drei Personen den gemittelten Rang (=5) zuzuteilen. Ebenso verfahren wir bei den Punktwerten 76, wir ordnen beiden den gemittelten Rang von 7 und 8, also 7,5 zu. Durch eine derartige Rangzuordnung ist sichergestellt, daß sich den Rangdaten das entnehmen läßt, was für das ordinale Niveau charakteristisch ist : ob bei zwei Personen A und B die Person A besser, schlechter oder gleich gut in dem Test abgeschnitten hat.

Wenn relativ viele Werte mehrfach auftreten und die Stichprobe groß ist, können bei der Rangzuordnung leicht Fehler gemacht werden. Die Rangvergabe sollte deshalb kontrolliert werden, indem man die n Ränge aufsummiert. Diese Summe muß dann gleich sein der Summe der ganzen Zahlen von 1 bis n. diese läßt sich nach der Formel $[n(n+1)]/2$ bestimmen. Es muß also sein

(6) $$\text{Summe aller n Ränge} = \frac{n\,(n+1)}{2}$$

Dies ist bei uns der Fall, denn $[38(38+1)]/2 = 741$.

Welche Vorteile bietet nun die Darstellung in einer Rangfolge im Vergleich zur Urliste? Betrachten wir dazu wieder den Punktwert $W_{24;2}$ = 74. Wir sehen nunmehr, daß dieser Student mit diesem Punktwert in unserer Stichprobe von 38 Studenten einen Rang von 9 hat. Das bedeutet, daß ungefähr ein viertel der untersuchten Studenten einen höheren und etwa 3/4 der Studenten einen niedrigeren Gesamtwert im

Tabelle 3 : Rangordnung der Gesamttestwerte (M-T-A-S) von n = 38 Studenten (Daten aus Tabelle 2, S. 32)

Person (i;j)	Punkt-werte W_{ij}	Rang
17;2	92	1
27;1	84	2
28;1	82	3
19;1	77	5
25;1	77	5
25;2	77	5
22;1	76	7,5
14;2	76	7,5
24;2	74	9
29;2	72	10
23;1	71	11
20;1	70	12,5
29;1	70	12,5
15;2	68	14,5
17;3	68	14,5
18;2	66	16,5
16;3	66	16,5
16;2	65	18,5
21;3	65	18,5
22;2	64	20
26;1	63	21
20;2	60	22
27;2	59	24
28;2	59	24
18;3	59	24
20;3	58	26,5
23;3	58	26,5
25;3	56	28,5
-;-	56	28,5
21;1	54	30
24;1	53	31
24;3	52	32
22;3	49	33
19;3	46	34
23;2	45	35
21;2	44	36
19;2	38	37
26;2	25	38

741 Rangsumme

M-T-A-S erzielt haben als dieser Student. Wir können somit - ausgehend von der Rangordnung - eine Aussage über die relative Position dieser Person in der untersuchten Gruppe von Personen machen.

Die Nachteile der Darstellung in einer Rangfolge sind jedoch offenkundig. Zum einen ist die Bestimmung der Ränge relativ umständlich und zeitaufwendig, insbesondere wenn die Stichproben größer sind. Zum anderen können Vergleiche mit anderen Stichproben, deren Umfang beträchtlich größer oder kleiner ist, nicht angestellt werden. Ein Rang von 19 in einer Stichprobe von 38 Personen bedeutet etwas anderes als ein Rang von 19 in einer Stichprobe von z.B. 180 Personen.

4.2. ANORDNUNG VON DATEN IN EINER PRIMAEREN HAEUFIGKEITSVERTEILUNG

Wir können die Darstellung der Daten weiter vereinfachen, wenn wir die Punktwerte in einer Häufigkeitsverteilung - oft einfach als Verteilung bezeichnet - anordnen. Die einfachste Art einer solchen Verteilung ist die "Primäre Häufigkeitsverteilung". Dabei bringt man die aufgetretenen Punktwerte in ab- oder aufsteigende Reihenfolge und gibt bei jedem Meßwert an, wie häufig er in der Stichprobe vorkommt. In Tabelle 4 ist eine solche primäre Häufigkeitsverteilung dargestellt - für die n = 86 Gesamttestwerte W_{ij} aus Tabelle 2.

Wir betrachten zuerst die beiden ersten Spalten dieser Tabelle. Hier ist jedem Punktwert seine absolute Auftretenshäufigkeit (f_{abs}) zugeordnet.

Eine weitere Darstellungsmöglichkeit wäre nun die Angabe der relativen oder der prozentualen Häufigkeiten. Da die Stichprobe von n = 86 sich jedoch auf relativ viele Punktwerte verteilt, so daß die meisten Punktwerte nur mit sehr geringen absoluten Häufigkeiten auftreten, ist eine Umrechnung dieser absoluten Häufigkei-

Tabelle 4 : Primäre Häufigkeitsverteilung der Gesamttestwerte im Mathematiktest M-T-A-S von 86 Studenten (W_{ij}-Werte aus Tabelle 2).

Punktwert GESAMTTEST (W_{ij})	Häufigkeit f_{abs}	Kumulierte Häufigkeit cum_f
92	1	86
87	1	85
84	2	84
82	1	82
81	1	81
78	1	80
77	6	79
76	3	73
75	1	70
74	2	69
72	1	67
71	1	66
70	2	65
68	4	63
66	2	59
65	6	57
64	4	51
63	1	47
62	3	46
60	3	43
59	4	40
58	4	36
56	2	32
55	1	30
54	2	29
53	2	27
52	1	25
51	1	24
50	1	23
49	3	22
46	2	19
45	1	17
44	3	16
43	2	13
42	2	11
39	1	9
38	2	8
37	1	6
35	1	5
31	1	4
30	1	3
27	1	2
25	1	1

n=86

ten in prozentuale oder relative nicht empfehlenswert. Wir werden die Bestimmung derartiger Häufigkeiten deshalb an den Daten von Tabelle 5 (S.43) demonstrieren, wo die Verteilung einer wesentlich größeren Stichprobe von Meßwerten wiedergegeben ist.

Betrachten wir nun noch die dritte Spalte von Tabelle 4. Sie enthält eine zusätzliche Darstellung in Form der kumulierten Häufigkeiten (cum_f). Dabei werden - beginnend an einem Ende der Verteilung, d.h. entweder beim größten oder kleinsten Meßwert - die Häufigkeiten der aufeinanderfolgenden Meßwerte fortlaufend aufsummiert.

Wir haben mit der Bildung der kumulierten Häufigkeiten beim kleinsten Meßwert begonnen. Die kumulierte Häufigkeit z.B. des Meßwertes 30 (gleich 3) ergibt sich, indem man die absolute Häufigkeit, mit der dieser Meßwert auftritt (=1) addiert zu den absoluten Häufigkeiten der Meßwerte, die kleiner sind als 30. An den kumulierten Häufigkeiten kann man somit für jeden Meßwert ablesen, wie viele Personen einen solchen oder kleineren Wert haben. So stellen wir in Tabelle 4 z.B. fest, daß 57 Personen einen Punkwert von 65 oder kleiner haben. Der letzte Wert der kumulierten Häufigkeiten muß immer gleich sein der Anzahl der Meßwerte (d.h. = n).

Man hätte mit der Kumulierung auch beim größten Wert (=92) beginnen können; dann wäre für jeden Meßwert aus dem Wert von cum_f ablesbar gewesen, wie viele Personen einen solchen Wert oder einen größeren haben. Ob man beim größten oder kleinsten Meßwert mit der Kumulierung beginnt, hängt somit davon ab, was man aus den cum_f-Werten ablesen will. Wir werden im nachfolgenden (wie bei Tabelle 2) meist vom kleinsten Wert an aufsummieren.

Betrachten wir nun ein Beispiel einer primären Häufigkeitsverteilung an einer größeren Stichprobe von Meßwerten. In einer Untersuchung

DIEHL et al. (1976) wurde untersucht, wie weit im Fach Psychologie Methodenveranstaltungen (wie "Statistik", "Versuchsplanung", etc.) von den Teilnehmern anders beurteilt werden als inhaltliche Veranstaltungen (wie z.B. "Entwicklungspsychologie", "Denkpsychologie", etc.). Die Urteile waren an hand eines "Fragebogens zur Beurteilung von Hochschulveranstaltungen im Fach Psychologie" (DIEHL & KOHR 1977) abzugeben. Aus den untersuchten methodischen und inhaltlichen Veranstaltungen standen insgesamt n = 587 Veranstaltungsurteile (ausgefüllte Fragebogen) zur Verfügung. Davon entfielen n_I = 265 auf inhaltliche und n_M = 322 auf Methodenveranstaltungen. Von den vier Aspekten, die der Fragebogen von einer Veranstaltung erfaßt, soll uns im Augenblick nur der erste - der durch die Skala I erfaßte - Aspekt interessieren.

Der Punktwert in dieser Skala (möglicher Wertebereich 10 bis 40) ist ein Indikator dafür, wie weit der beurteilende Student das in der Veranstaltung vermittelte als "relevant und nützlich" ansieht. Dabei bedeutet ein hoher Punktwert in der Skala I, daß die Relevanz und Nützlichkeit der Veranstaltungsinhalte positiv beurteilt werden, während ein niedriger Wert ein Indikator für negative Beurteilung durch den Studenten ist.

In Tabelle 5 ist nun (im linken Teil) eine primäre Häufigkeitsverteilung der n = 587 in dieser Skala erhaltenen Punktwerte wiedergegeben. Wir wollen den Punktwert 21 (inder Tabelle gestrichelt hervorgehoben) herausgreifen, um an ihm zu besprechen, welche Häufigkeitswerte in den einzelnen Spalten bestimmt worden sind.

f_{abs} Absolute Häufigkeit, mit der der Punktwert auftritt. Der Wert 21 tritt 25 mal auf.

f/n Relative Häufigkeit des Punktwertes. Hier wird die absolute Häufigkeit des Punktwertes durch die Anzahl aller Werte (=n) geteilt. Als relative Häufigkeit des Punktwertes 21 ergibt sich

$$f/n = \frac{f_{abs}}{n} = \frac{25}{587} = 0{,}0426$$

Der Anteil der Fälle, in denen der Punktwert 21 in der Gesamtzahl der Fälle (n=587) auftritt, ist somit 0,0426. Die Summe der relativen Häufigkeiten aller Punktwerte muß 1,00 ergeben (kleine Abweichungen sind natürlich aufgrund von Rundungsungenauigkeiten möglich).

$f_{\%}$ Prozentuale Häufigkeit (Häufigkeit in Prozent). Sie bestimmt sich wie folgt :

$$f_{\%} = \frac{f_{abs}}{n} (100)$$

Unser Meßwert 21 tritt in $f_{\%}$ = (25/587)(100) = 4,26 % der Fälle auf. Die Summe der prozentualen Häufigkeiten muß (bis auf Rundungsungenauigkeiten) 100 % ergeben.

$cum_{f_{abs}}$ (cum_f) Kumulierte absolute Häufigkeit. Die bis zu dem unter Betrachtung stehenden Punktwert (einschließlich) fortlaufend aufsummierten absoluten Häufigkeiten. Da wir mit der Kumulierung bei dem kleinsten Wert (=10) begonnen haben, sagt uns die kumulierte Häufigkeit beim Punktwert 21 (=229), daß in der Stichprobe 229 Punkwerte kleiner oder gleich 21 sind.

Tabelle 5 : Primäre Häufigkeitsverteilung von 587 Punktwerten in einer Skala zur Beurteilung der Relevanz und Nützlichkeit von Psychologieveranstaltungen; Auswertung einmal für die Gesamtzahl der n = 587 Veranstaltungsurteile sowie getrennt für die Beurteilungen von Methoden- und inhaltlichen Veranstaltungen.

	Gesamt der Veranstaltungsbeurteilungen (Methoden- und inhaltliche Veranstaltungen)					Beurteilungen von inhaltlichen Veranstaltungen		Beurteilungen von Methodenveranstaltungen	
Punktwert	f_{abs}	f/n	$f_{\%}$	cum_{fabs}	$cum_{f/n}$	f_{abs}	$f_{\%}$	f_{abs}	$f_{\%}$
40	12	.0204	2,0	587	1.0000	8	3,0	4	1,2
39	4	.0068	0,7	575	.9796	4	1,5	0	0,0
38	15	.0256	2,6	571	.9727	14	5,3	1	0,3
37	15	.0256	2,6	556	.9472	13	4,9	2	0,6
36	22	.0375	3,8	541	.9216	21	7,9	1	0,3
35	6	.0102	1,0	519	.8842	5	1,9	1	0,3
34	19	.0324	3,2	513	.8739	16	6,0	3	0,9
33	28	.0477	4,8	494	.8416	24	9,1	4	1,2
32	15	.0256	2,6	466	.7939	13	4,9	2	0,6
31	19	.0324	3,2	451	.7683	15	5,7	4	1,2
30	23	.0392	3,9	432	.7359	16	6,0	7	2,2
29	25	.0426	4,3	409	.6968	16	6,0	9	2,8
28	25	.0426	4,3	384	.6541	15	5,7	10	3,1
27	24	.0409	4,1	359	.6116	14	5,7	10	3,1
26	19	.0324	3,2	335	.5707	13	4,9	6	1,9
25	16	.0273	2,7	316	.5383	8	3,0	8	2,5
24	22	.0374	3,7	300	.5110	11	4,2	11	3,4
23	21	.0358	3,6	278	.4736	9	3,4	12	3,7
22	28	.0477	4,8	257	.4378	9	3,4	19	5,9
21	25	.0426	4,3	229	.3901	8	3,0	17	5,3
20	19	.0324	3,2	204	.3475	3	1,1	16	5,0
19	20	.0341	3,4	185	.3152	3	1,1	17	5,3
18	20	.0341	3,4	165	.2811	0	0,0	20	6,2
17	17	.0290	2,9	145	.2470	2	0,8	15	4,7
16	26	.0442	4,4	128	.2181	2	0,8	24	7,5
15	19	.0324	3,2	102	.1738	1	0,4	18	5,6
14	11	.0187	1,9	83	.1414	0	0,0	11	3,4
13	18	.0307	3,1	72	.1227	0	0,0	18	5,6
12	10	.0170	1,7	54	.0920	1	0,4	9	2,8
11	13	.0221	2,2	44	.0750	1	0,4	12	3,7
10	31	.0528	5,3	31	.0528	0	0,0	31	9,6
	n=587	1.00	100%			n_I=265	100%	n_M=322	100%

$cum_{f/n}$ Kumulierte relative Häufigkeit . Die bis zu dem unter Betrachtung stehenden Punktwert (einschließlich) fortlaufend aufsummierten relativen Häufigkeiten. Da wir mit der Summierung beim kleinsten Wert (=10) begonnen haben, können wir der kumulierten relativen Häufigkeit beim Punktwert 21 (= 0,3901) entnehmen, daß der Anteil der Personen mit einem Punktwert von 21 oder kleiner gleich 0,39 ist.

Um die Addition von etwaigen Rundungsungenauigkeiten zu vermeiden, empfiehlt es sich, die kumulierten relativen Häufigkeiten nicht durch fortlaufende Addition der relativen Häufigkeiten zu gewinnen, sondern für jeden Punktwert aus der zugehörigen kumulierten absoluten Häufigkeit wie folgt neu zu berechnen : $cum_{f/n} = (cum_{fabs})/n$.
Für den Meßwert von 21 wäre dies 229/587 = 0,3901.

$cum_{f\%}$ Kumulierte prozentuale Häufigkeit (in Tabelle 5 nicht enthalten). Die bis zu dem unter Betrachtung stehenden Punktwert (einschließlich) fortlaufend aufsummierten prozentualen Häufigkeiten. Sie lassen sich entweder dadurch gewinnen, daß man die $cum_{f/n}$-Werte jeweils mit 100 multipliziert, oder durch fortlaufendes Summieren der $f_{\%}$-Werte (was wegen der möglichen Addition von Rundungsungenauigkeiten nicht getan werden sollte), oder für jeden Punktwert nach der Formel

$$cum_{f\%} = \frac{cum_{fabs}}{n} (100).$$

Für den Meßwert 21 ergäbe sich $cum_{f\%} = (229/587)(100) =$ 39,01 %, d.h. 39 % der Meßwerte in der Stichprobe sind kleiner oder gleich 21.

Im rechten Teil von Tabelle 5 sind die primären Häufigkeitsverteilungen getrennt für die Beurteilungen von Methoden- und inhaltlichen Veranstaltungen dargestellt. Wir erkennen bei einem Vergleich beider Verteilungen, daß sich bei inhaltlichen Veranstaltungen die Urteile mehr im positiven Bereich der Skala befinden, bei den Methodenveranstaltungen hingegen stärker im negativen Bereich. Wir werden im Laufe unserer Erörterungen auf diesen Unterschied noch zurückkommen.

4.3. ANORDNUNG VON DATEN IN EINER SEKUNDAEREN HAEUFIGKEITSVERTEILUNG

Wir können feststellen, daß eine primäre Häufigkeitsverteilung die Daten exakt beschreibt. Allerdings bietet eine derartige Verteilung häufig keine befriedigende Übersichtlichkeit derart, daß Tendenzen in den Daten nur schwer oder gar nicht erkennbar sind. Dies gilt insbesondere dann, wenn die Werte über einen breiten Bereich relativ gleichmäßig streuen und die erzielten Punktwerte dann durchgehend nur mit geringer relativer Häufigkeit auftreten; die Verteilungen von Tabelle 4 und 5 (Gesamtgruppe) sind dafür Beispiele. In solchen Fällen ist es zweckmäßig, daß man die Daten in bestimmter Weise zusammenfaßt - daß man Punktwertklassen (-intervalle) bildet und die Häufigkeiten in diesen Intervallen bestimmt. Diejenige Verteilung, die sich nach einer solchen Zusammenfassung ergibt, bezeichnen wir als "Sekundäre Häufigkeitsverteilung".

Falls man nicht bereits aus irgendwelchen Gründen für eine bestimmte Art der Intervallbildung (was die Breite der Intervalle angeht, etc.) entschieden ist, kann zur Konstruktion einer sekundären Häufigkeitsverteilung wie folgt vorgegangen werden (gezeigt am Beispiel der Daten aus Tabelle 4, S.41) :

Bestimme den inklusiven Range (Variationsweite) der Verteilung. Dieser wird ermittelt, indem man zur Differenz zwischen dem größten und kleinsten Punktwert eine Einheit (in der Regel = 1) addiert. Für die Verteilung von Tabelle 4 erhalten wir [(92-25)+1] = 68 als inklusiven Range. [Eins wird zu der Differenz zwischen größtem (=92) und kleinstem (=25) Wert addiert, da der festgestellte Wert 92 für das Punktwertintervall 91,5 bis 92,5 steht - d.h. in diesem Bereich muß der exakte Wert liegen - und 25 für das Intervall 24,5 bis 25,5. So enthält der inklusive Range nicht nur die festgestellten, sondern auch alle exakten Werte[1).]

Wähle die Punktwertklassen (Intervalle) und deren Klassenbreite so, daß sich mindestens 12 und höchstens 15 Intervalle ergeben (hierbei handelt es sich um eine Konvention, die sich als zweckmäßig erwiesen hat, nicht um eine Notwendigkeit).

Dazu teilt man den inklusiven Range als erstes durch 12; dies ergibt die größte zweckmäßige Klassenbreite. Dann teilt man den inklusiven Range durch 15; hierdurch erhält man die kleinste zweckmäßige Klassenbreite. Für unser Beispiel ergibt sich :

größte zweckmäßige Klassenbreite = 68/12 = 5,67
kleinste zweckmäßige Klassenbreite = 68/15 = 4,53 .

Da als Intervallbreiten ganze Zahlen sinnvoll sind, wird die grösste zweckmäßige Klassenbreite nach unten abgerundet (das ergibt für unser Beispiel den Wert 5), und die kleinste zweckmäßige Klassenbreite nach oben (was bei uns ebenfalls den Wert 5 ergibt). Im Zweifelsfall sollte man ungeradzahlige Klassenbreiten wählen. Dies empfiehlt sich, weil die Mittelpunkte der sich ergebenden Intervalle dann immer ganze Zahlen sind. Nehmen wir das Intervall 81 bis 85, dessen Intervallbreite 5 ist (von 80,5 - 85,5). Es enthält die 5 Werte 81, 82, 83, 84 und 85; die Mitte dieses Intervalls ist dann 415/5 = 83.

Bestimme die Klassengrenzen. Man beginnt zweckmäßigerweise mit einem Vielfachen der Klassenbreite. Die Grenzen der obersten und untersten Klasse müssen natürlich so beschaffen sein, daß der größte und kleinste Wert, die in der Datenmenge vorkommen, eingeordnet werden können.

Trage für jeden Meßwert neben die Klasse, in die er fällt, einen Strich ein ("Strichliste"). Bestimme danach die Anzahl der Meßwerte in jeder Klasse.

Entsprechend diesen Empfehlungen ergibt sich für die Daten von Tabelle 4 die in Tabelle 6 wiedergegebene sekundäre Häufigkeitsverteilung. Es soll noch einmal darauf hingewiesen werden, daß die geschilderte Vorgehensweise lediglich eine Empfehlung ist, an die man sich nicht unbedingt zu halten braucht. Wenn einem aus bestimmten Gründen eine andere Klasseneinteilung sinnvoll erscheint, sollte man ruhig diese wählen. Das entscheidende Ziel bei einer Darstellung in Form einer sekundären Häufigkeitsverteilung ist letztlich immer, daß durch die Darstellung Tendenzen in den Daten möglichst gut zu erkennen sind, für den Untersucher selbst wie auch für den Leser des Untersuchungsberichts. Die Darstellung der Daten soll so geschehen, daß davon ausgehend möglichst gut zu der Untersuchungsfrage Stellung genommen werden kann.

---

1) Siehe dazu auch die Ausführungen zum Range im Abschnitt 6.1.

Tabelle 6 : Sekundäre Häufigkeitsverteilung der Gesamttestwerte im Mathematiktest M-T-A-S von 86 Studenten (Daten aus Tabelle 4, S. 41)

Punktwert Intervall	Exakte Intervallgrenzen	Intervallmitte	Strichliste	f_{abs}	cum_f (kleiner oder gleich)	$f_{\%}$	$cum_{f\%}$ (kleiner oder gleich)	cum_f (größer oder gleich)	$cum_{f\%}$ (größer oder gleich)
91-95	90,5; 95,5	93	I	1	86	1,2	100,0	1	1,2
86-90	85,5; 90,5	88	I	1	85	1,2	98,8	2	2,3
81-85	80,5; 85,5	83	IIII	4	84	4,7	97,7	6	7,0
76-80	75,5; 80,5	78	𝍸𝍸	10	80	11,6	93,0	16	18,6
71-75	70,5; 75,5	73	𝍸	5	70	5,8	84,4	21	24,4
66-70	65,5; 70,5	68	𝍸III	8	65	9,3	75,6	29	33,7
61-65	60,5; 65,5	63	𝍸𝍸IIII	14	57	16,3	66,3	43	50,0
56-60	55,5; 60,5	58	𝍸𝍸III	13	43	15,1	50,0	56	65,6
51-55	50,5; 55,5	53	𝍸II	7	30	8,1	34,9	63	73,3
46-50	45,5; 50,5	48	𝍸I	6	23	7,0	26,7	69	80,2
41-45	40,5; 45,5	43	𝍸III	8	17	9,3	19,8	77	89,5
36-40	35,5; 40,5	38	IIII	4	9	4,7	10,5	81	94,2
31-35	30,5; 35,5	33	II	2	5	2,3	5,8	83	96,5
26-30	25,5; 30,5	28	II	2	3	2,3	3,5	85	98,8
21-25	20,5; 25,5	23	I	1	1	1,2	1,2	86	100,0

Häufig haben Befragte auch die Tendenz, bestimmte Werte bei ihren Angaben zu bevorzugen. Wenn z.B. Personen nach ihrer Größe gefragt werden und Angaben gehäuft bei "geraden" Werten wie 170, 175, 180 usf. auftreten - weil die Tendenz besteht, "runde" Zahlen anzugeben - so sollte die Wertehäufung bei bestimmten Punkten der Verteilung bei der Klassenbildung möglichst nicht verloren gehen. D.h. es bietet sich aus sachlichen Gründen eine Intervallbildung an, die u.U. von der abweicht, wie wir sie durch die oben beschriebene Vorgehensweise erhalten würden.

Ein gutes Beispiel für das "bevorzugte" Auftreten bestimmter Werte ist die primäre Häufigkeitsverteilung im linken Teil von Tabelle 7. Sie gibt die Verteilung der Angaben von n = 68 Studenten zu der Anzahl der von ihnen pro Tag gerauchten Zigaretten wieder. Da Raucher wohl häufig "in Packungen" denken und sich danach teilweise auch den Konsum einteilen, ist die Häufung bei 5, 10 und 20 Zigaretten/Tag verständlich. Dieses Hervortreten der Werte 5, 10, usf. sollte nun möglichst auch in der sekundären Häufigkeitsverteilung erhalten bleiben. Dies ist im rechten Teil von Tabelle 7 dadurch geschehen, daß die Intervallbildung so vorgenommen wurde, daß diese Werte (5, 10,...) jeweils Klassenmitten bilden. Dadurch wird die unterste Klasse (1-2) zwar kleiner als die übrigen, das typische an den Daten kommt jedoch deutlich zum Ausdruck. Am oberen Ende der Verteilung wurde eine "offe-

Zahl der Zigaretten pro Tag	f_{abs}
2	4
3	1
4	2
5	10
6	2
7	1
8	1
9	1
10	17
12	3
13	1
15	1
17	1
20	14
25	2
30	3
40	1
50	2
90	1
	n=68

Tabelle 7 : Primäre und sekundäre Häufigkeitsverteilung der Angaben von 68 Rauchern (Studenten) zur Anzahl der pro Tag gerauchten Zigaretten

Intervall (Zahl der Zigaretten pro Tag)	Klassenmitte	f_{abs}
1 - 2		4
3 - 7	5	16
8 - 12	10	22
13 - 17	15	3
18 - 22	20	14
23 - 27	25	2
28 - 32	30	3
33 und mehr		4
		n=68

ne Klasse" eingeführt, da nach 30 Zigaretten pro Tag nur noch wenige, vom "Pulk" der Werte jedoch teilweise stark abweichende Werte auftreten. Es wäre der Darstellung der Daten nicht dienlich, wollte man diese wenigen "Ausreißer" dadurch berücksichtigen, daß man nach der oben geschilderten Empfehlung den inklusiven Range [(90-2)+1]= 89 bildet und über diesen Wertebereich eine Intervalleinteilung vornimmt.

4.4. GRAPHISCHE DARSTELLUNG VON HAEUFIGKEITSVERTEILUNGEN

Es ist der Veranschaulichung der in den Daten vorhandenen Tendenzen häufig dienlich, die primäre oder sekundäre Häufigkeitsverteilung auch graphisch darzustellen.

4.4.1. DAS HISTOGRAMM ODER SAEULENDIAGRAMM

Eine graphische Darstellungsform ist das Histogramm (Säulendiagramm). In Abbildung 6 ist ein solches Histogramm für die Daten aus der sekundären Häufigkeitsverteilung von Tabelle 6 (S. 46) erstellt worden. Man trägt dabei auf der Ordinatenachse eine Häufigkeitsskala ab; dies können sein absolute, relative oder prozentuale Häufigkeiten. Die Abszissenachse ist die "Merkmals-" oder "Variablenachse". Hier werden, sofern man von einer primären Häufigkeitsverteilung ausgeht, die einzelnen Variablen- bzw. Punktwerte abgetragen. Bildet hingegen eine sekundäre Häufigkeitsverteilung den Ausgangspunkt, trägt man auf der

Abbildung 6 : Histogramm der Verteilung der Gesamttestwerte im Mathematiktest M-T-A-S von 86 Studenten (Daten aus Tabelle 6, S. 46)

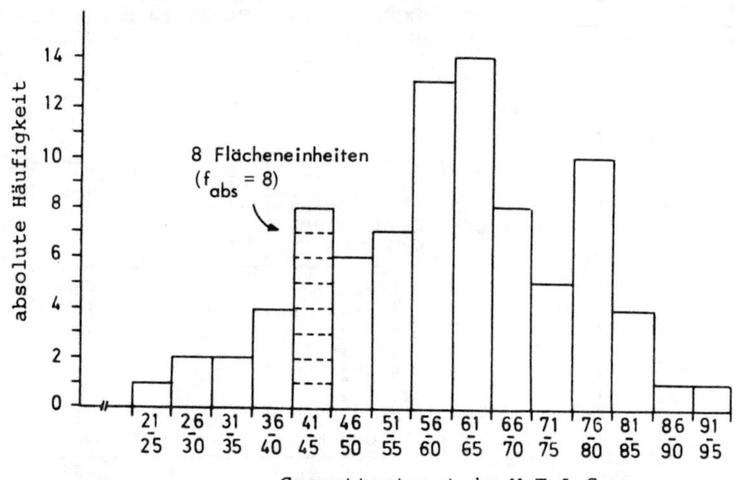

Abszissenachse die Punktwertintervalle ab, entweder durch Kenntlichmachung der Intervallmitten oder durch Angabe der Punktwerte, die in den Intervallen zusammengefaßt sind (wie in Abbildung 6 geschehen). Die Intervalle werden dabei - da sie alle aus gleich vielen Werten gebildet sind - in gleicher Breite abgetragen. Über jedem Intervall wird nun eine Säule eingezeichnet; deren Höhe richtet sich dabei nach der (in unserem Fall) absoluten Häufigkeit f_{abs} in dem Intervall. Durch diese Art der Darstellung repräsentieren die Flächen der Säulen die in den Intervallen auftretenden Häufigkeiten - bei jedem Intervall ist die Anzahl der Flächeneinheiten der Säule gleich der absoluten Häufigkeit. Dies ist in Abbildung 6 beim Intervall 41 bis 45 deutlich gemacht.

Will man die in Histogrammform dargestellten Verteilungen aus zwei oder mehr Gruppen unterschiedlichen Umfangs miteinander vergleichen, so müssen auf der Ordinatenachse relative oder prozentuale Häufigkeiten abgetragen werden. Allerdings ist für den Vergleich mehrerer (graphisch dargestellter) Verteilungen der im nächsten Abschnitt beschriebene Polygonzug meist besser geeignet.

Zuvor jedoch noch ein Hinweis auf eine Möglichkeit der Arbeitserleichterung bei der praktischen Erstellung eines Histogramms (oder eines Polygonzuges). Derartige Graphiken lassen sich nämlich mit hinreichender Schönheit auch auf der Schreibmaschine erstellen. Abbildung 7 zeigt einen solchen Versuch (für die Daten von Tabelle 6, die auch die Grundlage von Abbildung 6 gewesen sind). Lediglich beim Polygonzug müssen nachträglich noch die Verbindungslinien zwischen den Punkten eingezeichnet werden.

Abbildung 7 : Erstellung von Histogramm und Polygonzug mittels Schreibmaschine (Daten von Tabelle 6)

Gesamttest-wert im M-T-A-S	Häufig-keit (absol.)	Histogramm	Polygonzug
91 - 95	1	X	
86 - 90	1	X	
81 - 85	4	XXXX	
76 - 80	10	XXXXXXXXXX	
71 - 75	5	XXXXX	
66 - 70	8	XXXXXXXX	
61 - 65	14	XXXXXXXXXXXXXX	
56 - 60	13	XXXXXXXXXXXXX	
51 - 55	7	XXXXXXX	
46 - 50	6	XXXXXX	
41 - 45	8	XXXXXXXX	
36 - 40	4	XXXX	
31 - 35	2	XX	
26 - 30	2	XX	
21 - 25	1	X	
16 - 20	0		
	n=86		

4.4.2. DER POLYGONZUG (AUCH EINFACH ALS POLYGON BEZEICHNET)

Bei der Konstruktion eines Polygons gehen wir in nahezu gleicher Weise vor wie bei der Konstruktion eines Histogramms. Auf der Ordinatenachse wird wieder eine Häufigkeitsskala (absolut, relativ oder prozentual) abgetragen. Auf der Abszissenachse trägt man entweder (wenn eine primäre Häufigkeitsverteilung als Polygon dargestellt werden soll) die einzelnen Variablen- bzw. Punktwerte ab, oder (im Fall einer sekundären Häufigkeitsverteilung) die Punktwertintervalle. Üblich ist beim Polygonzug hierbei die Angabe der Klassenmitten. Über jeder Klassenmitte wird eine Senkrechte errichtet; ihre Höhe richtet sich nach der Häufigkeit in dem Intervall. Die oberen Endpunkte der Senkrechten werden daraufhin durch Gerade verbunden. Abbildung 8 enthält den Polygonzug für die Daten von Tabelle 6 (die auch die Grundlage für die Abbildungen 6 und 7 waren). Für das Intervall 41 bis 45 (Mitte = 43) ist die Bestimmung des Punktes für den Polygonzug verdeutlicht.

Betrachten wir kurz die beiden äußeren Enden des Polygonzuges. In der Regel trifft der Polygonzug hier jeweils in der Mitte des ersten Intervalls, in dem die Häufigkeit Null ist, auf die Abszissenachse. Dies ist in Abb. 8 am unteren Ende der Fall. Im Intervall 21 bis 25 tritt der letze Meßwert auf, der Polygonzug ist bis zur Mitte des

Abbildung 8 : Polygon der Verteilung der Gesamttestwerte im Mathematiktest M-T-A-S von 86 Studenten (Daten von Tabelle 6 bzw. Abbildung 6 und 7)

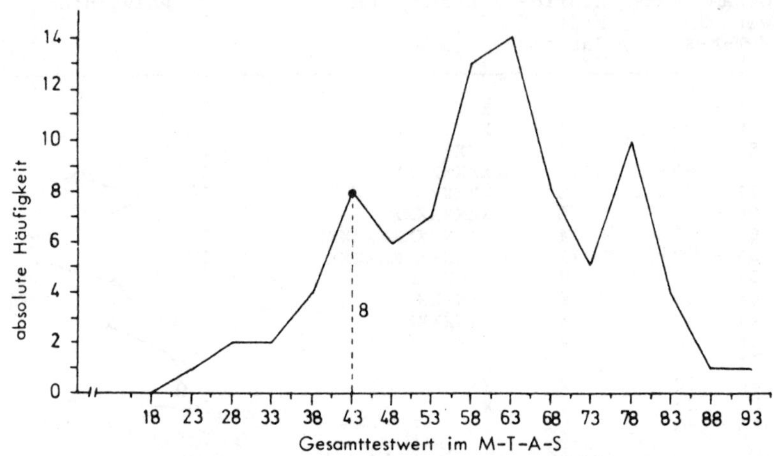

folgenden Intervalls 16 bis 20 (=18) auf der Abszissenachse durchgezogen, so die Häufigkeit Null in diesem Intervall anzeigend. Dies ist sinnvoll, da Werte in diesem Intervall empirisch hätten auftreten können. Anders liegt der Fall am oberen Ende des Polygonzuges. Der höchste Wert, der im M-T-A-S auftreten kann, ist 95 (=alle Aufgaben richtigt gelöst), d.h. fällt bei unserer Intervallbildung in das Intervall 91 bis 95. In diesem Intervall tritt auch in unserer Stichprobe der letzte Wert auf, so daß der Polygonzug in der Mitte des Intervalls 96 bis 100 auf die Abszissenachse treffen müßte. Da diese Werte jedoch gar nicht auftreten können, ist es nicht sinnvoll, durch Weiterziehen des Polygonzuges bis in dieses Intervall den Eindruck ihrer empirischen Möglichkeit zu erwecken. Der Polygonzug endet deshalb "in der Luft" über der Mitte des empirisch letztmöglichen Intervalls.

Wir hatten schon darauf hingewiesen, daß ein besonderer Vorteil des Polygonzuges darin liegt, daß man mittels dieser Darstellungsform gut die Verteilungen aus zwei oder mehr Gruppen von Meßwerten miteinander vergleichen kann.

In Tabelle 8 ist eine sekundäre Häufigkeitsverteilung der Daten von Tabelle 5 (S. 43) wiedergegeben. Da bei der hier verwendeten Skala nur Punktwerte zwischen 10 und 40 (einschließlich) auftreten können, war eine Intervallbildung dergestalt, daß alle Intervalle die gleiche Breite aufweisen, nicht möglich. Die beiden äußeren Intervalle schliessen deshalb jeweils nur zwei Punktwerte ein, die übrigen Intervalle jeweils drei. Die Darstellung der drei Verteilungen von Tabelle 8 in Form von Polygonzügen ermöglicht uns nun einen anschaulichen Vergleich der von den befragten Studenten abgegebenen Urteile bezüglich der "Relevanz und Nützlichkeit" von Methoden- und inhaltlichen Psychologie-

Tabelle 8 : Sekundäre Häufigkeitsverteilung von 587 Punktwerten in einer Skala zur Beurteilung der Relevanz und Nützlichkeit von Psychologieveranstaltungen. Auswertung einmal für die Gesamtzahl der n = 587 Veranstaltungsbeurteilungen sowie getrennt für die Beurteilungen von Methoden- und inhaltlichen Veranstaltungen (Daten von Tabelle 5, S. 43)

		Gesamt der Beurteilungen (Inhaltl. und method. Ver.)		Beurteilung von inhaltlichen Veranstaltungen		Beurteilung von methodischen Veranstaltungen	
Punktwert Intervall	Intervallmitte	f_{abs}	$f_{\%}$	f_{abs}	$f_{\%}$	f_{abs}	$f_{\%}$
39 - 40	39,5	16	2,7	12	4,5	4	1,2
36 - 38	37	52	8,9	48	18,1	4	1,2
33 - 35	34	53	9,0	45	17,0	8	2,5
30 - 32	31	57	9,7	44	16,6	13	4,0
27 - 29	28	74	12,6	45	17,0	29	9,0
24 - 26	25	57	9,7	32	12,1	25	7,8
21 - 23	22	74	12,6	26	9,8	48	14,9
18 - 20	19	59	10,1	6	2,3	53	16,5
15 - 17	16	62	10,6	5	1,9	57	17,7
12 - 14	13	39	6,6	1	0,4	38	11,8
10 - 11	10,5	44	7,5	1	0,4	43	13,4
		587	100%	265	100%	322	100%

veranstaltungen. Diese Polygonzüge gibt Abbildung 9 wieder.[1] Auch hier treffen die Polygonzüge - wegen der skalenbedingten Begrenzung empirisch möglicher Punktwerte - nicht auf die Abszissenachse.

Ein Vergleich der Polygone von "Methoden-" und "inhaltlichen" Urteilen zeigt uns, daß die Methodenveranstaltungen von den Studenten in der Tendenz deutlich als weniger "relevant und nützlich" eingestuft wurden als die inhaltlichen Veranstaltungen. Die beiden Verteilungen sind zum negativen bzw. positiven Ende der Beurteilungsskala hin verschoben. In der Darstellung der Gesamtdaten heben sich diese Verschiebungen der beiden Untergruppen dann auf und die Punktwerte verteilen sich relativ gleichmäßig über die gesamte Breite der Skala.

4.4.3. SUMMENPOLYGONE (SUMMENKURVEN ODER OGIVEN)

Zur Darstellung von Summenpolygonen werden auf der Ordinatenachse relative oder prozentuale Häufigkeiten abgetragen, auf der Abszissenachse die exakten oberen bzw. unteren Intervallgrenzen. Einge-

1) Da die Gruppen unterschiedlichen Umfang haben, müssen, um einen Vergleich der Verteilungen zu ermöglichen, auf der Ordinatenachse relative oder prozentuale Häufigkeiten abgetragen werden.

Abbildung 9 : Polygonzüge der Verteilungen von Tabelle 8

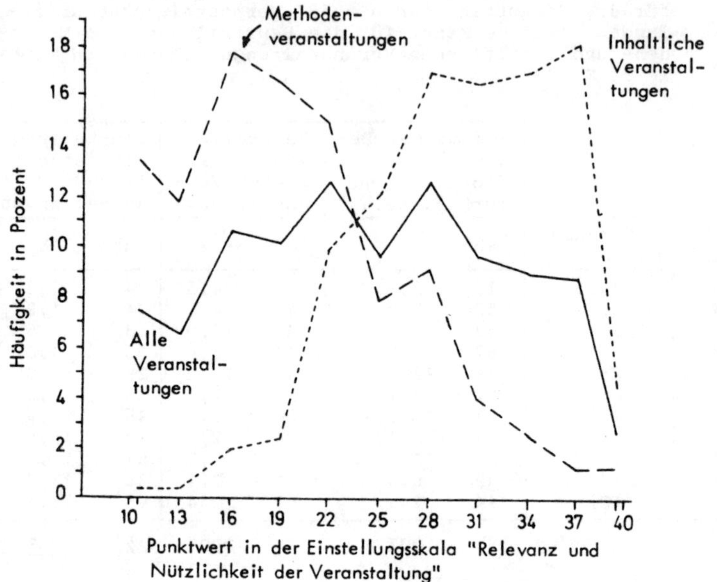

zeichnet werden hier nun für jedes Intervall die entsprechenden kumulierten relativen bzw. prozentualen Häufigkeiten und die Punkte dann durch Gerade verbunden.

Wir wollen die Erstellung einer Summenkurve an den Daten von Tabelle 6 (S. 46) demonstrieren. Als erstes betrachten wir dabei die Spalte $cum_{f\%}$ ("kleiner oder gleich"). Die dortigen kumulierten prozentualen Häufigkeiten sagen uns für jedes Punktwertintervall, wieviel Prozent der Fälle einen Punktwert haben, der kleiner ist als die obere Intervallgrenze. Diese Häufigkeiten werden nun in dem Koordinatenkreuz jeweils über der oberen Intervallgrenze eingezeichnet. Durch Verbindung der Punkte erhalten wir die Summenkurve "kleiner", d.h. die Kurve, bei der ablesbar ist, wieviel Prozent der Personen einen Punktwert haben, der kleiner ist als eine bestimmte obere Intervallgrenze. In Abbildung 10 ist diese Summenkurve "kleiner" durchgezogen eingezeichnet. Wir lesen dort ab, daß 19,8 % der untersuchten Personen einen M-T-A-S-Punktwert haben, der kleiner ist als 45,5 (= der oberen Grenze des Intervalls 41 - 45). Da empirisch nur ganze Punktwerte auftreten können, bedeutet dies, daß 19,8 % einen Punktwert haben, der kleiner oder gleich 45 ist.

Gehen wir nun von der letzten Spalte in Tabelle 6 aus, wo die kumulierten prozentualen Häufigkeiten $cum_{f\%}$ ("größer oder gleich") eingetragen sind. Diese geben uns bei jedem Intervall an, wieviel Prozent der Fälle über der unteren Intervallgrenze liegen. Für diese Häufigkeiten können wir ebenfalls eine Summenkurve zeichnen. Dabei

Abbildung 10 : Summenkurven für die Gesamttestwerte im Mathematiktest M-T-A-S von 86 Studenten (Daten von Tabelle 6, S. 46)

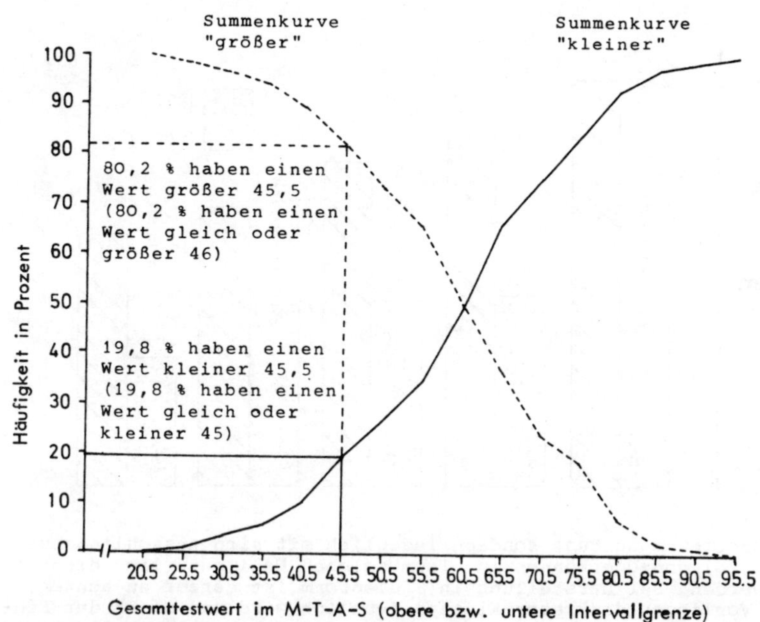

werden bei jedem Intervall die Häufigkeiten über der unteren Intervallgrenze eingezeichnet und die Punkte durch Gerade verbunden. In Abbildung 10 ist diese Summenkurve "größer" gestrichelt eingezeichnet. Wir können hier ablesen, daß 80,2 % einen Wert größer 45,5 (= der unteren Grenze des Intervalls 46 - 50) haben, bzw. - unter Berücksichtigung des Sachverhalts, daß nur ganze M-T-A-S-Werte auftreten können - daß 80,2 % einen Punktwert gleich oder größer 46 haben. Im konkreten Fall wird man allerdings in der Regel nur eine Art von Summenkurve einzeichnen, meist die Summenkurve "kleiner", die uns sagt, wieviel Prozent unterhalb einer bestimmten oberen Intervallgrenze liegen.

4.4.4. GRAPHISCHE DARSTELLUNGEN BEI VORLIEGEN VON NOMINALEN KLASSEN

Bei unseren bisherigen graphischen Darstellungen wurden auf der Abszissenachse (der Merkmalsachse) immer die Werte einer quantitativen Variablen (kontinuierlich oder diskret) abgetragen. Liegt hingegen ein nominales Merkmal vor, wie z.B. Geschlecht (weiblich-männlich), Religion (katholisch-evangelisch-Heide), so haben wir es mit keinem

Abbildung 11 : Schichtleistung im Steinkohlebergbau europäischer Länder (Quelle : "Steinkohleanzeige" im SPIEGEL, 1977, Nr. 25)

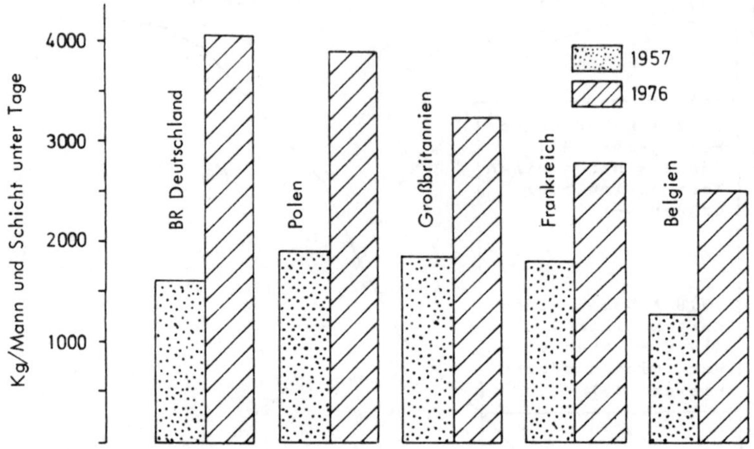

Meßwertkontinuum zu tun, sondern lediglich mit sich ausschließenden Klassen. Polygonzüge können in einem solchen Fall natürlich nicht erstellt werden. Bei Darstellung in Säulenform ist darauf zu achten, daß das Vorliegen diskreter Klassen deutlich wird und nicht der Eindruck eines Kontinuums in der Waagerechten entsteht. In Abbildung 11 ist ein Beispiel gegeben; für verschiedene Länder ist hier die Schichtleistung im Steinkohlebergbau graphisch dargestellt.

Eine relativ häufig verwendete Veranschaulichung von Prozentangaben für verschiedene nominale Klassen ist das Kreis- oder Sektorendiagramm. Abbildung 12 gibt in einer solchen Form die Ausgabenstruktur bei den privaten Haushalten im Jahr 1975 wieder. Ausgangspunkt für die Darstellung bilden dabei Prozentdaten. Die Gesamtfläche des Kreises entspricht 100%. Für jede Klasse wird nun ein Kreissektor eingezeichnet, dessen prozentualer Anteil an der Gesamtfläche gleich ist dem Prozentwert für die Klasse. Dabei berechnen sich die Zentriwinkel α für die einzelnen Sektoren nach der Formel

$$\alpha = (\text{Prozentwert})(3,6^{\circ})$$

In unserem Beispiel ergibt sich danach für die Ausgabenklasse "Bekleidung" (auf die 6,6% der Ausgaben entfallen) für den Winkel $\alpha = (6,6)(3,6^{\circ}) = 23,8^{\circ}$; dies tragen wir mit einem Winkelmesser ab.

Außer den hier vorgestellten Formen der Veranschaulichung gibt es noch eine Reihe anderer Möglichkeiten der graphischen Darstellung. Auf eine weitergehende Behandlung wird jedoch verzichtet, einmal aus Raumgründen, und zum anderen, weil es zu einem großen Teil der Phan-

Abbildung 12 : Kostenstruktur der privaten Haushalte im Jahr 1975 (Quelle : "Steinkohleanzeige" im SPIEGEL, 1977, Nr. 25)

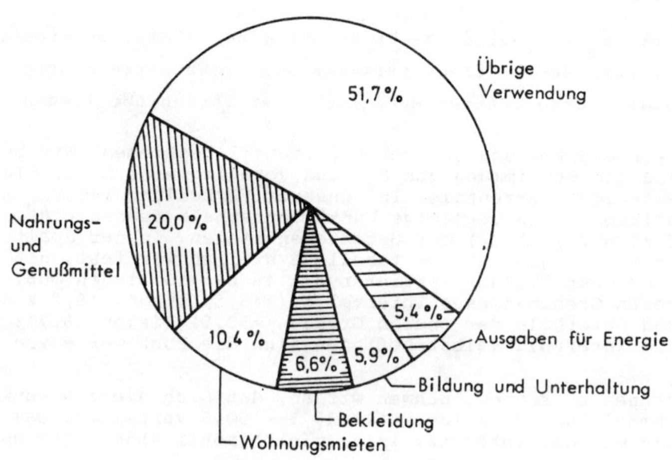

tasie des Darstellenden überlassen bleiben kann, wie er seine Befunde graphisch veranschaulicht, sofern die Art der Veranschaulichung nur hinreichend ihrem Zweck dient : nämlich die in den Daten vorhandenen Tendenzen für den Untersucher selbst als auch für den Leser bzw. Betrachter möglichst deutlich offenbar werden zu lassen.

4.5. DIE BESTIMMUNG VON PERZENTILEN

Wir greifen für unsere Überlegungen auf die Verteilung der Gesamttestwerte im Mathematiktest M-T-A-S von 86 Studenten (Tabelle 6, S. 46) zurück. Nehmen wir an, wir wollen die von 0 bis 95 reichende Testskala so vereinfachen, daß nur noch drei Klassen verbleiben : (1) "gutes" Abschneiden, (2) "befriedigendes" Abschneiden und (3) "schlechtes" Abschneiden im Mathematiktest. Diese Klassen definieren wir dabei - ausgehend von den Befunden an unserer Stichprobe von n = 86 Personen - wie folgt : "gut" sind die oberen 25 % der Punktwerte, "befriedigend" die mittleren 50 % und "schlecht" die unteren 25 % der Punktwertverteilung.

Zur Lösung dieses Problems müssen wir präzisieren. Wir suchen nämlich auf unserer Testskala (a) den Punkt, unterhalb dessen die Werte eines viertels der Stichprobe liegen und (b) den Punkt, unterhalb dessen drei viertel der Stichprobe liegen. Zwischen diesen beiden Punkten müssen die "mittleren 50 %" der Meßwerte liegen, so daß die Bestimmung der beiden genannten Punkte hinreichend ist.

Die von uns gesuchten Punkte auf der Skala bezeichnet man als "Perzentile". Wir suchen in unserem Beispiel das Perzentil 25 und das Perzentil 75. Diese Perzentile wollen wir verkürzt mit P_{25} und P_{75} bezeichnen. Wir können insgesamt 99 Perzentile bestimmen. Allgemein gilt :

> Das Perzentil P_p ist derjenige Punkt auf einer Skala, unterhalb dessen p Prozent der in einer primären oder sekundären Häufigkeitsverteilung angeordneten Meßwerte einer Stichprobe liegen.

Wie können wir ein von uns gesuchtes Perzentil bestimmen? Wir betrachten dazu die Bestimmung von P_{25} und verallgemeinern auf die Bestimmung beliebiger Perzentile. In unserer Verteilung ist P_{25} auf der Mathematiktestskala derjenige Punkt, unterhalb dessen ein viertel (d.h. 86/4 = 21,5 ≈ 22) der Getesteten liegen. In der Spalte $cum_{f\%}$ (kleiner oder gleich) von Tabelle 6 stellen wir fest, daß der gesuchte Punkt im Punktwertintervall 46 bis 50 liegen muß, denn bis zur unteren Grenze dieses Intervalls (=45,5) liegen 19,8 % der Meßwerte, und unterhalb der oberen Grenze (=50,5) liegen 26,7 % der Probanden. Im Intervall selbst befinden sich die Punktwerte von 6 Personen.

Um P_{25} berechnen zu können, nehmen wir an, daß sich diese 6 Punktwerte gleichmäßig über das Intervall 45,5 - 50,5 verteilen. Das bedeutet, daß wir das Intervall in 6 (gleichgroße) Abschnitte unterteilen:

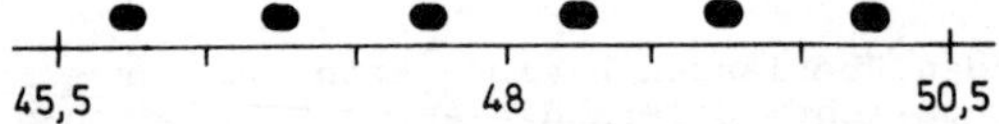

Bis 45,5 liegen 19,8 % = 17 Meßwerte; unterhalb P_{25} müssen 25 % = 86/4 = 21,5 (≈22) Meßwerte liegen. Wir benötigen somit noch 4,5 (≈5) der "kleineren" Meßwerte aus dem Intervall, um die 25 % der Meßwerte "voll" zu machen. Wir müssen deshalb bestimmen, wie weit wir über die exakte untere Intervallgrenze (UG) hinausgehen müssen, um die 4,5 (≈5) Meßwerte, die noch unterhalb P_{25} liegen, einbeziehen zu können. Offensichtlich haben wir 4,5/6 (≈5/6) des Intervalls nach "oben" zu gehen. Die Intervallbreite (i) beträgt i = 50,5 minus 45,5 = 5 Einheiten. Daher müssen wir auf der Skala 4,5/6 mal 5 Einheiten zur exakten unteren Intervallgrenze hinzuzählen. P_{25} ergibt sich also wie folgt :

$$P_{25} = 45{,}5 + \frac{4{,}5}{6}\,(5) = 49{,}25 \;(\approx 49).$$

Setzen wir - da wir nur "ganze" Personen haben - statt 4,5 den Wert 5 ein, so ist $P_{25} \approx 50$. Da sich hier P_{25}, d.h. der Punkt, unterhalb dessen 25 % der Meßwerte der Verteilung liegen, zwar rechnerisch exakt bestimmen läßt, dies aber mit der empirischen Realität nicht übereinstimmt (n = 86 ist nicht durch 4 teilbar, so daß es empirisch den Punkt nicht geben kann), ist es sinnvoller, das Ergebnis der Berechnungen etwa wie folgt zu formulieren : "Ca. ein viertel der Personen haben einen Meßwert kleiner 49".

Das Perzentil 75 liegt im Intervall 65,5 bis 70,5; wir sehen, daß bis zur oberen Grenze dieses Intervalls 65 = 75,6 % der Probanden liegen. P_{75} ist also ungefähr gleich 70; oder anders ausgedrückt : ungefähr 75 % der Personen haben einen Wert gleich oder kleiner 70.

Aus den bisherigen Erörterungen läßt sich folgende allgemeine Formel zur Bestimmung eines beliebigen Perzentils P_p ableiten :

$$(7) \quad P_p = UG + \left[\frac{(p/100)(n) - cum_{fUG}}{f} \right] (i)$$

Hierbei sind :

UG : Exakte untere Grenze des Intervalls, in dem das gesuchte Perzentil liegt

p : "Nummer" des Perzentils

n : Umfang der Stichprobe

cum_{fUG} : Anzahl der Punktwerte, die unterhalb des Intervalls, in dem das gesuchte Perzentil sich befindet, liegen

f : Anzahl der Meßwerte in dem Intervall, in welchem das Perzentil liegt

i : Intervallbreite = obere exakte Intervallgrenze minus untere exakte Intervallgrenze.

Nach Formel (7) ergibt sich für unsere Daten

$$P_{25} = 45,5 + \left[\frac{(25/100)(86) - 17}{6} \right] (5) = 49,25$$

$$P_{75} = 65,5 + \left[\frac{(75/100)(86) - 57}{8} \right] (5) = 70,19$$

Mittels Formel (7) lassen sich somit im Prinzip alle 99 Perzentile rechnerisch exakt bestimmen. Unsere obige Diskussion hat jedoch bereits gezeigt, daß man über der formalen Berechnung die empirischen Datenverhältnisse in der Stichprobe nicht aus dem Auge verlieren darf. Man sollte deshalb die Bestimmung eines Perzentils P_p über Formel (7) nur als Verfahren zur ungefähren Abschätzung der Lokalisation des Perzentilpunktes im Perzetil-Intervall ansehen, nicht zuletzt auch deshalb, weil wir ja unter der Annahme arbeiten, daß die Meßwerte sich im Perzentil-Intervall gleichmäßig über das Intervall verteilen.

Ganz umgehen kann man die Berechnung des Perzentils über Formel (7), wenn man von einer primären Häufigkeitsverteilung ausgeht, denn dann ist das Perzentil mit hinreichender Genauigkeit aus der (von "unten") kumulierten prozentualen Häufigkeitsverteilung ablesbar. Wir wollen dies an den Daten von Tabelle 4 (S. 41) und Tabelle 6 (S. 46) demonstrieren und daran auch zeigen, daß bei der vorliegenden Datenkonstellation nur bestimmte Aussagen über Perzentile einen empirischen Sinn haben.

Gehen wir wieder vom Perzentil P_{25} aus. Über Formel (7) hatten wir - ausgehend von der sekundären Häufigkeitsverteilung - dafür $P_{25} = 49,25$ berechnet. Betrachten wir nun die in Tabelle 9 wiedergegebenen Ausschnitte aus den Tabellen 4 und 6. In der primären Häufigkeitsverteilung können wir feststellen, daß 25,6 % der Personen einen Wert gleich oder kleiner 49 haben. Es ist hinreichend genau, wenn wir in diesem Fall sagen, daß das 25. Perzentil etwa beim Punktwert 49 liegt. Dies stimmt einerseits mit dem an der sekundären

Tabelle 9 : Ausschnitte aus Tabelle 4 (S. 41) und 6 (S. 46) zur Demonstration der Bestimmung des Perzentils P_{25} bei Vorliegen der primären und der sekündären Häufigkeitsverteilung

Primäre Häufigkeitsverteilung (aus Tabelle 4)			
Punktwert M-T-A-S	f_{abs}	cum_f	$cum_{f\%}$
51	1	24	27,9
50	1	23	26,7
49	3	22	25,6
48	0	19	22,1
47	0	19	22,1
46	2	19	22,1
45	1	17	19,8
44	3	16	18,6
43	2	13	15,1
42	2	11	12,8
41	0	9	10,5
40	0	9	10,5

Sekundäre Häufigkeitsverteilung (aus Tabelle 6)			
Intervall M-T-A-S	f_{abs}	cum_f	$cum_{f\%}$
OG = 50,5 46 - 50 UG = 45,5	6	23	26,7
OG = 45,5 41 - 45 UG = 40,5	8	17	19,8
		9	10,5

Häufigkeitsverteilung mittels Formel (7) berechneten Perzentilwerts von 49,25 gut überein. Zum anderen ergäbe sich auch bei Anwendung der Formel auf die Daten der primären Häufigkeitsverteilung ein nur unerheblich von 49 abweichender Wert für P_{25} :

$$P_{25} = 48,5 + \left[\frac{(25/100)(86) - 19}{3}\right](1) = 49,33 .$$

Wir hatten zu Beginn dieses Abschnitts die M-T-A-S-Skala in die drei Abschnitte "gutes", "befriedigendes" und "schlechtes" Abschneiden unterteilt und diese Bereiche durch die unteren 25 %, die mittleren 50 % und die oberen 25 % der Getesteten definieren wollen. Wenn wir nun solche Gruppen von Personen - ausgehend von der primären Häufigkeistverteilung - bilden wollen, um sie z.B. hinsichtlich ihrer durchschnittlichen Abiturnote in Mathematik zu vergleichen, so ist uns das oben nach Formel (7) rechnerisch bestimmte Perzentil 25 mit seinem exakten Wert von P_{25} = 49,33 insofern wenig hilfreich, als sich eine Gruppe aus exakt 25 % der Personen nicht bilden läßt. Die drei Probanden mit dem M-T-A-S-Wert von 49 müssen wir entweder zu denen zählen, die "schlecht" im Test abgeschnitten haben, oder zu denen, deren Abschneiden wir als "befriedigend" bezeichnen wollen. Im ersten Fäll würde die "schlechte" Gruppe 25,6 % der Personen umfassen (mit dem oberen Punktwert = 49), im zweiten Fall 22,1 % (mit dem oberen Punktwert = 48).

Nehmen wir nun an, wir hätten nur die Information aus der sekundären Häufigkeitsverteilung vorliegen. Dann hätte uns der hier für das 25. Perzentil errechnete Wert von P_{25} = 49,25 zwar gesagt, wo in etwa im Intervall 46 bis 50 das Perzentil 25 liegt - bei der Gruppenbildung in "Gute", "Befriedigende" und "Schlechte" hätten wir aber alle 6 Personen dieses Intervalls zu den "schlechten" Testabschneidern gezählt. Diese Gruppe würde dann aus 26,7 % der Personen bestehen und der obere Punktwert für "schlechtes" Abschneiden wäre gleich 50.

Eine besondere Vereinbarung ist noch zu erwähnen für den Fall, daß das gesuchte Perzentil in ein Intervall fällt, an das ein oder mehrere Intervalle mit der Häufigkeit Null anschließen. Nehmen wir als Beispiel folgende n = 8 Meßwerte : 4, 7, 8, 10, 12, 15, 17, 18; bestimmt werden soll P_{75}. Es liegen nun 6 = 75 % der Meßwerte unterhalb 15,5. Dies gilt jedoch gleichfalls für jeden Punkt im Bereich 15,5 bis 16,5, unterhalb liegen jeweils 75 % der Werte. In einem solchen Fall gibt man als Perzentil den Mittelpunkt des Bereichs an; es wäre also $P_{75} = (15,5 + 16,5)/2 = 16$.

Die Diskussion zur Bestimmung von Perzentilen soll uns folgendes gezeigt haben :

* Die Berechnung eines Perzentils über Formel (7) ist nur erforderlich, wenn uns lediglich die in einer sekundären Häufigkeitsverteilung vorhandene Information über die Daten zur Verfügung steht. Dann läßt sich mit der Formel abschätzen, wo im Perzentilintervall das gesuchte Perzentil ungefähr liegt. Bei etwaiger geplanter Gruppenbildung bleibt uns aber trotzdem nichts anderes übrig, als die Personen dieses Intervall geschlossen der einen oder der anderen Gruppe zuzuordnen (sofern der Wert des gesuchten Perzentils nicht mit dem oberen Punktwert bzw. der oberen Grenze des Perzentilintervalls zusammenfällt).

* Liegen uns die Daten in einer primären Häufigkeitsverteilung vor, so sollte die Perzentilbestimmung unbedingt davon ausgehend vorgenommen werden. Dabei lassen sich die gewünschten Perzentile mit hinreichender Genauigkeit unmittelbar aus der kumulativen prozentualen Häufigkeitsverteilung ablesen. Bei Gruppenbildung muß auch hier meist wieder entschieden werden, bei welchem Wert der Schnittpunkt zur Trennung der Gruppen sein soll.

Bei genügend großen Stichproben lassen sich Perzentile im übrigen mit genügender Genauigkeit aus der Summenkurve ("kleiner") ablesen (siehe Abbildung 10, S. 53). Zur Bestimmung des Perzentils P_p sucht man auf der Ordinatenachse den Wert p auf, sofern dort $cum_{f\%}$-Werte abgetragen sind (bei $cum_{f/n}$-Werten geht man vom Wert $p \cdot 100$ aus). Dann geht man von diesem Wert nach rechts bis zur Kurve "kleiner" und fällt vom Schnittpunkt mit der Kurve das Lot auf die Abszissenachse. Der dort abzulesende Wert ist das gesuchte Perzentil P_p.

4.6. DIE BESTIMMUNG VON PROZENTRAENGEN

Bei der Berechnung von Perzentilen ging es uns darum, denjenigen Skalenwert aufzusuchen, unterhalb dessen p Prozent der Meßwerte liegen. Diese Fragestellung können wir auch umkehren : Wir haben einen bestimmten Skalenwert X gegeben und wollen bestimmen, wieviel Prozent der Verteilung unterhalb dieses Wertes liegen (bzw. wieviele Werte kleiner oder gleich X sind). Man bezeichnet diesen Wert als den Prozentrang eines Meßwertes. Da Prozentränge die Position eines Meßwertes (und damit einer Person) in einer Verteilung anschaulich und leicht verständlich wiedergeben, werden Prozentränge häufig bei der Normierung von Testverfahren eingesetzt.

Betrachten wir nun ein Beispiel zu der in Tabelle 6 (S. 46) wiedergegebenen sekundären Häufigkeitsverteilung. Nehmen wir an, wir möchten wissen, welche Position eine Person, die einen Mathematik - Gesamttestwert von 66 erzielte, in dieser Stichprobe von n = 86 Studenten einnimmt. Wir sind m.a.W. daran interessiert zu erfahren, wieviel Prozent der Studenten einen Punktwert gleich oder kleiner 66 haben und wieviel einen höheren Punktwert. Zur Beantwortung dieser Frage müssen wir zu dem gegebenen Meßwert 66 den Prozentrang bestimmen. Dazu muß Formel (7) nach p aufgelöst werden :

$$P_p = UG + \frac{(p.n - 100 \,.\, cum_{fUG})}{100 \,.\, f} (i)$$

Bei Auflösung nach p ergibt sich dann

$$(p.n - 100.cum_{fUG})(i) = (P_p - UG)(100.f)$$

$$p.n = \frac{(P_p - UG)(100.f)}{i} + 100.cum_{fUG}$$

(8) Prozentrang = PR = $\frac{100}{n}\left[\frac{(P_p - UG)(f)}{i} + cum_{fUG}\right]$

Hierbei sind :

UG : Exakte untere Grenze des Intervalls, in dem der Meßwert X (für den der Prozentrang bestimmt werden soll) liegt

n : Umfang der Stichprobe

cum_{fUG} : Anzahl der Punktwerte, die unterhalb des Intervalls, in dem der Meßwert X sich befindet, liegen

f : Anzahl der Meßwerte im Intervall von Meßwert X

i : Intervallbreite = obere exakte Intervallgrenze minus untere exakte Intervallgrenze

P_p : (Meßwert X plus 1/2 Maßeinheit). Bei Tests wie in unserem Beispiel ist die Maßeinheit gewöhnlich 1 Punkt, so daß für P_p der Wert (X + 0,5) eizusetzen ist.

Es ergibt sich nun für unseren M-T-A-S-Punktwert X = 66 (vgl. Tabelle 6) :

$P_p = 66{,}5$; UG = 65,5; n = 86; i = 5; f = 8; $cum_{fUG} = 57$

$$PR = \frac{100}{86}\left[\frac{(66{,}5 - 65{,}5)(8)}{5} + 57\right] = 68{,}1 \approx 68$$

Einem Punktwert von 66 entspricht in dieser Stichprobe somit ein Prozentrang von 68, d.h. 68 % der getesteten Studenten erzielten einen schlechteren oder gleich guten Punktwert, 32 % haben einen höheren Punktwert.

Auch bei der eben vorgenommenen Berechnung des Prozentrangs nach Formel (8) dürfen wir nicht vergessen, daß die Annahme gemacht wird, daß sich die Meßwerte über das Intervall, in dem X liegt, gleich verteilen. Da dies häufig nicht der Fall ist, sollte man den über Formel (8) berechneten Prozentrang nur als ungefähren Wert verstehen, was bedeutet, daß man bei Nennung des Prozentranges auf Angabe von Stellen hinter dem Komma ruhig verzichten kann.

Die Verwendung von Formel (8) ist zudem nur erforderlich, wenn man lediglich die sekundäre Häufigkeitsverteilung zur Verfügung hat. Ist hingegen die primäre Häufigkeitsverteilung gegeben, so läßt sich über die von "unten" kumulierte prozentuale Häufigkeitsverteilung ($cum_{f\%}$ "kleiner/gleich") der Prozentrang unmittelbar und exakt ablesen. So ergäbe sich für unser Beispiel des M-T-A-S-Wertes von 66 - ausgehend von der in Tabelle 4, S. 41 wiedergegebenen primären Häufigkeitsverteilung - ein Prozentrang von $(59)(100)/86 = 68{,}6 \approx 69$.

Auch die Bestimmung von Prozenträngen ist wieder mit hinreichender Genauigkeit auf graphischem Wege über die Summenkurve "kleiner" möglich (siehe Abbildung 10, S. 53). Wir gehen dazu vom Wert (X + 1/2 Maßeinheit) auf der Abszissenachse aus, senkrecht hoch zur Summenkurve "kleiner" und vom Schnittpunkt mit der Kurve aus nach links zur Ordinatenachse. Dort lesen wir, sofern f% abgetragen ist, den gesuchten Prozentrang ab; sind relative Häufigkeiten (f/n) abgetragen, muß der Wert noch mit 100 multipliziert werden, um den Wert des Prozentrangs zu erhalten.

5 MAßE DER ZENTRALEN TENDENZ

Wir hatten in Kapitel 4 gesehen, wie man eine Ansammlung von Werten graphisch oder in Tabellenform darstellen kann. Nun ist dies aber häufig eine umständliche und zeitraubende Methode, etwas über die Gesamtheit der Meßwerte auszusagen. Wir benötigen deshalb statistische Kennwerte, die uns in einer Zahl etwas über einen Satz von Meßwerten aussagen. Man unterscheidet a) Maße der zentralen Tendenz und b) Streuungsmaße (Variabilitätsmaße).

In diesem Kapitel wollen wir uns mit Maßen der zentralen Tendenz befassen. Mit ihnen können wir das Niveau (hoch oder niedrig) eines Satzes von Meßwerten beschreiben; d.h. wenn wir uns die Werte einer Gruppe auf einer Zahlengeraden aufgetragen vorstellen,dann wollen wir durch einen solchen Zentralwert mitteilen, wo auf der Zahlengeraden der "Wertepulk" liegt: zentrieren sie sich z.B. um einen Wert von 80 oder um einen von 90, etc.

5.1. DER MODALWERT

Dies ist das am leichtesten bestimmbare Maß der zentralen Tendenz. Der Modalwert ist der Wert in einem Satz von Werten, der am häufigsten vorkommt. Sein Symbol ist "Mo".

In dem Wertesatz 3,8,8,8,9,10,10,10,10,13,18,20 ist der Modalwert Mo = 10 , da dieser Wert häufiger als jeder andere Wert vorkommt. Bei sekundären Häufigkeitsverteilungen ist der Mittelpunkt des Intervalles, das die meisten Werte aufweist, der Modalwert. Bezüglich der Bestimmung des Modalwertes gelten folgende Vereinbarungen :

* Treten alle Werte einer Gruppe mit der gleichen Häufigkeit auf, so sagt man, daß die Gruppe von Werten keinen Modalwert hat. Beispiel: 26,26,30,30,31,31,33,33,40,40.

* Haben zwei aufeinanderfolgende Werte die gleiche Häufigkeit und diese Häufigkeit ist größer als die aller anderen Werte, so ist der Modalwert das Mittel der aufeinanderfolgenden Werte. Der Modalwert des Wertesatzes 13,13,15,16,17,17,17,18,18,18,19,20,26 wäre dann Mo = (17+18)/2 = 17,5 .

* Haben in einer Gruppe von Werten zwei nicht aufeinanderfolgende Werte die gleiche und zugleich größte Häufigkeit, so sagt man, daß es zwei Modalwerte gibt. In dem Wertesatz 3,6,7,7,7,8,8,10,10,11, 11,11,13,17 sind 7 und 11 Modalwerte. Eine solche Verteilung nennt man bimodal. Im allgemeinen spricht man auch dann von bimodalen Verteilungen, wenn in einer Verteilung deutlich zwei Gipfel auftreten, die Häufigkeit der Gipfelwerte aber nicht exakt die gleiche ist. Dies entspricht zwar nicht mehr streng der Definition des Modalwertes, ist aber gebräuchlich und beschreibt Verteilungen anschaulich.

Was passiert mit dem Modalwert Mo einer Verteilung, wenn wir zu jedem Meßwert X_i in einer Gruppe von n Werten eine Konstante c addieren oder jeden Meßwert mit einer Konstanten c multiplizieren. Es ist leicht einsichtig, daß bei Addition der Konstanten der neue Modalwert (Mo+c) ist und bei Multiplikation mit einer Konstanten gleich (c)(Mo).

5.2. DER MEDIAN

Der Median ist das 50.Perzentil in einer Gruppe von Werten. Er ist der Wert, der die in eine Rangfolge gebrachten Meßwerte in zwei Hälften teilt, so daß die eine Hälfte der Werte größer ist als der Median und die andere Hälfte kleiner; m.a.W. oberhalb des Medians liegen 50% der Werte und unterhalb gleichfalls 50%. Man symbolisiert den Median mit "Md" .

<u>Berechnung des Medians</u>:

* Liegt eine ungerade Zahl von Werten vor, wobei beim Median kein Wert mehrmals auftritt, dann ist der Median der mittlere der in eine Rangfolge gebrachten Werte. Danach ist für die Werte 22,22,23,26,27, 35,40 der Median Md = 26 .

* Liegt eine gerade Zahl von Werten vor, wobei beim Median kein Wert mehrmals auftritt, dann ist der Median das Mittel der zwei zentralen Werte der in eine Rangfolge gebrachten Werte. Für die Werte 16, 18, 20, 27 ist somit der Median Md = (18+20)/2 = 19.

* Wenn bei den Daten nahe oder beim Median Werte mehrmals vorkommen[1] so wird meist eine Häufigkeitstabellierung der Meßwerte und Interpolation in einer Meßwertklasse notwendig.

Die Berechnung des Medians ist für uns insofern nicht neu, als sie dem Vorgehen entspricht, das zur Bestimmung des 50.Perzentils einer

---

1) Wenn in einer Verteilung Werte mehrmals auftreten, so spricht man im Englischen von "ties" (tied scores,tied ranks,etc.). Da diese Formulierung kürzer ist (und sich so kurz nicht übersetzen läßt) werden wir im folgenden auch immer von "ties" reden.

Tabelle 10 : Primäre Häufigkeitsverteilung der Untertestwerte "Geometrie" im Mathematiktest M-T-A-S von 48 weiblichen und 38 männlichen Studenten (Y_{ij}-Werte aus Tabelle 2, S. 32).

Punktwert "Geometrie"	Intervallgrenzen	weiblich		männlich	
		f_{abs}	cum_f	f_{abs}	cum_f
26	25,5-26,5	0	48	1	38
24	23,5-24,5	1	48	0	37
22	21,5-22,5	0	47	2	37
21	20,5-21,5	1	47	2	35
20	19,5-20,5	4	46	1	33
19	18,5-19,5	2	42	3	32
18	17,5-18,5	2	40	4	29
17	16,5-17,5	1	38	3	25
16	15,5-16,5	5	37	3	22
15	14,5-15,5	1	32	5	19
14	13,5-14,5	3	31	5	14
13	12,5-13,5	6	28	1	9
12	11,5-12,5	6	22	1	8
11	10,5-11,5	3	16	1	7
10	9,5-10,5	1	13	2	6
9	8,5- 9,5	1	12	1	4
8	7,5- 8,5	3	11	1	3
7	6,5- 7,5	4	8	0	2
6	5,5- 6,5	1	4	0	2
5	4,5- 5,5	2	3	2	2
4	3,5- 4,5	1	1	0	0
		n=48		n=38	

Verteilung erforderlich ist (vgl. Abschnitt 4.5. , S. 55). Zur Demonstration gehen wir von den in der Urliste von Tabelle 2 (S. 32) wiedergegebenen Daten aus, und zwar von den Punktwerten der n = 86 Studenten im M-T-A-S Untertest "Geometrie" . Diese Daten sind in Tabelle 10 in Form einer primären Häufigkeitsverteilung angeordnet, getrennt für weibliche (n=48) und männliche (n=38) Studenten.

Bestimmen wir zuerst den Median bei den Studentinnen: 50% der Meßwerte sind hier gleich 24 Meßwerte. Der Punkt, oberhalb und unterhalb dessen 24 Meßwerte liegen, ist - das zeigt uns die kumulative Häufigkeitsverteilung - im Intervall 12,5 - 13,5 zu suchen. Bis zur unteren Grenze dieses Intervalles liegen 22 Meßwerte, im Intervall selbst 6. Diese 6 Meßwerte stellen wir uns wieder gleichmäßig über das Intervall verteilt vor, so daß das Intervall in 6 Teile geteilt wird:

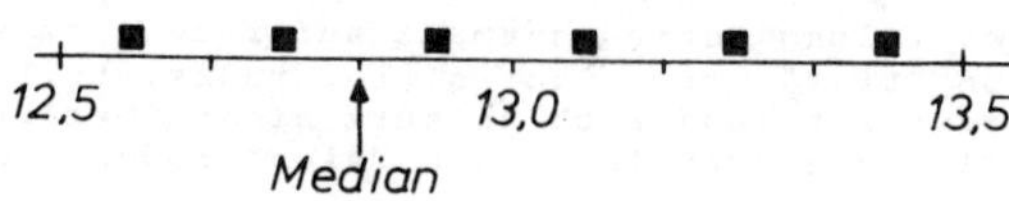

Um die 24 Meßwerte bis zum Median noch "voll zu machen", benötigen wir die beiden unteren Meßwerte im Intervall. Unterhalb und oberhalb des mit einem Pfeil gekennzeichneten Punktes liegen dann 24 = 50% der Meßwerte. Die Einheit im Medianintervall beträgt 1/6 = 0,17. Es sind zur unteren Grenze UG = 12,5 dann 2/6 = 0,33 zu addieren, um den Median zu erhalten. Dieser ist somit $Md_{weibl.} = 12{,}5 + 0{,}33 = 12{,}83$.
Bei den männlichen Studenten läßt sich der Punkt, unter- und oberhalb dessen 38/2 = 19 = 50% der Werte liegen, unmittelbar aus der kumulativen Häufigkeitsverteilung ablesen: es ist die obere Grenze des Intervalles 14,5 - 15,5, d.h. $Md_{männl.} = 15{,}5$.

Wenn wir die Intervalle der Größe nach ordnen (wie in Tabelle 10 geschehen), und das Intervall, das den n/2 - größten Meßwert enthält, das Medianintervall nennen, dann läßt sich der Median nach der folgenden allgemeinen Formel bestimmen:

$$\text{(9)}\quad Md = \left(\begin{array}{c}\text{Exakte untere}\\ \text{Grenze des Me-}\\ \text{dianintervalls}\end{array}\right) + \left(\begin{array}{c}\text{Breite des}\\ \text{Medianin-}\\ \text{tervalls}\end{array}\right) \cdot \left[\frac{(n/2) - \left(\begin{array}{c}\text{Kumulative Häufigkeit}\\ \text{bis zur unteren Grenze}\\ \text{des Medianintervalls}\end{array}\right)}{\text{Häufigkeit im Medianintervall}}\right]$$

Formel (9) führt sowohl bei primären als auch bei sekundären Häufigkeitsverteilungen zum Median. Für die Daten von Tabelle 10 ergibt sich nach dieser Formel:

$$Md_{weibl.} = (12{,}5) + (1)\left[\frac{(48/2)-(22)}{6}\right] = 12{,}83$$

$$Md_{männl.} = (14{,}5) + (1)\left[\frac{(38/2)-(14)}{5}\right] = 15{,}50$$

Wir erkennen an den Ergebnissen unserer Berechnungen, daß sich bei Vorliegen der Daten in einer primären Häufigkeitsverteilung der Median mit hinreichender Genauigkeit auch aus der kumulativen Häufigkeitsverteilung ablesen läßt. Wenn wir als Median jedesmal die Mitte des Medianintervalles angeben - also den Testpunktwert, auf den der Median fällt - so ist dies für die Zwecke der Kenntlichmachung, wo in einer Verteilung der Median liegt, ausreichend exakt. Wir würden danach (aus der kumulativen Häufigkeitsverteilung von Tabelle 10) ablesen, daß $Md_{weibl.} \approx 13$ und $Md_{männl.} \approx 15$.

Dieses Vorgehen ist insbesondere dann gerechtfertigt, wenn wir die Stichprobe für weitere Analysezwecke "am Median halbieren" wollen. Bei den Studentinnen müßten wir dann entscheiden, ob die Personen mit dem Punktwert 13 in die "obere" oder in die "untere" Gruppe gehören sollen, eine "Halbierung" am exakt berechneten Median ist hier dann gar nicht möglich. Bei den Studenten liegt der Fall hingegen günstiger, weil der exakt berechnete Median mit der oberen Intervallgrenze zusammenfällt.

Bedeutsamer wird die Berechnung des Medians über Formel (9) hingegen, wenn uns die Daten lediglich in Form einer sekundären Häufigkeitsverteilung vorliegen, insbesondere dann, wenn die Klassenbreite (i) relativ groß ist. Dann ist die Formel hilfreich zur Abschätzung der Lage des Medians im Medianintervall. Dabei darf allerdings nicht vergessen werden, daß die Berechnung nur dann exakt den Median ergibt, wenn die Annahme der Gleichverteilung der Punktwerte im Medianintervall gegeben ist. Man sollte deshalb in den Fällen, wo der Median für Testwerte aufgrund einer sekundären Häufigkeitsverteilung berechnet wurde, um keine Scheingenauigkeit vorzutäuschen, den Wert höchstens auf eine Stelle hinter dem Komma "genau" angeben, am besten jedoch als Wert ohne Dezimalstelle.

Betrachten wir abschließend noch den Einfluß linearer Meßwerttransformationen auf den Median. Wird zu jedem Wert X_i in einer Gruppe von Werten, deren Median Md ist, (a) eine Konstante c addiert oder (b), wird jeder Meßwert mit einer Konstanten c multipliziert, so haben die resultierenden Werte im Fall (a) einen Median von (Md+c) und im Fall (b) einen Median von c.Md .

5.3. DAS ARITHMETISCHE MITTEL

Wir haben an n Individuen ein Merkmal X gemessen und die Meßwerte $X_1, X_2, \ldots, X_i, \ldots, X_n$ erhalten. Die zwei Maße der zentralen Tendenz, die wir kennengelernt haben, waren der Modalwert und der Median. Es läßt sich nun ein weiteres Maß definieren, das arithmetische Mittel einer Stichprobe. Wir werden der Kürze halber immer vom "Mittel" sprechen. Das Mittel eines Satzes von n Meßwerten wird mit $\overline{X}.$ bezeichnet und ist wie folgt definiert :

$$(10) \quad \overline{X}. = \frac{(X_1 + X_2 + \ldots + X_i + \ldots + X_n)}{n}$$

$$(10) \quad \overline{X}. = \frac{\sum_i^n X_i}{n} = \frac{1}{n} \sum_i^n X_i$$

$\overline{X}.$ wird "X-Quer" ausgesprochen. Der Punkt hinter $\overline{X}.$ bedeutet, daß über diesen Index summiert wurde (hier über i). Von besonderer Bedeutung wird diese Punktschreibweise, wenn wir es mit mehreren Laufindices zu tun haben. Das Mittel ist nichts anderes als der gewohnte "Durchschnitt", den wir aus dem Alltag kennen (z.B. Durchschnittseinkommen, Durchschnittsgröße, etc.).

5.3.1. DIE BERECHNUNG DES MITTELS

Aus der Definitionsformel für das Mittel sehen wir, daß die Berechnungen für das Mittel denkbar einfach sind. Wir bilden die Summe aus allen n Meßwerten und teilen dann diese Summe durch n. Dies ist selbst bei großen Stichproben und bei großen Zahlen mit der heutigen Taschenrechnergeneration kein Problem. In der Regel wir das Mittel ausgehend von den Daten der Urliste berechnet. Zum gleichen Ergebnis gelangt man, wenn man die Daten der primären Häufigkeitsverteilung zugrunde legt. Geht man hingegen von der sekundären Häufigkeitsverteilung aus, so ist meist nur eine Abschätzung des Mittelwertes möglich. Wir wollen die Berechnungen für die drei genannten Fälle demonstrieren.

(a) <u>Berechnung des Mittels bei Vorliegen einer Urliste</u>

In diesem Fall erfolgt die Berechnung nach Formel (10).

(10) $$\bar{x}_{.} = \frac{1}{n} \sum_{i}^{n} x_i$$

Im linken Teil von Tabelle 11 sind die Meßwerte von 38 Studenten im M-T-A-S Untertest "Geometrie" (Daten aus Tabelle 10) wiedergegeben. Die Summe dieser Werte ist 588. Somit ergibt sich als Mittelwert

$$\bar{x}_{.} = \frac{1}{38} \sum_{i}^{38} x_i = \frac{588}{38} = 15{,}5$$

(b) <u>Berechnung des Mittels bei Vorliegen einer primären Häufigkeitsverteilung</u>

Dies geschieht nach der Formel

(11) $$\bar{x}_{.} = \frac{1}{n} \sum_{i}^{k} f_i \, x_i$$

wobei :

k = Anzahl unterschiedlicher Meßwerte

f_i = Häufigkeit des Meßwerts i ; $\sum_{i}^{k} f_i = n$

Im mittleren Teil von Tabelle 11 sind die Daten in Form einer primären Häufigkeitsverteilung angeordnet. Multipliziert man jeden Meßwert i mit seiner Häufigkeit f_i und bildet dann die Summe dieser k = 17 Produkte, so erhält man den Wert 588. Es ergibt sich somit für das Mittel erwartungsgemäß der gleiche Wert wie oben:

$$\overline{X}. = \frac{1}{38} \sum_{i}^{17} f_i\, X_i = \frac{588}{38} = 15,5 .$$

(c) <u>Berechnung des Mittels bei Vorliegen einer sekundären Häufigkeitsverteilung</u>

Dieses Verfahren sollte nur angewendet werden, wenn uns die Daten lediglich in Form einer sekundären Häufigkeitsverteilung vorliegen und wir keinen Zugang zur Urliste oder zur primären Häufigkeitsverteilung haben. Denn wir gelangen durch die nachfolgende Formel nur zu einer Approximation des Mittelwertes :

(12) $$\overline{X}. \approx \frac{1}{n} \sum_{i}^{k} f_i\, M_i$$

wobei :

M_i = Mittelpunkt des Intervalls i
k = Anzahl der Intervalle
f_i = Häufigkeit im Intervall i ; $\sum_{i}^{k} f_i = n$.

Der rechte Teil von Tabelle 11 enthält die Daten in Form einer sekundären Häufigkeitsverteilung. Wir gehen für unsere augenblicklichen Betrachtungen davon aus, daß uns sonst nichts über die Daten bekannt ist. Da wir keine besseren Informationen haben, nehmen wir der Einfachheit willen wieder an, daß sich die Punktwerte eines jeden Intervalls gleichmäßig über das Intervall verteilen. Diese Annahme ist gewöhnlich falsch - aus diesem Grund ist der Wert, den wir für das Mittel berechnen, nur ein Näherungswert für das Mittel, das wir aufgrund der Urliste erhalten würden (wenn auch meist eine recht gute Approxiamtion).

Wenn sich die Meßwerte im Intervall i gleichmäßig über das Intervall verteilen, dann ist der Mittelpunkt in diesem Intervall gleich dem arithmetischen Mittel dieser Werte. Die nachfolgende Zeichnung illustriert dies für ein Intervall 11 bis 15 (Grenzen : 10,5 - 15,5) :

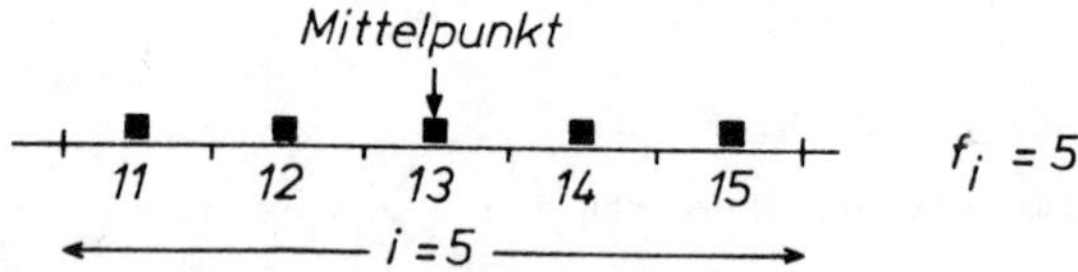

Die Summe dieser Meßwerte ist 11+12+13+14+15 = 65, das Mittel der Werte 65/5 = 13 = Intervallmittelpunkt. Wir erhalten in einem solchen Fall - d.h. bei Gleichverteilung der Werte über das Intervall - die Summe der Meßwerte im Intervall auch dadurch, daß wir das Mittel der Meßwerte (=Intervallmittelpunkt) mit der Anzahl der Werte (=f_i) multiplizieren : (13)(5) = 65. Dies ist der Grund, warum wir

Tabelle 11 : Urliste, primäre und sekundäre Häufigkeitsverteilung der Untertestwerte "Geometrie" von 38 Studenten (Daten aus Tabelle 10); Demonstration der Bestimmung der für die Berechnung des Mittels benötigten Größen.

Urliste	Primäre Häufigkeitsverteilung			Sekundäre Häufigkeitsverteilung			
Punktwerte im M-T-A-S Untertest "Geometrie" X_i	Punktwert X_i	Häufigkeit f_i	$f \cdot X_i$	Punktwert-Intervall i	f_i	M_i	$f_i \cdot M_i$
19 15 16	26	1	26	25-26	1	25,5	25,5
15 26 14	22	2	44	23-24	0	23,5	0,0
14 14 18	21	2	42	21-22	4	21,5	86,0
19 11 12	20	1	20	19-20	4	19,5	78,0
17 15 10	19	3	57	17-18	7	17,5	122,5
10 5 17	18	4	72	15-16	8	15,5	124,0
21 17 18	17	3	51	13-14	6	13,5	81,0
18 8 14	16	3	48	11-12	2	11,5	23,0
22 21 16	15	5	75	9-10	3	9,5	28,5
22 16 13	14	5	70	7- 8	1	7,5	7,5
19 5 15	13	1	13	5- 6	2	5,5	11,0
20 9 14	12	1	12				
18 15	11	1	11	k=11	$\sum_i^{11} f_i =$ n=38		$\sum_i^{k} f_i \cdot M_i$ =587
	10	2	20				
	9	1	9				
	8	1	8				
	5	2	10				
$\sum_i^{n} X_i = 588$ n=38	k=17	$\sum_i^{17} f_i =$ n=38	$\sum_i^{k} X_i \cdot f_i$ =588				

nach Formel (12) jeweils den Mittelpunkt des Intervalls mit der Häufigkeit im Intervall multiplizieren. Das ist im rechten Teil von Tabelle 11 geschehen. Bilden wir die Summe aus den k = 11 Produkten (f_i)(Mittelpunkt i), so erhalten wir den Wert 587. Als Approximation für das Mittel (das wir an der Urliste für die Daten erhalten würden) ergibt sich somit

$$\bar{X}. \approx \frac{1}{38} \sum_i^{11} f_i \, M_i = \frac{587}{38} = 15,4.$$

Dieser Wert ist praktisch identisch mit dem an der Urliste bestimmten Mittelwert (= 15,5). Etwas größere Abweichungen sind u.U. dann zu erwarten, wenn relativ breite Intervalle vorliegen; in unserem Fall war die Intervallbreite mit i = 2 ja relativ gering. Wenn die

Annahme der Gleichverteilung der Meßwerte in allen Intervallen erfüllt ist, muß sich aufgrund der sekundären Häufigkeitsverteilung das gleiche Mittel ergeben wie bei der Urliste oder der primären Häufigkeitsverteilung.

5.3.2. DIE INHALTLICHE BEDEUTUNG EINES ERRECHNETEN MITTELWERTES[1)]

Die zum Erhalt eines Mittelwertes anzustellenden Rechenoperationen sind eindeutig und einfach. Die Frage, die sich dann stellt, ist die nach der Bedeutung des Ergebnisses dieser Operationen, nach der Bedeutung des erhaltenen Mittelwertes. Wir haben z.B. errechnet, daß in der von uns untersuchten Gruppe von n = 38 männlichen Studenten der Mittelwert im M-T-A-S Untertest "Geometrie" gleich 15,5 Punkte ist. Was bedeutet dies nun, was sagt uns die Zahl 15,5 ? Wir müssen erkennen, daß sie uns so alleine dastehend relativ wenig sagt. Sie gewinnt für uns erst an Bedeutung, wenn wir sie mit anderen Mittelwerten vergleichen können, z.B. mit dem durchschnittlichen Abschneiden der weiblichen Testteilnehmer , oder mit dem durchschnittlichen Abschneiden männlicher Psychologieanfänger einer anderen Uni, eines anderen Jahrganges, usw. Bei Testergebnissen sind die sinnvollsten Vergleichsdaten meist die im Testmanual mitgeteilten Normwerte. In unserem Fall können wir diese jedoch nicht heranziehen, da - wie auf Seite 31 ausgeführt - bei unserer Untersuchung im Gegensatz zur Standarddurchführung des Tests,keine Begrenzung der Bearbeitungsdauer auf 60 min. eingeführt war.

Wir wollen jedoch einen anderen Mittelwertvergleich anstellen. In Tabelle 2 (S. 32) sind die M-T-A-S Daten unserer Stichprobe in drei Gruppen geordnet, je nachdem, welche Note der Befragte zuletzt in Mathematik hatte. Wir würden nun erwarten - da der M-T-A-S Mathematikkenntnisse erfaßt, die an der Schule vermittelt werden sollen - daß ein Zusammenhang zwischen dem Abschneiden im M-T-A-S und der letzten Mathematiknote besteht. Speziell, wir würden erwarten, daß die Personen, deren letzte Mathematiknote 1 oder 2 war, im Durchschnitt besser im M-T-A-S abschneiden als die Gruppe mit Note 3 und die wiederum besser als die Notengruppe 4, 5 oder 6. In Tabelle 12 sind die Mittelwerte für diese Gruppen im M-T-A-S-Untertest "Algebra" widergegeben, desgleichen des Mittel für das Gesamt der Getesteten.

Vorhersagegemäß hat die Gruppe der Personen mit den besten Mathematiknoten (1 oder 2) das höchste "Algebra"-Mittel, die Personen in der Gruppe mit der Note 3 schnitten im Durchschnitt am zweitbesten ab und die Personen mit den Noten 4, 5 oder 6 am schlechtesten. Wir erkennen aber zugleich, daß die Unterschiede zwischen den Mittelwerten teilweise nicht allzu groß sind, z.B. zwischen Gruppe 2 und 3.[2)]

---

1) Das hier gesagte gilt analog zur inhaltlichen Interpretation eines errechneten Medians (oder eines anderen Maßes der zentralen Tendenz).

2) Die Prüfung der "Bedeutsamkeit" oder "Signifikanz" solcher Unterschiede ist u.a. Gegenstand der Inferenz- oder prüfenden Statistik.

Tabelle 12 : Mittelwerte im M-T-A-S Untertest "Algebra" für Personengruppen mit unterschiedlichen "letzten Notenin Mathematik" (Daten aus Tabelle 2, S. 32)

GRUPPE 1	GRUPPE 2	GRUPPE 3	GESAMTGRUPPE
Letzte Note in Mathematik 1 oder 2	Letzte Note in Mathematik 3	Letzte Note in Mathematik 4, 5 oder 6	Noten 1 - 6
$n_1 = 29$	$n_2 = 29$	$n_3 = 25$	$n. = 83$
$\sum_{i}^{29} X_{i1} = 1010$	$\sum_{i}^{29} X_{i2} = 912$	$\sum_{i}^{25} X_{i3} = 745$	$\sum_{j}^{3}\sum_{i}^{n_j} X_{ij} = 2667$
$\bar{X}_{.1} = \frac{1010}{29}$	$\bar{X}_{.2} = \frac{912}{29}$	$\bar{X}_{.3} = \frac{745}{25}$	$\bar{X}_{..} = \frac{2667}{83}$
$= 34,8$	$= 31,5$	$= 29,8$	$= 32,1$
j = 1	j = 2	j = 3	

Es zeigt sich offensichtlich kein sehr starker Zusammenhang zwischen "letzter Note in Mathematik" und Abschneiden im Untertest "Algebra"; allerdings wäre eine derartige Schlußfolgerung erst mit Vorsicht auszusprechen, da wir ja in Gruppe 1 und 3 (aus Gründen der Gruppengröße) Zusammenlegungen von Personen mit unterschiedlichen Noten vorgenommen haben. Bei einer größeren Stichprobe wäre eine Analyse getrennt für alle 6 möglichen Noten sinnvoller.

Die in Tabelle 12 verwendeten Mittelwertssymbole zeigen uns auch den Vorteil der Punkt-Schreibweise bei Vorliegen von mehr als einer Gruppe. So sagt uns $\bar{X}_{.1}$, daß wir das Mittel der Gruppe j = 1 vorliegen haben, und über den Index i summiert worden ist. Die beiden Punkte bei $\bar{X}_{..}$ drücken dann aus, daß hier sowohl über i als auch über j summiert wurde, d.h. daß es sich um das Gesamtmittel aus allen Meßwerten handelt.

5.3.3. EIGENSCHAFTEN DES MITTELS

Durch die Berechnung eines arithmetischen Mittels bestimmen wir einen Wert, der dann repräsentativ für alle Personen bzw. Werte der untersuchten Gruppe steht. Zu Fragen ist nun, warum man gerade das Mittel als Repräsentant verwendet, d.h. warum man alle n Werte summiert und die Summe dann durch n dividiert; warum bildet man z.B. nicht

$\frac{\sum x^2}{n^2}$ oder $\frac{\sum \sqrt{n}}{\sqrt{n}}$ o.ä. Die folgende Diskussion wird uns zeigen,

daß das Mittel Eigenschaften besitzt, die andere Maße nicht aufweisen können und die die breite Verwendung des Mittels verständlich werden lassen. Veranschaulichen wir uns vorab das Mittel als Gleichgewichtszentrum einer Verteilung: Gegeben sind die n = 5 Meßwerte $X_1 = 3$,

$X_2 = 5$, $X_3 = 5$, $X_4 = 7$, $X_5 = 10$. Wir nehmen nun eine Latte, auf der eine Skala von 3 - 10 abgetragen ist, jeder Meßwert wird durch einen (gleichgewichtigen) Ziegelstein repräsentiert und entsprechend seinem nummerischen Wert auf der Latte abgelegt. Wenn wir bei der Latte mit den Gewichten jetzt beim Punkt $\overline{X}. = (3 + 5 + 5 + 7 + 10)/5 = 6$ einen Unterstützungspunkt anbringen, dann befindet sich die Latte im Gleichgewicht, die Kräfte auf beiden Seiten heben sich auf. Graphisch stellt sich dies wie folgt dar :

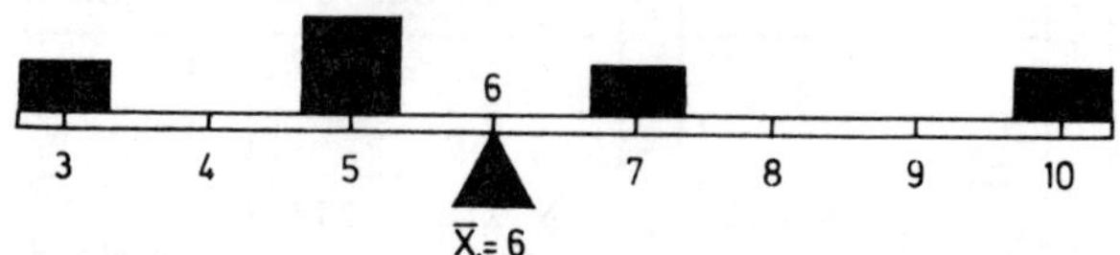

Jeder Stein übt bei diesem Hebel eine bestimmte Drehkraft (Drehmoment) auf den beim Mittel $\overline{X}. = 6$ angebrachten Drehpunkt aus. Diese Kraft ist gleich dem Abstand des Ziegelsteines vom Drehpunkt. Den Sachverhalt, daß die Kräfte (= Abstände vom Drehpunkt) der 5 Steine sich aufheben, können wir deshalb auch so formulieren, daß die Summe der Abstände der 5 Meßwerte vom Mittel gleich Null ist. Damit sind wir bei der ersten wichtigen Eigenschaft des Mittels.

Wir wollen dazu den sog. Abweichungswert einführen, da wir später häufiger Operationen mit solchen Werten durchzuführen haben. Ein Abweichungswert ist die Differenz zwischen Meßwert und Mittel. Den Meßwert hatten wir mit X_i symbolisiert, das Mittel mit $\overline{X}.$. Den Abweichungswert symbolisieren wir mit dem Kleinbuchstaben x_i (oder y_i, usf., wenn mehrere Variablen gleichzeitig unter Betrachtung stehen). Graphisch sieht das wie folgt aus :

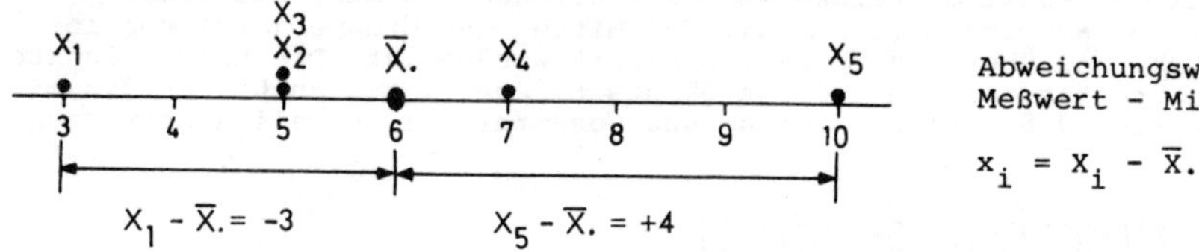

Abweichungswert = Meßwert - Mittel

$x_i = X_i - \overline{X}.$

Bilden wir aus allen n = 5 Abweichungswerten x_i die Summe, so ist diese Summe gleich Null :

$$x_1 = X_1 - \overline{X}. = 3 - 6 = -3$$
$$x_2 = X_2 - \overline{X}. = 5 - 6 = -1$$
$$x_3 = X_3 - \overline{X}. = 5 - 6 = -1$$
$$x_4 = X_4 - \overline{X}. = 7 - 6 = +1$$
$$x_5 = X_5 - \overline{X}. = 10 - 6 = +4$$

Summe 0

Diese Beziehung gilt allgemein. Stellen wir diese, wie auch die anderen Eigenschaften des Mittels nun zusammen :

* Die Summe der Abweichungen aller Meßwerte von ihrem Mittel ist Null :

$$\sum_{i}^{n}(X_i - \bar{X}.) = 0$$

Beweis

$$\text{Summe der Abweichungen} = \sum_{i=1}^{n} (X_i - \bar{X}.)$$

$$= \sum_{i=1}^{n} X_i - \sum_{i=1}^{n} \bar{X}. = \sum_{i=1}^{n} X_i - n \cdot \bar{X}.$$

$$= \sum_{i=1}^{n} X_i - \not{n} \cdot \frac{\sum_{i=1}^{n} X_i}{\not{n}} = \sum_{i=1}^{n} X_i - \sum_{i=1}^{n} X_i = 0$$

Wir wollen nun sehen, was mit dem Wert des Mittels passiert, wenn wir zu jedem Meßwert in einem Satz von n Meßwerten eine Konstante c addieren. Nehmen wir die obigen n = 5 Meßwerte 3, 5, 5, 7, 10, deren Mittel $\bar{X}. = 6$ war. Addieren wir zu jedem Meßwert die Konstante $c = 4$, so ergeben sich die Werte 7, 9, 9, 11, 14; deren Mittel ist $\bar{X}_{neu} = 10$. Dieses Mittel ist um 4 - d.h. um die Konstante c - größer als das ursprüngliche Mittel. Diese Beziehung gilt allgemein.

* Wird zu jedem Wert X_i in einer Gruppe von n Werten, deren Mittel $\bar{X}.$ ist, eine Konstante c addiert, so haben die resultierenden n Werte $(X_i + c)$ ein Mittel von $\bar{X}. + c$. Analoges gilt für die Subtraktion einer Konstanten, das resultierende Mittel ist dann $\bar{X}. - c$.

Beweis

$$\frac{1}{n} \sum_{i=1}^{n} (X_i + c) = \frac{1}{n} \sum_{i=1}^{n} X_i + \frac{1}{n} \sum_{i=1}^{n} c = \bar{X}. + \frac{1}{n} \cdot nc = \bar{X}. + c$$

$$\frac{1}{n} \sum_{i=1}^{n} (X_i - c) = \ldots\ldots\ldots\ldots\ldots\ldots\ldots\ldots\ldots\ldots = \bar{X}. - c$$

Auch die Multiplikation aller Werte einer Gruppe mit einer Konstanten c hat einen vorhersagbaren Einfluß auf das Mittel. Multiplizieren wir die obigen Werte (3, 5, 5, 7, 10) mit der Konstanten $c = 4$, so erhalten wir 12, 20, 20, 28, 40; deren Mittel ist $\bar{X}_{neu} = 24$, d.h. c mal das Mittel der ursprünglichen Werte. Auch diese Beziehung gilt allgemein .

* Wird jeder Wert X_i einer Gruppe von n Werten, deren Mittel $\bar{X}.$ ist, mit einer Konstanten c multipliziert, so haben die resultierenden n Werte c X_i ein Mittel von c $\bar{X}.$.

  Beweis

$$\sum_{i=1}^{n} c \cdot X_i / n = c \cdot \sum_{i=1}^{n} X_i / n = c \cdot \bar{X}.$$

Eine vierte Eigenschaft betrifft die quadrierten Abweichungswerte, d.h. die n Werte $x_i^2 = (X_i - \bar{X}.)^2$.

* Die Summe der quadrierten Abweichungen aller Meßwerte von ihrem Mittel ist kleiner als die Summe der quadrierten Abweichungen aller Meßwerte von einem beliebigen anderen Punkt der Skala; d.h. die Summe der quadrierten Abweichungen aller Meßwerte von ihrem Mittel ist ein Minimum :

  $(X_1 - \bar{X}.)^2 + (X_2 - \bar{X}.)^2 + \ldots + (X_n - \bar{X}.)^2$ ist dem Wert nach kleiner als $(X_1 - b)^2 + (X_2 - b)^2 + \ldots + (X_n - b)^2$, wobei b jede andere Zahl außer $\bar{X}.$ ist.

  Beweis

$$\sum_{i=1}^{n} \left[X_i - (\bar{X}. + c)\right]^2 = \sum_{i=1}^{n} \left[(X_i - \bar{X}.) - c\right]^2$$

wobei $c \neq 0$

$$= \sum_{i=1}^{n} (X_i - \bar{X}.)^2 - 2c \underbrace{\sum_{i=1}^{n} (X_i - \bar{X}.)}_{=0} + n \cdot c^2$$

$$= \sum_{i=1}^{n} (X_i - \bar{X}.)^2 + n \cdot c^2$$

Da nun c^2 immer > 0, gilt

$$\sum_{i=1}^{n} (X_i - \bar{X}.)^2 < \sum_{i=1}^{n} \left[X_i - (\bar{X}. + c)\right]^2$$

Wir wollen an dieser Stelle bereits einen Begriff einführen, der uns im Rahmen der Regressionsrechnung noch einmal begegnen wird, das "Kriterium der kleinsten Quadrate". Denn das Mittel ist aufgrund der oben bewiesenen Eigenschaft der Punkt einer Verteilung von Werten, der dieses Kriterium erfüllt. "Kleinste Quadrate" besagt hier nichts anderes, als daß die Summe der quadrierten Abweichungen von diesem Punkt ein Minimum ist.

5.4. MITTELWERT, MEDIAN UND MODALWERT VON ZUSAMMENGEFASSTEN GRUPPEN

Nehmen wir an, wir haben in drei Gruppen für ein Merkmal X jeweils Modalwert, Median und Mittel bestimmt. Wir wollen nun wissen, welchen Modalwert, Median und Mittelwert wir erhalten, wenn wir die drei Gruppen zu einer einzigen zusammenfassen. Im Falle des Mittels läßt sich das Gesamtmittel ($\bar{X}_G$) aus den drei vorliegenden Mitteln leicht bestimmen. Um Modalwert und Median der zusammengefaßten Gruppe zu erhalten, müßten wir hingegen auf die Originaldaten der Einzelgruppen zurückgreifen und neue Berechnungen anstellen.

a) Berechnung des Gesamtmittels bei ungleichen Stichprobenumfängen

Das Gesamtmittel $\bar{X}_G$ bestimmt sich dann nach der Formel

$$\text{(13)} \qquad \bar{X}_G = \frac{n_1 \bar{X}_{\cdot 1} + n_2 \bar{X}_{\cdot 2} + \ldots + n_J \bar{X}_{\cdot J}}{n_1 + n_2 + \ldots + n_J}$$

Hierbei bedeuten

$\bar{X}_{\cdot 1}, \bar{X}_{\cdot 2}, \ldots$: Mittel der ersten, zweiten, ... Gruppe

$n_1, n_2, \ldots$: Umfang der ersten, zweiten, ... Gruppe

J : Anzahl der Gruppen

Da $n_1 \bar{X}_{\cdot 1} = \sum_i^n x_{i1}$; $n_2 \bar{X}_{\cdot 2} = \sum_i^n x_{i2}$; usf. , sehen wir, daß durch Formel (13) die Summe der Meßwerte über alle J Gruppen gebildet und dann durch die Gesamtzahl aller Meßwerte ($n_1+n_2+\ldots+n_J=n.$) dividiert wird, d.h. Formel (13) ist gleich

$$\bar{X}_G = \frac{\sum_i^{n_1} x_{i1} + \sum_i^{n_2} x_{i2} + \ldots + \sum_i^{n_J} x_{iJ}}{n.} = \frac{\sum_j^{J} \sum_i^{n_J} x_{iJ}}{n.}$$

Berechnen wir nach Formel (13) für die Daten der drei Gruppen von Tabelle 12 das Gesamtmittel, das sich bei Zusammenfassung dieser Gruppen ergeben würde. Die dort mitgeteilten Werte sind

$\bar{X}_{\cdot 1} = 34{,}8 \qquad n_1 = 29 \qquad n. = n_1 + n_2 + n_3$

$\bar{X}_{\cdot 2} = 31{,}5 \qquad n_2 = 29 \qquad\quad = 29 + 29 + 25 = 83$

$\bar{X}_{\cdot 3} = 29{,}8 \qquad n_3 = 25$

Dann ergibt sich

$$\overline{X}_G = \frac{(29)(34,8) + (29)(31,5) + (25)(29,8)}{83} = \frac{2667,7}{83} = 32,1$$

Dies stimmt erwartungsgemäß mit dem Mittelwert überein, der in Tabelle 12 im rechten Kasten für die Gesamtgruppe - ausgehend von den Originaldaten - errechnet wurde.

b) <u>Berechnung des Gesamtmittels bei gleichen Stichprobenumfängen</u>

Sind die Stichprobenumfänge n_j gleich, so vereinfacht sich Formel (13) zu

(14) $$\overline{X}_G = \frac{\overline{X}_{.1} + \overline{X}_{.2} + \ldots + \overline{X}_{.J}}{J}$$

d.h. das Gesamtmittel $\overline{X}_G$ ist das arithmetische Mittel aus den J Gruppenmitteln.

5.5. INTERPRETATION VON MODALWERT, MEDIAN UND MITTELWERT IN FEHLERTERMINI

Durch die Berechnung eines Maßes der zentralen Tendenz für eine Gruppe von Meßwerten bestimmen wir einen Kennwert, der dann stellvertretend für die Gruppe, d.h. stellvertretend für alle Werte dieser Gruppe steht. Betrachten wir die n = 9 Werte 1, 2, 2, 2, 3, 5, 6, 7, 8. Für sie ist Mo = 2, Md = 3 und $\overline{X}_.$ = 4. Für jeden ursprünglichen Meßwert setzen wir nun die verschiedenen Kennwerte ein :

X_1	X_2	X_3	X_4	X_5	X_6	X_7	X_8	X_9	
1	2	2	2	3	5	6	7	8	Meßwerte
2	2	2	2	2	2	2	2	2	Modalwert
3	3	3	3	3	3	3	3	3	Median
4	4	4	4	4	4	4	4	4	Mittel

Wenn wir nun sagen, "jeder der n = 9 Meßwerte ist gleich 4 (dem Mittel)" - gleichsam wie wir im Alltag sagen, "jeder männliche Erwachsene trinkt im Durchschnitt X Liter Bier pro Woche" - dann machen wir dabei einen gewissen Fehler, denn die ursprünglichen Meßwerte sind ja nicht alle gleich 4. Gleiches gilt für die Fälle, daß wir den Modalwert oder den Median stellvertretend setzen. Daß wir bei der Repräsentation eines Satzes von Werten durch einen Kennwert wie Mo, Md oder $\overline{X}_.$ einen Fehler machen, läßt sich offensichtlich nicht vermeiden (sofern nicht alle Werte der Gruppe gleich sind). Die Fehler, die wir durch die Verwendung dieser drei Maße machen, sind jedoch nicht der gleichen Art, bei jedem Maß wird ein bestimmter Fehler minimal gehalten.

Beginnen wir beim Mittel, wo wir den Fehler bei den Eigenschaften des Mittels bereits besprochen haben. Wenn wir für einen Meßwert $X_1 = 5$ das Gruppenmittel $\bar{X}. = 10$ einsetzen, so ist die Differenz $(X_1 - \bar{X}.) = -5$ ein Fehler, wir liegen um 5 Einheiten "nach unten" falsch. Durch Verwendung des Mittels wird nun die Summe dieser quadrierten Fehlerwerte $\left[\sum_i^n (X_i - \bar{X}.)^2\right]$ minimal gehalten. M.a.W. wenn man "Fehler" definiert als "Summe der quadrierten Abweichungen der Meßwerte von dem Wert, der stellvertretend für sie steht", dann machen wir den kleinsten "Fehler", wenn wir für jeden Meßwert das Mittel der Meßwerte stellvertretend setzen.

Bei Verwendung des Medians kontrollieren wir eine andere Art Fehler. Tragen wir zur Illustration unsere ursprünglichen Meßwerte auf einer Geraden ab.

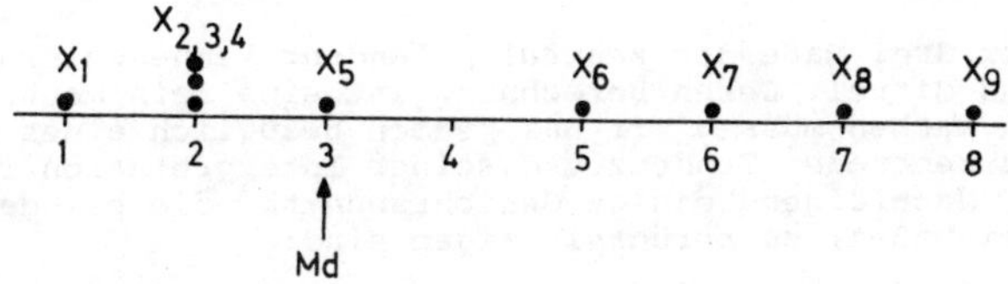

Was nun interessiert, sind die Abstände der Meßwerte X_i vom Median. So hat der Meßwert X_9 einen Abstand von 5 Einheiten zum Median, X_1 einen Abstand von 2 Einheiten, usf. Die Summe aller 9 Abstände $|X_i - Md|$ beträgt 19. Diese Summe ist nun kleiner, als die Summe der Abstände von irgendeinem anderen Punkt auf der Linie. Dies ist eine allgemein gültige Eigenschaft des Medians :

- Die Summe der absoluten Abweichungen aller Meßwerte X_i von ihrem Median ist ein Minimum.[1] Sie ist kleiner als die Summe der absoluten Abweichungen aller Meßwerte X_i von einem beliebigen anderen Wert X_b auf der Skala $(X_b \neq Md)$:

$$\sum_i^n |X_i - Md| < \sum_i^n |X_i - X_b| \qquad \text{wobei} \quad X_b \neq Md \quad ^{2)}$$

---

1) Bezüglich des Beweises dieser Eigenschaft siehe HORST,P. A proof that the point from which the sum of the absolute deviations is a minimum is the median.
Journal of Educational Psychology, 1931, 22, 463 - 464

2) Um genau zu sein: bei bestimmten Datenkonstellationen ist die Summe der absoluten Abweichungen vom Median nur ein Minimum in dem Sinne, daß von keinem anderen Punkt die Summe der absoluten Abweichungen kleiner ist. So ist z.B. bei den 4 Meßwerten 1, 2, 4, 5 die Summe der absoluten Abweichungen vom Median (=3) gleich 6; dieser Wert ergibt sich gleichfalls, wenn man von 2 und von 4 die Summe der absoluten Abweichungen bildet.

Wenn man nun Fehler definiert als "Summe der absoluten Abweichungen der Meßwerte von dem Wert, der stellvertretend für sie steht", dann machen wir den kleinsten "Fehler", wenn wir den Median stellvertretend für alle Werte der Gruppe setzen.

Beim Modalwert haben wir es wieder mit einem anderen Fehler zu tun. Wenn wir für jeden Meßwert den Modalwert stellvertretend setzen, dann sind hier die meisten Werte gleich dem Wert, der für alle eingesetzt wird.[1] Anders ausgedrückt: wenn wir bei jedem der n Werte (Personen) sagen, "dieser Wert ist gleich Mo", dann machen wir die wenigsten falschen Aussagen, d.h. haben die meisten "Treffer". Wenn wir also "Fehler" definieren als "Anzahl der Werte, die nicht gleich sind dem Wert, der stellvertretend für alle eingesetzt wird", dann machen wir den kleinsten "Fehler", wenn wir den Modalwert als Repräsentanten wählen.

5.6. GESICHTSPUNKTE BEI DER AUSWAHL EINES MASSES DER ZENTRALEN TENDENZ

Wir haben bisher drei Maße der zentralen Tendenz kennengelernt: Modalwert, Median und Mittel. Deren Berechnung ist eine rein mechanische Sache. Gedanken machen müssen wir uns jedoch bezüglich eines geeigneten Maßes der zentralen Tendenz und seiner Interpretation für den konkreten Fall. Nachfolgend einige Gesichtspunkte, die bei der Auswahl (aus diesen drei Maßen) zu berücksichtigen sind:

* Der Modalwert findet als Maß der zentralen Tendenz in der Forschungspraxis praktisch keine Verwendung. Wenn sein Wert angeführt wird, dann geschieht dies meist, um mitzuteilen, welcher Wert am häufigsten vorkommt oder um eine eventuelle Bimodalität der Verteilung zu kennzeichnen, weniger um mit seinem Wert etwas über die zentrale Tendenz aussagen zu wollen. Denn als Ausdruck der Lokalisation der zentralen Tendenz einer Meßwertverteilung ist der Modalwert häufig wenig charakteristisch. Die nachfolgenden zwei Verteilungen illustrieren dies.

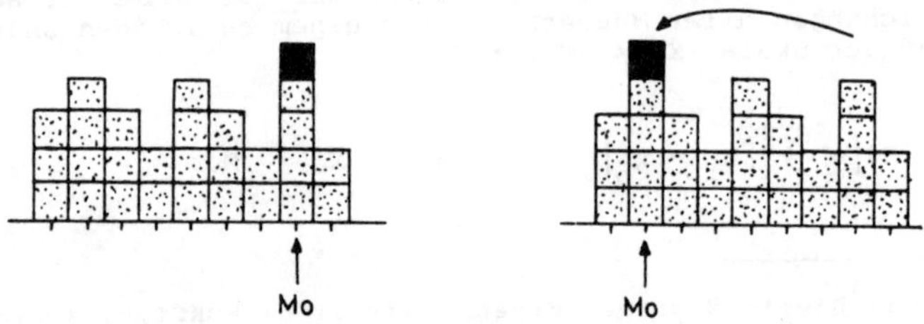

Sie zeigen zudem, daß der Modalwert in kleinen Gruppen von Meßwerten recht instabil sein kann und durch die Veränderung eines einzigen Meßwertes u.U. eine gänzlich andere Position für die zentrale Tendenz der Verteilung anzeigt.

---

1) Wir gehen davon aus, daß die Verteilung unimodal ist, d.h. ein Wert als der häufigste auftritt.

* Der Median wird durch die Größe der extremen Werte am oberen und unteren Ende der Verteilung nicht beeinflußt. So würde sich in einer Gruppe von n Werten der Median nicht verändern, wenn der größte Wert 5 mal so groß würde. Diese Eigenschaft macht den Median auch geeignet für sekundäre Häufigkeitsverteilungen, die an den Enden offene Klassen aufweisen.

* Das Mittel wird durch die Größe eines jeden Meßwertes in der Gruppe beeinflußt. Wenn wir zu einem der n Werte c Einheiten addieren, dann wird das Mittel um c/n Einheiten größer. Das Mittel verarbeitet somit sämtliche in den Meßwerten vorhandene numerische Information.

* Manchmal haben Verteilungen eine solche Form, daß man sinnvollerweise von einer "zentralen Tendenz" nicht sprechen kann. Die Berechnung eines Maßes der zentralen Tendenz ist dann zwar möglich, aber wenig sinnvoll und irreführend. Dies ist insbesondere oft bei zwei- oder mehrgipfligen Verteilungen der Fall. Betrachten wir die nachfolgende "bimodale" Verteilung (n = 27) :

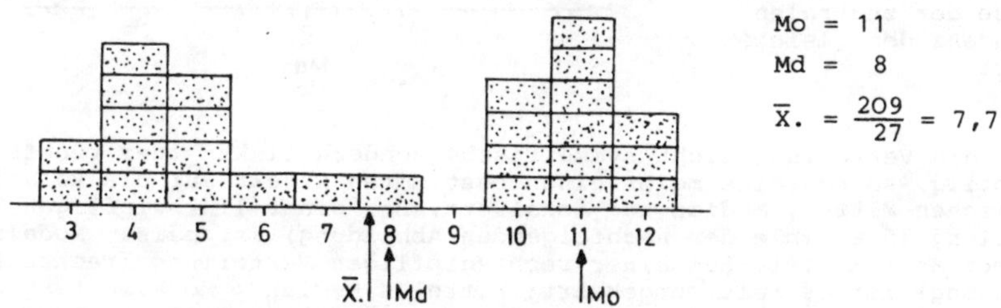

Wir sehen, daß hier keines der Maße ein sinnvolles Bild für das Zentrum der Verteilung abgibt - was nicht weiter verwunderlich ist, da die Verteilung ja deutlich zwei Zentren hat, die sich natürlich nicht durch die Angabe eines Zentralwertes ausdrücken lassen. In einem solchen Fall ist es sinnvoller mitzuteilen, daß eine bimodale Verteilung vorliegt, mit einem "Modalwert" im unteren Teil von 4 und im oberen Teil von 11. Noch informativer ist natürlich eine Zeichnung der Verteilungsform (wie oben vorgenommen).

* Die zentrale Tendenz einer Verteilung von Werten, wo einige extreme Werte auftreten, mißt man am besten mit dem Median (unimodale Verteilung vorausgesetzt). Denn wir hatten gesehen, daß das Mittel von der Größe jedes Meßwertes der Gruppe beeinflußt wird. Dadurch kann - insbesondere bei kleinen Gruppen - ein einzelner extremer Wert das Gruppenmittel u.U. weit aus dem Bereich "schieben", den man als zentral für die Werte ansehen würde. Nehmen wir an, in einem Kegelklub aus 5 Diplompsychologen haben die Mitglieder folgende Ersparnisse: P_1 = 3600 DM, P_2 = 2000 DM, P_3 = 4200 DM, P_4 = 1500 DM, P_5 = 4800 DM. Die durchschnittlichen Ersparnisse der Psychologen sind somit $\bar{X}.$ = 3220 DM, der Median ist Md = 3600 DM. Nun stößt ein praktischer Arzt zu diesem Kegelklub; dessen Ersparnisse betragen 37 000 DM. Als durchschnittliche Ersparnisse ergäbe sich nun ein Wert von $\bar{X}.$ = 8850 DM. Dieser Durchschnittswert wird nun weder der alten Gruppe aus 5 noch der neuen Gruppe aus 6 Personen gerecht. Man würde hier den

Median als Maß der zentralen Tendenz vorziehen, da er von der Größe der extremen Werte nicht beeinflußt wird. In unserem Fall verändert er sich von Md_{alt} = 3600 nach Md_{neu} = (3600+4200)/2 = 3900, da ein Wert hinzukommt.

Die Unbeeinflußbarkeit des Medians durch extreme "Ausreißerwerte" macht sich z.B. die Warentest-Zeitschrift "Test" zunutze, indem sie als "mittlere Preise" bei den getesteten Produkten meist den Medianwert angibt, weil der nicht durch den untypisch niedrigen oder untypisch hohen Preis in einem der bezüglich der Preise befragten Geschäfte beeinflußt wird.

* Bei symmetrischen, unimodalen Verteilungen sind Mittel, Median und Modalwert gleich. So haben in der nebenstehenden derartigen Verteilung alle drei Maße der zentralen Tendenz den gleichen Wert.

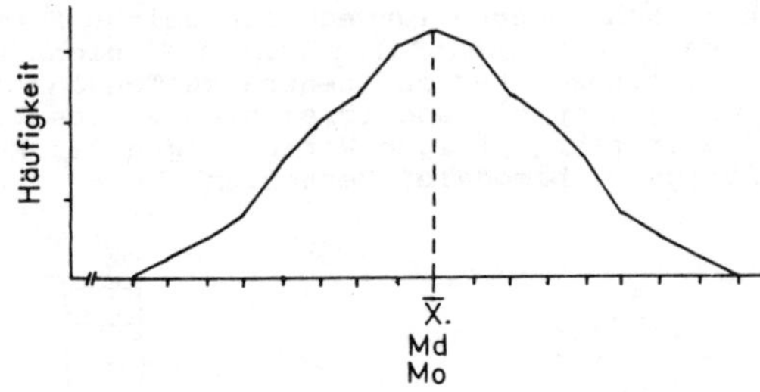

* Ist die Verteilung nicht symmetrisch, sondern links- oder rechtsgipflig, so hat dies meist einen bestimmten Effekt auf die Relationen zwischen Mittel, Median und Modalwert. Bei einer linksgipfligen Verteilung (die linke der nachfolgenden Abbildung) ist meist: Modalwert < Median < Mittel. Bei einer rechtsgipfligen Verteilung (rechte Abbildung) ist es meist umgekehrt: Mittel < Median < Modalwert. Diese Beziehungen zwischen den drei Maßen den zentralen Tendenz müssen jedoch nicht bei jeder nicht-symmetrischen Verteilung gelten. Wie PETTIBONE & DIAMOND (1974) am Beispiel einer rechtsgipfligen Verteilung zeigen, sind auch nicht-symmetrische Verteilungen möglich, bei denen Mittel, Median und Modalwert den gleichen Wert haben.

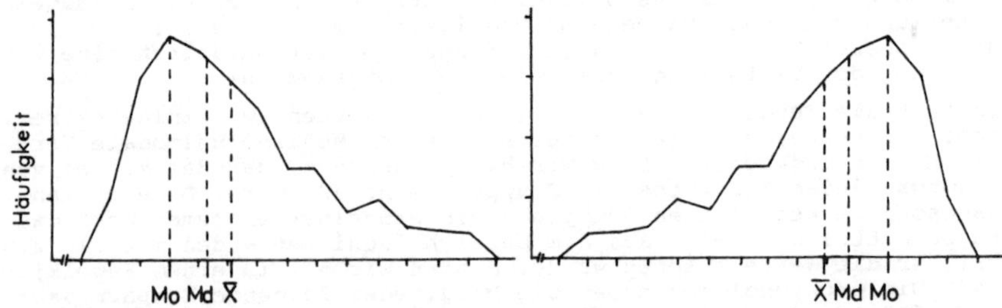

* Ein weiterer Gesichtspunkt bei der Auswahl eines Maßes der zentralen Tendenz ist später - im Bereich der Inferenzstatistik - zu beachten. Wenn wir die Gruppe von Werten, mit der wir arbeiten, als eine Stichprobe aus einer symmetrisch verteilten Population von Werten betrachten, dann liefert das Stichprobenmittel zuverlässigere und genauere Schätzungen für die zentrale Tendenz der Population als der Stichprobenmedian (der Modalwert findet dabei überhaupt keine Verwendung).

5.7. WEITERE MASSE DER ZENTRALEN TENDENZ

Die im folgenden vorzustellenden Maße werden in der Literatur zur psychologischen Forschung nur sehr selten verwendet. Sie sollen jedoch zum einen der Vollständigkeit halber besprochen werden, und zum anderen deshalb, damit der Leser, falls ihm ein derartiges Maß in einem Untersuchungsbericht begegnet, weiß, wie es definiert ist und beurteilen kann, ob die Verwendung dieses Maßes angemessen war.

5.7.1. DAS GEOMETRISCHE MITTEL (GM)

Das geometrische Mittel von n positiven Zahlen $X_1, X_2, \ldots, X_n$ ist definiert als die n-te Wurzel aus dem Produkt der n Werte:

(15) $$GM = \sqrt[n]{X_1 \cdot X_2 \cdot \ldots \cdot X_n}$$

Seine rechnerische Bestimmung erfolgt häufig über Logarithmen:

(16) $$\log GM = \frac{1}{n} \sum_{i}^{n} \log X_i$$

d.h. der Logarithmus des geometrischen Mittels ist gleich dem arithmetischen Mittel der logarithmierten Meßwerte X_i.

Aus Formel (15) ist ersichtlich, daß das geometrische Mittel nur bestimmt werden kann, wenn kein Wert Null oder negativ ist. Wann ist nun die Verwendung des geometrischen Mittels angezeigter als die des arithmetischen.

Die häufigste Anwendung findet das geometrische Mittel zur Charakterisierung von Veränderungswerten, von Zeitreihen, die aufsteigende oder fallende Tendenzen aufweisen, allerdings nur dann, wenn die Zahlen um eine konstante Rate (Prozentsatz) ansteigen oder abfallen - im Gegensatz zu den Fällen, wo der Zunahme- oder Abnahmebetrag konstant ist. Betrachten wir einige Beispiele. So führt KANN (1973, S. 78) zur Illustration die folgenden monatlichen Ausstoßzahlen eines Automobilwerkes an :

		Zuwachs (absolut)	Zuwachs (in Prozent)
Januar	15000 Wagen		
Februar	16500 Wagen	+ 1500 Wagen	+ 10%
März	18150 Wagen	+ 1650 Wagen	+ 10%
April	19965 Wagen	+ 1815 Wagen	+ 10%
Mai	21962 Wagen	+ 1997 Wagen	+ 10%

Wir sehen, daß sich der absolute Produktionszuwachs verändert (der wäre gleich, wenn das Werk z.B. jeden Monat 1000 Wagen mehr bauen würde) , während die Zuwachsrate konstant ist und 10% beträgt. Hier ist es angebracht, das geometrische Mittel zu berechnen. Es ergibt sich

$$GM = \sqrt[5]{(15000)(16500)(18150)(19965)(21962)} = 18150$$

während der Wert für das arithmetische Mittel $\overline{X}.$= 18 315,4 ist. Nimmt man den mittleren Monat März als Bezugsmonat, so streuen die Produktionsabweichungen nicht gleichmäßig nach oben und unten, d.h. die Abweichungen der darüberliegenden Monate sind größer als die der darunterliegenden. Das führt dazu, daß das arithmetische Mittel einen Wert ergibt, der über der Produktion des Bezugsmonates (des mittleren Monates) liegt; dies ist beim geometrischen Mittel hingegen nicht der Fall.

Ein anderes Beispiel für die Verwendung des geometrischen Mittels gibt WALKER (1964, S. 358). Hier wurde 6 Wochen lang jeweils am Ende der Woche die Größe einer Pflanze gemessen. Es ergaben sich folgende Werte :

Woche	Größe in cm am Ende der Woche	Absoluter Größenzuwachs pro Woche	Größenzuwachs in Prozent
2	14,30		
3	17,73	+ 3,43	+ 23,9
4	22,03	+ 4,30	+ 24,3
5	27,27	+ 5,24	+ 23,8
6	33,82	+ 6,55	+ 24,0
7	41,83	+ 8,01	+ 23,7

Auch hier ist wieder die Zuwachsrate relativ konstant. Für das geometrische Mittel ergibt sich der Wert GM = 24,5.

Wir wollen die Bestimmung des geometrischen Mittels über die logarithmierten Werte an einem weiteren Beispiel betrachten. Es geht darum, das mittlere Monatseinkommen einer Person für die Jahre 1960 bis 1964 und 1965 bis 1969 zu bestimmen. Wir wollen dazu annehmen, daß diese Person im ersten 5 Jahres-Zeitraum jährlich eine 5%-ige Gehaltserhöhung erhielt, während im zweiten Zeitraum das Gehalt jährlich um 6% stieg. In beiden Zeiträumen ist somit die Zuwachsrate gleich und das geometrische Mittel bietet sich an. Die Einkommensdaten der Person sind in Tabelle 13 wiedergegeben. Wenn wir die Gehaltswerte logarithmieren und dann den logarithmischen jährlichen Zuwachs bestimmen, so sehen wir, daß dieser logarithmische Zuwachs konstant ist (letzte Spalte).

Nach Formel (16) ergibt sich für den Zeitraum 1960 bis 1964

$$\log GM = \frac{1}{n} \sum_{i}^{n} \log X_i = \frac{15,6080}{5} = 3,1216$$

Dies entspricht einem Numerus von 1323,1; das mittlere Monatseinkommen dieser Person war in den Jahren 1960 bis 1964 somit 1323 DM. Bei Berechnung des arithmetischen Mittels ergäbe sich $\overline{X}.$ =(6631)/5=1326,2.

Tabelle 13 : Beispiel für die Berechnung des geometrischen Mittels; Gehaltsentwicklung einer Person im Zeitraum 1960 bis 1964 und 1965 bis 1969.

Jahr	Monatliches Brutto-Einkommen	Absoluter Zuwachs	Logarithmus des Einkommens	Logarithmus des Zuwachs
1960	1200		3,0792	
1961	1260	60	3,1004	0,0212
1962	1323	63	3,1216	0,0212
1963	1389	66	3,1427	0,0211
1964	1459	70	3,1641	0,0214
Summe	6631		15,6080	
1965	1532		3,1853	
1966	1624	92	3,2106	0,0253
1967	1721	97	3,2358	0,0252
1968	1824	103	3,2610	0,0252
1969	1933	109	3,2862	0,0252
Summe	8634		16,1789	

Wir sehen, daß (wie bei obigem Beispiel der Automobilproduktion) der Wert des arithmetischen Mittels wieder über dem Einkommen im "mittleren Jahr" 1962 liegt, der des geometrischen Mittels hingegen nicht. Für die Jahre 1965 bis 1969 ergibt sich für diese Person ein mittleres Monatseinkommen von

$$\log GM = \frac{16,1789}{5} = 3,2358 ;$$

dies entspricht dem Numerus 1721. Dieser Wert liegt gleichfalls nicht über dem Einkommen des mittleren Jahres 1967; das arithmetische Mittel ergäbe hingegen $\overline{X}.$ = 1727.

Das geometrische Mittel kann im übrigen nur bei solchen Skalen sinnvoll angewandt werden, wo der Nullpunkt nicht arbiträr ist, sondern einen empirischen Sinn hat. Denn für uns war - darauf hatten wir bei den obigen Zahlenbeispielen hingewiesen - bedeutsam, daß die prozentuale Zuwachsrate bei der Reihe von Meßwerten konstant war. Wir hätten das auch so formulieren können, daß für uns an den Zahlen bedeutsam war, daß die Verhältnisse von je zwei aufeinanderfolgenden Zahlen konstant sind. Zeigen wir dies an den Zahlen im oberen Teil von Tabelle 13. Es ist

$$\frac{1200 \text{ DM}}{1260 \text{ DM}} = \frac{1}{1,05} \quad ; \quad \frac{1260 \text{ DM}}{1323 \text{ DM}} = \frac{1}{1,05} \quad ; \quad \text{usf.}$$

Diese Verhältnisse zwischen den Zahlen sind jedoch nur dann nicht arbiträr, wenn auch der Nullpunkt der Skala nicht willkürlich ist. Hat eine Skala einen natürlichen Nullpunkt, dann sind lediglich Einheitentransformationen zulässig, da sie die Verhältnisse der Zahlen nicht verändern; Nullpunkttransformationen ändern hingegen die Verhältnisse der Zahlen. Die obige Einkommensskala hat einen natürlichen Nullpunkt, da Null DM pro Monat "kein Geldeinkommen" bedeutet.

Nehmen wir nun an, wir hätten in einem Intelligenztest die drei folgenden IQ's bei einer Person zu drei verschiedenen Zeitpunkten erhoben, und erhalten

t_1	t_2	t_3
IQ = 100	IQ = 110	IQ = 121

Die Zahlen steigen hier von t_1 nach t_3 jeweils um 10% an, d.h. die Verhältnisse der aufeinanderfolgenden Zahlen sind jeweils 1 : 1,1. Diesen Verhältnissen zwischen den Zahlen kommt jedoch keine empirische Bedeutung zu, da sie durch die willkürliche Festsetzung des Nullpunktes bei der IQ-Skala entstanden sind. Man hätte genausogut den Nullpunkt der IQ-Skala 50 IQ-Punkte höher festsetzen können, dann wären die Werte dieser Person

t_1	t_2	t_3
"IQ" = 50	"IQ" = 60	"IQ" = 71

Nun sind die Verhältnisse zwischen den aufeinanderfolgenden Zahlen nicht mehr 1 : 1,1.

Facit : Da das geometrische Mittel für Zahlenreihen empfohlen wird, wo die Verhältnisse der aufeinanderfolgenden Zahlen konstant sind, diese Verhältnisse aber nur dann einen empirischen Sinn haben, wenn der Nullpunkt nicht arbiträr ist, ist auch die Bestimmung des geometrischen Mittels nur sinnvoll, wenn die Skala einen natürlichen Nullpunkt aufweist.

Auf eine Besonderheit des geometrischen Mittels gegenüber dem arithmetischen Mittel bei Vorliegen von Kehrwerten $1/X_i$ sei zum Abschluß noch hingewiesen.

Das arithmetische Mittel von Kehrwerten

$$\bar{X}. = \frac{\sum_i^n \frac{1}{X_i}}{n} \quad \text{ist nicht gleich} \quad \frac{1}{\left[\sum_i^n X_i\right] / n}$$

; d.h. wir können nicht zur Rechenvereinfachung das Mittel der X_i-Werte bilden und dann aus diesem Mittel den Kehrwert.

Beim geometrischen Mittel hingegen gilt

$$GM = \sqrt[n]{\frac{1}{X_1} \cdot \frac{1}{X_2} \cdot \ldots \cdot \frac{1}{X_n}} = \frac{1}{\sqrt[n]{X_1 \cdot X_2 \cdot \ldots \cdot X_n}}$$

Nehmen wir als Beispiel die Werte $\frac{1}{4}$ und $\frac{1}{9}$. Dann ist

$$\bar{X}. = \frac{\frac{1}{4} + \frac{1}{9}}{2} = \frac{0{,}3611}{2} = 0{,}1805 \neq \frac{1}{(4+9)/2} = \frac{1}{6{,}5} = 0{,}154$$

hingegen

$$GM = \sqrt[2]{\frac{1}{4} \cdot \frac{1}{9}} = \sqrt{\frac{1}{36}} = \frac{1}{6} = \frac{1}{\sqrt[2]{(4)(9)}} = \frac{1}{\sqrt{36}} = \frac{1}{6}$$

5.7.2. DAS HARMONISCHE MITTEL (HM)

Das harmonische Mittel der n Werte $X_1, X_2, \ldots, X_n$ (wobei alle $X_i > 0$) ist deren Anzahl geteilt durch die Summe ihrer Kehrwerte.

(17) $$HM = \frac{1}{\left(\frac{1}{X_1} + \frac{1}{X_2} + \ldots + \frac{1}{X_n}\right) / n} = \frac{n}{\sum_i^n \frac{1}{X_i}}$$

Das harmonische Mittel wird bei bestimmten Problemen, wo es um die Berechnung von durchschnittlichen Geschwindigkeiten geht, herangezogen. Betrachten wir Beispiele seiner möglichen Anwendung sowie Fälle, wo das harmonische Mittel nicht geeignet und das arithmetische zu verwenden ist.

Nehmen wir an, ein Autofahrer fährt eine Strecke von insgesamt 300 Kilometern in drei Etappen à 100 km. Er benötigt für die

ersten 100 km	50 Minuten
zweiten 100 km	75 Minuten
dritten 100 km	60 Minuten.

Seine Geschwindigkeit beträgt somit in der ersten Etappe 120 km/h, in der zweiten Etappe 80 km/h und in der dritten 100 km/h. Was war nun seine Durchschnittsgeschwindigkeit über die drei 100-Kilometer-Etappen? Das arithmetische Mittel $\bar{X}. = (X_1 + X_2 + X_3)/3 = (120 + 80 + 100)/3 = 100$ würde hier einen falschen Wert ergeben, wie sich leicht nachprüfen läßt. Denn die Person legte 300 km in 185 Minuten zurück, was einer Durchschnittsgeschwindigkeit von 97,3 km/h entspricht. Bestimmen wir hingegen für die Werte $X_1 = 120$, $X_2 = 80$, $X_3 = 100$ das harmonische Mittel, so ergibt sich korrekt

$$HM = \frac{n}{\sum_i^n \frac{1}{X_i}} = \frac{3}{\frac{1}{120} + \frac{1}{80} + \frac{1}{100}} = 97{,}3$$

Das harmonische Mittel muß also dann zur Berechnung der Durchschnittsgeschwindigkeit herangezogen werden, wenn die zurückgelegte Entfernung (hier jeweils Etappen von 100 km) konstant ist und die Zeit variiert, die zum Zurücklegen benötigt wird.

Konstruieren wir nun ein anderes Beispiel. Ein Rechentest mit leichten Aufgaben besteht aus 150 Aufgaben. Eine Person löst die ersten 50 Aufgaben in 25 Minuten, die zweiten 50 Aufgaben in 20 Minuten und die letzten 50 Aufgaben in 10 Minuten. Die Arbeitsgeschwindigkeit dieser Person beträgt dann im ersten Teil X_1 = 2 Aufgaben/Minute, im zweiten Teil X_2 = 2,5 Aufgaben/Minute und im letzten Teil X_3 = 5 Aufgaben/Minute. Die durchschnittliche Arbeitsgeschwindigkeit für den gesamten Test (alle 150 Aufgaben) bestimmt sich nun wieder über das harmonische Mittel :

$$HM = \frac{n}{\frac{1}{X_1} + \frac{1}{X_2} + \frac{1}{X_3}} = \frac{3}{\frac{1}{2} + \frac{1}{2,5} + \frac{1}{5}} = 2,73 \ .$$

Das dies korrekt ist, läßt sich durch die Überlegung prüfen, daß die Person für 150 Aufgaben insgesamt 55 Minuten benötigte, also 150/55 = 2,73 Aufgaben pro Minute. Das arithmetische Mittel $\bar{X}_{.}$ = (2 + 2,5 + 5)/3 = 3,17 hätte wieder einen falschen Durchschnittswert ergeben. Bei diesem Problem war die Arbeitsleistung konstant gehalten (jeweils 50 Aufgaben) und die zur Bearbeitung benötigte Zeit variierte.

Halten wir also fest : Ist die geleistete Arbeit (oder die zurückgelegte Entfernung) konstant und die Zeit variiert, dann ist die gesuchte Durchschnittsgeschwindigkeit gleich dem harmonischen Mittel der n Werte. Ist hingegen die Zeit konstant und die geleistete Arbeit (bzw. die zurückgelegte Entfernung) variabel, dann ergibt das arithmetische Mittel der n Werte die gesuchte Durchschnittsgeschwindigkeit.

Wenn z.B. ein Autofahrer in der ersten Stunde 60 Kilometer zurücklegt, in der zweiten Stunde 80 Kilometer und in der dritten Stunde 70, dann sind seine Geschwindigkeiten für die drei gleichgroßen Zeitabschnitte 60 km/h, 80 km/h und 70 km/h und seine Durchschnittsgeschwindigkeit beträgt $\bar{X}_{.}$ = (60 + 80 + 70)/3 = 70 km/h. Das harmonische Mittel hätte hingegen den falschen Wert $HM = 3/\left(\frac{1}{60} + \frac{1}{80} + \frac{1}{70}\right) = 69,0$ ergeben. Gleichermaßen wäre es bei unserem Testbeispiel. Nehmen wir an, die Person hätte in den ersten 10 Minuten 20 Aufgaben bearbeitet, in den zweiten 10 Minuten 30 Aufgaben und in den dritten 10 Minuten 40 Aufgaben. Dann wäre im ersten Zeitabschnitt X_1 = 2 Aufgaben/Minute, im zweiten Abschnitt X_2 = 3 Aufgaben/Minute und im dritten X_3 = 4 Aufgaben/Minute. Die durchschnittliche Arbeitsgeschwindigkeit wäre dann $\bar{X}_{.}$ = (2 + 3 + 4)/3 = 3 Aufgaben pro Minute, was korrekt ist, denn die Person hat in 30 Minuten insgesamt 20 + 30 + 40 = 90 Aufgaben bearbeitet.

5.7.3. DAS KONTRAHARMONISCHE MITTEL (KHM)

Dieses sehr selten verwandte Durchschnittsmaß wird von SENDERS (1958, S. 317 f.) vorgestellt. Wir wollen es auch an dem dort verwendeten Beispiel besprechen. Nehmen wir an, wir wollen in einer Gruppe von 50 Familien die durchschnittliche Kinderzahl pro Familie bestimmen.

Kinder pro Familie X_i	Anzahl der Familien f_i	$f_i X_i$
4	10	40
3	10	30
2	10	20
1	10	10
0	10	0
	n= 50	100

Kinder pro Familie X_i	Anzahl der Kinder f'_i	$f'_i X_i$
4	40	160
3	30	90
2	20	40
1	10	10
0	0	0
	n=100	300

Die in dieser Gruppe bezüglich der Kinderzahl erhobenen Daten sind nebenstehend wiedergegeben.

Die 50 Familien haben 100 Kinder, sodaß die durchschnittliche Kinderzahl pro Familie $\bar{X}.$ = 2 ist. Diese Aussage ist korrekt. Wir können daraus jedoch nicht den Schluß ziehen, daß das durchschnittliche Kind aus einer Familie mit zwei Kindern kommt. Daß dieser Schluß falsch ist, zeigt die nebenstehend erfolgte Neuordnung der Daten. Wir haben hier bei jedem Kind vermerkt, wieviel Kinder die Familie hat, aus der es kommt.

Das Mittel dieser Verteilung ist $\bar{X}.$ = 300/100 = 3, d.h. das durchschnittliche Kind kommt aus einer Familie mit drei Kindern (während die Durchschnittsfamilie nur zwei Kinder hat). Den Durchschnittswert von 3 erhalten wir nun durch das kontraharmonische Mittel der Originalverteilung. Es ist wie folgt definiert :

$$\text{(18)} \quad KHM = \frac{\sum_i^n X_i^2}{\sum_i^n X_i}$$

bzw. bei Vorliegen einer primären Häufigkeitsverteilung

$$\text{(19)} \quad KHM = \frac{\sum_i^k f_i X_i^2}{\sum_i^k f_i X_i}$$

wobei
k = Anzahl unterschiedlicher Meßwerte
f_i = Häufigkeit des Meßwerts i

Für unsere Daten ergibt sich für $\sum_i^k f_i X_i^2 = (4^2)(10) + (3^2)(10) + (2^2)(10) + (1^2)(10) + (0^2)(10) = 300$. Dann ist das kontraharmonische Mittel nach Formel (19) KHM = 300/100 = 3,0.

Das kontraharmonische Mittel kann nur verwendet werden, wenn X ein Häufigkeitswert ist, wie Anzahl der Kinder, Anzahl von Unfällen, Anzahl von Wagen, etc.

6 VARIABILITÄTS-MAßE

Wir hatten gesehen, daß die Maße der zentralen Tendenz nur etwas über das Niveau einer Gruppe von Werten aussagen, d.h. wo sich diese Werte auf einer Zahlenskala konzentrieren. Jedes Maß der zentralen Tendenz führt zu einem Wert, der auf bestimmte Weise alle Werte der Gruppe "repräsentiert", d.h. stellvertretend für sie steht. Dieser Prozeß läßt aber die Unterschiede außer acht, die zwischen den Werten der Gruppe bestehen. Wir brauchen deshalb statistische Kennwerte, mit denen wir die Variation der Werte in einer Gruppe beschreiben können.

Es genügt also nicht, den Mittelwert einer Gruppe zu kennen, wir müssen auch etwas über die Streuung der Werte in dieser Gruppe aussagen können, insbesondere, wenn wir diese Gruppe mit einer anderen vergleichen wollen. Konstruieren wir uns ein Beispiel und nehmen wir an, in einem Statistik-Kurs für Psychologen arbeitet etwa die Hälfte der Teilnehmer den Stoff zu Hause immer alleine nach (dies sei Gruppe A), während die andere Hälfte den Stoff jeweils mit einer oder mehreren anderen Personen nacharbeitet (Gruppe B). Uns interessiert nun die Frage, ob die Mitglieder beider Gruppen unterschiedlich in der Abschlußklausur abschneiden. Dazu vergleichen wir die Punktwertverteilung beider Gruppen[1]. In Abbildung 13 sind vier mögliche Ergeb-

---

1) Eine derartig angelegte Untersuchung kann uns natürlich nur Information darüber geben, ob die Mitglieder beider Gruppierungen in der Tendenz unterschiedlich in der Klausur abgeschnitten haben. Der Schluß, daß ein etwaiger Gruppenunterschied auf den Sachverhalt zurückgeht, daß alleine oder mit anderen gearbeitet wurde, ist jedoch nicht statthaft, da die Personen sich beiden Gruppierungen selbst zugeordnet haben und mit der Präferenz für eine bestimmte Art des Arbeitens (alleine oder mit anderen) vielleicht Fähigkeits- oder Motivationsunterschiede einhergehen, die einen Einfluß auf das Erlernen von Statistik haben.

Abbildung 13 : Mögliche Ergebnisse bei einem Vergleich der Meßwertverteilungen zweier Gruppen bezüglich der Gruppenmittel und der Variabilität in den Gruppen

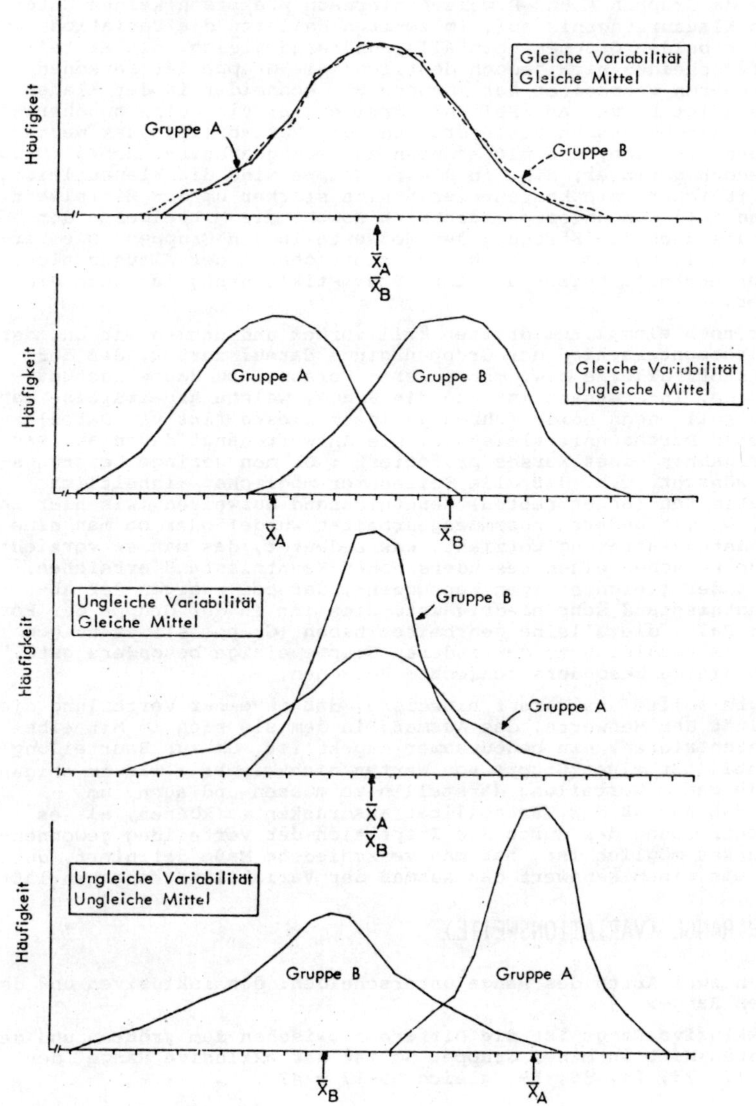

nisse dargestellt. Betrachten wir diese Ergebnisse jeweils bezüglich der zentralen Tendenzen beider Verteilungen und bezüglich des Ausmaßes der Variabilität der Meßwerte, d.h. wie stark die Meßwerte um den mittleren Wert streuen. Im ersten Fall zeigt sich eine annähernd gleiche Variation der Meßwerte und annähernde Gleichheit der Mittelwerte: beide Gruppen A und B weisen hiernach praktisch keinen Unterschied im Klausurergebnis auf. Im zweiten Fall ist die Variation der Meßwerte in beiden Gruppen ebenfalls annähernd gleich, die Mittelwerte unterscheiden sich jedoch deutlich; die Gruppe der Personen, die mit anderen gearbeitet hat (Gruppe B), schneidet in der Klausur im Durchschnitt besser ab. Bei Fall drei ergibt sich eine annähernde Gleichheit der Durchschnittsleistungen, die Variabilität der Werte ist bei den Personen, die mit anderen zusammengearbeitet haben (Gruppe B), jedoch geringer; d.h. in dieser Gruppe sind die Klausurleistungen einheitlicher, sie konzentrieren sich stärker um den Mittelwert. Im letzten Fall nun unterscheiden sich sowohl die Mittelwerte der Gruppen, als auch die Streuung der Meßwerte in den Gruppen. Die Personen, die alleine gearbeitet haben, schneiden in der Klausur nicht nur im Durchschnitt besser ab, ihre Statistikleistung ist auch einheitlicher.

Gehen wir noch einmal zum dritten Fall zurück und nehmen wir an, der Variabilitätsunterschied der Gruppen ginge darauf zurück, daß der Statistikstoff alleine bzw. mit anderen Personen zu Hause nachgearbeitet wurde. Interessant ist nun die Frage, welche Arbeitsweise man empfehlen soll, denn beide führen ja (nach diesen fiktiven Daten) zu der gleichen Durchschnittsleistung. Die Antwort hängt davon ab, was man als Ergebnis eines Kurses präferiert : Ob man geringe Leistungsstreuung wünscht, d.h. daß alle Teilnehmer möglichst einheitlich einen bestimmten (angestrebten) Kenntnisstand aufweisen (wie hier in Gruppe B, wo mit anderen zusammengearbeitet wurde) oder ob man eine breite Leistungsstreuung vorzieht, was bedeutet, das man es vorzieht, daß einige Personen einen besonders hohen Kenntnisstand erreichen, jedoch mit der gleichzeitigen Konsequenz, daß bei einigen der Abschlußkenntnisstand sehr niedrig ist. Dies ist in der Gruppe der Personen der Fall, die alleine gearbeitet haben (Gruppe A); es zeigen sich hier im Vergleich zu der anderen Gruppe einige besonders gute, aber auch einige besonders schlechte Personen.

Das Gesagte sollte uns darauf hinweisen, daß in einer Verteilung die Variabilität der Meßwerte, das Ausmaß, in dem sie sich im Mittelbereich konzentrieren, ein bedeutsamer Aspekt ist. Um zur Beurteilung der Variabilität einer Gruppe von Werten nicht immer - wie im obigen Fall - die ganze Verteilung darstellen zu müssen und auch, um präziser das Ausmaß der Variabilität ausdrücken zu können, als es durch Beschreibung des durch die Inspektion der Verteilung gewonnenen Eindruckes möglich ist, hat man verschiedene Maße definiert, durch die sich mit einem Kennwert das Ausmaß der Variabilität angeben läßt.

6.1. DER RANGE (VARIATIONSWEITE)

Wir wollen zwei Arten des Range unterscheiden: den inklusiven und den exklusiven Range.

a) Der exklusive Range ist die Differenz zwischen dem größten und dem kleinsten Wert in einer Gruppe. So ist der exklusive Range der Werte 17, 23, 24, 36, 59 gleich 59-17 = 42 .

b) Der inklusive Range ist die Differenz zwischen der oberen exakten Grenze des Intervalles, das den größten Wert enthält und der unteren exakten Grenze des Intervalles, das den kleinsten Wert enthält. Nehmen wir als Beispiel an, daß wir auf einen Zentimeter genau die Körpergröße von 5 Männern gemessen und die Werte 175, 176, 178, 182 und 185 cm festgestellt haben. Der exakte Wert des kleinsten Mannes liegt irgendwo zwischen 174,5 und 175,5 cm,die exakte untere Grenze dieses Intervalles ist also 174,5. Die exakte obere Grenze des Intervalles, das den größten Meßwert enthält, ist 185,5. Der inklusive Range ist somit 185,5 -174,5 = 11 (der exklusive Range wäre hier 185-175 = 10).

Der exklusive Range ist die Differenz zwischen dem größten und dem kleinsten festgestellten Wert einer Gruppe, und es kann deshalb sein, daß er einen exakten Wert, der unter- oder oberhalb des kleinsten oder größten festgestellten Wertes liegt, ausschließt. Der inklusive Range ist hingegen groß genug, um alle exakten und festgestellten Werte einzuschließen. Wenn wir in Zukunft von dem "Range" sprechen, ohne Spezifikation "inklusiv" oder "exklusiv", dann bedeutet dies, daß die gemachte Aussage für beide Arten von Range Gültigkeit hat.

Es ist leicht einsichtig, daß der Range als Variabilitätsmaß eine Reihe von Nachteilen hat. Da nur die beiden äußersten Werte der Verteilung seinen Wert beeinflussen, ist er ein sehr grobes Maß, das wenig (oder u.U. gar nichts) über die tatsächlichen Variationsverhältnisse in der Verteilung aussagt.

6.2. DER MITTLERE QUARTILABSTAND

Den Skalenpunkt in einer Verteilung, unterhalb dessen 25% der Meßwerte liegen, nennt man auch das 1.Quartil (Q_1). Der Median wäre dann das 2.Quartil (Q_2). Unterhalb des 3.Quartils (Q_3) lägen dann 75% der Meßwerte (bzw. oberhalb 25%). Die Quartile sind also die drei Punkte, die die Verteilung in vier Teile zerlegen,wobei jeder Teil die gleiche Anzahl von Fällen enthält (25%).

Die Distanz zwischen dem ersten und dritten Quartil einer Gruppe von Werten nennt man den Quartilabstand. Die Hälfte dieser Distanz ist der mittlere Quartilabstand (MQA), d.h.

$$\text{(20)} \qquad MQA = \frac{Q_3 - Q_1}{2}$$

Dafür läßt sich (in uns bekannter Notation) auch schreiben

$$\text{(21)} \qquad MQA = \frac{P_{75} - P_{25}}{2}$$

Zur Bestimmung dieser Perzentile siehe S. 56 f. Wir können uns den mittleren Quartilabstand auch vorstellen als die durchschnittliche Distanz zwischen dem Median (Q_2) und den beiden äußeren Quartilpunkten (daher auch "mittlerer" Abstand) :

$$MQA = \frac{(Q_3 - Q_2) + (Q_2 - Q_1)}{2} = \frac{Q_3 - Q_1}{2}$$

Der mittlere Quartilabstand ist schon ein nützlicheres Variabilitätsmaß als der Range; er macht eine Aussage über die Konzentration der inneren 50% der Verteilung. Wenn zwei Verteilungen den gleichen Wert von MQA aufweisen, so bedeutet dies viel eher ähnliche Variationsverhältnisse als bei Verteilungen mit gleichem Range. Weist eine Verteilung an den Enden offene Klassen auf, so ist der mittlere Quartilabstand (im Vergleich zur Varianz oder zur Standardabweichung) das einzige Variabilitätsmaß, das man sinnvollerweise berechnen kann.

Lineare Meßwerttransformationen beeinflussen den mittleren Quartilabstand wie folgt:

a) Addition einer Konstanten c

Die Addition einer Konstanten c zu allen n Meßwerten X_i verändert MQA nicht, denn

$$\frac{(Q_3 + c) - (Q_1 + c)}{2} = \frac{Q_3 + c - Q_1 - c}{2} = \frac{Q_3 - Q_1}{2} = MQA$$

b) Multiplikation mit einer Konstanten c

Wird jeder Wert X_i einer Gruppe von n Werten, deren mittlerer Quartilabstand MQA ist, mit einer Konstanten c multipliziert, so ist der mittlere Quartilabstand der resultierenden Werte c X_i gleich c MQA , denn

$$\frac{c\,Q_3 - c\,Q_1}{2} = \frac{c\,(Q_3 - Q_1)}{2} = c\,MQA$$

6.3. DIE VARIANZ

Ähnlich wie beim Modalwert und beim Median, gingen auch bei der Bestimmung von Range und mittlerem Quartilabstand nicht jeder der n Meßwerte der Gruppe in den Kennwert ein. Wir wollen nun ein Variabilitätsmaß besprechen, daß - wie das Mittel $\overline{X}.$ - von jedem Meßwert der Gruppe beeinflußt wird.

Wir haben bisher unsere Betrachtungen immer an Stichproben von Werten (die aus einer bestimmten Grundgesamtheit von Werten stammten) angestellt. Für unsere Überlegungen zur Varianz wollen wir anfänglich davon ausgehen, daß wir es mit einer Population von Meßwerten zu tun haben.

Nehmen wir an, die uns interessierende Population sei die Gesamtheit aller zu einem Zeitpnkt t an einer Universität eingeschriebenen Studenten, 10 000 an der Zahl, und wir erfragen bei jeder Person, wieviel Geld sie monatlich zur Verfügung hat. Wir haben somit 10 000 Einkommenswerte X_i. Das Mittel dieser Werte sei 507 DM. Das Stichprobenmittel hatten wir mit $\overline{X}.$ symbolisiert; das Mittel einer Population von X-Werten symbolisiert man zur Unterscheidung mit dem griechischen Buchstaben μ_x (Mü) oder kurz mit μ, sofern keine weitere Variable gleichzeitig betrachtet wird.

Fahren wir in unseren Überlegungen zur Entwicklung eines Variabilitätsmaßes fort. Es ist einsichtig, daß Abweichungswerte der Form $(X_i - \mu)$ etwas von der Variation in der Population von Werten widerspiegeln. Eine Gruppe (Population) von sehr verschiedenen, d.h. sehr stark um das Mittel streuenden Werten, wird eine Reihe von großen Abweichungswerten aufweisen. Wenn hingegen der Wertesatz sehr homogen ist, so treten auch nur Abweichungswerte von geringer Größe auf - im Extremfall, wenn alle Werte der Population gleich sind, wenn keine Variabilität besteht, sind alle Abweichungswerte Null. Eine geeignete Kombination der Abweichungswerte scheint somit ein brauchbares Variationsmaß abgeben zu können. Wir wollen nun diesbezüglich mögliche Kombinationen betrachten.

Wenn wir alle Abweichungswerte aufsummieren, reflektiert diese Summe dann die Variation der Originalwerte X_i ? Wir wissen, daß dem nicht so ist, denn diese Summe ist immer Null, d.h.

$$\sum_i^N (X_i - \mu) = 0 \qquad \left[N = \text{Anzahl der Meßwerte in der Population}\right]$$

Um diesen Nachteil (Nullwerden der Summe) zu überwinden, könnten wir jeden Abweichungswert quadrieren und dann die Summe dieser quadrierten Abweichungswerte bilden, denn durch das Quadrieren spielen die Vorzeichen der Abweichungswerte keine Rolle mehr. Für eine Gruppe (Population) von N Werten wäre dann ein Maß der Form

$$\sum_i^N (X_i - \mu)^2 = (X_1 - \mu)^2 + (X_2 - \mu)^2 + \ldots + (X_N - \mu)^2$$

dem Wert nach groß, wenn die Meßwerte X_i sehr heterogen sind (d.h. starke Variation aufweisen) und klein, wenn sie homogen sind (d.h. sich sehr um das Mittel konzentrieren).[1] Diese Summe nennt man die Summe der Abweichungsquadrate (SAQ).

(22 a) $$\text{SAQ} = \sum_i^N (X_i - \mu)^2 \qquad \text{(Population)}$$

(22 b) $$\text{SAQ} = \sum_i^n (X_i - \bar{X}.)^2 \qquad \text{(Stichprobe)}$$

Der Wert der SAQ hängt jedoch auch noch von der Anzahl der Meßwerte in der Population (= N) bzw. in der Stichprobe (= n) ab. Je größer die Anzahl ist, um so größer ist die SAQ. Dies ist von Nachteil, wenn wir

1) Um zu verhindern, daß die Summe der Abweichungen Null wird, hätten wir die Abweichungswerte jedoch nicht unbedingt zu quadrieren brauchen; zur "Beseitigung" der Vorzeichen hätte es auch genügt, nur die absoluten Abweichungswerte zu betrachten : $|X_i - \bar{X}.|$. Dieses Vorgehen führt zu einem anderen Variationsmaß, der sog. durchschnittlichen Abweichung (die wir in Abschnitt 6.4. betrachten wollen).

die Variabilität von zwei Gruppen von Meßwerten vergleichen wollen, die unterschiedlichen Umfang haben. Diesen Nachteil können wir jedoch überwinden, wenn wir die SAQ durch die Anzahl der Fälle dividieren, wenn wir die durchschnittliche quadrierte Abweichung bilden. Das dadurch entstehende Variabilitätsmaß ist unabhängig von der Anzahl der in die SAQ eingehenden Fälle. Dieses Variabilitätsmaß nennt man, wenn wir es für die Population bestimmen, die (Populations-) Varianz. Man symbolisiert sie mit dem griechischen Kleinbuchstaben σ^2 (sigma Quadrat) :

$$\sigma^2 = \frac{\sum_i^N (X_i - \mu)^2}{N} = \frac{SAQ}{N} \qquad (23)$$

Wir wollen nun zur Stichprobenvarianz kommen, und für unsere Überlegungen auf das obige Beispiel der Erhebung des monatlichen " Einkommens" in unserer Population von 10000 Studenten zurückgreifen. Wenn wir für die 10000 Einkommensmeßwerte nach Formel (23) die quadrierten Abweichungswerte bilden und deren Summe durch N teilen, erhalten wir den Wert der Populationsvarianz σ^2. Um diese zu erhalten, haben wir aber alle N = 10000 Mitglieder der Population nach ihrem Einkommen befragen müssen. In der Realität wäre dieses Vorgehen zu aufwendig. Man würde vielmehr per Zufall eine Stichprobe von n Studenten aus dieser Population ziehen und bei diesen die Einkommenswerte X_i erheben. Daran anschließend berechnet man die Varianz der Stichprobenwerte und verwendet die so bestimmte Größe als Schätzgröße für die Populationsvarianz σ^2.

Bei Verwendung der Stichprobenvarianz in diesem Zusammenhang läßt sich jedoch zeigen, daß wir eine bessere Schätzung für die Populationsvarianz σ^2 erhalten, wenn wir die Summe der Abweichungsquadrate statt durch n durch n-1 teilen. Dividieren wir die SAQ der Stichprobe durch n, so ergibt dies eine Schätzung für eine Größe, die kleiner ist als σ^2 :

$$\frac{\sum_i^n (X_i - \overline{X}.)^2}{n} = \frac{SAQ}{n} \xrightarrow{\text{schätzt}} \frac{(n-1)}{n}\,\sigma^2$$

Multiplizieren wir nun Schätzwert und geschätzten Wert mit n/(n-1), so ergibt sich

$$\frac{\sum_i^n (X_i - \overline{X}.)^2}{n} \cdot \frac{n}{(n-1)} = \frac{\sum_i^n (X_i - \overline{X}.)^2}{n-1} = \frac{SAQ}{n-1} \xrightarrow{\text{schätzt}} \sigma^2$$

Deshalb wird die Varianz einer Stichprobe dadurch gewonnen, daß man die SAQ durch n-1 dividiert.[1] Man symbolisiert die Stichprobenvarianz mit s^2.

1) Den Begriff werden wir zwar erst im Rahmen der Inferenzstatistik erläutern können, aber er sei schon genannt : dadurch, daß wir durch n-1 dividieren, ist s^2 ein "erwartungstreuer" oder "unverzerrter" Schätzwert der Populationsvarianz σ^2.

Tabelle 14 : Beispiel für die Bestimmung der Varianz s^2 nach Formel (24); Daten aus Tabelle 2, S. 32 (Mathematikgesamttestwerte von 10 Studenten, deren "letzte Mathematiknote" 4, 5 oder 6 war).

Punktwert X_i	Punktwert - Mittel $(X_i - \bar{X}.)$	$(X_i - \bar{X}.)^2$	Berechnungen
66	66 - 57,7 = 8,3	68,89	$\bar{X}. = \frac{\sum_i^n X_i}{n} = \frac{577}{10} = 57{,}7$
68	68 - 57,7 = 10,3	106,09	
59	59 - 57,7 = 1,3	1,69	
46	46 - 57,7 = -11,7	136,89	$s^2 = \frac{\sum_i^n (X_i - \bar{X}.)^2}{n-1} = \frac{SAQ}{n-1}$
58	58 - 57,7 = 0,3	0,09	
65	65 - 57,7 = 7,3	53,29	
49	49 - 57,7 = - 8,7	75,69	
58	58 - 57,7 = 0,3	0,09	
52	52 - 57,7 = - 5,7	32,49	$= \frac{478{,}1}{10-1} = 53{,}1$
56	56 - 57,7 = - 1,7	2,89	
577	Summen	478,10	

Stichprobenvarianz :

$$(24) \qquad s^2 = \frac{\sum_i^n (X_i - \bar{X}.)^2}{n-1} = \frac{SAQ}{n-1}$$

Der Regelfall in der Psychologie ist nun, daß wir Stichprobenkennwerte wie die Varianz bestimmen, um sie als Schätzungen für Populationsparameter (wie σ^2) zu verwenden, auch, wenn nicht so explizit von einer Population die Rede ist wie in unserem Beispiel der 10000 "Einkommensmeßwerte". Insofern werden wir in diesem Buch immer mit der Stichprobenvarianz s^2, wie sie in Formel (24) definiert ist, arbeiten. Die Bestimmung von σ^2 nach Formel (23) ist zum einen nur dann sinnvoll, wenn wir es mit Werten einer Population zu tun haben, und zum anderen, wenn wir wirklich nur etwas über eine Gruppe von n Werten aussagen wollen und keinerlei Verallgemeinerungsabsicht auf eine größere Gesamtheit von Werten hegen. Dann ist diese Gruppe von n Werten keine Stichprobe, sondern eben eine Population (wenn auch eine kleine).[1]

1) Bei großen Stichproben wird die Unterscheidung von "Division durch n" bzw. "Division durch n-1" insofern akademisch, als sich die sich ergebenden Varianzwerte praktisch kaum noch unterscheiden; es sei z.B. n = 67 und SAQ = 1432 , dann ist

$\frac{SAQ}{67} = 21{,}37$ und $\frac{SAQ}{66} = 21{,}69$.

Berechnen wir nun für ein Zahlenbeispiel die Varianz nach Formel (24). Wir verwenden dazu aus Tabelle 2 (S. 32) die Gesamttestwerte im Mathematiktest M-T-A-S der n = 10 männlichen Studenten, deren "letzte Note in Mathematik" 4, 5 oder 6 war. Diese Meßwerte sind in Tabelle 14 zusammengestellt, desgleichen die zur Bestimmung der Varianz benötigten Größen. Es ergibt sich für die Varianz dieser Stichprobe ein Wert von $s^2 = 53{,}1$.

Wir sehen, daß die Berechnung der Varianz s^2 nach Formel (24) eine relativ aufwendige Prozedur ist; zudem können sich bei der Bildung der Abweichungswerte, insbesondere wenn das Mittel (wie in unserem Fall) nicht ganzzahlig ist, leicht Fehler einschleichen. Wir wollen deshalb (durch algebraische Umformungen) nach einer Formel für die Varianz s^2 suchen, die rechnerisch einfacher ist. Wir gehen dazu aus von Formel (24):

$$s^2 = \frac{\sum_{i=1}^{n}(X_i - \bar{X}.)^2}{n-1} = \frac{\sum_{i=1}^{n}(X_i^2 - 2X_i\bar{X}. + \bar{X}.^2)}{n-1}$$

$$= \frac{\sum_{i=1}^{n} X_i^2 - 2\bar{X}.\sum_{i=1}^{n} X_i + \sum_{i=1}^{n} \bar{X}.^2}{n-1}$$

Da nun $\sum_{i=1}^{n} X_i = n \cdot \bar{X}.$ können wir schreiben:

$$s^2 = \frac{\sum_{i=1}^{n} X_i^2 - \overbrace{(2\bar{X}.)(n \cdot \bar{X}.)}^{= 2 \cdot n \cdot \bar{X}.^2} + n \cdot \bar{X}.^2}{n-1} = \frac{\sum_{i=1}^{n} X_i^2 - n \cdot \bar{X}.^2}{n-1}$$

Da aber $\bar{X}.^2 = \frac{\left[\sum_{i=1}^{n} X_i\right]^2}{n^2}$, können wir schreiben:

(25) $$s^2 = \frac{\sum_{i}^{n} x_i^2 - \frac{\left(\sum_{i}^{n} x_i\right)^2}{n}}{n-1}$$ [1)]

1) Siehe Fußnote Seite 97

Multiplizieren wir beide Seiten von (25) mit $1 = \frac{n}{n}$, so können wir auch schreiben

$$(26) \qquad s^2 = \frac{n \sum_i^n x_i^2 - \left(\sum_i^n x_i\right)^2}{n\,(n-1)} \qquad {}^{1)}$$

Falls wir für bestimmte Operationen die Summe der Abweichungsquadrate benötigen, so erhalten wir diese durch Berechnung der Zählergröße von Formel (25), d.h.

$$(27) \qquad SAQ = \sum_i^n (x_i - \bar{x}.)^2 = \sum_i^n x_i^2 - \frac{\left(\sum_i^n x_i\right)^2}{n} .$$

6.3.1. DIE BERECHNUNG DER VARIANZ s^2

Die sog. Rohwertformeln (25) und (26) sind für den Fall gedacht, daß die Daten in Form einer Urliste vorliegen und eignen sich insbesondere gut für Taschenrechner (wo sich meist gleichzeitig die Summe X und die Summe X^2 bilden läßt). Wir wollen die Berechnung von s^2 mit Formel (25) an dem Zahlenbeispiel von Tabelle 14 demonstrieren.

Erwartungsgemäß ist der über die Rohwertformel (25) bestimmte Wert von $s^2 = 53{,}1$ identisch mit dem an den gleichen Daten über Formel (24) bestimmten (vgl. Tabelle 14).

Liegen die Daten in Form einer primären Häufigkeitsverteilung vor, so empfiehlt sich folgende Varianzformel :

$$(28) \qquad s^2 = \frac{\sum_i^k f_i x_i^2 - \frac{\left(\sum_i^k f_i x_i\right)^2}{n}}{n-1}$$

wobei :

k = Anzahl unterschiedlicher Meßwerte

f_i = Häufigkeit des Meßwerts i ; $\sum_i^k f_i = n$

---

1) Entsprechend würde sich dann die Populationsvarianz σ^2 wie folgt berechnen lassen:

$$\sigma^2 = \frac{\sum_i^N x_i^2 - \frac{\left(\sum_i^N x_i\right)^2}{N}}{N} = \frac{\sum_i^N x_i^2}{N} - \frac{\left(\sum_i^N x_i\right)^2}{N^2} = \frac{\sum_i^N x_i^2}{N} - \mu^2$$

Tabelle 15 : Beispiel für die Bestimmung der Varianz s^2 nach der Rohwertformel (25); Daten aus Tabelle 14 .

Punktwert x_i	x_i^2	Berechnungen
66	4356	$s^2 = \frac{\sum_i^n x_i^2 - \frac{\left[\sum_i^n x_i\right]^2}{n}}{n-1} = \frac{SAQ}{n-1}$
68	4624	
59	3481	
46	2116	
58	3364	
65	4225	
49	2401	$= \frac{33771 - \frac{(577)^2}{10}}{10-1} = \frac{478{,}1}{9} = 53{,}1$
58	3364	
52	2704	
56	3136	
577	33771	Summen

Im oberen Teil von Tabelle 16 ist die Bestimmung der Varianz aufgrund der Daten der primären Häufigkeitsverteilung von Tabelle 11 (S. 54) demonstriert.

Die Bestimmung der Varianz ausgehend von der sekundären Häufigkeitsverteilung sollte nur dann vorgenommen werden, wenn uns die Daten lediglich in dieser Form vorliegen und wir keinen Zugang zur Urliste oder zur primären Häufigkeitsverteilung haben. Denn auch hier ist (wie bei der Bestimmung des Mittels für diese Art von Verteilung) wieder nur eine Approximation des exakten Wertes von s^2, den wir aufgrund der Urliste erhalten würden, möglich. Die Approximation erhalten wir durch

$$(29) \qquad s^2 \approx \frac{\sum_i^k f_i\, M_i^2 - \frac{\left(\sum_i^k f_i\, M_i\right)^2}{n}}{n-1}$$

wobei :

M_i = Mittelpunkt des Intervalls i

k = Anzahl der Intervalle

f_i = Häufigkeit im Intervall i; $\sum_i^k f_i = n$

Im unteren Teil von Tabelle 16 ist die Bestimmung der Varianz aufgrund der Daten der sekundären Häufigkeitsverteilung von Tabelle 11 (S. 54) demonstriert. Wir sehen, daß in unserem Fall der über Formel (29) bestimmte Wert von $s^2 \approx 20{,}6$ von dem exakten, an der primären Häufigkeitsverteilung errechneten von $s^2 = 21{,}0$ nur geringfügig abweicht. Größere Abweichungen sind u.U. dann zu erwarten, wenn eine größere Intervallbreite als in unserem Fall (i = 2) vorliegt.

Tabelle 16 : Primäre und sekundäre Häufigkeitsverteilung der Untertestwerte "Geometrie" von 38 Studenten (Daten aus Tabelle 11, S. 69); Demonstration der Bestimmung der für die Berechnung der Varianz benötigten Größen.

PRIMAERE HAEUFIGKEITSVERTEILUNG

Punktwert X_i	Häufigkeit f_i	X_i^2	$f_i \cdot X_i$	$f_i \cdot X_i^2$	Berechnungen
26	1	676	26	676	$s^2 = \frac{\sum_i^k f_i X_i^2 - \frac{\left[\sum_i^k f_i X_i\right]^2}{n}}{n-1}$
22	2	484	44	968	
21	2	441	42	882	
20	1	400	20	400	
19	3	361	57	1083	
18	4	324	72	1296	
17	3	289	51	867	
16	3	256	48	768	
15	5	225	75	1125	
14	5	196	70	980	$= \frac{9874 - \frac{(588)^2}{38}}{37}$
13	1	169	13	169	
12	1	144	12	144	
11	1	121	11	121	
10	2	100	20	200	
9	1	81	9	81	$= 21{,}0$
8	1	64	8	64	
5	2	25	10	50	
k=17	n=38	← Summen →	588	9874	

SEKUNDAERE HAEUFIGKEITSVERTEILUNG

Punktwert Intervall i	f_i	M_i	M_i^2	$f_i \cdot M_i$	$f_i \cdot M_i^2$	Berechnungen
25 - 26	1	25,5	650,25	25,5	650,25	$s^2 \approx \frac{\sum_i^k f_i \cdot M_i^2 - \frac{\left[\sum_i^k f_i \cdot M_i\right]^2}{n}}{n-1}$
23 - 24	0	23,5	552,25	0,0	0,00	
21 - 22	4	21,5	462,25	86,0	1849,00	
19 - 20	4	19,5	380,25	78,0	1521,00	
17 - 18	7	17,5	306,25	122,5	2143,75	
15 - 16	8	15,5	240,25	124,0	1922,00	
13 - 14	6	13,5	182,25	81,0	1093,50	$= \frac{9831{,}5 - \frac{(587)^2}{38}}{37}$
11 - 12	2	11,5	132,25	23,0	264,50	
9 - 10	3	9,5	90,25	28,5	270,75	
7 - 8	1	7,5	56,25	7,5	56,25	
5 - 6	2	5,5	30,25	11,0	60,50	$= 20{,}6$
k=11	38	← Summen →		587,0	9831,50	

Beim Mittel war es so gewesen, daß sich über die Approximationsformel aufgrund der sekundären Häufigkeitsverteilung dann der gleiche Wert ergab wie aufgrund der Berechnung über Urliste oder primäre Häufigkeitsverteilung, wenn sich in allen Intervallen die Meßwerte gleichmäßig über das Intervall verteilten. Bei der Approximationsformel (29) für die Varianz ist das hingegen nicht der Fall, diese unterschätzt bei Vorliegen der obigen Bedingung den exakten Varianzwert. Wir wollen uns das an einem Beispiel verdeutlichen. Bei Formel (29), so sehen wir, steht für alle Werte eines Intervalles der Mittelpunkt Mi (so war es auch bei der Approximationsformel für das Mittel gewesen). Nehmen wir nun ein fiktives Intervall 11 - 15 (Grenzen 10,5 - 15,5), daß 5 Meßwerte enthält; bei Gleichverteilung dieser Meßwerte sieht das wie folgt aus :

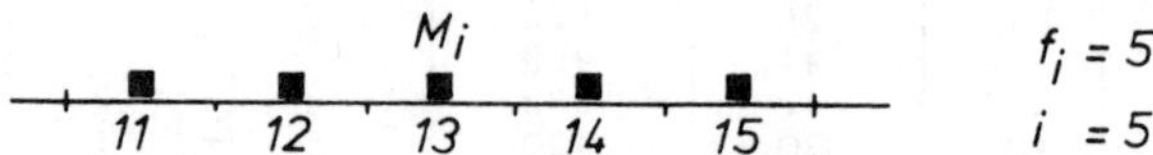

Bezüglich der Summe der Meßwerte in diesem Intervall gilt nun : 11 + 12 + 13 + 14 + 15 = 65 = $(M_i)(f_i)$ = (13)(5) = 65. Bezüglich der Summe der quadrierten Werte zeigt sich jedoch : $11^2 + 12^2 + 13^2 + 14^2 + 15^2 = 855 \neq (M_i)^2(f_i) = (169)(5) = 845$. Somit kann Formel (29) im "Idealfall", d.h. wenn alle Werte sich in den Intervallen gleichmäßig verteilen, nicht den korrekten Wert von s^2 ergeben. Das schließt natürlich nicht aus, daß Formel (29) in einem konkreten, von der Gleichverteilung abweichenden Fall, den korrekten Wert von s^2 "trifft", weil eine spezielle, "günstige" Kombination der Fehler (der Abweichungen von der Gleichverteilung) vorliegt.

6.3.2. DIE STANDARDABWEICHUNG

Ein mit der Varianz eng zusammenhängendes Variabilitätsmaß ist die Standardabweichung. Sie ist definiert als die positive Wurzel aus der Varianz und wird symbolisiert mit σ (Populationsstandardabweichung) bzw. mit s (Stichprobenstandardabweichung).

(30) $$\sigma = \sqrt{\sigma^2} = \sqrt{\frac{\sum_i^N x_i^2}{N} - \mu^2}$$ [Standardabweichung einer Population]

(31) $$s = \sqrt{s^2} = \sqrt{\frac{\sum_i^n x_i^2 - \frac{\left(\sum_i^n x_i\right)^2}{n}}{n-1}}$$ [Standardabweichung einer Stichprobe]

Die Standardabweichung ist oft ein Variationsmaß von großer Nützlichkeit, z.B. im Zusammenhang mit der "Normalverteilung" (siehe Kap. 7), wo bekannt ist, wieviel Prozent der Fälle in dem Bereich liegen, den wir erhalten, wenn wir eine, zwei oder mehr Standardabweichungen zum Mittel addieren und/oder vom Mittel subtrahieren: nämlich ca. 68% der Fälle (Werte) zwischen $(\mu - \sigma)$ und $(\mu + \sigma)$, ca. 95% zwischen $(\mu - 2\sigma)$ und $(\mu + 2\sigma)$, usf.

6.3.3. DIE INHALTLICHE BEDEUTUNG EINER BERECHNETEN VARIANZ BZW. STANDARDABWEICHUNG [1)]

Die zum Erhalt des Wertes der Varianz einer Gruppe anzustellenden Rechenoperationen sind eindeutig und bergen keine Probleme. Die Frage, die sich dann stellt, ist die nach der Bedeutung des Ergebnisses dieser Operationen, nach der Bedeutung des erhaltenen Varianzwertes. So haben wir z.B. in Tabelle 16 (oberer Teil) errechnet, daß die Varianz der Mathematikuntertestwerte "Geometrie" in der untersuchten Stichprobe von 38 Studenten den Wert $s^2 = 21$ hat. Was bedeutet dies nun, was sagt uns diese Zahl.

Wenn uns dieser Wert alleine gegeben ist, so sagt er uns - gleichermaßen wie es bei einem einzelnen Mittelwert der Fall war - relativ wenig. Es läßt sich nicht sagen, ob dies eine "große" oder "kleine" Varianz ist, sofern keine Vergleichswerte vorliegen. Die Beurteilung eines Varianzwertes ist deshalb erst sinnvoll möglich, wenn wir Varianzwerte aus früheren Untersuchungen, Paralleluntersuchungen an anderen Stichproben, usw. zum Vergleich heranziehen können. Dann läßt sich z.B. feststellen, ob die Variation der Testleistung im Vergleich zu früheren Untersuchungen größer geworden oder etwa gleich geblieben ist, usf. In Tabelle 17 ist eine solche vergleichende Betrachtung von Varianzwerten demonstriert. Zugrunde liegen die in Tabelle 2 (S. 32) wiedergegebenen Gesamttestwerte im Mathematiktest M-T-A-S von 83 Studienanfängern in Psychologie, wobei diese zweifach klassifiziert worden sind, nämlich nach dem Geschlecht und nach der "letzten Note in Mathematik". Hier läßt sich dann durch einen Vergleich der Varianzwerte der Gruppen feststellen, wie weit in den Gruppen eine vergleichbare Testleistungsvariation vorliegt oder nicht. Wir sehen z.B. daß bei den Studenten größere Variationsunterschiede bestehen als bei den Studentinnen, oder daß Studenten, deren letzte Mathematiknote 1 oder 2 war, sowohl hinsichtlich der durchschnittlichen Testleistung als auch der Leistungsvariation mit den Studentinnen der gleichen Notenkategorie recht gut übereinstimmen.

Wenn man zur Beschreibung der Variation einer Gruppe nur ein Maß angeben möchte, so ist die Standardabweichung der Varianz vorzuziehen. Denn der Wert der Varianz wird ausgedrückt in quadrierten Maßeinheiten, was recht unanschaulich ist. Indem wir bei der Standardabweichung die Wurzel aus der Varianz ziehen, gelangen wir zu einem Maß, dessen Wert in den Original-Maßeinheiten (bei unserem Beispiel Testpunktwerte) ausgedrückt ist.

---

1) Das hier Gesagte gilt analog zur inhaltlichen Interpretation einer errechneten mittleren Quartilabweichung (oder eines anderen Variationsmaßes).

Tabelle 17 : Gruppensummen, -Mittelwerte, -Varianzen und -Standardabweichungen der Gesamttestwerte im Mathematiktest M-T-A-S von 83 Studenten (unterteilt nach Geschlecht und "letzter Note in Mathematik" in 6 Gruppen)[1]

	Letzte Note in Mathematik		
	1 oder 2	3	4, 5 oder 6
weiblich	$\sum X = 1249$	$\sum X = 639$	$\sum X = 753$
	$\sum X^2 = 88639$	$\sum X^2 = 33147$	$\sum X^2 = 40715$
	$\bar{X}_1 = 69{,}39$	$\bar{X}_2 = 49{,}15$	$\bar{X}_3 = 50{,}20$
	$s_1^2 = 116{,}02$	$s_2^2 = 144{,}81$	$s_3^2 = 208{,}17$
	$s_1 = 10{,}8$	$s_2 = 12{,}03$	$s_3 = 14{,}43$
	$n_1 = 18$	$n_2 = 13$	$n_3 = 15$
männlich	$\sum X = 777$	$\sum X = 984$	$\sum X = 577$
	$\sum X^2 = 55949$	$\sum X^2 = 64722$	$\sum X^2 = 33771$
	$\bar{X}_4 = 70{,}64$	$\bar{X}_5 = 61{,}50$	$\bar{X}_6 = 57{,}70$
	$s_4^2 = 106{,}45$	$s_5^2 = 280{,}40$	$s_6^2 = 53{,}12$
	$s_4 = 10{,}32$	$s_5 = 16{,}75$	$s_6 = 7{,}29$
	$n_4 = 11$	$n_5 = 16$	$n_6 = 10$

1) Die Angabe der Werte von $\bar{X}.$ und s^2 auf zwei Stellen hinter dem Komma erfolgte, weil mit den Werten später noch weitergerechnet werden soll; sonst genügt die Angabe einer Stelle hinter dem Komma vollauf.

6.3.4. EINIGE EIGENSCHAFTEN DER VARIANZ

Wir bilden bei der Varianz als erstes die SAQ, d.h. die Summe der quadrierten Abweichungen vom Mittelwert : $\sum(X_i - \bar{X}.)^2$. Es wäre narürlich auch möglich gewesen, die Abweichungen von einem anderen Punkt der Verteilung zu bilden, z.B. immer vom kleinsten Wert der Gruppe. Der bei der Varianz gewählte Bezugspunkt $\bar{X}.$ ist jedoch der sinnvollste, da - so hatten wir gesehen - die Summe der quadrierten Abweichungen vom Mittel ein Minimum ist. Unter der Voraussetzung, daß wir ein Variationsmaß konstruieren wollen, das auf allen quadrierten Abweichungen einer

Stichprobe basiert, liefert somit die Varianz für jede Stichprobe den kleinstmöglichen Wert, bzw. , wenn es sich um die Population handelt, die kleinstmögliche durchschnittliche quadrierte Abweichung. Das heißt, dieses Maß erfüllt bei jeder Stichprobe das Kriterium, von der kleinstmöglichen Summe von quadrierten Abweichungswerten auszugehen.

Es soll nun untersucht werden, welchen Einfluß es auf den Wert der Varianz hat, wenn wir zu jedem Wert einer Gruppe eine Konstante addieren. Gegeben seien die $n = 5$ Werte 3, 7, 5, 8, 10 ; deren Varianz ist $s^2 = 7{,}3$. Addieren wir nun zu jedem Wert die Konstante $c = 3$, so erhalten wir 6, 10, 8, 11, 13 ; deren Varianz ist gleichfalls $s^2 = 7{,}3$, d.h. die Addition einer Konstanten zu jedem Wert hat die Varianz s^2 nicht verändert. Dies gilt allgemein.

* Wird zu jedem Wert X_i in einer Gruppe von n Werten, deren Varianz s^2 ist, eine Konstante c addiert, so haben die resultierenden Werte $(X_i + c)$ ebenfalls die Varianz s^2, d.h. die Varianz (und Standardabweichung) bleiben bei Addition einer Konstanten unverändert.

  Beweis

$$\frac{\sum_{i=1}^{n}\left((X_i + c) - \frac{\sum_{i=1}^{n}(X_i + c)}{n}\right)^2}{n - 1}$$

$$= \frac{\sum_{i=1}^{n}\left[X_i + c - \left(\frac{\sum_{i=1}^{n} X_i}{n} + \frac{\sum_{i=1}^{n} c}{n}\right)\right]^2}{n - 1} = \frac{\sum_{i=1}^{n}\left(X_i + c - \overset{\bar{X}.}{\overset{\searrow}{\frac{\sum_{i=1}^{n} X_i}{n}}} - \frac{\cancel{n} \cdot c}{\cancel{n}}\right)^2}{n - 1}$$

$$= \frac{\sum_{i=1}^{n}(X_i + c - \bar{X}. - c)^2}{n - 1} = \frac{\sum_{i=1}^{n}(X_i - \bar{X}.)^2}{n - 1} = s^2$$

Welchen Effekt hat es nun auf die Varianz, wenn wir jeden Wert einer Gruppe mit einer Konstanten c multiplizieren. Wir gehen wieder von den obigen $n = 5$ Werten aus (3, 7, 5, 8, 10), deren Varianz $s^2 = 7{,}3$ war. Multiplizieren wir jeden Wert mit der Konstanten $c = 3$, so erhalten wir 9, 21, 15, 24, 30. Deren Varianz ist $s^2_{neu} = 65{,}7$, was jedoch gleich ist $(3^2)(7{,}3)$, d.h. es ist (neue Varianz) = (Konstante ^{2}) (alte Varianz). Dies gilt allgemein.

* Wird jeder Wert X_i in einer Gruppe von n Werten, deren Varianz s^2 ist, mit einer Konstanten c multipliziert, dann haben die resultierenden Werte $(c\,X_i)$ die Varianz $c^2\,s^2$; entsprechend ist die Standardabweichung der resultierenden Werte gleich c s.

Beweis

$$\frac{\sum_{i=1}^{n}\left(c \cdot X_i - \frac{\sum_{i=1}^{n} c \cdot X_i}{n}\right)^2}{n-1} = \frac{\sum_{i=1}^{n}\left(c \cdot X_i - \frac{c \cdot \sum_{i=1}^{n} X_i}{n}\right)^2}{n-1}$$

$$= \frac{\sum_{i=1}^{n}\left[c\,(X_i - \overline{X}.)\right]^2}{n-1} = \frac{\sum_{i=1}^{n} c^2\,(X_i - \overline{X}.)^2}{n-1}$$

$$= \frac{c^2 \cdot \sum_{i=1}^{n} (X_i - \overline{X}.)^2}{n-1} = c^2 \cdot s^2$$

6.3.5. DIE VARIANZ VON ZUSAMMENGEFASSTEN GRUPPEN

Nehmen wir an, uns sind aus J Einzelgruppen die Mittel $\overline{X}._j$, die Varianzen s^2_j und die Gruppengrößen n_j bekannt und diese J Gruppen sollen zu einer Gesamtgruppe zusammengefaßt werden. Dann läßt sich über Formel (32) aus den $\overline{X}._j$, s^2_j und n_j die Varianz dieser Gesamtgruppe (s^2_G) bestimmen. Wir sehen, daß die Varianz s^2_G sowohl von den Varianzen als auch den Mitteln der Einzelgruppen abhängt : Dies ist einleuchtend, da durch die Zusammenfassung zu der Varianz innerhalb der J Gruppen noch die Variation zwischen den Gruppen (sofern nicht alle Mittel gleich sind) hinzukommt. Betrachten wir die zwei folgenden Gruppen aus n = 4 Meßwerten :

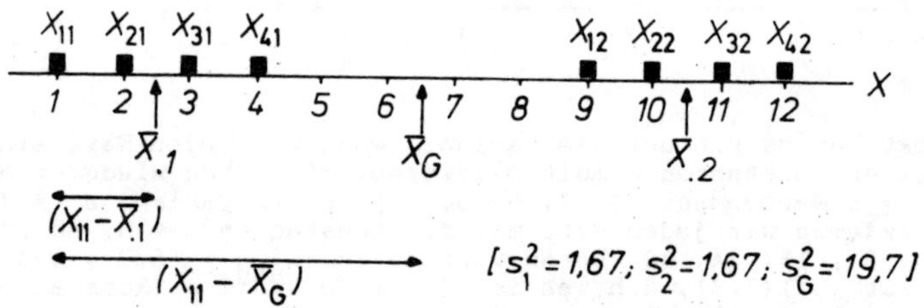

Die Varianz innerhalb der Gruppen ist gleich, $s^2_1 = s^2_2 = 1,67$, durch die Zusammenfassung der Gruppen wird die Gesamtvarianz jedoch wesentlich größer ($s^2_G = 19,7$), da, wie die Zeichnung zeigt, die Abweichungswerte vom Gesamtmittel $\overline{X}_G$ wesentlich größer werden.

Die Varianz der Gesamtgruppe (s^2_G) bestimmt sich wie folgt :

(32)

$$s^2_G = \frac{(n_1-1)s^2_1 + \ldots + (n_J-1)s^2_J + n_1(\overline{X}._1-\overline{X}_G)^2 + \ldots + n_J(\overline{X}._J-\overline{X}_G)^2}{n_1 + \ldots + n_J - 1}$$

Es bedeuten :

J = Anzahl der Gruppen

$n_1, n_2, \ldots, n_J$ = Umfänge der Gruppen

$s^2_1, s^2_2, \ldots, s^2_J$ = Varianzen der Gruppen

$\overline{X}._1, \overline{X}._2, \ldots, \overline{X}._J$ = Mittelwerte der Gruppen

$$\overline{X}_G = \frac{n_1\,\overline{X}._1 + \ldots + n_J\,\overline{X}._J}{n_1 + \ldots + n_J}$$ [vgl. Formel (13)]

Wir wollen als Beispiel die Daten der weiblichen Personen aus Tabelle 17 (S. 102) heranziehen. Es liegen (gebildet nach der "letzten Note in Mathematik") drei Gruppen vor. Deren Mittel und Varianzen im Mathematiktestwert sind

$\overline{X}._1 = 69{,}39$ $\overline{X}._2 = 49{,}15$ $\overline{X}._3 = 50{,}20$

$s^2_1 = 116{,}02$ $s^2_2 = 144{,}81$ $s^2_3 = 208{,}17$

$n_1 = 18$ $n_2 = 13$ $n_3 = 15$

Diese drei Gruppen sollen nun zu einer Gesamtgruppe zusammengefaßt werden (= Gruppe der weiblichen Getesteten); für die Varianz dieser Gesamtgruppe ergibt sich dann :

$$\overline{X}_G = \frac{(18)(69{,}39) + (13)(49{,}15) + (15)(50{,}20)}{18 + 13 + 15} = 57{,}41$$

$$s^2_G = \frac{1}{18+13+15-1}\Big[(18-1)(116{,}02)+(13-1)(144{,}81)+(15-1)(208{,}17)$$
$$+(18)(69{,}39-57{,}41)^2+(13)(49{,}15-57{,}41)^2+(15)(50{,}20-57{,}41)^2\Big]$$
$$= 241{,}65$$

Die Varianz der Testwerte bei den 46 weiblichen Getesteten ist somit $s^2_G = 241{,}65$.

6.3.6. DIE MITTELUNG VON VARIANZWERTEN

Abzuheben von der eben besprochenen Varianz von zusammengefaßten Gruppen ist die Mittelung, die Bestimmung des Durchschnitts von J Varianzen. Hierbei wird die durchschnittliche Varianz innerhalb der Gruppen bestimmt, die Variation zwischen den Gruppen bleibt außer Betracht. Wir hatten im letzten Abschnitt als einfaches Zahlenbeispiel zwei Gruppen von je n = 4 Meßwerten angeführt :

$x_{11} = 1$	und	$x_{12} = 9$
$x_{21} = 2$		$x_{22} = 10$
$x_{31} = 3$		$x_{32} = 11$
$x_{41} = 4$		$x_{42} = 12$
$s^2_1 = 1{,}67$		$s^2_2 = 1{,}67$
$(\bar{x}_{.1} = 2{,}5)$		$(\bar{x}_{.2} = 10{,}5)$

Da die Gruppenumfänge gleich sind, läßt sich das Mittel aus beiden Stichprobenvarianzen einfach als (1,67 + 1,67)/2 = 1,67 bestimmen. Wir sehen, daß die durchschnittliche Varianz innerhalb der Gruppen von den Unterschieden in den Gruppenmitteln unbeeinflußt bleibt (im Gegensatz zur Gesamtvarianz, die in diesem Fall $s^2_G = 19{,}7$ betrug). Die durchschnittliche Varianz bzw. Standardabweichung kann nun, in Abhängigkeit davon, ob gleiche Gruppenumfänge vorliegen oder nicht, nach den folgenden Formeln bestimmt werden :

* Durchschnittliche Varianz innerhalb der Gruppen (wenn $n_1 = n_2 = \ldots = n_J$)

(33) $$s^2_I = \frac{s^2_1 + s^2_2 + \ldots + s^2_J}{J}$$

Hat man von jeder der J Gruppen die Summe der Meßwerte und die Summe der quadrierten Meßwerte vorliegen, so kann s^2_I auch wie folgt berechnet werden

(34) $$s^2_I = \frac{1}{N - J} \left[\sum_j^J \sum_i^n x^2_{ij} - \frac{\sum_j^J \left(\sum_i^n x_{ij} \right)^2}{n} \right]$$

* Durchschnittliche Standardabweichung innerhalb der Gruppen (wenn $n_1 = n_2 = \ldots = n_J$)

(35) $$s_I = \sqrt{\frac{s^2_1 + s^2_2 + \ldots + s^2_J}{J}} = \sqrt{s^2_I}$$

Wir sehen, daß s_I die Wurzel aus dem Mittel der J Varianzen, nicht das Mittel der J Standardabweichungen ist.

* Durchschnittliche Varianz innerhalb der Gruppen (wenn nicht alle n_j gleich sind)

(36) $$s^2_I = \frac{1}{N-J}\left[s^2_1(n_1-1) + s^2_2(n_2-1) + \ldots + s^2_J(n_J-1)\right]$$

Liegen von jeder der J Gruppen die Summe der Meßwerte und die Summe der quadrierten Meßwerte vor, so läßt sich s^2_I auch wie folgt bestimmen

(37) $$s^2_I = \frac{1}{N-J}\left[\sum_j^J \sum_i^{n_j} x^2_{ij} - \sum_j^J \frac{\left(\sum_i^{n_j} x_{ij}\right)^2}{n_j}\right]$$

* Durchschnittliche Standardabweichung innerhalb der Gruppen (wenn nicht alle n_j gleich sind)

(38) $$s_I = \sqrt{s^2_I}$$

d.h. man bestimmt erst s^2_I nach Formel (36) oder (37) und zieht dann die Wurzel.

In den Formeln (33) bis (38) bedeuten :

J	= Anzahl der Gruppen
$n_1, n_2, \ldots, n_J$	= Umfänge der Gruppen (=n, wenn alle Gruppenumfänge gleich sind)
$s^2_1, s^2_2, \ldots, s^2_J$	= Varianzen der Gruppen
N	= $n_1 + n_2 + \ldots + n_J$ = Gesamtzahl aller Meßwerte
x_{ij}	= Meßwert des Probanden i in Gruppe j

Wir wollen für das im letzten Abschnitt verwendete Beispiel (Mathematiktestwerte von drei Gruppen von Studentinnen) die durchschnittliche Varianz innerhalb der Gruppen bestimmen. Die Gruppenvarianzen und -Umfänge waren :

$$s^2_1 = 116{,}02 \qquad s^2_2 = 144{,}81 \qquad s^2_3 = 208{,}17$$

$$n_1 = 18 \qquad n_2 = 13 \qquad n_3 = 15$$

Dann ergibt sich für s^2_I nach Formel (36) :

$$s^2_I = \frac{1}{46-3}\left[(116{,}02)(18-1) + (144{,}81)(13-1) + (208{,}17)(15-1)\right] = 154{,}1$$

Da uns für diese Gruppen auch die Summe der Meßwerte ($\sum X$) und die Summe der quadrierten Meßwerte ($\sum X^2$) zur Verfügung stehen (siehe oberer Teil von Tabelle 17, S. 102), wollen wir s^2_I zur Demonstration auch noch über Formel (37) bestimmen. Für die einzelnen Gruppen waren die $\sum X$ und $\sum X^2$:

Gruppe 1	Gruppe 2	Gruppe 3
$\sum X = 1249$	$\sum X = 639$	$\sum X = 753$
$\sum X^2 = 88639$	$\sum X^2 = 33147$	$\sum X^2 = 40715$

Dann ergibt sich nach Formel (37)

$$s^2_I = \frac{1}{46-3}\left[(88639 + 33147 + 40715) - \frac{1249^2}{18} + \frac{639^2}{13} + \frac{753^2}{15}\right] = 154{,}1$$

6.4. DIE DURCHSCHNITTLICHE ABWEICHUNG

Ein weiteres Variabilitätsmaß, die durchschnittliche Abweichung, ist etwas leichter zu berechnen als die Varianz bzw. Standardabweichung, aber auch weniger brauchbar. Die durchschnittliche Abweichung (DA) einer Gruppe von n Werten ist das Mittel aus den Absolutbeträgen der Abweichungen aller Meßwerte von ihrem Mittelwert :

(39) $$DA = \frac{\sum_i^n |x_i - \bar{x}.|}{n}$$

Liegt nicht die Urliste, sondern eine primäre Häufigkeitsverteilung vor, so kann die durchschnittliche Abweichung nach der folgenden Formel bestimmt werden :

(40) $$DA = \frac{\sum_i^k f_i\,|x_i - \bar{x}.|}{n}$$

wobei :

k = Anzahl unterschiedlicher Meßwerte

f_i = Häufigkeit des Meßwerts i ; $\sum_i^k f_i = n$

Bei der durchschnittlichen Abweichung gibt es keine sog. Rohwertformeln (wie bei s^2), es muß mit den Abweichungswerten gerechnet werden. Das liegt daran, daß die DA durch die Nichtberücksichtigung der Vorzeichen algebraisch nicht manipulierbar ist. Wir wollen die Berechnung der durchschnittlichen Abweichung an den Daten der primären Häufigkeitsverteilung von Tabelle 14(S. 95) demonstrieren; dies ist in Tabelle 18 geschehen. Wir erhalten für die Daten den Wert DA = 5,6. Eine Beurteilung der Bedeutung dieses Wertes ist, wie bei allen statistischen Maßzahlen,wieder nur möglich durch den Vergleich der DA mit der aus anderen Gruppen, aus früheren Untersuchungen, etc. Für sich alleine

Tabelle 18 : Beispiel für die Bestimmung der durchschnittlichen Abweichung nach Formel (39); Daten aus Tabelle 14 (Gesamttestwerte im Mathematiktest M-T-A-S von 10 Studenten).

Punktwert X_i	Punktwert-Mittel $(X_i - \bar{X}.)$	$\lvert X_i - \bar{X}.\rvert$	Berechnungen
66	66 - 57,7 = 8,3	8,3	$DA = \frac{\sum_i^n \lvert X_i - \bar{X}. \rvert}{n}$
68	68 - 57,7 = 10,3	10,3	
59	59 - 57,7 = 1,3	1,3	
46	46 - 57,7 = -11,7	11,7	
58	58 - 57,7 = 0,3	0,3	
65	65 - 57,7 = 7,3	7,3	
49	49 - 57,7 = -8,7	8,7	$= \frac{55,6}{10} = 5,6$
58	58 - 57,7 = 0,3	0,3	
52	52 - 57,7 = -5,7	5,7	
56	56 - 57,7 = -1,7	1,7	
	$\sum$	55,6	

genommen läßt sich z.B. nicht sagen, ob eine durchschnittliche Abweichung von DA = 5,6 "groß", "mittel" oder "klein" ist.

Die durchschnittliche Abweichung wird nur sehr selten als Variabilitätsmaß verwendet, obwohl sie leicht zu berechnen ist und vom Konzept her einfach und unmittelbar einleuchtend. Sie hat jedoch gewichtige theoretische Nachteile. Einen davon wollen wir kurz diskutieren. Bei der Varianz (und damit auch der Standardabweichung) sind wir von der Summe der quadrierten Abweichungen vom Mittel $\sum_i (X_i - \bar{X}.)^2$ ausgegangen. Die so gebildete Summe hatte die bedeutsame Eigenschaft, in jeder Gruppe von Werten die kleinstmögliche Summe von Abweichungsquadraten zu sein, so daß der durch die Varianz bestimmte Wert konstant das Kriterium erfüllte, der kleinstmögliche durchschnittliche Abweichungswert zu sein. Ein vergleichbares Kriterium wird bei der DA hingegen nicht durchgehend erfüllt, denn die Summe der absoluten Abweichungen vom Mittel ist kein Minimum.[1] Das bedeutet, daß auch der durch die DA bestimmte Wert nicht konstant (d.h. in jeder Gruppe von Werten) die kleinstmögliche durchschnittliche absolute Abweichung darstellt.

Dieses Problem, daß bei der DA nicht der kleinstmögliche durchschnittliche absolute Abweichungswert entsteht, tritt nicht auf, wenn wir statt der absoluten Abweichungen vom Mittel die absoluten Abweichungen vom Median bilden :

$$DA_{Median} = \frac{\sum_i^n \lvert X_i - Md \rvert}{n}$$

---

1) Mit Ausnahme der Fälle, wo $\bar{X}. = Md$. Dies ist jedoch unerheblich, da die Varianz durchgehend (immer) ein bestimmtes Kriterium erfüllt, die DA hingegen nicht.

Denn der Median ist ja der Punkt der Verteilung, von dem die Summe der absoluten Abweichungen ein Minimum ist. Das Variationsmaß DA_{Median} ist zwar existent, wird jedoch in der Psychologie noch seltener als die DA verwendet, d.h. also praktisch gar nicht. Sofern in der unter Betrachtung stehenden Gruppe von Werten $\bar{X}. \neq Md$, gilt immer : $DA > DA_{Median}$.

Eigenschaften der durchschnittlichen Abweichung :

Wir gehen von den n = 5 Meßwerten 4, 5, 6, 7, 8 aus, deren durchschnittliche Abweichung DA = 6/5 = 1,2 ist. Addieren wir nun zu jedem Wert die Konstante c = 3, so erhalten wir 6, 7, 8, 9, 10; deren durchschnittliche Abweichung ist ebenfalls DA = 6/5 = 1,2 , d.h. die Addition einer Konstanten zu jedem Wert hat die DA nicht verändert. Dies gilt allgemein :

* Wird zu jedem Wert X_i in einer Gruppe von n Werten, deren durchschnittliche Abweichung DA ist, eine Konstante c addiert, so haben die resultierenden Werte $(X_i + c)$ ebenfalls die durchschnittliche Abweichung DA, d.h. die durchschnittliche Abweichung bleibt bei Addition einer Konstanten unverändert.

Beweis

$$\frac{\sum_i^n |(X_i + c) - (\bar{X}. + c)|}{n} = \frac{\sum_i^n |X_i + c - \bar{X}. - c|}{n} = \frac{\sum_i^n |X_i - \bar{X}.|}{n} = DA$$

Wir multiplizieren nun die obigen Ausgangswerte (4, 5, 6, 7, 8) mit der Konstanten c = 2; dies ergibt 8, 10, 12, 14, 16 . Die durchschnittliche Abweichung dieser Werte ist DA_{neu} = 12/5 = 2,4 , was aber gleich ist (2)(1,2), d.h. es ist DA_{neu} = (Konstante)(DA_{alt}). Dies gilt allgemein :

* Wird jeder Wert X_i in einer Gruppe von n Werten, deren durchschnittliche Abweichung DA ist, mit einer Konstanten c multipliziert, dann haben die resultierenden Werte $(c\,X_i)$ die durchschnittliche Abweichung c DA.

Beweis

$$\frac{\sum_i^n |c\,X_i - c\,\bar{X}.|}{n} = \frac{\sum_i^n |c(X_i - \bar{X}.)|}{n} = c\,\frac{\sum_i^n |X_i - \bar{X}.|}{n} = c\,DA$$

6.5. GESICHTSPUNKTE BEI DER AUSWAHL EINES VARIABILITAETSMASSES

Wir wollen hier einige weitere Eigenschaften von Varianz (und damit Standardabweichung) und mittlerem Quartilabstand diskutieren. Die Standardabweichung bzw. Varianz wird (wie das arithmetische Mittel) von jedem Meßwert der Gruppe beeinflußt. Dadurch gibt dieses Maß im allgemeinen die Variabilitätsverhältnisse einer Verteilung exakter wieder, als Maße, in die nicht jeder Meßwert eingeht (wie mittlerer Quartilabstand (MQA) und Range). Die Varianz bzw. Standardabweichung wird dadurch jedoch auch stärker als MQA durch das vorliegen extremer Werte beeinflußt. Wir wollen uns das an einem Zahlenbeispiel verdeutlichen. Wir verdoppeln in einem Satz von n = 8 Werten den größten Wert. Welchen Einfluß das auf Varianz, Standardabweichung und den mittleren Quartilabstand hat, zeigt uns die nachfolgende Tabelle :

Meßwertgruppe	s^2	s	MQA[1)]
4, 7, 8, 10, 12, 15, 17, 18	25,1	5,0	4,3
4, 7, 8, 10, 12, 15, 17, 36	99,7	10,0	4,3

Wir sehen, daß der Wert des mittleren Quartilabstand durch das Auftreten des extremen Wertes nicht beeinflußt wird, während sich der Wert von Varianz und Standardabweichung dadurch relativ stark ändert. Aufgrund dieser charakteristischen Sensibilität sind s^2 oder s für den Fall, daß die Verteilung einige sehr extreme Werte aufweist oder wenn die Verteilung sehr schief ist, u.U. nicht die optimalen Variabilitätsmaße. Ist der Stichprobenumfang jedoch relativ groß und treten nur einige wenige extreme Werte auf, so fällt dieser Nachteil von s^2 oder s kaum ins Gewicht.

Die Sensibilität von Varianz bzw. Standardabweichung in bezug auf extreme Werte hat seinen Grund auch noch in der Definition dieser Maße. Wenn ein Meßwert, der weit vom Mittel entfernt liegt, um einige Einheiten geändert wird, so reagieren s^2 bzw.s darauf stärker als auf eine ähnliche Veränderung eines Meßwertes, der näher am Mittel liegt. Das hat seinen Grund darin, daß s^2 bzw.s mit den quadrierten Abweichungen arbeiten und daß Quadrate von Abweichungen im Bereich niedriger Zahlen weniger differieren als Quadrate von Abweichungen im Bereich höherer Zahlen. Wenn wir z.B. einen Abweichungswert von +3 nach +5 verändern, so ist die Differenz der Quadrate dieser Zahlen 16, wenn wir hingegen einen Abweichungswert von +20 in +22 ändern, so ist die Differenz der Quadrate dieser Zahlen 84. Diese Vergrößerung des Abweichungswertes würde sich zwar nicht voll im Wert der Varianz niederschlagen, da wir durch die Meßwertveränderungen auch das Mittel etwas verändern würden, aber der geschilderte Effekt wird dadurch nur wenig berührt.

Die eigentlichen Vorzüge von s^2 bzw. s werden wir erst im Bereich der Inferenzstatistik voll erkennen können (wo Range, mittlerer Quartilabstand und durchschnittliche Abweichung so gut wie keine Rolle spielen).

Wie das arithmetische Mittel bei den Maßen der zentralen Tendenz, so stellen Varianz bzw. Standardabweichung zuverlässige Schätzwerte für die Streuung in der Population dar. Wenn wir aus einer Population wiederholt Stichproben der Größe n ziehen, so variieren die für diese Stichprobenberechneten Werte von s^2 bzw. s nicht so stark wie die Stichprobenwerte der anderen Variabilitätsmaße (Range, MQA, DA). Diese Eigenschaft von s^2 bzw. s ist einsichtigerweise immer von großer Bedeutung, wenn wir von der Variation in einer Stichprobe auf die Variation in der Population schließen müssen.

---

1)
$$MQA = \frac{P_{75} - P_{25}}{2} = \frac{16 - 7{,}5}{2} = 4{,}3$$

7 DIE BINOMIAL- UND DIE NORMAL-VERTEILUNG

In diesem Kapitel wollen wir uns mit der Darstellung und Besprechung einer theoretischen Verteilung beschäftigen, deren Kenntnis im Zusammenhang mit der Inferenzstatistik, der Bewertung und Entscheidungsfällung anhand psychologisch-experimenteller Daten und der praktischen Tätigkeit als Psychologe von Bedeutung ist.

Die Entwicklung der statistischen Theorie begann im 17. Jahrhundert. In dieser Zeit wurden die ersten wesentlichen Beiträge zur Wahrscheinlichkeitstheorie geleistet : Man interessierte sich für die Prinzipien, die mit dem Auftreten zufälliger Ereignisse verbunden sind. Es begann die Suche nach Möglichkeiten, die es erlauben, Aussagen über das Auftreten zufälliger Ereignisse zu machen. Man suchte nach "Gesetzmäßigkeiten des Zufalls".

Betrachten wir ein einfaches Beispiel von Ereignissen, bei dem Zufallsprozesse die Ereignisse steuern : Nehmen wir an, wir werfen 8 Münzen. Wir registrieren die Anzahl der Wappen bei diesem Wurf. Jede der acht Münzen ist vollkommen gleich hinsichtlich Gewicht, Größe, etc. Bei jeder Münze tritt weder Wappen noch Zahl bevorzugt auf. Das Ergebnis des Wurfes einer Münze hat keinerlei Einfluß auf das Ergebnis des Wurfes einer anderen Münze; es besteht bezüglich der Ergebnisse völlige Unabhängigkeit.

Auf die Frage: "Wieviele Wappen treten bei dem Wurf von 8 Münzen auf?" könnten wir natürlich keine präzise Antwort geben. Daß uns trotzdem bestimmte Regelhaftigkeiten, nach denen Zufallsprozesse ablaufen, bekannt sind, zeigt folgendes Beispiel : Stellen wir uns vor, jemand animiert uns zur Teilnahme an einem Spiel. Er gibt uns folgende Instruktion : "Du kannst bei diesem Spiel 50 DM gewinnen. Ich habe hier 8 Münzen. Die werfe ich hoch. Du mußt vorhersagen, wieviel Wappen bei dem Wurf herauskommen. Ist die Vorhersage richtig, dann hast Du gewonnen."

Es stellt sich für uns die Frage, bei welcher Vorhersage der Anzahl von Wappen wir die größte Gewinnchance haben. Diese Anzahl würden wir selbstverständlich vorhersagen. Die Vorhersage "es werden vier Wappen auftreten" ist in diesem Sinne optimal. Wie kommen wir zu dieser Einsicht? Einige Mathematiker des 17. Jahrhunderts, wie Blaise Pascal und Pierre de Fermat, beschäftigten sich mit ähnlichen Problemen und entwickelten die thoeretischen Grundlagen, die eine Antwort auf diese und ähnliche Fragen erlauben.

Die mathematische Behandlung solcher Probleme wurde wesentlich von dem Schweizer Mathematiker Jakob Bernoulli (1654 - 1705) vorangetrieben. Er beschäftigte sich besonders mit Fragen der Bestimmung der Wahrscheinlichkeit dafür, daß ein bestimmtes Ereignis in bestimmter Häufigkeit auftritt, wenn verschiedene unabhängige Möglichkeiten des Auftretens dieses Ereignisses gegeben sind. Ihn interessierten z.B. Fragen folgender Art :

* Wie groß ist die Wahrscheinlichkeit dafür, daß bei einer Münze, die man 20mal wirft, 15mal Wappen auftritt?
* Wirft man 10mal einen Würfel, wie groß ist die Wahrscheinlichkeit dafür, daß die 6 genau zweimal auftritt?

In seiner 1713 erschienenen Publikation "Ars conjectandi" lieferte Bernoulli dazu Lösungen. Die Berechnungen, die er vorschlug, waren jedoch bei größeren Problemen mit einem enormen Arbeitsaufwand verbunden.

Im frühen 18. Jahrhundert suchte man nach geeigneten mathematischen Approximationen für die mit der Wahrscheinlichkeitsrechnung damals verbundenen Berechnungsprobleme. Sterling (1730) publizierte als erster eine Approximationsformel zur Bestimmung des Produktes der ersten n ganzen Zahlen $(1)\cdot(2)\cdot(3)\cdot\ldots\cdot(n-1)\cdot(n)$, einer Größe, deren Bestimmung in der Wahrscheinlichkeitsrechnung eine wesentliche Rolle spielt.

7.1. DIE BINOMIALVERTEILUNG

Damit waren die Voraussetzungen für die Lösung von Problemen gegeben, die wir oben an einem Beispiel kennengelernt haben. Verallgemeinert ausgedrückt, konnten nunmehr Probleme gelöst werden, deren Strukturen folgende Merkmale aufweisen :

* Das Ergebnis eines Versuches besteht darin, daß ein bestimmtes Ereignis E auftritt oder nicht auftritt (beim Münzwurf tritt entweder "Wappen" auf oder nicht auf).
* Das Auftreten des Ereignisses E hat die Wahrscheinlichkeit $p = P(E)$. Die Wahrscheinlichkeit des komplementären Ereignisses $\overline{E}$ ist $q = P(\overline{E})$. (Beim Münzwurf ist die Wahrscheinlichkeit des Ereignisses E (Wappen) gleich der Wahrscheinlichkeit $\overline{E}$ (Zahl). Beide sind gleich 1/2).
* Da entweder E oder $\overline{E}$ auftreten muß, ist die Summe der entsprechenden Wahrscheinlichkeiten $(p + q) = 1$ (Beim Münzwurf tritt mit Sicherheit entweder Zahl oder Wappen auf).
* Wir betrachten eine Serie von n Versuchen. Das Ergebnis eines Versuches darf die Ergebnisse der anderen Versuche in keiner Weise beeinflußen. Die Ereignisse E sind voneinander unabhängig (tritt bei

einem Wurf von 8 Münzen z.B. bei Münze 3 "Wappen" auf, so hat dieser Ausgang keinen Einfluß auf das Auftreten von Zahl oder Wappen bei den übrigen 7 Münzen).

* Die Zufallsvariable X ist die Anzahl der Versuche in der Serie von n Versuchen, bei denen das Ereignis E eintritt (tritt bei einem Wurf von 8 Münzen 4mal Wappen auf, so ist n = 8 und X = 4).
* X ist eine diskrete Variable, die die Werte 0, 1, 2, ..., n annehmen kann.

Wie können wir nun die Wahrscheinlichkeit dafür berechnen, daß bei einem Wurf von n Münzen (äquivalent : eine Münze wird n mal geworfen) Xmal das Ereignis (Wappen) auftritt?

Für n = 2 sind folgende Ergebnisse möglich :

(1) WW zweimal Wappen; $X = 2$, $P(X=2) = (p)(p) = p^2$

(2) WZ, ZW einmal Wappen; $X = 1$, $P(X=1) = 2pq$

(3) ZZ kein Wappen; $X = 0$, $P(X=0) = (q)(q) = q^2$

Die Wahrscheinlichkeit dafür, daß entweder die erste oder die zweite oder die dritte Kombination eintritt, ist gleich :

$$\underset{(1)}{p^2} + \underset{(2)}{2pq} + \underset{(3)}{q^2} = (p+q)^2 = 1{,}00$$

Allgemein ergeben sich die Wahrscheinlichkeiten als Glieder des Binoms $(p + q)^n$. Man bezeichnet daher die Verteilungen dieser Art als Binomialverteilungen.

Für n = 3 ergibt sich :

(1) WWW dreimal Wappen; $X = 3$, $P(X=3) = p^3$

(2) WWZ, WZW, ZWW zweimal Wappen; $X = 2$, $P(X=2) = 3p^2q$

(3) ZZW, ZWZ, WZZ einmal Wappen; $X = 1$, $P(X=1) = 3pq^2$

(4) ZZZ kein Wappen; $X = 0$, $P(X=0) = q^3$

Die Wahrscheinlichkeit dafür, daß die erste, zweite, dritte oder vierte Kombination eintritt ist :

$$(p+q)^3 = \underset{(1)}{p^3} + \underset{(2)}{3p^2q} + \underset{(3)}{3pq^2} + \underset{(4)}{q^3} = 1{,}00$$

Mit anwachsendem n wird die Berechnung der gesuchten Wahrscheinlichkeit natürlich zunehmend mühsamer. Wie können wir die Berechnung vereinfachen? Wir verwenden dazu Erkenntnisse der Kombinatorik. Auf unser Problem bezogen läßt sich nämlich mit Formel (41) folgende Frage beantworten : wenn wir n Münzen werfen, wieviele Kombinationen dieser n Elemente gibt es dann, in denen Wappen Xmal auftritt?

(41) $$k_{n,X} = \frac{n!}{(n - X)!\ X!} = \binom{n}{X} = \binom{n}{n - X}$$

Stellen wir uns die Frage, wieviele Kombinationen mit einem Wappen beim Wurf von drei Münzen vorkommen können, so ergibt sich :

$$k_{3,1} = \frac{3!}{(3 - 1)!\ 1!} = \binom{3}{1} = \frac{(1)(2)(3)}{(1)(2)(1)} = 3$$

Es gibt also drei verschiedene Kombinationen, bei denen Wappen einmal auftritt. Wenn wir die oben gesuchte Wahrscheinlichkeit dafür bestimmen wollen, daß bei drei Würfen mit einer Münze einmal Wappen auftritt, so können wir auch schreiben :

$$P(X=1) = \binom{3}{1} pq^2 = 3pq^2 = \frac{3}{8}$$

Für die Bestimmung der Wahrscheinlichkeit des Auftretens von zwei Wappen gilt :

$$P(X=2) = \binom{3}{2} p^2q = 3p^2q = \frac{3}{8}$$

Wenn wir mit $P_{n,X}$ die Wahrscheinlichkeit dafür bezeichnen, daß das Ereignis E bei n Versuchen Xmal eintritt, dann ist $P_{n,n}$ die Wahrscheinlichkeit dafür, daß E bei allen Versuchen eintritt. Daher ist

$$P_{n,n} = p^n$$

$P_{n,O}$ ist die Wahrscheinlichkeit dafür, daß bei allen Versuchen das komplementäre Ereignis auftritt. Folglich gilt :

$$P_{n,O} = q^n$$

Tritt E bei X Versuchen ein, dann muß $\bar{E}$ bei (n - X) Versuchen eintreten. Ein solches Ereignis (E bei X Versuchen) hat daher die Wahrscheinlichkeit

$$p^X q^{(n-X)}$$

Das ist die Wahrscheinlichkeit für eine Kombination. Nun kann ein solches Ereignis jedoch in verschiedenen Kombinationen auftreten, sofern X verschieden von n bzw. O ist. Betrachten wir ein Beispiel : n = 3; X = 1; (n - X) = 2. Die Wahrscheinlichkeit für das Auftreten folgender Kombination ("Zahl", "Zahl", "Wappen") ergibt sich dann :

$$p^1q^{(3-1)} = (\tfrac{1}{2})(\tfrac{1}{2})^2 = \frac{1}{8}$$

Abbildung 14 : Binomialverteilung für n = 6 und p = 1/2.[a)]

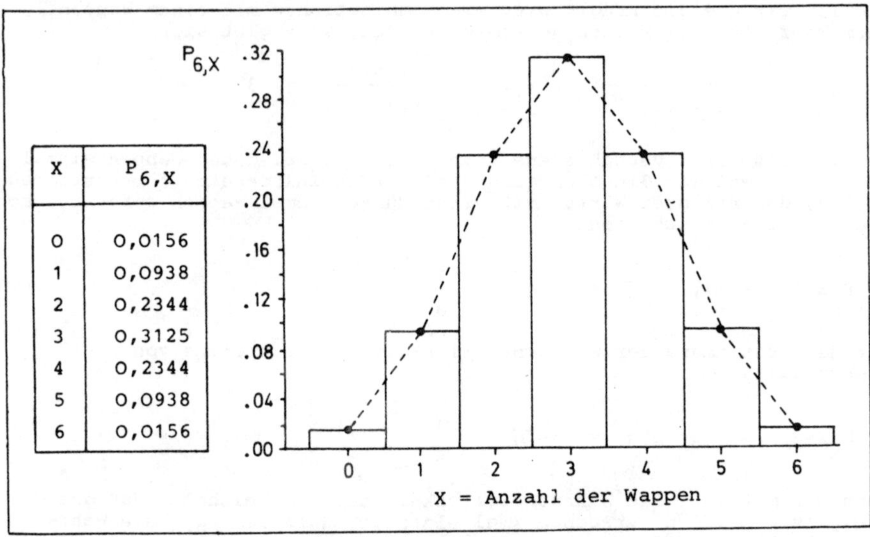

X	$P_{6,X}$
0	0,0156
1	0,0938
2	0,2344
3	0,3125
4	0,2344
5	0,0938
6	0,0156

a) * Nach Definition ist $\binom{n}{0} = \binom{n}{n} = 1$

* Die Verteilung ist nur dann symmetrisch, wenn $p = q = \frac{1}{2}$.

Es gibt aber nicht nur eine Kombination mit einem Wappen, sondern drei : (1) ZZW; (2) ZWZ; (3) WZZ. Das Ergebnis "E tritt bei n Versuchen Xmal ein", kann also auf verschiedene Art zustande kommen. Die gesuchte Wahrscheinlichkeit dafür, daß bei n Versuchen Xmal das Ereignis E eintritt, ist folglich die Vereinigung von $\binom{n}{X}$ Ereignissen, die alle die Wahrscheinlichkeit $p^X q^{(n-X)}$ haben. Damit ergibt sich

$$P_{n,X} = \binom{n}{X} p^X q^{(n-X)} \quad (42)$$

Wir sind nun in der Lage, die Binomialverteilung für jeden beliebigen Fall zu bestimmen. In Abbildung 14 ist eine solche Verteilung für den Fall, daß sechs Münzen (oder eine Münze sechsmal) geworfen werden, tabellarisch und graphisch wiedergegeben.

Abbildung 15 : Binomialverteilung für n = 18 und $p = \frac{1}{2}$

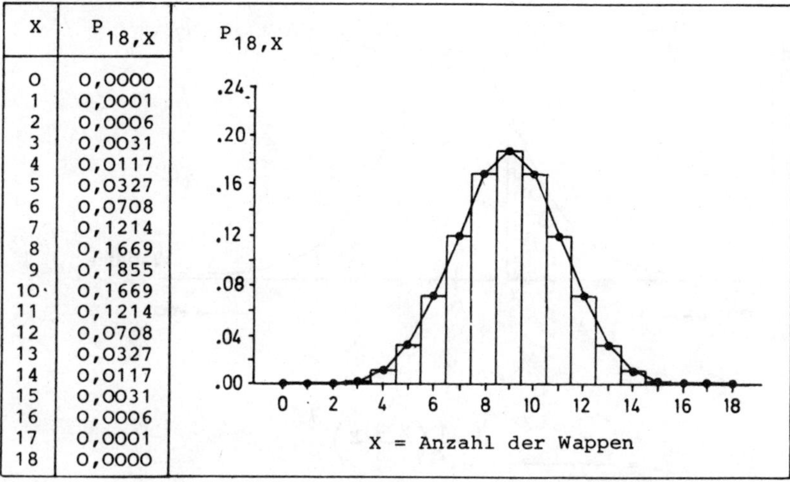

X	$P_{18,X}$
0	0,0000
1	0,0001
2	0,0006
3	0,0031
4	0,0117
5	0,0327
6	0,0708
7	0,1214
8	0,1669
9	0,1855
10	0,1669
11	0,1214
12	0,0708
13	0,0327
14	0,0117
15	0,0031
16	0,0006
17	0,0001
18	0,0000

7.2. DER UEBERGANG VON DER BINOMIAL- ZUR NORMALVERTEILUNG

Wenn wir in Abbildung 14 die oberen Säulenmittelpunkte verbinden, sehen wir, daß sich in grober Annäherung die Form einer Glocke ergibt. Verdreifachen wir die Anzahl der Versuche n, würden wir also in unserem Beispiel 18 Münzen werfen, diesen Prozess unendlich oft wiederholen, jeweils die Anzahl der Wappen registrieren und ein Histogramm der Verteilung zeichnen, so ergäbe sich eine weit bessere Annäherung an die Glockenform. Abbildung 15 zeigt tabellarisch und graphisch die sich für n = 18 und p = 1/2 ergebende Binomialverteilung; die einzelnen Wahrscheinlichkeiten wurden nach Formel (42) bestimmt. Abbildung 15 zeigt deutlich, daß die Annäherung an die Glockenform nunmehr wesentlich besser möglich ist. Würden wir n gegen unendlich gehen lassen, so ergäbe sich eine Glockenkurve. Diese Kurve wird als Normalverteilungskurve oder Normalkurve bezeichnet. Die Konzipierung der Formel für die Normalkurve gelang 1733 dem Mathematiker Abraham de Moivre.[1] Er konnte zeigen, daß die Normalverteilungskurve - der Form, wie in Abbildung 16 dargestellt - folgende Formel aufweist :

---

1) Zu Beginn des 19. Jahrhunderts wurde die Normalverteilung von Laplace und Gauss wiederentdeckt.

Abbildung 16 : Normalverteilungskurve mit dem Mittel μ und der Standardabweichung σ.

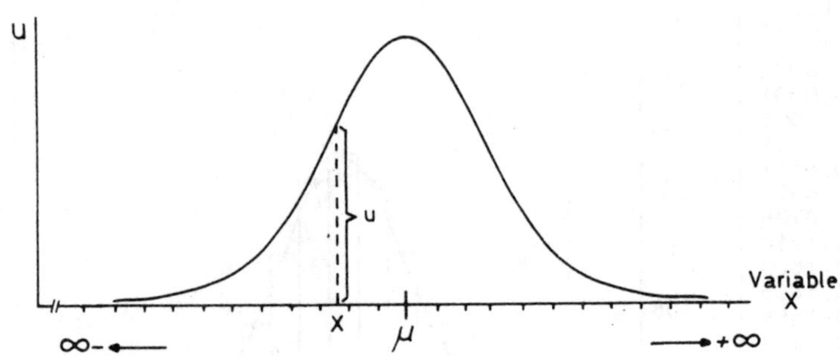

(43) $$u = \frac{1}{\sqrt{2\pi}\,\sigma} \cdot e^{-\frac{1}{2}\left(\frac{X-\mu}{\sigma}\right)^2}$$

hierin bedeuten :

- u : Ordinate der Kurve bei X
- π : 3,1416...
- σ : Standardabweichung (Parameter)
- e : 2,7183... (Euler'sche Zahl)
- X : Punktwert auf der Abzissenachse
- μ : Mittelwert (Parameter)

Ursprünglich fand die Normalkurve Anwendung bei der Beschreibung der Verteilung zufälliger Meßfehler oder Zufallsfehler bei wiederholten Messungen physikalischer Größen : Man stellte fest, daß die Verteilung von Meß- und Zufallsfehlern sehr oft symmetrische Glockenformen - die der Normalverteilung - aufweist. Gauss z.B. beschäftigte sich mit der Bestimmung der Umlaufbahnen von Planeten, ausgehend von einer Vielzahl von Meßwerten. Da die Messungen auf Beobachtung basierten und die Beobachtungen mit Fehlern verbunden waren, interessierte sich Gauss für die Gesetzmäßigkeiten, denen diese Beobachtungsfehler unterworfen sind. Probleme dieser Art, die sich unter Verwendung der Normalverteilung lösen ließen, führten zu einer Theorie der Beobachtungsfehler, in der die Normalverteilung - in dieser Zeit bezeichnet als Fehlergesetz - eine zentrale Rolle spielte.

Die Übertragung der Anwendung der Normalverteilung als Modell zur Beschreibung anderer Phänomene geht primär auf den Belgier Quetelet (1796 - 1874) zurück. Er beschäftigte sich mit Mathematik, Astronomie Anthropometrie und menschlichem Verhalten. Seiner Überzeugung nach konnte die Normalverteilung auch auf diese Bereiche angewendet werden. Er war der Auffassung, daß "geistige und moralische Eigenschaften", wenn man sie erfaßt, dem Normalverteilungsgesetz folgten. Eines seiner aus dieser Auffassung resultierenden Konzepte war der l'homme moyen, der "durchschnittliche Mensch". Er glaubte, daß die Natur, teleologisch gesehen, den "Durchschnittsmenschen" anzielte, in diesem Bemühen nicht zum Ziel gelangte und daher sowohl positive als auch negative Abweichungen vom l'homme moyen produzierte. Er sah darin eine Wirkung des Fehlergesetzes. Am Ende des 19. Jahrhunderts begann Francis Galton als erster mit der Untersuchung interindividueller Differenzen in der Ausprägung menschlicher Merkmale. Er stellte fest, daß geistige Eigenschaften und Merkmale des Körperbaus in guter Annäherung der Normalverteilung folgen. In welcher Weise Galton von der Anwendbarkeit der Normalverteilung auf solche Phänomene beeindruckt war, zeigt seine folgende Bemerkung (hier in freier Übersetzung wiedergegeben) :

> "Ich kenne kaum etwas, das die menschliche Vorstellungskraft ebenso beeindruckt wie die wundervolle Form der kosmischen Ordnung, die durch das Gesetz der Fehlerverteilung zum Ausdruck kommt. Hätten die Griechen dieses Gesetz schon gekannt, sie hätten es personifiziert und als Gott verehrt. Denn es regiert mit Heiterkeit und vollständiger Gelassenheit gegen die wildeste Konfusion. Je größer das Chaos und die Verwirrung, desto perfekter ist seine Macht. Es ist das überragende Gesetz der Unvernunft. Immer dann, wenn man eine große Stichprobe völlig ungeordneter Elemente betrachtet und ihrer Größe nach anordnet, so stellt man fest, daß dem eine unerwartete und außerordentlich schöne Form der Regelhaftigkeit unterliegt."
> (Galton,F., "Natural Inheritance", London, 1899, S. 66)

7.3. DIE NORMALVERTEILUNG ALS STATISTISCHES MODELL

Können wir - etwa im Sinne Galton's - die Normalverteilung als ein Naturgesetz betrachten, das immer dann Gültigkeit hat, wenn die Variable, deren Verteilung wir untersuchen, (a) durch das Zusammenwirken vieler von einander unabhängiger und gleich wirksamer Faktoren bestimmt ist, (b) keine Selektion des zu messenden erfolgt ist und (c) eine sehr große Zahl von Messungen oder Beobachtungen vorliegt?

Es handelt sich hier mehr um eine wissenschaftstheoretische als um eine statistische Frage. Für die Anwendung der Normalverteilung im Rahmen statistischer Probleme ist es jedoch nicht notwendig, der Normalverteilung irgend eine Art von Naturgesetzcharakter zuzuschreiben. Denn wir verwenden die Normalverteilung als mathematisch- statistisches Modell, welches günstige Eigenschaften aufweist und bei der Darstellung, Beschreibung und Schlußfolgerung aus empirisch beobachteten Daten hilfreich ist. Wenn wir feststellen, daß eine Verteilung von Meßwerten in guter Annäherung normalverteilt ist (empirische Normalverteilung), dann verwenden wir die theoretische Normalverteilung als Modell, d.h. wir übertragen die Kenntnisse über die Verhältnisse bei der theoretischen Verteilung auf die empirische Verteilung. Die Frage, warum die empirische Verteilung einer Normalverteilung so ähnlich ist, ist dabei unerheblich.

Normalverteilung in einer Population von Meßwerten kann einmal darauf zurückgehen, daß das Merkmal "von Natur aus" normalverteilt ist, wie es bei physischen Merkmalen wie Körpergröße, etc. häufig der Fall ist. Zum anderen kann sie ihre Ursache darin haben, daß das Instrument zur Erfassung des Merkmales so konstruiert wurde, daß die resultierenden Meßwerte der Population Normalverteilung aufweisen. Dies ist bei der Konstruktion psychologischer Tests (speziell Leistungs- und Fähigkeitstests) der Fall. Deshalb läßt sich z.B. aus dem Sachverhalt, daß die IQ-Werte einer Population sich normalverteilen, nicht der Schluß ziehen, die Intelligenz bzw. der IQ sei "von sich aus" normal verteilt. Die Auslese der Intelligenztestaufgaben im Rahmen der Konstruktion des Tests erfolgte vielmehr so, daß der resultierende Gesamttestwert sich in der untersuchten "Population" (Eichstichprobe) möglichst gut normal verteilt. Daß dabei recht gute Annäherungen erzielt werden können, zeigt Abbildung 17: Es handelt sich hierbei um die Verteilung der IQ's von 2600 Personen (sowie spezieller Untergruppen) im Intelligenz-Struktur-Test (I-S-T) von Amthauer (1970).

Stellen wir nun zusammen, in welchen Situationen das mathematische Modell der Normalverteilung nützlich ist und Anwendung findet.

* Wir können die Normalverteilung als Modell für Verteilungen von Meßwertpopulationen heranziehen, denn eine Vielzahl von Merkmalen aus recht unterschiedlichen Bereichen folgt der Normalverteilung in guter Annäherung, sofern es sich um große, homogene Populationen handelt. Zu beachten ist jedoch :
  (a) Die Normalverteilung als Modell beschreibt eine unendliche Population von Beobachtungen, die auf einer kontinuierlichen Meßskala erfaßt wurden. Unsere Beobachtungen sind jedoch häufig eher diskret als kontinuierlich, und unsere Populationen sind endlich. Obwohl die Normalkurve viele Verteilungen sehr gut beschreibt, können wir prinzipiell nicht sagen, daß eine Variable exakt normalverteilt ist. Praktisch spielt das zwar keine bedeutsame Rolle, denn uns interessiert die Nützlichkeit des Modells. Wir müssen jedoch stets kritisch prüfen, ob die Annäherung an die Normalverteilung so befriedigend ist, daß wir dieses Modell verwenden können.
  (b) Eine Vielzahl von Variablen weist keine Normalverteilung auf, so z.B. Familieneinkommen, Reaktionszeiten, Häufigkeit von Unfällen, etc. Es hängt häufig von der Homogenität der Stichprobe ab, ob ein sonst hinreichend normalverteiltes Merkmal diesem Modell noch genügt. Durch die Art der Erfassung kann eine "an sich" normalverteilte Variable ebenfalls eine abweichende Verteilung erhalten (z.B. Punktwerte eines Tests, der zu leicht oder zu schwer für die betreffende Gruppe ist).
* Die Normalverteilung als Modell für die Verteilung von Stichprobenstatistiken : Zieht man z.B. aus einer Population eine sehr große Anzahl von Zufallsstichproben, berechnet für jede Stichprobe den Mittelwert und zeichnet die sich ergebende Verteilung, so folgt diese in sehr guter Annäherung der Normalverteilung. Diese Eigenschaft ist - wie wir später sehen werden - von außerordentlicher Bedeutung für die Inferenzstatistik.
* Die Normalverteilung - betrachtet als relative Häufigkeitsverteilung - kann uns zur Bestimmung der Auftretenshäufigkeit bestimmter

Abbildung 17 : Verteilung der Gesamttestwerte im Intelligenz-Struktur-Test von Amthauer (1970, S. 29) als Beispiel für die Annäherung einer empirischen Verteilung an die (theoretische) Normalverteilung.

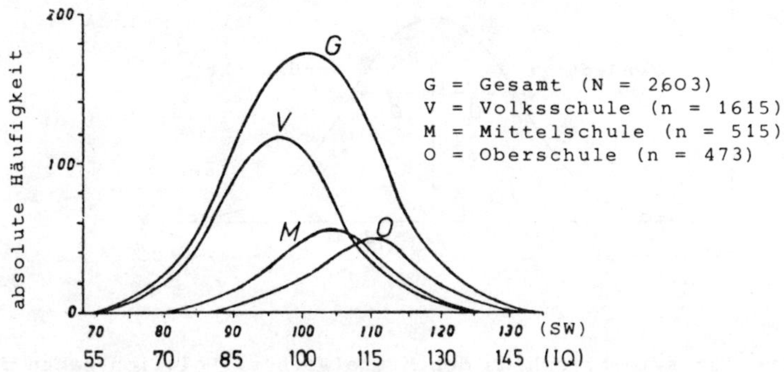

Ereignisse dienen. So wissen wir z.B. daß 50% der Population hinsichtlich der Intelligenz - ist diese normalverteilt - über dem Mittelwert liegen. Wir werden sehen, daß uns bei Vorliegen einer Normalverteilung noch wesentlich genauere Angaben über die relative Position eines Punktwertes möglich sind.

* Wir können die Normalverteilung auch als Wahrscheinlichkeitsverteilung betrachten. Damit ist es uns möglich, Information über zu erwartende Werte zu erhalten. Wenn wir nach Zufall aus der Population eine Person entnehmen, so wissen wir z.B. aufgrund dieser Eigenschaft der Normalverteilung, daß diese Person mit einer Wahrscheinlichkeit von 50% über dem Mittelwert liegt.

7.4. EIGENSCHAFTEN DER NORMALVERTEILUNG

Im Abschnitt 7.2. haben wir für die Normalverteilung folgende Formel kennengelernt

$$u = \frac{1}{\sqrt{2\pi}\,\sigma} \cdot e^{-\frac{1}{2}\left[\frac{X-\mu}{\sigma}\right]^2} \qquad (43)$$

Diese Formel gibt uns für jeden Skalenwert von X die Ordinate u, die Höhe der Kurve am Punkt X an. Sie ist die sog. Wahrscheinlichkeitsdichte des jeweiligen Wertes, den die Variable X annimmt. Die Normalverteilungskurve weist folgende Eigenschaften auf (vgl.Abbildung 18):

Abbildung 18 : Normalverteilung mit Mittel μ , Standardabweichung σ und Wendepunkten.

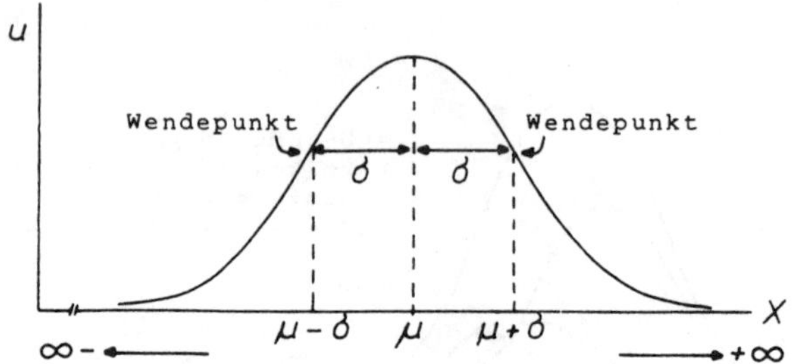

* Die Kurve ist symmetrisch um den Mittelwert μ. Folglich haben die Werte $X' = (\mu - a)$ und $X'' = (\mu + a)$ dieselbe Wahrscheinlichkeitsdichte und denselben Wert u.
* Die Verteilung ist unimodal. Modalwert, Median und Mittel liegen am selben Punkt auf der Abzissenachse.
* Die Standardabweichung (σ) der Normalverteilung ist gleich dem Abstand vom Mittel μ bis zum Wendepunkt der Kurve. Die Kurve hat zwei Wendepunkte : bei $(\mu + \sigma)$ und bei $(\mu - \sigma)$.
* Das Maximum der Kurve liegt bei μ. Für große X ($X \rightarrow +\infty$) und kleine X ($X \rightarrow -\infty$) geht die Wahrscheinlichkeitsdichte gegen Null. Sehr extreme Abweichungen vom Mittelwert μ haben daher eine außerordentlich geringe Auftretenswahrscheinlichkeit. Die Kurve verläuft asymptotisch zur Abzissenachse.
* Es handelt sich um eine kontinuierliche, theoretische Verteilung.

Wie bei der Binomialverteilung handelt es sich auch bei der Normalverteilung nicht um eine einzige, bestimmte Verteilung, sondern um eine Familie von Verteilungen. In Abhängigkeit von μ ändert sich die Lage der Verteilung auf der Abzissenachse, in Abhängigkeit von σ die "Breite" der Verteilung. Ist σ groß, so handelt es sich um eine flache, breit ausgedehnte Verteilung, ist σ klein, so ist die Verteilung eher spitzgipfelig und schmal. Da eine Normalverteilung durch die Parameter μ und σ vollkommen charakterisiert ist, verwendet man folgende verkürzte Schreibweise, um anzudeuten, daß das Merkmal X mit dem Mittelwert μ und der Standardabweichung σ normalverteilt ist: $X : N(\mu,\sigma)$. Abbildung 19 gibt zwei Normalverteilungen wieder, die sich sowohl hinsichtlich ihrer Mittel als auch ihrer Standardabweichungen unterscheiden.

Abbildung 19 : Zwei Normalverteilungskurven mit unterschiedlichen Mitteln μ und unterschiedlichen Standardabweichungen σ .

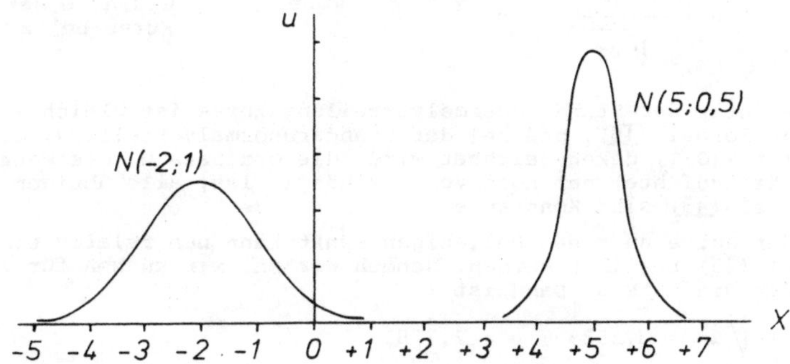

7.5. DIE STANDARDNORMALVERTEILUNG

Durch eine lineare Transformation der ursprünglichen Werte X_i kann man Normalverteilungen mit beliebigem μ und σ in eine bestimmte Verteilung überführen. Der Vorteil ist einsichtig: Man kann Verteilungen unterschiedlicher Form in ein gemeinsames Bezugssystem bringen. Damit sind Vergleiche von Daten, die aus Normalverteilungen mit unterschiedlicher Gestalt (d.h. mit unterschiedlichen Mitteln und/oder unterschiedlichen Standardabweichungen) stammen, möglich.

Es bietet sich an, die Transformation so anzustellen, daß der Mittelpunkt der transformierten Verteilung bei $\mu = 0$ liegt und die Standardabweichung $\sigma = 1$ beträgt. Diese Verteilung wird als Standardnormalverteilung bezeichnet. Wie erhält man diese transformierten Werte?

Man bestimmt für jeden Meßwert X_i folgende Größe :

(44 a) $$z_i = \frac{(X_i - \mu)}{\sigma}$$ im Fall des Vorliegens einer Population

bzw.

(44 b) $$z_i = \frac{(X_i - \overline{X}.)}{s}$$ im Fall des Vorliegens einer Stichprobe

Diese Transformation nennt man die Klein -z- Transformation ; es ist eine Einheiten- und Nullpunkttransformation. Die z-Werte drücken die Abweichung eines Meßwertes X_i vom Mittel in Standardabweichungseinheiten aus; d.h. die neue Einheit ist ein σ bzw. ein s.

Da durch die z-Transformation bei den z-Werten $\sigma = 1$ und $\mu = 0$ ist, vereinfacht sich Formel (43) zu folgender Formel für die Standardnormalverteilung :

(45) $$u = \frac{1}{\sqrt{2\pi}} \cdot e^{-\frac{1}{2} z^2}$$ wobei : u = Ordinate der Kurve bei z

Die Fläche unter der Standardnormalverteilungskurve ist gleich 1. Wir erkennen an Formel (45), daß bei der Standardnormalverteilung, die verkürzt mit N(0;1) gekennzeichnet wird, die Ordinate u (die Wahrscheinlichkeitsdichte) nur noch von z abhängig ist; alle übrigen Grössen in Formel (45) sind Konstante.

Die Höhe der Kurve an einem beliebigen Punkt kann nun relativ einfach nach Formel (45) bestimmt werden. Nehmen wir an, wir suchen für $z_i = +2$ den Wert der Ordinate u. Dann ist :

$z_i = +2$; $1/\sqrt{2\pi} = 0{,}3989$; $e = 2{,}7183$

$$u = (0{,}3989)(2{,}7183)^{-\frac{1}{2}(z)^2} = (0{,}3989)(2{,}7183)^{-2}$$

$$= (0{,}3989)(0{,}1353) = 0{,}05397 \approx 0{,}0540$$

Die Berechnung einer Ordinate können wir uns allerdings im konkreten Fall sparen, da sich im Anhang eine Standardnormalverteilungstabelle befindet (TABELLE A), aus der sich für jeden z-Wert die zugehörige Ordinate u ablesen läßt.

Wesentlich häufiger als die Frage nach der Ordinate bei einem Punkt z_i stellen wir jedoch - so werden wir sehen - Fragen der folgenden Art :

* Welcher Flächenanteil liegt unter der Standardnormalverteilungskurve links bzw. rechts von einem Wert z_i, oder
* Welcher Flächenanteil liegt unter der Standardnormalverteilungskurve zwischen zwei z-Werten z_i und z'_i?

Abbildung 20 veranschaulicht diese beiden Fragestellungen und deren Lösung. Uns interessiert jeweils der schraffierte Flächenanteil. Wollten wir diese Flächenanteile selbst berechnen, müßten wir die Integralrechnung heranziehen. Dies läßt sich jedoch umgehen, denn in der Standardnormalverteilungstabelle (z-Tabelle) im Anhang (TABELLE A) ist in der Spalte "Fläche" für jeden z-Wert verzeichnet, welcher Flächenanteil links von der Ordinate des z-Wertes liegt, d.h. von $-\infty$ bis z_i. Da die Fläche unter der Standardnormalverteilungskurve gleich 1 ist, ist damit auch bestimmt, welcher Flächenanteil oberhalb von z_i liegt, d.h. von z_i bis $+\infty$.

Da wir eine Normalverteilung auch als Wahrscheinlichkeitsverteilung betrachten können, gibt uns der Flächenanteil, der links von z_i liegt, zugleich die Wahrscheinlichkeit an, mit der ein z-Wert in den Bereich $-\infty$ bis z_i fällt (bzw. in den Bereich z_i bis $+\infty$). Die Wahrscheinlichkeit, daß ein z-Wert in den Bereich $-\infty$ bis $+\infty$ fällt, ist einsichtigerweise gleich 1,0; woanders hin kann er ja nicht fallen. So ist, wie wir Fall (A) von Abbildung 20 entnehmen können, die Wahrscheinlichkeit gleich 0,3085 , daß ein z-Wert in den Bereich $-\infty$ bis $z = -0{,}5$ fällt, und nach Fall (B) fällt ein z-Wert mit einer Wahr-

Abbildung 20 : Demonstration der Bestimmung des Flächenanteils, der bei der Standardnormalverteilung unterhalb eines bestimmten z-Wertes liegt, bzw. zwischen zwei z-Werten.

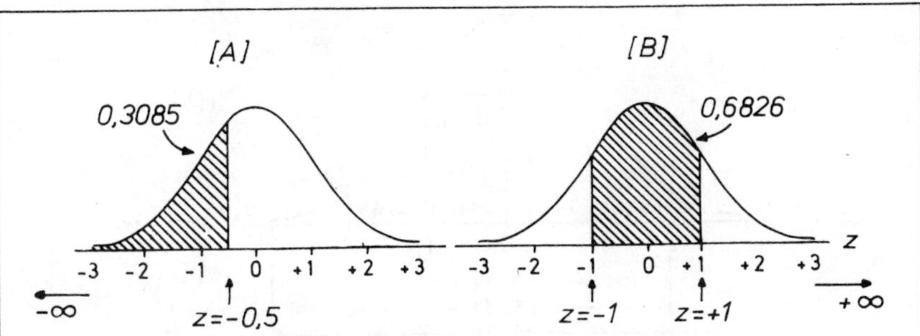

(A) In diesem Fall ist in der Standardnormalverteilungstabelle (z-Tabelle) im Anhang unmittelbar ablesbar, daß unterhalb z = -0,5 ein Flächenanteil von 0,3085 (bzw. 30,85 % der Fläche) liegt.

(B) Hier wir zuerst festgestellt, welcher Flächenanteil links von z = +1 liegt (=0,8413) und von diesem Anteil der Flächenanteil abgezogen, der unterhalb von z = -1 liegt (=0,1587). Es ergibt sich somit für den gesuchten Flächenanteil zwischen z = -1 und z = +1 : 0,8413 - 0,1587 = 0,6826. M.a.W. zwischen diesen beiden z-Werten liegen ca. 68 % der Fläche unter der Standardnormalkurve.

scheinlichkeit von 0,6825 in den Bereich z = - 1 bis z = + 1. Wir hatten bisher den Bereich links von einem Wert z_i (bzw. rechts von z_i) als Flächenanteil unter der Standardnormalverteilungskurve bzw. als Repräsentant der Wahrscheinlichkeit dafür betrachtet, daß ein Wert in diesen Bereich (von $-\infty$ bis z_i bzw. von z_i bis $+\infty$) fällt. Diese (in den Abbildungen schraffiert eingezeichnete) Fläche können wir nun weiterhin als Repräsentant des Anteils der Meßwerte (bzw. des Prozentsatzes der Meßwerte) ansehen, die im Bereich $-\infty$ bis z_i liegen. Diese Sichtweise machen wir uns zunutze, wenn wir für praktische Zwecke die Normalverteilung als Modell heranziehen.

In Abbildung 21 ist für die Standardnormalverteilung für verschiedene Bereiche angegeben, wieviel Prozent der Fälle (Meßwerte) zwischen zwei Punkten z_i und z'_i liegen. Besonders speichernswert ist dabei der Sachverhalt, daß zwischen $\pm$ 1 etwa 68% der Fälle liegen, zwischen $\pm$ 2 etwa 95% und zwischen $\pm$ 3 fast 100% (genau 99,7%) der Fälle (Meßwerte). Wenn wir nun berücksichtigen, daß die Standardnormalverteilung die Standardabweichung σ = 1 hat, so bedeutet dies nichts anderes, als :

zwischen - 1σ und + 1σ liegen 68,3 % der Fälle
zwischen - 2σ und + 2σ liegen 95,4 % der Fälle
zwischen - 3σ und + 3σ liegen 99,7 % der Fälle

Abbildung 21 : Prozentsatz der Fälle (Meßwerte), die bei der Standardnormalverteilung N (0;1) zwischen bestimmten z-Werten liegen, bzw. bei der Normalverteilung N(μ;σ) zwischen bestimmten Sigma-Werten.

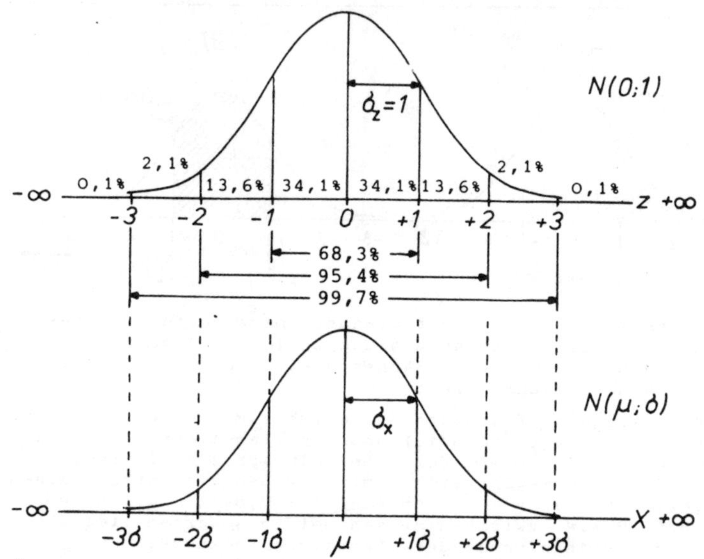

Dieser Sachverhalt gilt für jede beliebige Normalverteilung N(μ;σ), denn die z-Transformation $z_i = (X_i - \mu)/\sigma$ der ursprünglichen Normalverteilung war ja eine lineare Transformation, die die Relationen der Meßwerte untereinander unverändert läßt. Wenn wir einen Meßwert X_i nach z_i transformieren, so liegen unterhalb z_i gleich viele Fälle wie unterhalb X_i, usf. Insofern ist das, was wir über die relative Position von z_i erfahren (anhand der z-Tabelle), gleichermaßen gültig für die relative Position von X_i.

7.6. ANWENDUNGSMOEGLICHKEITEN DER STANDARDNORMALVERTEILUNG

An einigen praktischen Beispielen sollen nun Anwendungsmöglichkeiten der Standardnormalverteilung aufgezeigt werden. Dabei gehen wir immer von einer empirischen Normalverteilung aus (z.B. Verteilung der Testpunktwerte einer großen Stichprobe von Personen) und ziehen die theoretische Normalverteilung bzw. Standardnormalverteilung als Modell heran, um aus diesen Aussagen abzuleiten, die wir auf unsere empirische Normalverteilung übertragen. Abbildung 22 gibt eine Veranschaulichung dieses Prozesses.

BEISPIEL 1

Wir haben an einer Stichprobe von n = 500 in guter Annäherung normalverteilten Werten für eine Person i einen z-Wert von $z_i = 1{,}5$ ermittelt. Wir möchten nun angeben, wieviel Prozent der Personen in der

Abbildung 22 : Veranschaulichung des Prozesses der Verwendung theoretischer Normalverteilungen als Modelle für eine empirisch vorgefundene Normalverteilung von Meßwerten.

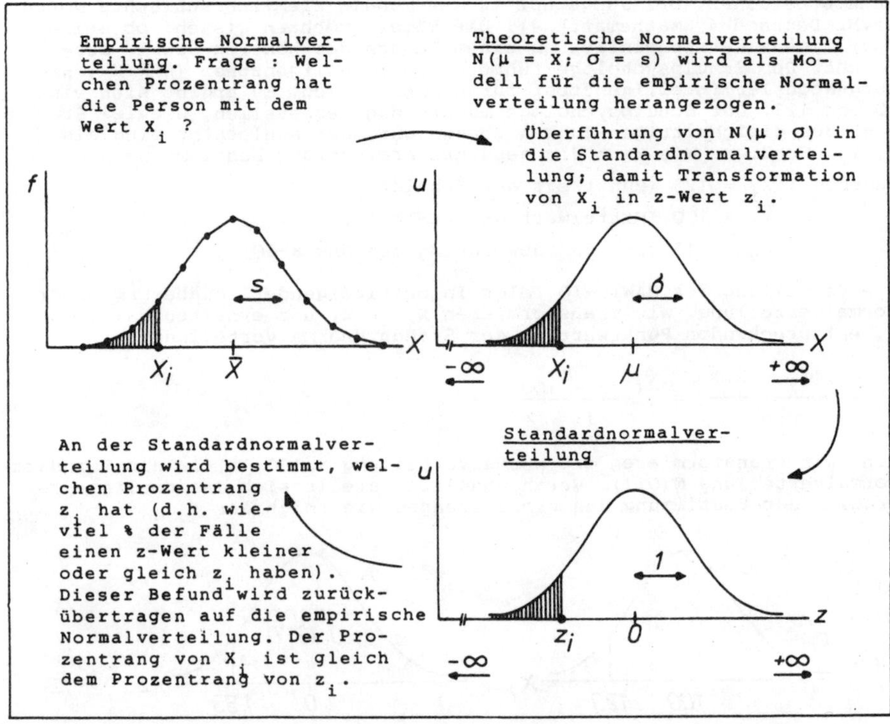

Stichprobe einen solchen oder noch größeren (positiven) z-Wert aufweisen. Übertragen wir das Problem auf die Standardnormalverteilung. Wir müssen dann in dieser Verteilung feststellen, wieviel Prozent der Fläche oberhalb $z_i = 1{,}5$ liegen, wie die nebenstehende Zeichnung zeigt. Wir lesen in TABELLE A ab, das unterhalb $z_i = 1{,}5$ ein Flächenanteil von 0,9332 liegt; daß bedeutet : ein Anteil von 1-0,9332 = 0,0668 liegt oberhalb von $z_i = 1{,}5$. Zurückübertragen auf die Stichprobe können wir somit sagen : etwa 7% in der Stichprobe haben einen z-Wert von 1,5 oder größer.

0,9332 0,0668 z z=1,5

BEISPIEL 2

Zu einem Schulpsychologen kommt ein Elternpaar und bittet um eine Schullaufbahnberatung für den Sohn. Der 10jährige soll die höhere Schule besuchen. Der Junge hat in der Schule ziemlich schlechte Noten (z.B. Deutsch 4, Mathematik 4). Die Eltern möchten wissen, ob seine Intelligenz wahrscheinlich zu einem Besuch der höheren Schule ausreicht. Der Schulpsychologe führt einen Intelligenztest (HAWIK : Hamburg-Wechsler-Intelligenztest für Kinder) durch. Es ergibt sich ein IQ von 123. Der Schulpsychologe möchte nun feststellen, wieviel Prozent der gleichaltrigen Jungen ebenso gut oder schlechter sind als dieser Schüler. Wie kann der gesuchte Prozentrang bestimmt werden?

Gegeben : X_i = 123 (Punktwert des Schülers)
$\bar{X}.$ = 100 (Mittelwert des HAWIK-IQ)
s_X = 15 (Standardabweichung des HAWIK-IQ)

Die Verteilung des HAWIK-IQ folgt in befriedigender Annäherung einer Normalverteilung. Wir transformieren X_i in z_i und erhalten damit den X_i entsprechenden Punktwert in der Standardnormalverteilung :

$$z_i = \frac{(X_i - \bar{X}.)}{s} = \frac{(123 - 100)}{15} = 1{,}53$$

d.h. wir transformieren die Normalverteilung N(100;15) in die Standardnormalverteilung N(0;1). Veranschaulicht stellt sich das vorliegende Problem der Bestimmung des Prozentranges wie folgt dar :

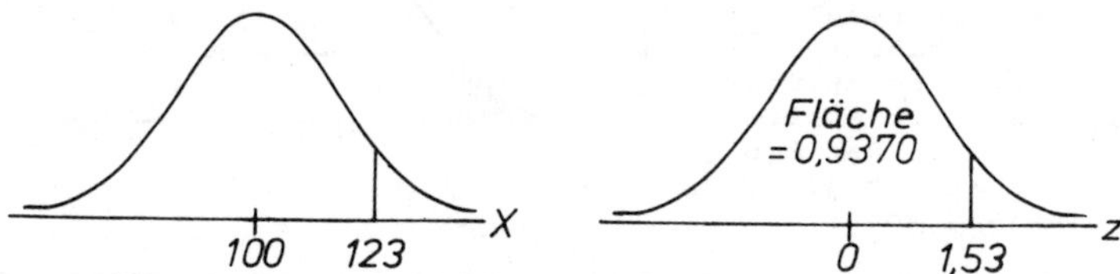

Um festzustellen, wieviel Prozent der 10jährigen einen Punktwert haben, der kleiner oder gleich X_i = 123 bzw. z_i = 1,53 ist, müssen wir in der Standardnormalverteilung den Flächenanteil bestimmen, der von $-\infty$ bis + 1,53 liegt. Wir bestimmen diesen Anteil über TABELLE A als 0,9370, d.h. etwa 94% der 10jährigen haben einen IQ, der niedriger oder gleich 123 ist - der Prozentrang des Jungen im HAWIK beträgt 94.

Streng genommen müßten wir bei der Bestimmung des z-Wertes von der oberen Intervallgrenze des festgestellten IQ-Wertes, folglich von 123,5 ausgehen. Es ergäbe sich dann :

$$z_i = \frac{(123{,}5 - 100)}{15} = \frac{23{,}5}{15} = 1{,}57$$

Wir stellen über TABELLE A fest, daß unterhalb z = 1,57 etwa 94,2% der Fläche (Fälle) liegen. Auch hier würden wir zu der Aussage gelangen, daß der Prozentrang des Jungen 94 beträgt.

Es ist somit für die Genauigkeit des Vorgehens hinreichend, wenn man bei der Bestimmung des z-Wertes von dem festgestellten Punktwert X_i ausgeht. Dies auch nicht zuletzt deshalb, weil empirische Verteilungen nur in mehr oder weniger guter Annäherung der (theoretischen) Normalverteilung folgen, so daß die erzielbare Rechengenauigkeit ohnehin keine exakte Entsprechung auf der empirischen Seite, bei den Meßwertverhältnissen in der Stichprobe, aufweist.[1]

BEISPIEL 3

Eine Person wurde mit zwei verschiedenen (hinreichend normalverteilten) Testverfahren zur Erfassung mathematischer Kenntnisse untersucht. Sie erhielt in Test 1 einen Punktwert von $X_1 = 82$, in Test 2 einen Punktwert von $X_2 = 120$. Wir wollen nun feststellen, ob die Person in beiden Mathematiktests dieselbe relative Position einnimmt ("gleich gut" ist). Führten beide Tests zum "selben Ergebnis", so müßte sich für beide Punktwerte derselbe Prozentrang ergeben.

Die beiden Tests haben folgende Mittel und Standardabweichungen :

Test 1 : $\bar{X}_1 = 50$; $s_1 = 16$; $(X_1 = 82)$

Test 2 : $\bar{X}_2 = 100$; $s_2 = 10$; $(X_2 = 120)$

Dann ist[2] :

$$z_1 = \frac{(82 - 50)}{16} = 2{,}0 \; ; \quad z_2 = \frac{(120 - 100)}{10} = 2{,}0$$

Die Person nimmt folglich in beiden Testverfahren dieselbe relative Position ein; ca. 98% haben einen kleineren oder gleichen, ca. 2% einen höheren Punktwert. Ein solcher Vergleich von z-Werten als Prozentranginformation ist allerdings nur dann sinnvoll, wenn (wie in unserem Fall) beide Testvariablen ausreichend normalverteilt sind.

BEIPSIEL 4

In einem Testverfahren zur Erfassung der Vorurteile gegenüber Gastarbeitern haben zwei Schüler folgende Punktwerte : Willi = 48 ; Franz-Josef = 59. Die Testpunktwerte der Eichstichprobe sind annähernd normalverteilt mit $\bar{X}$. = 50 und s = 10. Frage : Wieviel Prozent der Fälle liegen zwischen den Punktwerten der beiden Schüler, d.h. wieviel Prozent haben einen Punktwert im Bereich 48 bis 59. Nachfolgende Zeichnung veranschaulicht das Problem und den Lösungsweg.

---

1) Falls man bei der Umrechnung in einen z-Wert dennoch von der exakten Intervallgrenze ausgehen möchte, so gilt

* soll bestimmt werden, wieviel Prozent einen Wert kleiner oder gleich X haben, wird die obere Intervallgrenze eingesetzt.
* soll bestimmt werden, wieviel Prozent einen Wert gleich oder größer X haben, ist die untere Intervallgrenze einzusetzen.

2) Man könnte hier wieder, um genau zu sein, jeweils die oberen Intervallgrenzen (82,5 und 120,5) statt der festgestellten Werte einsetzen; dann ergäbe sich $z_1 = 2{,}03$ und $z_2 = 2{,}05$.

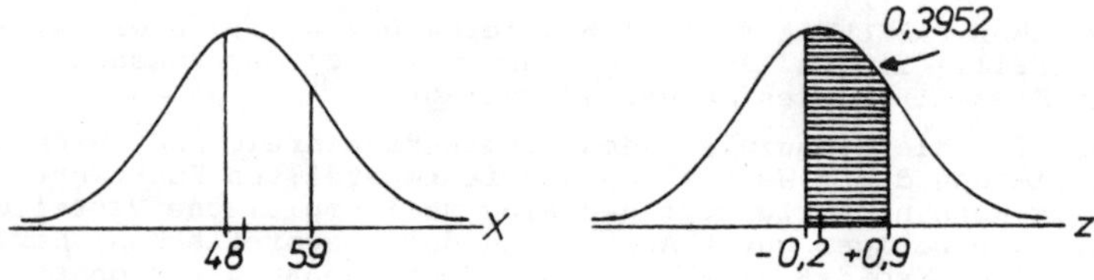

Wir bestimmen den z-Wert von Willi und Franz-Josef :

$$z_W = \frac{(48 - 50)}{10} = - 0,2 \; ; \quad z_{F.J.} = \frac{(59 - 50)}{10} = + 0,9$$

Aus TABELLE A entnehmen wir, daß von $z = -\infty$ bis $z = +0,9$ ca. 82% der Fälle und von $z = -\infty$ bis $z = -0,2$ ca. 42% der Fälle liegen. Zwischen den Punktwerten von Willi und Franz-Josef liegen somit ungefähr 40% der gleichaltrigen Schüler, d.h. ca. 40% der Schüler haben einen Punktwert im Bereich 48 bis 59.[1)]

7.7. ZWEI MASSE FUER DIE ABWEICHUNG EINER VERTEILUNG VON DER NORMALVERTEILUNG

Eine empirisch vorgefundene, unimodale Verteilung kann sich zum einen von der Normalverteilung darin unterscheiden, daß sie "schief", d.h. nicht symmetrisch ist und sie kann zum anderen "steilgipfeliger" oder "flachgipfeliger" als die Normalverteilung sein. Solche Abweichungen lassen sich zwar relativ leicht durch die Inspektion des Häufigkeitspolygons der Verteilung feststellen. Es gibt jedoch auch die Möglichkeit, in einer Maßzahl die "Schiefe" der Verteilung bzw. die "Flach"- oder "Steilgipfeligkeit" auszudrücken. Deren Berechnung ist allerdings relativ aufwendig. Die Bestimmung dieser Maße ist angesichts des Aufwandes im Grunde nur dann vorteilhaft, wenn mehrere Verteilungen hinsichtlich derartiger Abweichungen mittels einheitlicher Maßzahlen verglichen werden sollen und die graphische Übermittelung der Verteilungsformen (z.B. Polygonzügen) zu unpräzise oder zu aufwendig ist. Zudem sollten die Maße nur bestimmt werden, wenn relativ große Stichproben ($n > 100$) vorliegen. Der Einfachheit halber werden wir allerdings die Berechnung an kleineren Stichproben demonstrieren.

7.7.1. DIE SCHIEFE EINER VERTEILUNG

Das Ausmaß, in dem eine Verteilung von der Symmetrie abweicht, nennt man ihre Schiefe. Betrachten wir dazu Abbildung 23 : Die obere Verteilung (A) ist exakt symmetrisch (ein Fall, der empirisch kaum vorkommt). Von dieser Symmetrie kann nun auf zwei Arten abgewichen werden :

---

1) Streng genommen müßte hier bei der Bestimmung der z-Werte bei Willi statt des festgestellten Wertes von $X_W = 48$ die untere Intervallgrenze (= 47,5) und bei Franz-Josef statt $X_{FJ} = 59$ die obere Intervallgrenze (= 59,5) eingesetzt werden. Man käme dann zu dem Schluß, daß ca. 43% der gleichaltrigen Schüler einen einen Punktwert haben, der im Bereich ≥ 48 und ≤ 59 liegt.

Abbildung 23 : Symmetrische Verteilung, Verteilung mit positiver und negativer Schiefe und Wert des Maßes SCHIEFE nach Formel (46)

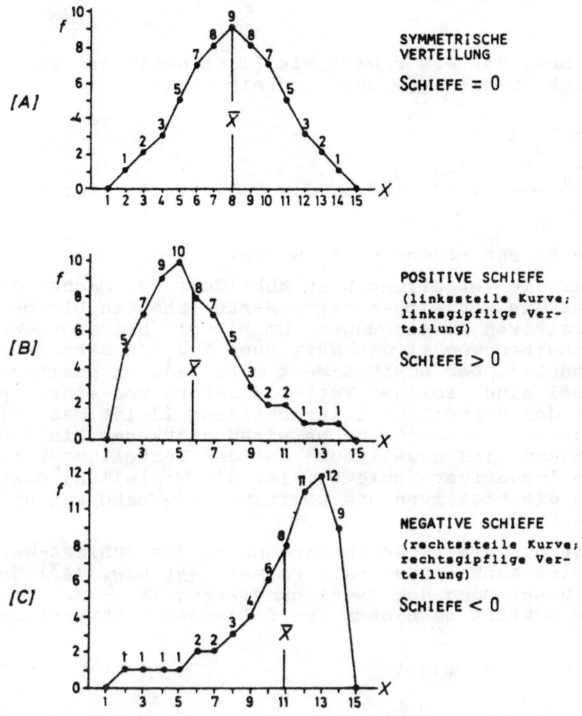

Der Gipfel kann nach links verschoben sein (Verteilung B), oder nach rechts (Verteilung C). Ein Maß für die Assymetrie einer Verteilung ist nun wie folgt definiert :

(46) $$\text{SCHIEFE} = \frac{\sum_{i}^{n} (X_i - \bar{X}.)^3}{s^3 \, n}$$ [bei Vorliegen einer Urliste]

bzw.

(47) $$\text{SCHIEFE} = \frac{\sum_{i}^{n} f_i \, (X_i - \bar{X}.)^3}{s^3 \, n}$$ [bei Vorliegen einer primären Häufigkeitsverteilung]

wobei :

k = Anzahl unterschiedlicher Meßwerte

f_i = Häufigkeit des Meßwerts i ; $\sum_{i}^{k} f_i = n$

Wir erinnern uns, daß ein z-Wert wie folgt definiert war : $z_i = (X_i - \bar{X}.)/s$. Somit läßt sich Formel (46) auch schreiben als

$$\text{SCHIEFE} = \frac{\sum_{i}^{n} z_i^{\,3}}{n} = \overline{z.^3}$$

, d.h. die Schiefe ist gleich dem Mittel der in die dritte Potenz erhobenen z_i-Werte.

Betrachten wir die Verteilung B in Abbildung 23. Da bei der Bildung der dritten Potenz die Vorzeichen der z-Werte erhalten bleiben, beeinflussen die großen positiven Abweichungen vom Mittel (bei den z-Werten ausgedrückt in Einheiten von s) den Wert von $\sum z_i^{\,3}/n$ stärker als die negativen Abweichungen. Der SCHIEFE-Wert wird dadurch positiv. Deshalb spricht man bei einer solchen Verteilungsform von einer "positiven Schiefe". Bei der Verteilung C in Abbildung 23 ist das Gegenteil der Fall. Die negativen z^3-Werte haben einen stärkeren Einfluß, der Wert des SCHIEFE-Maßes wird negativ und bei der Verteilung spricht man entsprechend von "negativer Schiefe". Ist die Verteilung exakt symmetrisch, so heben sich die negativen und positiven z^3-Werte auf und das SCHIEFE-Maß hat den Wert 0.

Betrachten wir nun die aktuelle Berechnung des SCHIEFE-Wertes einer Verteilung. Dies kann einmal nach Formel (46) bzw. (47) geschehen. Will man die Bestimmung der Abweichungswerte ($X_i - \bar{X}.$) umgehen, so läßt sich die SCHIEFE auch nach den folgenden "Rohwertformeln" berechnen :

a) bei Vorliegen der Urliste

(48) $$\text{SCHIEFE} = \frac{1}{s^3}\left(\frac{1}{n}\sum_{i}^{n} X_i^{\,3} - \frac{3\bar{X}.}{n}\sum_{i}^{n} X_i^{\,2} + 2\bar{X}.^3\right)$$

b) bei Vorliegen einer primären Häufigkeitsverteilung

(49) $$\text{SCHIEFE} = \frac{1}{s^3}\left(\frac{1}{n}\sum_{i}^{k} f_i X_i^{\,3} - \frac{3\bar{X}.}{n}\sum_{i}^{k} f_i X_i^{\,2} + 2\bar{X}.^3\right)$$

wobei :

k = Anzahl unterschiedlicher Meßwerte

f_i = Häufigkeit des Meßwerts i ; $\sum_{i}^{k} f_i = n$

Tabelle 19 : Demonstration der Berechnung des Maßes SCHIEFE einer Verteilung nach Formel (49); Daten von Verteilung B, Abbildung 23.

Punktwert X_i	f_i	$f_i \cdot X_i$	X_i^2	$f_i \cdot X_i^2$	X_i^3	$f_i \cdot X_i^3$
2	5	10	4	20	8	40
3	7	21	9	63	27	189
4	9	36	16	144	64	576
5	10	50	25	250	125	1250
6	8	48	36	288	216	1728
7	7	49	49	343	343	2401
8	5	40	64	320	512	2560
9	3	27	81	243	729	2187
10	2	20	100	200	1000	2000
11	2	22	121	242	1331	2662
12	1	12	144	144	1728	1728
13	1	13	169	169	2197	2197
14	1	14	196	196	2744	2744
Summen	61	362		2622		22262

Berechnungen

$$\overline{X}. = \frac{362}{61} = 5{,}93 \qquad s = \sqrt{\frac{2622 - \frac{(362)^2}{61}}{60}} = 2{,}81$$

$$\text{SCHIEFE} = \frac{1}{(2{,}81)^3}\left[\frac{1}{61}(22262) - \frac{(3)(5{,}93)}{61}(2622) + (2)(5{,}93)^3\right]$$

$$= \frac{364{,}95 - 764{,}68 + 417{,}06}{22{,}19} = \frac{17{,}33}{22{,}19} = 0{,}78$$

In Tabelle 19 ist die Berechnung der SCHIEFE mittels Formel (49) für die Verteilung (B) von Abbildung 22 demonstriert. Es ergibt sich ein Wert von SCHIEFE = 0,78.

Dieser Wert für sich alleine genommen, sagt - wie die meisten statistischen Kennzahlen - relativ wenig aus. Bedeutung gewinnt er erst wieder durch den Vergleich mit den SCHIEFE-Werten aus anderen Meßwertverteilungen. Dieser Vergleich verschiedener Verteilungen mittels des

SCHIEFE-Maßes ist möglich, weil durch die Division durch s (vgl. Formel (46)) das Maß unabhängig ist von der Variabilität der Verteilung.

Es ist nocheinmal hervorzuheben, daß die SCHIEFE ein Maß dafür ist, wie weit eine Verteilung von der Symmetrie abweicht. Ist eine Variable exakt normalverteilt, so ist SCHIEFE = 0. Andererseits kann man aber aus dem Vorliegen eines SCHIEFE-Wertes von Null nicht schließen, daß die Verteilung normal ist, denn jede symmetrische Verteilung ergibt den Wert SCHIEFE = 0.

7.7.2. DER EXZESS EINER VERTEILUNG

Das nachfolgend zu besprechende Maß für den Exzess einer Verteilung[1] (d.h. wie weit eine Verteilung von der Normalverteilung durch Steil - oder Flachgipfeligkeit abweicht) ist nur dann sinnvoll anwendbar, wenn es sich um eine unimodale Verteilung handelt, der Art, wie sie in Abbildung 24 dargestellt sind. Ein Maß für den Exzess einer Verteilung ist wie folgt definiert :

(50) $$\text{EXZESS} = \frac{\sum_{i}^{n} (X_i - \bar{X}.)^4}{s^4\, n} - 3 \qquad \begin{bmatrix}\text{bei Vorliegen einer}\\ \text{Urliste}\end{bmatrix}$$

bzw.

(51) $$\text{EXZESS} = \frac{\sum_{i}^{k} f_i (X_i - \bar{X}.)^4}{s^4\, n} - 3 \qquad \begin{bmatrix}\text{bei Vorliegen einer}\\ \text{primären Häufig-}\\ \text{keitsverteilung}\end{bmatrix}$$

wobei :

k = Anzahl unterschiedlicher Meßwerte

f_i = Häufigkeit des Meßwerts i ; $\sum_{i}^{k} f_i = n$

Ausgehend von z-Werten, sehen wir, daß sich Formel (50) auch wie folgt schreiben läßt :

$$\text{EXZESS} = \frac{\sum_{i}^{n} z_i^4}{n} - 3 = \overline{z.^4} - 3 \ ,$$

d.h. der EXZESS ist gleich dem Mittel der in die vierte Potenz erhobenen z_i-Werte minus drei.

---

1) Teilweise wird für Exzess auch der Ausdruck Kurtosis (besonders im Englischen) verwendet.

Abbildung 24 : Normalverteilung, Verteilung mit positivem und negativem Exzess und Wert des Maßes EXZESS nach Formel (50).

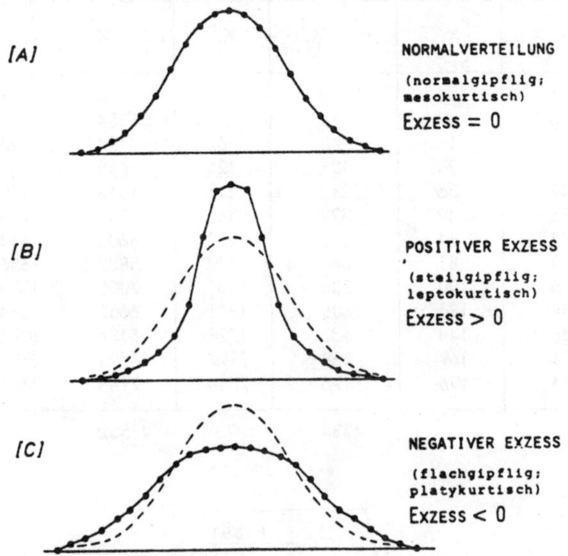

Ist eine Verteilung exakt normalverteilt (Verteilung A in Abbildung 24), dann ist EXZESS = 0[1]. Der EXZESS ist positiv, wenn die Verteilung im Vergleich zur Normalverteilung steilgipfelig ist und negativ in den Fällen wo eine im Vergleich zur Normalverteilung flachgipfelige VerTeilung vorliegt.

Die aktuelle Berechnung des EXZESS einer Verteilung kann zum einen nach Formel (50) bzw. (51) erfolgen, oder mittels der nachfolgenden Rohwertformel :

a) bei Vorliegen einer Urliste

(52) $$\text{EXZESS} = \frac{1}{s^4}\left[\frac{1}{n}\sum_i^n x_i^4 - \frac{4\bar{x}.}{n}\sum_i^n x_i^3 + \frac{6\bar{x}.^2}{n}\sum_i^n x_i^2 - 3\bar{x}.^4\right] - 3$$

---

1) In der statistischen Literatur findet sich als Maß für den Exzess einer Verteilung teilweise die Definition :

$$\frac{\sum_i^n (x_i-\bar{x}.)^4}{s^4 n}$$

In diesem Fall ist der Exzess-Wert bei der Normalverteilung gleich 3. Bei einem Vergleich von Exzess-Werten aus verschiedenen Untersuchungen ist deshalb vorab zu klären, welches Exzess-Maß verwendet wurde.

<u>Tabelle 20</u> : Demonstration der Berechnung des EXZESS einer Verteilung nach Formel (53); Daten von Verteilung (A), Abbildung 23.

Punktwert	f_i	$f_i \cdot X_i$	X_i^2	$f_i \cdot X_i^2$	X_i^3	$f \cdot X_i^3$	X_i^4	$f_i \cdot X_i^4$
2	1	2	4	4	8	8	16	16
3	2	6	9	18	27	54	81	162
4	3	12	16	48	64	192	256	768
5	5	25	25	125	125	625	625	3125
6	7	42	36	252	216	1512	1296	9072
7	8	56	49	392	343	2744	2401	19208
8	9	72	64	576	512	4608	4096	36864
9	8	72	81	648	729	5832	6561	52488
10	7	70	100	700	1000	7000	10000	70000
11	5	55	121	605	1331	6655	14641	73205
12	3	36	144	432	1728	5184	20736	62208
13	2	26	169	338	2197	4394	28561	57122
14	1	14	196	196	2744	2744	38416	38416
	61	488		4334		41552		422654

<u>Berechnungen</u>

$$\overline{X}. = \frac{488}{61} = 8 \; ; \qquad s = \sqrt{\frac{4334 - \frac{(488)^2}{61}}{60}} = 2{,}677$$

$$\text{EXZESS} = \frac{1}{(2{,}677)^4}\left[\frac{1}{61}(422654) - \frac{(4)(8)}{61}(41552) + \frac{(6)(8)^2}{61}(4334) - (3)(8)^4\right] - 3$$

$$= \frac{6928{,}754 - 21797{,}770 + 27282{,}885 - 12288}{51{,}356} - 3$$

$$= \frac{125{,}869}{51{,}356} - 3 = 2{,}451 - 3 = -0{,}549$$

b) bei Vorliegen einer primären Häufigkeitsverteilung

(53) $$\text{EXZESS} = \frac{1}{s^4}\left[\frac{1}{n}\sum_i^k f_i X_i^{\,4} - \frac{4\overline{X}.}{n}\sum_i^k f_i X_i^{\,3} + \frac{6\overline{X}.^2}{n}\sum_i^k f_i X_i^{\,2} - 3\overline{X}.^4\right] - 3$$

wobei :

k = Anzahl unterschiedlicher Meßwerte

f_i = Häufigkeit des Meßwerts i ; $\sum_i^k f_i = n$

In Tabelle 20 ist die Berechnung des EXZESS mittels Formel (53) für die Verteilung (A) von Abbildung 23 demonstriert. Es ergibt sich ein Wert von EXZESS = -0,549. Das negative Vorzeichen sagt uns, daß die Verteilung im Vergleich zur Normalverteilung flachgipfelig ist.

Ein EXZESS-Wert gewinnt wieder durch den Vergleich mit den EXZESS-Werten anderer Verteilungen an Bedeutung und Aussagekraft. Da beim EXZESS-Maß durch die Standardabweichung dividiert wird, ist es (wie das SCHIEFE-Maß) von der Variabilität der Verteilung unabhängig, wodurch der Vergleich des EXZESS verschiedener Verteilungen möglich wird.

7.8. TRANSFORMATION VON DATEN [1)]

Wir wollen bei der Transformation von Daten unterscheiden zwischen linearen und nicht-linearen Transformationen. Erstere lassen die Form einer Verteilung von Meßwerten unverändert, letztere ändern die Verteilungsform. Mit nicht-linearen Transformationen wird deshalb häufig versucht, eine von der Normalverteilung abweichende Verteilung von Meßwerten zu normalisieren.

7.8.1. KLEIN - z - TRANSFORMATION

Dies ist die wichtigste Transformation von Daten, die häufig den Ausgangspunkt für weitere Transformationen bildet. Wir haben sie bei der Überführung einer Normalverteilung in die Standardnormalverteilung bereits kennengelernt. Man bildet zu einem Rohwert X_i den entsprechenden z-Wert z_i wie folgt :

(54) [2)]
$$z_i = \frac{(X_i - \bar{X}.)}{s_x}$$

Die Klein - z - Transformation ist eine lineare Transformation, die deshalb die Form der Verteilung nicht ändert. In Abbildung 25 ist veranschaulicht, daß die z-Transformation eine Nullpunkt- und Einheitentransformation darstellt. Die Abweichungen der Meßwerte vom Mittel werden in Standardabweichungseinheiten ausgedrückt; ein positiver z_i-Wert sagt uns, wieviele Standardabweichungseinheiten die Person i über dem Mittelwert liegt, ein negativer z_i-Wert, wieviele Standardabweichungseinheiten darunter.

In Tabelle 21 sind die Meßwerte X_i der Verteilung von Abbildung 25 nach z_i transformiert worden. Das für diese n = 83 z_i-Werte berechnete Mittel beträgt $\bar{z}. = 0$, die Standardabweichung ist $s_z = 1$ (abgesehen von Rundungsungenauigkeiten). Dies ist allgemein so; wird eine Gruppe von n Werten X_i in z_i-Werte transformiert, dann gilt :

1) Eine ausführliche und erschöpfende Darstellung möglicher Transformationen gibt LIENERT,G.A. Über die Anwendung von Variablentransformationen in der Psychologie. Biometrische Zeitschrift, 1962, 4, 145-181

2) Formel (54) ist identisch mit Formel (44 b)

Abbildung 25 : Veranschaulichung der z-Transformation; die Verteilung der z-Werte weist ein Mittel von 0 auf und eine Standardabweichung von 1, die Form der Verteilung bleibt unverändert.

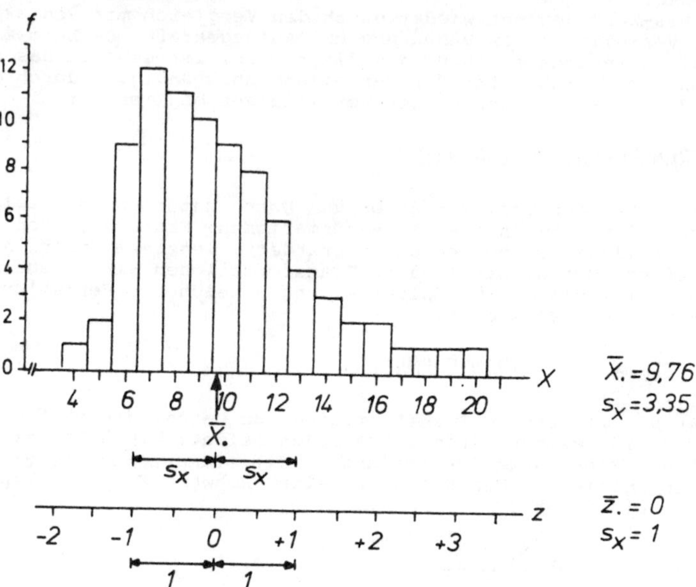

* Das Mittel der z-Werte ist 0

Beweis

$$\bar{z} = \frac{\sum_{i=1}^{n} z_i}{n} = \left(\sum_{i=1}^{n} \frac{(X_i - \bar{X}.)}{s_x} \right) \Big/ n$$

$$= \left(\frac{1}{s_x} \sum_{i=1}^{n} (X_i - \bar{X}.) \right) \Big/ n = 0$$

da $\sum_{i=1}^{n} (X_i - \bar{X}.) = 0$, wie wir auf S. 73 gezeigt haben.

* Die Varianz und die Standardabweichung der z-Werte ist 1

Beweis

$$s_z^2 = \frac{\sum_{i=1}^{n} (z_i - \bar{z})^2}{n-1} = \frac{\sum_{i=1}^{n} z_i^2}{n-1}$$

Tabelle 21 : Transformation der X_i-Werte der Verteilung von Abbildung 25 in z_i-Werte; Berechnung des Mittels und der Standardabweichung der n = 83 z_i-Werte.

Punktwert X_i	f_i	$z_i = \frac{(X_i - \bar{X}.)}{s}$	$z_i \cdot f_i$	$z_i^2 \cdot f_i$	Berechnungen
4	1	-1,72	-1,72	2,96	$\bar{X}. = 9,76$; $s_X = 3,35$
5	2	-1,42	-2,84	4,03	
6	9	-1,12	-10,08	11,28	$\bar{z}. = \frac{1}{n}\sum_i^k f_i z_i = \frac{-0,03}{83} \approx 0$
7	12	-0,82	-9,84	8,07	
8	11	-0,53	-5,83	3,09	
9	10	-0,23	-2,30	0,53	
10	9	0,07	0,63	0,04	$s_z = \sqrt{\frac{\sum_i^k f_i z_i^2 + \frac{\left(\sum_i^k f_i z_i\right)^2}{n}}{n-1}}$
11	8	0,37	2,96	1,10	
12	6	0,67	4,02	2,69	
13	4	0,97	3,88	3,76	
14	3	1,27	3,81	4,84	
15	2	1,56	3,12	4,87	
16	2	1,86	3,72	6,92	$= \sqrt{\frac{(81,88) + \frac{(-0,03)^2}{83}}{82}}$
17	1	2,16	2,16	4,67	
18	1	2,46	2,46	6,05	
19	1	2,76	2,76	7,62	$= 0,999 \approx 1,0$
20	1	3,06	3,06	9,36	
	83		-0,03	81,88	

$$= \frac{\sum_{i=1}^{n}\left(\frac{X_i - \bar{X}.}{s_x}\right)^2}{n-1} = \frac{1}{s_x^2} \cdot \frac{\sum_{i=1}^{n}(X_i - \bar{X}.)^2}{n-1}$$

$$= \frac{1}{s_x^2} \cdot s_x^2 = 1$$

Wir hatten gesagt, daß die Transformation eines Rohwertes X_i in einen z_i-Wert linear ist; sie ist somit der Art :

$$z_i = bX_i + a \text{ , wobei } b = \frac{1}{s_x} \text{ und } a = -\frac{\bar{X}.}{s_x} \text{ , d.h.}$$

$$z_i = \frac{1}{s_x} X_i - \frac{\bar{X}.}{s_x}$$

Mittels der z-Transformation - so hatten wir gesehen - wird eine beliebige Normalverteilung $N(\bar{X}.; s_x)$ in die Standardnormalverteilung N(0; 1) überführt (vgl. auch die Zusammenstellung von Transformationen in Abbildung 28).

7.8.2. WEITERE TRANSFORMATIONEN AUF DER GRUNDLAGE DER KLEIN - z - TRANSFORMATION

Die nach z transformierten Werte bilden die Grundlage und den Ausgangspunkt einer Reihe weiterer linearer Transformationen. Nachfolgend einige Beispiele.

(a) INTELLIGENZTESTPUNKTWERTE

Bei der Festlegung des Mittels und der Standardabweichung von Intelligenztestpunktwerten (z.B. IQ's) geht man wie folgt vor : Der Test wird so konstruiert, daß sich die "Rohwerte" (= Gesamtpunktzahl aus den Testitems) in einer großen, repräsentativen "Eichstichprobe" möglichst gut normalverteilen. Diese Rohwerte haben ein Mittel $\bar{X}$. und eine Standardabweichung s_x. Man möchte nun so normieren, daß der Test ein bestimmtes Mittel und eine bestimmte Standardabweichung hat. Dies geschieht, indem man die Rohwerte in z-Werte transformiert und diese dann durch eine weitere lineare Transformation in Testwerte, die das gewünschte Mittel und die gewünschte Standardabweichung aufweisen. Dies geschieht nach der Formel

$$\text{Intelligenztestwert} = \begin{bmatrix}\text{gewünschter}\\ \text{Mittelwert der}\\ \text{Eichstichprobe}\end{bmatrix} + \begin{bmatrix}\text{gewünschte Stan-}\\ \text{dardabweichung der}\\ \text{Eichstichprobe}\end{bmatrix} \cdot (z)$$

Beispiele

* Gesamt-Standardwert im Intelligenz - Struktur - Test (I-S-T) von Amthauer (1970)

  $\text{Gesamt} - SW_{IST} = 100 + (10)(z)$

* IQ - Wert beim Hamburg - Wechsler - Intelligenztest für Erwachsene (HAWIE)

  $IQ_{HAWIE} = 100 + (15)(z)$

In Abbildung 17 (S. 121) war die Verteilung der Testwerte des I-S-T wiedergegeben worden . Dabei sind auf der Abzissenachse einmal Standardwert-Einheiten abgetragen (Mittel der Gesamt-SW in der Eichstichprobe = 100, Standardabweichung = 10), und zum anderen IQ-Werte (deren Normierung der des HAWIE entspricht, d.h. Mittel = 100, Standardabweichung = 15).[1)]

Wir erkennen an dem Beispiel des I-S-T - und des HAWIE-Testwertes, daß bei einem Vergleich der Ergebnisse aus verschiedenen Tests (die das gleiche zu messen vorgeben) immer zu beachten ist, wie die Normierung der Tests vorgenommen wurde.

(b) BELIEBIGE NORMIERUNG VON TESTPUNKTWERTEN

Nach dem eben geschilderten Prinzip läßt sich jede Verteilung von Meß- bzw. Testwerten in eine Verteilung mit einem bestimmten (gewünschten) Mittel und einer bestimmten Standardabweichung überführen :

---

1) Auch hier ist noch einmal hervorzuheben, daß die beim IST oder HAWIE vorgenommene Transformation linear ist, d.h. die sich ergebenden Testpunktwerte (Gesamt-SW oder IQ) sind in der Eichstichprobe nur deshalb normalverteilt, weil die Test-Rohwerte, von denen man ausging, normalverteilt waren; wäre deren Verteilung schief o.ä. gewesen, dann wäre auch die Verteilung der Standard-Werte gleichermaßen schief.

$$\text{Normierter Wert} = \begin{bmatrix}\text{gewünschter}\\ \text{Mittelwert}\end{bmatrix} + \begin{bmatrix}\text{gewünschte Stan-}\\ \text{dardabweichung}\end{bmatrix} \cdot (z) .$$

Wenn unsere normierte Verteilung z.B. ein Mittel von 10 und eine Standardabweichung von 3 aufweisen soll, dann müssen wir die aus den Testrohwerten gebildeten z-Werte wie folgt transformieren :

Normierter Wert = 10 + (3)(z).

Nehmen wir nun an, uns ist eine Verteilung B gegeben, deren Mittel $\bar{X}_B$ ist und deren Standardabweichung s_B; eine Person i hat in dieser Verteilung den Wert X_B. Wir möchten jetzt wissen, welchem Wert X_A in einer Verteilung A (mit dem Mittel $\bar{X}_A$ und der Standardabweichung s_A) dieser Wert X_B entspricht. Dies läßt sich nach folgender Formel bestimmen :

$$(55) \qquad X_A = \left[\frac{s_A}{s_B}\right] X_B + \bar{X}_A - \left[\frac{s_A}{s_B}\right] \bar{X}_B .$$

Beispiel : Welchem HAWIE-IQ entspricht ein I-S-T - Gesamtstandardwert von 84 ?

Verteilung B
I-S-T - Standard-SW's $\quad X_B = 84;\ \bar{X}_B = 100;\ s_B = 10$

Verteilung A
HAWIE - IQ's $\quad X_A = \ ?;\ \bar{X}_A = 100;\ s_A = 15$

Wir setzen in Formel (55) ein :

$$\text{HAWIE - IQ} = \left[\frac{15}{10}\right] 84 + 100 - \left[\frac{15}{10}\right] 100$$
$$= 76$$

Einem I-S-T - Gesamt - SW von 84 entspricht somit ein HAWIE - IQ von 76.

7.8.3. NORMIERUNG VON VERTEILUNGEN MITTELS T - TRANSFORMATION (NACH McCALL)

Die nachfolgend beschriebene Transformation ist nicht-linearer Art, d.h. sie verändert die Relationen der Meßwerte untereinander. Sie hat die Eigenschaft, eine Verteilung, die von der Normalverteilung abweicht, zu normalisieren; m.a.W. bei dieser Transformation ändert sich die Form der Verteilung (zur Normalverteilung hin).

In Abbildung 26 ist das Vorgehen bei der T - Transformation ausgehend von einer linksgipfeligen Verteilung von n = 82 Werten veranschaulicht. Wir greifen uns den Punktwert $X_i = 6$ (als stellvertretend für einen beliebigen Wert i der Verteilung) heraus. Der Punktwert $X_i = 6$ ist der Mittelpunkt des Intervalles 5,5 bis 6,5. Bis zur oberen Grenze des Intervalles liegen 12 Werte; das bedeutet, daß unter der Annahme der Gleichverteilung im Intervall bis zum Intervallmittelpunkt 7,5 der Werte liegen. Diese 7,5 Werte entsprechen einem Anteil von 7,5/83 = 0,0904

Abbildung 26 : Veranschaulichung des Vorgehens bei der T-Transformation, die zu einer Normalisierung der Verteilung führt.

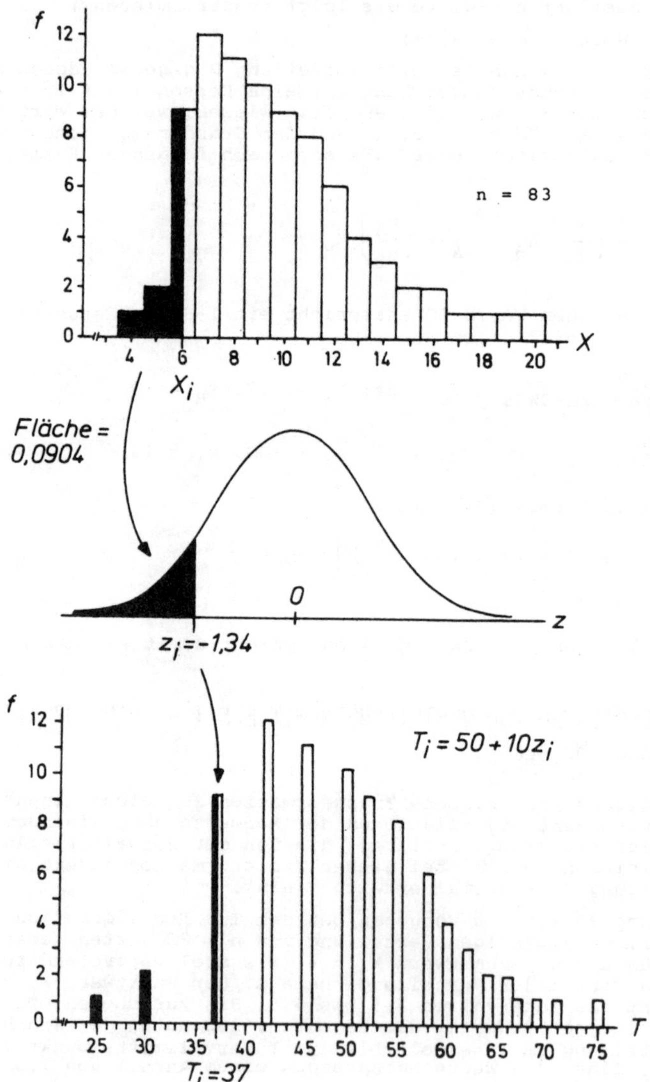

oder 9% der Verteilung; anders ausgedrückt : $X_i = 6$ entspricht einem Prozentrang von 9. Nachdem man bestimmt hat, welcher Anteil der Fälle (bzw. der Fläche) der Verteilung unterhalb X_i liegt, stellt man über die Standardnormalverteilungstabelle (z-Tabelle → TABELLE A) fest, unterhalb welchem z_i-Wert solch ein Flächenanteil in der Standardnormalverteilung liegt.

Wir sehen, daß hier bei jedem Punktwert X_i die in der Ausgangsverteilung darunterliegende Fläche in die Normalverteilung transformiert wird (deshalb spricht man im Zusammenhang mit der T-Transformation auch von einer Flächentransformation). Unterhalb $X_i = 6$ liegt ein Flächenanteil von 0,0904 , dieser Flächenanteil liegt in der z-Verteilung unterhalb $z_i = -1{,}34$. Der so bestimmte z_i - Wert wird nun bei der T-Transformation wie folgt transformiert :

$$T_i = 50 + (10)(z_i)$$

Die resultierenden T-Werte haben ein Mittel von $\overline{T}. = 50$ und eine Standardabweichung von $s_T = 10$; die T-Transformation überführt die ursprüngliche Verteilung in eine Annäherung an die Normalverteilung (vgl. Abbildung 26). Wir erkennen an Abbildung 26, daß die Werte X_i, z_i und T_i den gleichen Prozentrang haben (= 9), d.h. unterhalb der Werte liegt jeweils ein Flächenanteil von 0,0904 der Verteilung. Da die Transformation nicht linear ist, haben sich die Relationen der Meßwerte untereinander geändert. Es ist

$$(X_{i(1)} = 6) - (X_{i(2)} = 8) \quad = \quad (X_{i(3)} = 14) - (X_{i(4)} = 16),$$

$$\text{d.h.} \qquad 6 - 8 \quad = \quad 14 - 16 \quad = \quad -2, \text{ jedoch}$$

$$(T_{i(1)} = 37) - (T_{i(2)} = 46) \neq (T_{i(3)} = 62) - (T_{i(4)} = 66),$$

$$\text{d.h.} \qquad 37 - 46 = -9 \neq 62 - 66 = -4.$$

Lediglich in dem Fall, daß die ursprünglichen X-Werte bereits normalverteilt sind, ändert die T-Transformation die Form der Verteilung nicht, die Relationen der Werte untereinander bleiben dann unverändert; in diesem Fall ist die T-Transformation linearer Art (sie überführt eine Normalverteilung $N(\overline{X}.; s)$ in $N(50; 10)$.

In Tabelle 22 ist die rechnerische Durchführung der T-Transformation an den n = 83 Werten der Verteilung von Abbildung 26 demonstriert; es ist üblich, die resultierenden T-Werte ohne Dezimalstellen anzugeben. Das Mittel der hier bestimmten T-Werte ist $\overline{T}. = 50{,}0$ und die Standardabweichung $s_T = 9{,}9 \approx 10{,}0$.

7.8.4. TRANSFORMATION IN STANINE - WERTE [1]

Die Stanine - Transformation beruht auf dem selben Prinzip wie die T-Transformation, die Skala ist jedoch auf 9 diskrete Zahlenwerte beschränkt.

---

1) STANINE ist die Abkürzung für STAndard NINE

Tabelle 22 : Demonstration des Vorgehens bei der T-Transformation; Daten der Verteilung von Abbildung 26.

Meßwert X_i	f_i	cum f_i	cum $f_i - \frac{f_i}{2}$ a)	$\frac{\left(\text{cum } f_i - \frac{f_i}{2}\right)}{n}$	z_i	$T_i = 50 + 10\, z_i$
4	1	1	0,5	0,0060	-2,51	24,9 ~ 25
5	2	3	2,0	0,0241	-1,98	30,2 ~ 30
6	9	12	7,5	0,0904	-1,34	36,6 ~ 37
7	12	24	18,0	0,2169	-0,78	42,2 ~ 42
8	11	35	29,5	0,3554	-0,37	46,3 ~ 46
9	10	45	40,0	0,4819	-0,05	49,5 ~ 50
10	9	54	49,5	0,5964	0,24	52,4 ~ 52
11	8	62	58,0	0,6988	0,52	55,2 ~ 55
12	6	68	65,0	0,7831	0,78	57,8 ~ 58
13	4	72	70,0	0,8434	1,01	60,1 ~ 60
14	3	75	73,5	0,8855	1,20	62,0 ~ 62
15	2	77	76,0	0,9157	1,38	63,8 ~ 64
16	2	79	78,0	0,9398	1,55	65,5 ~ 66
17	1	80	79,5	0,9578	1,72	67,2 ~ 67
18	1	81	80,5	0,9699	1,88	68,8 ~ 69
19	1	82	81,5	0,9819	2,10	71,0 ~ 71
20	1	83	82,5	0,9940	2,51	75,1 ~ 75

n = 83

a) Kumulative Häufigkeit bis zur Intervallmitte

Bildet eine Normalverteilung von Meßwerten den Ausgangspunkt, dann stellt sich die Stanine-Transformation wie nebenstehend veranschaulicht dar. Die Form der Verteilung wird hier nicht verändert, lediglich vergröbert. Die kleinsten 4 % der Meßwerte erhalten den Stanine-Wert 1, die nächsten 7 % der Werte den Stanine-Wert 2, usf. bis zu den größten 4 %, denen der Stanine-Wert 9 zugewiesen wird.

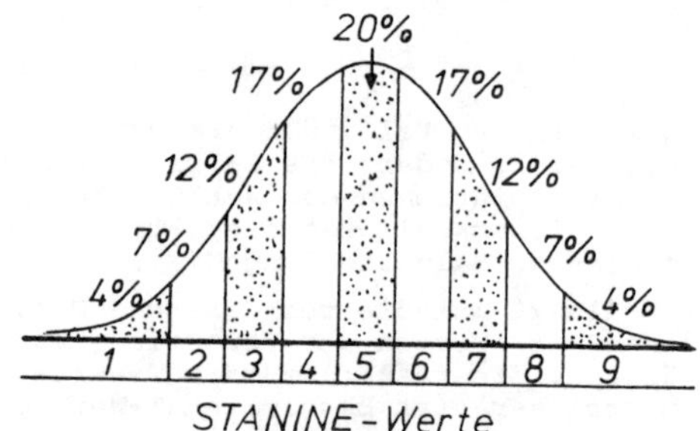

Ist hingegen die Ausgangsverteilung nicht normal, dann findet durch die Stanine-Transformation - wenn man wieder den kleinsten 4 % der Werte den Stanine-Wert 1 zuweist, usf. - eine Normalisierung der Verteilung statt. Wir wollen dies an einem Zahlenbeispiel betrachten.[1)]

1) Die Heranziehung dieses Zahlenbeispiels dient nur der Demonstration des Vorgehens und der Wirkung der Stanine-Transformation auf die Verteilung der Meßwerte. Aus inhaltlichen Gründen wäre es im konkreten Fall nicht sinnvoll, diese Verteilung (die nur die Einstufungen eines bestimmten Typs von Veranstaltungen wiedergibt) einer Stanine-Transformation zu unterziehen.

Tabelle 23 : Demonstration des Vorgehens bei der Stanine-Transformation; Daten aus Tabelle 5 (S. 43).

Punktwert	f_{abs}	cum_f	f	$f_{\%}$	$f_{\%}$ nach STANINE (angestrebt)	STANINE-Wert
40	8	265	8	3,0	4	9
39	4	257	18	6,8	7	8
38	14	253				
37	13	239	34	12,8	12	7
36	21	226				
35	5	205	45	17,0	17	6
34	16	200				
33	24	184				
32	13	160	60	22,6	20	5
31	15	147				
30	16	132				
29	16	116				
28	15	100	42	15,8	17	4
27	14	85				
26	13	71				
25	8	58	28	10,6	12	3
24	11	50				
23	9	39				
22	9	30	20	7,6	7	2
21	8	21				
20	3	13				
19	3	10	10	3,8	4	1
18	0	7				
17	2	7				
16	2	5				
15	1	3				
14	0	2				
13	0	2				
12	1	2				
11	1	1				
10	0	0				

n = 265

Im mittleren Teil von Tabelle 5 (S. 43) ist die primäre Häufigkeitsverteilung von n = 265 Punktwerten in einer Skala zur Beurteilung der Relevanz und Nützlichkeit von Psychologieveranstaltungen wiedergegeben; die Beurteilungen wurden von Studenten über inhaltliche Veranstaltungen abgegeben. Die Verteilung ist - wie ihrer Darstellung als Polygon in Abbildung 9 (S. 52) zu entnehmen ist - deutlich rechtsgipfelig, d.h. zum positiven Ende der Skala verschoben.

Diese primäre Häufigkeitsverteilung bildet die Ausgangsverteilung für unsere beabsichtigte Stanine-Transformation. Das Vorgehen ist in Tabelle 23 demonstriert. Aufgrund der Datenkonstellation lassen sich - und das dürfte bei empirisch vorgefundenen Verteilungen meist der Fall sein - die für Stanine geforderten Prozentsätze von Personen bzw. Werten nicht exakt bilden. So erhalten in unserem Fall die 3,8% (statt 4%) niedrigsten Skalenwerte den Stanine-Wert 1, die nächsten 7,6% (statt 7%) den Wert 2, usf.

Abbildung 27 : Histogram der Verteilung der Stanine-Werte von Tabelle 21.

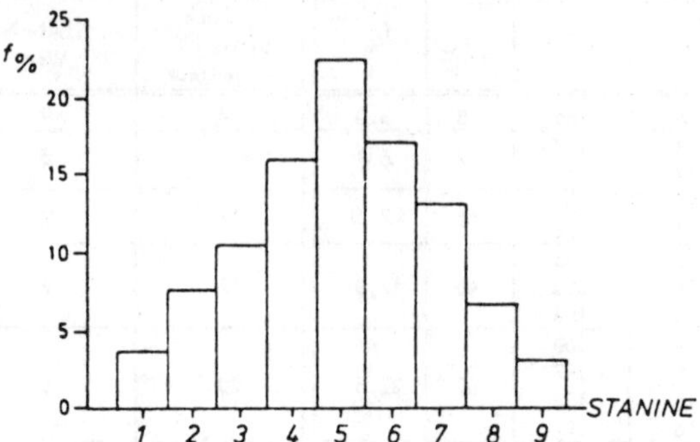

Stellen wir die Verteilung der durch die Transformation entstandenen Stanine-Werte in Histogramform dar, so erkennen wir deutlich, daß diese Transformation zu einer Normalisierung der Punktwertverteilung geführt hat. Lassen sich die für die Stanine-Transformation geforderten Prozentangaben exakt einhalten, so hat die resultierende Verteilung der Stanine-Werte ein Mittel von 5,0 und eine Standardabweichung von 1,96. In unserem Fall, wo die exakte Einhaltung nicht möglich war, ergibt sich für die Stanine-Werte ein Mittel von 5,0 und eine Standardabweichung von 1,91 .

7.8.5. ABSCHLIESSENDE BEMERKUNGEN ZU DEN DATENTRANSFORMATIONEN

Wir hatten die besprochenen Transformationen in lineare und nichtlineare Transformationen unterteilt. Dabei sind die linearen Transformationen unproblematisch, da sie an den Meßwerten "nichts ändern" in dem Sinne, daß die Relationen zwischen den Meßwerten unverändert bleiben. Man kann den transformierten Daten bezüglich der relativen Positionen der Meßwerte die gleiche Information entnehmen, wie den ursprünglichen Werten.

Problematisch sind hingegen die nicht-linearen Transformationen, wie T- und Stanine-Transformationen (sofern die Ausgangsverteilung nicht normal ist). Wenn man die Verhältnisse der Abstände zwischen den ursprünglichen Meßwerten als bedeutsame Information über die Daten ansieht, dann darf man (im eigenen Interesse) eine derartige "normalisierende" Transformation nicht durchführen, denn die Verhältnisse der Abstände zwischen den Meßwerten ändern sich bei der Transformation.

Diese beiden Transformationen sollten nicht als bequemes Mittel verstanden werden, nicht-normale Verteilungen, deren Schiefe einem aus irgend einem Grunde unangenehm ist, zu normalisieren. Schiefe Verteilungen bei großen Stichproben sind in der Psychologie selten reine Zufallsprodukte, sondern haben einen bestimmten Grund, den es aufzudecken gilt. Die Schiefe von Verteilungen kann wichtige Information für den

Abbildung 28 : Beziehungen verschiedener Transformationen bzw. Skalen bei Vorliegen einer normalen Ausgangsverteilung von Meßwerten.

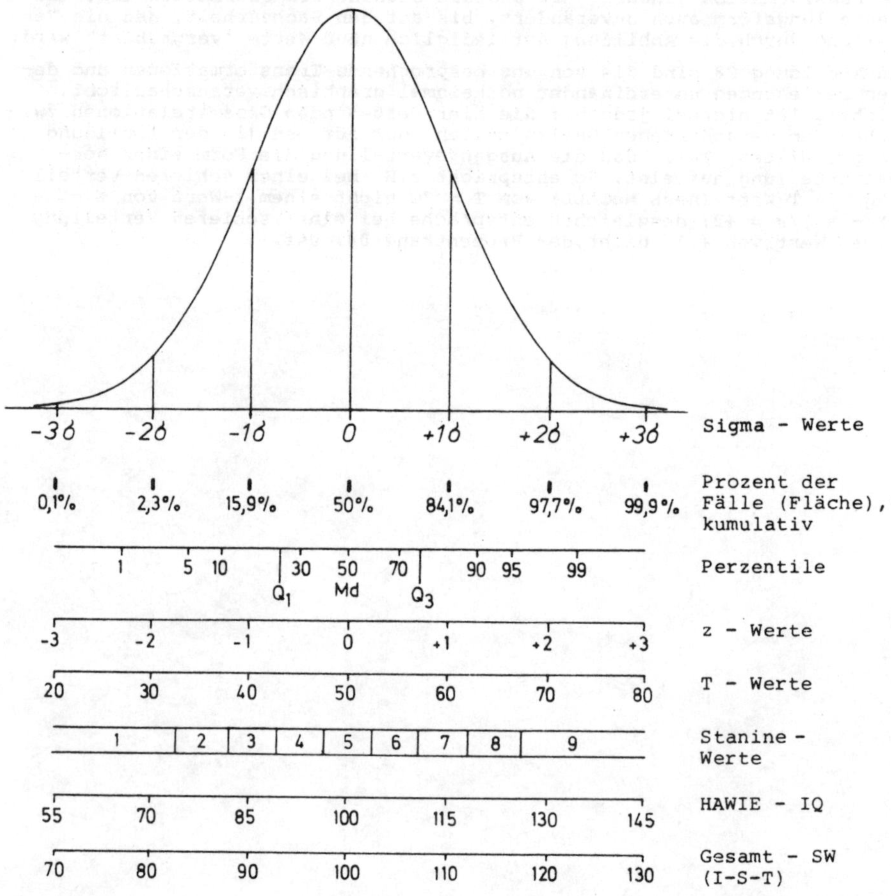

Untersucher sein und sollte nicht als unerwünschte Erschwernis statistischer Operationen betrachtet werden, die man durch geeignete Datentransformation beseitigen möchte.

Hinzu kommt, daß bei nicht-linearen Transformationen die meisten statistischen Schlüsse, zu denen man aufgrund der transformierten Daten gelangt, nur Gültigkeit für diese haben, d.h. nicht für die ursprünglichen Werte gelten.

Unproblematisch sind die T- und Stanine-Transformation hingegen, wenn die ursprünglichen Werte bereits normalverteilt sind, dann ist die T-Transformation linearer Art und die Stanine-Transformation läßt die Verteilungsform auch unverändert, bis auf den Sachverhalt, daß die Verteilung durch die Abbildung auf lediglich neun Werte "vergröbert" wird.

In Abbildung 28 sind die von uns besprochenen Transformationen und deren Beziehungen untereinander nocheinmal graphisch veranschaulicht. Wichtig ist hierbei jedoch : die hier bestehenden Gesamtrelationen zwischen den verschiedenen Skalen gelten nur für den (in der Abbildung dargestellten) Fall, daß die Ausgangsverteilung die Form einer Normalverteilung aufweist. So entspricht z.B. bei einer schiefen Verteilung ein T-Wert (nach McCALL) von T = 70 nicht einem z-Wert von $z = (X - \overline{X}.)/s = +2$; desgleichen entspräche bei einer schiefen Verteilung einem Wert von + 1 nicht der Prozentrang 84, usf.

8 KORRELATION

In der Psychologie stellen wir sehr oft die Frage nach der Art des Zusammenhangs zwischen zwei (oder mehr) Variablen in einer bestimmten Gruppe von Personen; z.B. was für ein Zusammenhang besteht bei männlichen Personen zwischen Größe und Gewicht. Sicherlich wiegen größere Personen im allgemeinen mehr. Aber wir erwarten auf der anderen Seite nicht, daß die größte Person die schwerste ist, die zweitgrößte die zweitschwerste, usw. bis zur kleinsten Person. Es besteht offensichtlich in einem bestimmten Ausmaß ein Zusammenhang zwischen diesen beiden Variablen - aber wie stark ist dieser Zusammenhang ?

Andere Fragen nach dem Zusammenhang zwischen Variablen (oder anders ausgedrückt : nach der Korrelation zwischen den Variablen) wären : Wie hängen Persönlichkeitsvariablen mit der Stärke des Rauchens zusammen? Lernen Schüler in großen Klassen weniger als Schüler in kleinen Klassen? Wie stark ist der Zusammenhang zwischen Intelligenz und Studienleistungen bei Psychologiestudenten in Gießen? etc.

8.1. DAS STREUUNGSDIAGRAMM

Um solche Fragen beantworten zu können, müssen wir in einer Gruppe von Personen an jeder Person den Wert beider Variablen bestimmen : Wir wollen dazu zwei Beispiele betrachten.

In Tabelle 2 (S. 32) sind von n = 86 Studienanfängern in Psychologie die Untertest- und Gesamttestwerte im Mathematiktest M-T-A-S wiedergegeben. Uns interessiert nun, ob in dieser Gruppe ein Zusammenhang besteht zwischen der Leistung im Untertest "Geometrie" und im Untertest "Funktionen"; die Vermutung ist sicherlich berechtigt, daß in der Tendenz die Personen, die in einem Mathematikbereich gut sind, auch in dem anderen gute Testleistungen aufweisen. Die uns interessierenden Daten sind somit die zweite und dritte Spalte in Tabelle 2. Für jede der n = 86 Personen haben wir hier ein Meßwertpaar (Punktwert in "Geometrie" und Punktwert in "Funktionen").

Ein erster Eindruck über Art und Stärke des Zusammenhanges zwischen beiden Variablen läßt sich nun durch die graphische Darstellung in Form eines sog. Streuungsdiagramms gewinnen. Dieses Streuungsdiagramm besteht aus einem rechtwinkeligen Koordinatensystem; auf der Abzissenachse trägt man die Skala der einen Variablen ab, auf der Ordinatenachse die Skala der anderen. Man bezeichnet die Variable auf der Abzissenachse mit X, die auf der Ordinatenachse mit Y. Bei uns sei der Untertest "Geometrie" die Variable X, der Untertest "Funktionen" die Variable Y. Es ist in das Belieben des Untersuchers gestellt, welche Variable er auf der Abzissen-, welche er auf der Ordinatenachse abtragen will, sofern es nicht um die Vorhersage einer Variablen aus der anderen geht. Bei Vorhersageproblemen (z.B. aufgrund des Abi-Zeugnisses soll Studienleistung vorhergesagt werden) wird die Variable, die vorhergesagt werden soll, mit Y bezeichnet, die Vorhersagevariable (genannt "Prädiktor") mit X.

Nachdem wir das Koordinatensystem erstellt haben, tragen wir für jede der n Personen ihr $(X_i;Y_i)$-Wertepaar als Punkt in dieses System ein. Dies ergibt für die 86 Wertepaare Geometrie - Funktionen das in Teil (A) von Abbildung 29 wiedergegebene Streuungsdiagramm. Für eine Person ist in der Abbildung die Eintragung des Meßwertpunktes ("Geometrie"-Wert = X = 9, "Funktionen"-Wert = Y = 5) besonders hervorgehoben.

Das Streuungsdiagramm zeigt eine relativ starke Beziehung zwischen den Punktwerten der Untertests "Geometrie" und "Funktionen"; erwartungsgemäß gehen hohe Punktwerte in "Geometrie" mit hohen Punktwerten in "Funktionen" einher und vice versa.

Wir wollen zum Vergleich ein weiteres Streuungsdiagramm heranziehen. Um festzustellen, ob die Leistung in der Abschlußklausur zum Kurs "Statistik I" (am FB Psychologie in Giessen) mit den zu Beginn des Kurses vorhandenen Mathematikkenntnissen zusammenhängt, wurde bei den Studenten, die den Mathematiktest M-T-A-S bearbeitet hatten, der Gesamttestwert mit der Punktzahl in der Abschlußklausur (möglicher Range: 0 - 40 Punkte) korreliert. Eine Zuordnung von M-T-A-S - Wert und Klausurwert war bei n = 75 Personen möglich. Für diese 75 Personen ist der Zusammenhang zwischen M-T-A-S - und Klausurpunktwert in Teil (B) von Abbildung 29 in Form eines Streuungsdiagramms dargestellt.

Das Bild bezüglich der Stärke und der Richtung des Zusammenhanges zwischen Variable X und Y stellt sich hier wesentlich anders dar als im darüberliegenden Streuungsdiagramm. Soweit wir erkennen können, besteht zwischen Mathematiktestwert (X) und Klausurpunktwert (Y) "kein Zusammenhang", hohe Mathematiktestwerte gehen gleichermaßen mit hohen, mittleren und niedrigen Klausurpunktwerten einher.

Unsere Versuche der graphischen und verbalen Beschreibung der beiden Zusammenhänge lassen jedoch erkennen, daß diese Beschreibungsmethode sehr global und unpräzise und auch relativ schwierig mitteilbar ist; unter Begriffen wie "starker Zusammenhang" o.ä. verstehen verschiedene Personen u.U. recht Verschiedenes. Was wir deshalb wieder benötigen (wie bei der zentralen Tendenz einer Verteilung oder deren Variation), ist ein zusammenfassendes Maß für die Korrelation zwischen zwei Variablen X und Y. Ein solches Maß wollen wir uns jetzt entwickeln.

Abbildung 29 : Darstellung von Zusammenhängen in Form eines Streuungsdiagramms a)

[A]

Streuungsdiagramm des Zusammenhangs zwischen Untertestwert "Geometrie" und Untertestwert "Funktionen" im Mathematiktest M-T-A-S bei n = 86 Studienanfängern in Psychologie; Daten aus Tabelle 2, S. 32.

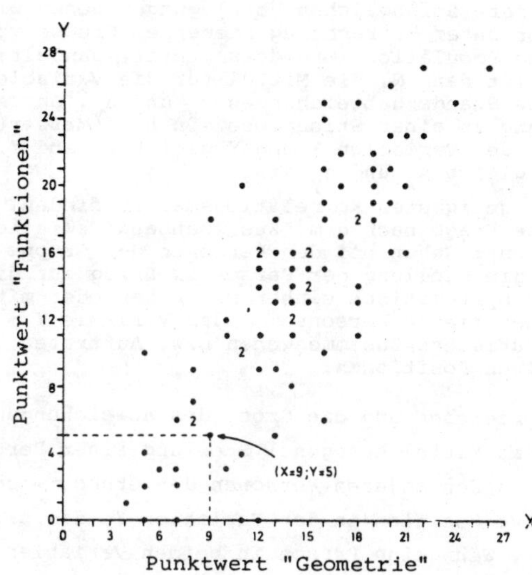

[B]

Streuungsdiagramm des Zusammenhangs zwischen Gesamttestwert im M-T-A-S (zu Beginn des Kurses erhoben) und Punktwert in der Statistik-I-Klausur (WS76/77) bei n = 75 Psychologiestudenten

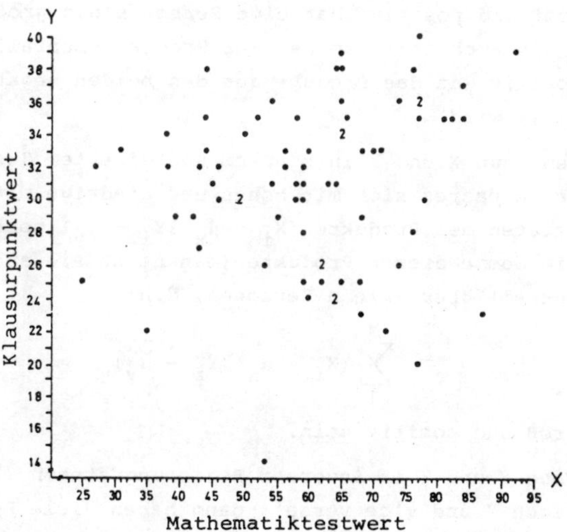

---

a) Punkt (•) im Streuungsdiagramm = eine Person mit dieser Meßwertkombination (X; Y).

Zahl (z.B. 2) im Streuungsdiagramm = Anzahl der Personen mit dieser Meßwertkombination (X; Y).

8.2.1. DER PEARSON-PRODUKT-MOMENT KORRELATIONSKOEFFIZIENT

Für unsere anfänglichen Überlegungen gehen wir davon aus, daß es sich bei der unter Betrachtung stehenden Gruppe von Meßwertpaaren $(X_i;Y_i)$ um eine Population (Grundgesamtheit) handelt; die Anzahl der Meßwertpaare ist dann N, die Mittel für die Variablen X und Y sind μ_x und μ_y und die Standardabweichungen σ_x und σ_y. Anschließend erfolgt der Übergang zu einer Stichprobe von n Meßwertpaaren $(X_i;Y_i)$, wo die Mittel der Variablen X und Y gleich $\bar{X}$. und $\bar{Y}$. und die Standardabweichungen gleich s_x und s_y sind.

Um ein geeignetes Korrelationsmaß zu finden, müssen wir die etwas allgemeine Frage nach dem "Zusammenhang" zwischen X und Y präziser formulieren : Gehen bei den Personen der Gruppe hohe relative Positionen (d.h. die Stellung der Person in Bezug auf die Gruppe) in der Variable X systematisch einher mit hohen oder mit niedrigen relativen Positionen dieser Personen in der Variable Y - oder zeigt sich kein systematisches Zusammengehen bzw. Auftreten von hohen und niedrigen relativen Positionen.

Das Vorzeichen und die Größe des Abweichungswertes $(X_i - \mu_x)$ gibt die (auf das Mittel bezogene) Stellung einer Person in der Variablen X relativ zu den anderen Personen der Gruppe wieder; gleiches gilt für die relative Position in der Variablen Y, die sich durch $(Y_i - \mu_y)$ ausdrückt. Wenn eine Person in beiden Variablen einen hohen Wert einnimmt, so ist für sie das Produkt aus $(X_i - \mu_x)$ und $(Y_i - \mu_y)$ dem Wert nach groß und positiv. Hat eine Person einen großen negativen Wert sowohl in X als auch in Y, so ist das Produkt ebenfalls dem Wert nach groß und positiv (da das Produkt aus den beiden negativen Abweichungswerten positiv wird).

Wenn nun X und Y in starkem und direktem Zusammenhang stehen (d.h. hohe Werte paaren sich mit hohen und niedrige mit niedrigen) dann sind die meisten der Produkte $(X_i - \mu_x)(Y_i - \mu_y)$ positiv; folglich müßte dann die Summe dieser Produkte (man nennt sie auch die "Summe der Kreuzprodukte") über alle n Personen, d.h.

$$\sum_{i}^{N} (X_i - \mu_x)(Y_i - \mu_y)$$

groß und positiv sein.

Wenn X und Y in inverser Beziehung stehen (hohe X paaren sich mit niedrigen Y und vice versa), dann haben viele Personen mit positiven $(X_i - \mu_x)$-Werten negative $(Y_i - \mu_y)$-Werte und negative $(X_i - \mu_x)$-Werte paaren sich hauptsächlich mit positiven $(Y_i - \mu_y)$-Werten. In diesem Fall sind die Produkte $(X_i - \mu_x)(Y_i - \mu_y)$ im allgemeinen negativ. Somit ist $\sum_{i}^{N}(X_i - \mu_x)\cdot(Y_i - \mu_y)$

negativ, wenn X und Y in inversem Zusammenhang stehen.

Besteht zwischen X und Y kein systematischer Zusammenhang (hohe X-Werte paaren sich gleichermaßen mit niedrigen und mit hohen Y-Werten, und das gleiche gilt für niedrige X-Werte), dann haben von den Personen mit großen positiven $(X_i - \mu_x)$-Werten einige positive $(Y_i - \mu_y)$-Werte und andere negative $(Y_i - \mu_y)$-Werte. Wenn wir dann die Produkte $(X_i - \mu_x) \cdot (Y_i - \mu_y)$ bilden, so sind einige positiv und andere negativ. Die Summe der Produkte

$$\sum_{i}^{N}(X_i - \mu_x)(Y_i - \mu_y)$$

müßte dann in etwa im gleichen Maße positive und negative Terme der gleichen Größe haben und läge somit nahe bei Null.

Wir haben also gesehen, der Wert von $\sum_{i}^{N}(X_i - \mu_x)(Y_i - \mu_y)$ ist :

* groß und positiv, wenn X und Y in starkem, direktem Zusammenhang stehen
* nahe Null, wenn X und Y nicht in Beziehung stehen
* groß und negativ, wenn X und Y in starkem, inversem Zusammenhang stehen.

Diese Summe der Produkte der Abweichungswerte ist jedoch noch kein adäquates Maß für Zusammenhänge. Zum einen hängt die Größe dieser Summe von der Anzahl der Meßwertpaare ab, die in ihre Berechnung eingehen; dies gestattet keinen Vergleich des Zusammenhangs von X und Y bei zwei Gruppen, wenn der Gruppenumfang unterschiedlich ist. Wir müssen deshalb das Maß von der Gruppengröße unabhängig machen. Dies erreichen wir durch eine einfache Mittelungsprozedur, indem wir die Produktsumme durch N dividieren (und damit das durchschnittliche "Kreuzprodukt" erhalten).

Die Größe $\left[\Sigma(X_i - \mu_x)(Y_i - \mu_y)\right]/N$ ist ein Maß des Zusammenhangs zwischen X und Y und wird die Kovarianz von X und Y genannt. Man symbolisiert sie (im Falle des Vorliegens einer Meßwertpopulation) mit σ_{xy}.

(56a) Kovarianz (Population) $= \sigma_{xy} = \dfrac{\sum_{i}^{N}(X_i - \mu_x)(Y_i - \mu_y)}{N}$

Haben wir es mit einer Stichprobe von n Meßwerten zu tun, so wird die Kovarianz (aus dem gleichen Grund wie bei der Varianz) durch die um 1 verminderte Anzahl der Fälle (= n - 1) geteilt; man symbolisiert die Stichprobenkovarianz mit s_{xy}.

(56b) Kovarianz (Stichprobe) = $s_{xy} = \dfrac{\sum_{i}^{n}(X_i - \bar{X}.)(Y_i - \bar{Y}.)}{n - 1}$ [1)]

Dadurch, daß wir die Abweichungswerte $(X_i - \mu_x)$ und $(Y_i - \mu_y)$ bzw. $(X_i - \bar{X}.)$ und $(Y_i - \bar{Y}.)$ bilden, haben wir die Kovarianz unabhängig von den Mitteln der beiden Meßwertreihen gemacht. Durch die Mittelungsprozedur (Division durch N bzw. durch n-1) wurde die Kovarianz unabhängig von der Anzahl der Meßwertpaare.

Das Maß hat jedoch noch den Nachteil, daß es um so größer wird, je größer die Variation in X und/oder Y ist, d.h. es ist nicht invariant gegenüber Einheitentransformationen (die die Varianz von Werten ändern). Da in der Psychologie die Maßeinheit (wie bei Tests,etc.) häufig arbiträr ist, d.h. vom Untersucher beliebig wählbar, ist ein Maß wünschenswert, daß unabhängig von der Maßeinheit Stärke und Richtung des Zusammenhanges zweier Variablen X und Y anzeigt. Wir müssen also die Kovarianz noch unabhängig von der Varianz bzw. Standardabweichung der Meßwerte in X und Y machen; dies erreichen wir, indem wir die Abweichungswerte in Standardabweichungseinheiten ausdrücken :

$$\frac{\sum_{i}^{n}\frac{(X_i - \bar{X}.)}{s_x}\cdot\frac{(Y_i - \bar{Y}.)}{s_y}}{n - 1} \quad \text{bzw.} \quad \frac{\sum_{i}^{N}\frac{(X_i - \mu_x)}{\sigma_x}\cdot\frac{(Y_i - \mu_y)}{\sigma_y}}{N}$$

Das so erhaltene Maß des Zusammenhanges nennt man den Pearson-Produkt-Moment-Korrelationskoeffizienten[2)] und symbolisiert ihn mit ρ_{xy} (Rho) bzw. r_{xy} :

---

1) Wir können feststellen, daß die Kovarianz von X mit sich selbst einfach die Varianz von X ist :

$$s_{xx} = \frac{\sum_{i}^{n}(X_i - \bar{X}.)(X_i - \bar{X}.)}{n - 1} = \frac{\sum_{i}^{n}(X_i - \bar{X}.)^2}{n - 1} = s_x^2$$

2) Die Bezeichnung "(Pearson)-Produkt-Moment"-Korrelationskoeffizient geht darauf zurück, daß man die Größe $\sum_{i}^{N}(X_i - \mu_x)(Y_i - \mu_y)$ manchmal auch (so K. Pearson) als "Produkt(en)moment" (engl.: product moment) bezeichnet.

(57) $$\rho_{xy} = \frac{\sigma_{xy}}{\sigma_x \sigma_y} = \frac{\sum_i^N (X_i - \mu_x)(Y_i - \mu_y)}{N \sigma_x \sigma_y} \qquad \text{[Population]}$$ 1)

bzw.

(58) $$r_{xy} = \frac{s_{xy}}{s_x s_y} = \frac{\sum_i^n (X_i - \bar{X}.)(Y_i - \bar{Y}.)}{(n-1) s_x s_y} \qquad \text{[Stichprobe]}$$ 1)

Für die Entwicklung des Maßes war es sinnvoll, von einer Meßwertpopulation (und Division durch N bei der Kovarianz) auszugehen. Wenn wir jedoch den Nenner in Formel (57) und (58) ausschreiben

(59) $$\rho_{xy} = \frac{\sum_i^N (X_i - \mu_x)(Y_i - \mu_y)}{N \sqrt{\frac{SAQ_x}{N}} \sqrt{\frac{SAQ_y}{N}}} = \frac{\sum_i^N (X_i - \mu_x)(Y_i - \mu_y)}{\sqrt{\sum_i^N (X_i - \mu_x)^2} \sqrt{\sum_i^N (Y_i - \mu_y)^2}}$$

und

(60) $$r_{xy} = \frac{\sum_i^n (X_i - \bar{X}.)(Y_i - \bar{Y}.)}{(n-1) \sqrt{\frac{SAQ_x}{n-1}} \sqrt{\frac{SAQ_y}{n-1}}} = \frac{\sum_i^n (X_i - \bar{X}.)(Y_i - \bar{Y}.)}{\sqrt{\sum_i^n (X_i - \bar{X}.)^2} \sqrt{\sum_i^n (Y_i - \bar{Y}.)^2}}$$

so erkennen wir, daß bei einer Gruppe von N = n Werten r_{xy} den gleichen Wert ergibt, unabhängig davon, ob bei der Kovarianz und den Standardabweichungen durch die Anzahl oder durch die um 1 verminderte Anzahl geteilt wird.[2)]

Wir hatten gesagt, daß r_{xy} ein Maß ist, das unabhängig ist von den Mitteln und den Varianzen von X und Y; d.h. wir haben die Werte standardisiert und damit vergleichbar gemacht. In Kapitel 7 sahen wir, daß so etwas durch eine Transformation der Werte nach z möglich ist. Wenn wir die Formeln (57) und (58) auf der rechten Seite umformen, so sehen

---

1) Wenn eine Standardabweichung gleich Null ist, dann ist der Wert der Kovarianz gleich Null, der Wert von r_{xy} ist für diesen Fall (Division durch Null) nicht definiert.

2) Dies war z.B. beim Wert der Varianz nicht der Fall.

wir, daß wir im Grunde mit z-Werten arbeiten :

$$\rho_{xy} = \frac{1}{N} \sum_{i}^{N} \underbrace{\frac{(X_i - \mu_x)}{\sigma_x}}_{z_{xi}} \cdot \underbrace{\frac{(Y_i - \mu_y)}{\sigma_y}}_{z_{yi}}$$

und

$$r_{xy} = \frac{1}{n-1} \sum_{i}^{n} \underbrace{\frac{(X_i - \bar{X}.)}{s_x}}_{z_{xi}} \cdot \underbrace{\frac{(Y_i - \bar{Y}.)}{s_y}}_{z_{yi}}$$

Somit können wir den Korrelationskoeffizienten ρ_{xy} bzw. r_{xy} auch folgendermaßen definieren :

(61) $$\rho_{xy} = \frac{\sum_{i}^{N} (z_{xi})(z_{yi})}{N}$$ [Population]

(62) $$r_{xy} = \frac{\sum_{i}^{n} (z_{xi})(z_{yi})}{n-1}$$ [Stichprobe]

Das Korrelationsmaß ρ_{xy} bzw. r_{xy} stellt sich somit dar als das durchschnittliche Kreuzprodukt aus den z-Werten.

8.2.2. RECHENFORMEL FUER r_{xy} [1]

Die oben gegebenen Formeln zeigen auf, wie das Maß r_{xy} definiert ist, sind jedoch unpraktisch für die Berechnung des Koeffizienten. Wir wollen deshalb, ausgehend von den Formeln (58) und (60), eine Formel entwickeln, die nur mit den Rohwerten X_i und Y_i arbeitet und für Taschenrechner geeignet ist. Da bei allen im folgenden auftretenden

---

1) Da, wie bei (59) und (60) gezeigt wurde, der Sachverhalt, daß durch die Anzahl oder durch die um 1 verminderte Anzahl dividiert wird, den Wert des Korrelationskoeffizienten in einer Gruppe von N = n Meßwerten nicht beeinflußt, haben die nun folgenden Abhandlungen über r_{xy} gleichermaßen Gültigkeit für ρ_{xy}.

Summenzeichen von i = 1, 2, ..., n summiert wird, wollen wir der Übersichtlichkeit halber die Grenzen der Summation immer weglassen.

(63) $$r_{xy} = \frac{s_{xy}}{s_x \cdot s_y} = \frac{\Sigma (X_i - \bar{X}.)(Y_i - \bar{Y}.)}{\sqrt{[\Sigma(X_i - \bar{X}.)^2] \cdot [\Sigma(Y_i - \bar{Y}.)^2]}}$$

Wir betrachten jetzt nur den Zähler von (63)

$$\Sigma (X_i - \bar{X}.)(Y_i - \bar{Y}.) = \Sigma (X_iY_i - X_i\bar{Y}. - \bar{X}.Y_i + \bar{X}.\bar{Y}.)$$

$$= \Sigma X_iY_i - \bar{Y}.\Sigma X_i - \bar{X}.\Sigma Y_i + n \cdot \bar{X}.\bar{Y}.$$

da aber: $\bar{Y}. = \frac{\Sigma Y_i}{n}$, $\bar{X}. = \frac{\Sigma X_i}{n}$, $\bar{X}.\bar{Y}. = \frac{\Sigma X_i}{n} \cdot \frac{\Sigma Y_i}{n}$

$$= \Sigma X_iY_i - \frac{\Sigma Y_i \Sigma X_i}{n} - \frac{\Sigma X_i \Sigma Y_i}{n} + \frac{n \cdot \Sigma X_i \Sigma Y_i}{n \cdot n}$$

$$= \Sigma X_iY_i - \frac{(\Sigma Y_i)(\Sigma X_i)}{n} \qquad \text{(a)}$$

Für den Zähler haben wir somit eine Rohwertform gefunden. Wir wollen uns nun dem Nenner widmen. Wenn wir uns noch einmal die Entwicklung der Rohwertformel für die Varianz betrachten (S. 96 f.), so sehen wir, daß wir für die Terme im Nenner (63) schreiben können :

$$\Sigma (X_i - \bar{X}.)^2 = \Sigma X_i^2 - \frac{(\Sigma X)^2}{n} \qquad \text{(b)}$$

$$\Sigma (Y_i - \bar{Y}.)^2 = \Sigma Y_i^2 - \frac{(\Sigma Y)^2}{n} \qquad \text{(c)}$$

Wir setzen nun die rechten Ausdrücke der Gleichungen (a), (b) und (c) im rechten Teil von (63) ein und erhalten damit eine Rohwertformel für r_{xy} :

(64) $$r_{xy} = \frac{\Sigma X_iY_i - \frac{(\Sigma X_i)(\Sigma Y_i)}{n}}{\sqrt{\left[\Sigma X_i^2 - \frac{(\Sigma X_i)^2}{n}\right] \left[\Sigma Y_i^2 - \frac{(\Sigma Y_i)^2}{n}\right]}}$$

Multiplizieren wir Zähler und Nenner mit n, so können wir auch schreiben :

$$(65) \qquad r_{xy} = \frac{n \sum X_i Y_i - (\sum X_i)(\sum Y_i)}{\sqrt{\left[n\sum X_i^2 - (\sum X_i)^2\right]\left[n\sum Y_i^2 - (\sum Y_i)^2\right]}}$$

[n = Anzahl der Meßwerte
Summiert wird jeweils von i = 1, 2, ..., n .]

Formel (65) ist die geeignetste zur Berechnung des Korrelationskoeffizienten, da sie im Vergleich zu (64) einige Divisionen vermeidet.

8.3. BEISPIEL FUER DIE BERECHNUNG VON r_{xy}

Die ausführliche Demonstration der Berechnungen wollen wir nicht an den Daten der Beispiele von Abschnitt 8.1. vornehmen (wegen der grossen Anzahl von Meßwerten), sondern an einer etwas kleineren Gruppe von Meßwerten. Die Werte der Korrelationskoeffizienten bei den Streuungsdiagrammen von Abbildung 29 werden wir allerdings weiter unten mitteilen.

Im Rahmen einer kleinen Erhebung (zur Gewinnung von Übungsdaten) wurden die Teilnehmer eines Statistik - I - Kurses u.a. gebeten, ihre Körpergröße und ihr Körpergewicht in Kilogramm bzw. cm anzugeben. Der Statistikkurs bestand aus mehreren Parallelgruppen; in Tabelle 24 sind aus einer dieser Gruppen die Gewichts- und Größenangaben der n = 23 weiblichen Teilnehmer wiedergegeben. Uns interessiert nun, wie stark und welcher Art in dieser Gruppe der Zusammenhang zwischen Körpergröße und -Gewicht ist. Da große Menschen zwischen Kopfende und Fußende mehr an Fleisch, Knochen, etc. haben als kleine, ist ein direkter Zusammenhang zu erwarten, d.h. daß große Personen in der Tendenz auch schwerer sind als kleine.

In Tabelle 24 ist die Bestimmung der für die Berechnung von r_{xy} benötigten Größen demonstriert. Es ergibt sich für den Korrelationskoeffizienten ein Wert von r_{xy} = +.66[1]. Wir sehen, daß erwartungsgemäß ein direkter Zusammenhang zwischen Körpergröße und Körpergewicht besteht. Auf die Beurteilung des in der Höhe des Korrelationskoeffizienten zum Ausdruck kommenden Zusammenhanges werden wir im nächsten Abschnitt eingehen.

Wir wollen nun noch die Endberechnungen der Korrelationskoeffizienten für die in Abbildung 29 als Streuungsdiagramme wiedergegebenen Daten durchführen.

(a) Berechnung von r_{xy} für die Daten von Diagramm (A) in Abbildung 29. Korreliert werden die Untertestwerte "Geometrie" (Variable X) und "Funktionen" (Variable Y) von n = 86 Studenten im Mathematiktest M-T-A-S. Die Meßwerte sind in Tabelle 2 (S.32) wiedergegeben. Es ergibt sich :

---

1) Es ist üblich, Korrelationskoeffizienten mit Punkt und ohne Null vor dem Punkt mitzuteilen; mehr als zwei Stellen hinter dem Punkt werden in der Regel nicht angeführt.

Tabelle 24 : Angaben einer Gruppe von n = 23 weiblichen Statistik-I-Teilnehmern zu Körpergröße und -Gewicht; Demonstration der Berechnung von r_{xy} nach Formel (65).

Person Nr.	Größe (in cm) X_i	Gewicht (in kg) Y_i	X_i^2	Y_i^2	$X_i \cdot Y_i$
1	165	46	27225	2116	7590
2	175	63	30625	3969	11025
3	171	59	29241	3481	10089
4	165	48	27225	2304	7920
5	156	54	24336	2916	8424
6	179	70	32041	4900	12530
7	158	48	24964	2304	7584
8	153	42	23409	1764	6426
9	168	65	28224	4225	10920
10	164	60	26896	3600	9840
11	164	53	26896	2809	8692
12	175	56	30625	3136	9800
13	162	55	26244	3025	8910
14	170	64	28900	4096	10880
15	163	56	26569	3136	9128
16	166	60	27556	3600	9960
17	173	60	29929	3600	10380
18	173	67	29929	4489	11591
19	170	58	28900	3364	9860
20	175	65	30625	4225	11375
21	158	63	24964	3969	9954
22	154	56	23716	3136	8624
23	172	63	29584	3969	10836
n = 23	$\Sigma X_i =$ 3829	$\Sigma Y_i =$ 1331	$\Sigma X_i^2 =$ 638623	$\Sigma Y_i^2 =$ 78133	$\Sigma X_i \cdot Y_i =$ 222338

Berechnungen

$$r_{xy} = \frac{n \sum X_i Y_i - (\sum X_i)(\sum Y_i)}{\sqrt{\left[n \sum X_i^2 - (\sum X_i)^2\right]\left[n \sum Y_i^2 - (\sum Y_i)^2\right]}}$$

$$= \frac{(23)(222338) - (3829)(1331)}{\sqrt{\left[(23)(638623)-(3829)^2\right]\ \left[(23)(78133)-(1331)^2\right]}}$$

$$= \frac{17375}{\sqrt{(27088)(25498)}} = +.66$$

$\sum X = 1215$ $\sum XY = 18981$ $\sum Y = 1175$
$\sum X^2 = 19155$ $n = 86$ $\sum Y^2 = 20369$

Wir setzen in Formel (65) ein :

$$r_{xy} = \frac{(86)(18981) - (1215)(1175)}{\sqrt{\left[(86)(19155)-(1215)^2\right]\left[(86)(20369)-(1175)^2\right]}}$$

$$= \frac{204741}{\sqrt{(171105)(371109)}} = +.81$$

(b) Berechnung von r_{xy} für die Daten von Diagramm (B) in Abbildung 29: Korreliert werden die Gesamttestwerte des Mathematiktest M-T-A-S (Variable X) und die Punktwerte in der Statistik-I-Abschlußklausur (Variable Y) von n = 75 Psychologiestudenten. Es ergeben sich folgende Summenwerte :

$\sum X = 4519$ $\sum XY = 140565$ $\sum Y = 2319$
$\sum X^2 = 287673$ $n = 75$ $\sum Y^2 = 73689$

Wir setzen in Formel (65) ein :

$$r_{xy} = \frac{(75)(140565) - (4519)(2319)}{\sqrt{\left[(75)(287673)-(4519)^2\right]\left[(75)(73689)-(2319)^2\right]}}$$

$$= \frac{62814}{\sqrt{(1154114)(148914)}} = +.15$$

Unser Eindruck von den Streuungsdiagrammen von Abbildung 29 wird durch den Wert der Korrelationskoeffizienten (+.81 und +.15) bestätigt. In Fall (A) ein relativ starker, direkter Zusammenhang, in Fall (B) zwar auch ein direkter Zusammenhang, jedoch sehr schwach (so schwach, daß wir ihn mit dem "unbewaffneten" Auge im Streuungsdiagramm nicht erkennen konnten).

8.4. DER RANGE DER WERTE VON r_{xy}

Eine Eigenschaft des Korrelationsmaßes r_{xy} ist, daß es niemals Werte größer +1.0 und kleiner -1.0 annehmen kann, d.h. der Wert von r_{xy} variiert zwischen +1.0 und -1.0 (ein allgemeiner Beweis dieser Eigenschaft wird im nächsten Abschnitt 8.5. gegeben). Hat r_{xy} den Wert Null, so besteht zwischen beiden Variablen kein Zusammenhang, d.h. es besteht Nullkovariation von X und Y.[1]

In Abbildung 30 sind einige Streuungsdiagramme nebst dem jeweiligen Wert von r_{xy} wiedergegeben. Ist das Vorzeichen positiv, so haben wir es (wie bei unseren bisherigen Beispielen) mit einem direkten Zusammenhang zu tun (hohe Werte in X gehen in der Tendenz mit hohen Werten in Y einher, und niedrige Werte in X mit niedrigen Werten in Y). Ist das Vorzeichen von r_{xy} negativ, so spricht man von einem inversen Zusammenhang (hohe Werte in X gehen in der Tendenz mit niedrigen Werten in Y einher, und vice versa).

Bei einem perfekten, direkten Zusammenhang (r_{xy} = +1.0) liegen die Meßwertpunkte (X_i; Y_i) auf einer Geraden, die von links unten nach rechts oben im Streuungsdiagramm ansteigt. In diesem Fall ist für jeden Probanden i sein z-Wert in X gleich seinem z-Wert in Y, d.h. $z_{xi} = z_{yi}$ bei allen n Personen. Bei einem perfekten, inversen Zusammenhang (r_{xy} = -1.0) liegen die Datenpunkte (X_i; Y_i) gleichfalls auf einer Geraden, die jedoch von links oben nach rechts unten im Streuungsdiagramm abfällt. In diesem Fall sind bei jeder Person die z-Werte in X und Y dem Betrag nach gleich, der z-Wert in Y hat jedoch jeweils das entgegengesetzte Vorzeichen von dem z-Wert in X, d.h. wenn $z_{xi} = a$, dann $z_{yi} = -a$ bzw. wenn $z_{xi} = -a$, dann $z_{yi} = a$.

Abbildung 30 veranschaulicht uns, daß erst bei relativ hohen r_{xy}-Werten deutlich der Trend in den Daten erkennbar ist. Im niedrigen r_{xy}-Bereich (vgl. auch Diagramm B von Abbildung 29) ist das Streuungsdiagramm bei der Inspektion nur schwer oder gar nicht von dem Streuungsdiagramm zu unterscheiden, daß sich bei r_{xy} = 0 ergibt (wenn kein Zusammenhang zwischen X und Y besteht).

Erst nach einiger Erfahrung mit psychologischen Daten entwickelt man ein "Gefühl" für das Ausmaß der Beziehung, das durch einen bestimmten Wert von r_{xy} angezeigt wird; man muß praktisch erst lernen, in diesem Maß zu denken.

Es ist im Grunde nicht empfehlenswert, den Werten von r bestimmte beschreibende Adjektive zuzuordnen, z.B. daß man sagt, ein r von .80 ist "hoch" oder ein r von .20 ist "niedrig". Ob ein bestimmtes r "hoch" oder "niedrig" oder "mittel" ist, hängt davon ab, welche Koeffizienten die beiden Variablen, die man korreliert hat, in bisherigen Untersuchungen gezeigt haben, welchen Gebrauch man von dem gefundenen Zusammenhang machen will, etc.

Warum soll man zudem (speziell in der psychologischen Fachliteratur) vage und mehrdeutige adjektivische Beschreibungen für den Wert von r_{xy} verwenden, wenn es einfacher und klarer ist, den Wert des Korrelationskoeffizienten selbst mitzuteilen?

Wir wollen zur Illustration der Verwendung von r_{xy}, die im Manual zum Mathematiktest M-T-A-S (LIENERT & HOFER, 1972, S. 8f.) zur Gültigkeit des Tests mitgeteilten Korrelationskoeffizienten heranziehen. Soweit vorhanden, werden wir die an den Daten der Statistik-Teilnehmer in Gießen (WS 76/77) gewonnenen Koeffizienten danebenstellen, um zu zeigen, wie ein in einem konkreten Fall vorgefundener Wert von r_{xy}

---

1) Bevor wir diese Aussage treffen, müssen wir uns allerdings - wie wir später sehen werden - davon überzeugt haben (z.B. durch Inspektion des Streungsdiagrammes), daß auch kein kurvilinearer Zusammenhang vorliegt, denn r_{xy} kann, trotz eines sehr starken kurvilinearen Zusammenhanges den Wert Null ergeben, da es ein Maß für die lineare Beziehung zwischen X und Y ist.

Abbildung 30 : Streuungsdiagramme für verschiedene Werte des Produkt-Moment-Korrelationskoeffizienten r_{xy}.

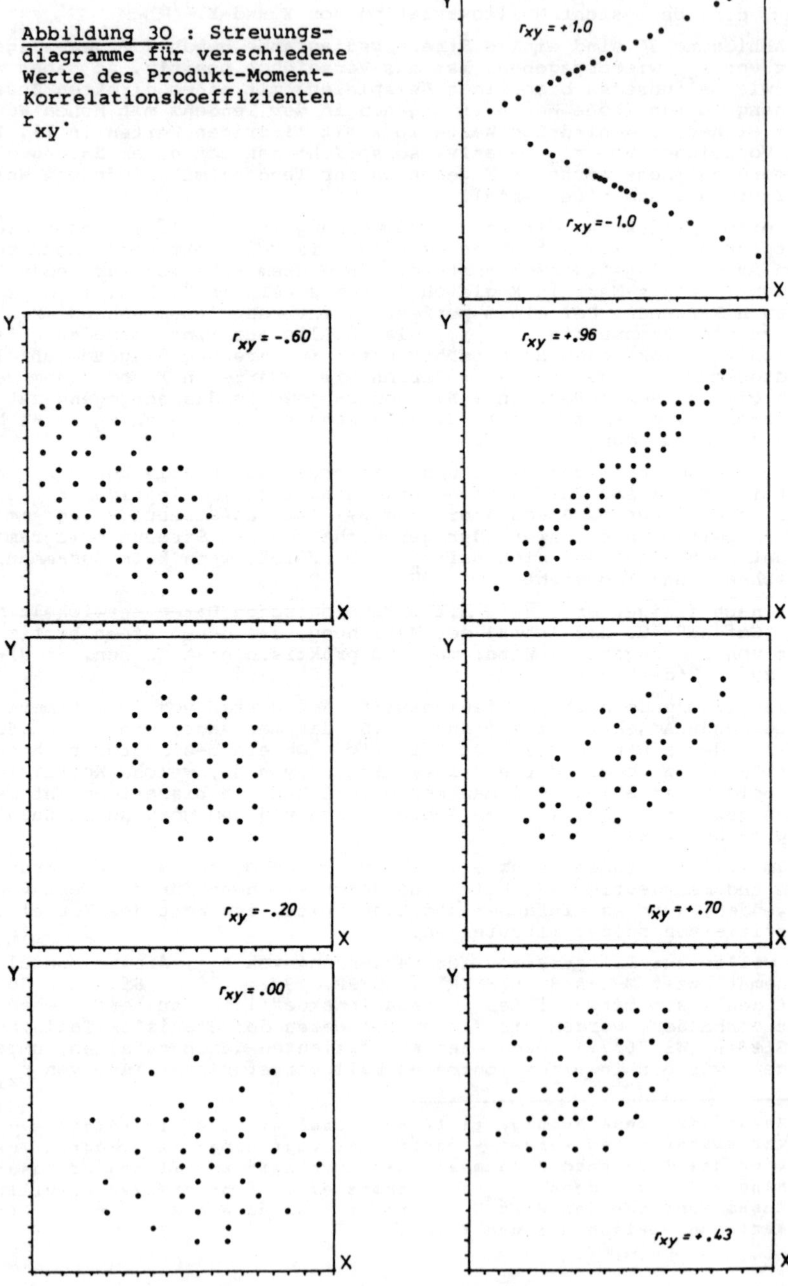

(wie alle anderen statistischen Maßzahlen) wieder durch den Vergleich mit den Werten aus anderen Studien für den Untersucher an Bedeutung und Aussagekraft gewinnt. Es muß allerdings noch einmal darauf hingewiesen werden, daß unsere M-T-A-S - Durchführung durch den Verzicht auf Zeitbegrenzung von der Standarddurchführung des Tests abwich. Die im Testmanual berichteten Daten bezeichnen wir nachfolgend mit "Manual-Daten", unsere mit "Gießen-Daten".

* Manual-Daten

Bei N = 660 Studienanfängern wurden die Rohwerte des Gesamttests und der 3 Untertests mit der Abiturnote in Mathematik korreliert. Es ergaben sich folgende Korrelationskoeffizienten :

Gesamttest	.33
Algebra	.33
Geometrie	.22
Funktionen	.16

Gießen-Daten

Bei n = 83 Statistik-I-Teilnehmern wurden die Rohwerte des Gesamttests und der 3 Untertests mit der von den Befragten genannten "letzten Note in Mathematik" korreliert. Es ergaben sich folgende Korrelationskoeffizienten :

Gesamttest	-.48
Algebra	-.43
Geometrie	-.35
Funktionen	-.46

Im Testmanual sind die Vorzeichen der Übersichtlichkeit halber wohl weggelassen worden. Besteht zwischen Testleistung und Mathematik-Leistung in der Schule ein direkter Zusammenhang, hat der Korrelationskoeffizient ein negatives Vorzeichen, da hoher Testpunktwert gute Leistung bedeutet, eine "hohe" Note jedoch schlechte Leistung.

* Lienert & Hofer berechneten im weiteren die Korrelation der Testwerte mit der Abiturmathematiknote getrennt für die Schultypen "neusprachliches-", "altsprachliches-" und "mathematisch-naturwissenschaftliches-" Gymnasium. Die Werte der Korrelationskoeffizienten erhöhten sich wie folgt :

	neusprachlich	altsprachlich	mathematisch-naturwissenschaftlich
Gesamt	.38	.42	.46
Algebra	.38	.42	.45
Geometrie	.25	.22	.25
Funktionen	.29	.25	.17
N	275	93	159

Aufgrund der Korrelationen Testwert-Mathematiknote kommen die Testautoren zu dem Schluß, daß "der M-T-A-S demnach unter anderem jenen Aspekt der Mathematikleistung (erfaßt), hinsichtlich dessen gute und schlechte Mathematikschüler im Abitur unterschieden werden".

* Manual-Daten

Bei N = 122 Psychologieanfängern an den Uni's Braunschweig, Erlangen, Freiburg, Göttingen und Graz wurden

Gießen-Daten

Bei n = 75 Statistik-I-Teilnehmern wurden die Rohwerte des M-T-A-S mit dem Punktwert in der Abschlußklausur korreliert.[1)]

1) Fußnote siehe Seite 164

die (durch eine Transformation über das Wahrscheinlichkeitsintegral) normalisierten Testwerte mit den Abschlußleistungen in der jeweiligen Übung "Statistik I" korreliert. Es ergaben sich die folgenden mittleren Korrelationskoeffizienten:

Gesamttest	.40
Algebra	.35
Geometrie	.20
Funktionen	.19

Es ergaben sich folgende Korrelationskoeffizienten :

Gesamttest	.15
Algebra	.19
Geometrie	.10
Funktionen	.12

* Manual-Daten

Bei N = 1891 Personen ergaben sich bezüglich der Interkorrelationen zwischen den Tests und der Korrelation der Untertests mit dem Gesamttest (nach einer Transformation der Rohwerte über das Wahrscheinlichkeitsintegral) folgende Werte :

	Alg.	Geo.	Funk.
Geometrie	.55		
Funktionen	.27	.51	
Gesamt	.77	.84	.74

Gießen-Daten

Bei n = 86 Statistik-I-Teilnehmern korrelierten die Rohwerte der Untertests untereinander sowie mit dem Gesamttest wie folgt :

	Alg.	Geo.	Funk.
Geometrie	.50		
Funktionen	.57	.81	
Gesamt	.77	.89	.94

Die Zusammenstellung der Korrelationskoeffizienten erfolgt hier in Form einer Korrelationsmatrix. Die vollständige Korrelationsmatrix würde für die Gießen Daten wie auf der nächsten Seite dargestellt aussehen. In der Diagonalen stehen die Koeffizienten für die Korrelation der Variablen mit sich selbst, die natürlich jeweils 1 sind. Die Korrelationsmatrix ist symmetrisch um die Diagonale. Man erhält alle benötigte Information über die Interkorrelationen der Variablen, wenn man den mit der durchgezogenen oder den mit der gestrichelten Umrandung kenntlich gemachten Teil der Korrelationsmatrix mitteilt (wie wir es oben bei den Manual- und Gießen-Daten gemacht haben).

---

1) Fußnote von Seite 163.
An der Abschlußklausur nahmen insgesamt 150 Personen teil; etwa die Hälfte der Teilnehmer waren Psychologiehauptfachstudenten. Zu Beginn des Kurses wurde allen Teilnehmern ein M-T-A-S-Exemplar zur Bearbeitung mit nach Hause gegeben. 86 Personen gaben im Lauf der ersten Wochen ein vollständig bearbeitetes Exemplar zurück.Bei 75 Personen war eine Zurordnung Testwert-Klausurwert möglich. Insofern gelten die Korrelationen Testwerte-Klausurwert nicht für das Gesamt der Veranstaltungsteilnehmer, sondern nur für die Teilmenge von n = 75 Personen.

Vollständige Matrix der M-T-A-S-Interkorrelationen

	(1) Algebra	(2) Geometrie	(3) Funktionen	(4) Gesamt
(1) Algebra	$r_{11}=1.00$	$r_{12}=.50$	$r_{13}=.57$	$r_{14}=.77$
(2) Geometrie	$r_{21}=.50$	$r_{22}=1.00$	$r_{23}=.81$	$r_{24}=.89$
(3) Funktionen	$r_{31}=.57$	$r_{32}=.81$	$r_{33}=1.00$	$r_{34}=.94$
(4) Gesamt	$r_{41}=.77$	$r_{42}=.89$	$r_{43}=.94$	$r_{44}=1.00$

8.5. EXKURS : BEWEIS, DASS r_{xy} DIE GRENZEN +1 UND -1 HAT

Im nachfolgenden soll der allgemeine Beweis geführt werden, daß der Wert von r_{xy} nicht größer als + 1 und nicht kleiner als - 1 werden kann.

BEWEIS, DASS r_{xy} NICHT GROESSER ALS + 1 WERDEN KANN

Wir gehen dazu von der Größe $\sum_{i=1}^{n} (z_{Xi} - z_{Yi})^2$ aus. Bei perfekter, direkter Korrelation gilt dann für jede der n Personen, daß ihr z-Wert in der Variablen X gleich ist ihrem z-Wert in der Variablen Y, d.h. $z_{Xi} = z_{Yi}$ (für alle i). Bei jedem Wertepaar liegt dann einer der beiden nachfolgenden Fälle vor:

a) beide Vorzeichen sind positiv, dann ist $\left[(z_{Xi}) - (z_{Yi})\right]^2 = 0$

b) beide Vorzeichen sind negativ, dann ist $\left[(-z_{Xi}) - (-z_{Yi})\right]^2$ auch gleich Null.

Bei perfekter, direkter Korrelation ist somit auch die Größe $\sum_{i=1}^{n} (z_{Xi} - z_{Yi})^2 = 0$. Ist die Korrelation nicht perfekt, dann sind nicht alle $z_{Xi} = z_{Yi}$ und $\sum_{i=1}^{n} (z_{Xi} - z_{Yi})^2$ hat einen Wert größer Null.

Zum Beweis, daß r_{xy} nicht größer +1 werden kann, müssen wir $\sum_{i=1}^{n} (z_{Xi} - z_{Yi})^2$ umformen:

$$\sum_{i=1}^{n} (z_{Xi} - z_{Yi})^2 = \sum_{i=1}^{n} (z_{Xi}^2 - 2 z_{Xi} z_{Yi} + z_{Yi}^2) \qquad (a)$$

$$= \sum_{i=1}^{n} z_{Xi}^2 - 2 \cdot \sum_{i=1}^{n} z_{Xi} z_{Yi} + \sum_{i=1}^{n} z_{Yi}^2 \qquad (b)$$

Nun ist aber: $\sum_{i=1}^{n} z_{Xi}^2 = n - 1$ und

$$\sum_{i=1}^{n} z_{Yi}^2 = n - 1 \quad {}^{+)}$$

$$\sum_{i=1}^{n} z_{Xi} z_{Yi} = r_{xy}(n-1) \qquad \Big| \text{ weil } r_{xy} = \frac{\sum_{i=1}^{n} z_{Xi} z_{Yi}}{n-1}$$

Wir setzen diese Erkenntnisse nun auf der rechten Seite von (b) ein:

$$\sum_{i=1}^{n} (z_{Xi} - z_{Yi})^2 = (n-1) - 2r_{xy}(n-1) + (n-1)$$

$$= 2(n-1) - 2r_{xy}(n-1)$$

Wir dividieren nun beide Seiten der Gleichung durch 2(n-1). Das ergibt:

$$\frac{\sum_{i=1}^{n} (z_{Xi} - z_{Yi})^2}{2\cdot(n-1)} = 1 - r_{xy}$$

Wenn wir nun die Gleichung nach r_{xy} auflösen, so erhalten wir:

$$\text{(66a)} \qquad r_{xy} = 1 - \frac{\sum_{i=1}^{n} (z_{Xi} - z_{Yi})^2}{2\cdot(n-1)} \qquad \text{(c)}$$

+) **Beweis:**

$$\sum_{i=1}^{n} z_i^2 = \sum_{i=1}^{n} \left[\frac{(X_i - \bar{X}.)}{s}\right]^2 = \sum_{i=1}^{n} \frac{(X_i - \bar{X}.)^2}{s^2} = \frac{1}{s^2} \sum_{i=1}^{n} (X_i - \bar{X}.)^2$$

$$= \frac{1}{s^2} \underbrace{(n-1)s^2} = n - 1$$

$\sum_{i=1}^{n}(X_i - \bar{X}.)^2 = (n-1)\, s^2$; da $s^2 = \frac{\sum_{i=1}^{n}(X_i - \bar{X}.)^2}{n-1}$

Nun wissen wir aber, daß der Term $\sum_{i=1}^{n} (z_{Xi} - z_{Yi})$ nur Null (bei perfekter, direkter Korrelation) oder größer Null werden kann (bei nicht perfekter Korrelation). Nach Formel (66a) hat der Wert von r_{xy} sein Maximum, wenn $\sum_{i=1}^{n} (z_{Xi} - z_{Yi})^2 = 0$, d.h. wenn eine Perfekte, direkte Korrelation vorliegt. Dieser maximale Wert ist +1. Ist die Korrelation nicht perfekt, so ist der Wert von r_{xy} kleiner +1.

BEWEIS, DASS r_{xy} NICHT KLEINER ALS - 1 WERDEN KANN

Wir gehen dazu von der Größe $\sum_{i=1}^{n}(z_{Xi} + z_{Yi})^2$ aus. Bei perfekter, inverser Korrelation hat jeder Proband in der Variablen X der Größe nach den gleichen z-Wert wie in der Variablen Y, die beiden z-Werte haben jedoch unterschiedliche Vorzeichen. Bei jedem Wertepaar liegt dann einer der beiden folgenden Fälle vor:

a) z_{Xi} hat ein positives, z_{Yi} ein negatives Vorzeichen. Dann ist:

$$\left[(z_{Xi}) + (-z_{Yi})\right]^2 = 0$$

b) z_{Xi} hat ein negatives, z_{Yi} ein positives Vorzeichen. Dann ist:

$$\left[(-z_{Xi}) + (z_{Yi})\right]^2 = 0$$

Bei perfekter, inverser Korrelation ist somit auch die Größe $\sum_{i=1}^{n} (z_{Xi} + z_{Yi})^2 = 0$. Ist die Korrelation nicht perfekt, dann ist nicht bei jeder Person z_{Xi} der Größe nach gleich z_{Yi} und $\sum_{i=1}^{n} (z_{Xi} + z_{Yi})^2$ hat einen Wert größer Null.

Zum Beweis, daß r_{xy} nicht kleiner als -1 werden kann, müssen wir $\sum_{i=1}^{n} (z_{Xi} + z_{Yi})^2$ umformen:

$$\sum_{i=1}^{n} (z_{Xi} + z_{Yi})^2 = \sum_{i=1}^{n} z_{Xi}^2 + 2 \sum_{i=1}^{n} z_{Xi} z_{Yi} + \sum_{i=1}^{n} z_{Yi}^2$$

$$= (n - 1) + 2r_{xy}(n-1) + (n - 1)$$

$$= 2(n - 1) + 2\, r_{xy} (n - 1)$$

Wir dividieren nun beide Seiten der Gleichung durch 2(n - 1). Das ergibt:

$$\frac{\sum_{i=1}^{n} (z_{Xi} + z_{Yi})^2}{2(n-1)} = 1 + r_{xy}$$; wir lösen die Gleichung nach r_{xy} auf :

$$r_{xy} = -1 + \frac{\sum_{i=1}^{n} (z_{Xi} + z_{Yi})^2}{2(n-1)}$$

Bei perfekter, inverser Korrelation wird nun $\sum_{i=1}^{n} (z_{Xi} + z_{Yi})^2 = 0$. Der Wert von r_{xy} hat dann sein Minimum, nämlich -1. Bei nicht perfekter Korrelation ist $\sum_{i=1}^{n} (z_{Xi} + z_{Yi})^2$ größer Null. Dann wird der Wert von r_{xy} größer -1.

8.6. DER EFFEKT VON MESSWERTTRANSFORMATIONEN AUF r_{xy}

Bei vielen psychologischen Variablen sind Mittel und Varianz arbiträr dergestalt, daß es in der Hand des Untersuchers bzw. Testkonstrukteurs liegt, durch lineare Transformation der Rohwerte den Test bzw. die Skala auf ein bestimmtes Mittel und auf eine bestimmte Standardabweichung zu bringen; wir hatten dies in Abschnitt 7.8.2. am Beispiel der Normierung von Intelligenztestwerten besprochen.

Wir wollen nun untersuchen, welchen Effekt es auf den Wert von r_{xy} (berechnet an X und Y) hat, wenn wir mit den Werten einer oder beider Variablen eine lineare Transformation der Art (bX + a) und/ oder (dY + c) durchführen. Probieren wir dies zuerst an einem Beispiel aus. Dazu greifen wir auf die Daten von Tabelle 24 (S. 159) zurück. Die Korrelation zwischen Körpergröße und -Gewicht betrug +.66 . Wir ziehen nun von den Größe-Werten (X_i) jeweils 150 ab, die Gewichtwerte (Y_i) multiplizieren wir mit 2 und subtrahieren dann jeweils 80. Wir führen also die folgenden linearen Transformationen durch :

$$X'_i = bX_i + a = 1\,X_i - 150$$

$$Y'_i = dY_i + c = 2\,Y_i - 80$$

Wie groß ist nun die Korrelation ($r_{x'y'}$) zwischen den transformierten Werten ?[1]

---

1) Da es uns um die Demonstration des Effekts von Transformationen auf den Wert von r_{xy} geht, wollen wir bei diesem Zahlenbeispiel den Sachverhalt außer acht lassen, daß bei verhältnisskalierten Variablen wie Größe und Gewicht Nullpunkttransformationen inhaltlich nicht sinnvoll sind, da der Nullpunkt empirische Bedeutung hat und nicht arbiträr ist. Einheitentransformationen sind jedoch zulässig. Wir hätten z.B. auch rechnerisch überprüfen können, welchen Effekt es auf r_{xy} hat, wenn wir die Körpergröße und das Gewicht in inch bzw. in pound gemessen hätten.

Tabelle 25 : Transformation der Daten von Tabelle 24 und Berechnung des Korrelationskoeffizienten ($r_{x'y'}$) für die transformierten Werte

Person Nr.	$X'_i = X_i - 150$	$Y' = 2Y - 80$	$X_i'^2$	$Y_i'^2$	$X'_i \cdot Y'_i$
1	15	12	225	144	180
2	25	46	625	2116	1150
3	21	38	441	1444	798
4	15	16	225	256	240
5	6	28	36	784	168
6	29	60	841	3600	1740
7	8	16	64	256	128
8	3	4	9	10	12
9	18	50	324	2500	900
10	14	40	196	1600	560
11	14	26	196	676	364
12	25	32	625	1024	800
13	12	30	144	900	360
14	20	48	400	2304	960
15	13	32	169	1024	416
16	16	40	256	1600	640
17	23	40	529	1600	920
18	23	54	529	2916	1242
19	20	36	400	1296	720
20	25	50	625	2500	1250
21	8	46	64	2116	368
22	4	32	16	1024	128
23	22	46	484	2116	1012
n = 23	$\Sigma X'_i =$ 379	$\Sigma Y'_i =$ 822	$\Sigma X_i'^2 =$ 7423	$\Sigma Y_i'^2 =$ 33812	$\Sigma X'_i \cdot Y'_i =$ 15056

Wir setzen in Formel (65) ein :

$$r_{x'y'} = \frac{(23)(15056)-(379)(822)}{\sqrt{\left[(23)(7423)-(379)^2\right]\left[(23)(33812)-(822)^2\right]}}$$

$$= \frac{34750}{\sqrt{(27088)(101992)}} = +.66$$

Die Berechnungen sind in Tabelle 25 durchgeführt. An unserem Zahlenbeispiel haben die vorgenommenen linearen Transformationen von X und Y offensichtlich den Wert von r_{xy} nicht geändert, da $r_{xy} = r_{x'y'} = +.66$. Wir wollen uns überlegen, wie weit dies allgemein der Fall ist.

Die Korrelation von (b X + a) und (d Y. + c) ist die Kovarianz beider, geteilt durch das Produkt ihrer Standardabweichungen:

$$r_{(bX+a),(dY+c)} = \frac{s_{(bX+a)(dY+c)}}{s_{(bX+a)}\ s_{(dY+c)}}$$

Wir wissen aber: Wenn wir zu einer Variablen eine Konstante addieren, so ändert sich ihre Standardabweichung nicht; multiplizieren wir eine Variable mit einer Konstanten, so ergibt sich die neue Standardabweichung als Produkt "absoluter Wert der Konstanten mal alte Standardabweichung".

Daraus folgt:

$$s_{(bX+a)} = |b| \cdot s_x$$

$$s_{(dY+c)} = |d| \cdot s_y$$

Die Kovarianz von bX+a und dY+ c ist

$$s_{(bX+a),(dY+c)} = \frac{\sum_{i=1}^{n}\left[(bX_i + a) - (b\bar{X}. + a)\right]\left[(dY_i + c) - (d\bar{Y}. + c)\right]}{n-1}$$

$$= \frac{\sum_{i=1}^{n}(bX_i - b\bar{X}.)(dY_i - d\bar{Y}.)}{n-1}$$

$$= \frac{b \cdot d \sum_{i=1}^{n}(X_i - \bar{X}.)(Y_i - \bar{Y}.)}{n-1} \qquad = bds_{xy}$$

Wir sehen also, daß die Kovarianz von (bX + a) und (dY + c) b·d-mal die Kovarianz von X und Y ist.

Die Korrelation von (bX + a) und (dY + c) ergibt sich dann als:

(66b) $$r_{(bX+a),(dY+c)} = \frac{b \cdot ds_{xy}}{|b| \cdot |d|\, s_x s_y} = \frac{b \cdot d}{|b| \cdot |d|} \cdot r_{xy}$$

In unserem obigen Zahlenbeispiel sähe das wie folgt aus

$$r_{(X-150),(2Y-80)} = \frac{1 \cdot 2}{|1| \cdot |2|}\, r_{xy} = r_{xy} \quad .$$

Der Quotient $\frac{b \cdot d}{|b| \cdot |d|}$ in Gleichung (66b) kann nur die Werte + 1 und - 1 annehmen. Daraus folgt :

* Eine lineare Transformation von X und/oder Y (vorausgesetzt $b \neq 0$ und $d \neq 0$) ändert den Betrag des Korrelationskoeffizienten nicht, sie kann jedoch das Vorzeichen von r_{xy} ändern.[1] Wann dies der Fall ist, zeigt uns die nachfolgende Tabelle:

bX + a	dY + c	Wert von $r_{(bX+a)(dY+c)}$
b ist positiv	d ist positiv	r_{xy}
b ist negativ	d ist positiv	$-r_{xy}$
b ist positiv	d ist negativ	$-r_{xy}$
b ist negativ	d ist negativ	r_{xy}

Häufiger Grund für die Änderung des Vorzeichens von r_{xy} ist die Inversion einer Skala (vgl. Abb. 5, S. 19); werden hingegen beide Variablen (Skalen) invertiert, ändert sich das Vorzeichen nicht.

Der Betrag des Korrelationskoeffizienten r_{xy} ist jedoch nicht invariant gegenüber nicht-linearen Transformationen von X und/oder Y. Wir wollen dies an einem Zahlenbeispiel demonstrieren.

Gegeben sind folgende n = 6 Wertepaare:

X :	1	3	2	4	5	6
Y :	4	5	6	7	8	8

Die Korrelation zwischen X und Y beträgt $r_{xy} = .9165$. Wir quadrieren nun die Werte in X, d.h. $X' = X^2$. Dann ergibt sich als Korrelation zwischen X' und Y der Wert $r_{x'y} = r_{x^2;y} = .8850$. Einige weitere Beispiele : es ist $r_{\log x;\, y} = .9051$, $r_{x;\, \sqrt{y}} = .9093$, $r_{\sqrt{x}\,\sqrt{y}} = .9157$, $r_{x;\, y^2} = .9261$, usf.

8.7. DER KORRELATIONSKOEFFIZIENT VON ZUSAMMENGEFASSTEN GRUPPEN

Zur Erläuterung des Problems gehen wir von den Daten von Tabelle 2 (S. 32) aus. Wir betrachten dabei lediglich die Meßwerte der Untertests "Algebra" und "Geometrie" der männlichen Studenten.[2] Das Gesamt der N = 37 Studenten wurde nach der "letzten Note in Mathematik" in drei Gruppen geteilt. Wir berechnen nun für diese J = 3 Gruppen jeweils die Korrelation zwischen "Algebra"- Punktwert (Variable X) und "Geometrie" - Punktwert (Variable Y). Diese Koeffizienten sind in Tabelle 26 neben anderen Größen, die wir für unsere Erörterungen benötigen, aufgeführt: es ist $r_1 = .3577$, $r_2 = .5455$ und $r_3 = -.2148$.

---

1) Die in diesem Abschnitt aufgewiesene Invarianz des Betrages von r_{xy} gegenüber linearen Transformationen ist natürlich aufgrund unserer Erörterungen auf Seite 156 keine Überraschung, denn wir hatten dort gezeigt, (vgl. Formel (62)), daß wir bei der Korrelationsformel mit nach z-transformierten Werten arbeiten. Und durch die z-Transformation werden die Variablen X und Y, gleichgültig, welche Mittel und Varianzen sie aufweisen, auf die Mittel $\overline{z}_x = \overline{z}_y = 0$ und die Standardabweichungen $s_{zx} = s_{zy} = 1$ gebracht.

2) Die in der Fußnote zur Tabelle 2 angeführten Daten bleiben außer Betracht.

Nehmen wir nun an, uns lägen nicht die einzelnen Meßwerte aus Tabelle 2 vor, sondern lediglich die in Tabelle 26 wiedergegebenen Gruppenkennwerte und wir würden wissen wollen, welche Korrelation zwischen "Algebra"- und "Geometrie"-Wert in der Gesamtgruppe der N = 37 Studenten besteht; diese Koeffizienten wollen wir mit r_G bezeichnen. Die Berechnungen dazu sind recht aufwendig, und wir benötigen dafür von jeder Gruppe sowohl die Mittel als auch die Varianzen bzw. Standardabweichungen in X und Y und natürlich den Wert von r_{xy} für die Gruppe.

Für die Gesamtgruppe von $N = n_1 + \ldots + n_J$ Personen lautet die Korrelationsformel (nach Formel (64))

(67) $$r_G = \frac{N \cdot \sum_i^N X_i Y_i - \left(\sum_i^N X_i\right)\left(\sum_i^N Y_i\right)}{\sqrt{\left[N \cdot \sum_i^N X_i^2 - \left(\sum_i^N X_i\right)^2\right]\left[N \cdot \sum_i^N Y_i^2 - \left(\sum_i^N Y_i\right)^2\right]}}$$

Die für Formel (67) benötigten Größen bestimmten sich wie folgt:

(A) $$\sum_i^N X_i = \sum_j^J n_j \cdot \bar{X}_{\cdot j}$$

(B) $$\sum_i^N Y_i = \sum_j^J n_j \cdot \bar{Y}_{\cdot j}$$

(C) $$\sum_i^N X_i^2 = \sum_j^J \left[s_{xj}^2 \cdot (n_j - 1) + n_j \cdot \bar{X}_{\cdot j}^2\right]$$

(D) $$\sum_i^N Y_i^2 = \sum_j^J \left[s_{yj}^2 \cdot (n_j - 1) + n_j \cdot \bar{Y}_{\cdot j}^2\right]$$

(E) $$\sum_i^N X_i Y_i = \sum_j^J \left[r_j \cdot s_{xj} \cdot s_{yj} \cdot (n_j - 1) + n_j \cdot \bar{X}_{\cdot j} \cdot \bar{Y}_{\cdot j}\right]$$

Für unsere Daten aus Tabelle 26 ergibt sich

(A) $$\sum_i^N X_i = (11)(34{,}73)+(16)(32{,}25)+(10)(32{,}6) = 1224{,}03$$

(B) $$\sum_i^N Y_i = (11)(17{,}82)+(16)(14{,}44)+(10)(14{,}7) = 574{,}06$$

(C) $$\sum_i^N X_i^2 = \left[(12{,}62)(10)+(11)(34{,}73)^2\right]+\left[(24{,}47)(15)+(16)(32{,}25)^2\right] + \left[(22{,}71)(9)+(10)(32{,}6)^2\right] = 41234{,}14$$

Tabelle 26 : Korrelation der M-T-A-S Untertestwerte "Algebra" und "Geometrie" in drei Gruppen männlicher Studenten (Meßwerte X und Y in Tabelle 2, S. 32); Ausgangsdaten für die Bestimmung der Korrelation in der Gesamtgruppe.

GRUPPE 1 (Note 1 oder 2)	GRUPPE 2 (Note 3)	GRUPPE 3 (Note 4, 5 oder 6)
r_1 = .3577	r_2 = .5455	r_3 = -.2148
$\overline{X}._1$ = 34,73	$\overline{X}._2$ = 32,25	$\overline{X}._3$ = 32,6
s^2_{x1} = 12,62	s^2_{x2} = 24,47	s^2_{x3} = 22,71
s_{x1} = 3,55	s_{x2} = 4,95	s_{x3} = 4,77
$\overline{Y}._1$ = 17,82	$\overline{Y}._2$ = 14,44	$\overline{Y}._3$ = 14,70
s^2_{y1} = 13,36	s^2_{y2} = 32,93	s^2_{y3} = 6,9
s_{y1} = 3,66	s_{y2} = 5,74	s_{y3} = 2,63
n_1 = 11	n_2 = 16	n_3 = 10

$$\text{(D)} \quad \sum_i^N Y_i^2 = \left[(13{,}36)(10)+(11)(17{,}82)^2\right]+\left[(32{,}93)(15)+(16)(14{,}44)^2\right] + \left[(6{,}9)(9)+(10)(14{,}7)^2\right] = 9679{,}84$$

$$\text{(E)} \quad \sum_i^N X_iY_i = \left[(0{,}3577)(3{,}55)(3{,}66)(10)+(11)(34{,}73)(17{,}82)\right] + \left[(0{,}5455)(4{,}95)(5{,}74)(15)+(16)(32{,}25)(14{,}44)\right] + \left[(-0{,}2148)(4{,}77)(2{,}63)(9)+(10)(32{,}6)(14{,}7)\right] = 19305{,}73$$

Wir setzen nun in Formel (67) ein:

$$r_G = \frac{(37)(19305{,}73) - (1224{,}03)(574{,}06)}{\sqrt{\left[(37)(41234{,}14) - (1224{,}03)^2\right]\left[(37)(9679{,}84) - (574{,}06)^2\right]}} = \frac{11645{,}35}{\sqrt{(27413{,}74)(28609{,}20)}} = +.42$$

Zum Vergleich wollen wir r_G auch aufgrund der ursprünglichen Daten aus Tabelle 2 berechnen. Dann ist

$$r_{G(exakt)} = \frac{(37)(19303) - (1224)(574)}{\sqrt{\left[(37)(41232) - (1224)^2\right]\left[(37)(9678) - (574)^2\right]}} = \frac{11635}{\sqrt{(27408)(28610)}} = +.415 = +.42$$

Wir sehen, daß die Rückrechnung von r_G für die Gesamtgruppe aufgrund der Informationen über die Einzelgruppen aus Tabelle 26 gut gelungen ist. Der ganze Rechenaufwand ist natürlich nur lohnend, wenn man lediglich die Gruppeninformation der Art wie in Tabelle 26 besitzt und nicht auf die Meßwerte zurückgreifen kann. Sind letztere vorhanden, so ist man wesentlich schneller am Ziel, wenn man von diesen ausgehend r_G bestimmt.

8.8. DIE MITTELUNG VON KORRELATIONSKOEFFIZIENTEN

Abzuheben von dem eben besprochenen Korrelationskoeffizienten von zusammengefaßten Gruppen ist die Mittelung, die Bestimmung des Durchschnitts von J Korrelationskoeffizienten. Hierbei wird die durchschnittliche Korrelation innerhalb der Gruppen bestimmt, d.h. der entstehende Koeffizient ist unbeeinflußt von etwaigen Mittelwerts- und Varianzunterschieden der Gruppen in X und/oder Y.

Wir wollen diesen Korrelationskoeffizienten mit $\bar{r}_I$ bezeichnen. Veranschaulichen wir uns an den nachfolgenden Streuungsdiagrammen den Unterschied zwischen r_G und $\bar{r}_I$.

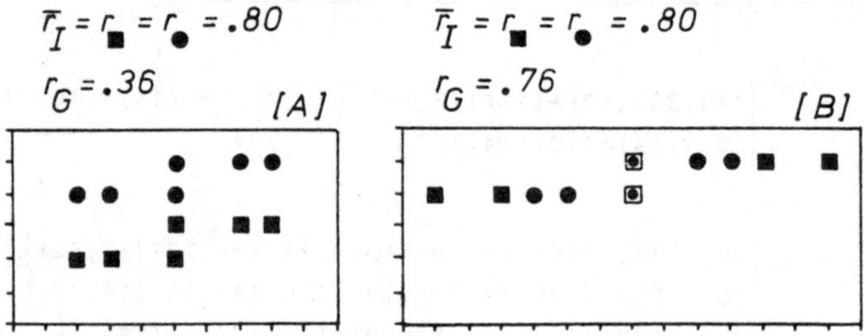

In Diagramm (A) unterscheiden sich die Gruppen im Y-Mittel. Die durchschnittliche Korrelation innerhalb ($\bar{r}_I$) wird davon nicht beeinflußt (sie ist wie die beiden Gruppenkorrelationen gleich .80), im Gegensatz zur Korrelation der Gesamtgruppe, die aufgrund dieses Mittelwertsunterschieds den Wert r_G = .36 aufweist. In Diagramm (B) unterscheiden sich die beiden Gruppen in der Varianz in X; dies hat ebenfalls keinen Einfluß auf $\bar{r}_I$, das wieder gleich den beiden Gruppenkorrelationen ist, während dieser Varianzunterschied zu einer Korrelation von r_G = .76 für die Gesamtgruppe führt.

Wir wollen zwei Methoden der Mittelung von Korrelationen besprechen. Bei der einen gehen die untransformierten Koeffizienten der J Gruppen ein, bei der anderen wird zur Mittelung die sog. Fisher'sche z'-Transformation herangezogen.[1)]

---

1) Bezüglich einer Gesamtdarstellung der möglichen Mittelungsverfahren und ihrer Probleme siehe HORNKE, L. Verfahren zur Mittelung von Korrelationen. Psychologische Beiträge, 1973, <u>15</u>, 87-105; und JÄGER, R. Methoden zur Mittelung von Korrelationen. Psychologische Beiträge, 1974, <u>16</u>, 417-427.

(A) <u>Durchschnittliche Korrelation innerhalb der Gruppen: Mittelung der r_j-Werte</u>.

* Gleiche Stichprobenumfänge ($n_1 = n_2 = \ldots = n_J$)

$$(\overline{68})\quad \bar{r}_I = \frac{r_1 + r_2 + \ldots + r_J}{J}$$

* Ungleiche Stichprobenumfänge

$$(\overline{69})\quad \bar{r}_I = \frac{n_1 \cdot r_1 + n_2 \cdot r_2 + \ldots + n_J \cdot r_J}{N}$$

(B) <u>Durchschnittliche Korrelation innerhalb der Gruppen: Mittelung über z'-Werte</u>.

Hier werden die r_j-Werte zuerst mittels der Fisher'schen z'-Transformation in z'-Werte transformiert, diese z'-Werte gemittelt und das so erhaltene $\bar{z}'_I$ retransformiert in einen $\bar{r}_I$-Wert. Die notwendigen Transformationen können mittels TABELLE B im Anhang durchgeführt werden.

* Gleiche Stichprobenumfänge

$$(\overline{70})\quad \bar{z}'_I = \frac{z'_1 + z'_2 + \ldots + z'_J}{J}$$

* Ungleiche Stichprobenumfänge

$$(\overline{71})\quad \bar{z}'_I = \frac{z'_1(n_1 - 3) + z'_2(n_2 - 3) + \ldots + z'_J(n_J - 3)}{N - 3 \cdot J}$$

In den Formeln (68) bis (71) bedeuten

J = Anzahl der Gruppen

$n_1, n_2, \ldots, n_J$ = Umfänge der Gruppen (= n, wenn alle Gruppenumfänge gleich sind)

$r_1, r_2, \ldots, r_J$ = Korrelationskoeffizienten der Gruppen

N = $n_1 + n_2 + \ldots + n_J$ = Gesamtzahl aller Probanden

$z'_1, z'_2, \ldots, z'_J$ = Nach z' transformierte Werte $r_1, r_2, \ldots, r_3$

Wir wollen für die Demonstration der Berechnungen von den in Tabelle 26 wiedergegebenen Korrelationskoeffizienten ausgehen. Für die J = 3 Gruppen ist

GRUPPE 1	GRUPPE 2	GRUPPE 3
r_1 = .36	r_2 = .55	r_3 = -.21
n_1 = 11	n_2 = 16	n_3 = 10

(a) Mittelung der r_j-Werte. Wir verwenden Formel (69); dann ist

$$\bar{r}_I = \frac{(11) \cdot (.36) + (16) \cdot (.55) + (10) \cdot (-.21)}{37} = \frac{10,66}{37} = .29$$

(b) Mittelung über z'-Werte. Als erstes transformieren wir die r_j-Werte in z'_j-Werte. Nach TABELLE B ist

$r_1 = .36 \longrightarrow z'_1 = .377$
$r_2 = .55 \longrightarrow z'_2 = .618$
$r_3 = -.21 \longrightarrow z'_3 = -.213$

Wir setzen in Formel (71) ein

$$\bar{z}'_I = \frac{(.377) \cdot (11 - 3) + (.618) \cdot (16 - 3) + (-.213) \cdot (9 - 3)}{37 - (3)(3)}$$
$$= \frac{9,772}{28} = 0,349$$

Einem z'-Wert von 0,349 entspricht ein r-Wert von .335. Es ergibt sich bei der Verwendung der z'-Transformation somit $\bar{r}_I = .34$.

Die Mittelung über Fisher's z'-Transformation ist die vorzuziehende Methode. Allerdings liefern beide Verfahren recht ähnliche Ergebnisse, wenn die zu mittelnden Koeffizienten im unteren Bereich liegen oder wenn es sich um hohe Korrelationen handelt, die jedoch eng beieinander liegen. Stärkere Ergebnisdifferenzen treten hingegen auf, wenn die r_{xy}-Werte über einen weiten Bereich streuen, d.h. hohe und niedrige Koeffizienten in die Mittelung eingehen. Denn durch die z'-Transformation erhalten die hohen Korrelationskoeffizienten ein größeres Gewicht (als bei der "normalen" Mittelung), wie TABELLE B entnommen werden kann : im unteren Wertebereich von r_{xy} sind r-Werte und z'-Werte einander noch sehr ähnlich, während im Mittel- und oberen Bereich die z'-Werte zunehmend größer werden als die zugehörigen r-Werte.

8.9. TEIL-GANZES-KORRELATION (PART-WHOLE-KORRELATION)

Bei Tests mit zwei oder mehr Untertests werden häufig die Gesamttestwerte dadurch gewonnen, daß man die Untertestwerte der Person i addiert. So war es auch in Mathematiktest M-T-A-S (vgl. Tabelle 2, S. 32), der Gesamttestwert ist die Summe aus den Untertestwerten "Algebra", "Geometrie" und "Funktionen". Wenn wir nun hingehen, und in einer Gruppe von Personen z.B. die Untertestwerte "Funktionen" mit dem Gesamttestwert korrelieren, so ist bei jeder Person der "Funktionen"-Wert auch ein Teil des Gesamttestwertes, d.h. bei dieser Art von Korrelation (Untertest = Teil, Gesamttest = Ganzes) wird teilweise der Untertestwert mit sich selbst korreliert. Veranschaulichen wir uns das:

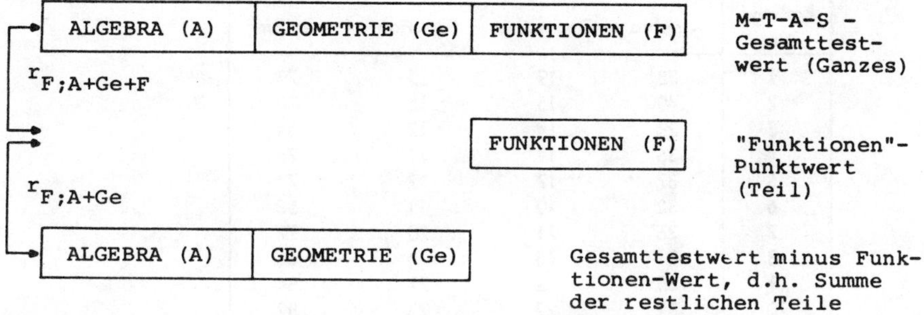

Betrachten wir die beiden angedeuteten Korrelationen $r_{F;A+Ge+F}$ und $r_{F;A+Ge}$.

Aufgrund der teilweisen Korrelation von F mit sich selbst fällt $r_{F;A+Ge+F}$ größer aus als $r_{F;A+Ge}$. Im Extremfall könnte es sein, daß $r_{F;A+Ge} = 0$ ist, $r_{F;A+Ge+F}$ jedoch einen substantiellen Wert aufweist, allein aufgrund des Sachverhalts der teilweisen Selbstkorrelation.

Aus diesem Grunde - daß wir es bei Teil-Ganze-Korrelationen in mehr oder weniger starkem Ausmaß mit Scheinkorrelationen zu tun haben - möchte man häufig wissen, wie groß eben dieser Anteil ist, der auf die teilweise Korrelation des Teils mit sich selbst zurückgeht. Man will wissen, wie hoch der Teil mit dem Ganzen korreliert, von dem man den Teil abgezogen hat.

Dies wäre bei unserem Beispiel die Korrelation $r_{Funktionen;Algebra+Geometrie} = r_{F;A+Ge} = r_{F;(A+Ge+F)-F}$. Rechnerisch ließe sich die Korrelation $r_{F;A+Ge}$ einmal dadurch gewinnen, daß wir bei jeder Person die Summe aus "Algebra" und "Geometrie" bilden und diesen Summenwert mit dem "Funktionen"-Wert korrelieren.

Hat man jedoch die Korrelation zwischen Teil und Ganzem vorliegen (sowie die Varianzen von Teil und Ganzem) - d.h. in unserem Fall $r_{F;A+Ge+F}$ - dann läßt sich die gewünschte Korrelation Teil mit Ganzes minus Teil ($r_{T;G-T}$) über folgende Formel bestimmen:

$$(\underline{72})\quad r_{T;G-T} = \frac{r_{TG} \cdot s_G - s_T}{\sqrt{s_G^2 + s_T^2 - 2\, r_{GT} \cdot s_G \cdot s_T}}$$

Tabelle 27 : Daten für die Bestimmung der Korrelation Teil mit Ganzes minus Teil ($r_{T;G-T}$); Auszug aus Tabelle 2, S. 32.

Proband Nr.	Algebra	+ Geometrie	+ Funktion	= Gesamt
1	38	19	20	77
2	40	15	15	70
3	28	14	12	54
4	36	19	21	76
5	37	17	17	71
6	32	10	11	53
7	36	21	20	77
8	31	18	14	63
9	35	22	27	84
10	37	22	23	82
11	32	19	19	70

n = 11

(Algebra + Geometrie) — Funktion: $r_{T;G-T}$; Funktion — Gesamt: r_{TG}

$s_G^2 = 106,45$ $\quad s_T^2 = 23,49$ $\quad r_{TG} = .9466$

$s_G = 10,32$ $\quad s_T = 4,85$ $\quad \left[r_{T;G-T} = .83\right]$

wobei

r_{TG} : Korrelation Teil-Ganzes

s_G^2, s_G : Varianz, Standardabweichung des Ganzen

s_T^2, s_T : Varianz, Standardabweichung des Teils

Wir wollen für die Demonstration der Berechnungen aus Tabelle 2, S. 32, die M-T-A-S-Werte der n = 11 männlichen Studenten heranziehen, deren letzte Mathematiknote 1 oder 2 war. Diese Werte sind in Tabelle 27 nocheinmal wiedergegeben.

Wir setzen die Größen aus Tabelle 27 in Formel (72) ein

$$r_{T;G-T} = \frac{(.9466)(10,32) - 4,85}{\sqrt{106,45 + 23,49 - (2)(.9466)(10,32)(4,85)}} = .83$$

Dieser über Formel (72) ermittelte Wert von $r_{T;G-T}$ stimmt exakt mit dem überein, den wir erhalten, wenn wir bei jedem Probanden die Summe Algebra und Geometrie bilden und diese mit Funktionen korrelieren (vgl. den eingeklammerten $r_{T;G-T}$-Wert in Tabelle 27).

Man bezeichnet $r_{T;G-T}$ auch als die part-whole-korrigierte Korrelation zwischen dem Teil und dem Ganzen. Man sollte solche part-whole-korrigierten Koeffizienten besonders dann bestimmen, wenn der Teil einen relativ großen Anteil vom Ganzen ausmacht, was dann der Fall ist, wenn das Ganze nur aus wenigen Teilen zusammengesetzt ist (wie in unserem Fall). Besteht das Ganze hingegen aus vielen Teilen, die relativ gleichmäßig zur Gesamtvarianz beitragen, dann unterscheiden sich korrigierte und unkorrigierte Koeffizienten relativ wenig. Trotzdem sollte man bei einem Vergleich der Teil-Ganze-Koeffizienten der verschiedenen Teile von den part-whole korrigierten Werten ausgehen. Dieser Korrektur werden wir im übrigen im Kapitel über Item - analyse in Form der "korrigierten Trennschärfe" wiederbegegnen.

9 KORRELATION UND LINEARE REGRESSION

Wir haben im ersten Kapitel erläutert, daß ein wesentliches Anliegen der Psychologie darin besteht, aufgrund der Kenntnis von Merkmalen und Eigenschaften, die Personen aufweisen, Vorhersagen über deren Verhalten zu machen. Wir haben festgestellt, daß wir Vorhersagen nur dann treffen können, wenn uns die Beziehung zwischen dem Merkmal, das wir zur Vohersage benutzen wollen - dem Prädiktor - und dem Merkmal, das wir vorhersagen wollen - dem Kriterium - bekannt ist.

Wir verwenden als Ausdruck dieser Beziehung in der Regel den bereits besprochenen Korrelationskoeffizienten. Dabei setzen wir voraus, daß zwischen Prädiktor und Kriterium eine lineare Beziehung besteht. Können wir zwischen Prädiktor und Kriterium eine von Null verschiedene Korrelation feststellen, so ist es uns möglich, aufgrund der Kenntnis des Wertes einer Person in der Prädiktorvariablen eine Vorhersage auf deren Wert in der Kriteriumsvariablen zu treffen.

Die Präzision dieser Vorhersage hängt nun entscheidend davon ab, wie "stark" die Beziehung zwischen Prädiktor und Kriterium ist. Da die Stärke der Beziehung im Betrag des Korrelationskoeffizienten zum Ausdruck kommt, wird die Güte der Vorhersage durch den Betrag des Korrelationskoeffizienten beeinflußt. Je höher der Betrag des Korrelationskoeffizienten ist, desto geringer sind die Unsicherheiten, mit denen eine Vorhersage belastet ist.

Tabelle 28 : Prädiktor- und Kriteriumswerte einer Stichprobe von n = 24 Studenten eines Programmierkurses (fiktive Daten).

Student Nr.	Prädiktorwerte (X)	Kriteriumswerte (Y)
1	118	37
2	117	23
3	114	21
4	110	12
5	112	22
6	113	14
7	109	15
8	115	31
9	118	24
10	112	10
11	109	8
12	121	34
13	114	24
14	112	26
15	111	16
16	116	17
17	119	30
18	113	30
19	118	32
20	121	39
21	110	22
22	115	20
23	116	27
24	116	35

Prädiktor X : Intelligenztestwert (IQ)

Kriterium Y : Anzahl der richtig gelösten Aufgaben im Abschlußtest

$n = 24$

$r_{xy} = .764$

$\bar{X}. = 114{,}54$

$s_x^2 = 12{,}69$

$s_x = 3{,}56$

$\bar{Y}. = 23{,}71$

$s_y^2 = 75{,}43$

$s_y = 8{,}69$

9.1. KORRELATION UND VORHERSAGE : DIE BESTIMMUNG DER REGRESSIONSGERADEN

Wenn zwischen Prädiktor und Kriterium eine von Null verschiedene lineare Beziehung besteht, so können wir durch den in einem Streuungsdiagramm eingezeichneten Punkteschwarm elliptoider Gestalt eine Gerade legen, die dem Punkteschwarm "am besten angepaßt" ist. Die Frage ist nun, was unter "am besten angepaßt" verstanden werden soll. Offensichtlich werden fast alle Punkte mehr oder minder von einer Geraden, die man durch den Punkteschwarm legt, abweichen, unabhängig davon, welche Gerade man wählt. Es wird folglich auch immer eine Diskrepanz zwischen den tatsächlichen Kriteriumswerten und den aufgrund der linearen Beziehung geschätzten Werten geben.

Zur Verdeutlichung des angesprochenen Problems betrachten wir folgendes Beispiel : In einer Untersuchung sollte festgestellt werden, ob die Vorhersage des Ausbildungserfolges in der Programmiersprache FORTRAN IV anhand des intellektuellen Niveaus der Lernenden möglich ist. Eine Stichprobe von n = 24 Studenten, die an einem Programmierkurs teilnahmen, wurde dazu vor Beginn des Kurses mit einem Intelligenzdiagnostikum untersucht. Die so erhaltenen IQ-Werte (Prädiktorwerte) sind in Spalte 2 von Tabelle 28 wiedergegeben. Am Schluß des Kurses wurde ein 50 Aufgaben umfassender Test gegeben, der die im Kurs erworbenen Kenntnisse in Programmieren überprüfte. Diese Testwerte (Kriteriumswerte) enthält Spalte 3 von Tabelle 28.

Abbildung 31 : Streuungsdiagramm der Prädiktor- und Kriteriumswerte von n = 24 Studenten eines Programmierkurses (Daten von Tabelle 28)[a]

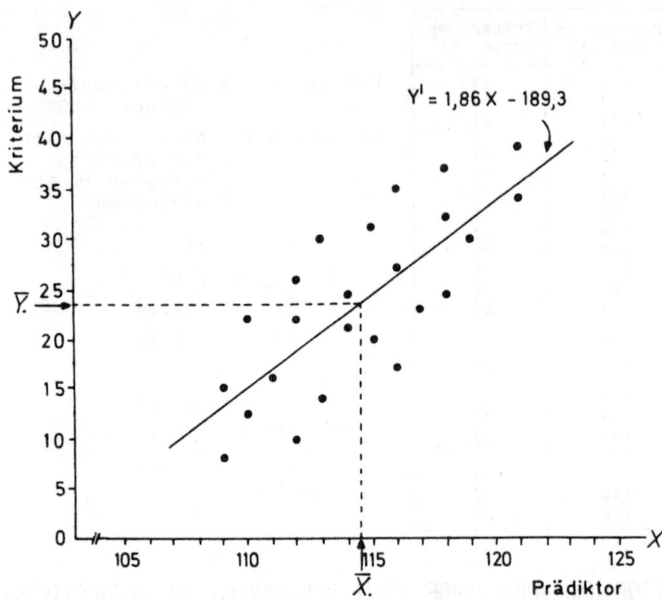

Erstellt man für die n = 24 Wertepaare dieser Stichprobe ein Streuungsdiagramm (Abbildung 31), so läßt sich durch Inspektion desselben feststellen, daß (a) eine positive Korrelation zwischen Prädiktor und Kriterium besteht und (b) die Beziehung (in guter Annäherung) linear ist. Somit läßt sich durch den Punkteschwarm sinnvoll eine Gerade legen.

Wenn es uns nun gelingt, diese Gerade so zu legen, daß die bei Abwesenheit einer perfekten Beziehung zwischen X und Y stets vorhandenen Vorhersagefehler bei der Vorhersage von Y-Werten aufgrund der Kenntnis der X-Werte ein Minimum werden, so wäre diese Gerade den Daten in dieser Problemstellung optimal angepaßt. Wir wollen deshalb im nächsten Abschnitt nach einer Methode suchen, die uns diese optimale Anpassung erlaubt.

Stellen wir jedoch vorab noch einmal zusammen, was das Ziel unseres Vorgehens ist :

* Wir möchten aufgrund der Kenntnis der Punktwerte von Personen in einer Variablen X, die mit einer Variablen Y in linearer Beziehung steht, die Werte der Personen in Y vorhersagen.

---

a) Auf diese Abbildung wird in Abschnitt 9.4. noch einmal eingegangen

* Für diese Vorhersage suchen wir eine bestimmte Regel, ein Prozedur, die uns angibt, wie wir die Werte in Y vorhersagen sollen.

* Bei der Vorhersage möchten wir den kleinstmöglichen Vorhersagefehler machen.

* Wir untersuchen nun an einer Stichprobe von n Personen den Zusammenhang zwischen Prädiktor und Kriterium, d.h. bei diesen Personen kennen wir sowohl die Vorhersagewerte (X) als auch die vorherzusagenden Werte (Y). Unsere primäre Absicht ist deshalb hier nicht die Vorhersage von etwas Unbekanntem. Die Analyse der Prädiktor-Kriteriumsbeziehung in dieser Gruppe hat vielmehr das Ziel, die Vorhersageregel zu erstellen.

* Dabei legen wir in den Punkteschwarm dieser Gruppe eine Gerade dergestalt, daß der "Vorhersagefehler" seinen kleinstmöglichen Wert hat. Die Vorhersage verläuft nach "Verlegung" der Geraden so, daß wir für jeden Wert X_i senkrecht zur Geraden hoch gehen und am Schnittpunkt (in Gedanken) einen Punkt einzeichnen; was wir für diesen Punkt auf der Kriteriumsachse ablesen, ist der vorhergesagte Wert im Kriterium, den wir mit Y_i' bezeichnen.

* Unsere Vorhersageregel ist hier die Gleichung für die Gerade, die wir in den Punkteschwarm gelegt haben.

* Diese Vorhersageregel (=Geradengleichung) verwenden wir nun, um bei Personen, von denen wir nur den Prädiktorwert kennen, einen Wert im Kriterium vorherzusagen.

* Wir machen dabei die Annahme, daß für diese neue(n) Person(en) die Vorhersageregel, die wir an einer Stichprobe anderer Personen erstellt haben, die gleiche Gültigkeit hat.

Beziehen wir das Gesagte auf unser Beispiel. An den n = 24 Kursteilnehmern gewinnen wir die Vorhersageregel, d.h. die Geradengleichung. Mit dieser Regel können wir dann in späteren Kursen den Teilnehmern zu Beginn des Kurses aufgrund ihrer Leistung im Intelligenztest vorhersagen, wie gut sie wahrscheinlich im Kursabschlußtest abschneiden werden.

9.2. DIE METHODE DER KLEINSTEN QUADRATE

Wir wollen uns das Problem der Auffindung und der Definition des gesuchten Kriteriums nochmals graphisch veranschaulichen. Wir suchen ein Kriterium, das die Vorhersagefehler bei der Vorhersage der Y-Werte aus Kenntnis der X-Werte ein Minimum werden läßt. Da die von uns vorhergesagten Y-Werte, die wir mit Y' bezeichnen, auf der Geraden liegen, müssen wir die Gerade so legen, daß die Summe der Quadrate der Abweichungen der beobachteten Y-Werte von der Geraden (den vorhergesagten Werten Y') minimal wird. Abbildung 32 veranschaulicht diesen Sachverhalt. Wir sehen eine bivariate Verteilung von n = 10 Datenpunkten. Die Abweichung jedes Datenpunktes von der Geraden wird mit dem Symbol e bezeichnet, d.h. für den Probanden i ist $e_i = (Y_i - Y_i')$; in Abbildung 32 ist dies für den Probanden Nr. 7 hervorgehoben.

Abbildung 32 : Abweichungen von n = 10 Datenpunkten von einer Regressionsgeraden, die so gelegt wurde, daß die Summe der quadrierten Vorhersagefehler ($\sum e_i^2$) bei der Vorhersage der Y-Werte aufgrund der Kenntnis der X-Werte ein Minimum wird.

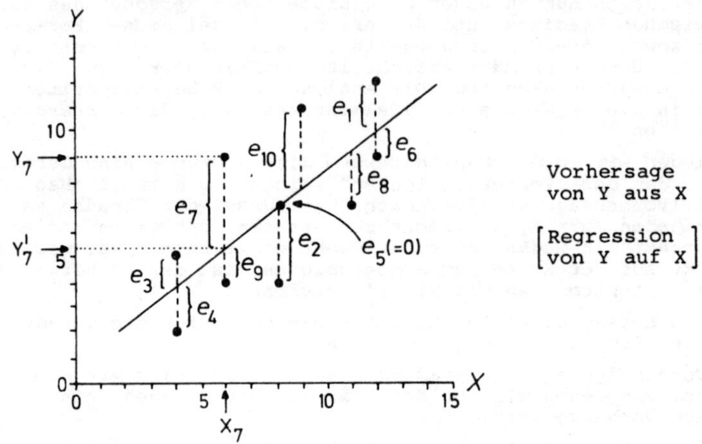

Wenn wir also nach der Methode der kleinsten Quadrate eine Gerade in den Punkteschwarm legen, so bedeutet dies, daß der Wert der Summe

$$\sum_{i}^{n} e_i^2 = \sum_{i}^{n} (Y_i - Y'_i)^2$$

ein Minimum wird; diese Art der Lösung des Problems der Anpassung einer Geraden geht auf Karl Pearson zurück.

Wir sind bisher von der Frage ausgegangen, wie man eine Gerade der "besten Anpassung" so legen kann, daß bei der Vorhersage von Y aus X die Vorhersagefehler ein Minimum werden. Wir können jedoch prinzipiell auch die Frage stellen, wie eine Gerade so gelegt werden kann, daß bei der Vorhersage von X aus Y die Vorhersagefehler minimal werden.

Auch hier bietet sich als Lösung die Methode der kleinsten Quadrate an. Wir legen die Gerade bei dieser Art der Problemstellung allerdings so, daß die Summe der Quadrate der Abweichungen der beobachteten X-Werte von der Geraden (den vorhergesagten Werten X'), d.h.

$$\sum_{i}^{n} d_i^2 = \sum_{i}^{n} (X_i - X'_i)^2$$

ein Minimum ist. Abbildung 33 zeigt dieses Problem in graphischer Veranschaulichung; für den Probanden 7 ist die Abweichung $d_7 = (X_7 - X'_7)$ wieder hervorgehoben.

Abbildung 33 : Abweichungen von n = 10 Datenpunkten von einer Regressionsgeraden, die so gelegt wurde, daß die Summe der quadrierten Vorhersagefehler ($\sum d_i^2$) bei der Vorhersage der X-Werte aufgrund der Kenntnis der Y-Werte ein Minimum wird; gleiche Daten wie bei Abbildung 32.

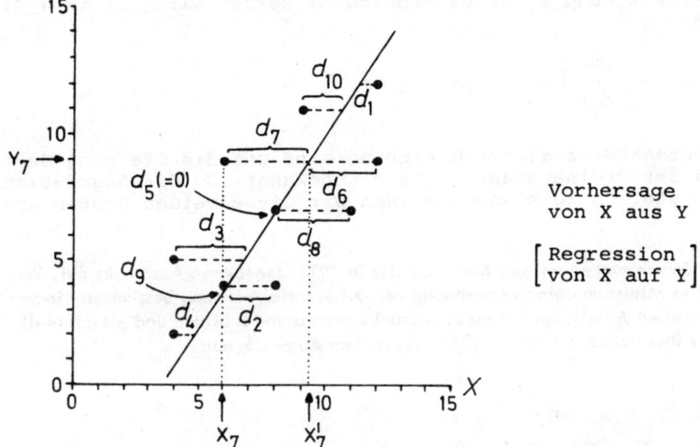

Die Existenz zweier Regressionsgeraden ist jedoch vorwiegend von theoretischem Interesse (wir werden später darauf zurückkommen). Bei praktischen Problemen der Vorhersage ist dieser Sachverhalt insofern für uns nicht von Bedeutung, da wir stets in einer Richtung vorhersagen wollen. Daher können wir immer die vorherzusagende Variable (das Kriterium) als Y und die Variable, die wir zur Vorhersage verwenden (den Prädiktor) als X definieren. Bei der folgenden Ableitung der Regressionsgleichung können wir uns daher auf die Ermittlung der Formeln beschränken, die bei der Vorhersage von Y aufgrund der Kenntnis von X anwendbar sind.

9.3. ABLEITUNG DER ROHWERTFORMEL FUER DIE REGRESSIONSGLEICHUNG

Wir gehen davon aus, daß zwischen beiden Variablen eine lineare Beziehung besteht und daß wir daher durch den Punkteschwarm eine Gerade legen können. Diese Gerade, auf der die vorherzusagenden Werte Y_i' liegen, hat die allgemeine Form

(73) $$Y_i' = bX_i + a$$

Der Vorhersagefehler für einen Probanden i ergibt sich aus der Differenz zwischen beobachtetem Wert Y_i und vorhergesagtem Wert Y_i'. Wir hatten diesen Vorhersagefehler in Abbildung 32 mit e_i bezeichnet. Nach dem Prinzip der kleinsten Quadrate wollen wir die Gerade so legen, daß die Summe der quadrierten Vorhersagefehler ein Minimum wird. Bezeichnen wir die Summe der quadrierten Vorhersagefehler mit V, so soll folgender Ausdruck ein Minimum werden :

(74) $$V = \sum_{i}^{n} (Y_i - Y_i')^2$$

Da uns Y_i' nicht bekannt ist (wir kennen ja nur die tatsächlich beobachteten Werte X_i und Y_i jedes Probanden) setzen wir (73) in (74) ein und erhalten

(75) $$V = \sum_{i}^{n} \left[Y_i - (bX + a) \right]^2$$

Auf der rechten Seite dieser Gleichung sind uns die Steigung der Geraden b und der Ordinatenabschnitt a unbekannt. Um die Regressionsgleichung erstellen zu können, müssen wir diese beiden Größen ermitteln.[1)]

Zu diesem Zweck suchen wir das Minimum des in (75) gegebenen Ausdrucks auf. Wir können dieses Minimum unter Verwendung der Differentialrechnung bestimmen, indem wir die partiellen Ableitungen dieses Ausdrucks nach a und b bilden und gleich Null setzen. Wir lösen zunächst den in (75) gegebenen Ausdruck auf:

$$\begin{aligned} V &= \Sigma (Y_i - a - bX_i)^2 \\ &= \Sigma (Y_i^2 - aY_i - bX_iY_i - aY_i + a^2 + abX_i - bX_iY_i + abX_i + b^2X_i^2) \\ &= \Sigma (Y_i^2 - 2aY_i + a^2 + 2abX_i - 2bX_iY_i + b^2X_i^2) \end{aligned}$$

► Bestimmung von a durch Bildung der partiellen Ableitung $\frac{\partial V}{\partial a}$ und Nullsetzung

$$\begin{aligned} \frac{\partial V}{\partial a} &= \Sigma (-2Y_i + 2a + 2bX_i) \\ &= -2\,\Sigma Y_i + 2na + 2b\Sigma X_i \end{aligned}$$

■ Nullsetzen

$$-2\Sigma Y_i + 2na + 2b\Sigma X_i = 0$$

■ Auflösen nach a

$$na = \Sigma Y_i - b\Sigma X_i$$

1) Bei den folgenden Ableitungen werden zur Vereinfachung der Schreibweise die Summationsgrenzen bei den Summenzeichen weggelassen. Es wird stets über alle n Probanden summiert (i = 1, 2, ..., n).

(76) $$a = \frac{\sum Y_i - b \sum X_i}{n}$$

andere Schreibweise für (76) :

(77) $$a = \bar{Y}. - b\bar{X}.$$

► **Bestimmung von b durch Bildung der partiellen Ableitung $\frac{\partial v}{\partial b}$ und Nullsetzung**

$$\frac{\partial v}{\partial b} = \sum(2aX_i - 2X_iY_i + 2bX_i^2)$$

$$= 2a\sum X_i - 2\sum X_iY_i + 2b\sum X_i^2$$

■ Nullsetzen

$$2a\sum X_i - 2\sum X_iY_i + 2b\sum X_i^2 = 0$$

■ Auflösen nach b

$$2b\sum X_i^2 = 2\sum X_iY_i - 2a\sum X_i$$

$$b\sum X_i^2 = \sum X_iY_i - a\sum X_i$$

(78) $$b = \frac{\sum X_i Y_i - a \sum X_i}{\sum X_i^2}$$

Wir bestimmen nun b, indem wir in Gleichung (78) die rechte Seite von Gleichung (76) einsetzen :

$$b = \frac{\sum X_i Y_i - \left[\frac{\sum Y_i - b\sum X_i}{n}\right]\sum X_i}{\sum X_i^2}$$

$$b\sum X_i^2 = \sum X_i Y_i - \left[\frac{\sum Y_i - b\sum X_i}{n}\right]\sum X_i \quad \Big| \quad n$$

$$nb\sum X_i^2 = n\sum X_i Y_i - \sum X_i \sum Y_i + b(\sum X_i)^2$$

$$b\left[n\sum X_i^2 - (\sum X_i)^2\right] = n\sum X_i Y_i - \sum X_i \sum Y_i$$

(79) $$b = \frac{n \sum X_i Y_i - \sum X_i \sum Y_i}{n \sum X_i^2 - \left[\sum X_i\right]^2}$$ [b wird als Regressionskoeffizient bezeichnet]

Damit haben wir die in Formel (73) zur Vorhersage fehlenden Größen a und b bestimmt und können die Gleichung der Regressionsgeraden zur Vorhersage von Y aus X bestimmen. Häufig wird dafür folgende Gleichung angegeben (die sog. "Rohwertformel" der Regressionsgleichung) :

$$Y_i' = \left[r_{xy} \frac{s_y}{s_x}\right] X_i - \left[r_{xy} \frac{s_y}{s_x}\right] \bar{X}. + \bar{Y}.$$

Diese Rohwertformel der Regressionsgleichung soll nachfolgend entwickelt werden. Wir gehen dazu von Formel (73) aus, setzen für a den Ausdruck ($\bar{Y}. - b\,\bar{X}.$) ein und erhalten :

(80) $$Y_i' = b\,X_i - b\,\bar{X}. + \bar{Y}.$$

Es ist nun zu zeigen, daß $b = r_{xy} \dfrac{s_y}{s_x}$.

Wir setzen dazu auf beiden Seiten die Rohwertformeln für r_{xy}, s_y und b ein:

$$\frac{n\sum X_i Y_i - \sum X_i \sum Y_i}{n\sum X_i^2 - (\sum X_i)^2} = \frac{n\sum X_i Y_i - \sum X_i \sum Y_i}{\sqrt{n\sum X_i^2 - (\sum X_i)^2}\sqrt{n\sum Y_i^2 - (\sum Y_i)^2}} \cdot \frac{\sqrt{n\sum Y_i^2 - (\sum Y_i)^2} \Big/ \sqrt{n(n-1)}}{\sqrt{n\sum X_i^2 - (\sum X_i)^2} \Big/ \sqrt{n(n-1)}}$$

Durch Kürzung und Zusammenfassung der Ausdrücke auf der rechten Seite ergibt sich der gleiche Ausdruck wie auf der linken Seite, so daß gilt (wie zu zeigen war) :

$(\overline{81})$ Steigung der Regressionsgeraden (Regressionskoeffizient) $= b = r_{xy} \cdot \frac{s_y}{s_x}$ [1)]

Setzen wir nunmehr $(\overline{81})$ in $(\overline{80})$ ein, so erhalten wir die Rohwertformel für die Regressionsgleichung:

$$(\overline{82})\quad Y'_i = \left[r_{xy} \cdot \frac{s_y}{s_x}\right] X_i - \left[r_{xy} \cdot \frac{s_y}{s_x}\right] \bar{X}. + \bar{Y}.$$

Hierbei sind:

Y'_i : Vorhergesagter (Roh)Wert des Probanden i im Kriterium Y
r_{xy} : Produkt-Moment Korrelationskoeffizient der Variablen X und Y
s_y : Standardabweichung der Variablen Y
s_x : Standardabweichung der Variablen X
X_i : (Roh)Wert des Probanden i im Prädiktor X
$\bar{X}.$: Mittelwert der Variablen X
$\bar{Y}.$: Mittelwert der Variablen Y

Unter Verwendung dieser Formel können wir für beliebige Werte X_i die entsprechenden Werte in der Variablen Y vorhersagen.

BEISPIEL
Ein Student, der an einem Programmierkurs teilnehmen möchte, hat einen IQ von 118. Ist es zu erwarten, daß dieser Student nach Abschluß des Kurses überdurchschnittliche Programmierkenntnisse aufweist? Welchen Wert im Programmierkenntnistest können wir vorhersagen. Wir greifen dazu auf die Daten von Tabelle 28 (S. 181) zurück und verwenden zur Lösung dieses Problems Formel $(\overline{82})$:

$$Y' = (.764) \cdot \frac{8,69}{3,56} \cdot (118) - (.764) \cdot \frac{8,69}{3,56} (114,54) + 23,71$$
$$= 220,06 - 213,61 + 23,71 = 30, \approx 30$$

Statt Y' über Formel $(\overline{82})$ zu berechnen hätten wir auch zuerst die Grössen b und a nach Formel $(\overline{81})$ bestimmen und diese dann in die allgemeine Form der Regressionsgleichung für die Vorhersage der Kriteriumswerte aufgrund der Prädiktorwerte [Formel $(\overline{73})$] einsetzen können. Auf diesem Wege ergibt sich:

$$b = r_{xy} \cdot \frac{s_y}{s_x} = (.764) \cdot \frac{8,69}{3,56} = 1,86$$

$$a = \bar{Y}. - b\bar{X}. = 23,71 - (1,86)(114,54) = -189,33$$

Wir setzen nun in $(\overline{73})$ ein

$$Y'_i = bX_i + a$$
$$= (1,86) \cdot (118) - 189,33 = 30,2 \approx 30$$

Hat ein Student, der an einem Programmierkurs teilnimmt, einen IQ von 118, so ist zu erwarten, daß seine Kenntnisse nach Abschluß des Kurses über dem Durchschnitt liegen.

1) Für den Ordinatenabschnitt a gilt dann $a = \bar{Y}. - b\bar{X}. = \bar{Y}. - r_{xy} \frac{s_y}{s_x} \bar{X}.$

9.4. EINE GRAPHISCHE LOESUNG DES VORHERSAGEPROBLEMS

Wenn eine gewisse Ungenauigkeit der Vorhersage toleriert werden kann und wenn eine große Anzahl von Vorhersagen zu treffen ist, dann bietet die Vorhersage unter Verwendung einer graphischen Darstellung einige Vorzüge. Man konstruiert eine entsprechende Darstellung, indem man auf der Abszissenachse die Prädiktorvariable X und auf der Ordinatenachse die vorherzusagende Variable Y abträgt. Die Regressionsgerade wird in ein Diagramm dieser Art eingezeichnet, indem man für zwei X-Werte die entsprechenden Y'-Werte bestimmt und durch diese Punkte die Gerade legt. Kontrollmöglichkeit: Diese Gerade muß immer durch den von $\overline{X}.$ und $\overline{Y}.$ gebildeten Koordinatenpunkt laufen (vgl. Abbildung 31, S. 182).

9.5. ANDERE DARSTELLUNGEN DER REGRESSIONSGLEICHUNG: DIE FORMEL FUER ABWEICHUNGSWERTE UND DIE FORMEL FUER z-WERTE

Wir haben bisher die Regressionsgleichung in der Rohwertform verwendet und abgeleitet.

$$(\overline{82})\quad Y'_i = \left[r_{xy} \cdot \frac{s_y}{s_x}\right] X_i - \left[r_{xy} \cdot \frac{s_y}{s_x}\right] \overline{X}. + \overline{Y}. \qquad \left[\begin{array}{l}\text{Regressionsgleichung}\\ \text{für Rohwerte}\end{array}\right]$$

Diese Schreibweise läßt sich wie folgt umformen:

$$Y'_i = \left[r_{xy} \cdot \frac{s_y}{s_x}\right] \cdot (X_i - \overline{X}.) + \overline{Y}.$$

Subtrahieren wir auf beiden Seiten $\overline{Y}.$, so ergibt sich:

$$Y'_i - \overline{Y}. = \left[r_{xy} \cdot \frac{s_y}{s_x}\right] \cdot (X_i - \overline{X}.)$$

Da $y'_i = (Y'_i - \overline{Y}.)$ und $x_i = (X_i - \overline{X}.)$ können wir schreiben:

$$(\overline{83})\quad y'_i = \left[r_{xy} \cdot \frac{s_y}{s_x}\right] x_i \qquad \left[\begin{array}{l}\text{Regressionsgleichung}\\ \text{für Abweichungswerte}\end{array}\right]$$

Formel ($\overline{83}$) gibt die Regressionsgleichung für die Regression von Y auf X für Abweichungswerte an. Die Regressionsgleichung für z-Werte läßt sich aus ($\overline{83}$) wie folgt entwickeln:

$$y'_i = \left[r_{xy} \cdot \frac{s_y}{s_x}\right] x_i \qquad \Big| \cdot \frac{1}{s_y}$$

$$\frac{y'_i}{s_y} = \left[r_{xy} \cdot \frac{s_y}{s_y \cdot s_x}\right] x_i.$$ Da $z_{xi} = x_i/s_x$ folgt:

$$(\overline{84})\quad z'_{yi} = r_{xy} \cdot z_{xi} \qquad \left[\begin{array}{l}\text{Regressionsgleichung}\\ \text{für z-Werte}\end{array}\right]$$

Hierbei handelt es sich um die einfachste mögliche Schreibweise für die Regressionsgleichung bei Vorhersage von Y aufgrund der Kenntnis von X. Diese Formel macht deutlich, daß zwischen Korrelation und Regression eine enge Beziehung besteht. Ist $r_{xy} = +1$, so sind die vorhergesagten z-Werte mit den z-Werten, die wir zur Vorhersage verwenden, identisch. Bei perfekter inverser Beziehung ($r_{xy} = -1$) haben die z-Werte gleichen Betrag, jedoch unterschiedliches Vorzeichen. Besteht zwischen X und Y keine Beziehung, so sagen wir für jeden Wert z_{xi} den Mittelwert der Verteilung der z_y-Werte, d.h. $z'_{yi} = 0 = \bar{z}_{y.}$ vorher.

9.6. VORHERSAGE VON X AUS Y

Muß man im Rahmen bestimmter Erörterungen gleichzeitig auf beide Regressionsgeraden Bezug nehmen, so ist durch entsprechende Notation kenntlich zu machen, um welchen Regressionskoeffizienten bzw. welchen Achsenabschnitt es sich handelt. Stellen wir für beide Fälle (Vorhersage von Y aus X und Vorhersage von X aus Y) die für die Regressionsgleichung bedeutsamen Größen zusammen. Es ist

A) REGRESSION VON Y AUF X (VORHERSAGE VON Y AUS X)

$$b_{yx} = r_{xy} \cdot \frac{s_y}{s_x} \qquad \text{[Regressionskoeffizient]}$$

$$a_{yx} = (\bar{Y}. - b_{yx}\,\bar{X}.) = \bar{Y}. - r_{xy} \cdot \frac{s_y}{s_x} \cdot \bar{X}. \qquad \text{[Ordinatenabschnitt]}$$

$$Y'_i = b_{yx} \cdot X_i + a_{yx} \qquad \text{[Regressionsgleichung]}$$

B) REGRESSION VON X AUF Y (VORHERSAGE VON X AUS Y)

$$(\underline{\overline{85}})\quad b_{xy} = r_{xy} \cdot \frac{s_x}{s_y} \qquad \text{[Regressionskoeffizient]}$$

$$(\underline{\overline{86}})\quad a_{xy} = (\bar{X}. - b_{xy} \cdot \bar{Y}.) = \bar{X}. - r_{xy} \cdot \frac{s_x}{s_y} \cdot \bar{Y}. \qquad \text{[Abzissenabschnitt]}$$

$$(\underline{\overline{87}})\quad X'_i = b_{xy} \cdot Y_i + a_{xy} \qquad \text{[Regressionsgleichung]}$$

$$(\underline{\overline{88}})\quad X'_i = \left[r_{xy} \cdot \frac{s_x}{s_y}\right] Y_i - \left[r_{xy} \cdot \frac{s_x}{s_y}\right] \bar{Y}. + \bar{X}. \qquad \text{[Regressionsgleichung für Rohwerte]}$$

$$(\underline{\overline{89}})\quad x'_i = \left[r_{xy} \cdot \frac{s_x}{s_y}\right] y_i \qquad \text{[Regressionsgleichung für Abweichungswerte]}^{1)}$$

---

1) $y_i = (Y_i - \bar{Y}.)$

(90) $z'_{xi} = r_{xy} \cdot z_{yi}$ [Regressionsgleichung für z-Werte]

9.7. GEOMETRISCHE VERANSCHAULICHUNG DES KORRELATIONSKOEFFIZIENTEN

Wir haben festgestellt, (vgl. Abbildung 32 und 33), daß die Regressionsgeraden bei der Vorhersage von Y aus X und der Vorhersage von X aus Y unterschiedlichen Verlauf haben. Es wurde gezeigt, daß die Regressionskoeffizienten (d.h. die Steigung der Regressionsgeraden) nicht nur von r_{xy}, sondern auch vom Verhältnis der beiden Standardabweichungen abhängen, denn $b_{yx} = r_{xy} (s_y/s_x)$ und $b_{xy} = r_{xy} (s_x/s_y)$.

Ist der Betrag des Korrelationskoeffizienten gleich 1 (d.h. perfekte Korrelation), dann sind die beiden Regressionsgeraden deckungsgleich. Die beiden Regressionskoeffizienten haben jedoch nicht den gleichen Wert [1] (sofern nicht der Sonderfall vorliegt, daß $s_x = s_y$), desgleichen ist $a_{yx} \neq a_{xy}$ (mit Ausnahme des Sonderfalls, daß $s_x = s_y$ und $\overline{X}. = \overline{Y}.$).

Die nachfolgende Skizze verdeutlicht dies :

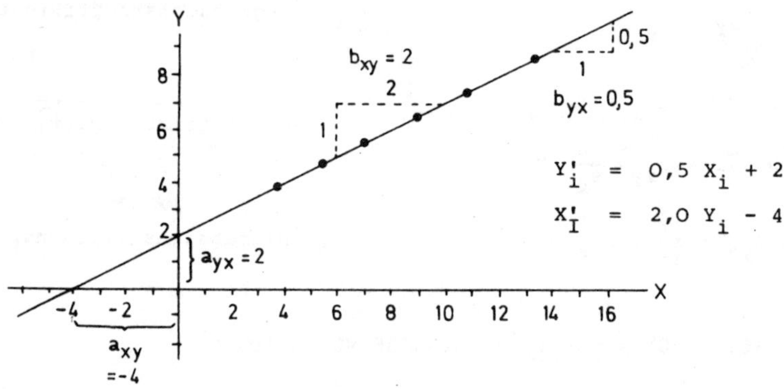

Der Spezialfall, daß in der Variablen X und Y gleiche Mittel und gleiche Varianzen vorliegen, ist dadurch herstellbar, daß man beide Variablen nach z transformiert; dann ist $\overline{z}_{x.} = \overline{z}_{y.} = 0$ und $s_{zx} = s_{zy} = 1$. In diesem Fall ist die Steigung der Regressionsgeraden bei beiden "Richtungen der Vorhersage" allein durch den Wert von r_{xy} gegeben, d.h. $b_{yx} = b_{xy} = r_{xy}$ [vgl. Formel (84) und (90)] . Die beiden Regressionsgeraden kreuzen sich im Nullpunkt des Koordinatensystems, was zugleich bedeutet, daß die Regressionsgeraden durch die Mittel der Variablen $\overline{z}_{x.} = 0$ und $\overline{z}_{y.} = 0$ laufen.

---

1) Es gilt im Fall perfekter Korrelation die Beziehung $b_{yx} = \frac{1}{b_{xy}}$

Abbildung 34 : Geometrische Veranschaulichung des Korrelationskoeffizienten; zwischen den nach z transformierten Variablen besteht eine Korrelation von $r_{xy} = .50$.

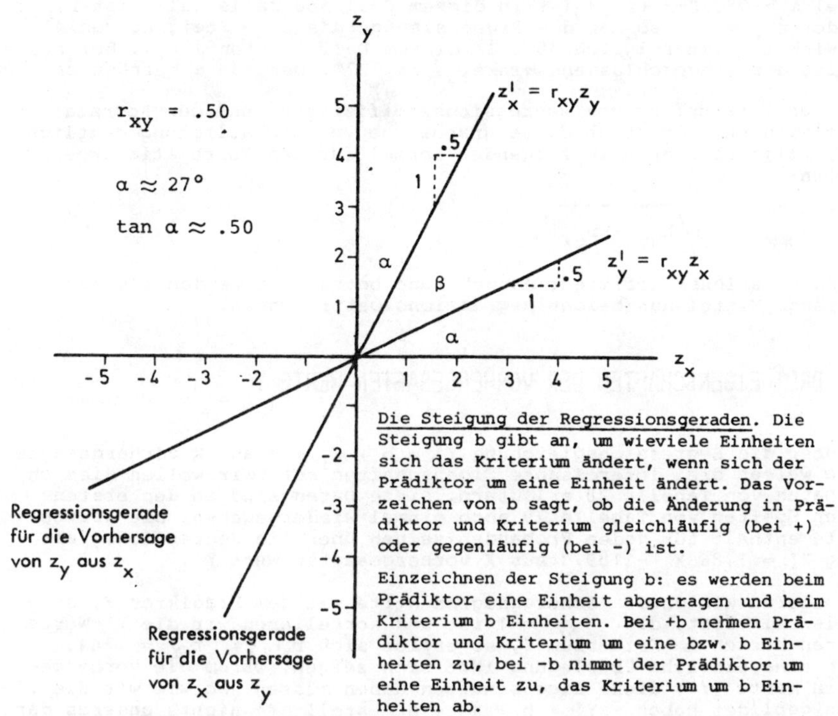

z_y
z_x
$r_{xy} = .50$
$\alpha \approx 27°$
$\tan \alpha \approx .50$
$z'_x = r_{xy} z_y$
$z'_y = r_{xy} z_x$
α
β
.5
1
Regressionsgerade für die Vorhersage von z_y aus z_x
Regressionsgerade für die Vorhersage von z_x aus z_y
Die Steigung der Regressionsgeraden. Die Steigung b gibt an, um wieviele Einheiten sich das Kriterium ändert, wenn sich der Prädiktor um eine Einheit ändert. Das Vorzeichen von b sagt, ob die Änderung in Prädiktor und Kriterium gleichläufig (bei +) oder gegenläufig (bei -) ist.
Einzeichnen der Steigung b: es werden beim Prädiktor eine Einheit abgetragen und beim Kriterium b Einheiten. Bei +b nehmen Prädiktor und Kriterium um eine bzw. b Einheiten zu, bei -b nimmt der Prädiktor um eine Einheit zu, das Kriterium um b Einheiten ab.

Im Fall einer perfekten Korrelation ($|r_{xy}| = 1$) sind die beiden Regressionsgeraden deckungsgleich und verlaufen im Winkel von 45° zur Ordinaten- und Abszissenachse. Bei Abweichungen vom Betrag 1 ist dies nicht der Fall, die beiden Regressionsgeraden schließen dann einen Winkel ß ein (siehe Abbildung 34). Je kleiner der Betrag von r_{xy} ist, desto größer wird der durch beiden Regressionsgeraden gebildete Winkel ß. Ist $r_{xy} = 0$, dann stehen beide Regressionsgeraden zueinander im rechten Winkel und sind deckungsgleich mit Abszissen- und Ordinatenachse.

Abbildung 34 zeigt eine zweite Möglichkeit der geometrischen Veranschaulichung des Korrelationskoeffizienten. Bei der Vorhersage von z_y aus z_x schließt die entsprechende Regressionsgerade und die Abszissenachse den Winkel α ein. Der gleiche Winkel α tritt auch zwischen der Regressiongeraden für die Vorhersage von z_x aus z_y und der Ordinatenachse auf. Bildet man den Tangens dieses Winkels α , so ist $\tan \alpha = r_{xy}$; (die Steigung der Regressionsgeraden ist in diesem Fall gleich r_{xy}).

Ist $r_{xy} = 0$, so ist die Regressionsgerade bei Vorhersage von z_y aus z_x deckungsgleich mit der Abszissenachse, bzw. bei Vorhersage von z_x aus z_y deckungsgleich mit der Ordinatenachse. In beiden Fällen ist der Winkel $\alpha = 0°$. Der tan α ist in diesem Fall ebenfalls Null. Ist $r_{xy} = +1$ oder $r_{xy} = -1$, so hat die Regressionsgerade eine Steigung von 45°. Der Winkel α ist folglich 45°. In diesem Fall ist tan $\alpha = 1$. Bei $r_{xy} = .50$ ist der eingeschlossene Winkel α ca. 27°. Der tan α beträgt ca. .50.

Die enge Verknüpfung von Regressionskoeffizienten und dem Korrelationskoeffizienten, die durch diese graphische Veranschaulichung deutlich wird, zeigt sich auch in folgender Formel für den Korrelationskoeffizienten:

$$(91) \quad r_{xy} = \sqrt{b_{xy} \cdot b_{yx}}$$

Der Korrelationskoeffizient danach kann betrachtet werden als das geometrische Mittel aus beiden Regressionskoeffizienten.[1]

9.8. DREI EIGENSCHAFTEN DER VORHERGESAGTEN WERTE Y'

Die über die Regressionsgleichung $Y' = b \cdot X_i + a$ aus X vorhergesagten Werte weisen drei interessante Eigenschaften auf. Wir wollen dies an den Daten von Tabelle 28 erläutern. Diese Daten sind in den ersten beiden Spalten von Tabelle 29 noch einmal wiedergegeben. Die dritte Spalte enthält für jeden Probanden seinen über die Regressionsgleichung $Y'_i = 1{,}86\ X_i - 189{,}3$ aus X vorhergesagten Wert Y'.

Korrelieren wir diese vorhergesagten Werte mit dem Prädiktor X, so stellen wir fest, daß $r_{xy'} = 1$ ist und korrelieren wir die Y'-Werte mit den Werten im Kriterium Y, so ergibt sich $r_{y'y} = r_{xy} = .764$. Durch eine einfache Überlegung läßt sich zeigen, warum die vorhergesagten Werte (Y') diese Eigenschaften haben müssen. So wie wir die Y'-Werte gebildet haben - $Y' = b \cdot X + a$ - stellt Y' nichts anderes dar als eine lineare Transformation der X-Werte. In Abschnitt 8.6. hatten wir jedoch bewiesen, daß eine lineare Transformation von X und/oder Y einmal den Betrag von r_{xy} unverändert läßt und zum anderen auch das Vorzeichen von r_{xy}, sofern der Faktor b kein negatives Vorzeichen aufweist.

Die Variable X korreliert nun mit sich selbst zu $r_{xx} = 1$; eine lineare Transformation der einen Reihe von X-Werten ändert dann den Wert der Korrelation nicht, d.h. $r_{x;\, bX+a} = r_{xy'} = r_{xx} = 1$. Gleiches gilt für die Korrelation der vorhergesagten Werte mit den Kriteriumswerten. Da die Korrelation der X-Werte mit den Y-Werten den Wert $r_{xy} = .764$ hatte, muß sich auch nach der linearen Transformation von X der Wert .764 ergeben, d.h. $r_{bX+a;\, y} = r_{y';\, y} = r_{xy} = .764$.

---

1) Beweis:

$$\sqrt{b_{xy} \cdot b_{yx}} = \sqrt{(r_{xy})\,\frac{s_x}{s_y} \cdot (r_{xy}) \cdot \frac{s_y}{s_x}} = \sqrt{(r_{xy})^2} = r_{xy}$$

Tabelle 29 : Prädiktor-, Kriteriums- und über die Regressionsgleichung Y' = 1,86 X - 189,3 vorhergesagte Werte; Demonstration dreier Eigenschaften der vorhergesagten Werte an einem Zahlenbeispiel (gleiche Daten wie Tabelle 28).

Student Nr.	X	Y	Y'
1	118	37	30,15
2	117	23	28,29
3	114	21	22,70
4	110	12	15,25
5	112	22	18,97
6	113	14	20,84
7	109	15	13,39
8	115	31	24,56
9	118	24	30,15
10	112	10	18,97
11	109	8	13,39
12	121	34	35,73
13	114	24	22,70
14	112	26	18,97
15	111	16	17,11
16	116	17	26,42
17	119	30	32,01
18	113	30	20,84
19	118	32	30,15
20	121	39	35,74
21	110	22	15,25
22	115	20	24,56
23	116	27	26,42
24	116	35	26,42

$r_{xy} = .764$

$r_{yy'} = .764$

$r_{xy'} = 1.0$

$\bar{Y}'. = 23,71$

$\bar{Y}. = 23,71$

$s^2_{y'} = 44,03$

$s_{y'} = 6,64$

Die dritte Eigenschaft betrifft das Mittel der vorhergesagten Werte Y'. Deren Mittel ist gleich dem Mittel der Y-Werte, d.h. $\bar{Y}'. = \bar{Y}.$ Um dies zu beweisen, gehen wir von Gleichung (80) aus. Danach ist:

$$Y'_i = b\,X_i - b \cdot \bar{X}. + \bar{Y}.$$

Wir summieren auf beiden Seiten über alle n Probanden

$$\sum Y'_i = b \cdot \sum X_i - n \cdot b \cdot \bar{X}. + n \cdot \bar{Y}.$$

und dividieren auf beiden Seiten durch n

$$\frac{\sum Y'_i}{n} = \frac{b \cdot \sum X_i}{n} - \frac{n \cdot b \cdot \bar{X}.}{n} + \frac{n \cdot \bar{Y}.}{n}$$

$$\bar{Y}'. = b \cdot \bar{X}. - b \cdot \bar{X}. + \bar{Y}.$$

$$\bar{Y}'. = \bar{Y}.$$

9.9. BESTIMMUNG EINES MASSES FUER DIE GROESSE DES VORHERSAGEFEHLERS : DER STANDARDSCHAETZFEHLER

Wir sind uns in den vorangegangenen Abschnitten dieses Kapitels darüber klar geworden, daß die Vorhersagen, die wir unter Verwendung der Regressionsgleichung treffen, stets mit Fehlern behaftet sind. Diese Fehler nehmen zu mit abnehmendem Betrag des Korrelationskoeffizienten. Lediglich im theoretischen Fall einer perfekten Beziehung zwischen Prädiktor und Kriterium treten keine Vorhersagefehler auf. Bei $r_{xy} = 0$ ist offensichtlich der Vorhersagefehler maximal, da wir für jeden beliebigen Prädiktorwert den Mittelwert des Kriteriums vorhersagen. Wie können wir ein zweckmäßiges Maß für die Größe des Vorhersagefehlers konstruieren?

Im Zusammenhang mit der Ableitung der Regressionsgleichung nach dem Prinzip der kleinsten Quadrate haben wir uns bereits mit Vorhersagefehlern beschäftigt. Wir bezeichneten die Abweichungen der tatsächlich beobachteten Y-Werte von den unter Verwendung der Regressionsgleichung vorhergesagten Werten Y' als e_i, d.h. $e_i = (Y_i - Y_i')$. Diese e_i können wir als Vorhersagefehler bezeichnen, da ihre Größe mit zunehmender "Ungenauigkeit" der Vorhersage anwächst.

Für den vorhergesagten Wert in Y gilt $Y_i' = b \cdot X_i + a$. Setzen wir den rechten Teil des Ausdrucks bei der Definition von e_i ein, so können wir schreiben

$$(92) \qquad e_i = (Y_i - Y_i') = (Y_i - b \cdot X_i - a)$$

Wir könnten nun als Maß für die Fehlerbelastung der Vorhersage den Durchschnitt $\overline{e}.$ dieser n Vorhersagefehler verwenden. Dieses Maß ist jedoch ungeeignet, da $\overline{e}.$ immer gleich Null ist, wie sich leicht zeigen läßt:

$$\overline{e}. = \frac{1}{n}\sum(Y_i - bX_i - a) = \frac{1}{n}\sum Y_i - \frac{b}{n}\sum X_i - a = \overline{Y}. - b\overline{X}. - a.$$

Nach (77) ist $a = \overline{Y}. - b\overline{X}.$

Durch Einsetzen ergibt sich: $\overline{e}. = 0$

Wir verwenden als Maß für die Fehlerbelastung der Vorhersage stattdessen die Standardabweichung der n Vorhersagefehler e . Bei der Ableitung dieser Größe gehen wir von der Varianz der n Vorhersagefehler aus:

$$(93) \qquad s_e^2 = \frac{\sum_i^n (e_i - \underbrace{\overline{e}.}_{=0})^2}{n-1} = \frac{\sum_i^n e_i^2}{n-1} = \frac{\sum_i^n (Y_i - Y_i')^2}{n-1}$$

Diese Größe wird als 'Varianzschätzfehler' bezeichnet. Da sie entsprechend Formel (93) nur bestimmt werden kann, wenn alle n Vorhersagefehler bekannt sind, suchen wir nach einer Umformung von (93), die uns eine Berechnung von s_e^2 bzw. s_e unter Verwendung bekannter Größen erlaubt.

$$s_e^2 = \frac{\sum e_i^2}{n-1} = \frac{\sum(Y_i - bX_i - a)^2}{n-1}$$

$$= \frac{\sum(Y_i - bX_i - \bar{Y}. + b\bar{X}.)^2}{n-1} = \frac{\sum\left[(Y_i - \bar{Y}.) - b(X_i - \bar{X}.)\right]^2}{n-1}$$

$$= \underbrace{\frac{\Sigma (Y_i - \bar{Y}.)^2}{n-1}}_{} + \underbrace{\frac{b^2 \Sigma (X_i - \bar{X}.)^2}{n-1}}_{} - \underbrace{2\left[\frac{b\,\Sigma (X_i - \bar{X}.)(Y_i - \bar{Y}.)}{n-1}\right]}_{}$$

(94) $$= s_y^2 + b^2 s_x^2 - 2b\, s_{xy}$$

Wir hatten gezeigt [siehe (81)], daß $b = r_{xy} \cdot \frac{s_y}{s_x}$. Daher können wir Gleichung (94) auch schreiben als:

$$s_e^2 = s_y^2 + r_{xy}^2 \cdot \frac{s_y^2}{s_x^2} \cdot s_x^2 - 2b\ s_{xy}$$

(95) $$s_e^2 = s_y^2 + r_{xy}^2 \cdot s_y^2 - 2b\ s_{xy}$$

Betrachten wir $2b\ s_{xy}$ genauer, so sehen wir, daß gilt:

$$2b\ s_{xy} = 2r_{xy} \cdot \frac{s_y}{s_x} \cdot s_{xy}$$

Wir hatten nachgewiesen, daß $r_{xy} = s_{xy}/(s_x \cdot s_y)$ ist. Folglich ist $s_{xy}/s_x = r_{xy} \cdot s_y$. Setzen wir nun oben ein, so folgt:

$$2b\ s_{xy} = 2r_{xy}^2 \cdot s_y^2$$

Dann ergibt sich nach Einsetzen in (95):

$$s_e^2 = s_y^2 + r_{xy}^2 \cdot s_y^2 - 2r_{xy}^2 \cdot s_y^2$$

(96) $$s_e^2 = s_y^2 \cdot (1 - r_{xy}^2)$$ [Varianzschätzfehler]

Die von uns gesuchte Größe (die Standardabweichung der n Vorhersagefehler e_i) läßt sich daher wie folgt bestimmen

(97) $$s_e = s_y \sqrt{1 - r_{xy}^2}$$

Diese Größe wird als "Standardschätzfehler" (für die Vorhersage von Y aus X) bezeichnet.

Falls wir es bei bestimmten theoretischen Überlegungen zusätzlich noch mit dem Standardschätzfehler für die Vorhersage in umgekehrter Richtung (Vorhersage von X aus Y) zu tun haben, so sind die beiden Größen entsprechend unterschiedlich zu kennzeichnen. Es ist dann:

(97) $$s_{e(yx)} = s_y \sqrt{1 - r_{xy}^2}$$ [Standardschätzfehler für die Vorhersage von Y aus X]

(98) $$s_{e(xy)} = s_x \sqrt{1 - r_{xy}^2}$$ [Standardschätzfehler für die Vorhersage von X aus Y]

Die Größe $s_{e(xy)}$ ist dann die Standardabweichung der n Vorhersagefehler d_i (vgl. Abbildung 33, S. 185).

9.10. BIVARIATE NORMALVERTEILUNG UND STANDARDSCHAETZFEHLER

Wir haben festgestellt, daß es sich bei s_e um die Standardabweichung der n Vorhersagefehler e_i handelt. Es ist uns bekannt, daß Standardabweichungen bei Vorliegen einer Normalverteilung Information darüber liefern, wieviel Prozent der Fälle einer Stichprobe in bestimmten Bereichen der Verteilung liegen. So wissen wir z.B., daß bei einer Normalverteilung ungefähr 68 % der Fälle zwischen $\overline{X}. - s$ und $\overline{X}. + s$ liegen. Wie können wir diesen Sachverhalt in der hier in Betrachtung stehenden Vorhersagesituation verwenden? Ist es uns möglich anzugeben, in welchen Grenzen der "wahre Wert"[1] eines Probanden, der im allgemeinen von dem unter Verwendung der Regressionsgleichung vorhergesagten Wert mehr oder weniger abweicht, mit einer bestimmten statistischen Sicherheit liegt?

Probleme dieser Art können wir bearbeiten. Dazu ist es allerdings notwendig, daß wir eine Annahme über die Beschaffenheit der bivariaten Verteilung, mit der wir es in der Vorhersagesituation zu tun haben, machen: Wir nehmen an, daß es sich um eine bivariate Normalverteilung handelt.

---

1) Wenn wir in diesem Abschnitt vom "wahren Wert" einer Person sprechen, so ist damit im Unterschied zum vorhergesagten Wert Y' der Wert der Person in der Variablen Y (im Kriterium) gemeint, den die Person tatsächlich (zu einem späteren Zeitpunkt) in der Variablen Y erreicht. Bitte nicht mit dem Konzept des "wahren Wertes" in der klassischen Testtheorie verwechseln!

In der Vorhersagesituation, die uns hier beschäftigt, haben wir es stets mit bivariaten Verteilungen zu tun. Diese Verteilungen folgen jedoch meist nur im günstigen Fall in guter Annäherung einer bivariaten Normalverteilung, bei der es sich um eine theoretische Verteilung handelt.

Eine bivariate Normalverteilung der Variablen X und Y weist folgende Eigenschaften auf

* Die X-Werte (alleine betrachtet) verteilen sich normal.
* Die Y-Werte (alleine betrachtet) verteilen sich normal.
* Bei jedem einzelnen X-Wert verteilen sich die zugehörigen Y-Werte normal und haben die Varianz $\sigma^2_{y.x}$. Diese Varianz der zugehörigen Y-Werte ist bei allen Werten von X gleich.
* Bei jedem einzelnen Y-Wert verteilen sich die zugehörigen X-Werte normal und haben die Varianz $\sigma^2_{x.y}$. Diese Varianz der zugehörigen X-Werte ist bei allen Werten von Y gleich.
* Bilden wir bei jedem X-Wert das Mittel der zugehörigen Y-Werte, dann liegen diese Y-Mittel auf einer Geraden.

Dies sind die Eigenschaften einer theoretischen bivariaten Normalverteilung. Wir wollen nun sehen, welche Rolle den einzelnen Eigenschaften in der Vorhersagesituation zukommt, wenn wir von X ausgehend auf Y vorhersagen wollen. Dann ist für uns wichtig, wie sich bei jedem gegebenen X-Wert die zugehörigen Y-Werte um den vorhergesagten Wert verteilen.

Betrachten wir Abbildung 35. Hier sind die Forderungen veranschaulicht, die für die im nächsten Abschnitt zu besprechende Anwendung des Standardschätzfehlers idealerweise erfüllt sein sollten (und diese Forderungen sind erfüllt, wenn eine bivariate Normalverteilung vorliegt). Wir erkennen an Abbildung 35:

* Bei jedem X_i ist das Mittel der zugehörigen Werte gleich Y_i' (dem vorhergesagten Wert); die den X_i zugehörigen Y-Mittel liegen somit auf einer Geraden (der Regressionsgeraden).
* Bei jedem X_i ist die Verteilung der Y-Werte normal
* Bei jedem X_i ist die Standardabweichung der Y-Werte gleich s_e, dem Standardschätzfehler.

Wir haben es somit mit so vielen Normalverteilungen zu tun, wie Werte X_i im konkreten Fall auftreten. Diese Normalverteilungen haben unterschiedliche Mittel (Y_1', Y_2', ...) jedoch alle die gleiche Standardabweichung, deren Wert jeweils gleich s_e, dem Standardschätzfehler ist. Der Standardschätzfehler ist hier unabhängig von X, d.h. die Variation der "wahren" Y-Werte um den vorhergesagten Wert Y_i' ist gleich für alle Werte X_i.

Je mehr nun die Bedingungen im konkreten Vorhersagefall von den genannten Forderungen abweichen, um so weniger korrekt sind die Ergebnisse, die wir mit der im nächsten Abschnitt zu besprechende Vorgehensweise erzielen. Wir erkennen, daß wir es hier wieder mit einem Modell zu tun haben, dessen Verwendung nur dann sinnvolle Ergebnisse liefert, wenn es den Daten ausreichend angemessen ist. Wir werden auf die Konsequenzen der Verletzung der verschiedenen Voraussetzungen im nächsten Kapitel noch zurückkommen.

Abbildung 35 : Verteilung der Y-Werte um die vorhergesagten Werte Y'_i für verschiedene Werte X_i bei Vorliegen einer bivariaten Normalverteilung von X und Y.

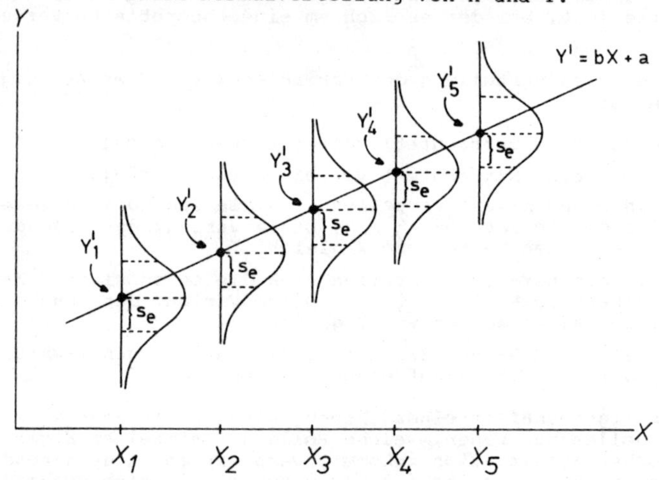

9.11. DIE ANWENDUNG DES STANDARDSCHAETZFEHLERS

Wir haben im letzten Abschnitt gezeigt, daß es sich bei dem Standardschätzfehler um eine Standardabweichung handelt. Sofern es vernünftig ist anzunehmen, daß sich die "wahren" Y-Werte um die vorhergesagten Werte (Y') normalverteilen und die Standardabweichung der Y-Werte jeweils gleich s_e ist, wissen wir, daß

* ca. 68 % der "wahren" Y-Werte in den Grenzen $Y' \pm 1\ s_e$ liegen
* ca. 95 % der "wahren" Y-Werte in den Grenzen $Y' \pm 1{,}96\ s_e$ liegen
* ca. 99 % der "wahren" Y-Werte in den Grenzen $Y' \pm 2{,}58\ s_e$ liegen

Wir wollen an zwei Problemen deutlich machen, wie man diese Fakten praktisch nutzen kann. Nehmen wir an, das Problem besteht darin, geeignete Piloten auszuwählen. Als Prädiktor für die Eignung zum Piloten wird der Punktwert in einem Testverfahren verwendet, das eine größere Anzahl von Funktion überprüft (Wahrnehmung, Konzentration, Belastbarkeit, Ausdauer, etc.). Alle Anwärter für den Pilotenberuf werden mit dieser Testbatterie untersucht. Das Testverfahren ist so standardisiert, daß sich ein Mittelwert von 50 und eine Standardabweichung von 10 ergibt. Als Kriterium wird ein Verfahren verwendet, dem sich alle Piloten nach 2 Jahren Flugerfahrung zu unterziehen haben. In diesem Verfahren werden z.B. erfaßt: Körperliche und geistige Beanspruchung durch den Beruf, Zufriedenheit mit der beruflichen Tätigkeit, Fehler während der beruflichen Praxis, Beurteilung durch den Flugkapitän, etc. Dieses Kriterium hat einen Mittelwert von 100 und eine Standardabweichung von 15. Die Korrelation zwischen Prädiktor und Kriterium beträgt .60. Es ist also gegeben: $\overline{X}. = 50$; $s_x = 10$; $\overline{Y}. = 100$; $s_y = 15$; $r_{xy} = +.60$.

PROBLEM 1

Ein Pilotenanwärter hat im Prädiktor einen Punktwert von 60 erzielt. In welchen Grenzen wird sein Kriteriumswert mit einer statistischen Sicherheit von 95 % liegen?

Wir bestimmen als erstes über die Regressionsgleichung seinen Y'-Wert:

$$Y' = \left[r_{xy} \cdot \frac{s_y}{s_x}\right] X_i - \left[r_{xy} \cdot \frac{s_y}{s_x}\right] \bar{X}. + \bar{Y}.$$

$$= \left[.60 \cdot \frac{15}{10}\right] 60 - \left[.60 \cdot \frac{15}{10}\right] 50 + 100 = 109$$

Wir würden für diesen Pilotenanwärter somit einen Kriteriumswert von Y' = 109 vorhersagen. Wir wissen jedoch, daß dessen "wahrer" Kriteriumswert höchstens zufällig genau 109 sein wird.

Wenn wir feststellen wollen, in welchem Bereich dessen "wahrer" Wert mit einer statistischen Sicherheit von 95 % liegen wird, dann müssen wir im Streuungsdiagramm (in Gedanken) die Verteilung der Y Werte beim Wert X = 60 betrachten. Die nebenstehende Zeichnung veranschaulicht das. Diese Werte sind normalverteilt mit dem Mittel Y' = 109 und der Standardabweichung s_e.

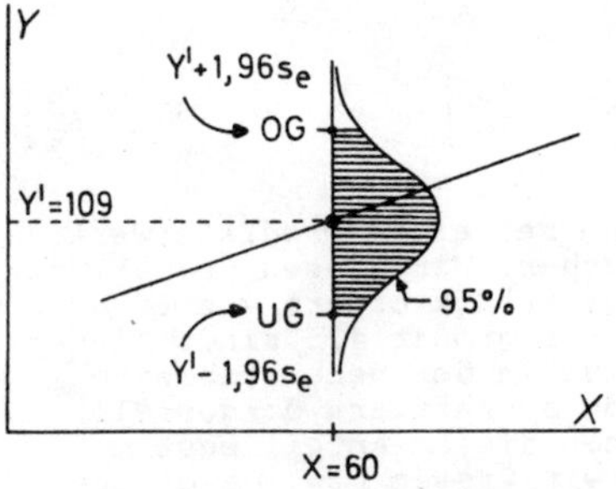

Zwischen den Punkten OG und UG liegen 95 % aller Y-Werte, für die X = 60 ist. Zur Bestimmung von OG und UG verwenden wir die Standardnormalverteilung (TABELLE A). Die z-Werte, die die mittleren 95 % der Verteilung einschließen sind $z_{OG} = +1.96$ und $z_{UG} = -1,96$. Für den Standardschätzfehler ergibt sich

$$s_e = s_y \sqrt{1 - r_{xy}^2} = 15 \sqrt{1 - (.60)^2} = 12.$$

Es ist

$$z_{OG} = \frac{OG - Y'}{s_e} \quad \text{und} \quad z_{UG} = \frac{UG - Y'}{s_e}$$

und somit

$$OG = Y' + (z_{OG}) \cdot (s_e) \; ; \quad UG = Y' + (z_{UG}) \cdot (s_e).$$

Wir setzen ein. Dann ist

$$OG = 109 + (+1,96)(12) = 132,5$$
$$UG = 109 + (-1,96)(12) = 85,5$$

Wir sehen, daß der wahre Kriteriumswert des Pilotenanwärters mit einer statistischen Sicherheit von 95 % im Bereich 85,5 (≈86) bis 132,5 (≈133) liegen wird.

Das Intervall, in dem der Wert des Anwärters mit der angegebenen Sicherheit liegen wird, ist relativ groß. Die Größe des Intervalls wird (bei festgehaltener statistischer Sicherheit) allgemein bestimmt a) durch den Betrag des Korrelationskoeffizienten und b) durch die Standardabweichung des Kriteriums, denn dies sind die Grössen die in s_e eingehen.

PROBLEM 2

Es soll der Anteil der Pilotenanwärter bestimmt werden, die einen Punktwert von 66 haben und deren Kriteriumswert 125 oder höher sein wird.

Es ist:

$$Y' = \left[.60 \cdot \frac{15}{10}\right] \cdot 66 - \left[.60 \cdot \frac{15}{10}\right] \cdot 50 + 100 = 114,4.$$

Wir sagen bei einem Prädiktorwert von 66 einen Kriteriumswert von 114,4 vorher. Wir wissen jedoch, daß zu einem bestimmten Anteil bei einem Prädiktorwert von 66 auch Kriteriumswerte auftreten, die gleich oder größer 125 sind. Dieser Anteil ist in der nebenstehenden Abbildung schraffiert dargestellt. Wir können diesen Anteil bestimmen, da wir wissen bzw. davon ausgehen, daß sich die "wahren" Y-Werte um den vorhergesagten Wert $Y' = 114,4$ normalverteilen und diese Verteilung die Standardabweichung s_e hat. Für diese hatten wir errechnet

$$s_e = 15 \sqrt{1 - .60^2} = 12.$$

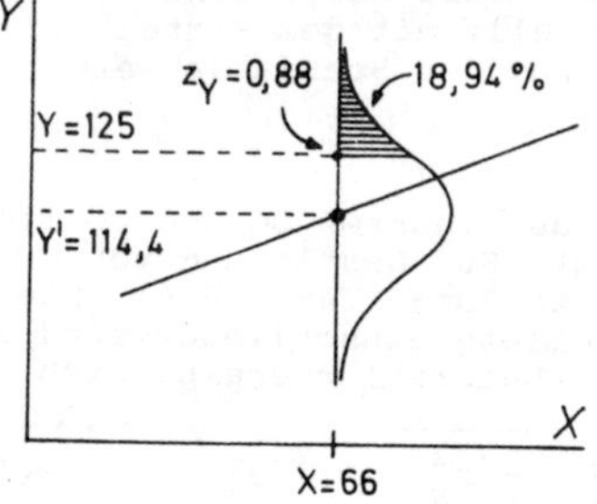

Wir bilden nun zu Y = 125 den korrespondierenden z-Wert, um den gesuchten Anteil in der Standardnormalverteilungstabelle (TABELLE A) ermitteln zu können. Es ist

$$z_{(Y = 125)} = \frac{Y - Y'}{s_e} = \frac{125 - 114,4}{12} = 0,88$$

Oberhalb von z = +0,88 liegt ein Flächenanteil von 1 - 0,8106 = 0,1894. Wir stellen somit fest, daß wir bei ca. 19 % der Pilotenanwärter, die einen Prädiktorwert von 66 erreicht haben, einen Kriteriumswert von 125 oder höher erwarten können.

10 FAKTOREN, DIE DEN KORRELATIONSKOEFFIZIENTEN r_{xy} BEEINFLUSSEN

Wir wollen in diesem Kapitel Faktoren bzw. Bedingungen besprechen, die einen Einfluß auf die Höhe des Korrelationskoeffizienten r_{xy} nehmen können. Da die Güte der Vorhersage von Y aus X (und vice versa) eng verbunden ist mit der Höhe der Korrelation zwischen X und Y, wird weiterhin zu erörtern sein, welche Konsequenzen das Vorliegen bestimmter Bedingungen in den Situationen hat, wo wir es mit Problemen der Vorhersage zu tun haben.

10.1. KORRELATION UND VERURSACHUNG

Das Bestehen einer Korrelation zwischen zwei Variablen bedeutet nicht notwendigerweise, daß eine kausale Beziehung zwischen beiden Variablen besteht, der Art z.B., daß X einen Einfluß auf Y nimmt. Wenn Variation in X verantwortlich ist für Variation in Y (d.h. Variation in X ist die Ursache für Variation in Y), so muß sich dies in einem bestimmten Zusammenhang zwischen X und Y niederschlagen, sofern der Einfluß von Störvariablen (d.h. von Variablen, die den Einfluß von X auf Y hindern) ausreichend kontrolliert ist. Eine Umkehrung dieser Aussage ist jedoch nicht statthaft. Wenn X und Y kovariieren, so ist dies zwar eine notwendige, aber keine hinreichende Bedingungen, um eine Aussage über eine kausale Beziehung zwischen beiden Variablen machen zu können. Kurz gesagt : wenn zwei Variable in kausaler Beziehung stehen, so kovariieren sie auch. Stellen wir jedoch andererseits bei zwei Variablen Kovariation fest, so stehen sie nicht notwendigerweise in kausaler Beziehung.

Es besteht z.B. eine hohe Korrelation zwischen der Länge des rechten und der Länge des linken Beins, aber wir sehen sofort ein, daß das eine nicht die Ursache für das andere ist; beide Längen sind vielmehr bestimmt durch die Gesamtgröße des Individuums. Ähnlich liegt der Fall, wenn wir an einer Gruppe von Kindern, deren Alter von 5 bis 11 Jahre reicht, die Punktzahl in einem Wortschatztest mit der Länge des rechten Fußes korrelieren. Die hier anzutreffende hohe positive Korrelation geht natürlich darauf zurück, daß körperliche und geistige Entwicklung parallele Wachstumsprozesse sind und die Variation im Alter bzw. Wachstumsstadium den Zusammenhang bewirkt. Würden wir die Beziehung zwischen beiden Variablen an Kindern einer Altersstufe untersuchen, so würden wir eine Korrelation nahe Null erhalten.

Wenn wir an der Aufdeckung ursächlicher Zusammenhänge interessiert sind, weil wir z.B. die Hypothese haben, daß die Ausprägung der Variablen X die Ausprägung der Variablen Y beeinflußt, dann genügt es nicht, lediglich korrelativ vorzugehen und durch die Berechnung eines Korrelationskoeffizienten zu zeigen, daß hohe Ausprägungsgrade in der Variablen X in der Tendenz mit hohen Ausprägungsgraden in der Variablen Y und niedrige X mit niedrigen Y einhergehen (im Falle einer positiven Korrelation). Wir müssen vielmehr Belege beibringen, die es plausibel scheinen lassen, daß eine hohe X-Ausprägung eine hohe Y-Ausprägung bewirkt hat.

Derartige Belege lassen sich durch experimentelles Vorgehen gewinnen, wo der Experimentator bestimmte Ausprägungsgrade der Variablen X herstellt und dann beobachtet, welche Werte in Y resultieren. Dabei wird versucht, durch geeignete Kontrolltechniken dafür Sorge zu tragen, daß die Variable Y möglichst gar nicht oder nur in kontrollierter Weise von anderen Variablen als X beeinflußt wird. Veränderungen in Y können dann mit einiger Berechtigung auf Veränderungen in X zurückgeführt werden.

Nehmen wir z.B. an, daß in einer (großen) Stichprobe von Schülern die Korrelation zwischen der Variablen "Angst bei der Durchführung eines Leistungstests" (erfaßt durch einen Testangstfragebogen) und der Leistung in diesem Test einen Wert von $r_{xy} = -.55$ ergibt. Wir können diesem Koeffizienten entnehmen, daß in der Tendenz große Testangst mit schlechter Testleitung einhergeht. Die sich nun u.U. anbietende weitergehende Aussage, daß die Korrelation dadurch zustande gekommen ist, weil hohe Testangst schlechte Testleistungen bewirkt - der Ängstliche ist durch seine Angst gehindert, seiner gesamten Fähigkeit entsprechend zu arbeiten und zu leisten - ist jedoch nicht statthaft, d.h. nicht aus den Daten ableitbar. Dies ist zwar eine mögliche Erklärung. Eine plausible Alternativerklärung wäre jedoch die Behauptung, daß die Verursachung umgekehrt verläuft, d.h. daß das Leistungsniveau (das in dem Punktwert in dem Leistungstest zum Ausdruck kommt) die Ursache für die Angst ist. Dies würde heißen : die Schüler mit niedrigem Leistungsnievau werden ängstlich, wenn ihre Leistung getestet wird, während Schüler mit hohem Leistungsniveau dies als angenehm empfinden und nicht als angsthervorrufend. Wir können hier also aufgrund der Korrelation allein nicht entscheiden, ob die Testangst Einfluß auf die Testleistung nimmt oder ob das Leistungsniveau das Ausmaß der Angst beeinflußt. Weiterführen könnte zur Lösung dieser Frage nur ein experimenteller Ansatz, bei dem eine Gruppe in Testangst versetzt wird und deren Punktwerte im Leistungstest mit denen einer Kontrollgruppe, die nicht in Angst versetzt wurde, verglichen werden.

Eine korrelative Vorgehensweise kann allerdings u.U. zur Demonstration des Nichtvorhandenseins eines kausalen Zusammenhangs zwischen X und Y geeignet sein. Wenn z.B. die Hypothese besteht, daß die Testangst (X) die Leistung in einem Leistungstest (Y) negativ beeinflußt, und es ergibt sich an einer großen Stichprobe ein Korrelationskoeffizient von praktisch Null (und es besteht auch kein kurvilinearer Zusammenhang), dann ist dieses Ergebnis ein gewichtiger Hinweis, daß die Variable X die Variable Y nicht beeinflußt.

Da wir in der Psychologie jedoch meist darauf aus sind, zu zeigen, welche Variablen in Zusammenhang stehen oder einander bewirken und in der Regel nicht auf die Suche nach Variablen gehen, zwischen denen keine Beziehungen bestehen, ist diese Möglichkeit, mittels Korrelationsergebnissen etwas über Verursachung auszusagen, von relativ geringer Bedeutung.

Stellen wir nun noch einmal zusammen, welche Ursachen es haben kann, daß zwei Variablen X und Y miteinander korrelieren.

(a) 

Der Zusammenhang kommt durch den Einfluß von X auf Y zustande

(b) 

Die Situation ist umgekehrt, der Einfluß von Y auf X bewirkt die Korrelation

(c) 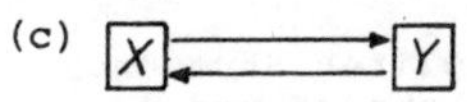

Die Korrelation besteht, weil X auf Y wirkt und Y auf X zurück

(d) 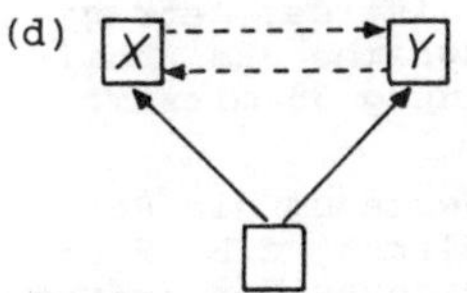

Ein dritter Faktor beeinflußt sowohl X als auch Y und führt zu der zwischen X und Y festgestellten Beziehung. Weiterhin ist denkbar, daß die Kovariation von X und Y nicht nur auf den dritten Faktor zurückgeht, sondern z.T. auch auf den Einfluß von X auf Y, oder umgekehrt (angedeutet durch gestrichelte Pfeile)

(e) 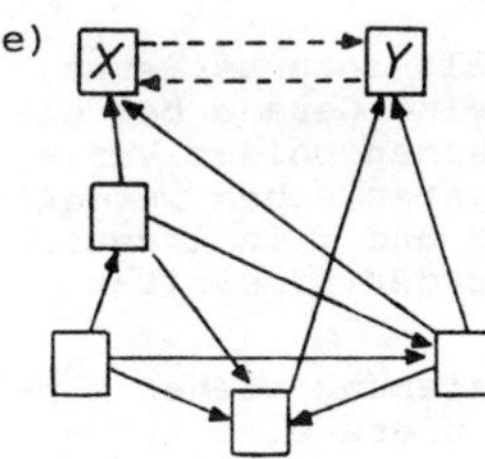

Ein Bündel von miteinander in Beziehung stehenden Variablen beeinflußt sowohl X als auch Y und führt zu dem festgestellten Zusammenhang zwischen X und Y. Auch hier kann zusätzlich noch X Einfluß auf Y haben, oder umgekehrt (gestrichelte Pfeile).

Der unter (e) dargestellte Fall trifft wohl am häufigsten auf Zusammenhänge zwischen Variablen im Bereich der Sozialwissenschaften zu. Die Beziehungen sind hier meist komplex bedingt und gehen selten auf nur einen verursachenden Faktor zurück.

Abbildung 36 : Zwei Streuungsdiagramme einer linearen Beziehung zwischen X und Y

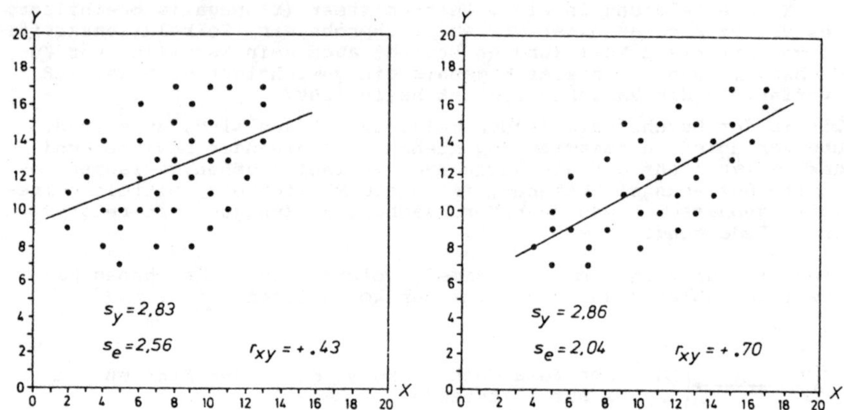

10.2. LINEARITAET DER REGRESSION

Wenn wir uns in die in Abbildung 30 (S. 162) dargestellten Streuungsdiagramme jeweils die Regressionsgerade (für die Vorhersage von Y aus X) eingezeichnet vorstellen, so erkennen wir : je weniger die Datenpunkte um die Regressionsgerade streuen, um so höher ist der Betrag des Korrelationskoeffizienten r_{xy}. Zwei Streuungsdiagramme aus Abbildung 30 sind zur Verdeutlichung noch einmal in Abbildung 36 mitsamt der Regressionsgeraden wiedergegeben.

Wir hatten als Maß für das Ausmaß der Streuung der Werte um die Regressionsgerade den Standardschätzfehler s_e kennengelernt [z.B. Formel (93)] . Je geringer die Varianz bzw. Standardabweichung der Y-Werte um die Regressionsgerade ist, um so größer ist unsere Präzision bei der Vorhersage von Y aus X.

Uns soll jedoch jetzt in erster Linie der Sachverhalt interessieren, daß eine Gerade den Daten angepaßt wird. Nun kann eine Gerade bei einem gegebenen Datensatz sinnvoll die Beziehung zwischen beiden Variablen beschreiben, muß aber nicht (was wir weiter unten sehen werden). Wenn eine Gerade angemessen ist, so sagt man, daß X und Y in linearer Beziehung stehen bzw. daß die Daten die Eigenschaft der Linearität der Regression aufweisen.

Von allen möglichen Arten, wie zwei Variable in Beziehung stehen können, mißt nun der Korrelationskoeffizient r_{xy} eben diese eine Art - die lineare Beziehung, d.h. der Wert von r_{xy} ist ein Maß für das Ausmaß der linearen Beziehung zwischen X und Y.

Was passiert nun, wenn X und Y nicht in linearer Beziehung stehen, d.h. wenn eine kurvilineare Beziehung vorliegt ? Abbildung 37 gibt zwei Streuungsdiagramme wieder, bei denen eine Kurve offensichtlich

Abbildung 37 : Zwei Streuungsdiagramme mit unterschiedlich starker Abweichung von der Linearität der Beziehung zwischen X und Y

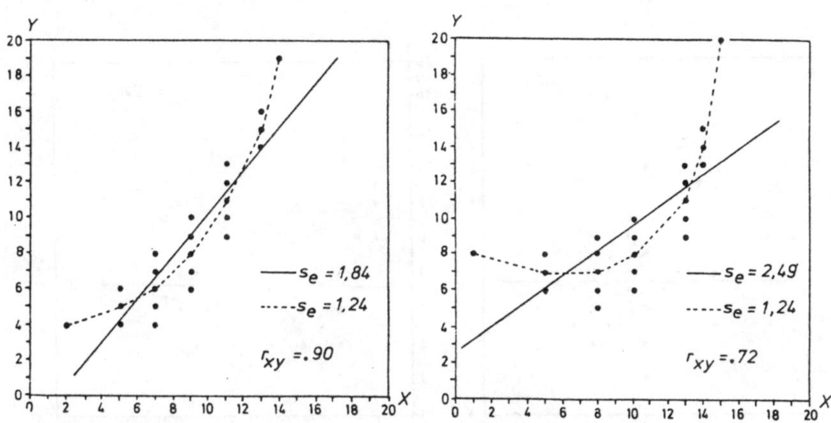

eine engere Anpassung an die Daten darstellt - es wurde aber trotzdem (mit der durchgezogenen Linie) eine Gerade angepaßt. Dies stellt die Situation dar, wo r_{xy} berechnet wird, die Linearität der Regression jedoch nicht gegeben ist.

Welchen Effekt hat dies nun auf die Höhe von r_{xy} bzw. auf die Präzision der Vorhersage von Y aus X ? Die in den beiden Diagrammen von Abbildung 37 den Daten angepaßten Kurven wurden so gelegt, daß sie durch die Mittelwerte der Spalten verlaufen. Wenn wir jetzt die quadrierten Abweichungen von den Spaltenmitteln bilden, d.h. für alle n Meßwerte die Größe $[(Y_i - \text{Spaltenmittel})^2]$, und diese quadrierten Abweichungen summieren, dann erfüllt die so erhaltene Summe das Kriterium der kleinsten Quadrate. Für die Abweichungen der Datenpunkte von der Regressionskurve können wir nun gleichermaßen eine Standardabweichung (einen Standardschätzfehler s_e) berechnen wie für die Abweichungen der Datenpunkte von der Regressionsgeraden; wir teilen dazu die Summe der quadrierten Abweichungen durch n - 1 und ziehen aus dem Ergebnis die Wurzel.

Die Werte beider Standardschätzfehler (s_e für die Gerade und s_e für die Kurve) sind in den Diagrammen angegeben. Erwartungsgemäß fällt der Standardschätzfehler bei der Kurve geringer aus als bei der Geraden, da die Datenpunkte von der Kurve weniger abweichen als von der Geraden. Beim Vergleich der beiden Diagramme stellen wir weiterhin fest, daß der Standardschätzfehler (Gerade) im Vergleich zum Standardschätzfehler (Kurve) um so größer ausfällt, je stärker die Beziehung zwischen X und Y von der Linearität abweicht.

Wir können also festhalten : Wenn die Korrelation nicht Null ist und die Beziehung nicht linear, dann unterschätzt r_{xy} die Stärke der Beziehung zwischen X und Y, denn r_{xy} reflektiert immer nur den linearen Anteil des Zusammenhangs. Je mehr die Daten von einer linearen Be-

Abbildung 38 : Zwei Streuungsdiagramme von Daten, wo r_{xy} einen Wert von (praktisch) Null ergibt; im linken Diagramm besteht zwischen X und Y keine Beziehung, im rechten Diagramm hingegen ein enger kurvilinearer Zusammenhang.

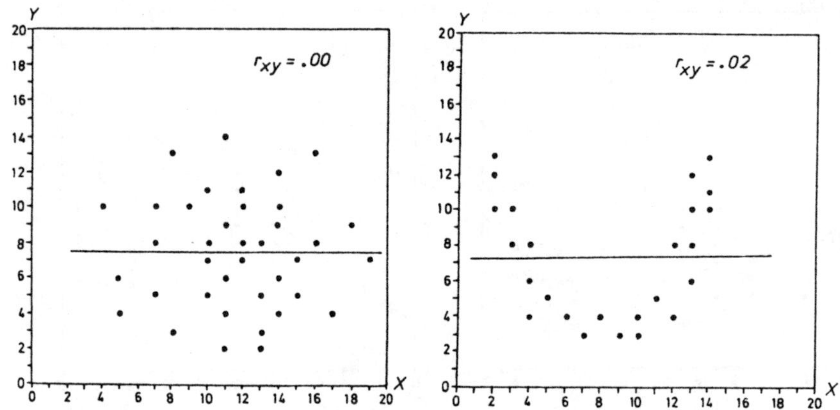

ziehung abweichen, um so mehr unterschätzt r_{xy} die Stärke der Beziehung. Sehen wir das Problem unter dem Aspekt der Vorhersage, so müssen wir feststellen, daß wir im Fall deutlicher Kurvilinearität des Zusammenhangs einen unnötig hohen Vorhersagefehler (s_e) begehen, wenn wir den Daten unter Verwendung von r_{xy} eine Gerade anpassen und über diese die Vorhersagen vornehmen.

In einem solchen Fall ist es im eigenen Interesse sinnvoller, den Versuch der Anpassung einer Kurve zu unternehmen. Wir werden auf dieses Problem in Kapitel 13 noch ausführlicher eingehen. Da die dort vorzustellende Methode allerdings erst bei relativ großen Stichproben Verwendung finden sollte und meist die Bildung von Meßwertklassen erfordert, ist es u.U. angezeigt, trotz Vorliegens einer leicht kurvilinearen Beziehung mit r_{xy} und einer Regressionsgeraden zu arbeiten. Bei stark kurvilinearer Beziehung wird allerdings die Verwendung von r_{xy} sinnlos, da die bivariaten Datenverhältnisse im Wert von r_{xy} nicht mehr adäquat zum Ausdruck kommen.

So kann es im konkreten Fall möglich sein, daß X und Y in sehr engem kurvilinearen Zusammenhang stehen, r_{xy} aber einen Wert nahe Null oder von Null ergibt. Wenn wir wissen, daß zwischen X und Y eine lineare Beziehung besteht, so ist die Bedeutung von r_{xy} ziemlich eindeutig. Haben wir andererseits aber einen Wert von r_{xy} nahe Null vorliegen, so gibt es zwei Möglichkeiten : (a) es besteht tatsächlich kein Zusammenhang zwischen beiden Variablen, oder (b) es besteht zwischen beiden Variablen irgendeine Art eines kurvilinearen Zusammenhangs. Abbildung 38 zeigt uns zur Veranschaulichung des Gesagten zwei Streuungsdiagramme, wo bei beiden der Wert von r_{xy} praktisch Null ist.

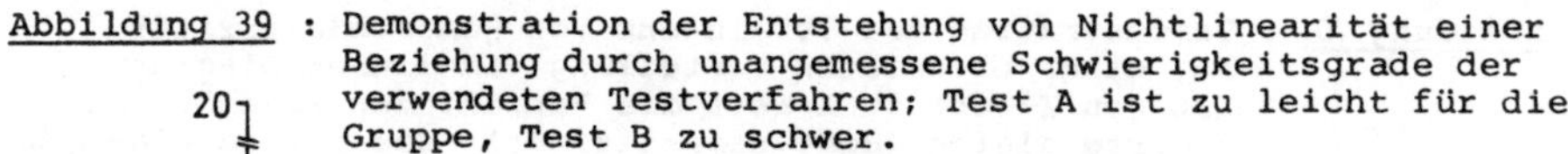
Abbildung 39 : Demonstration der Entstehung von Nichtlinearität einer Beziehung durch unangemessene Schwierigkeitsgrade der verwendeten Testverfahren; Test A ist zu leicht für die Gruppe, Test B zu schwer.

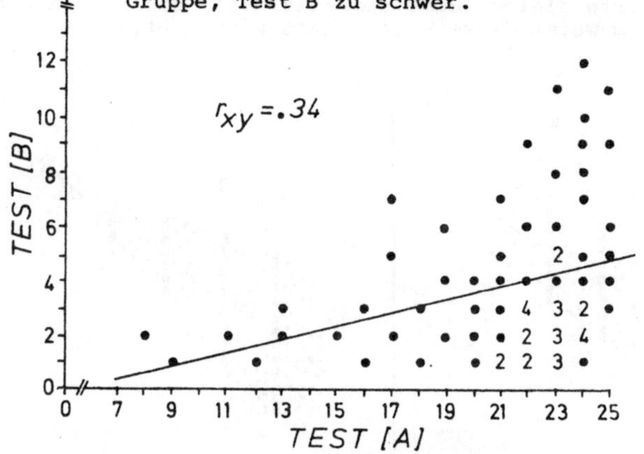

Beim linken Diagramm besteht kein Zusammenhang zwischen beiden Variablen, beim rechten Diagramm hingegen ein enger, kurvilinearer Zusammenhang. Wir sehen an diesem Beispiel, daß wir allein aufgrund des Vorliegens eines r_{xy}-Wertes von Null nicht voreilig schließen sollten, daß zwei Variable nicht in Zusammenhang stehen. Wir müssen uns vor einer solchen Schlußfolgerung immer erst versichern, ob nicht eine (u.U. sogar starke) kurvilineare Beziehung vorliegt, die durch r_{xy} nicht erfaßt wird.

Wie stellen wir das fest ? Es gibt zwar statistische Tests, mit denen man überprüfen kann, ob die Hypothese der Linearität haltbar ist - am besten und am einfachsten ist jedoch in den meisten Fällen die Inspektion des Streuungsdiagramms, die uns zeigt, ob die Annahme der Linearität problematisch ist und weiterer Berücksichtigung bedarf.

Wir wollen nun noch einen Faktor erörtern, der bei Anwendung von psychologischen Tests und deren Interkorrelation zu kurvilinearer Beziehung führen kann. Psychologische Tests zeigen häufig, wenn sie auf Personengruppen angewendet werden, für die sie von der Normierung her nicht vorgesehen sind, sog. "Decken"- oder "Keller"-Effekte, d.h. der Test ist zu leicht oder zu schwer für die Gruppe, was dazu führt, daß viele Personen sehr hohe oder sehr niedrige Testpunktwerte erzielen. Abbildung 39 zeigt das Streuungsdiagramm von Testwerten eines Tests A, der zu leicht für die Gruppe war (Deckeneffekt) und eines Tests B, der zu schwer war für die Gruppe (Kellereffekt).

Der Wert von r_{AB} fällt für diese Daten niedrig aus (= .34). Bei Personengruppen, für die beide Tests von angemessener Schwierigkeit sind, würden beide Tests sehr wahrscheinlich höher miteinander korrelieren. Man hat deshalb guten Grund zu der Annahme, daß man für die vorliegende Personengruppe einen höheren Wert von r_{AB} erzielen könnte, wenn man Test A schwieriger macht und Test B leichter. (Wobei natürlich darauf geachtet werden muß, daß sich die von beiden Tests erfaßten Inhalte durch die Neukonstruktion nicht verändern).

Abbildung 40 : Demonstration des Vorliegens von Homoscedastizität bei einer bivariaten Verteilung; im linken Diagramm ist von X-Wert zu X-Wert die Varianz der zugehörigen Y-Werte gleich (Homoscedastizität), das rechte Diagramm weist diese Eigenschaft nicht auf.

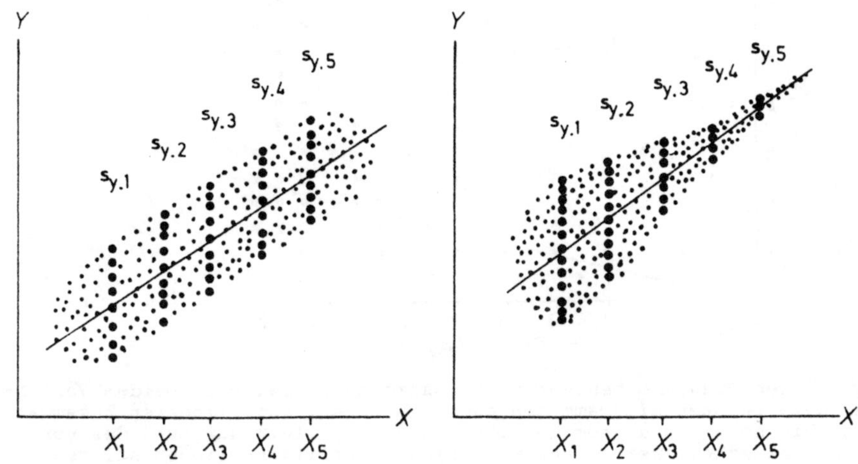

10.3. HOMOSCEDASTIZITAET

Wir hatten gesehen, daß der Wert von r_{xy} niedrig ist, wenn die Punkte stark um die den Daten angepaßte Gerade streuen, während der Wert von r_{xy} hoch ist, wenn sich die Datenpunkte der Geraden eng anfügen. Betrachten wir unter diesem Aspekt das linke Streuungsdiagramm in Abbildung 40; egal, welchen X-Wert wir wählen, die zugehörigen Y-Werte streuen immer im gleichen Ausmaß, d.h. die Varianzen bzw. Standardabweichungen $s_{y.x}$ sind bei allen X-Werten gleich (im Diagramm ist dies für 5 X-Werte besonders angezeigt). Im rechten Diagramm ist diese Varianzgleichheit nicht gegeben. Wählen wir hohe X-Werte, so ist die Streuung der zugehörigen Y-Werte gering, bei niedrigen X-Werten ist die Variation hingegen wesentlich größer.

Der Wert von r_{xy} ist, wie wir gesehen haben, eine Funktion davon, wie eng sich die Datenpunkte der Regressionslinie anfügen. Da im linken Diagramm die Streuung der Y-Werte für alle X die gleiche ist, hat der hier für r_{xy} erhaltene Wert eine uneingeschränkte Bedeutung : er beschreibt die Enge der Beziehung zwischen X und Y ungeachtet eines spezifischen Wertes von X (oder Y), d.h. für alle Wertebereiche von X (oder Y).

Im rechten Diagramm finden wir, wenn wir das Kriterium anlegen, wie stark die Datenpunkte um die Gerade streuen, eine enge Beziehung zwischen X und Y für hohe Werte von X, ein geringeres Ausmaß des Zusammenhangs bei den X-Werten des mittleren Bereichs und eine sehr schwache Beziehung im Bereich niedriger Werte von X.

Berechnen wir für diese Daten r_{xy}, so reflektiert sein Wert das "durchschnittliche" Ausmaß, in dem sich die Punkte der Geraden anfügen und charakterisiert somit angemessen nur das Ausmaß der Beziehung für Werte von X und Y im mittleren Bereich. Die durch den Wert von r_{xy} ausgedrückte Stärke des Zusammenhangs hat hier somit nicht die gleiche uneingeschränkte Bedeutung wie beim linken Diagramm, d.h. sie gilt nicht für alle Bereiche von X. Im speziellen Fall des rechten Diagramms wird r_{xy} das Ausmaß der Beziehung für hohe Werte von X unterschätzen und überschätzen für den Bereich niedriger Werte von X.

Wir haben in den beiden Diagrammen von Abbildung 40 für die einzelnen X-Werte die Standardabweichung ($s_{y.x}$) der zugehörigen Y-Werte bestimmt. Gleichermaßen können wir für jeden vorkommenden Y-Wert die Standardabweichung der zugehörigen X-Werte, d.h. $s_{x.y}$, bestimmen. Eine bivariate Verteilung weist nun die Eigenschaft der Homoscedastizität (was frei übersetzt so viel bedeutet wie "gleiche Variabilität") auf, wenn bei allen X-Werten die zugehörigen Y-Werte immer die gleiche Varianz bzw. Standardabweichung haben, und wenn bei allen Y-Werten die Varianz der zugehörigen X-Werte immer die gleiche ist. M. a. W. : wenn wir die Daten des Streuungsdiagramms in "Spalten" zerteilen (für jedes X eine Spalte), dann ist die Variation der Y-Werte in allen Spalten die gleiche, und wenn wir die Daten in Zeilen gliedern (für jedes Y eine Zeile), dann ist die Variation der X-Werte in allen Zeilen die gleiche.

Wir hatten gesehen, daß r_{xy} die Stärke des Zusammenhangs zwischen X und Y nur dann für den gesamten Wertebereich von X und Y adäquat zum Ausdruck bringt, wenn die bivariate Verteilung die Eigenschaft der Homoscedastizität (zumindest in guter Annäherung) aufweist. Gleichermaßen bedeutsam ist die Homoscedastizität für den Fall, daß wir Vorhersagen von Y aus X treffen wollen. Liegt Homoscedastizität vor (wie im linken Diagramm von Abbildung 40), dann gilt der Standardschätzfehler s_e, den wir nach Formel (97) berechnen, für alle Wertebereiche von X, d.h. der Wert von s_e gibt uns für niedrige, mittlere und hohe X korrekt das Ausmaß des Vorhersagefehlers wieder.

Ist Homoscedastizität hingegen nicht gegeben, dann hat auch der Wert von s_e nicht für alle X-Werte Gültigkeit. Er ist dann lediglich ein Durchschnittswert für den Vorhersagefehler. So würde s_e bei den Daten des rechten Diagramms von Abbildung 40 bei niedrigen X-Werten das Ausmaß des tatsächlichen Vorhersagefehlers unterschätzen - unsere Vorhersage ist wesentlich ungenauer, als uns s_e anzeigt - und bei hohen X-Werten überschätzen.

Um festzustellen, ob eine bivariate Verteilung die Eigenschaft der Homoscedastizität aufweist, ist (wie bei der "Linearitätsprüfung") die Inspektion des Streuungsdiagramms meist hinreichend. Das Vorliegen einer perfekten Homoscedastizität können wir bei empirischen Daten natürlich nicht erwarten und müssen mehr oder minder starke Abweichungen tolerieren.

Was bietet sich nun als Lösung für den Fall an, daß einem das Ausmaß der Abweichung von der Homoscedastizität als so groß erscheint, daß man die Berechnung von r_{xy} oder die Vorhersage von Y aus X mittels des "normalen" Vorgehens über eine Regressionsgleichung nicht mehr für sinnvoll hält, z. B. bei einem stark "keulenförmigen" Streuungsdiagramm wie in Abbildung 40. Bei genügend großen Stichproben bietet sich hier u.U. die Möglichkeit, den Korrelationskoeffizienten für verschiedene Bereiche von (aufeinanderfolgenden) X-Werten, in denen annähernd Homoscedastizität der Y-Werte gegeben ist, getrennt zu berechnen. Gleichermaßen kann man den Standardschätzfehler für diese verschiedenen Bereiche getrennt errechnen; für jeden Bereich gäbe es dann außerdem eine spezielle Regressionsgleichung für die Vorhersage. Dieses Vorgehen könnte dann als Ergebnis zeitigen - im Falle eines "keulenförmigen" Streuungsdiagramms wie in unserem Beispiel - daß im unteren Bereich von X praktisch kein Zusammenhang zwischen X und Y besteht und damit praktisch keine Vorhersage mit ausreichender Genauigkeit möglich ist, während im mittleren und oberen X-Bereich beide Variablen deutlich korrelieren und eine Vorhersage von Y aus X mit zufriedenstellender Präzision erfolgen kann.

Unabhängig davon sollte man jedoch herauszufinden versuchen, durch welche Faktoren die vorliegende Abweichung von der Homoscedastizität bedingt sein könnte. Denn es ist natürlich bedeutsam zu wissen, ob der Zusammenhang zwischen X und Y "generell" die vorgefundene Heteroscedastizität aufweist oder ob diese u.U. auf Besonderheiten der Untersuchung (Art der Datenerhebung, Versuchsdurchführung, Versuchspersonen, etc.) zurückgeht.

10.4. DER KORRELATIONSKOEFFIZIENT BEI UNTERBROCHENEN VERTEILUNGEN

In Tabelle 2 (S. 32) sind die Werte von 86 Studenten im Mathematiktest M-T-A-S wiedergegeben. Wir greifen von diesen die Untertestwerte "Geometrie" und "Funktionen" heraus. Deren Zusammenhang ist im Streuungsdiagramm von Abbildung 41 noch einmal dargestellt. Betrachten wir die univariate Verteilung der "Geometrie"-Werte, so zeigt sich diese als kontinuierlich, d.h. weist keine (größere) Unterbrechung bzw. Lücke auf. Die Verteilung dieser Untertestwerte ist normalerweise kontinuierlich. Nehmen wir nun an, aus bestimmten Gründen hätten wir nur die "Geometrie"-Werte von Personen vorliegen, die relativ schlecht in dem Untertest abgeschnitten haben (deren Punktwert z.B. ≤ 8 ist), und von Personen, die relativ gut in diesem Test waren (deren Punktwert z.B. ≥ 20 ist). Dies sind die Datenpunkte, die außerhalb der beiden durchgezogenen Senkrechten in Abbildung 41 liegen. Die Verteilung der "Geometrie"-Werte weist nun im Mittelbereich eine breite Unterbrechung auf, ist diskontinuierlich.

Wir hatten für die Gesamtgruppe von 86 Studenten (an der kontinuierlichen Verteilung) für die Korrelation von "Geometrie" und "Funktionen" einen Koeffizienten von $r_{xy} = .81$ errechnet. Welche Korrelation ergibt sich nun, wenn wir r_{xy} für die Personen berechnen, deren Geometriewertverteilung die Unterbrechung aufweist. Für diese $n_2 = 26$ Personen ergibt sich ein Koeffizient von $r_{xy} = .95$, d.h. die Korrelation zwischen beiden Untertests ist im Falle der unterbrochenen Verteilung deutlich höher als bei der "normalen", kontinuierlichen Verteilung.

Dieser Effekt zeigt sich allgemein. Bildet man aus einer kontinuierlichen Verteilung "Extremgruppen", d.h. eliminiert die Personen im mittleren Punktwertbereich, so führt dies zu einer Erhöhung des Korrelationskoeffizienten. Der Koeffizient fällt dabei um so höher aus, je größer die Unterbrechung der Verteilung im Mittelbereich ist. Dies läßt sich an Abbildung 41 demonstrieren, denn :

Abbildung 41 : Demonstration des Effekts des Ausmaßes der Unterbrechung der Verteilung in X auf den Wert von r_{xy} (Daten für das Streuungsdiagramm aus Tabelle 2, S. 32)

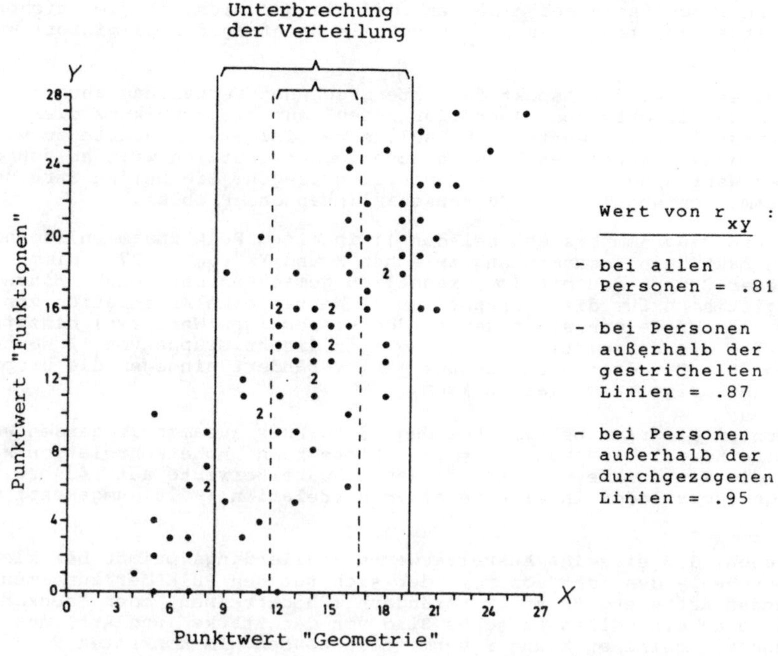

* die Korrelation für die Gesamtverteilung der n = 86 Meßwerte betrug r_{xy} = .81;
* eliminieren wir die 25 Meßwerte innerhalb der senkrechten gestrichelten Linien (d.h. die Personen mit den "Geometrie"-Werten 12 bis 16), dann ist die Korrelation bei den verbleibenden n_1 = 51 Personen gleich r_{xy} = .87;
* eliminieren wir hingegen die Personen innerhalb der durchgezogenen senkrechten Linien (die mit den Punktwerten 9 - 19), dann ergibt sich für die verbleibenden n_2 = 26 Personen der bereits genannte Wert von r_{xy} = .95.

Das Problem der unterbrochenen Verteilung ist letzten Endes ein Problem der Erhebung einer adäquaten Stichprobe. Weist eine Population von Werten eine kontinuierliche uni- und bivariate Verteilung auf, dann ist eine Stichprobe aus dieser Population, bei der (aus welchen Gründen auch immer) ein mittlerer Wertebereich eliminiert worden ist, nichtrepräsentativ für diese Population und die an dieser atypischen Stichprobe bestimmte Korrelation r_{xy} ist keine sinnvolle Schätzung für die Populationskorrelation ρ_{xy} . Will man eine möglichst unverzerrte

Schätzung für die Korrelation von X und Y in der Population (deren Verteilung kontinuierlich ist) gewinnen, dann muß im Rahmen der Stichprobengewinnung jedes Element der Population die Chance haben, in die Stichprobe zu gelangen, d.h. auf unser Problem bezogen, die Werte des Mittelbereichs von X und/oder Y dürfen nicht von der Aufnahme ausgeschlossen sein (sei es, daß sie gar nicht in die Stichprobe gelangen konnten, oder sei es daß sie nachträglich eliminiert wurden).

Wir wollen unter dem Aspekt der unterbrochenen Verteilung auch das Problem des Effekts von "Ausreißerwerten" auf r_{xy} noch kurz diskutieren. Unter Ausreißerwerten sind solche vereinzelten Meßwerte zu verstehen, die (aus welchen Gründen auch immer) deutlich weit ab von den übrigen Werten der bivariaten Verteilung liegen. Die beiden Streuungsdiagramme von Abbildung 42 veranschaulichen das Problem.

Im linken Diagramm besteht bei den 11 in einem Pulk zusammenliegenden Werten fast kein Zusammenhang zwischen X und Y (r_{xy} = .07). Nimmt man zu dieser Gruppe den mit (●) kenntlich gemachten Datenpunkt hinzu, so ergibt sich für diese Gruppe von 12 Werten eine Korrelation von r_{xy} = .74. Würde man statt dessen den viereckigen Wert (■) hinzufügen, dann wäre die Korrelation von X und Y in dieser Gruppe von 12 Werten gleich .93. Der dritte Datenpunkt (⊕) verändert hingegen die ursprüngliche (niedrige) Korrelation kaum.

Im rechten Diagramm besteht bei den 13 im Pulk zusammenliegenden Werten eine Korrelation von r_{xy} = .82. Diese recht hohe Korrelation kann durch die Hinzunahme der verschiedenen Ausreißerwerte auf .43 bzw. .03 "gedrückt" oder in eine negative Korrelation (-.28) umgekehrt werden.

Wir sehen, daß einzelne Ausreißerwerte - allerdings primär bei kleinen Stichproben - den Wert von r_{xy}, der sich für den Pulk der zusammenliegenden Werte ergibt, stark verändern ("hochtreiben" oder "senken") und dadurch ein völlig falsches Bild von der Stärke (und Art) des Zusammenhangs zwischen X und Y vermitteln können. Im konkreten Fall ist deshalb zu prüfen, durch welche Faktoren, der (oder die) "Ausreißer" bedingt sein können, um ihn (bzw. sie), falls dies berechtigt scheint, u.U. aus den Berechnungen zu eliminieren.[1)]

Das Problem der Ausreißerwerte verliert allerdings bei großen Stichproben an Bedeutung, weil dort der Effekt des einzelnen Meßwertpaares auf den Wert von r_{xy} relativ gering ist.

---

1) Elimination ist allerdings nur zulässig, wenn "Störvariable" für den Ausreißer verantwortlich sind: wenn z.B. eine Person in zwei Leistungstests fast gar nicht geantwortet hat, weil ihr schlecht war oder wenn sich z.B. herausstellt, daß der Punktwert einer Person deshalb so weit nach oben abweicht, weil sie die Tests schon kannte u.s.f. Hat man hingegen den Eindruck, daß die Person deshalb so weit nach oben oder unten abwich, weil sie "wirklich" so viel besser bzw. schlechter als die übrige Gruppe ist, dann ist eine Elimination nicht zulässig. Dann ist es sinnvoller, den Zusammenhang zwischen X und Y an einer größeren Stichprobe erneut zu untersuchen.

Abbildung 42 : Demonstration des Effekts von "Ausreißerwerten" auf den Wert von r_{xy}

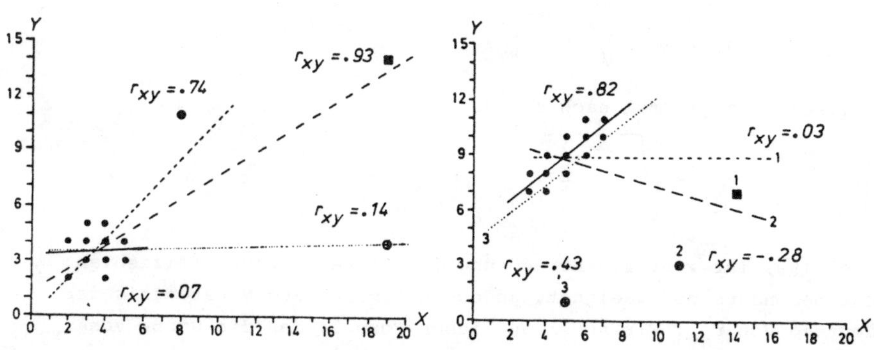

10.5. EINSCHRAENKUNGEN DES RANGE IN X UND/ODER Y

Nehmen wir an wir möchten wissen, wie hoch im allgemeinen die Leistung in einem vorliegenden Intelligenztest A mit der Leistung in einem neu konstruierten Intelligenztest B korreliert. Wenn wir nun eine möglichst repräsentative Stichprobe von n Personen aus der Bevölkerung heranziehen, um an dieser den Zusammenhang zu untersuchen, dann weist hier der Range von X und Y eine natürliche,uneingeschränkte Weite auf, da im Rahmen der Stichprobenziehung Personen aus allen Intelligenzbereichen (von niedrig über durchschnittlich bis hoch) die Chance hatten, in die Stichprobe zu gelangen und auch gelangt sind.

Anders sähe der Fall aus, wenn wir aus Bequemlichkeit keine Stichprobe aus der Gesamtbevölkerung gezogen, sondern auf eine (leichter erreichbare) Stichprobe von Studenten zurückgegriffen hätten. Dann würde der Range der IQ-Werte in beiden Tests eine Einschränkung erfahren, denn die Population der Studenten ist hinsichtlich ihrer Intelligenztestleistung im oberen Teil der IQ-Verteilung der Gesamtbevölkerung angesiedelt (vgl. z.B. die nach Schultypen aufgegliederte I-S-T Verteilung in Abbildung 17, S. 121). Diese Einschränkung des möglichen Werterange impliziert eine Einschränkung der Varianz in beiden Intelligenztests - die Varianz der IQ-Werte ist in der Gesamtbevölkerung größer als z.B. bei Studenten. Im Rahmen unserer Erörterungen soll nun untersucht werden, welchen Effekt eine Einschränkung des Range bzw. der Varianz von X und/oder Y auf den Korrelationskoeffizienten hat. Auf unser Beispiel bezogen hieße dies: würden wir an der Studentenstichprobe den gleichen Wert für die Korrelation zwischen Intelligenztest A und B erhalten wie an der Stichprobe aus der Gesamtbevölkerung (von Unterschieden, die auf "normale" Stichprobenfluktuation zurückgehen, einmal abgesehen) oder verändert die Varianzeinschränkung in beiden Tests bei der Studentenstichprobe die Höhe der Korrelation im Vergleich zur Situation des uneingeschränkten Intelligenzrange.

Um diese Frage allgemein beantworten zu können, wollen wir uns vorab ein paar Grundlagen erarbeiten. Nach Formel (97) ist der Standardschätzfehler (für die Vorhersage von Y aus X)

$$s_e = s_y \cdot \sqrt{1 - r_{xy}^2}$$

Wir lösen diese Formel nach r_{xy} auf:

$$(99) \qquad r_{xy} = \sqrt{1 - \frac{s_e^2}{s_y^2}}$$

Formel (99) ist zwar zur Berechnung des Korrelationskoeffizienten nicht besonders gut geeignet, jedoch hilfreich zum Verständnis der Bedeutung von r_{xy}. Wir sehen an dieser Formel, daß die Größe von r_{xy} nicht allein eine Funktion des Standardschätzfehlers s_e (dem absoluten Maß der Variation der Y-Werte um die Regressionslinie, d.h. dem Maß der Abweichung der tatsächlichen Y-Werte von den vorhergesagten Y-Werten) ist, sondern vielmehr abhängt von der relativen Größe von s_e zu s_y, d.h. vom Verhältnis s_e^2/s_y^2. Wenn s_e Null ist, gibt es keinen Vorhersagefehler und der Korrelationskoeffizient hat [nach Formel (99)] den Wert $\pm$ 1. Ist hingegen s_e gleich s_y (d.h. maximaler Vorhersagefehler), so ist die Korrelation gleich Null. Es sagt also nichts über die Höhe der Korrelation aus, wenn wir mitteilen, daß s_e "klein" ist. Was zählt, ist der Sachverhalt, ob s_e "klein" ist in Relation zu s_y.

Mittels der in Formel (99) dargestellten Beziehung läßt sich nun die Antwort auf die Frage nach dem Effekt von Varianzeinschränkung (in X und/oder Y) auf r_{xy} entwickeln. Als konkretes Zahlenbeispiel ziehen wir die auch im letzten Abschnitt verwendete bivariate Verteilung der Punktwerte von 86 Studenten in den Untertests "Geometrie" und "Funktionen" des Mathematiktests M-T-A-S heran; Abbildung 43 gibt das Streuungsdiagramm wieder.

Betrachten wir zuerst die gesamte, uneingeschränkte Verteilung. Das Ausmaß der Variation in Y ist dann durch die Varianz $s_{y(g)}^2$ gegeben und r_{xy} ist eine Funktion des Verhältnisses $s_e^2 / s_{y(g)}^2$. Was passiert nun, wenn wir den Range der Werte in X (d.h. beim Geometrietest) einschränken, indem wir die Personen eliminieren, deren Wert $\geq$ 19 ist; dies sind die Datenpunkte rechts von der Senkrechten (A) im Diagramm. Im Fall, daß Homoscedastizität gegeben ist (d.h. die Y-Werte streuen in allen X-Bereichen im gleichen Ausmaß um die Regressionsgerade), bleibt der Wert von s_e der gleiche (und damit auch s_e^2), die Gesamt-

Abbildung 43 : Demonstration des Effekts unterschiedlicher Grade der Einschränkung des Range in X auf den Wert von r_{xy} (Daten für das Streuungsdiagramm aus Tabelle 2, S. 32)

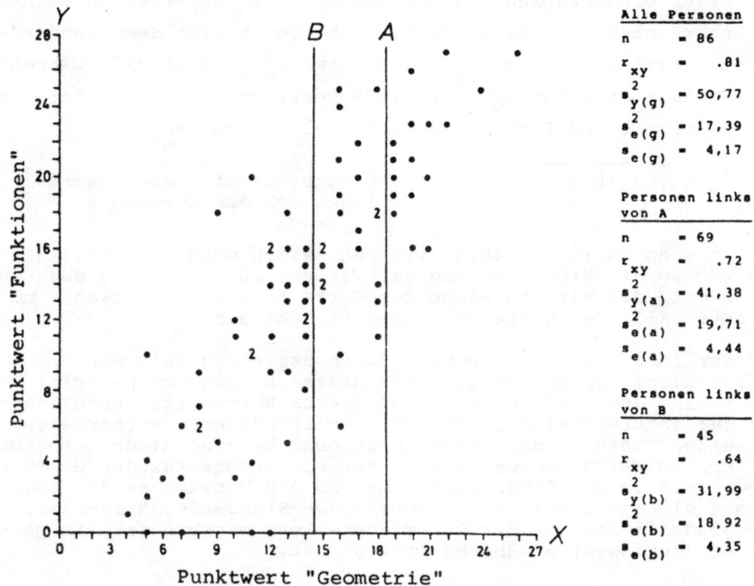

variabilität in Y schrumpft jedoch von $s^2_{y(g)}$ auf den Wert $s^2_{y(a)}$ und r_{xy} ist dann eine Funktion des Verhältnisses von $s^2_e \,/\, s^2_{y(a)}$. Der Wert dieses Quotienten ist größer als der für die Gesamtdaten; das hat - wie aus Formel (99) ersichtlich ist - zur Folge, daß r_{xy} kleiner wird.

Wir sehen, daß das Gesagte für unsere Daten gilt. Der Standardschätzfehler s_e bzw. dessen Quadrat s^2_e ist bei den uneingeschränkten und bei den eingeschränkten Daten fast gleich $s_{e(g)} = 4{,}17$ bzw. $s^2_{e(g)} = 17{,}39$ und $s_{e(a)} = 4{,}44$ bzw. $s^2_{e(a)} = 19{,}71$, die Varianz in Y schrumpft jedoch von $s^2_{y(g)} = 50{,}77$ auf $s^2_{y(a)} = 41{,}38$. Somit ist [nach Formel (99)]

Gesamtdaten

$$r_{xy(g)} = \sqrt{1 - \frac{17{,}39}{50{,}77}} = .81$$

Eingeschränkte Daten (Werte links von A)

$$r_{xy(a)} = \sqrt{1 - \frac{19{,}71}{41{,}38}} = .72$$

Erwartungsgemäß tritt eine durch die Varianzeinschränkung bedingte Schrumpfung des Korrelationskoeffizienten ein. Ein gleichartiger weiterer Schrumpfungseffekt zeigt sich, wenn wir den Range der Werte in X weiter einschränken und die Datenpunkte der Personen rechts von der Senkrechten (B) eliminieren. Auch hier bleibt der Standardschätzfehler fast gleich $\left[s_{e(b)} = 4{,}35 \text{ bzw. } s^2_{e(b)} = 18{,}92\right]$, während sich die Varianz in Y auf $s^2_{y(b)} = 31{,}99$ verringert; für die Korrelation von Geometrie-und Funktionen-Wert ergibt sich dann

$$r_{xy(b)} = \sqrt{1 - \frac{18{,}92}{31{,}99}} = .64 \qquad \left[\begin{array}{l}\text{Eingeschränkte Daten; Werte} \\ \text{links von der Geraden B}\end{array}\right]$$

Wir sehen hieran (beim Vergleich mit den beiden obigen Koeffizienten): je größer die Einschränkung der Varianz in Y ist (die dadurch zustande kommt, daß wir den Range der Werte in X einschränken), um so niedriger fällt der Korrelationskoeffizient aus.

Aufgrund der in Formel (99) dargestellten Beziehung zwischen r_{xy} und dem Verhältnis s_e^2/s_y^2 und den Ergebnissen an unserem Beispiel würden wir also auch für den eingangs dieses Abschnitts geschilderten Fall der Interkorrelation zweier Intelligenztests vorhersagen, daß die beiden Tests in der Studentenstichprobe eine niedrigere Korrelation r_{xy} aufweisen werden als in der Stichprobe aus der Gesamtbevölkerung, weil in der Studentenstichprobe die Varianz beider Intelligenztests eingeschränkt ist - während der Standardschätzfehler, sofern Homoscedastizität in der Gesamtverteilung gegeben ist, in beiden Gruppen (zumindest annähernd) gleich ist.

Unsere Erörterungen haben uns gezeigt, daß der Wert des Korrelationskoeffizienten sowohl von dem vorhandenen Zusammenhang als auch der Variationsmöglichkeit (dem im Vergleich zum uneingeschränkten Fall möglichen bzw. vorhandenen Range) beider Variablen abhängt. In einer konkreten Situation kann die Einschränkung des Range der Werte in X, in Y oder in beiden Variablen stattfinden. Bleibt alles andere gleich, so verringert sich in all diesen Fällen der Wert von r_{xy}.

Dies weist darauf hin, daß es so etwas wie die Korrelation zwischen zwei Variablen nicht gibt. Der erhaltene Wert von r_{xy} muß vielmehr im Licht der Variabilität beider Variablen (wie sie unter den vorliegenden Umständen auftrat) interpretiert werden. Es gilt (wenn alles andere gleich bleibt): Je größer die Einschränkung des Range in X und/oder Y, um so niedriger fällt der Korrelationskoeffizient aus.

Wenn man einen Korrelationskoeffizienten berichtet, sollte man deshalb ebenfalls die Standardabweichungen von X und Y mitteilen, damit andere beurteilen können, ob der Range der Werte in X und Y vergleichbar ist dem, den sie bei ihrem Problem vorliegen haben.

Wenn wir unter bestimmten Umständen eine Korrelation r_{xy} bestimmt haben, wobei die Variation in der Variablen X (sagen wir) $s_x = a$ betrug, dann gibt es Methoden, mit denen wir aufgrund der Kenntnisse von r_{xy} und s_x vorhersagen können, wie groß die Korrelation für den Fall wäre, wenn $s_x = b$ ist. Man könnte z.B. dadurch schätzen, wie stark die Korrelation, die man an einer in der Variablen X eingeschränkten Stichprobe (mit $s_x = a$) erhalten hat, ansteigen würde, wenn eine Stichprobe mit "normalem", uneingeschränktem Range in X (mit $s_x = b$) vorläge.[1]

Es ist zum Abschluß noch einmal zu betonen, daß der geschilderte Effekt - Einschränkung des Range in X und/oder Y führt zur Verringerung des Wertes von r_{xy} - nur dann zu erwarten ist, wenn die bivariate Verteilung beider Variablen die Eigenschaft der Homoscedastizität aufweist, wenn also der Standardschätzfehler s_e für alle Wertebereiche von X (zumindest annähernd) gleich ist. Ist dies nicht der Fall, läßt sich nicht vorhersagen, daß die Varianzeinschränkung eine Verkleinerung des Wertes von r_{xy} zur Folge hat.

In dem nachfolgend dargestellten Streuungsdiagramm, das die Eigenschaft der Homoscedastizität nicht aufweist, tritt sogar ein gegenteiliger Effekt auf, wenn wir die Datenpunkte rechts von der Senkrechten eliminieren. Die Korrelation erhöht sich von $r_{xy} = .70$ beim uneingeschränkten Range in X auf $r_{xy} = .81$, wenn man eine derartige Einschränkung des Range in X vornimmt.

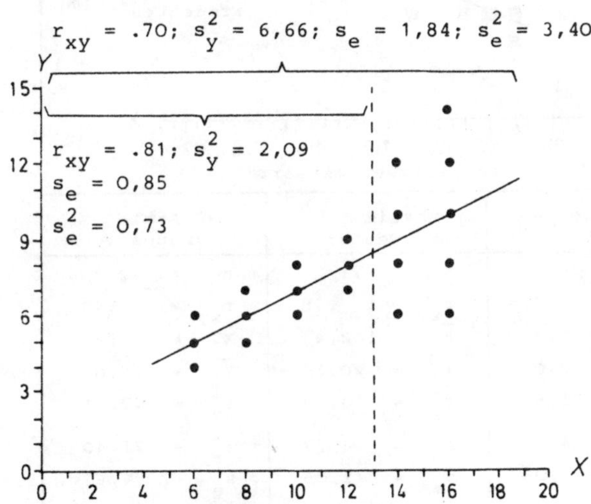

10.6. HETEROGENE UNTERGRUPPEN

Besteht eine Gesamtgruppe aus identifizierbaren Untergruppen, die sich im Mittelwert in X und/oder Y unterscheiden, so kann sich an der Gesamtgruppe ein Korrelationskoeffizient ergeben, der sich im Wert deutlich von dem Wert des Korrelationskoeffizienten in den einzelnen Untergruppen unterscheidet. Wir wollen dies an zwei (fiktiven) Beispielen aufzeigen.

---

1) Siehe dazu GUILFORD & FRUCHTER (1973, S. 314-316) oder GUILFORD (1965, S. 341-345).

Abbildung 44 : Demonstration des Effekts der Zusammenfassung zweier Gruppen (die sich in Y unterscheiden) auf den Wert des Korrelationskoeffizienten : das r_{xy} der Gesamtgruppe ist kleiner als das der Untergruppen (fiktive Daten).

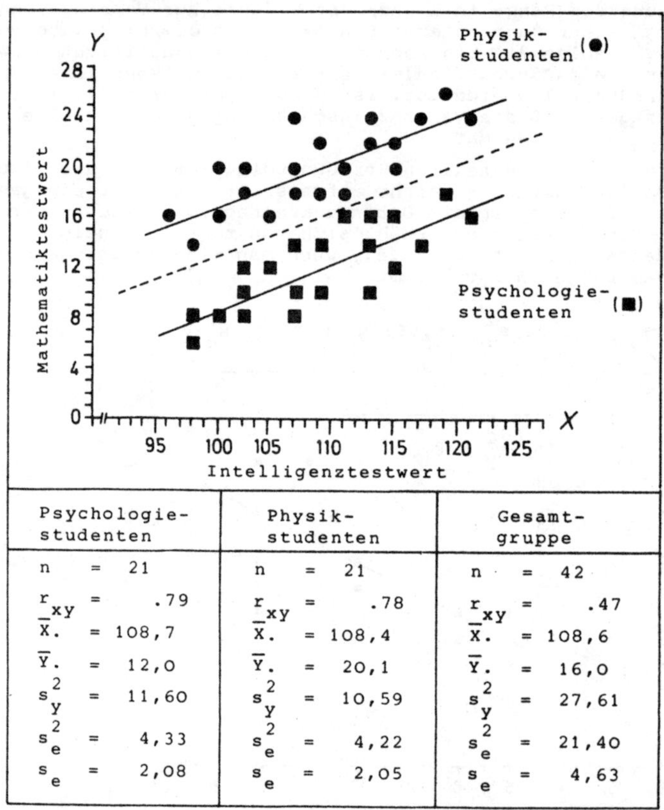

Psychologie-studenten	Physik-studenten	Gesamt-gruppe
$n = 21$	$n = 21$	$n = 42$
$r_{xy} = .79$	$r_{xy} = .78$	$r_{xy} = .47$
$\bar{X}. = 108,7$	$\bar{X}. = 108,4$	$\bar{X}. = 108,6$
$\bar{Y}. = 12,0$	$\bar{Y}. = 20,1$	$\bar{Y}. = 16,0$
$s_y^2 = 11,60$	$s_y^2 = 10,59$	$s_y^2 = 27,61$
$s_e^2 = 4,33$	$s_e^2 = 4,22$	$s_e^2 = 21,40$
$s_e = 2,08$	$s_e = 2,05$	$s_e = 4,63$

Angenommen, eine Semesterarbeitsgruppe hat im Rahmen ihrer Arbeit den Zusammenhang zwischen einem allgemeinen Intelligenztest (X) und einem Mathematiktest (Y) untersucht, und zwar an einer Gruppe von 21 Psychologiestudenten und an einer Gruppe von 21 Physikstudenten. Bei letzteren betrug die Korrelation $r_{xy} = .78$, bei den Psychologiestudenten war $r_{xy} = .79$. Eine andere Semesterarbeitsgruppe greift nun auf diese Daten zurück, legt beide Gruppen zusammen und berechnet die Korrelation zwischen Intelligenz- und Mathematiktest für diese 42 Personen. Es ergibt sich ein Wert von $r_{xy} = .47$, d.h. der Wert der Korrelation ist in der Gesamtgruppe wesentlich niedriger als er es jeweils in den Einzelgruppen war. Die Arbeitgruppe beschließt deshalb die Anfertigung eines Streuungsdiagramms für die Daten beider Gruppen. Dies ist in Abbildung 44 wiedergegeben.

Wir können an Abbildung 44 folgendes erkennen : Die Leistung beider Gruppen im Intelligenztest (X) ist praktisch gleich, während sich die Gruppen hinsichtlich ihrer Leistung im Mathematiktest deutlich unterscheiden, die Physikstudenten schneiden im Durchschnitt ($\overline{Y}$ = 20,1) um einiges besser ab als die Psychologiestudenten ($\overline{Y}$ = 12,0). In beiden Verteilungen streuen die Werte nicht allzu sehr und in praktisch gleichem Ausmaß (s_e gleich 2,08 und 2,05) um die Regressionsgerade.

Fassen wir jedoch beide Gruppen zu einer zusammen, dann müssen wir eine Regressionsgerade durch den gesamten Punkteschwarm legen; um diese Gesamtregressionsgerade streuen die Werte dann weit mehr als es innerhalb der Gruppen bei getrennter Betrachtung der Verteilungen der Fall war. Oder um es anders auszudrücken : der Quotient s_e^2 / s_y^2 jeder der beiden Gruppen ist kleiner als der Quatient s_e^2 / s_y^2 der Gesamtgruppe.[1] Das hat nach Formel (99) zur Folge, daß das r_{xy} der Gesamtgruppe kleiner ist als die Korrelationskoeffizienten der Untergruppen.

Im eben geschilderten Fall unterschieden sich die Verteilungen hinsichtlich ihres Mittels in Y, aber nicht in X. Andere Arten von Unterschieden sind natürlich ebenfalls möglich. Abbildung 45 zeigt eine Situation, wo die zwei Gruppen in X und in Y (in Test 1 und Test 2) differieren, d.h. Gruppe B hat sowohl in X (Test 1) als auch in Y (Test 2) ein höheres Mittel als Gruppe A. Fassen wir in diesem Fall beide Gruppen zu einer Zusammen, dann ist der Quotient s_e^2 / s_y^2 für diese Gesamtgruppe kleiner als die Quotienten s_e^2 / s_y^2 der Untergruppen.[2] Dadurch erhalten wir in der Gesamtgruppe eine höhere Korrelation als innerhalb der Untergruppen.

---

1) Es wächst (wie aus den Daten von Abbildung 44 ersichtlich) bei der Zusammenlegung der Gruppen zwar auch s_y^2, aber s_e^2 wächst im Verhältnis zu s_y^2 stärker an, so daß s_e^2 / s_y^2 bei der Gesamtgruppe einen höheren Wert hat als s_e^2 / s_y^2 in den Untergruppen. Es ist nach Formel (99) :

Psychologiegruppe	Physikgruppe	Gesamtgruppe
$r_{xy} = \sqrt{1 - \frac{4,33}{11,60}}$	$r_{xy} = \sqrt{1 - \frac{4,22}{10,59}}$	$r_{xy} = \sqrt{1 - \frac{21,40}{27,61}}$
= .79	= .78	= .47

2) Es bleibt (wie aus den Daten von Abbildung 45 ersichtlich) bei der Zusammenlegung der Gruppen s_e^2 praktisch gleich, während s_y^2 deutlich anwächst. Dadurch wird der Quotient s_e^2 / s_y^2 bei der Gesamtgruppe kleiner als er es bei den Einzelgruppen war. Es ist nach Formel (99)

Gruppe A	Gruppe B	Gesamtgruppe
$r_{xy} = \sqrt{1 - \frac{8,38}{19,35}}$	$r_{xy} = \sqrt{1 - \frac{8,24}{19,60}}$	$r_{xy} = \sqrt{1 - \frac{8,41}{30,50}}$
= .75	= .76	= .85

Abbildung 45 : Demonstration des Effekts der Zusammenfassung zweier Gruppen (die sich in X und Y unterscheiden) auf den Wert des Korrelationskoeffizienten : das r_{xy} der Gesamtgruppe ist größer als das der Untergruppen.

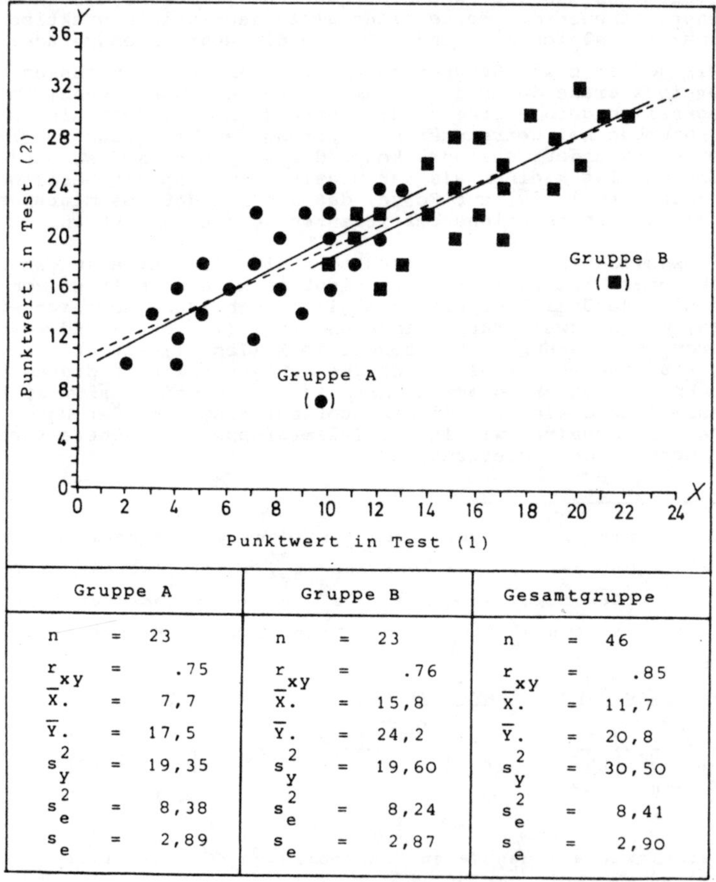

Gruppe A	Gruppe B	Gesamtgruppe
n = 23	n = 23	n = 46
r_{xy} = .75	r_{xy} = .76	r_{xy} = .85
$\overline{X}.$ = 7,7	$\overline{X}.$ = 15,8	$\overline{X}.$ = 11,7
$\overline{Y}.$ = 17,5	$\overline{Y}.$ = 24,2	$\overline{Y}.$ = 20,8
s_y^2 = 19,35	s_y^2 = 19,60	s_y^2 = 30,50
s_e^2 = 8,38	s_e^2 = 8,24	s_e^2 = 8,41
s_e = 2,89	s_e = 2,87	s_e = 2,90

Aus obigen Erörterungen dürfte einsichtig geworden sein, daß man es im konkreten Fall immer vermeiden sollte, heterogene Gruppen (bezüglich X und/oder Y) zusammenzufassen und an der Gesamtgruppe die Korrelation zwischen X und Y zu bestimmen. Im Fall von Abbildung 45 hat dies zwar zu einer Erhöhung des Korrelationskoeffizienten geführt, aber auch damit arbeiten wir letztlich zu unserem Nachteil. Nehmen wir z.B. an, Gruppe B seien Personen weiblichen Geschlechts, Gruppe A männliche Personen. Im konkreten Fall haben wir es bei einer Person entweder mit einer weiblichen oder mit einer männlichen Geschlechts zu tun.Betrachten wir weibliche Personen, so ist die Korrelation zwischen Test 1 und Test 2 (X und Y) gleich .75,betrachten wir männliche, so ist r_{xy} = .76 - die Korrelation von r_{xy} = .85 von der Gesamtgruppe ist hingegen irreführend in bezug auf die Stärke des Zusammenhangs zwischen X und Y : weder bei Männern noch bei Frauen korrelieren Test 1 und Test 2 in dieser Höhe. Da die Genauigkeit der Vorhersage von Y aus X um so größer ist, je höher der Wert von r_{xy} ist, überschätzen wir mit der an der Gesamtgruppe berechneten Korrelation zugleich die Vorhersagemöglichkeiten der Prädiktorvariablen X; die durch r_{xy} = .85 angezeigte Präzision der Vorhersage gilt weder für Männer noch für Frauen, sie ist bei beiden geringer (wie die beiden Gruppenkoeffizienten von .75 und .76 anzeigen).

Im konkreten Fall kann es sogar so sein, daß zwei Variablen X und Y in den Untergruppen eine Korrelation von oder nahe Null aufweisen, durch die Zusammenfassung der Gruppen jedoch eine hohe Scheinkorrelation zwischen X und Y entsteht. Das nachfolgende Streuungsdiagramm stellt einen solchen Fall dar.

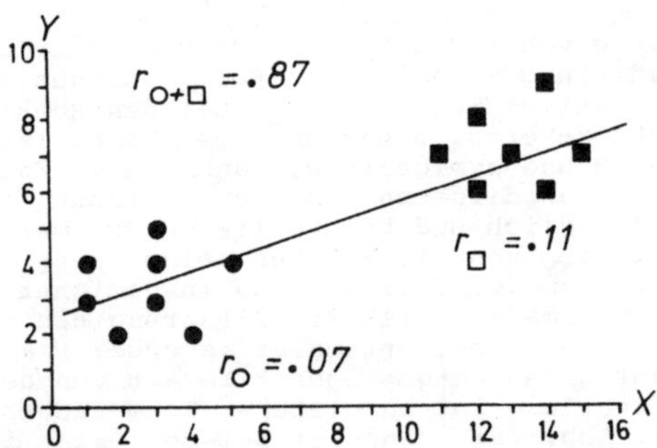

Andererseits können wir bei einer Variablen X, die nur mäßig mit einer Variablen Y korreliert, untersuchen, ob sich nicht in der Gesamtgruppe heterogene Untergruppen finden lassen, bei denen ein engerer Zusammenhang zwischen X und Y besteht, und wo damit der Prädiktor X mehr bei der Vorhersage von Y leistet als in der Gesamtgruppe. Einen solchen Fall hatten wir in Abbildung 44 dargestellt.

10.7. DIE FORM DER VERTEILUNGEN VON X UND Y

Wenn in einem konkreten Fall der Korrelationskoeffizient nur als deskriptives Maß berechnet werden soll (d.h. wenn nur der Zusammenhang in einer gegebenen Stichprobe interessiert und von dieser Stichprobe nicht auf eine Population geschlossen werden soll), dann sind keine Annahmen über die Form der Verteilungen von X und Y notwendig; speziell, es ist nicht erforderlich, daß die Verteilungen normal sind.

Eines ist jedoch auch hier hinsichtlich der Verteilungen zu beachten: wenn eine oder beide Variablen schief verteilt sind, dann besteht auch häufig ein nicht-linearer Zusammenhang zwischen X und Y. Für den Fall, daß die Verteilungen nicht symmetrisch sind, ist es deshalb besonders wichtig, das Streuungsdiagramm zu erstellen und im Hinblick darauf zu inspizieren, ob die Hypothese der Linearität der Beziehung gerechtfertigt ist.

Abbildung 46 : Demonstration des Effekts von X- und Y-Verteilungen mit entgegengesetzter Schiefe auf die Grenzen von r_{xy}.

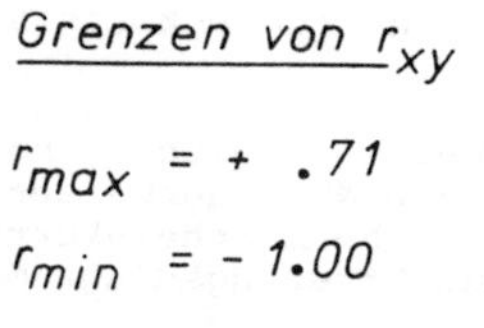

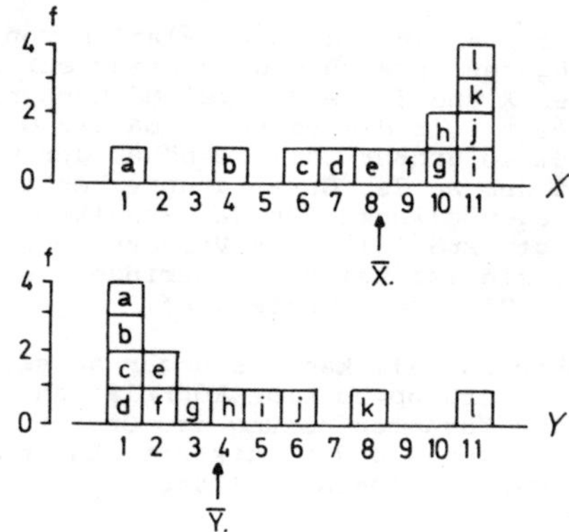

Die Form der Verteilung von X und Y ist noch hinsichtlich eines weiteren Punktes von Bedeutung - nämlich in Bezug auf den maximal möglichen positiven und negativen Wert, den r_{xy} bei den konkret vorliegenden univariaten X- und Y-Verteilungen annehmen kann. Ist die Form beider Verteilungen gleich und symmetrisch, dann ist im Fall des Vorliegens der maximal möglichen direkten linearen Beziehung zwischen X und Y auch ein r_{xy} von +1 möglich und bei Vorliegen der maximal möglichen inversen Beziehung ein r_{xy} von -1. Weichen beide Verteilungen gleichartig von der Symmetrie ab (z.B. beide sind in gleicher Form linkssteil), dann ist bei optimaler direkter XY-Paarung ein r_{xy} von +1 möglich, jedoch kein r_{xy} von -1 bei optimaler inverser Paarung. Weichen beide Verteilungen auf genau entgegengesetzte Art von der Symmetrie ab (d.h. die eine Verteilung ist in gleicher Form rechts- wie die andere linkssteil, vgl. Abb. 46), dann ist bei optimaler inverser Paarung ein r_{xy} von -1 möglich, jedoch kein r_{xy} von +1 bei optimaler direkter Wertepaarung. Liegt bei den Verteilungen hingegen keine Form-Gleichheit der eben geschilderten Arten vor, dann kann r_{xy} weder bei optimaler direkter XY-Paarung den Maximalwert +1 noch bei optimaler inverser Paarung den maximalen Wert -1 annehmen.

In Abbildung 46 ist ein Beispiel konstruiert, wo beide Verteilungen auf genau entgegengesetzte Art von der Symmetrie abweichen (d.h. gleiches Ausmaß, aber entgegengesetzte Richtung der Schiefe). Es besteht in dieser bivariaten Verteilung von je 12 Werten die maximal mögliche positive Korrelation, wenn wir jeweils die X- und Y-Werte paaren, die die gleichen Buchstaben haben. Perfekter kann in dieser Gruppe der direkte Zusammenhang nicht sein. Für diese optimale Paarung ergibt sich ein Korrelationskoeffizient von r_{max} = .7068. Versuchen wir hingegen für diese Daten die Paarung für eine optimale negative Korrelation, so zeigt sich, daß hier eine Paarung derart möglich ist, daß r_{min} = -1.0. Für diese bivariate Verteilung hat somit r_{xy} die Grenzen +.7068 und -1.0.

Es ist unmittelbar einsichtig, warum in diesem Fall keine Korrelation von + 1.0 auftreten kann. Über dem Mittel $\overline{X}$. = 8,25 in X liegen 7 Meßwerte. Für eine perfekte Beziehung von r_{xy} = + 1.0 müßten sich diese Werte mit 7 Meßwerten paaren lassen, die in Y über dem Mittel liegen. Dies ist aber nicht möglich, da über $\overline{Y}$. = 3,75 nur 5 Meßwerte liegen. Diese ungleichmäßige Verteilung der Werte in X und Y unterhalb und oberhalb des Mittels ist natürlich durch die gegenläufige Schiefe beider Verteilungen bedingt.

Wenn im konkreten Fall die Verteilungen in X und Y keine (hinreichend) gleiche und symmetrische Form haben, dann ist es für die Beurteilung des errechneten r_{xy} bedeutsam zu wissen, welchen positiven oder negativen Wert der Korrelationskoeffizient bei der gegebenen univariaten Verteilung von X und Y maximal annehmen kann. Bei kleinen Stichproben ist dies durch Probieren relativ leicht lösbar. Bei größeren Stichproben ist hingegen die von CARROLL (1961) entwickelte Methode zu empfehlen. Wir wollen sie an unserem Datenbeispiel demonstrieren.

BESTIMMUNG DES MAXIMAL MOEGLICHEN POSITIVEN WERTES VON r_{xy} BEI GEGEBENER VERTEILUNG VON X UND Y

Wir wollen das Vorgehen in einzelne Verfahrensschritte zerlegen. Die Bestimmung der benötigten Größen ist für unser Zahlenbeispiel in Tabelle 30 demonstriert.

1. Ordne die primären Häufigkeitsverteilungen von X und Y so an, daß der höchste Wert jeweils oben steht. Taucht in den Verteilungen zwischen jeweils größtem und kleinstem Wert eine Meßwert mit der Häufigkeit 0 auf, so ist dieser auch anzuführen.

2. Bestimme bei jeder Verteilung die kumulativen relativen Häufigkeiten (cum f/n). Beginne bei der Kumulierung beim kleinsten Wert, d.h. von unten. Die obere kumulative Häufigkeit ist 1,00. Sie bleibt bei den weiteren Berechnungen unberücksichtigt. Die Werte mit den absoluten Häufigkeiten 0 sind bei der Vergabe der cum f/n-Werte mitzuberücksichtigen.

3. Die kumulierten relativen Häufigkeiten bezeichnen wir im folgenden mit c_{xi} (für Variable X) und c_{yi} (für Variable Y).
   Bestimme die Größen

   $$\sum_{i}^{k_x} c_{xi} \qquad \text{und} \qquad \sum_{i}^{k_y} c_{yi}$$

   wobei :

   k_x = Anzahl der c_{xi}-Werte (ohne obersten Wert 1,00)

   k_y = Anzahl der c_{yi}-Werte (ohne obersten Wert 1,00)

4. Ordne den c_{xi}- und den c_{yi}-Werten die Zahlen z_{xi} = 0, 1, 2, ... und z_{yi} = 0, 1, 2, ... zu, wobei beim größten Wert jeweils mit der Zahl 0 begonnen wird (die Werte 1,00 bleiben unberücksichtigt).

5. Die c_{xi}- und c_{yi}-Werte werden nun in eine gemeinsame Abfolge gebracht, wobei der größte Wert oben steht. Diese Werte nennen wir c_i und weisen diesen die Zahlen z_i = 0, 1, 2, ... zu, wobei wieder der höchste Wert die Zahl 0 erhält. Dabei werden auch den c_i-Werten, die identische Werte haben, unterschiedliche Zahlen zugewiesen.

Bestimme die Größe $\sum_{i}^{k} z_i c_i$ wobei : k = Anzahl der c_i-Werte

6. Den maximalen positiven Korrelationskoeffizienten r_{xy} erhält man nun nach der Formel

(100)

$$r_{max} = \frac{\sum_{i}^{k} z_i c_i - \sum_{i}^{k_x} z_{xi} c_{xi} - \sum_{i}^{k_y} z_{yi} c_{yi} - \left(\sum_{i}^{k_x} c_{xi}\right)\left(\sum_{i}^{k_y} c_{yi}\right)}{\sqrt{\left[\sum_{i}^{k_x} c_{xi} + 2\sum_{i}^{k_x} z_{xi} c_{xi} - \left(\sum_{i}^{k_x} c_{xi}\right)^2\right]\left[\sum_{i}^{k_y} c_{yi} + 2\sum_{i}^{k_y} z_{yi} c_{yi} - \left(\sum_{i}^{k_y} c_{yi}\right)^2\right]}}$$

BESTIMMUNG DES MAXIMAL MOEGLICHEN NEGATIVEN WERTES VON r_{xy} BEI GEGEBENER VERTEILUNG VON X UND Y

Es ist hier lediglich die Richtung einer Verteilung (die von X oder die von Y) umzukehren, so daß bei einer Verteilung der größte Wert oben steht, bei der anderen der kleinste. Das weitere Vorgehen entspricht dem obigen zur Bestimmung des maximalen positiven r_{xy}.

Wir erkennen an dem Ergebnis der Berechnungen in Tabelle 30, daß das Vorgehen über Formel (100) exakt den Wert des maximal möglichen positiven r_{xy} für unsere Daten ergibt (r_{max} = .7068). Würden wir nun die Richtung einer Verteilung umkehren und die Prozedur wiederholen, dann müßte sich für die maximale negative Korrelation der Wert r_{min} = -1.0 ergeben.

Der in diesem Abschnitt besprochene Fall von Datenkonstellationen, die die theoretischen Grenzen von r_{xy} (+ 1.0 und - 1.0) verkleinern können, zeigt wieder, wie bedeutsam es ist, bei der Berechnung von r_{xy} in einem konkreten Fall die univariaten Verteilungen von X und Y sowie deren Streuungsdiagramm zu inspizieren, um etwaige Verteilungsbesonderheiten, die den Wert von r_{xy} beeinflussen können, zu erkennen. Es ist bei einem vorgefundenen Korrelationskoeffizienten von sagen wir r_{xy} = +.71 natürlich wichtig zu wissen, ob die Korrelation in dieser Stichprobe einen Wert von + 1.0 hätte annehmen können oder ob der maximale positive r_{xy}-Wert durch die spezielle Datenkonstellation auf z. B. r_{max} = +.76 begrenzt ist.

Wir hatten eingangs gesagt, daß in dem Fall, daß der Korrelationskoeffizient nur als deskriptives Maß für eine Stichprobe berechnet werden soll, nicht Voraussetzung ist, daß die Verteilungen in X und X normal sind. Will man jedoch von dem Stichprobenkoeffizienten r_{xy} auf den Koeffizienten ρ_{xy} der Population, aus der die Stichprobe der n Meßwertpaare (X_i; Y_i) stammt, schließen, dann ist die Annahme erforderlich, daß X und Y in der Population bivariat-normalverteilt sind.

Tabelle 30 : Bestimmung des maximal möglichen positiven Korrelationskoeffizienten r_{xy} für die Daten von Abbildung 46

Verteilung von X

X	f	cum_f	c_{xi}	z_{xi}	$z_{xi}c_{xi}$
11	4	12	(1,0000)	-	
10	2	8	0,6667	0	0,0
9	1	6	0,5000	1	0,5000
8	1	5	0,4167	2	0,8334
7	1	4	0,3333	3	0,9999
6	1	3	0,2500	4	1,0000
5	0	2	0,1667	5	0,8335
4	1	2	0,1667	6	1,0002
3	0	1	0,0833	7	0,5831
2	0	1	0,0833	8	0,6664
1	1	1	0,0833	9	0,7497
	n=12		2,7500		7,1662
	k_x=10		$\sum_i^{k_x} c_{xi}$		$\sum_i^{k_x} z_{xi}c_{xi}$

Verteilung von Y

Y	f	cum_f	c_{yi}	z_{yi}	$z_{yi}c_{yi}$
11	1	12	(1,0000)	-	
10	0	11	0,9167	0	0,0
9	0	11	0,9167	1	0,9167
8	1	11	0,9167	2	1,8334
7	0	10	0,8333	3	2,4999
6	1	10	0,8333	4	3,3332
5	1	9	0,7500	5	3,7500
4	1	8	0,6667	6	4,0002
3	1	7	0,5833	7	4,0831
2	2	6	0,5000	8	4,0000
1	4	4	0,3333	9	2,9997
	k_y=10		7,2500		27,4162
			$\sum_i^{k_y} c_{yi}$		$\sum_i^{k_y} z_{yi}c_{yi}$

Gemeinsame Abfolge der c_x- und c_y-Werte		
c_i	z_i	$z_i\ c_i$
0,9167	0	0,0
0,9167	1	0,9167
0,9167	2	1,8334
0,8333	3	2,4999
0,8333	4	3,3332
0,7500	5	3,7500
0,6667	6	4,0002
0,6667	7	4,6669
0,5833	8	4,6664
0,5000	9	4,5000
0,5000	10	5,0000
0,4167	11	4,5837
0,3333	12	3,9996
0,3333	13	4,3329
0,2500	14	3,5000
0,1667	15	2,5005
0,1667	16	4,3342
0,0833	17	1,4161
0,0833	18	1,4994
0,0833	19	1,5827
K=14		61,2488
		$\sum_i^k z_i\ c_i$

Einsetzen in Formel (100) :

$$r_{max} = \frac{\sum_i^k z_i c_i - \sum_i^{k_x} z_{xi} c_{xi} - \sum_i^{k_y} z_{yi} c_{yi} - \left(\sum_i^{k_x} c_{xi}\right)\left(\sum_i^{k_y} c_{yi}\right)}{\sqrt{\left[\sum_i^{k_x} c_{xi} + 2\sum_i^{k_x} z_{xi} c_{xi} - \left(\sum_i^{k_x} c_{xi}\right)^2\right]\left[\sum_i^{k_y} c_{yi} + 2\sum_i^{k_y} z_{yi} c_{yi} - \left(\sum_i^{k_y} c_{yi}\right)^2\right]}}$$

$$= \frac{61{,}2488 - 7{,}1662 - 27{,}4162 - (2{,}75)(7{,}25)}{\sqrt{\left[2{,}75 + (2)(7{,}1662) - 2{,}75^2\right]\left[7{,}25 + (2)(27{,}4162) - 7{,}25^2\right]}}$$

$$= \frac{6{,}7289}{\sqrt{(9{,}5199)(9{,}5199)}} = .7068$$

Die Annahme der bivariaten Normalverteilung ist auch - wie uns die Erörterungen der Abschnitte 9.13. und 9.14. gezeigt haben - bedeutsam für den Fall, daß wir bei Vorhersagen z.B. die Grenzen angeben wollen, innerhalb deren ein für X_i vorhergesagter Wert mit bestimmter statistischer Sicherheit liegen wird. Um dann mittels der Standardnormalverteilung (z-Verteilung) arbeiten zu können, ist Voraussetzung, daß für jeden Wert X_i die zugehörigen Y-Werte (zumindest in hinreichender Annäherung) eine Normalverteilung mit dem Mittel Y_i' und der Standardabweichung s_e aufweisen.

10.8. KORRELATION MIT EINER DRITTEN VARIABLEN

Wir hatten eingangs des Kapitels bereits diskutiert, daß die Korrelation zwischen zwei Variablen X und Y durch eine dritte Variable bedingt oder zumindest mitbedingt sein kann. Diese dritte Variable wollen wir mit Z bezeichnen. Es gibt nun statistische Techniken, die es gestatten, aus X oder aus Y oder aus beiden Variablen den Variationsanteil "herauszunehmen" (auszupartialisieren), der in Kovariation mit der Drittvariablen Z steht; die verbleibende "Restvariation" ist dann unabhängig von Z. Partialisieren wir aus einer Variablen (X oder Y) den aus Z vorhersagbaren Anteil aus, dann haben wir es mit der Semi-Partialkorrelation zu tun. Wird sowohl aus X als auch aus Y der aus Z vorhersagbare Anteil herausgenommen, dann handelt es sich um die Technik der Partialkorrelation.

Bei Semi-Partial- und Partialkorrelation wird auf Konzepte der einfachen linearen Regression und Korrelation zurückgegriffen. Wir beginnen mit der Semi-Partialkorrelation, da es sich bei der Partialkorrelation um ihre Generalisierung handelt - zumindest im statistischen Sinne.

10.8.1. SEMI-PARTIALKORRELATION

Wir wollen das Problem der Semi-Partialkorrelation an einem Beispiel kennenlernen. Nehmen wir an, ein Untersucher möchte die Korrelation bestimmen zwischen Intelligenz (X) und der Lernleistung in einem einsemestrigen Mathemtikkurs. Die Intelligenz erfaßt er mit einem Intelligenztest (IQ). Als Problem stellt sich ihm nun, wie die "Lernleistung" zu erfassen sei. Dazu konstruiert unser Untersucher zuerst einen Mathematikleistungstest, der die Lerninhalte des Kurses erfaßt.

Wenn er nun aber diesen Leistungstest nur nach dem Kurs vorgibt und als Meßwert der Lernleistung die Zahl der richtigen Antworten nimmt, dann hat dies eine Reihe von Nachteilen. Nehmen wir an, unser Untersucher hatte die Hypothese aufgestellt, daß die Intelligenz positiv mit dem Lernerfolg in dem Mathematikkurs korreliert, d.h. Intelligente lernen mehr. Ergibt sich nun eine positive Korrelation zwischen Intelligenz (IQ) und Mathematik-Nachtest, so könnte man das als Bestätigung dieser Hypothese ansehen.

Dieser Schluß ist jedoch vorschnell und nicht zwingend - denn es ist doch möglich, daß die Kursteilnehmer zu Beginn des Kurses bereits unterschiedliche Mathematik-Kenntnisse besaßen (und zwar die Intelligenten mehr als die weniger Intelligenten), daß aber alle Personen etwa gleichviel von dem Kurs profitiert haben. Unsere Schlußfolgerung, daß

Intelligenz und Lernerfolg positiv korrelieren, wäre dann falsch. Den eben geschilderten Fall verdeutlicht noch einmal die nebenstehende Zeichnung (am Beispiel von 5 Personen).

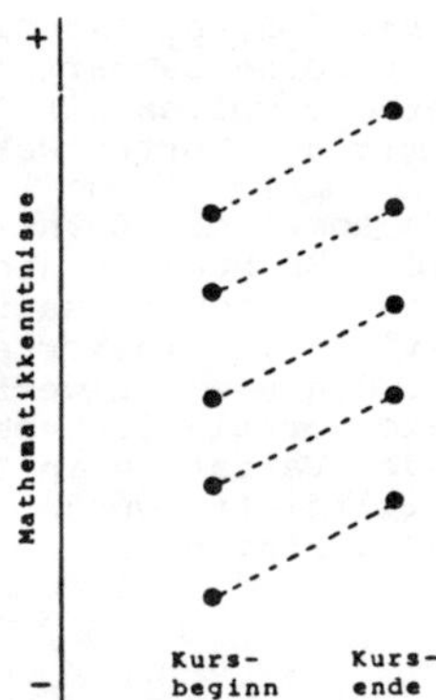

Wir sehen, daß das so konzipierte Lernmaß (Punktwert im Nachtest) ungeeignet ist zur Prüfung unserer Hypothese, da es nicht unabhängig ist von den Ausgangskenntnissen der Personen. Um diesen Nachteil zu umgehen, hätten wir folgendes machen können :

Der Test wird einmal zu Beginn des Mathematikkurses durchgeführt und ein zweites mal nach dem Kurs; für jeden Probanden bilden wir die Differenz Vortestwert - Nachtestwert. Wir würden dadurch einen Zuwachswert erhalten, der unserer Vorstellung als Indikator für den Lernerfolg schon näher käme, da er die unterschiedlichen Ausgangskenntnisse berücksichtigt. Solche "Nachtest minus Vortest"-Lernscores haben jedoch testtheoretische Nachteile, sie sind z.B. noch unzuverlässiger (d.h. sie weisen noch mehr Zufallsfluktuation auf) als die Einzelwerte, von denen sie die Differenz sind. Es ist fast immer so, daß solche Differenzwerte eine negative Korrelation mit den Vortestwerten aufweisen, auf denen sie basieren. Dies muß als Nachteil angesehen werden, wenn wir Grund zu der Annahme haben, daß das Ausmaß des Gelernten nicht notwendigerweise negativ mit dem Vortestniveau korreliert.

Wir wollen deshalb jetzt ein Maß für den Lernerfolg kennenlernen, das die bisher geschilderten Nachteile nicht aufweist. Wir hatten gesehen, daß unser erstes Maß (nur Nachtest) sehr stark von der Ausgangslage der Probanden abhängen kann. Wir benötigen deshalb ein Lernmaß, das von der Ausgangslage unabhängig ist (d.h. das mit dieser zu Null korreliert). M. a. W. wir suchen Lernscores, die aus der Ausgangslage nicht vorhersagbar sind, d.h. uns interessiert die Variation im Nachtest, die nicht mit der Variation im Vortest verbunden ist.

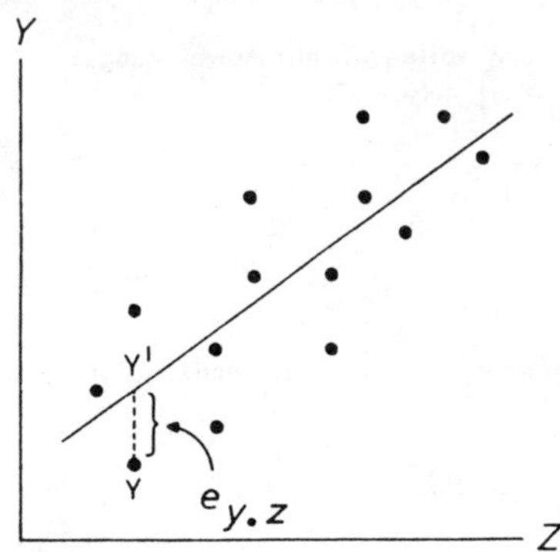

Betrachten wir dazu das nebenstehende Streuungsdiagramm des Zusammenhangs zwischen Vortest (Z) und Nachtest (Y) bei den Kursteilnehmern. Wenn wir Vorhersagen von den Vortestwerten (Z) auf die Nachtestwerte (Y) mit Hilfe der linearen Regression vornehmen wollen, so sagen wird aufgrund der verschiedenen Z-Werte für Y jeweils die korrespondierenden Punkte auf der Regressionsgeraden vorher.

Die Abweichungen $e_{y.z}$ von der Regressionsgeraden sind nun die Veränderungen in den Mathematikkenntnissen (die Lernwerte), die wir aus Z (dem Vortest) nicht vorhersagen können. Bilden wir die Summe der quadrierten Abweichungen $e^2_{y.z}$, so ist dies die Variation in Y, die aus der Variation in Z nicht vorhersagbar ist (vgl. dazu auch S. 245 ff.). Die Abweichungswerte e wollen wir "Residual-Werte" nennen. Korreliert man die e-Werte mit den Vortestwerten, so ist $r_{ze_{y.z}} = 0.$[1]

Wir haben somit ein Lernmaß gefunden, das von der Ausgangslage unabhängig ist. Es handelt sich dabei um die Abweichungen der (aufgrund des Vortests) vorhergesagten Werte von den tatsächlichen Werten in Y : $e_{y.z} = (Y' - Y)$. Die Korrelation von X (in unserem Fall der Intelligenz) mit den Residualwerten $e_{y.z}$ nennt man Semi-Partialkorrelation. Es ist die Korrelation von X mit Y, nachdem der Variationsanteil in Y, der aus der Variation in Z linear vorhergesagt werden kann, entfernt (auspartialisiert) wurde. Der Semi-Partialkorrelationskoeffizient ist wie folgt definiert :

$$\text{(101)} \qquad r_{xe_{y.z}} = \frac{s_{xe_{y.z}}}{s_x \, s_{e_{y.z}}} \qquad ^{2)}$$

Wir könnten nun den Semi-Partialkorrelationskoeffizienten derart berechnen, daß wir die Werte von $e_{y.z}$ aufgrund der Regressionslinie von Y auf Z bestimmen und diese Werte mit X korrelieren. Wir werden jedoch im folgenden zeigen, daß sich diese umständliche Prozedur vermeiden läßt. Dazu müssen wir leichter zu berechnende Substitute für die Terme in Gleichung (101) finden.

Ausgehend von der in Abschnitt 9.12. vorgenommenen Entwicklung eines Maßes für den Vorhersagefehler (s_e) können wir [entsprechend Formel (97)] für die Standardabweichung der Residualwerte im Nenner von (101) schreiben :

$$s_{e_{y.z}} = s_y \sqrt{1 - r^2_{yz}}$$

Schwierigkeiten macht uns jetzt noch der Zähler in Gleichung (101). Wie finden wir die Kovarianz der X-Werte mit den Residualwerten, d.h. $s_{xe_{y.z}}$?

Wir hatten gesehen, daß $e_{y.z} = (Y - Y')$. Im folgenden wollen wir mit Abweichungswerten arbeiten; dann ist $e_{y.z} = \left[(Y - \bar{Y}.) - (Y' - \bar{Y}.) \right] = (y - y')$.

Eine Formel für die Kovarianz lautet folgendermaßen :

$$s_{xy} = \frac{\sum x y}{n - 1}$$

In unserem Fall entsprechen die "y"-Werte den Größen $e_{y.z} = (y - y')$. Somit ergibt sich :

$$\text{(102)} \qquad s_{xe_{y.z}} = \frac{\sum x (y - y')}{n - 1} = \frac{\sum x y}{n - 1} - \frac{\sum x y'}{n - 1}$$

---

1) Beweis siehe S. 240.

2) Analog zu einer uns bekannten Definitionsformel für den Produkt-Moment-Korrelationskoeffizienten : $r_{xy} = \frac{s_{xy}}{s_x s_y}$

Nun ist aber [analog zu Gleichung (83)] :

$y' = \left(r_{zy} \cdot \frac{s_y}{s_z} \right) \cdot z$. Wir setzen dies in Gleichung (102) ein :

$$s_{xe_{y.z}} = \frac{\sum x y}{n-1} - \frac{\sum x \left(r_{zy} \cdot \frac{s_y}{s_z} \right) z}{n-1} = \frac{\sum x y}{n-1} - \left(r_{zy} \cdot \frac{s_y}{s_z} \right) \cdot \frac{\sum x z}{n-1}$$

Es ergibt sich somit :

(103) $$s_{xe_{y.z}} = s_{xy} - r_{zy} \cdot \frac{s_y}{s_z} \cdot s_{xz} \quad .$$

Wir setzen nun das bisher gefundene in Gleichung (101) ein :

(104) $$r_{xe_{y.z}} = \frac{s_{xy} - r_{yz} \, (s_y/s_z) \cdot s_{xz}}{s_x \cdot s_y \sqrt{1 - r^2_{yz}}}$$

Wir dividieren Zähler und Nenner von (104) durch $s_x s_y$:

(105) $$r_{xe_{y.z}} = \frac{(s_{xy} / s_x s_y) - r_{yz} \, (s_{xz} / s_x s_z)}{\sqrt{1 - r^2_{yz}}} = \frac{r_{xy} - r_{xz} \cdot r_{yz}}{\sqrt{1 - r^2_{yz}}}$$

Wir haben somit eine wesentlich besser zu handhabende Formel für die Semi-Partialkorrelation erhalten.

(106) $$r_{xe_{y.z}} = \frac{r_{xy} - r_{xz} \, r_{yz}}{\sqrt{1 - r^2_{yz}}}$$

Für Formel (106) brauchen wir bloß alle paarweisen Korrelationen zwischen den Variablen X, Y und Z zu berechnen. Häufig werden auch numerische Subskripte statt der Buchstaben verwendet; bezeichnen wir X mit 1, Y mit 2 und Z mit 3, dann schreibt sich Formel (106) folgendermaßen :

(107) $$r_{1(2.3)} = \frac{r_{12} - r_{13} \, r_{23}}{\sqrt{1 - r^2_{23}}}$$

Wir wollen die Semi-Partialkorrelation nun für unser eingangs geschildertes Beispiel bestimmen. Nehmen wir an, es hätten sich zwischen den Variablen X, Y und Z die folgenden paarweisen Korrelationskoeffizienten ergeben :

Korrelation	Vortest (Z)	-	Nachtest (Y)	$r_{yz} = .79$
Korrelation	I Q (X)	-	Nachtest (Y)	$r_{xy} = .65$
Korrelation	I Q (X)	-	Vortest (Z)	$r_{xz} = .55$

Wir setzen diese Werte nun in Gleichung (106) ein und erhalten

$$r_{xe_{y.z}} = \frac{.65 - (.55)(.79)}{\sqrt{1 - .79^2}} = .35 .$$

Ohne Verwendung der Semi-Partialkorrelation (d.h. ohne Berücksichtigung der unterschiedlichen Ausgangslage in den Mathematikkenntnissen) hätten wir angenommen, daß die Korrelation zwischen Intelligenz (X) und "Lernerfolg" (Y) $r_{xy} = .65$ ist. Eliminieren wir jedoch mit der Technik der Semi-Partialkorrelation die lineare Beziehung von Y mit Z, so ist die Residualbeziehung von X mit $e_{y.z}$ nur .35, d.h. es besteht ein deutlich geringerer Zusammenhang zwischen IQ und Lernerfolg.

Die Semi-Partialkorrelation ist in ihrer Anwendung keineswegs beschränkt auf Situationen, wo Z ein Vortest und Y der Nachtest ist. Auch im folgenden Fall könnten wir z.B. auf sie zurückgreifen. Nehmen wir an, uns interessiert der Zusammenhang zwischen Lesegeschwindigkeit (X) und dem Verständnis des Gelesenen (Y). Nun hängt das Leseverständnis aber auch sicher mit der Intelligenz zusammen (und in unserer Stichprobe befinden sich natürlich Personen mit unterschiedlichen Intelligenzgraden). Wir sind aber nur an dem Zusammenhang der Lesegeschwindigkeit mit dem Teil des Leseverständnisses interessiert, der nicht mit der Intelligenz verbunden ist. Wir könnten deshalb mit Hilfe der Semi-Partialkorrelation die Variation in Y, die aus der Variation in der Intelligenz linear vorhersagbar ist, eliminieren und die Residualscores mit der Lesegeschwindigkeit korrelieren.

Eine andere Möglichkeit bestände darin, die Intelligenz durch die Versuchanlage konstant zu halten, indem wir in die Stichprobe nur Personen mit gleicher Intelligenz aufnehmen und an diesen die Korrelation zwischen Lesegeschwindigkeit und Leseverständnis bestimmen. Eine derartige Auswahl ist jedoch häufig nicht möglich (z.B. wenn uns nur intakte Gruppen wie Schulklassen zur Verfügung stehen). Deshalb müssen wir in einem solchen Fall den Effekt der Drittvariablen (hier der Intelligenz) mithilfe der Semipartialkorrelation eliminieren, d.h. die Variable Z statistisch konstant halten.

10.8.2. PARTIALKORRELATION

Statistisch gesehen ist die Partialkorrelation einfach eine Erweiterung der Semi-Partialkorrelation. Bei letzterer hatten wir bei einer Variablen (Y) den Anteil einer anderen Variablen (Z) auspartialisiert und die Residualscores mit Variable (X) korreliert.Bei der Partialkorrelation eliminieren wir aus zwei Variablen - X und Y - den Variationsanteil, der aus der Variation in einer Variablen Z linear vorhersagbar ist und korrelieren die Residualscores von X und Y.

Analog zu den bei der Semi-Partialkorrelation verwendeten Symbolen schreibt sich die Partialkorrelation von X und Y - wobei Z auspartialisiert wird - wie folgt :

(108) $$r_{xy.z} = r_{e_{x.z}\, e_{y.z}}$$

In den nachfolgenden Streuungsdiagrammen ist an jeweils einem Datenpunkt gezeigt, um welche Größen es sich bei den e-Werten von Gleichung (108) handelt. Die Logik der Verwendung dieser Residualwerte ist die gleiche wie bei der Semi-Partialkorrelation, nur daß eben diesmal der Einfluß von Z bei X und bei Y eliminiert wird.

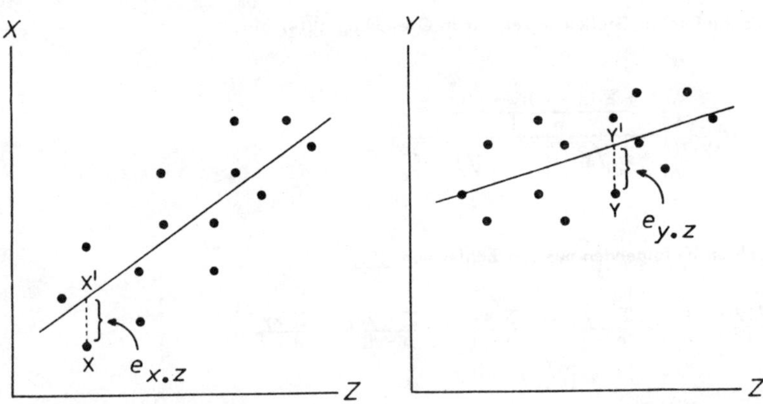

Die Definitionsgleichung für die Partialkorrelation lautetet wie folgt :

(109) $$r_{xy.z} = \frac{s_{e_{x.z} e_{y.z}}}{s_{e_{x.z}}\, s_{e_{y.z}}}$$

Zur aktuellen Berechnung ist diese Formel wieder recht unpraktisch. Wir wollen deshalb daraus eine Rechenformel ableiten. Dazu gehen wir von den folgenden Hilfsgleichungen aus :

$e_{x.z} = (x - x')$ [ausgedrückt in Abweichungswerten]

$e_{y.z} = (y - y')$ [ausgedrückt in Abweichungswerten]

$x_i' = \left[r_{zx} \cdot \frac{s_x}{s_z} \right] z_i$ [analog zu Gleichung (83)]

$y_i' = \left[r_{zy} \cdot \frac{s_y}{s_z} \right] z_i$ [analog zu Gleichung (83)]

$$s_{e_{x.z}e_{y.z}} = \text{Kovarianz der Residualscores} = \frac{\Sigma(x - x')(y - y')}{n - 1}$$

$$s_{e_{x.z}} = s_x \sqrt{1 - r^2_{zx}}$$

$$s_{e_{y.z}} = s_y \sqrt{1 - r^2_{zy}}$$

Die eben aufgeführten Größen setzen wir in Gleichung (109) ein.

(110) $$r_{xy.z} = \frac{\frac{\Sigma(x - x')(y - y')}{n - 1}}{s_x\sqrt{1 - r^2_{zx}} \cdot s_y\sqrt{1 - r^2_{zy}}}$$

Wir betrachten im folgenden nur den Zähler von (110)

$$\frac{\Sigma(x - x')(y - y')}{n - 1} = \frac{\Sigma xy}{n - 1} - \frac{\Sigma xy'}{n - 1} - \frac{\Sigma x'y}{n - 1} + \frac{\Sigma x'y'}{n - 1}$$

$$= \frac{\Sigma xy}{n - 1} - \frac{\Sigma\left[x \cdot r_{zy} \cdot \frac{s_y}{s_z} \cdot z\right]}{n - 1} - \frac{\Sigma\left[y \cdot r_{zx} \cdot \frac{s_x}{s_z} \cdot z\right]}{n - 1} + \frac{\Sigma\left[\left(r_{zy} \cdot \frac{s_y}{s_z} \cdot z\right)\left(r_{zx} \cdot \frac{s_x}{s_z} \cdot z\right)\right]}{n - 1}$$

Wir vereinfachen dies (durch geeignete Substitute) und erhalten für Gleichung (110)

(111) $$r_{xy.z} = \frac{s_{xy} - s_{xz}\left(r_{zy}\frac{s_y}{s_z}\right) - s_{yz}\left(r_{zx}\frac{s_x}{s_z}\right) + s_z^{2\,+)}\left(r_{zy}\frac{s_y}{s_z}\right)\left(r_{zx}\frac{s_x}{s_z}\right)}{s_x\sqrt{1 - r^2_{zx}} \cdot s_y\sqrt{1 - r^2_{zy}}}$$

+) da $\frac{\Sigma zz}{n-1} = s_z^2$

Wir dividieren Zähler und Nenner von (111) durch $s_x\ s_y$

(112) $$r_{xy.z} = \frac{\frac{s_{xy}}{s_x s_y} - \frac{s_{xz} \cdot r_{zy}\, s_y}{s_x\, s_y\, s_z} - \frac{s_{yz} \cdot r_{zx}\, s_x}{s_x\, s_y\, s_z} + \frac{r_{zy} \cdot s_y \cdot r_{zx}\, s_x}{s_x\, s_y}}{\sqrt{1 - r^2_{zx}} \cdot \sqrt{1 - r^2_{zy}}}$$

(113) $$r_{xy.z} = \frac{r_{xy} - r_{zx} r_{zy} - r_{zx} r_{zy} + r_{zx} r_{zy}}{\sqrt{1 - r^2_{zx}} \sqrt{1 - r^2_{zy}}}$$

Wir erhalten somit als Rechenformel für die Partialkorrelation :

(114) $$r_{xy.z} = \frac{r_{xy} - r_{zx} r_{zy}}{\sqrt{(1 - r^2_{zx})(1 - r^2_{zy})}}$$

Häufig werden auch hier wieder numerische Subskripte statt der Buchstaben verwendet. Bezeichnen wir X mit 1, Y mit 2 und Z (die Variable, deren Effekt auspartialisiert werden soll) mit 3, dann schreibt sich Formel (114) folgendermaßen :

(115) $$r_{12.3} = \frac{r_{12} - r_{13} r_{23}}{\sqrt{(1 - r^2_{13})(1 - r^2_{23})}}$$

Wir sehen, daß wir zur Bestimmung der Partialkorrelation nur alle paarweisen Korrelationen zwischen den Variablen X, Y und Z auszurechnen und in diese Formel einzusetzen brauchen. Man nennt $r_{xy.z}$ einen Partialkoeffizienten 1. Ordnung, da der lineare Einfluß einer Variablen (Z) auspartialisiert wird. Das einfache r_{xy} wäre ein Koeffizient nullter Ordnung, da nichts auspartialisiert wird.

Nehmen wir als Beispiel für eine Situation, wo die Partialkorrelation Anwendung finden kann, an, wir wollten feststellen, wie hoch bei Kindern und Jugendlichen Körpergröße (X) und Körpergewicht (Y) korrelieren. Das sinnvollste Vorgehen wäre nun, an altershomogenen Stichproben (eine Stichprobe 5-jähriger, eine Stichprobe 6-jähriger, usf.) den Zusammenhang zu untersuchen. Dadurch wäre das Alter (Z), mit dem Größe und Gewicht in Zusammenhang stehen, dessen Einfluß wir aber nicht untersuchen wollen, konstant gehalten.

Aus bestimmten Gründen haben wir aber, so nehmen wir weiterhin an, keinen Zugang zu so vielen Kindern der verschiedenen Altersstufen. Uns steht lediglich eine Stichprobe von 50 Kindern im Alter von 5-15 Jahren zur Verfügung. Wir berechnen an dieser Gruppe die Korrelation zwischen Körpergröße (X) und -Gewicht (Y) und erhalten einen Koeffizienten von $r_{xy} = .87$. Dieser Koeffizient ist nun sicherlich dadurch beeinflußt, daß Größe und Gewicht mit dem Alter positiv korrelieren, d.h. daß die Kinder mit zunehmendem Alter größer und schwerer werden.

In diesem Fall gibt nun die Partialkorrelation die Möglichkeit, aus der Variation der Größen- und Gewichtswerte den Anteil zu eliminieren, der linear aus der Variablen Alter (Z) vorhersagbar ist. Formal gesehen gibt uns dann der Wert von $r_{xy.z}$ das Ausmaß der Korrelation zwischen den Residualwerten an, d.h. zwischen den Restwerten von X und Y, die (in dieser Stichprobe) unabhängig sind von der Variation in Z. Unter bestimmten Voraussetzungen kann der erhaltene Partialkoeffizient jedoch noch weitergehender intepretiert werden. Wenn man nämlich davon ausgehen kann, daß Z in linearer Beziehung zu X und zu Y steht und daß die Stärke (und Richtung) der linearen Beziehung zwischen X und Y auf jeder Stufe von Z die gleiche ist, dann ist $r_{xy.z}$ gleich dem Wert von r_{xy}, den wir erhalten würden, wenn wir X (Größe) und Y (Gewicht) jeweils an Gruppen von Kindern korrelieren würden, die den gleichen Wert in Z (Alter) haben.

Nehmen wir an, wir hätten an unserer Stichprobe 5 - 15-jähriger folgende paarweisen Korrelationen zwischen den Variablen X, Y und Z erhalten :

Korrelation	Größe (X) - Gewicht (Y)	$r_{xy} = .87$
Korrelation	Größe (X) - Alter (Z)	$r_{xz} = .68$
Korrelation	Gewicht (Y) - Alter (Z)	$r_{yz} = .67$

Wir setzen die Werte in Formel (114) ein und erhalten für die Partialkorrelation

$$r_{xy.z} = \frac{.87 - (.68)(.67)}{\sqrt{(1 - .68^2)(1 - .67^2)}} = \frac{0{,}414}{\sqrt{(0{,}538)(0{,}551)}} = .76$$

Wir sehen, daß die Korrelation zwischen Größe (X) und Gewicht (Y) niedriger ausfällt, wenn wir aus X und Y den aus Z vorhersagbaren Anteil eliminieren. In diesem Sinne ist die Bedeutung von $r_{xy.z}$ eindeutig : es ist die Korrelation der Residualwerte von Größe und Gewicht, d.h. der Größen- und Gewichtswerte, aus denen der mit dem Alter linear zusammenhängende Teil entfernt worden ist. Die weitergehende Aussage : $r_{xy.z} = .76$ ist der Wert, den wir (zumindest in etwa) bei Kindern gleichen chronologischen Alters (d.h. innerhalb der verschiedenen Altersstufen) für den Zusammenhang zwischen Größe (X) und Gewicht (Y) erhalten würden, ist jedoch nur dann korrekt, wenn die oben genannten Bedingungen (speziell : r_{xy} ist auf allen Altersstufen etwa gleich) erfüllt sind.

Sofern man nicht guten Grund zu der Annahme hat, daß der Zusammenhang zwischen X und Y auf allen Stufen von Z der gleichen Art und Stärke ist, sollte man deshalb eine Interpretation des Partialkoeffizienten in dem Sinne, daß der Wert von $r_{xy.z}$ angibt, wie groß r_{xy} auf den einzelnen Stufen von Z ist, vermeiden, denn diese Bedingung ist wahrscheinlich nur in seltenen Fällen hinreichend erfüllt.

Die Verwendung der Partialkorrelation (d.h. die statistische Konstanthaltung von Z) ist deshalb nur selten ein vollwertiger Ersatz für die "echte" , experimentelle Konstanthaltung der Variablen Z, d.h. für die getrennte Berechnung von r_{xy} auf den verschiedenen Stufen von Z. Sie ist mehr ein Notbehelf für den Fall, daß nicht genügend Personen aus den einzelnen Stufen von Z zur Verfügung stehen, um für diese jeweils r_{xy} zu berechnen.

Die Partialkorrelation ist in ihrer Anwendung natürlich nicht auf den Fall beschränkt, daß aus zwei Variablen X und Y der mit dem Alter zusammenhängende Anteil auspartialisiert werden soll; allerdings findet sie für dieses Problem am häufigsten Anwendung.

PARTIALKOEFFIZIENTEN ZWEITER ORDNUNG

Wenn wir bei einem Korrelationsproblem zwei Variablen zugleich konstant halten (d.h. den Effekt von zwei Variablen auspartialisieren) wollen, dann spricht man von einem Partialkoeffizienten zweiter Ordnung. Die Formel dafür lautet (mit numerischen Subskripten für die Variablen) folgendermaßen :

$$r_{12.34} = \frac{r_{12.3} - r_{14.3}\, r_{24.3}}{\sqrt{(1 - r^2_{14.3})(1 - r^2_{24.3})}} \qquad (116)$$

Bei Verwendung von Formel (116) müssen die Nummern der Variablen dem Problem angepaßt werden. In unserem Fall interessiert uns die Korrelation zwischen Variable 1 und 2, wobei der Effekt der Variablen 3 und 4 aus beiden eliminiert werden soll. Wir ersehen aus der Formel, daß wir zur Bestimmung der Partialkorrelation zweiter Ordnung vorab drei Partialkoeffizienten erster Ordnung berechnen müssen.

Als Anwendungsbeispiel für eine Partialkorrelation zweiter Ordnung wäre das folgende denkbar : uns interessiert der Zusammenhang zwischen Alter (1) und Stärke (2), wobei Körpergröße (3) und -Gewicht (4) konstant gehalten werden sollen. Dies wäre das gleiche, als wenn wir fragen würden, ob bei einer Gruppe von Knaben, die gleiches Gewicht und gleiche Größe haben, die älteren Jungen z.B. stärker sind.

VORAUSSETZUNGEN FUER ALLE PARTIALKOEFFIZIENTEN

Neben den bereits genannten (speziellen) Annahmen für die sinnvolle Bestimmung einer Partialkorrelation ist es weiterhin erforderlich - da bei dieser Technik Produkt-Moment-Korrelationskoeffizienten verwendet werden - daß die allgemeinen Voraussetzungen für die Berechnung von Pearson Produkt-Moment Korrelationen erfüllt sind.

10.9. STICHPROBENVARIATION VON r_{xy}

Wenn wir nur daran interessiert sind zu beschreiben, wie zwei Variable in einer bestimmten Gruppe von Personen zusammenhängen, dann ist der Korrelationskoeffizient, den wir an dieser Gruppe berechnen, genau das, was wir wissen wollen; aufgrund des Wertes von r_{xy} können wir dann sagen, daß der Zusammenhang zwischen X und Y in dieser Gruppe von bestimmter Richtung und bestimmter Stärke ist.

Anders liegt der Fall, wenn uns der Zusammenhang zwischen X und Y in einer Population von Werten interessiert, wir aber diese Population nicht untersuchen können, sondern lediglich eine Stichprobe daraus - um dann von dem an der Stichprobe erhaltenen r_{xy} zurückzuschließen auf die Populationskorrelation ρ_{xy}. Nehmen wir an, in der Gießener männlichen Bevölkerung über 20 Jahre korrelieren Körpergröße (X) und -Gewicht (Y) zu $\rho_{xy} = .65$. Wir ziehen jetzt über die Einwohnermeldekartei eine Stichprobe von n = 100 Männern über 20 Jahre und bestimmen an diesen r_{xy}. Es wäre ein großer Zufall, wenn sich hier an der Stichprobe eine Korrelation ergäbe, die gleich ist der Populationskorrelation. Eine andere Stichprobe von 100 Personen würde wieder einen anderen Wert ergeben. Nehmen wir an wir haben fünf Stichproben à n = 100 Personen gezogen. Dann hätten sich z.B. folgende Werte für r_{xy} ergeben können:

$r_1 = .73;\ r_2 = .58;\ r_3 = .55;\ r_4 = .60;\ r_5 = .51.$

Wir sehen, daß wir aufgrund des an einer Stichprobe gefundenen Korrelationseffizienten nicht sagen können, der Populationskorrelationskoeffizient ρ_{xy} hat den und den Wert,denn verschiedene Stichproben ergeben mehr oder weniger verschiedene Werte. Die Stichprobenvariation von r_{xy} ist somit ein Faktor, der bei der Beurteilung von r_{xy} zu berücksichtigen ist. Bei dem Prozeß der Stichprobenentnahme wirksame Zufallsfaktoren führen dazu, daß r_{xy} ein mehr oder minder von ρ_{xy} abweichenden Wert aufweist. In der Inferenzstatistik werden wir Verfahren kennenlernen,mit denen man bestimmen kann, in welchem Bereich ρ_{xy} mit einer bestimmten statistischen Sicherheit liegt, wenn r_{xy} (berechnet an n Personen) den Wert a hat.

Bezüglich der Stichprobenfluktuation von r_{xy} gilt: ziehen wir eine Reihe von großen Stichproben aus einer Population, dann sind die daran bestimmten Korrelationskoeffizienten dem Wert nach recht ähnlich und streuen nicht weit um den Populationswert ρ_{xy}. D.h. bei großen Stichproben liegt der Wert von r_{xy} mit großer Wahrscheinlichkeit nahe dem Populationswert ρ_{xy}.

Bei kleinen Stichproben variiert r_{xy} hingegen sehr stark von Stichprobe zu Stichprobe, d.h. es sind bei den Stichprobenwerten häufiger auch starke Abweichungen vom Populationswert zu erwarten. Fazit: große Stichproben erlauben recht genaue, kleine Stichproben nur recht grobe Schätzungen von ρ_{xy}.

Die nebenstehende Tabelle illustriert noch einmal das Ausmaß der Stichprobenvariation von r_{xy} in Abhängigkeit von der Stichprobengröße. Sie zeigt für verschiedene Stichprobengrößen n die Grenzen, innerhalb derer 90 % der Stichprobenkoeffizienten zu liegen kommen, wenn wiederholt Stichproben der Größe n nach Zufall aus einer Population gezogen werden, in der die Korrelation zwischen den Variablen X und Y den Wert $\rho_{xy} = 0$ hat.

Stichprobengröße	90 %-Grenzen für r_{xy}
5	-.82 bis +.82
10	-.55 bis +.55
20	-.38 bis +.38
30	-.31 bis +.31
50	-.24 bis +.24
100	-.17 bis +.17
300	-.10 bis +.10
1000	-.05 bis +.05

Oder anders ausgedrückt: 10 % der Stichprobenkoeffizienten ergeben einen Wert, der weiter vom Populationswert $\rho_{xy} = 0$ entfernt liegt als die durch die Grenzen angegebenen Punkte. Wir sehen, daß bei kleinen Stichproben eine große Variation der Koeffizienten auftritt. Bei der Stichprobengröße n = 10 sind z.B. in 10 % der Fälle Koeffizienten zu erwarten, die außerhalb $\pm .55$ liegen. Bei großen Stichproben, z.B. bei n = 300 Personen,streuen die rxy-Werte nur noch geringfügig um den Populationswert $\rho_{xy} = 0$, 90 % der Stichprobenkoeffizienten fallen zwischen -.10 und +.10.

Die Schätzung des Wertes einer Populationskorrelation ρ_{xy} aufgrund von Stichprobendaten läßt also nur dann ein ausreichend präzises Ergebnis erwarten, wenn n hinreichend groß ist. Nur bei hinreichend großem n kann man auch die an der Stichprobe a gewonnenen korrelations- und regressionsanalytischen Ergebnisse mit einigem Vertrauen auf eine Stichprobe b übertragen.[1] Dies ist natürlich sehr bedeutsam, wenn wir im Rahmen der Vorhersage von Y aus X an der Stichprobe a die Vorhersageregel (Regressionsgleichung) erstellen und diese auf Personen der Stichprobe b übertragen, um dort die unbekannten Kriteriumswerte vorherzusagen. Je größer die Stichprobe a war, umso eher hat die Vorhersageregel auch hinreichende Gültigkeit für die Personen der Stichprobe b.

10.10. DER KORRELATIONSKOEFFIZIENT UND DIE BEDINGUNGEN, UNTER DENEN ER BESTIMMT WURDE

Es ist im Grunde trivial, darauf hinzuweisen, daß der Wert des Korrelationskoeffizienten auch von den Bedingungen abhängt, unter denen die Daten erhoben wurden. Unter Bedingungen sind hier alle Faktoren gemeint, die einen Einfluß auf die Variable X und/oder Y nehmen können und damit auch auf die Art und die Stärke des Zusammenhangs zwischen X und Y.

Wenn sich die Korrelationskoeffizienten für den Zusammenhang zwischen X und Y in einer großen Stichprobe bedeutsam unterscheiden, dann ist für diesen Unterschied zwar zu einem Teil auch die im letzten Abschnitt besprochene Stichprobenvariation von r_{xy} verantwortlich, zum anderen ist der Unterschied dann jedoch Ausdruck dafür, daß der Zusammenhang zwischen X und Y in beiden Stichproben nicht der gleiche ist, daß die Bedingungen in den Stichproben (sei es die Art der untersuchten Personen, der Untersuchungszeitpunkt oder der Untersuchungsort, usf.) unterschiedlich waren.

Nehmen wir als Beispiel den "Zusammenhang zwischen Durchschnittsnote im Abitur und Durchschnittsnote im Studienabschlußzeugnis". Es läßt sich hier zwar die Frage stellen, wie stark dieser Zusammenhang ist, eine Antwort auf diese Frage in Form eines einzigen Korrelationskoeffizienten läßt sich jedoch nicht geben. Wenn wir hier (an jeweils großen Stichproben) zu einem Zeitpunkt t für jeden Studiengang getrennt die Korrelation zwischen Abiturdurchschnittsnote und Studienabschlußnote bestimmen, so erhalten wir eine Vielzahl von unterschiedlichen r_{xy} -Werten, die eben den Sachverhalt reflektieren, daß die Bedingungen in den verschiedenen Studiengängen unterschiedlich sind.

Andererseits würden wir aber auch (mehr oder weniger) unterschiedliche Koeffizienten erhalten, wenn wir für einen Studiengang, z.B. Psychologie, im Rahmen einer Longitudinalstudie mehrmals den Zusammenhang zwischen Abitur- und Diplomnote bestimmen. Vor 10 Jahren z.B. gab es

---

1) Hierbei setzen wir voraus, daß beide Stichproben der gleichen Population entstammen.

für Psychologie noch keinen Numerus Clausus, d.h. für einen Schüler nur bedingt Grund, stets auf gute Noten aus zu sein. Die Bedingungen des Erwerbs der Schulnoten waren somit andere als heute. Gleichermaßen waren, zumindest für Psychologie, auch die Studienbedingungen andere (z.B. kein Massenfach, andere Chancen für Abgänger, etc.). Wenn wir also zum Zeitpunkt vor 10 Jahren den Zusammenhang zwischen Abitur- und Diplomnote mittels r_{xy} bestimmt hätten, so dürften wir dessen Gültigkeit für heutige Bedingungen keinesfalls ungeprüft annehmen.

Das Jahr der Untersuchung ist natürlich nicht der einzige Faktor, der auf den Wert der Korrelation Einfluß nimmt. So wäre sicherlich zu erwarten, daß die Korrelation Abiturnote - Psychologiediplomnote variiert in Abhängigkeit vom Studienort, desgleichen vom Typ der Schule, auf der das Abitur erworben wurde, usf. Wir sehen : d i e Korrelation zwischen Abiturnote und Psychologiediplomnote gibt es nicht. Und d i e Korrelation zwischen zwei Variablen gibt es in keinem Bereich des menschlichen Verhaltens.

Die Abhängigkeit des Korrelationskoeffizienten von den Bedingungen, unter denen er bestimmt wurde (sowie von den anderen Faktoren, die wir besprochen haben), macht es dehalb notwendig, daß in einem Untersuchungsbericht nicht lediglich mitgeteilt wird, daß die Korrelation zwischen X und Y den Wert $r_{xy} = a$ hatte, sondern hinreichend ausführlich die Faktoren beschrieben werden, die potentiell zur Ausprägung des Wertes von r_{xy} in dieser Untersuchung hätten beitragen können. Nur dadurch sind andere Untersucher in der Lage, diesen Koeffizienten mit dem von ihnen erhaltenen vergleichen und etwaige Unterschiede erklären zu können.

Anhang zu Kapitel 10

Beweis, daß $r_{ze_{y.z}} = 0$ (vgl. Ausführungen S. 230).

Es ist (analog zu Gleichung (102))

(a) $s_{ze_{y.z}} = \frac{\Sigma zy}{n-1} - \frac{\Sigma zy'}{n-1}$; nun ist aber

(b) $y' = (r_{zy} \frac{s_y}{s_z})\, z$. Einsetzen von (b) in (a).

(c) $s_{ze_{y.z}} = \frac{\Sigma zy}{n-1} - (r_{zy} \frac{s_y}{s_z}) \frac{\Sigma zz}{n-1}$

Da aber $\frac{\Sigma z^2}{n-1} = s_z^2$ und $r_{zy} = \frac{\Sigma zy}{(n-1)s_z s_y}$, ergibt sich für (c)

(d) $s_{ze_{y.z}} = \frac{\Sigma zy}{n-1} - \frac{\Sigma zy}{(n-1)s_z s_y} \frac{s_y}{s_z} s_z^2 = \frac{\Sigma zy}{n-1} - \frac{\Sigma zy}{n-1} = 0.$

Daraus folgt : $r_{ze_{y.z}} = 0.$

11 MÖGLICHKEITEN DER INTERPRETATION UND VERWENDUNG VON r_{xy}

Wir wollen zu Beginn dieses Kapitels zwei Koeffizienten besprechen, bei denen Interpretationen des Korrelationskoeffizienten in Varianz- bzw. Standardabweichungstermini vorgenommen werden. Daran anschliessend wird aufgezeigt, wieweit selbst niedrige Korrelationskoeffizienten unter bestimmten Bedingungen für Vorhersagezwecke von relativ großer Nützlichkeit sein können. Und zum Abschluß wird noch auf einige Aspekte und Probleme der Regression eingegangen werden.

11.1. DER ALIENATIONSKOEFFIZIENT

Wir hatten als Maß für den Vorhersagefehler (bei der Vorhersage von Y aus X) den Standardschätzfehler

$$s_e = s_y \sqrt{1 - r_{xy}^2}$$

kennengelernt. Der maximal mögliche Vorhersagefehler tritt auf, wenn $r_{xy} = 0$; in diesem Fall ist $s_e = s_y$.

Eine Interpretation des Korrelationskoeffizienten ist nun wie folgt möglich : Wir vergleichen die Größe des in den vorliegenden Vorhersageumständen vorgefundenen Schätzfehlers mit der, die wir unter ungünstigsten Vorhersageumständen erhalten würden, d.h. wenn $r_{xy} = 0$. Das Verhältnis von s_e zu s_y gibt uns den in den vorliegenden Vorhersageumständen vorgefundenen Vorhersagefehler als Anteil vom maximal möglichen Vorhersagefehler wieder. Es ist somit :

$$\frac{\text{Größe des Vorhersagefehlers in der vorliegenden Vorhersagesituation}}{\text{Größe des Vorhersagefehlers in der ungünstigsten Vorhersagesituation } (r_{xy} = 0)} = \frac{s_e}{s_y} = \frac{s_y\sqrt{1 - r_{xy}^2}}{s_y} = \sqrt{1 - r_{xy}^2}$$

Die Größe $\sqrt{1 - r_{xy}^2}$ wird durch den Buchstaben k symbolisiert und Alienationskoeffizient genannt :

(117) Alienationskoeffizient : $k = \sqrt{1 - r_{xy}^2}$ [1]

Wenn der Wert von k nahe Eins (seinem maximalen Wert) ist, dann ist die Größe des Vorhersagefehlers nahe ihrem Maximum; wenn der Wert von k hingegen nahe Null ist, so zeigt dies an, daß das meiste des möglichen Vorhersagefehlers eliminiert worden ist.

Tabelle 31 : Werte des Alienationskoeffizienten k und des Determinationskoeffizienten r^2 für verschiedene Werte von r_{xy}

r_{xy}	k	r^2
.00	1.000	.00
.05	.999	.003
.10	.995	.01
.15	.989	.02
.20	.98	.04
.25	.97	.06
.30	.95	.09
.35	.94	.12
.40	.92	.16
.45	.89	.20
.50	.87	.25
.55	.84	.30
.60	.80	.36
.65	.76	.42
.70	.71	.49
.75	.66	.56
.80	.60	.64
.85	.53	.72
.90	.44	.81
.95	.31	.90
.96	.28	.92
.97	.24	.94
.98	.20	.96
.99	.14	.98
1.00	.00	1.00

Betrachten wir die beiden ersten Spalten von Tabelle 31. Hier sind für einige Werte von r_{xy} die entsprechenden Werte von k angeführt. Wir erkennen an der Beziehung von r_{xy} und k, daß der Vorhersagefehler sich mit Ansteigen des Korrelationskoeffizienten von Null nur sehr langsam von seinem maximal möglichen Wert entfernt. Wenn r_{xy} z.B. den Wert +.40 erreicht hat, dann weist der Standardschätzfehler noch 92 % der Größe auf, die er haben würde, wenn die Korrelation Null wäre. Oder anders ausgedrückt : bei einem Korrelationskoeffizienten dieser Größe ist der maximal mögliche Vorhersagefehler nur um 8 % verringert.

Weiterhin können wir aus der Tabelle ersehen, daß die Veränderung des Korrelationskoeffizienten um einen bestimmten Betrag im Bereich hoher Korrelationen größere Konsequenzen bezüglich der Verringerung des Vorhersagefehlers hat als im Bereich niedriger Korrelationen. So führt z.B. eine Veränderung in r_{xy} von .25 auf .35 zu einer Verringerung von k um .03, während eine Veränderung in r_{xy} von.85 auf .95 den Wert des Alienationskoeffizienten um .22 verringert.

1) Wir können den Alienationskoeffizienten auch betrachten als standardisierten Vorhersagefehler, d.h. als Standardschätzfehler, der in s_y-Einheiten ausgedrückt ist; k gibt somit den Wert des Standardschätzfehlers bei der Vorhersage von z_y-Werten aus z_x-Werten (und vice versa) an.

11.2. DER DETERMINATIONSKOEFFIZIENT

Betrachten wir in einer bivariaten Verteilung die Variation der Y-Werte, dann lassen sich zwei Quellen der Variation ausmachen. Ein Teil der Variation hängt zusammen mit Veränderungen in X; d.h. wenn ein bestimmtes Ausmaß der Korrelation zwischen X und Y vorliegt, dann nimmt Y verschiedene Werte an in Abhängigkeit davon, ob der zugehörige X-Wert hoch oder niedrig ist. Greifen wir jedoch einen bestimmten X-Wert heraus, so sind ja nicht alle zugehörigen Y-Werte gleich dem vorhergesagten Wert - es ist also noch eine weitere Variation in Y feststellbar (und das Ausmaß dieser weiteren Variation wird durch s_e gemessen).

Die Gesamtvariation in Y können wir uns also als aus zwei Komponenten zusammengesetzt vorstellen : einmal Variation in Y, die verbunden ist mit Variation in X - und zum anderen Variation in Y, die "Y-spezifisch" ist und somit unabhängig von Variation in X.

Wir wollen nun die Gesamtvariation in Y so aufteilen, daß der Anteil der beiden Variationskomponenten deutlich wird. Diese Zerlegung müssen wir in termini der Varianz von Y durchführen, da sich nur die Varianz (im Gegensatz zur Standardabweichung) in additive Komponenten zerlegen läßt. Wir wollen dazu als erstes die Abweichung eines jeden Y-Wertes vom Mittel ($\overline{Y}$) in zwei Komponenten aufteilen :

$$(Y_i - \overline{Y}) = (Y_i - Y_i') + (Y_i' - \overline{Y}) \qquad \text{(a)}$$

Das heißt : die Abweichung eines Y-Wertes vom Mittel ist gleich der Abweichung des tatsächlich beobachteten Y-Wertes vom vorhergesagten Wert plus der Abweichung des vorhergesagten Wertes vom Mittel. Wir sehen im übrigen, daß die Gleichung eine algebraische Identität darstellt, da Y' auf der rechten Seite wegfällt, wenn wir die Klammern auflösen; es bleibt der gleiche Ausdruck wie auf der linken Seite übrig. In der nachfolgenden Zeichnung ist die Zerlegung des Abweichungswertes $(Y_i - \overline{Y})$ in die zwei additive Komponenten an einem Datenpunkt (■) demonstriert.

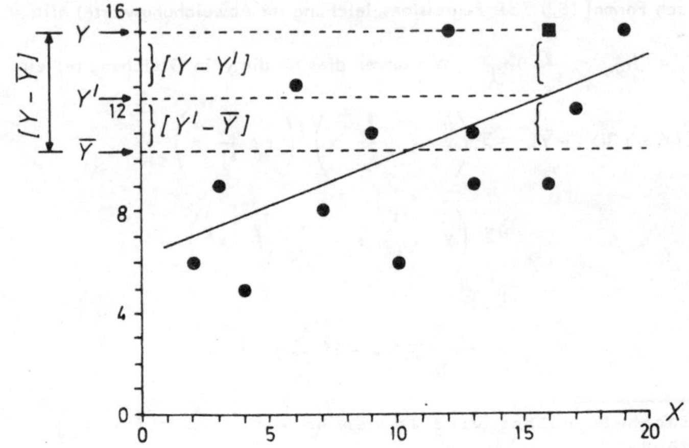

Diese Person hat in Y den Wert 15, in X den Wert 16, ihr vorhergesagter Wert ist Y' = 12,4. Da $\bar{Y}$ = 10,3, liegt die Person $(Y - \bar{Y}) = (15 - 10{,}3) = 4{,}7$ Einheiten über dem Mittel. Diese Abweichung drücken wir nun aus als Abweichung des Y-Wertes vom vorhergesagten Wert $(Y - Y' = 15 - 12{,}4 = +\,2{,}6)$ plus der Abweichung von Y' vom Mittel $(Y' - \bar{Y} = 12{,}4 - 10{,}3 = 2{,}1)$, d.h. 4,7 = 2,6 + 2,1.

In Gleichung (a) haben wir den individuellen Abweichungswert in zwei additive Komponenten zerlegt; unser Ziel ist aber die Zerlegung der Varianz von Y in zwei additive Varianzkomponenten. Diese Zerlegung wollen wir jetzt entwickeln.[1]

Wir gehen von Gleichung (a) aus:

(a) $$(Y - \bar{Y}) = (Y - Y') + (Y' - \bar{Y})$$

und quadrieren beide Seiten

(b) $$(Y - \bar{Y})^2 = (Y - Y')^2 + (Y' - \bar{Y})^2 + 2(Y - Y')(Y' - \bar{Y})$$

Wir summieren über alle n Werte (wobei im folgenden der Einfachheit halber die Summationsgrenzen weggelassen sind)

(c) $$\Sigma(Y - \bar{Y})^2 = \Sigma(Y - Y')^2 + \Sigma(Y' - \bar{Y})^2 + 2\Sigma(Y - Y')(Y' - \bar{Y})$$

Wir betrachten im folgenden nur den Ausdruck $\Sigma\,(Y - Y')(Y' - \bar{Y})$

(d) $$\Sigma(Y - Y')(Y' - \bar{Y}) = \Sigma\left[\underbrace{(Y - \bar{Y})}_{y} - \underbrace{(Y' - \bar{Y})}_{y'}\right]\underbrace{(Y' - \bar{Y})}_{y'}$$

(e) $$= \Sigma\,(y - y') \cdot y'$$

Wir arbeiten also jetzt mit Abweichungswerten.
Nach Formel (83) (der Regressionsgleichung für Abweichungswerte) gilt:

$y'_i = (r_{xy} \cdot \frac{s_y}{s_x})\, x_i$. Wir setzen dies für die y' in Gleichung (e) ein.

(f) $$\Sigma(Y - Y')(Y' - \bar{Y}) = \Sigma\left(y - r \cdot \frac{s_y}{s_x}\, x\right) \cdot \left(r \cdot \frac{s_y}{s_x}\, x\right)$$

(g) $$= \Sigma\left(y \cdot r\frac{s_y}{s_x}\, x - r^2 \cdot \frac{s_y^2}{s_x^2} \cdot x^2\right)$$

(h) $$= r \cdot \frac{s_y}{s_x}\Sigma xy - r^2\,\frac{s_y^2}{s_x^2}\Sigma x^2$$

1) Der Einfachheit halber wird in den Ableitungen r für r_{xy} geschrieben.

Da [nach Formel (58)] $r = \frac{\sum x_i \cdot y_i}{(n-1)s_x s_y}$, so ist $\sum x_i y_i = r(n-1)s_x s_y$; und da

$s_x^2 = \frac{\sum x_i^2}{(n-1)}$, so ist $\sum x_i^2 = (n-1)s_x^2$

Diese Substitutionen nehmen wir in Gleichung (h) vor und erhalten:

$$\text{(i)} \quad \sum(Y - Y')(Y' - \bar{Y}) = r\frac{s_y}{s_x} \cdot r(n-1) \cdot s_x s_y - r^2 \frac{s_y^2}{s_x^2} \cdot (n-1) s_x^2$$

$$= r^2 \cdot (n-1)\, s_y^2 - r^2 \cdot s_y^2\,(n-1) \quad = 0$$

Gleichung (c) vereinfacht sich deshalb zu folgender Form

$$\text{(k)} \quad \sum(Y - \bar{Y})^2 = \sum(Y - Y')^2 + \sum(Y' - \bar{Y})^2$$

Wenn wir nun beide Seiten von (k) durch n-1 dividieren, so erhalten wir den folgenden Ausdruck:

$$\text{(118)} \quad \underbrace{\frac{\sum(Y_i - \bar{Y})^2}{n-1}}_{s_y^2} = \underbrace{\frac{\sum(Y_i - Y')^2}{n-1}}_{s_e^2} + \underbrace{\frac{\sum(Y_i' - \bar{Y})^2}{n-1}}_{s_{y'}^2}$$

Die drei Größen von Gleichung (118) stellen jeweils eine bestimmte Art von Varianz dar. Der Ausdruck auf der linken Seite ist s_y^2, die Gesamtvarianz von Y. Die erste Komponente auf der rechten Seite ist s_e^2, die Y-spezifische Varianz, d.h. die Varianz, die unabhängig ist von der Variation in X, also die aus X nicht vorhersagbare Varianz in Y (Vorhersagefehler). Die verbleibende Komponente ist der Teil der Varianz in Y, der verbunden ist mit Variation in X ($s_{y'}^2$). Wir haben also die Y-Varianz wie folgt in zwei additive Komponenten zerlegt :

(119)

Gesamtvarianz in Y	s_y^2	=	Varianz in Y, die unabhängig ist von Variation in X	s_e^2	+	Varianz in Y, die verbunden ist mit Variation in X	$s_{y'}^2$

Neu für uns ist die Größe $s_{y'}^2$ (abgesehen davon, daß wir ihren Wert an den Daten von Tabelle 29 so "nebenbei" mitbestimmt haben).[1] Wir ersehen aus Gleichung (118), daß $s_{y'}^2$ eine Funktion der Abweichungen der

1) Die Daten von Tabelle 29 bzw. 28 lassen sich als numerisches Beispiel für die in Gleichung (119) aufgestellte Beziehung heranziehen. Es ist

$s_y^2 = 75{,}43$; $s_{y'}^2 = 44{,}03$; $s_e^2 = 8{,}685\sqrt{1 - .764^2} = 31{,}4$

Dann ergibt sich : $s_y^2 = s_e^2 + s_{y'}^2 = 31{,}4 + 44{,}03 = 75{,}43$

vorhergesagten Werte Y' vom Mittel der Y-Werte (und damit auch vom Mittel der Y'-Werte) ist, d.h. $s^2_{Y'}$ ist die Varianz der vorhergesagten Werte.

Wenn $r_{xy} = 0$ ist, dann ist für alle Werte von X der vorhergesagte Y-Wert gleich $\overline{Y}$; jede der Abweichungen $(Y'_i - \overline{Y})$ ist dann Null. Folglich wird dann $\sum(Y'_i - \overline{Y})^2/(n-1) = 0/(n-1) = 0$ und $s^2_{Y'} = 0$. In diesem Fall ist nichts von der Varianz in Y verbunden mit Variation in X. Auf der anderen Seite, wenn $r_{xy} = \pm 1.00$ ist, dann ist jeder für Y vorhergesagte Wert gleich dem tatsächlich erhaltenen Wert von Y. In diesem Fall wird $s^2_e = \sum(Y_i - Y'_i)^2/(n-1) = \sum(Y_i - Y_i)^2/(n-1) = 0$ und $s^2_{Y'} = \sum(Y'_i - \overline{Y})^2/(n-1) = \sum(Y_i - \overline{Y})^2/(n-1) = s^2_Y$. Das bedeutet : alle Variation in Y ist verbunden mit der Variation in X (alle Variation in Y ist vorhersagbar aus der Variation in X).

Eine Interpretation des Korrelationskoeffizienten ist nun möglich in termini des Anteils der Gesamtvarianz in Y, der verbunden ist mit Variation in X. Dieser Anteil ist gegeben durch :

(120) $$\frac{\text{Varianz in Y, die mit Variation in X verbunden ist}}{\text{Gesamtvarianz in Y}} = \frac{s^2_{Y'}}{s^2_Y}$$

So, wie $s^2_{Y'}$ in Formel (118) definiert ist, ist es umständlich, die Größe $s^2_{Y'}/s^2_Y$ zu berechnen. Durch geeignete Substitution läßt sich der Wert dieses Quotienten leichter bestimmen :

Da $s^2_Y = s^2_e + s^2_{Y'}$, ist $s^2_{Y'} = s^2_Y - s^2_e$ und

$$\frac{s^2_{Y'}}{s^2_Y} = \frac{s^2_Y - s^2_e}{s^2_Y} = \frac{s^2_Y - \left[s_Y\sqrt{1 - r^2}\right]^2}{s^2_Y}$$

$$= \frac{s^2_Y - s^2_Y(1 - r^2)}{s^2_Y} = \frac{s^2_Y - s^2_Y + s^2_Y r^2}{s^2_Y} = r^2_{xy}$$

Das Quadrat des Korrelationskoeffizienten ist somit gleich dem Verhältnis der Varianz der vorhergesagten Werte Y' zur (Gesamt-)Varianz der Y-Werte; d.h. r^2_{xy} gibt den Anteil der Varianz in Y an, der verbunden ist mit Variation in X, der aus X vorhersagbar ist. Das Quadrat des Korrelationskoeffizienten nennt man den Determinationskoeffizienten und symbolisiert ihn mit r^2.

(121) Determinationskoeffizient : $$r^2 = \frac{s^2_{Y'}}{s^2_Y} = \frac{\text{Varianz der vorhergesagten Werte Y'}}{\text{Varianz der Y-Werte}}$$

Haben wir z.B. eine Korrelation von $r_{xy} = .45$ vorliegen, dann hat der Determinationskoeffizient der Wert $r^2 = .20$. Das heißt, die Varianz der vorhergesagten Werte macht 20 % der Varianz in Y aus - oder anders ausgedrückt, 20 % der Y-Varianz sind verbunden mit Variation in X (und 80 % nicht). In der dritten Spalte von Tabelle 31 sind für verschiedene Werte von r_{xy} die zugehörigen Werte des Determinationskoeffizienten r^2 angeführt. Wir können feststellen, daß der Anteil der Y-Varianz, der abhängig ist von Variation in X, wesentlich langsamer ansteigt als der Wert des Korrelationskoeffizienten; z.B. hat bei $r_{xy} = .60$ der Determinationskoeffizient erst einen Wert von $r^2 = .36$.

Wir wollen nun noch eine etwas andere Sicht bzw. Interpretation des Determinationskoeffizienten vornehmen. Wenn wir ohne Kenntnis von X-Werten die Werte in einer Variablen Y vorhersagen sollten, so würden wir für jede Person das Mittel in Y vorhersagen, da wir dadurch das Kriterium der kleinsten Quadrate erfüllen. In diesem Falle hätte das Quadrat des Standardschätzfehlers seinen maximalen Wert, es wäre $s_e^2 = s_y^2$. Wir wollen s_e^2 als "Varianzschätzfehler" bezeichnen. Wenn wir nun die Prädiktorwerte X der Personen kennen, können wir über die Regressionsgleichung die Vorhersagen treffen (wir setzen voraus, daß $r_{xy} \neq 0$). Dann wäre der Wert des Varianzschätzfehlers kleiner als s_y^2, und zwar um $s_{y'}^2$ kleiner, denn es gilt die Beziehung

$$s_y^2 = s_e^2 + s_{y'}^2 \quad \text{und somit} \quad s_e^2 = s_y^2 - s_{y'}^2 .$$

Der Wert von $s_{y'}^2$ gibt uns also an, um welchen Betrag der maximale Varianzschätzfehler verringert wird, wenn wir die Vorhersage aufgrund der Kenntnis der X-Werte vornehmen; was bleibt, ist dann der in der Vorhersagesituation gegebene Wert s_e^2. Nun haben wir beim Determinationskoeffizienten folgendes Verhältnis gebildet

$$r^2 = s_{y'}^2 \,/\, s_y^2 .$$

Wir können deshalb den Determinationskoeffizienten wie folgt interpretieren : Sagen wir Y ohne Kenntnis von X vorher, dann ist der Vorhersagefehler, ausgedrückt durch den Varianzschätzfehler, maximal und gleich s_y^2. Wenn wir nun Y aufgrund der Kenntnis von X vorhersagen, dann gibt uns r^2 den Anteil des maximal möglichen Varianzschätzfehlers an, der durch die Kenntnis von X eliminiert wird. Hat r^2 z.B. den Wert .43, dann bedeutet dies, daß durch die Kenntnis von X der maximal mögliche Vorhersagefehler (Varianzschätzfehler) um 43 % verringert wird. Anders gesehen : der Varianzschätzfehler weist noch $k^2 = 1 - r^2 = .57$ bzw. 57 % seiner maximalen Größe auf.

11.3. DER PRAKTISCHE WERT VON KORRELATIONSKOEFFIZIENTEN VERSCHIEDENER GROESSE BEI VORHERSAGE- UND SELEKTIONSPROBLEMEN

Betrachten wir anhand von k oder r^2 die prädiktiven Möglichkeiten bei Korrelationskoeffizienten geringer und mittlerer Größe, so ist dies nicht sehr ermutigend. Trotzdem können auch Prädiktorvariable, die nur niedrig mit einem Kriterium korrelieren, unter bestimmten Umständen von einiger Brauchbarkeit sein. So wollen wir bei praktischen Vorhersageproblemen oft - aufgrund der Kenntnis des Punktwertes einer Person in X - abschätzen, ob sie in einem Kriterium "Erfolg" haben wird, d.h.

ob ihr Wert über einem bestimmten Punkt von Y liegen wird. Wenn das Problem so gestaltet ist, dann sind häufig auch nur mäßig mit einem Kriterium korrelierende Prädiktoren brauchbar. Wir wollen also jetzt im folgenden untersuchen, weiweit es uns gelingt , mit Hilfe der Regressionsgleichung (bei verschiedenen r_{xy}'s) den "Erfolg" von Personen korrekt vorherzusagen, d.h. welchen Anteil von Personen wir (aufgrund der Kenntnis von X) korrekt als erfolgreich bzw. nicht erfolgreich klassifizieren können.

11.3.1. DER PRAKTISCHE WERT VON r_{xy} FUER DIE ERFOLGSVORHERSAGE BEI TEILUNG VON PRAEDIKTOR UND KRITERIUM AM MEDIAN (MICHAEL)[1]

Wir gehen davon aus, daß zwei bivariat-normalverteilte Variablen X und Y gegeben sind und wir es als "Erfolg" in der Kriteriumsvariablen Y definieren, wenn eine Peron mit ihrem Kriteriumswert über dem Median liegt und wir für solche Personen "Erfolg" vorhersagen, die im Prädiktor X über dem Median liegen. Es lassen sich dann in einer Vierfeldertafel zwei Arten von "richtigen" und zwei Arten von "falschen" Vorhersagen unterscheiden

KRITERIUM Y			
Über dem Median "Erfolg"	Falsche Vorhersage *B* Kein Erfolg Erfolg	Richtige Vorhersage *A* Erfolg Erfolg	$\frac{A + D}{N}$ = Anteil richtiger Vorhersagen
Unter dem Median "Kein Erfolg"	Richtige Vorhersage *D* Kein Erfolg Kein Erfolg	Falsche Vorhersage *C* Erfolg Kein Erfolg	$\frac{B + C}{N}$ = Anteil falscher Vorhersagen
	Unter dem Median Vorhersage: "Kein Erfolg"	Über dem Median Vorhersage: "Erfolg"	
	PRÄDIKTOR X		

Besteht zwischen Prädiktor und Kriterium keine Korrelation ($r_{xy} = 0$), dann können wir 50 % "Treffer" erwarten, wenn wir nach obiger Regel für alle Personen, deren Prädiktorwert über dem Median liegt, Erfolg voraussagen; diese 50 % sind die Zufallserwartung richtiger Vorhersagen (wir würden erwarten, daß in jedem Quadranten der Klassifikationsmatrix 25 % der Personen liegen). Von Interesse ist nun, wie weit sich der Anteil richtiger Vorhersagen gegenüber der Zufallserwartung steigern läßt, wenn Prädiktor und Kriterium in Zusammenhang stehen. M.a.W,

1) MICHAEL, W.B. An interpretation of the coefficients of predictive validity and of determination in terms of the proportionsof correct inclusions or exclusions in cells of a fourfold table. Educational and Psychological Measurement, 1966, 26, 419 - 426.

Abbildung 47 : Anteil korrekter Vorhersagen als Funktion der Größe von r_{xy} und r^2. Prädiktor und Kriterium am Median geteilt; "Erfolg", wenn Kriteriumswert über dem Median liegt, "Erfolg"-Vorhersage, wenn Prädiktorwert über dem Median (Abbildung übernommen aus MICHAEL, 1966, S. 426)

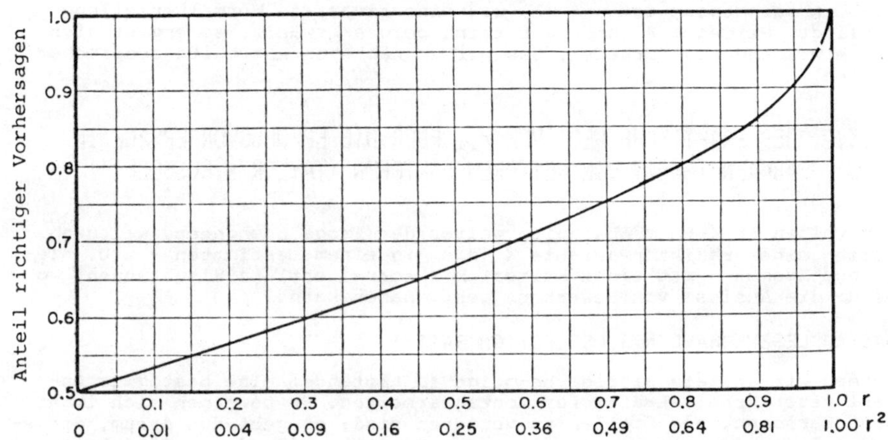

welches Ausmaß von Vorhersageverbesserung läßt sich mit Korrelationskoeffizienten verschiedener Größenordnungen erzielen ? In den Größen unserer Klassifikationsmatrix ausgedrückt interessiert uns, wie der Anteil richtiger Vorhersagen (A + D)/N ansteigt in Abhängigkeit vom Betrag von r_{xy}. Diese Anteile sind von MICHAEL (1966) für verschiedene Werte von r_{xy} bzw. r^2 bestimmt worden. In Abbildung 47 ist der Wert von (A + D)/N = (Anteil richtiger Vorhersagen) als Funktion von r_{xy} bzw. r^2 dargestellt.

Wir sehen, daß selbst niedrigen Korrelationskoeffizienten eine gewisse Nützlichkeit zukommt in dem Sinne, daß sie eben "besser als nichts" sind - wobei "nichts" bedeutet, daß uns kein Prädiktor zur Vorhersage des Kriteriums zur Verfügung steht bzw. lediglich ein "Prädiktor", der mit dem Kriterium nicht zusammenhängt (wie Studium der Handlinien des Bewerbers, oder Lesen aus dem Kaffeesatz, etc.). D.h. selbst niedrige Korrelationskoeffizienten bringen eine Erhöhung des Anteils korrekter Vorhersagen mit sich. Mehr leisten natürlich Korrelationskoeffizienten des mittleren und insbesondere des hohen Bereichs.

Hat die Korrelation zwischen Prädiktor und Kriterium z.B. den Wert r_{xy} = .45 (d.h. r^2 = .20), dann ist (A + D)/N = .65, d.h. wir sagen in 65 % der Fälle korrekt Erfolg und Mißerfolg vorher; anders gesehen, der Anteil korrekter Vorhersagen steigt dadurch gegenüber der Zufallserwartung um den Betrag von .15, d.h. gegenüber der Zufallserwartung (= 0,50) kann der Anteil korrekter Vorhersagen um (0,15/0,50)100 % = 30 % gesteigert werden. Wenn wir es so betrachten, dann scheint ein Korrelationskoeffizient von .45 für bestimmte Vorhersagezwecke doch eine größere Nützlichkeit aufzuweisen, als es die Interpretationen in termini von k ("bei r_{xy} = .45 hat der Standardschätzfehler noch 89 % seiner maximalen Größe") und r^2 ("nur" 20 % der Varianz in Y sind aus X vorhersagbar) anzudeuten scheinen.

Es ist abschließend noch einmal darauf hinzuweisen, daß die in die in diesem Abschnitt vorgenommene Interpretation von r_{xy} nur unter der Voraussetzung Gültigkeit hat, daß (a) der cutting point bei beiden Variablen der Median ist und (b) daß eine bivariate Normalverteilung vorliegt. Werden z.B. andere cutting points gewählt, so ergibt sich ein etwas anderes Vorgehen, das wir im nächsten Abschnitt besprechen wollen.

11.3.2. DER PRAKTISCHE WERT VON r_{xy} FUER DIE ERFOLGSVORHERSAGE IN ABHAENGIGKEIT VON WEITEREN FAKTOREN (TAYLOR & RUSSELL)[1]

Wir wollen in diesem Abschnitt weiter der Frage nachgehen, welchen Nutzen eine Prädiktorvariable X (die in einem bestimmten - u.U. niedrigen Ausmaß - mit einem Kriterium Y korreliert) in Situationen, wo es um die Auslese von Bewerbern geht, haben kann.[2]

DAS AUSLESEVERHAELTNIS (SELECTION RATIO)

Nehmen wir an, ein Betrieb benötigt in Abständen eine bestimmte Anzahl neuer Arbeitskräfte für Montagearbeiten. Es bewerben sich immer mehr Personen, als Stellen zu vergeben sind; es geht nun darum, diejenigen Bewerber auszulesen, die am geeignetsten für diese Tätigkeit sind. Die Eignung der Arbeiter (die bereits in der Montagearbeit tätig sind) wird festgestellt durch Vorgesetztenurteil, Qualitätskontrolle der gefertigten Stücke, Anteil des Ausschusses u.ä. Eine Kombination dieser Beurteilungen ergibt den Kriteriumswert Y. In diesem Kriterium variieren die Arbeiter natürlich hinsichtlich der Güte ihrer Montagetätigkeit.

Das Ziel bei der Auslese neuer Montagearbeiter ist nun, aus der Gesamtzahl der Bewerber die benötigte Anzahl so auszuwählen, daß diese ausgewählte Gruppe im Durchschnitt bessere Leistungen in der Montagearbeit erzielen wird, als es die Gesamtgruppe der Bewerber tun würde (wenn alle eingestellt würden) - d.h. wir wollen die vermutlich geeignetsten auslesen. Dazu wird natürlich ein Verfahren benötigt, mit dem man die Güte der Montagearbeit in einem bestimmten Ausmaß vorhersagen kann. Ohne einen solchen Prädiktor können wir praktisch nur nach Zufall die gewünschte Zahl aus der Anzahl der Bewerber auslesen; damit würde natürlich auch ein bestimmter Anteil weniger geeigneter Personen eingestellt.

Wir wollen nun annehmen, uns läge ein Verfahren X vor, das mit dem Kriterium Y in bestimmtem Ausmaß korreliert. Die Korrelation Prädiktor - Kriterium liegt damit fest. Trotzdem läßt sich nun der Nutzen des Prädiktors über das sog. Ausleseverhältnis beeinflussen; Voraussetzung ist, daß mehr Bewerber als Stellen vorhanden sind.

---

1) TAYLOR, H.C. & J.T. RUSSELL. The relationship of validity coefficients to the practical effectiveness of tests in selection: discussion and tables. Journal of Applied Psychology, 1939, 23, 565-578.

2) Die Ausführungen in diesem Abschnitt folgen TIFFIN, J. & E.J. McCORMICK. Industrial Psychology, London 1969 (5.Auflage), S. 132-138

Abbildung 48 : Effekt des Herausfsetzens des für die Aufnahme erforderlichen Mindestpunktwertes im Prädiktor (T_1, T_2, ...) auf die durchschnittliche Kriteriumsleistung der eingestellten Bewerber

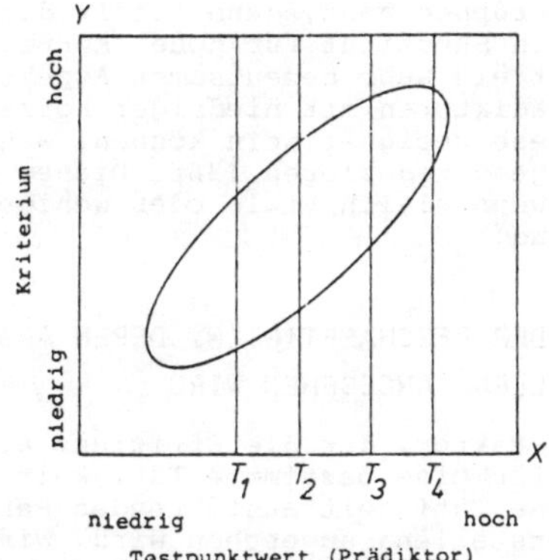

Wir wollen uns die Wirkung dieses Prinzips an Abbildung 48 verdeutlichen; hier ist das Streuungsdiagramm für die Korrelation zwischen Prädiktor X und Kriterium Y dargestellt.

Werden die Bewerber ohne Berücksichtigung der Testwerte ausgelesen (d.h. mehr oder minder nach Zufall), so ist zu erwarten, daß der Durchschnitt ihrer Kriteriumswerte dem Mittel von Y entspricht. Werden jedoch nur Bewerber eingestellt, deren Testwert gleich oder größer ist als der Wert T_1, dann wir die so eingestellte Gruppe im Durchschnitt einen höheren Kriteriumswert haben als die Gesamtgruppe. Einen noch höheren durchschnittlichen Kriteriumswert erhalten wir, wenn wir nur solche Bewerber einstellen, deren Testwert gleich oder größer ist als T_2. Durch Heraufsetzen des kritischen Testwerts (des cutting points) gelingt es uns, immer höhere durchschnittliche Kriteriumswerte bei der eingestellten Gruppe zu erzielen (T_3, T_4, ...).

Was wir durch das Verschieben des cutting points verändern ist das Ausleseverhältnis, d.h. den Anteil der Bewerber, der von der Gesamtgruppe der Bewerber eingestellt wird. Wenn wir mit einem Ausleseverhältnis von 1,00 arbeiten, d.h. alle Getesteten werden genommen, dann verteilen sich die Testwerte über den gesamten möglichen Range der Testwerte, und gleichermaßen steht zu erwarten, daß sich die Kriteriumswerte dieser Gruppe über den gesamten möglichen Range des Kriteriums verteilen - der Test trägt in diesem Fall nichts zur Effizienz der Selektionsmethode bei.

Haben wir hingegen z.B. 80 Bewerber und 60 offene Stellen und stellen die 60 Bewerber ein, die die höchsten Testwerte erzielen, so nehmen wir 75 % der Personen, d.h. das Ausleseverhältnis beträgt 0,75. Der durchschnittliche Kriteriumswert dieser 75 % liegt dann höher als es der der Gesamtgruppe von 80 Personen wäre (cutting point T_1). Nehmen wir von 120 Bewerbern nur die Testbesten 60 an (cutting point T_2), so ist das Selektionsverhälnis 0,50, der durchschnittliche Kriteriumswert (Arbeitserfolg) dieser Gruppe läge noch höher.

Wir sehen also, daß wir die Effizienz eines Prädiktors (der in bestimmtem Ausmaß mit einem Kriterium korreliert) für Auslesezwecke steigern können, wenn wir das Ausleseverhältnis reduzieren; d.h. wenn es um die

Auslese von Gruppen geht, dann stellt die Reduktion des Ausleseverhältnisses ein Substitut für hohe Korrelation Prädiktor - Kriterium dar. Dies ist ein sehr bedeutsamer Aspekt, denn er zeigt, daß sehr wohl auch Prädiktoren mit niedriger Korrelation zum Kriterium für die Personalauslese geeignet sein können, wenn sich nur das Ausleseverhältnis genügend reduzieren läßt. Dieses Prinzip funktioniert natürlich nicht, wenn gleich viele oder weniger Bewerber wie offene Stellen vorhanden sind.

PROZENTSATZ DER BESCHAEFTIGTEN, DEREN ARBEITSLEISTUNG ALS ZUFRIEDENSTELLEND ANGESEHEN WIRD

Ein weiterer Faktor, der die Effizienz eines Tests (Prädiktors) für die Auslese für eine bestimmte Tätigkeit beeinflußt, ist der Prozentsatz der diese Tätigkeit ausführenden Personen, deren Arbeitsleistung als zufriedenstellend angesehen wird. Wir wollen uns diesen Faktor an Abbildung 49A verdeutlichen. Angenommen, wir arbeiten mit einem Test X, der mit dem Kriterium Arbeitsleistung (Y) in dem durch die Streuungsdiagramme dargestellten Ausmaß korreliert. Nehmen wir weiter an, wir arbeiten mit einem Ausleseverhältnis von 0,50 - d.h. nur die Personen, deren Testwert rechts von der Linie T_1 liegt, werden für die Tätigkeit eingestellt. Wenn 50 % der Personen, die diese Tätigkeit ausüben, als zufriedenstellend bezüglich ihrer Arbeitsleistung angesehen werden, dann stellt der Test als Ausleseverfahren einen Effizienzgewinn dar, wenn es uns mit ihm gelingt, eine Gruppe von Bewerbern auszulesen, bei der dann später ein größerer Anteil als 0,50 als zufriedenstellend bezüglich der Tätigkeit bezeichnet werden kann.

Betrachten wir das linke Diagramm von Abbildung 49 A. Personen, deren Kriteriumsleistung oberhalb von C_1 liegt, werden als zufriedenstellend bezeichnet; d.h. von den bisher eingestellten Personen (wobei kein Test zur Auslese verwendet wurde) waren 50 % zufriedenstellend. Der Anteil von zufriedenstellenden zu nicht zufriedenstellenden Personen ist durch das Verhältnis schraffierte Fläche zu punktierter Fläche dargestellt. Wenn wir nun den Test verwenden mit einem Ausleseverhältnis von 0,50 (rechtes Diagramm von Abbildung 49A), dann ist unter den eingestellten Bewerbern das Verhältnis von zufriedenstellenden zu nicht zufriedenstellenden Personen wiederum gleich dem Anteil der Personen, der durch die Schraffierte Fläche dargestellt ist zur Anzahl der Personen, die in die punktierte Fläche fallen. Wir sehen, daß es mit Hilfe des Tests als Prädiktor gelungen ist, den Prozentsatz der Mitarbeiter, deren Tätigkeit als zufriedenstellend angesehen wird, auf über 50 % anzuheben.

Nehmen wir nun an, alle oben genannten Bedingungen bleiben gleich, die Auslese vor Verwendung unseres Tests X führte jedoch dazu, daß nur 25 % der Eingestellten sich als zufriedenstellen herausstellten. Diese Situation ist in Abbildung 49B dargestellt. Im linken Diagramm (Auslese ohne Test) ist das Verhältnis der Zufriedenstellenden zu den nicht Zufriedenstellenden wieder durch die schraffierte und punktierte Fläche wiedergegeben, das rechte Diagramm zeigt dies für die Situation, wo der Test für die Auslese verwendet wurde. Wir sehen, daß der Anteil der eingestellten Personen, die sich später als zufriedenstellend erweisen, bei Konstanthaltung des Tests und des Ausleseverhältnisses in Abhängigkeit davon variiert, welcher Anteil von Personen vor Verwendungs des Auslesetests in der Tätigkeit als zufriedenstellend beurteilt wurde.

Abbildung 49 : Die Effizienz eines Auslesetests in Abhängigkeit vom Prozentsatz der Beschäftigten, deren (Kriteriums-) Leistung als zufriedenstellend angesehen wird

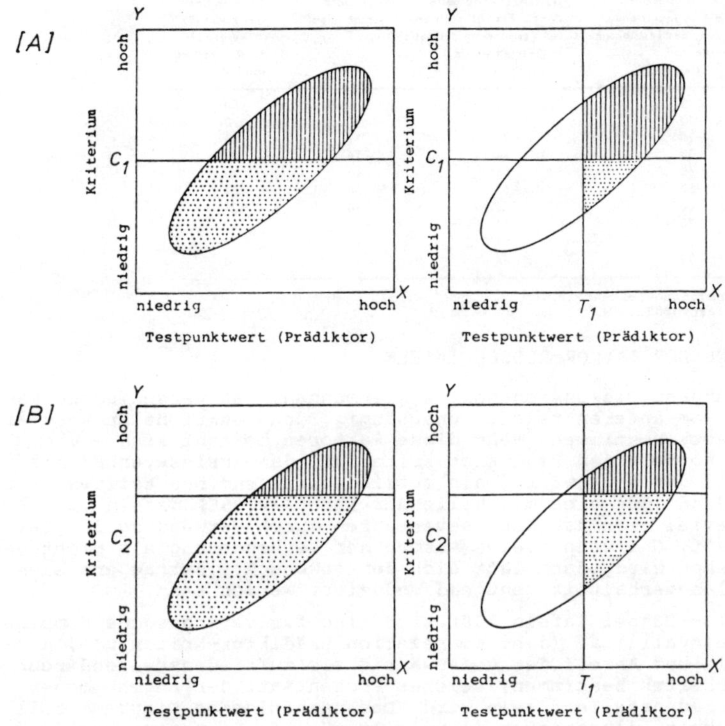

Dabei gilt allgemein, wenn alle anderen Faktoren gleich sind : je geringer der Prozentsatz der Beschäftigten ist, deren Leistungen als zufriedenstellend beurteilt werden können, um so größer ist der prozentuale Zuwachs an zufriedenstellenden Mitarbeitern, wenn wir mit Hilfe der Testergebnisse auslesen; oder anders ausgedrückt : je schwieriger es vor Verwendung eines Tests(Prädiktors) war, zufriedenstellende Mitarbeiter auszulesen, um so größer ist der Gewinn, den man von einem geeigneten Ausleseverfahren erwarten kann. Dies ist in der Tabelle auf der nächsten Seite illustriert.[1)] Angenommen ist hier die Situation, daß wir einen Test (Prädiktor) haben, der zu .50 mit dem Kriterium korreliert und daß das Ausleseverhältnis 0,50 ist. Die Tabelle zeigt uns für diesen Fall, in welchem Ausmaß die Effizienz des Auslesever-

1) Die Tabelle ist entnommen aus TIFFIN & McCORMICK (1969, S. 136)

fahrens durch die Verwendung des Tests ansteigt in Abhängigkeit davon, wieviel Prozent der Beschäftigten vor Verwendung des Tests als zufriedenstellend beurteilt wurden.

Prozentsatz zufriedenstellender Mitarbeiter, der für die Tätigkeit ohne Verwendung des Tests ausgelesen wurde (A)	Prozentsatz zufriedenstellender Mitarbeiter, der für die Tätigkeit unter Verwendung des Tests ausgelesen wurde (B)	Differenz im Prozentsatz zwischen Spalte A und B	Prozentualer Zuwachs der Werte von (B) im Vergleich zu den Werten von (A)
5	9	4	80
10	17	7	70
20	31	11	55
30	44	14	47
40	56	16	40
50	67	17	34
60	76	16	27
70	84	14	20
80	91	11	14
90	97	7	8

Korrelation Test-Kriterium : .50
Ausleseverhältnis : 0,50

DIE VERWENDUNG DER TAYLOR-RUSSEL TAFELN

Die vorangegangene Diskussion sollte klarmachen, daß verschiedene Faktoren, jeder vom anderen relativ unabhängig, den funktionalen Wert eines Auslesetests bestimmen Wenn diese Faktoren bekannt sind - d.h. wenn man die Korrelation Prädiktor-Kriterium, das Ausleseverhältnis und den Anteil der gegenwärtig als zufriedenstellend beurteilten Tätigen kennt - dann läßt sich mit Hilfe der TAYLOR-RUSSEL Tafeln vorhersagen, um wieviel sich das Ausleseverfahren durch Verwendung des Tests verbessern läßt. Und wenn dieses Ausmaß der Verbesserung als nicht genügend angesehen wird, dann läßt sich der gewünschte Betrag erzielen, wenn das Ausleseverhältnis genügend reduziert werden kann.

Über die Taylor-Russel Tafeln läßt sich also für verschiedene Kombinationen von Testvalidität (d.h. Korrelation Prädiktor-Kriterium), Ausleseverhältnis und Anteil der gegenwärtig als zufriedenstellend beurteilten Mitarbeiter bestimmen, welcher Prozentsatz der angenommenen Bewerber zufriedenstellend sein wird. Das nachfolgende Diagramm soll diese Möglichkeit illustrieren.[1] Es gilt für die Situation, wo 50 % der Beschäftigten als zufriedenstellend beurteilt werden.

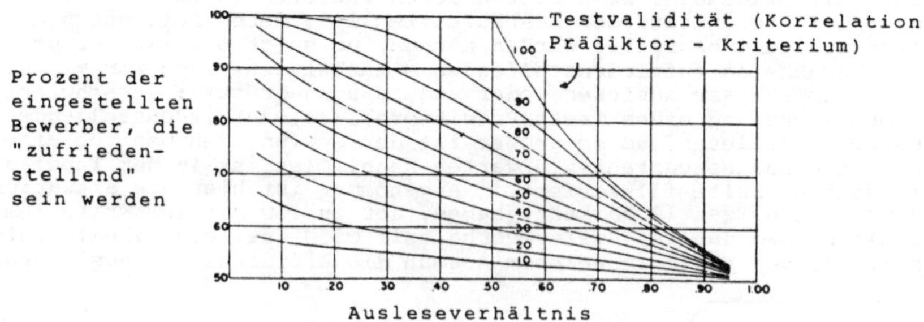

1) Das Diagramm ist entnommen aus TIFFIN & McCORMICK (1969, S. 137)

Wir sehen z.B. : wenn wir einen Test verwenden, der zu .90 mit dem Kriterium korreliert und das Ausleseverhältnis auf 0,60 reduzieren, so wird bei den dann eingestellten Personen der Prozentsatz derer, die sich als zufriedenstellend in der Tätigkeit erweisen, von 50 % auf 77 % ansteigen. Wir stellen weiterhin fest, daß bei einem Test, dessen Korrelation zum Kriterium (Validität) nur .50 beträgt, ein entsprechender Anstieg auf 77 % "Zufriedenstellende" sich erreichen läßt, wenn wir das Ausleseverhältnis auf 0,20 reduzieren.

11.4. DIE REGRESSION ZUM MITTEL BEI DER VORHERSAGE

Wir hatten in Abschnitt 9.5. die Regressionsgleichung für den Fall entwickelt, daß die Variablen X und Y jeweils in z-Form ausgedrückt sind. Es gilt dann nach Formel (84) :

$$z'_y = r_{xy}\, z_x$$

In dieser z-Form der Regressionsgleichung ist r_{xy} gleich der Steigung der Regressionsgeraden. Da die Standardabweichung der z-Werte beider Variablen gleich 1 ist, gibt uns der Wert von r_{xy} hier an, um wieviel von einer Standardabweichung sich z'_y verändert, wenn sich z_x um eine Standardabweichung ändert.

An dieser Form der Regressionsgleichung ist nun leicht erkennbar, daß wir für jeden z_x-Wert einen z'_y-Wert vorhersagen, der näher am Mittel in Y liegt, als es bei dem z_x-Wert in Bezug auf $\bar{z}_x$ der Fall war (sofern der Betrag der Korrelation kleiner 1.oo ist). Man spricht hier von der "Regression zum Mittel" bei der Vorhersage. Betrachten wir an drei z-Werten das Ausmaß der Regression zum Mittel bei verschiedenen Werten von r_{xy}.

Gegeben : $z_{x1} = +1{,}0$; $z_{x2} = +2{,}0$; $z_{x3} = -3{,}0$; $z'_{yi} = r_{xy}\, z_{xi}$

Dann ist bei

$r_{xy} = +.90$	$r_{xy} = +.50$	$r_{xy} = +.20$	$r_{xy} = -.60$
$z'_{y1} = 0{,}90$	$z'_{y1} = 0{,}50$	$z'_{y1} = 0{,}20$	$z'_{y1} = -0{,}60$
$z'_{y2} = 1{,}80$	$z'_{y2} = 1{,}00$	$z'_{y2} = 0{,}40$	$z'_{y2} = -1{,}20$
$z'_{y3} = -2{,}7$	$z'_{y3} = -1{,}5$	$z'_{y3} = -0{,}6$	$z'_{y3} = +2{,}80$

Wir sehen hieran deutlich, daß die vorhergesagten Werte jeweils näher am Mittel liegen als die Vorhersagewerte. Zugleich zeigt sich, daß das Ausmaß der Regression zum Mittel bei der Vorhersage um so größer ist, je niedriger der Betrag des Korrelationskoeffizienten ist. Bei einer perfekten Beziehung zwischen X und Y findet keine Regression zum Mittel statt; ist r_{xy} hingegen Null, dann ist das Ausmaß der Regression maximal, alle vorhergesagten Werte sind dann gleich dem Mittel in Y.

Und ein weiteres erkennen wir : je weiter (bei konstantem r_{xy}) der Wert, von dem aus die Vorhersage gemacht wird, vom Mittel entfernt liegt, um so größer ist das Ausmaß der Regression zum Mittel beim vorhergesagten Wert. Betrachten wir den Fall $r_{xy} = .50$. Das Ausmaß der Regression ist eine Standardabweichung beim Wert z_{x2}, der zwei Standardabweichungen über dem Mittel liegt; bei z_{x1}, der nur eine Standardabweichung über dem Mittel liegt, beträgt die Regression zum Mittel hingegen nur eine halbe Standardabweichung.

Fassen wir noch einmal zusammen : Wenn die Korrelation nicht perfekt ist, dann haben wir es bei den vorhergesagten Werten mit einer Regression zum Mittel (in Y) zu tun, d.h. der vorhergesagte Wert in Y liegt (ausgedrückt in Stabdardabweichungseinheiten) näher am Mittel, als es beim Prädiktorwert der Fall war. Wichtig dabei ist, daß der Wert, den wir vorhersagen, näher am Mittel liegt. Das bedeutet nicht, daß der tatsächliche Wert der Person in Y auch wirklich näher am Mittel liegen muß oder wird; er kann im Grunde überall liegen. Wir machen jedoch insgesamt gesehen den kleinsten Vorhersagefehler (d.h. wir erfüllen das von uns gewählte Kriterium der kleinsten Quadrate), wenn wir über die Regressionsgleichung jeweils Werte vorhersagen, die (um einen bestimmten Anteil) näher am Mittel liegen. Der Effekt der Regression zum Mittel ist somit eine Folge der Vorhersageregel, die wir aufgestellt haben.

11.5. REGRESSIONSPROBLEME BEI PLANUNG UND DURCHFUEHRUNG VON UNTERSUCHUNGEN

Den im letzten Abschnitt geschilderten Regressionseffekt hatten wir dargestellt als Konsquenz der Art unseres Vorgehens bei der Vorhersage. Etwas davon abheben wollen wir (auch wenn er mit dem bisher besprochenen zusammenhängt) den Regressionseffekt, der auftreten kann, wenn im Rahmen einer Untersuchung Extremgruppen verwendet und wiederholt (in einer Variablen X) getestet werden.

Nehmen wir an, es liegt ein sechsmonatiges Trainingsprogramm vor, das geeignet sein soll, die Intelligenz von minderbegabten Kindern der Altersstufe 5 Jahre zu steigern. Eine größere Gruppe von Kindern wird nun mit einem Intelligenztest getestet und die Kinder mit niedrigem IQ werden für das Trainingsprogramm ausgewählt. Nach Ablauf der 6 Monate werden die Kinder (mit einem Paralleltest) erneut getestet, und es zeigt sich, daß der mittlere IQ der Kinder gestiegen ist, d.h. er liegt jetzt näher am Gesamtmittel von Kindern dieser Altersstufe. Dies ist jedoch kein adäquater Nachweis, daß das Trainingsprogramm die Intelligenztestleistung der Kinder verbessert hat.

Es war nämlich - auch ohne Training - zu erwarten, bzw. vorherzusagen, daß die Kinder bei der erneuten Testung besser abschneiden, d.h. näher am Normal-Mittel liegen würden.[1] Der Grund dieses (möglichen) Regressionseffekts ist leicht einsichtig : Da Intelligenztests in der Erfassung des zu Messenden immer ein bestimmtes Ausmaß an Unzuverlässigkeit besitzen (d.h. Meßwiederholungen führen bei einer Person nicht zu identischen, sondern zu mehr oder weniger unterschiedlichen Werten),

1) Übungseffekte durch die wiederholte Testung sollen für unsere Erörterungen einmal ausgeschlossen sein.

hat in der ersten Untersuchung ein bestimmter Teil der Kinder nur "per Zufall" so extrem schlecht in dem Intelligenztest abgeschnitten (und sind somit in die Minderbegabtengruppe gelangt, obwohl sie von ihrem "wahren" Intelligenztestwert her dort nicht hingehören). Es ist nun weniger wahrscheinlich, daß diese Kinder (bei der erneuten Testung) per Zufall noch einmal so extrem schlecht abschneiden - es ist wahrscheinlicher, daß ihr Intelligenztestwert mehr zum Normal-Mittel verschoben ist.[1]

Das hier gewählte Untersuchungsvorgehen gestattet nun kein Urteil darüber, wie weit die IQ-Verbesserung der Minderbegabtengruppe Ausdruck eines Regressionseffekts ist. Ein besserer Versuchsplan wäre der folgende : wir bilden aus minderbegabten Kindern zwei Gruppen mit vergleichbarem intellektuellem Niveau; mit einer Gruppe wird das Trainungsprogramm durchgeführt, mit der anderen nicht. Nach Abschluß des Programms werden beide Gruppen erneut getestet und beide Gruppenmittelwerte miteinander verglichen. Hierbei wird der Regressionseffekt dann insofern kontrolliert, als er bei beiden Gruppen gleichermaßen wirksam ist (sofern er eintritt), so daß bedeutsame Mittelwertsunterschiede dem Trainingsprogramm zugeschrieben werden können (sofern hinreichend ausgeschlossen werden kann, daß andere Faktoren den Gruppenunterschied bewirken konnten).

Ein weiteres (ähnliches) Beispiel für den Regressionseffekt gibt ANASTASI[2]. Es soll untersucht werden, welchen Effekt eine in einer Stadt eingeführte einjährige Vorschule auf das intellektuelle Niveau der Kinder hat. Es ist beabsichtigt, eine Gruppe von Kindern, die auf Wunsch ihrer Eltern die Vorschule besuchen sollen, vorher und nachher mit einem Intelligenztest zu untersuchen und zur Kontrolle eine hinsichtlich der Intelligenz vergleichbare Gruppe von Kindern, die von ihren Eltern nicht auf die Vorschule geschickt werden.

Nun ist es wahrscheinlich, daß Kinder, die auf eine neue Vorschule geschickt werden (dies sei die Population A), aus sozial höheren Schichten stammen und somit aufgrund der dort gegebenen besseren intellektuellen Entwicklungsmöglichkeiten höhere IQ's aufweisen als Kinder, die nicht auf die Vorschule geschickt werden sollen (diese seien die Population B). Diesen Sachverhalt geben die IQ-Verteilungen beider Populationen in der nebenstehenden Abbildung wieder. Wenn wir nun für unsere Untersuchung aus der Vorschul- und der Nichtvorschulpopulation zwei Stichproben von Kindern mit vergleichbarem intellektuellem Ausgangsniveau bilden wollen, dann geht dies in dem hier dargestellten Fall nur dadurch, daß wir aus der Population der Vorschulkinder eine Gruppe auswählen, deren

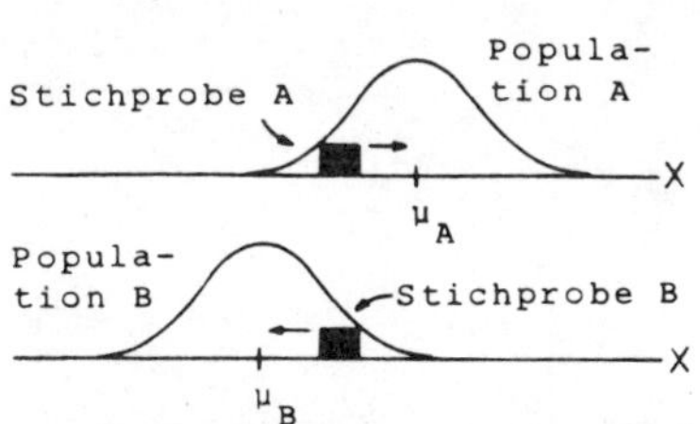

1) Bei sehr zuverlässigen Maßen würde ein solcher Regressionseffekt nicht auftreten. Wenn wir z.B. bei einer Person fesstellen, daß sie die extreme Körpergröße von 230 cm aufweist (auf einen cm genau gemessen), dann würden wir auch bei erneuter Messung diesen Wert erwarten und erhalten; d.h. die Person zeigte beim ersten mal nicht "per Zufall" einen derartig extremen Größenwert.

2) ANASTASI, A. Differential Psychology, New York 1969, S. 203-205

IQ's unter dem Populationsmittel liegen, während wir aus der Population der Nichtvorschulkinder solche auswählen müssen, deren IQ's über dem Populationsmittel liegen.
Auch ohne Einführung einer experimentellen Behandlung (Vorschule) würden wir hier vorhersagen, daß beim wiederholten Testen nach einem Jahr beide Gruppenmittel eine Regression zum jeweiligen Populationsmittel zeigen. Die Differenz zwischen Vorschul- und Nichtvorschulgruppe in den Intelligenztestmitteln wäre also kein eindeutiger Beleg für die Wirksamkeit der Vorschule, sondern könnte auch erklärt werden durch den Regressionseffekt. Das Regressionsproblem taucht bei diesem Vorgehen auf, weil nicht der Untersucher, sondern die Eltern der Kinder bestimmt haben, wer in die Vorschule geht und wer nicht und dadurch Experimental- und Kontrollgruppe nicht aus der gleichen Population stammten.
Das adäquate Vorgehen wäre auch hier, daß der Untersucher aus Population A (oder Population B) zwei hinsichtlich des IQ's vergleichbare Gruppen bildet, die eine an der Vorschule teilnimmt, die andere nicht. Dann tritt in beiden Gruppen der Regressionseffekt (wenn überhaupt) gleichermaßen auf und die Differenzen im Nachtest zwischen Experimental und Kontrollgruppe sind eindeutiger auf den Effekt der Vorschule zurückführbar. Fraglich ist natürlich, wieweit ein solcher Versuchsplan durchführbar ist, denn dazu müßte der Untersucher bestimmen dürfen, wer von den Kindern ein Jahr auf die Vorschule geht und wer nicht.

12 WEITERE KORRELATIONSMASSE FÜR DEN ZUSAMMENHANG ZWISCHEN ZWEI VARIABLEN

Das Maß für den Zusammenhang zwischen zwei Variablen X und Y, das wir bisher kennengelernt haben, war der Pearson Produkt-Moment Korrelationskoeffizient r_{xy}. X und Y waren dabei quantiative Variable, bei denen die Abstände der X- und Y-Meßwerte untereinander für uns bedeutsame Information darstellten; m.a.W. es schien uns immer sinnvoll, X und Y als intervall- oder verhältnisskalierte Variable zu behandeln. Nun haben wir es in der Psychologie auch mit Variablen zu tun, bei denen wir den Abständen zwischen den Meßwerten keine Bedeutung zuschreiben können (oder wollen), wo wir ordinale Messung oder lediglich nominales Niveau vorliegen haben. Wir wollen deshalb in diesem Kapitel Zusammenhangsmaße kennenlernen, die sich auf die Fälle anwenden lassen, wo eine oder beide Variable nicht intervall- oder verhältnisskaliert sind, wo wir es vielmehr mit dichotomen 0-1-Daten oder mit Daten auf Rangskalenniveau zu tun haben.

12.1. UEBERBLICK UEBER DIE VERSCHIEDENEN KOEFFIZIENTEN

Für die Zwecke dieses Kapitels sind vier Arten der Messung von Variablen zu unterscheiden :

(1) Nominal-dichotome Messung . Hier wird das Vorhanden- oder Nichtvorhandensein eines Merkmals registriert und mit (0) oder (1) verschlüsselt. Was (0) und was (1) genannt wird, ist beliebig.

Beispiele wären :

* katholisch (O) - evangelisch (1)
* männlich (O) - weiblich (1)
* Student im Hauptfach Psychologie (O) - Kein Hauptfachstudent (1)

Man spricht hier auch von "echt" dichotomen Variablen, d.h. den Variablen liegt kein Kontinuum zugrunde, auf dem die Null-Eins-Werte eine bestimmte Position einnehmen.

(2) Nominal-dichotome Messung mit zugrundeliegender Normalverteilung. Wir nehmen hier an, daß wir mit Hilfe besserer, genauerer und aufwendigerer Meßtechniken annähernd normalverteilte Messungen erhalten könnten - aber die uns vorliegenden Daten geben nur darüber Auskunft, ob eine Person oberhalb (1) oder unterhalb (O)eines bestimmten Punktes in dieser Normalverteilung liegt.

Den Zahlen 1 und O kommt hier (im Gegensatz zur nominal-dichotomen Messung von Fall 1) somit mehr Bedeutung zu - wenn eine Person den Meßwert 1 hat, dann sagt uns dies, daß sie mehr von dem gemessenen Merkmal hat als eine Person mit dem Meßwert O. Als Beispiele für dichotome Messung mit zugrundeliegender Normalverteilung ließe sich nennen :

* überdurchschnittlich intelligent (1) - unterdurchschnittlich intelligent (O)
* übergewichtig (1) - nicht übergewichtig (O)
* Neurotiker (1) - Nicht Neurotiker (O)

Das vorliegende Meßinstrument liefert uns hier somit nur dichotome Messungen - wir nehmen jedoch an, daß wir bei Verwendung besserer Meßtechniken normalverteilte Meßwerte erhalten würden. Man spricht in diesem Zusammenhang auch von "künstlich" dichotomen Variablen; den Variablen liegt ein Kontinuum zugrunde, auf dem die Null-Eins-Werte eine bestimmte Position einnehmen.

(3) Ordinale Messung. Daten sind hier die n aufeinanderfolgenden Ränge 1, 2, ..., n. Diese Ränge können auf zwei Arten entstanden sein : (a) die Daten wurden direkt auf Rangskalenniveau erhoben (indem wir z.B. 10 Personen hinsichtlich ihrer Schönheit in eine Rangfolge von 1 bis 10 bringen lassen), oder (b) anders erhobene Meßwerte werden in Ränge transformiert (wenn wir z.B. für die Rohwerte 57, 45, 30 die Ränge 1, 2, 3 vergeben).

(4) Intervall-, Verhältnis oder Absolutmessung. Den Abständen der Meßwerte untereinander kommt hier empirische Bedeutung zu; es existiert eine Maßeinheit (z.B. Grad Celius, IQ, cm, sec, etc.). Ist der Nullpunkt arbiträr, handelt es sich um eine Intervallskala, entspricht der Nullpunkt hingegen einer Null-Ausprägung (Nicht-Vorhandensein) des Merkmals, so liegt eine Verhältnisskala vor. Ist zum natürlichen Nullpunkt noch eine natürliche Einheit gegeben, haben wir es mit einer Absolutskala zu tun.

Wenn wir zwei Variablen X und Y miteinander korrelieren wollen, dann kann jede der Variablen auf eine der vier genannten Arten gemessen sein. Es sind somit 16 Paarungen von Meßniveaus möglich, von denen allerdings nur 10 unterschiedliche Situationen darstellen, da z.B. die Korrelation von X (dichotom gemessen) und Y (intervallskaliert) rechnerisch natürlich gleich ist dem Fall X (intervallskaliert) und Y (dichotom gemessen). In Tabelle 32 ist eine Übersicht über die Korrelationstechniken bzw. -Koeffizienten gegeben, die wir in diesem Kapitel besprechen werden (ausgenommen den Fall, wo beide Variablen zumindest intervallskaliert sind, denn r_{xy} kennen wir ja bereits).

Tabelle 32 : Übersicht über die verschiedenen Korrelationsmaße (in Abhängigkeit von der Art, wie Variable X und Y gemessen wurden); die Zahl in der Zelle gibt jeweils an, ab welcher Seite der Koeffizient behandelt wird.

MESSUNG DER VARIABLEN Y \ MESSUNG DER VARIABLEN X	dichotom ("echt")	dichotomisiert, mit zugrundeliegender N-Verteilung ("künstlich" dichotom)	ordinal	Intervall-Verhältnis-absolut
dichotom ("echt")	262 Phi-Koeffizient (r_{xy})	296	293	270
dichotomisiert mit zugrundeliegender N-Verteilung ("künstlich" dichotom)	296	275 tetrachorischer Koeffizient r_{tet} $\hat{r}_{xy}$	296	279
ordinal	293 Rang-biserialer Koeffizient r_{rb} ( )	296	283 (r_{xy}) Rangkorrelationskoeffizient r_s / Kendall's Tau ( ) 289	296
Intervall-Verhältnis-absolut	270 Punkt-biserialer Koeffizient r_{pbis} (r_{xy})	279 Biserialer Koeffizient r_{bis} $\hat{r}_{xy}$	296	Produkt-Moment-Korrelationskoeffizient r_{xy}

In den Zellen bedeuten

(r_{xy}) : Die spezielle Formel des Korrelationsmaßes ist aus r_{xy} algebraisch ableitbar - d.h. man kann auch r_{xy} für die Daten berechnen, da dies zu einem numerisch gleichen Koeffizienten führt.

$\hat{r}_{xy}$: Dieser Korrelationskoeffizient liefert eine Schätzung für das zugrundeliegende r_{xy} - die Formel ist aus der r_{xy}-Formel algebraisch nicht ableitbar

(   ) : Das Korrelationsmaß ist weder algebraisch noch konzeptionell mit r_{xy} verwandt

12.2. DER PHI-KOEFFIZIENT (Φ)

In diesem Fall sind beide Variablen X und Y nominal-dichotom gemessen. Wir können hier die Daten in zwei Spalten von Null- und Eins-Werten anordnen, wobei jede Zeile die beiden Punktwerte einer Person enthält. Nehmen wir als Beispiel an, ein Lehrer möchte bei einer Gruppe von 17-jährigen männlichen Schülern feststellen, ob der Sachverhalt, daß der Schüler raucht, damit zusammenhängt, ob der Vater des Schülers raucht oder nicht. Er befragt diesbezüglich die 18 männlichen Schüler seiner Klasse und vergibt für die Antworten wie folgt 0-1-Werte :

Vater raucht = 1
Vater raucht nicht = 0 } Variable X

Schüler raucht = 1
Schüler raucht nicht = 0 } Variable Y

Die erhaltenen Daten sind in Tabelle 33 wiedergegeben. Ein Maß für den Zusammenhang zwischen X und Y in dieser Situation ist nun einfach r_{xy}, der Pearson Produkt-Moment Koeffizient. Und diesen Produkt-Moment Koeffizienten, den wir für dichotome Daten berechnen, nennt man den Phi-Koeffizienten und symbolisiert ihn mit Φ . Der Wert von Phi für die Daten von Tabelle 33 ist Phi = .447. Allerdings haben wir diesen Wert nicht mit der uns bekannten Rechenformel für r_{xy} gefunden. Handelt es sich um dichotome 0-1-Daten, dann läßt sich nämlich die ursprüngliche r_{xy}-Formel durch eine einfachere, aber algebraisch identische Formel ersetzen [Formel (122)] .

(122)
$$\Phi = \text{Phi} = \frac{p_{xy} - p_x\, p_y}{\sqrt{p_x\, q_x\, p_y\, q_y}}$$

Hierbei sind :

p_x = Anteil der Personen, die in der Variablen X den Punktwert (1) haben (= Anzahl der Personen mit X=1, dividiert durch n)
q_x = Anteil der Personen, die in der Variablen X den Punktwert (0) haben, wobei $q_x = 1 - p_x$.
p_y = Anteil der Personen, die in der Variablen Y den Punktwert (1) haben
q_y = Anteil der Personen, die in der Variablen Y den Punktwert (0) haben, wobei $q_y = 1 - p_y$.
p_{xy} = Anteil der Personen, die in Variable X u n d Y den Punktwert (1) haben
n = Anzahl der Personen (=Meßwertpaare).

Wir berechnen Phi für die Daten von Tabelle 33. Es ergibt sich :

$p_x = \frac{10}{18} = 0{,}5556$; $q_x = \frac{8}{18} = 0{,}4444$

$p_y = \frac{9}{18} = 0{,}5$; $q_y = \frac{9}{18} = 0{,}5$

$p_{xy} = \frac{7}{18} = 0{,}3889$

Wir setzen in Formel (122) ein

$$\text{Phi} = \frac{0{,}3889 - (0{,}5556)(0{,}5)}{\sqrt{(0{,}5556)(0{,}4444)(0{,}5)(0{,}5)}} = \frac{0{,}1111}{0{,}2484} = .447$$

Tabelle 33 : Angaben von 18 Schülern zum eigenen und zum väterlichen Rauchverhalten (fiktive Daten); Beispieldaten für die Berechnung von Phi.

Schüler Nr.	Rauchverhalten des Vaters (X)	Rauchverhalten des Schülers (Y)
1	1	1
2	O	1
3	O	O
4	1	O
5	1	1
6	1	1
7	O	1
8	O	O
9	O	O
10	1	O
11	1	O
12	1	1
13	1	1
14	O	O
15	O	O
16	1	1
17	1	1
18	O	O

Bei X und Y :

1 = Raucher

O = Nichtraucher

Die Interpretation des Koeffizienten werden wir weiter unten besprechen. Es soll zuerst gezeigt werden, daß die Formel für Phi sich algebraisch aus r_{xy} ableiten läßt und somit eine rechnerische Vereinfachung für den Fall darstellt, daß die Daten dichotom sind. Wir gehen von der folgenden (uns bekannten) Formel für den Produkt-Moment Koeffizienten aus

$$(123)\quad r_{xy} = \frac{(1/n)\sum X_i Y_i - \overline{X}.\overline{Y}.}{\sqrt{\left[(1/n)\sum X_i^2 - \overline{X}.^2\right]\left[(1/n)\sum Y_i^2 - \overline{Y}.^2\right]}}$$

Wenn nun X und Y dichotom gemessen wurden, dann sind $\overline{X}.$ und $\overline{Y}.$ einfach die Anteile der Einsen in jeder Variablen - z.B. für unsere Daten in Tabelle 33 : $\overline{X}. = (10)(1)/18 = 0,5556$. Wir können deshalb $\overline{X}.$ und $\overline{Y}.$ durch p_x bzw. p_y ersetzen.

Nun ist der Wert von $X_i\ Y_i$ für die i-te Person nur dann von Null verschieden, wenn diese i-te Person den Wert 1 in beiden Variablen hat; in diesen Fall ist $X_i\ Y_i = (1)(1) = 1$. Somit ist dann $\sum X_iY_i$ einfach die Anzahl der Personen, die in X und Y den Wert 1 haben und es ergibt sich für den Term $(1/n)\sum X_iY_i = p_{xy}$. Da weiterhin X entweder den Wert O oder 1 annimmt und da $0^2 = 0$ und $1^2 = 1$, so ist (in unserem Beispiel) $\sum X^2/n = (10)(1^2)/18 = 0,5556 = p_x$. Setzen wir die eben bestimmten Substitutionen in Gleichung (123) ein, dann erhalten wir

Tabelle 34 : Anordnung der Daten von Tabelle 33 in Form einer Kontingenztafel

		Rauchverhalten des Vaters (X)		
		raucht nicht (O)	raucht (1)	Zeilensummen
Rauchverhalten des Schülers (Y)	raucht (1)	a 2	b 7	9
	raucht nicht (O)	c 6	d 3	9
	Spaltensummen	8	10	18

$$r_{xy} = \frac{p_{xy} - p_x \cdot p_y}{\sqrt{(p_x - p_x^2)(p_y - p_y^2)}} = \frac{p_{xy} - p_x \cdot p_y}{\sqrt{p_x \underbrace{(1-p_x)}_{q_x} \cdot p_y \underbrace{(1-p_y)}_{q_y}}}$$

$$= \frac{p_{xy} - p_x p_y}{\sqrt{p_x \cdot q_x p_y \cdot q_y}} \quad .$$

Was wir hier gezeigt haben, hat auch einen gewissen praktischen Wert, wenn wir uns der EDV bedienen (oder eines Taschenrechners mit Korrelationstaste). Liegt ein Programm vor, das Produkt-Moment Korrelationen berechnet, so können wir damit ohne weiteres den Phi-Koeffizienten für dichotome Daten bestimmen. Daß dies in diesem Programm mit einer etwas umständlicheren Rechenformel geschieht, ist bei der Schnelligkeit der Rechner natürlich unerheblich.

BESTIMMUNG VON PHI, WENN DIE DATEN IN FORM EINER KONTINGENZTAFEL VORLIEGEN

Haben wir kein spezielles Interesse an den Proportionen p_x und p_y, und sind die Daten in Form einer Kontingenztafel angeordnet, dann läßt sich auch davon ausgehend Phi berechnen. Tabelle 34 zeigt die Daten aus Tabelle 33 in Form einer Kontingenztafel. Wie ist diese Tafel zu lesen ?. Wir sehen z.B., daß bei 7 (von 9) Schülern, die angeben zu rauchen, der Vater ebenfalls Raucher ist; oder die Zeilensummen zeigen uns, daß 9 Schüler rauchen und 9 Schüler nicht (bei dieser Betrachtung bleibt das Rauchverhalten des Vaters unberücksichtigt). Die Spal-

Tabelle 35 : Anordnung der Daten zu Bestimmung des Phi-Koeffizienten in einer 2x2 Kontingenztafel (allgemeine Form)

		Variable X 0	Variable X 1	Zeilensummen
Variable Y	1	a	b	a + b
Variable Y	0	c	d	c + d
Spaltensummen		a + c	b + d	n

n = Anzahl der Personen

tensummen geben uns das Verhältnis Raucher-Nichtraucher bei der Vätern wieder (wobei bei dieser Betrachtung das Rauchverhalten der Söhne unberücksichtigt bleibt). In Tabelle 35 sind die Häufigkeitsfelder der Kontingenztafel mit allgemeinen Symbolen gekennzeichnet. Die Formel für den Phi-Koeffizienten lautet für den Fall, daß die Daten derart angeordnet sind wie in Tabelle 35 :

(124)
$$\text{Phi} = \frac{(b)(c) - (a)(d)}{\sqrt{(a+c)(b+d)(a+b)(c+d)}}$$

Setzen wir die Werte aus Tabelle 34 in Formel (124) ein, so ergibt sich

$$\text{Phi} = \frac{(7)(6) - (2)(3)}{\sqrt{(8)(10)(9)(9)}} = \frac{36}{80{,}498} = .447$$

Wir erhalten für Phi den gleichen Wert, den wir über Formel (122) erhalten haben. Das gehört sich auch so, denn Formel (124) ist aus Formel (122) algebraisch ableitbar. Wir wollen uns das verdeutlichen. Es ist

$$p_x = (b+d)/n \qquad q_x = (a+c)/n$$

$$p_y = (a+b)/n \qquad q_y = (c+d)/n$$

$p_{xy} = b/n$ Wir substituieren nun in Gleichung (122) :

$$\text{Phi} = \frac{p_{xy} - p_x \cdot p_y}{\sqrt{p_x \cdot q_x \cdot p_y \cdot q_y}}$$

$$= \frac{\frac{b}{n} - \left[\frac{(b+d)}{n} \cdot \frac{(a+b)}{n}\right]}{\sqrt{\frac{(b+d)}{n} \cdot \frac{(a+c)}{n} \cdot \frac{(a+b)}{n} \cdot \frac{(c+d)}{n}}}$$

$$= \frac{\frac{b}{n} - \left[\frac{(b+d)}{n} \cdot \frac{(a+b)}{n} \right]}{\frac{1}{n^2} \sqrt{(a+c) \cdot (b+d) \cdot (a+b) \cdot (c+d)}}$$

Wir multiplizieren Zähler und Nenner mit n^2

$$= \frac{b \cdot n - \left[(b+d) \cdot (a+b)\right]}{\sqrt{(a+c) \cdot (b+d) \cdot (a+b) \cdot (c+d)}}$$

Nun ist aber $n = a + b + c + d$. Dies setzen wir für n ein und erhalten

$$= \frac{b \cdot (a+b+c+d) - \left[ba + da + b^2 + db\right]}{\sqrt{(a+c) \cdot (b+d) \cdot (a+b) \cdot (c+d)}}$$

$$= \frac{\not{b}\not{a} + \not{b}^2 + bc + \not{b}\not{d} - \not{b}\not{a} - da - \not{b}^2 - \not{d}\not{b}}{\sqrt{(a+c) \cdot (b+d) \cdot (a+b) \cdot (c+d)}}$$

$$= \frac{bc - ad}{\sqrt{(a+c) \cdot (b+d) \cdot (a+b) \cdot (c+d)}}$$

ZUR BEURTEILUNG VON PHI

Die Bedeutung von Phi im korrelationstechnischen Sinne ist recht eindeutig; es ist einfach der Produkt-Moment Korrelationskoeffizient für dichotome Daten. Die Interpretation von Phi bringt jedoch spezielle Probleme mit sich; man kann nämlich nicht davon ausgehen, daß die Bedeutung z.B. eines r_{xy} von .75 die gleiche ist wie die eines Phi von .75. Hierbei ist nämlich der Sachverhalt zu berücksichtigen, daß Phi zwar theoretisch zwischen + 1 und - 1 variieren kann (wie r_{xy}), diese Extreme jedoch nur unter ganz bestimmten Bedingungen möglich sind. Betrachten wir dazu die Vierfeldertafel von Tabelle (A). Die Randfeldbesetzungen (a + b), (c + d), (a + c) und (b + d) sind uns ja durch das Problem vorgegeben.

[A]

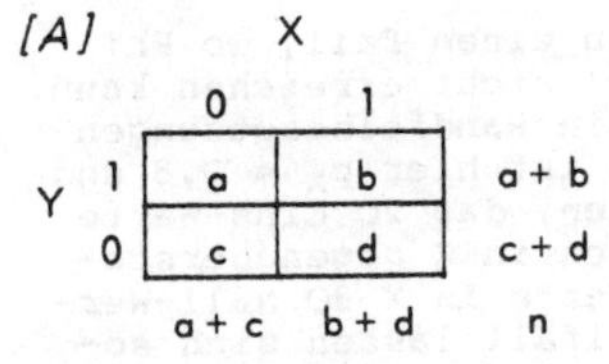

Der Phi-Koeffizient kann nun nur dann den positiven Extremwert + 1 annehmen, wenn (b + d) = (a + b), d.h. wenn p_x (Anteil der Personen, die in X den Wert 1 haben) = p_y (Anteil der Personen, die in Y eine 1 haben); denn nur dann kann sich jede 1 von X mit einer 1 in Y paaren (und vice versa). Tabelle B gibt ein Beispiel für eine solche Randverteilung in X und Y.

[B]

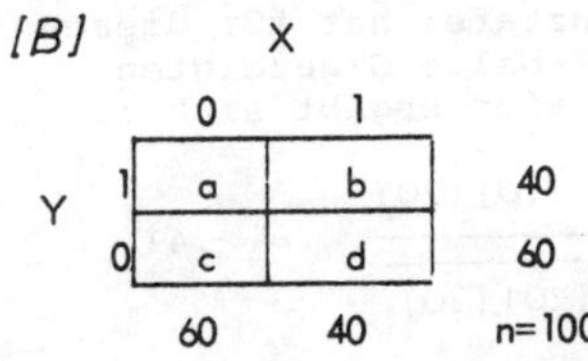

Eine derartige Randfeldbesetzung (a + b = b + d)ist die Voraussetzung, daß Phi + 1 werden k a n n. Es w i r d unter dieser Voraussetzung + 1, wenn die Diagonalfelder a = d = O sind; Tabelle C stellt diesen Fall (ausgehend von Tabelle B) dar.

[C]

Y \ X	0	1	
1	a 0	b 40	a + b = 40
0	c 60	d 0	c + d = 60
	a + c = 60	b + d = 40	

$$\text{Phi} = \frac{(40) \cdot (60) - 0}{\sqrt{(60) \cdot (40) \cdot (40) \cdot (60)}} = +1$$

Andererseits kann Phi den negativen Extremwert - 1 nur dann annehmen, wenn (a + c) = (a + b), d.h. wenn q_x (Anteil der Personen, die in X den Wert O haben) = p_y (Anteil der Personen, die in Y den Wert 1 haben); denn nur dann kann sich jede O von X mit einer 1 in Y paaren und jede 1 in Y mit einer 0 in X. Tabelle D gibt ein Beispiel für eine solche Randverteilung in X und Y.

[D]

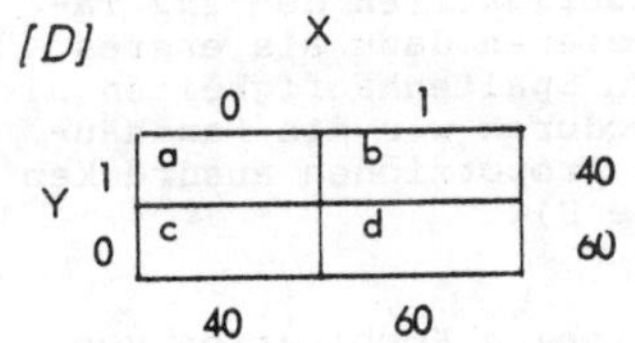

Eine derartige Randfeldbesetzung (a + c = a + b) ist wiederum Voraussetzung, damit Phi - 1 werden kann. Es wird unter dieser Voraussetzung - 1, wenn die Diagonalfelder c= b = O sind; Tabelle E stellt diesen Fall (ausgehend von Tabelle D) dar.

[E]

Y \ X	0	1	
1	a 40	b 0	a + b = 40
0	c 0	d 60	c + d = 60
	a + c = 40	b + d = 60	

$$\text{Phi} = \frac{0 - (40) \cdot (60)}{\sqrt{(40) \cdot (60) \cdot (40) \cdot (60)}} = -1$$

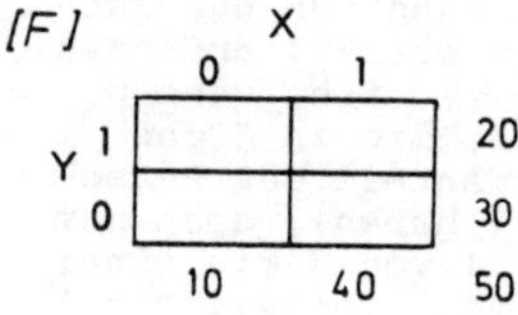

Betrachten wir nun einen Fall, wo Phi den Extremwert + 1 nicht erreichen kann. Vorgegeben sind die Randfelbesetzungen von Tabelle F. Es ist hier $p_x = 0{,}8$ und $p_y = 0{,}4$. Wir sehen, daß 20 Eins-Werte in Y 40 Eins-Werten in X gegenüberstehen und 10 Null-Werte in X 30 Null-Werten in Y. Im Idealfall lassen sich somit 20 Paare 1-1 und 10 Paare 0-0 bilden. Die Kontingenztafel hat für diesen Idealfall die in Tabelle G gezeigten Feldbesetzungen. Dafür ergibt sich :

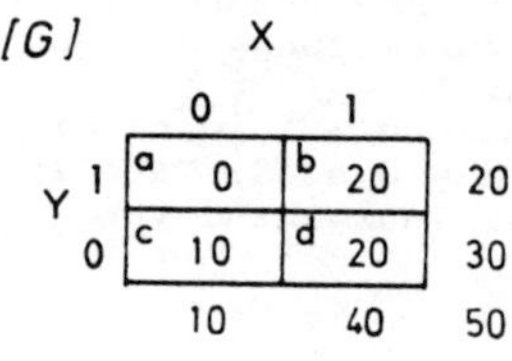

$$\text{Phi} = \frac{(20)(10) - (0)(20)}{\sqrt{(10)(40)(20)(30)}} = .41$$

Bei den so vorgegeben Randbesetzungen kann Phi also maximal den Wert +.41 annehmen.

BESTIMMUNG DES MAXIMAL MOEGLICHEN WERTES VON PHI

Bei der Bestimmung von Phi ist es zur Beurteilung des erhaltenen Koeffizienten natürlich wünschenswert zu wissen, welchen Wert Phi bei der gegebenen Randfeldbesetzung in der 2x2 Kontingenztafel maximal überhaupt annehmen kann. Dieser maximal mögliche Wert läßt sich mit Hilfe einer Formel bestimmen. Die für die Formel benötigten Größen erhalten wir aus den Randhäufigkeiten der 2x2 Tafel. Wir dividieren dazu als erstes die Zeilen- un Spaltenhäufigkeiten alle durch n, wodurch wir die Randhäufigkeiten als Proportionen ausdrücken (siehe Tabelle H).

[H]

	X: 0	X: 1	
Y: 1	a	b	$(a+b)/n$
Y: 0	c	d	$(c+d)/n$
	$(a+c)/n$	$(b+d)/n$	n

Das maximal mögliche positive Phi für eine beliebige Kombination von Randfeldproportionen bestimmt sich nach der folgenden Formel :

(125) $$\text{Phi}_{max} = \sqrt{\frac{p_j}{q_j} \cdot \frac{q_i}{p_i}} \qquad \text{wobei } p_i \geq p_j$$

Hierbei sind :

p_i = Die größte Randfeldproportion in der Kontingenztafel

p_j = Die korrespondierende Randfeldproportion in der anderen Variablen (d.h. wenn p_i z.B. der Anteil der Einsen in X war, dann ist p_j der Anteil der Einsen in Y).

q_i = Komplement von p_i, d.h. $q_i = 1 - p_i$

q_j = Komplement von p_j, d.h. $q_j = 1 - p_j$

Wir wollen Phi_{max} für das Beispiel von Tabelle F berechnen :

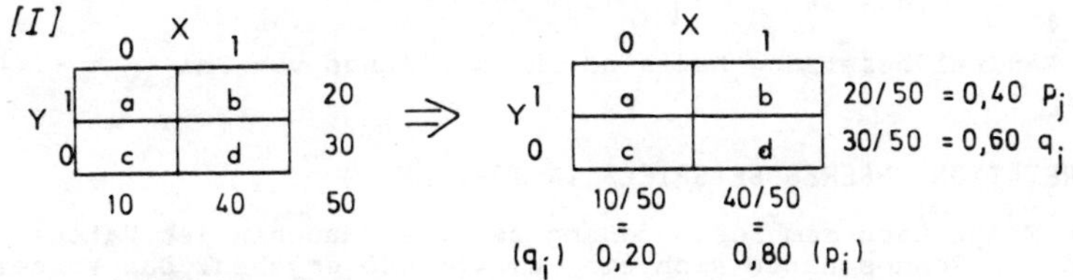

vorgegebene Randfeldhäufigkeiten

Die Randfelder, ausgedrückt als Proportionen

Wir setzen die Randproportionen aus Tabelle I in Formel (125) ein. Dann ist

$$Phi_{max} = \sqrt{\frac{0,4}{0,6}\ \frac{0,2}{0,8}} = \sqrt{\frac{0,08}{0,48}} = \sqrt{0,166} = +.41$$

Dies ist der bei der gegebenen Randfeldbesetzung maximal mögliche positive Wert von Phi. Wir waren auf ihn in Tabelle G bereits durch Überlegungen gekommen und finden ihn jetzt auf das Schönste bestätigt.

Hat man bei seinen Berechnungen einen negativen Phi-Wert erhalten, dann muß dieser mit Phi_{min}, dem bei den gegebenen Randfelbesetzungen maximal möglichen negativen Phi-Wert verglichen werden. Die Formel für Phi_{min} lautet

(126) $$Phi_{min} = - \sqrt{\frac{p_i}{q_i} \cdot \frac{p_j}{q_j}} \qquad \text{wobei } p_i \leq p_j$$

Hierbei sind

p_i = Die kleinste Randfeldproportion in der Kontingenztafel

p_j = Die korrespondierende Randfeldproportion in der anderen Variablen (Erläuterung siehe bei Phi_{max})

q_i = Komplement von p_i, d.h. $q_i = 1 - p_i$

q_j = Komplement von p_j, d.h. $q_j = 1 - p_j$

Bestimmt man Phi(max) und Phi(min) bei einer gegebenen Randfeldbesetzung, dann zeigt sich, daß die Werte nicht äquidistant von Null sind (mit Ausnahme des speziellen Falles, daß $p_j = q_j = 0,50$). Der Range von Phi(max) bis Phi(min) ist somit gewöhnlich nicht um Null symmetrisch, d.h. die Restriktion der Größe von Phi ist in positiver und negativer Richtung nicht die gleiche.

Um dies zu zeigen, wollen wir für die Randfeldbedingungen von Tabelle I (wo sich ein Phi_{max} von +.41 ergeben hatte) Phi_{min} nach Formel (126) berechnen. Die Werte der dazu erforderlichen Randproportionen enthält noch einmal Tabelle J . Es ergibt sich:

[J]

		X: 0	X: 1	
Y	1			0,40 q_j
	0			0,60 p_j
		0,20 p_i	0,80 q_i	

$$Phi_{min} = -\sqrt{\frac{0,2}{0,8}\ \frac{0,6}{0,4}} = \sqrt{\frac{0,12}{0,32}} = -.61$$

Bei dieser Randfeldbesetzung hat also Phi den Range von $Phi_{max} = +.41$ bis $Phi_{min} = -.61$.

ZUR INTERPRETATION UNSERES BEISPIELS IN TABELLE 34

Bei unserer Frage nach dem Zusammenhang zwischen Rauchen des Vaters und Rauchen des Sohnes hatte sich ein Phi von .45 ergeben. Das Vorzeichen von Phi (hier +) sagt nun nicht unmittelbar etwas über die Art des Zusammenhangs aus, da die Verschlüsselung der Variablen X und Y mit 0 und 1 ja beliebig ist. Man kann also nicht sagen, daß ein "positiver" (oder "negativer") Zusammenhang zwischen X und Y besteht - ein positives Vorzeichen sagt lediglich, daß die (mehr oder weniger starke) Tendenz besteht, daß sich 1-Werte von X mit 1-Werten von Y paaren (und 0 mit 0).

Zur Beurteilung der Art des Zusammenhangs muß deshalb die Verteilung in der Kontingenztafel inspiziert werden. Wir sehen an unserem Beispiel, daß der Sachverhalt, ob ein Schüler (dieser Klasse) raucht, damit zusammenhängt, ob der Vater Raucher ist oder nicht; d.h. bei Schülern, die rauchen, ist die Wahrscheinlichkeit größer, daß auch der Vater raucht, während bei Nichtraucherschülern der Vater mit größerer Wahrscheinlich keit ebenfalls Nichtraucher ist.

Weiterhin ist bei der Interpretation des erhaltenen Phi-Wertes die durch die Randverteilung bedingte Begrenzung des Phi-Koeffizienten zu berücksichtigen. Wir haben die in Tabelle K wiedergegebenen Randfeldproportionen vorliegen. Setzen wir diese entsprechend in die Formeln für Phi(max) und Phi(min) ein, dann ergibt sich :

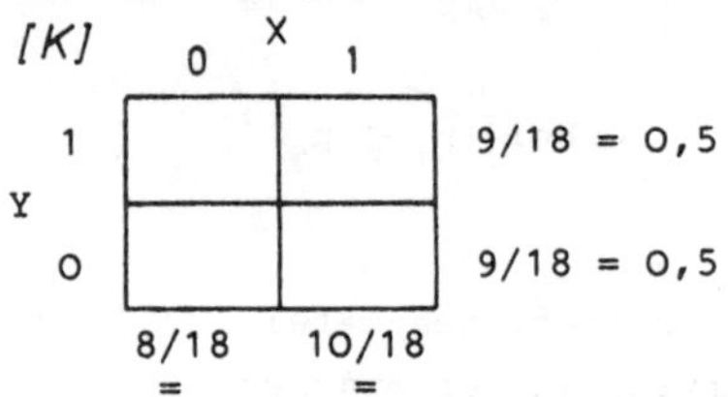

[K]
X
0
1
Y
1
0
9/18 = 0,5
9/18 = 0,5
8/18 = 0,4444
10/18 = 0,5556

$$Phi_{max} = \sqrt{\frac{0,5}{0,5} \cdot \frac{0,4444}{0,5556}} = +.89$$

$$Phi_{min} = -\sqrt{\frac{0,4444}{0,5556} \cdot \frac{0,5}{0,5}} = -.89$$

Da in unserem Beispiel $p_j = q_j = 0,5$ ist, tritt der Sonderfall ein, daß Phi_{max} und Phi_{min} äquidistant von Null sind. Die Grenzen für Phi sind im vorliegenden Fall somit $\pm.89$. Im Lichte dieser Grenzen stellt sich der durch Phi = .45 zum Ausdruck kommende Zusammenhang zwischen Rauchen des Schülers und Rauchen des Vaters als relativ schwach dar, denn es hätte bei der vorgegebenen Randfeldbesetzung ein wesentlich höherer Phi-Wert auftreten können.

12.3. DER PUNKTBISERIALE KOEFFIZIENT r_{pbis}

In diesem Fall ist eine Variable "echt" dichotom gemessen (z.B. männlich-weiblich, Gießener-Nicht Gießener, alleinstehend-nicht alleinstehend, etc.), die Messung der anderen Variablen ergibt Meßwerte mit Intervall- oder Verhältniseigenschaften. Nehmen wir als Beispiel an, wir

Tabelle 36 : Beispieldaten für die Berechnung des punktbiserialen Koeffizienten : Geschlecht und Punktwert in einem Geschichtskenntnistest bei 18 Schülern einer Abiturklasse (fiktive Daten).

Schüler Nr.	Punktwert im Geschichts-kenntnistest (X) [a]	Geschlecht O=männlich 1=weiblich
1	26	O
2	21	O
3	25	1
4	24	O
5	29	1
6	28	1
7	28	1
8	23	O
9	31	1
10	29	1
11	24	O
12	27	1
13	22	O
14	22	O
15	29	1
16	30	1
17	21	O

$\bar{X}._o = 22,88$

$\bar{X}._1 = 28,44$

$\bar{X}. = 25,82$

$s_x = 3,32$

$n_o = 8$

$n_1 = 9$

$n = 17$

a) Hoher Wert = hoher Kenntnisstand

wollen in einer Abiturklasse untersuchen, ob ein Zusammenhang besteht zwischen dem Ausmaß der Geschichtskenntnisse und dem Geschlecht. Die Geschichtskenntnisse (Variable X) erfassen wir mit einem diesbezüglichen Kenntnistest (Fragen in multiple-choice Form); die so erhaltenen Meßwerte wollen wir als intervallskaliert behandeln, da die Abstände zwischen den Punktwerten für uns bedeutsame Information darstellen. Variable Y, das Geschlecht, ergibt die dichotomen Messungen; wir verschlüsseln männlich mit O und weiblich mit 1. Jeder Schüler hat somit zwei Meßwerte - einen Punktwert im Kenntnistest (X) und einen Geschlechtswert (O oder 1). Die an den n = 17 Schülern (8 männlich und 9 weiblich) erhaltenen Daten sind in Tabelle 36 wiedergegeben.

Eine Möglichkeit zur Beschreibung des Zusammenhangs zwischen X (intervallskalierte Variable) und Y (echt dichotome Variable) besteht nun darin, den Produkt-Moment Korrelationskoeffizienten für diese Art von Daten zu berechnen. Den auf derartige Daten angewandten (und algebraisch vereinfachten) Produkt-Moment Koeffizienten nennt man den punktbiserialen Korrelationskoeffizienten. Die Bezeichnung "biserial" beschreibt dabei den Sachverhalt, daß wir hier zwei Reihen (Serien) von Meßwerten in der Variablen X vorliegen haben - und zwar die Reihe der X-Werte der Personen, die in Y den Wert O haben und die Reihe derer, die in Y eine 1 haben.

Für den punktbiserialen Korrelationskoeffizienten stehen drei äquivalente Formeln zur Verfügung. Ausgewählt werden kann die, die sich für die konkret vorliegenden Daten am bequemsten bestimmen läßt :

(127) $$r_{pbis} = \frac{\bar{X}._1 - \bar{X}._o}{s_x} \sqrt{\frac{n_1 n_o}{n (n-1)}}$$

(128) $$r_{pbis} = \frac{\bar{X}._1 - \bar{X}.}{s_x} \sqrt{\frac{n_1 n}{n_o (n-1)}}$$

X ist die intervallskalierte Variable

(129) $$r_{pbis} = \frac{\bar{X}. - \bar{X}._o}{s_x} \sqrt{\frac{n_o n}{n_1 (n-1)}}$$

Hierbei sind :

$\bar{X}._1$ = Mittelwert in der Variablen X von den Personen, die in der Variablen Y den Wert 1 haben

$\bar{X}._o$ = Mittelwert in der Variablen X von den Personen, die in der Variablen Y den Wert O haben

$\bar{X}.$ = Mittel aller n Werte in der Variablen X

s_x = Standardabweichung aller n Werte in X

n_1 = Anzahl der Personen, die in Y den Wert 1 haben

n_o = Anzahl der Personen, die in Y den Wert O haben

n = Gesamtzahl der Personen, d.h. $n = n_1 + n_o$

Die Formeln (127) - (129) stellen algebraische Vereinfachungen der Formel für den Produkt-Moment Koeffizienten r_{xy} dar - für den Fall, daß Y eine dichotome Variable ist und lediglich O-1-Werte auftreten können. Wir wollen die algebraische Ableitbarkeit an Formel (128) aufzeigen. Wir gehen dazu von der folgenden (uns bekannten) Formel für r_{xy} aus :

(a) $$r_{xy} = \frac{\Sigma(X_i - \bar{X}.)(Y_i - \bar{Y}.)}{(n-1)\, s_x s_y}$$

(b) $$\Sigma(X - \bar{X}.)(Y - \bar{Y}.) = \Sigma XY - \bar{Y}.\Sigma X - \bar{X}.\Sigma Y + n\,\bar{X}.\bar{Y}.$$

Wir nehmen in (b) folgende Substitutionen vor :

$$\Sigma X = n \cdot \bar{X}. \quad ; \quad \Sigma Y = n \cdot \bar{Y}.$$

(c) $$\Sigma(X - \bar{X}.)(Y - \bar{Y}.) = \Sigma XY - n \cdot \bar{X}.\bar{Y}. - n\bar{X}.\bar{Y}. + n\,\bar{X}.\bar{Y}.$$

$$= \Sigma XY - n\,\bar{X}.\bar{Y}.$$

Wir setzen (c) in (a) ein :

(d) $$r_{xy} = \frac{\Sigma XY - n \cdot \bar{X}.\bar{Y}.}{(n-1)\, s_x s_y}$$

Wir benötigen nun wieder einige Substitutionen :

$\sum XY = n_1 \bar{X}._1$ (die Produkte, in denen Y den Wert 0 hat, ergeben Null, so daß $\sum XY$ gleich der Summe der X-Werte der n_1 Fälle, die in Y eine 1 haben. Und diese Summe ist dann $n_1 \cdot \bar{X}._1$)

$$\bar{Y}. = \frac{n_1}{n}$$

$$s_y = \sqrt{\frac{\sum Y^2 - \frac{(\sum Y)^2}{n}}{n-1}} = \sqrt{\frac{n_1 - \frac{n_1^2}{n}}{n-1}} = \sqrt{\frac{n_1 \overbrace{(1 - \frac{n_1}{n})}^{\frac{n_o}{n}}}{n-1}} = \sqrt{\frac{n_1 \cdot \frac{n_o}{n}}{n-1}}$$

Wir verwenden diese Substitutionen in Gleichung (d)

$$\text{(e)} \quad r_{xy} = \frac{(n_1 \cdot \bar{X}_1 - n \cdot \frac{n_1}{n} \bar{X}.)}{(n-1)\, s_x \sqrt{\frac{n_1 \cdot \frac{n_o}{n}}{n-1}}}$$

Wir quadrieren beide Seiten von (e)

$$\text{(f)} \quad r^2_{xy} = \frac{n_1^2 (\bar{X}._1 - \bar{X}.)^2}{(n-1)^2 s_x^2 \frac{n_1 \cdot \frac{n_o}{n}}{(n-1)}} = \frac{n_1 (\bar{X}._1 - \bar{X}.)^2}{(n-1)\, s_x^2 \cdot \frac{n_o}{n}}$$

Wir multiplizieren Zähler und Nenner mit n :

$$\text{(g)} \quad r^2_{xy} = \frac{(\bar{X}_1 - \bar{X}.)^2 \cdot n_1 \cdot n}{s_x^2 \,(n-1) \cdot \frac{n_o n}{n}} = \frac{(\bar{X}_1 - \bar{X}.)^2}{s_x^2} \cdot \frac{n_1 \cdot n}{n_o (n-1)}$$

Wir ziehen auf beiden Seiten von (g) die Wurzel und erhalten Formel (128) von r_{pbis}:

$$r_{xy} \longrightarrow r_{pbis} = \frac{(\bar{X}._1 - \bar{X}.)}{s_x} \cdot \sqrt{\frac{n_1 \cdot n}{n_o (n-1)}}$$

Wir wollen für unsere Daten von Tabelle 36 bestimmen, wie stark der Zusammenhang zwischen Geschlecht (Y) und Punktwert im Geschichtkenntnistest (X) ist. Übungshalber sollen die Berechnungen für jede der Formeln (127) - (129) durchgeführt werden. Es ergibt sich

nach (127) : $r_{pbis} = \frac{28,44 - 22,88}{3,32}\sqrt{\frac{(9)(8)}{(17)(16)}} = +.86$

nach (128) : $r_{pbis} = \frac{28,44 - 25,82}{3,32}\sqrt{\frac{(9)(17)}{(8)(16)}} = +.86$

nach (129) : $r_{pbis} = \frac{25,82 - 22,88}{3,32}\sqrt{\frac{(8)(17)}{(9)(16)}} = +.86$

Es ergibt sich an diesen fiktiven Daten ein relativ starker Zusammenhang zwischen Geschlecht und Geschichtskenntnissen. Dem Vorzeichen von r_{pbis} kann, da es willkürlich ist, wie wir die Veschlüsselung in der dichotomen Variablen Y vornehmen, nicht unmittelbar entnommen werden, welcher Art der Zusammenhang ist. Wir können in unserem Fall z.B. nicht sagen, daß ein "positiver" oder "direkter" Zusammenhang zwischen Geschlecht und Kenntnissen besteht; ein positives Vorzeichen sagt uns lediglich, daß (in mehr oder weniger starkem Ausmaß) hohe Werte in X mit hohen Werten in Y (d.h. mit Einsen) einhergehen - bzw. daß das Mittel der Personen, die in Y eine 1 haben, höher ist als das derjenigen, die in Y eine Null haben. Es ist deshalb zur Interpretation der Richtung des Zusammenhangs die Verschlüsselung von Y zu berücksichtigen.

In unserem Fall bedeutet das positive Vorzeichen von r_{pbis} - das zeigt uns auch eine Inspektion beider Gruppenmittel - daß die weiblichen Schüler dieser Abiturklasse in dem Geschichtskenntnistest im Durchschnitt besser abgeschnitten haben als die männlichen Schüler ($\overline{X}_{.1}$ = 28,4 gegenüber $\overline{X}_{.o}$ = 22,9).

Wir sehen, daß die Bestimmung des punktbiserialen Korrelationskoeffizienten vieles mit einem "Mittelwertsvergleich" zweier Gruppen gemeinsam hat. Wir werden in der Inferenzstatistik sehen, daß r_{pbis} im Anschluß an die Prüfung von Mittelwertsunterschieden auf "statistische" Signifikanz herangezogen wird, um die "praktische" Signifikanz der vorgefundenen Mittelwertsdifferenz in einer Maßzahl auszudrücken. Verwendet wird dazu r^2_{pbis}, d.h. der Determinationskoeffizient für Daten, wo eine Variable dichototom ist, die andere intervallskaliert.

Der Wert von r^2_{pbis} gibt dann an, welcher Varianzanteil in X (der intervallskalierten Variablen) vorhersagbar ist aufgrund der Kenntnis der Werte der Personen in Y, d.h. aus Kenntnis ihrer Gruppenzugehörigkeit (in unserem Fall aufgrund des Wissens, daß eine Person zur Gruppe der Y = 1 = weiblichen oder Y = 0 = männlichen Schüler gehört).

Wir haben durch algebraische Ableitung zeigen können, daß der punktbiseriale Koeffizient nichts anderes ist als der Produkt-Moment Korrelationskoeffizient - die Formel wurde nur für die spezielle Art von Daten vereinfacht. Der punktbiseriale Koeffizient kann Werte zwischen + 1 und - 1 annehmen. Wenn die Personen, die in Y den Wert 1 haben, das gleiche Mittel in X aufweisen wie die Personen, die in Y den Wert 0 haben, so ist $r_{pbis} = 0$; r_{pbis} ist nicht definiert für den Fall, daß n_o oder n_1 gleich n ist (d.h. wenn alle Personen in Y eine Null oder alle eine 1 haben).

Es wird häufig berichtet (z.B. HORNKE 1975), daß der punktbiseriale Koeffizient eine obere Grenze von .798 habe. Dies gilt jedoch nur für den Fall, daß die (zumindest intervallskalierte) Variable X normalverteilt ist und n_o und n_1 gleich sind. Je bimodaler die X-Verteilung wird (jeweils ein Gipfel für die Personen mit Y = 0 und Y = 1), um so mehr kann r_{pbis} den Wert von .798 übersteigen (vgl. KARABINUS 1975). Wir erhalten einen Wert von r_{pbis} = 1, wenn $n_o = n_1$ ist, und alle Personen mit Y = 1 den gleichen Wert X_1 haben und alle Personen mit Y = 0 den gleichen Wert X_o (wobei $X_1 \neq X_0$). In diesem Fall ist die X-Verteilung "maximal bimodal".

12.4. DER TETRACHORISCHE KOEFFIZIENT r_{tet}

In diesem Fall sind beide Variablen dichotom gemessen, wir nehmen aber an, daß den Dichotomien Normalverteilungen zugrundeliegen. In manchen Umständen können wir von einer Variablen nur sehr grobe (dichotome) Messungen erhalten, wir sind aber der Ansicht, daß wir mit besseren und aufwendigeren Meßtechniken kontinuierliche, normalverteilte Messungen erzielen könnten, d.h. wir haben Grund zu der Annahme, daß der Dichotomie eine Normalverteilung unterliegt. Nehmen wir z.B. an, Lehrer hätten ihre Schüler in einem Beurteilungsbogen unter anderem auch hinsichtlich der "Leistungsmotivation" einzustufen - es ist aber der Kürze wegen nur anzugeben, ob die Leistungsmotivation des Schülers über (1) oder unter (O) dem Durchschnitt liegt. Hier könnten wir Grund zu der Annahme haben, daß es sich bei der "Leistungsmotivation" um eine kontinuierliche Variable handelt, bei der wir auch eine Normalverteilung der Meßwerte erzielen, wenn wir nur ein besseres Meßinstrument zur Erfassung der Leistungsmotivation verwendet hätten.

Ähnlich verhält es sich auch, wenn wir Testitems, die in Ja-Nein-Form zu beantworten waren, interkorrelieren wollen. Wir machen hier häufig die Annahme, daß die Fähigkeit oder Eigenschaft, die die Items erfassen, eine normalverteilte Variable ist, die Testitems es jedoch nur gestatten, eine Gruppe von Personen zu identifizieren, die mit "Ja" geantwortet haben und eine andere, die "nein" sagte. Für die Annahme der Kontinuität und Normalität der Verteilung ließe sich hier u.U. wie folgt argumentieren : Es ist unwahrscheinlich, daß alle, die mit "Ja" auf eine Frage geantwortet haben, dies mit dem gleichen Zustimmungsgrad taten. Es ist gleichermaßen unwahrscheinlich, daß alle "Nein"-Sager dies mit dem gleichen Grad der Ablehnung taten. Es ist vielmehr wahrscheinlich, daß die Antworten auf die Fragen ein Verhaltenskontinuum repräsentieren, das von starker Zustimmung auf der einen Seite bis zu starker Ablehnung auf der anderen Seite reicht. Kontinuität und nicht echte Dichotomie ist hier somit der wahrscheinliche Zustand - unsere Messung war nur zu grob, um ihn aufzeigen zu können.

Eindeutiger bezüglich der Annahme der zugrundeliegenden Normalität ist natürlich die Situation, wo wir eine normalverteilte Variable nachträglich dichotomisieren, wenn wir z.B. Personen, deren Körpergröße über dem Durchschnitt (oder dem Median) ist, den Meßwert (1) geben, den Personen unter dem Durchschnitt (oder unter dem Median) den Wert (O). Hier wissen wir, daß eine normalverteilte Variable zugrundeliegt.

Wenn wir also zwei Variablen X und Y bei einer Gruppe von Personen dichotom gemessen haben, aber der Ansicht sind, daß bessere und aufwendigere Meßoperationen normalverteilte Meßwerte erbringen würden, dann können wir den Zusammenhang zwischen beiden Variablen mit dem tetrachorischen Korrelationskoeffizienten bestimmen, den man mit r_{tet} bezeichnet. Der tetrachorische Korrelationskoeffizient stellt eine

Tabelle 37 : Anordnung der Daten zur Berechnung des tetrachorischen Koeffizienten in einer 2x2 Kontingenztafel (allgemeine Form)

		Variable X		Zeilen-summen
		0	1	
Variable Y	1	a	b	a + b
	0	c	d	c + d
Spalten-summen		a + c	b + d	n

n = Anzahl der Personen

Schätzung der Korrelation dar, die wir zwischen X und Y erhalten würden, wenn wir beide Variablen aufwendiger und besser messen würden und normalverteilte Meßwerte vorlägen, d.h. r_{tet} ist eine Schätzung für die Produkt-Moment Korrelation zwischen den zugrundeliegenden normalverteilten Variablen. (Der Phi-Koeffizient würde diesen zugrundeliegenden Zusammenhang gewöhnlich stark unterschätzen).

Die beobachtbaren Daten sind für jede Person die Werte (0) oder (1) in X und Y. In diesem Stadium liegen die Daten in der gleichen Form vor wie zur Berechnung des Phi-Koeffizienten; d.h. wir ordnen sie wieder in Form einer 2x2 Kontingenztafel an (Tabelle 37). Die Formel für den tetrachorischen Koeffizienten wurde von K. Pearson entwickelt. Da diese Formel sehr aufwendige Berechnungen erfordert, begnügt man sich mit Näherungsformeln, die eine gute Approximation an die exakte Formel darstellen. Die bekannteste davon ist die sog. "Cosinus-Pi-Formel" für r_{tet}. Wir wollen diese Formel im folgenden mit r_{cos-pi} bezeichnen, um anzuzeigen, daß wir diese Approximationsformel verwenden. Die Bezeichnung r_{tet} sei der exakten Formel vorbehalten. Die Cosinus-Pi-Formel lautet:

(130) $$r_{cos-pi} = \text{cosinus}\left(\pi \frac{\sqrt{ad}}{\sqrt{ad} + \sqrt{bc}}\right) \quad \left[\text{Wert der Klammer in Bogenmaß}\right]$$

Für die praktischen Berechnungen empfiehlt sich Formel (131) oder (132).

(131) $$r_{cos-pi} = \text{cosinus}\left(\frac{180^{o}\sqrt{ad}}{\sqrt{ad} + \sqrt{bc}}\right) \quad \left[\text{Wert der Klammer in Grad}\right]$$

Dividieren wir Zähler und Nenner durch $\sqrt{ad}$, dann ergibt sich

(132) $$r_{cos-pi} = \text{cosinus}\left(\frac{180^{o}}{1 + \sqrt{bc/ad}}\right)$$

Formel (132) ist die vorzuziehende Version; wir sehen an den Formeln :

* Sind die Diagonalfelder b und c gleich 0, dann ist $r_{cos-pi} = \cos 180^{o} = -1.0$, d.h. es liegt eine perfekte negative Beziehung vor.
* Sind die Diagonalfelder a und d gleich 0, dann besteht eine perfekte positive Beziehung. In diesem Fall müssen wir Formel (131) verwenden, da bei (132) nicht durch (a)(d) = 0 dividiert werden darf. Nach Formel (131) ergibt sich dann $r_{cos-pi} = \cos 0^{o} = +1.0$.
* Besteht zwischen beiden Variablen kein Zusammenhang, dann ist (b)(c) = (a)(d) und nach Formel (132) ergibt sich $r_{cos-pi} = \cos (180^{o}/2) = \cos 90^{o} = 0$.

Wir brauchen allerdings den Wert von r_{cos-pi} nicht unbedingt über eine dieser Formeln zu bestimmen, denn im Anhang befindet sich eine Tabelle (TABELLE C), die uns für die jeweiligen Werte von (bc)/(ad) die zugehörigen Werte von r_{cos-pi} angibt. Bei der Verwendung der Tabelle ist folgendes zu beachten :

* Ist der Quotient (bc)/(ad) größer als 1, dann gehen wir mit diesem Wert direkt in die Tabelle und lesen den Wert von r_{cos-pi} ab.
* Ist der Wert von (bc)/(ad) kleiner als 1, dann gehen wir mit dem Wert (ad)/(bc) in die Tabelle und lesen den zu (ad)/(bc) gehörigen Wert für r_{cos-pi} ab. Der Wert von r_{cos-pi} ist dann negativ.
* Falls (b)(c) = (0)(0) = 0 oder (a)(d) = (0)(0) = 0, kann nach diesem Prinzip nicht mit der Tabelle gearbeitet werden. Sie wird aber in diesem Fall auch gar nicht benötigt, denn es ist,(wie wir oben an den Formeln (131) und (132) gezeigt haben) :

  wenn (b)(c) = 0 ⟶ $r_{cos-pi} = -1.0$

  wenn (a)(d) = 0 ⟶ $r_{cos-pi} = +1.0$

Wir wollen das Vorgehen an zwei Beispielen verdeutlichen. Wir haben 200 Personen zwei Testitems vorgegeben. Jede Person erhielt den Punktwert (1), wenn sie das Item richtig beantwortete und eine (0), wenn sie das Item falsch beantwortete oder ausließ. Uns interessiert der Zusammenhang zwischen der Beantwortung beider Items. In Tabelle (A) sind die erhaltenen Daten in einer Kontingenztafel dargestellt. Wir sehen, daß 70 Personen beide Items falsch beantwortet haben, 28 Personen beantworteten Item 1 richtig und Item 2 falsch, usf.

[A]

Item 2 (Y)		Item 1 (X): falsch 0	richtig 1	
richtig	1	a 22	b 80	102
falsch	0	c 70	d 28	98
		92	108	200

$$\frac{(b)(c)}{(a)(d)} = \frac{(80)(70)}{(22)(28)}$$

$$= 9{,}09$$

$$r_{cos-pi} = +.71$$

Für die Daten von Tabelle (A) ist (bc)/(ad) = 9,09. Da der Wert dieses Quaotienten größer als 1 ist, gehen wir mit diesem Wert direkt in TABELLE C. Wir finden dort für (bc)/(ad) = 9,09 einen zugehörigen Wert des tetrachorischen Koeffizinten von $r_{cos-pi} = .71$. Dies ist eine Approximation für den Wert des Produkt-Moment Korrelationskoeffizienten zwischen den zugrundeliegenden Variablen, von denen die beiden Testitems jeweils nur dichotome Messungen ermöglichten. Wir wollen uns ein weiteres Beispiel betrachten. Gegeben ist eine Kontingenztafel mit den folgenden Daten :

[B]

		X: 0	X: 1	
Y	1	a 83	b 20	103
	0	c 27	d 74	101
		110	94	204

$$\frac{(b)(c)}{(a)(d)} = \frac{(20)(27)}{(83)(74)} = 0{,}088$$

$$\frac{(a)(d)}{(b)(c)} = \frac{(83)(74)}{(20)(27)} = 11{,}37$$

$$r_{cos-pi} = -.75$$

Wir ersehen aus den Daten, daß eine negative Beziehung zwischen beiden Variablen besteht. Es ergibt sich (bc)/(ad) = 0,088. Da dieser Wert kleiner 1 ist, bestimmen wir (ad)/(bc) = 11,37 und gehen mit diesem Wert in TABELLE C; der Wert von r_{cos-pi} erhält dadurch ein negatives Vorzeichen. Wir erhalten $r_{cos-pi} = -.75$.

EINSCHRAENKUNGEN FUER DIE VERWENDUNG DER COSINUS-PI-FORMEL

* Die Cosinus-Pi-Formel (bzw. die Verwendung von TABELLE C) gibt nur dann gute Approximationen an den r_{tet}-Wert (den wir mit der exakten Formel erhalten würden), wenn beide Variablen am Median dichotomisiert wurden, d.h. wenn (a +b)/n und (a + c)/n = 0,50. In diesem Fall weichen die Tafelwerte im Bereich -.90 bis +.90 nicht mehr als .04 vom "wahren" r_{tet}-Wert ab.

* Weder die Cosinus-Pi-Formel noch die Tabelle sollten benutzt werden, wenn (a +b)/n oder (b + d)/n, d.h. p_y oder p_x stark von 0,50 abweichen. In diesem Fall sind die Tafelwerte Überschätzungen des wahren Wertes von r_{tet}. Beispiel : wenn $p_x = 0{,}50$ und $p_y = 0{,}84$, und der wahre Wert von r_{tet} gleich .79 ist, dann ergibt sich über die Cosinus-Pi-Formel ein Wert von .90.[1)]

  Man sollte die Cosinus-Pi-Formel oder TABELLE C nicht mehr verwenden, wenn (a + b)/n oder (b + d)/n größer als 0,70 oder kleiner als 0,30 ist. In diesem Fall sollte man auf Tabellen zurückgreifen, die JENKINS (1955) erstellt hat.

* Auf jeden Fall vermieden werden sollte die Bestimmung der Approximation von r_{tet} über die Cosinus-Pi-Formel, wenn nur eine Zelle der Kontingenztafel 0 ist. Tabelle C illustriert zwei solche Fälle.[1)]

  Würden wir hier im Fall (a) r_{cos-pi} nach Formel (132) bestimmen, so ergäbe sich ein Wert von -1.00, in Fall (b) ergäbe sich, unter Heranziehung von Formel (131), ein Wert von +1.00. Und dies, obwohl z.B. bei Fall (a) 45 von 200 Personen hinsichtlich ihrer Wertepaare von dem durch $r_{cos-pi} = -1.0$ angezeigten perfekten negativen Zusammenhang abweichen.

---

1) Zu diesem Problem siehe auch BROWN & BENEDETTI (1977)

[C]

(a)

		X: 0	X: 1	
Y	1	a 100	b 0	100
	0	c 45	d 55	100
		145	55	200

(b)

		X: 0	X: 1	
Y	1	a 40	b 55	95
	0	c 75	d 0	75
		115	55	170

GRENZEN FUER DEN TETRACHORISCHEN KOEFFIZIENTEN

Die Grenzen für den tetrachorischen Koeffizienten sind -1 und + 1. Ein spezieller Vorteil dieses Koeffizienten ist, daß sein maximal und minimal möglicher Wert + 1 und - 1 ist, unabhängig davon, wie sehr (a + b)/n oder (b + d)/n von der Gleichheit abweichen. Diese Eigenschaft allein macht r_{tet} dem Phi-Koeffizienten als Zusammenhangsmaß überlegen (wenn die Annahme der zugrundeliegenden Normalverteilungen als berechtigt angesehen werden kann.

12.5. DER BISERIALE KOEFFIZIENT r_{bis}

In diesem Fall ist eine Variable dichotom gemessen mit zugrundeliegender Normalverteilung, die Messung der anderen Variablen ergibt Meßwerte mit Intervall- oder Verhältniseigenschaften. Nehmen wir an, Variable Y ist dichotom gemessen, wir haben aber Grund zu der Annahme, daß wir mit aufwendigeren und verbesserten Meßtechniken normalverteilte Y-Wert erhalten würden; wir sagen somit wieder, daß die Messung von Y eine Dichotomie mit unterliegender Normalverteilung ergeben hat. Bezüglich der Messung von Y liegt somit die gleiche Situation bzw. Annahme vor wie es beim tetrachorischen Koeffizienten hinsichtlich beider Variablen der Fall war. In der jetzigen Situation können wir jedoch die Daten, die sich bei der Messung von X ergeben haben, als Werte betrachten, die Intervall- oder Verhältniseigenschaften aufweisen und die sich annähernd normal verteilen.

Für diesen Fall ist der von K. Pearson entwickelte biseriale Korrelationskoeffizient das geeignete Zusammenhangsmaß; man bezeichnet ihn mit r_{bis}. Er stellt eine Schätzung der Produkt-Moment Korrelation zwischen X und den normalverteilten Werten in Y, von denen wir annehmen, daß sie den dichotomen 0-1-Werten zugrundeliegen, dar. Die Daten, die wir für die Berechnung von r_{bis} vorliegen haben, bestehen für jede der n Personen aus einem X-Wert (wobei X jeden Wert aus einer Reihe von verschiedenen möglichen Werten annehmen kann) und einem Meßwert in Y, der entweder 0 oder 1 ist.

Nehmen wir als Beispiel an, in einem Betrieb werden die Bewerber für die Tätigkeit eines Abteilungsleiters in einem zwei-stündigen Einstellungsgespräch mit einer dreiköpfigen Kommission auf ihre Eignung hin geprüft. Nach dem Gespräch gibt die Prüfungskommission das Urteil "geeignet" oder "nicht geeignet" über den Bewerber ab. Den Psychologen

Tabelle 38 : Beispieldaten für die Berechnung des biserialen Koeffizienten : Urteil einer Prüfungskommission über die Eignung von Bewerbern für die Tätigkeit eines Abteilungsleiters und Test-IQ der Bewerber (fiktive Daten)

Bewerber Nr.	Test-IQ (X)	Eignungsurteil (Y) a)
1	116	0
2	115	1
3	99	1
4	92	0
5	93	1
6	87	0
7	104	0
8	112	1
9	114	1
10	116	0
11	90	0
12	119	1
13	101	1
14	100	0
15	102	0
16	104	1
17	110	1
18	107	0
19	120	1

$\overline{X}_{.1} = 108{,}7$
$\overline{X}_{.o} = 101{,}6$
$\overline{X}_{.} = 105{,}3$
$u = 0{,}3981$
$s_x = 10{,}2$
$n_1 = 10$
$n_o = 9$
$n = 19$

a) 1 = geeignet
0 = nicht geeignet

dieses Betriebes interessiert nun, ob zwischen der Intelligenz der Bewerber und dem Eignungsurteil ein Zusammenhang besteht. Er erfaßt deshalb bei den Bewerbern des nächsten Jahres den IQ mittels eines Intelligenztests (dies wäre die intervallskalierte Variable X)und korreliert die IQ-Werte mit den von der Prüfungskommission über die Bewerber abgegebenen Urteilen. Diese Einstufungen sind die dichotome Variable Y; er vergibt für "geeignet" den Punktwert (1), für "nicht geeignet" den Wert (0). Zur Erfassung des Zusammenhangs entscheidet er sich für den biserialen Koeffizienten, da er der Ansicht ist, daß die jetzige Art der Erfassung der Eignung der Bewerber zwar nur dichotome Messungen ermöglicht, die Eignung für die Tätigkeit eines Abteilungsleiters jedoch eine kontinuierliche, normalverteilte Variable ist und der Dichotomie zugrunde liegt. Die Daten, die er an den von ihm untersuchten Bewerbern erhalten hat, sind in Tabelle 38 wiedergegeben.

Die Bestimmung des biserialen Korrelationskoeffizienten kann nun nach einer der beiden folgenden Formeln erfolgen (je nachdem, welche Formel für die vorliegenden Daten leichter zu bestimmen ist); X ist dabei die intervallskalierte Variable.

(133) $$r_{bis} = \frac{\overline{X}_{.1} - \overline{X}_{.o}}{s_x} \; \frac{n_1 \, n_o}{(u)(n)\sqrt{n^2 - n}}$$

(134) $$r_{bis} = \frac{\bar{X}._1 - \bar{X}.}{s_x} \; \frac{n_1}{u\sqrt{n^2 - n}}$$

Hierbei sind :

$\bar{X}._1$ = Mittelwert in der Variablen X von den Personen, die in der Variablen Y den Wert 1 haben

$\bar{X}._o$ = Mittelwert in der Variablen X von den Personen, die in der Variablen Y den Wert O haben

$\bar{X}.$ = Mittel aller n Werte in der Variablen X

s_x = Standardabweichung aller n Werte in X

n_1 = Anzahl der Personen, die in Y den Wert 1 haben

n_o = Anzahl der Personen, die in Y den Wert O haben

n = Gesamtzahl der Personen, d.h. $n = n_1 + n_o$

u = Ordinate der Standardnormalverteilung an dem Punkt, oberhalb dessen (d.h. rechts davon) $100(n_1/n)$ % der Fläche unter der Kurve liegen. Standardnormalverteilungstabelle siehe TABELLE A.

Wir wollen für unser Beispiel den Wert von r_{bis} nach beiden Formeln bestimmen. In Tabelle 38 sind alle Größen, die wir zum Einsetzen in die Formeln benötigen, angegeben. Es soll jedoch vorab gezeigt werden, wie wir zu dem Wert von u gekommen sind. In unserem Fall ist n_1/n = 10/19 = O,526. Wir benötigen deshalb die Ordinate über dem Punkt, oberhalb dessen 52,6 % der Fläche unter der Standardnormalkurve liegen. In unserer z-Tabelle (TABELLE A) können wir aber nur die Ordinaten für Punkte aufsuchen, unterhalb denen ein bestimmter Anteil der Fläche liegt. Wir bilden deshalb zum Zwecke des Ablesens von u den Wert $1 - (n_1/n) = 1 - 0{,}526 = 0{,}474$; denn : der Punkt, oberhalb dessen 52,6 % der Fläche liegen ist zugleich der Punkt, unterhalb dessen 47,4 % der Fläche liegen. Für diesen Punkt erhalten wir als zugehörige Ordinate u = O,3981. Wir setzen nun in Formel (133) und (134) ein; dann ergibt sich

nach (133) : $$r_{bis} = \frac{108{,}7 - 101{,}6}{10{,}2} \; \frac{(10)(9)}{(0{,}3981)(19)\sqrt{19^2 - 19}}$$

$$= (0{,}696)(0{,}643) = .45$$

nach (134) : $$r_{bis} = \frac{108{,}7 - 105{,}3}{10{,}2} \; \frac{10}{(0{,}3981)\sqrt{19^2 - 19}}$$

$$= (0{,}333)(1{,}358) = .45$$

Wir sehen, daß ein positiver Zusammenhang besteht zwischen den Intelligenztestwerten der Berwerber und den Eignungsurteilen der Prüfungskommission. Die Bewerber, die als "geeignet" für die Tätigkeit eines

Abteilungsleiters eingestuft werden, haben einen höheren Durchschnitts-IQ als die als "nicht geeignet" beurteilten Bewerber (d.h. $\overline{X}._1$ = 108,7 ist größer als $\overline{X}._o$ = 101,6).

Aus Formel (133) können wir auch das Prinzip erkennen, auf dem sie basiert : bei einer Null-Korrelation besteht kein Unterschied zwischen den Mittelwerten; je größer die Differenz zwischen den Mittelwerten $\overline{X}._1$ und $\overline{X}._o$ ist, um so größer ist der Betrag von r_{bis} (ceteris paribus).

DER RANGE DER WERTE DES BISERIALEN KOEFFIZIENTEN [1)]

Im Gegensatz zu den anderen Korrelationskoeffizienten kann r_{bis} unter bestimmten Umständen manchmal Werte kleiner - 1 und größer + 1 annehmen. Dies kann auf zwei Ursachen zurückgehen : (a) die Verteilung der Meßwerte in der intervallskalierten Variablen X weicht stark von der Form einer Normalverteilung ab (die Verteilung braucht zwar nicht völlig normal sein, sie sollte aber unimodal und symmetrisch sein) und (b) Stichprobenfluktuation, die bei kleinen Stichprobenumfängen besonders stark auftritt, hat zu einer sehr platykurtischen Verteilung der X-Werte in der Stichprobe geführt. So kann es schon sein, daß bei Stichproben mit einem n von 15 oder kleiner bisweilen r_{bis}-Werte auftreten, die 1.00 deutlich übersteigen. Die Grenzen von r_{bis} können manchmal auch enger sein als von -1 bis + 1, wenn die Verteilung der Werte leptokurtisch ist.

Man kann also sagen, daß r_{bis} nur dann sinnvollerweise berechnet werden kann und innerhalb der üblichen Grenzen + 1 und -1 variiert, wenn die bezüglich der intervall- oder verhältnisskalierten Variablen X und der dichotom gemessenen Variablen Y erforderlichen Voraussetzungen hinreichend erfüllt sind.

VERGLEICH VON r_{pbis} MIT r_{bis}

Es ist uns natürlich sofort aufgefallen, daß die Daten, aufgrund deren wir r_{pbis} und r_{bis} berechnen, zumindest dem Augenschein nach der gleichen Art sind. Im Hinblick darauf, was bezüglich der Daten angenommen wird, ist die Situation für r_{pbis} und r_{bis} jedoch sehr unterschiedlich. Bei r_{pbis} geht man von einer echten Dichotomie aus, während man bei r_{bis} annimmt, daß der Dichotomie ein Kontinuum bzw. eine Normalverteilung zugrundeliegt.

Aus diesem Grund mag es nicht sinnvoll scheinen, beide Koeffizienten bei einem gegebenen Datensatz vergleichen zu wollen. Die Daten sind entweder dem einen oder dem anderen Koeffizienten angemessen. Da es sich bei der Annahme "zugrundeliegende Normalverteilung" aber eben meist um eine Annahme handelt und nicht um etwas Beweisbares (es sei denn, man hat eine Normalverteilung aus irgendwelchen Gründen dichotomisiert), so kann u.U. ein Untersucher diese Annahme für gerechtfertigt halten, ein anderer nicht. Und deshalb kann die Frage nach dem Zusammenhang bzw. Vergleich zwischen r_{pbis} und r_{bis} doch einen Sinn haben. Für den gleichen Datensatz sieht das Verhältnis von r_{bis} zu r_{pbis} folgendermaßen aus :

$$\frac{r_{bis}}{r_{pbis}} = \frac{\sqrt{n_1 \, n_o}}{(u)(n)} \qquad (135)$$

---

1) vgl. STANLEY (1968) und GLASS & STANLEY (1970, S. 170-171)

Wird Gleichung (135) nach r_{bis} aufgelöst, so ergibt sich

$$(136) \qquad r_{bis} = \frac{\sqrt{n_1 \, n_o}}{(u)(n)} \, r_{pbis}$$

bzw., wenn wir Gleichung (135) nach r_{pbis} auflösen, so erhalten wir

$$(137) \qquad r_{pbis} = \frac{(u)(n)}{\sqrt{n_1 \, n_o}} \, r_{bis}$$

Der minimale Wert des Verhältnisses in Gleichung (135) ist 1,25 (sofern weder r_{bis} noch r_{pbis} Null ist). Daraus folgt nach Gleichung (136) : wenn r_{pbis} positiv ist, so ist auch r_{bis} positiv - und grösser; ist r_{pbis} negativ, so wird auch r_{bis} negativ - und sein Wert liegt näher an -1. Wenn r_{pbis} Null ist, dann ist auch r_{bis} Null. Die gleichen Daten deuten somit auf einen stärkeren Zusammenhang zwischen X und Y hin, wenn mehr Annahmen bezüglich dieser Daten gemacht werden, d.h. wenn wir annehmen, daß der Dichotomie eine Normalverteilung zugrunde liegt.

Die Formeln (136) und (137) können uns hilfreich sein, wenn wir bei einem Datensatz r_{pbis} berechnet haben, nachträglich aber zu der Ansicht gelangen, daß die Annahme einer zugrundeliegenden Normalverteilung bezüglich Y doch gerechtfertigt scheint - oder vice versa; wir können mit diesen Formeln dann die Koeffizienten ineinander überführen, ohne neue Berechnungen mit den Rohdaten anstellen zu müssen.

12.6. DER SPEARMAN RANGKORRELATIONSKOEFFIZIENT r_s

Wenn beide Variablen, deren Beziehung zueinander in einem Koeffizienten ausgedrückt werden soll, zumindest ordinales Skalenniveau aufweisen, dann kann der Spearman Rangkorrelationskoeffizient (symbolisiert mit r_s) bestimmt werden. Es handelt sich bei r_s um einen Koeffizienten, der aus dem Produkt-Moment Koeffizienten algebraisch abgeleitet wurde. Dieser Koeffizient stellt folglich nichts anderes dar als einen Produkt-Moment Koeffizienten, der auf Ränge bzw. in Ränge transformierte Meßwerte angewendet wird. Die sehr einfache Berechnungsformel für r_s

$$(138) \qquad r_s = 1 - \frac{6 \sum D_i^2}{n(n^2 - 1)} \qquad (i = 1, 2, \ldots, n)$$

ergibt sich aus der Produkt-Moment Formel jedoch nur dann, wenn in beiden Meßwertreihen fortlaufend die Ränge 1, 2, ..., n auftreten. Falls gleiche Ränge ("ties") existieren, ist diese Formel nicht verwendbar.

Tabelle 39 : Punktwerte von 12 Studenten in Fragebögen zur Erfassung autoritärer Einstellung (X) und sozialem Statusstreben (Y) sowie die den Punktwerten zugeordneten Ränge (R_x bzw. R_y), Rangdifferenzen D und quadrierte Rangdifferenzen D^2.

Student	Variable X	R_{x_i}	Variable Y	R_{y_i}	$\lvert D_i \rvert = \lvert R_{x_i} - R_{y_i} \rvert$	D_i^2
A	82	2	42	3	1	1
B	98	6	46	4	2	4
C	87	5	39	2	3	9
D	40	1	37	1	0	0
E	116	10	65	8	2	4
F	113	9	88	11	2	4
G	111	8	86	10	2	4
H	83	3	56	6	3	9
I	85	4	62	7	3	9
J	126	12	92	12	0	0
K	106	7	54	5	2	4
L	117	11	81	9	2	4

$\sum D_i^2 = 52$

EIN BEISPIEL FUER DIE BESTIMMUNG VON r_S [1]

In einer Untersuchung sollte der Zusammenhang zwischen autoritärer Einstellung (Variable X) und sozialem Statusstreben (Variable Y) bei einer Stichprobe von n = 12 Studenten bestimmt werden. Die autoritäre Einstellung wurde anhand einer Einstellungsskala erfaßt, das soziale Statusstreben durch die Summe der Zustimmung bei 90 Items folgender Art :"Man sollte nicht unterhalb seines sozialen Niveaus heiraten", "Meine Kinder sollen später einmal mit Kindern aus gleich- oder bessergestellten Familien spielen", etc.

Man erhielt in der Studie für die 12 Studenten die in Tabelle 39 wiedergegebenen Punktwerte. Da der Konstrukteur der Einstellungsskalen der Ansicht war, daß die mit den beiden Skalen erhobenen Werte keine Intervalleigenschaften aufweisen, sondern nur Ranginformation liefern können, wurden die Punktwerte in Ränge transformiert. Zur Bestimmung des Rangkorrelationskoeffizienten benötigen wir die Summe der quadrierten Rangdifferenzen; diese ist (nach Tabelle 39) gleich 52. Wir setzen in Formel (138) ein und erhalten

$$r_s = 1 - \frac{6\sum D_i^2}{n(n^2-1)} = 1 - \frac{(6)(52)}{(12)(143)} = +.82$$

Es besteht somit ein relativ starker, positiver Zusammenhang zwischen autoritärer Einstellung und sozialem Statusstreben; hohe Ränge in X (= starkes Ausmaß an autoritärer Einstellung) gehen in der Tendenz einher mit hohen Rängen in Y (= hohes Ausmaß an sozialem Statusstreben), und vice versa.

---

1) Beispiel nach SIEGEL (1956, S. 204 f.)

Setzt man in die nachfolgend angegebene Formel für r_{xy} anstelle der X_i- und Y_i-Werte die jeweiligen Rangwerte R_{xi} und R_{yi} ein, dann ergibt sich ebenfalls $r_s = .82$; dies ist notwendigerweise so, denn Formel (138) stellt ja eine algebraische Vereinfachung von r_{xy} (für das Vorliegen von Rangdaten) dar, wie wir in den unten folgenden Ableitungen zeigen werden. Wir gehen also aus von

$$r_{xy} = \frac{n\sum X_i Y_i - \left[\sum X_i\right]\left[\sum Y_i\right]}{\sqrt{\left[n\sum X_i^2 - \left[\sum X_i\right]^2\right]\left[n\sum Y_i^2 - \left[\sum Y_i\right]^2\right]}}$$

und ersetzen die X- und Y-Werte durch Rangwerte. Dann ergibt sich eine Formel für r_s, die in jedem Fall (d.h. auch bei Vorliegen von ties) verwendet werden kann :

$$\text{(139)} \quad r_s = \frac{n\sum R_{xi}R_{yi} - \left[\sum R_{xi}\right]\left[\sum R_{yi}\right]}{\sqrt{\left[n\sum R_{xi}^2 - (\sum R_{xi})^2\right]\left[n\sum R_{yi}^2 - (\sum R_{yi})^2\right]}}$$

ABLEITUNG DER RANGDIFFERENZFORMEL FUER DEN RANGKORRELATIONS-KOEFFIZIENTEN r_s

Einer bekannten Definitionsformel gemäß kann der Produkt-Moment-Korrelationskoeffizient auf folgende Weise bestimmt werden :

$$\text{(140)} \quad r_{xy} = \frac{s_{xy}}{s_x s_y} \quad \Big| \quad s_{xy} = \frac{\sum x_i y_i}{n-1} \qquad x_i = X_i - \bar{X}. \quad y_i = Y_i - \bar{Y}.$$

Im Zähler von Formel (140) steht die Kovarianz der Variablen X und Y.

Wir suchen eine Formel für r_{xy}, in welche jedoch anstelle der Kreuzprodukte zwischen den jeweiligen X- und Y-Werten eines Probanden die Differenzen zwischen diesen Werten eingehen. Eine solche Formel hätte nämlich den Vorzug, daß die Berechnung der Kreuzprodukte wegfallen könnte. Daraus würde sich dann eine wesentliche Vereinfachung der Berechnung ergeben, wenn - wie es hier der Fall ist - beide Meßwertreihen in Form von Rängen vorliegen.

Die Varianz der Differenz von Meßwertpaaren kann wie folgt bestimmt werden

$$\text{(141)} \quad s^2_{(x-y)} = s^2_x + s^2_y - 2\, r_{xy}\, s_x\, s_y$$

Da nach Formel (140) $r_{xy} \cdot s_x s_y$ gleich der Kovarianz von X und Y (abgekürzt : Cov_{xy}) ist, wollen wir vereinfachend schreiben :

$$\text{(142)} \quad s^2_{(x-y)} = s^2_x + s^2_y - 2\, cov_{xy}$$

Wir suchten eine Formel für die Kovarianz [1], in welche anstelle der Kreuzprodukte die Differenzen zwischen X und Y eingehen. Lösen wir (142) nach cov_{xy} auf, so haben wir die gewünschte Formel ermittelt :

$$\text{(143)} \qquad cov_{xy} = \frac{s_x^2 + s_y^2 - s_{(x-y)}^2}{2}$$

Da wir eine Korrelationsformel erhalten wollen, dividieren wir beide Seiten von (143) durch $(s_x \, s_y)$:

$$\text{(144)} \qquad \frac{cov_{xy}}{s_x \, s_y} = \frac{s_x^2 + s_y^2 - s_{(x-y)}^2}{2 \, s_x \, s_y}$$

Auf der linken Seite von (144) steht die standardisierte Kovarianz, d.h. r_{xy}. Wir können folglich schreiben :

$$\text{(145)} \qquad r_{xy} = \frac{s_x^2 + s_y^2 - s_{(x-y)}^2}{2 \, s_x \, s_y}$$

Zur Vereinfachung von Formel (145), die letztlich zur Rangdifferenzformel führt, gelangen wir dadurch, daß wir in (145) folgendes einsetzen :

+ Für s_x^2 bzw. s_x
  und s_y^2 bzw. s_y die Varianz bzw. Standardabweichung von n Rängen
+ Für $s_{(x-y)}^2$ die Varianz der Rangdifferenzen

Dazu sind folgende Substitutionen notwendig :

+ Die Summe von n Rängen - den ersten n natürlichen Zahlen - ist gegeben durch folgende Formel :

$$\text{(146)} \qquad \Sigma R_{x_i} = \Sigma R_{y_i} = \frac{n(n+1)}{2}$$

+ Die Summe der Rangdifferenzen $(R_{x_i} - R_{y_i})$ ist 0, da Formel (146) sowohl für ΣR_{x_i} als auch ΣR_{y_i} gilt :

$$\text{(147)} \qquad \Sigma (R_{x_i} - R_{y_i}) = \Sigma R_{x_y} - \Sigma R_{y_i} = \frac{n(n+1)}{2} - \frac{n(n+1)}{2} = 0$$

---

1) Damit auch für die standardisierte Kovarianz, den Korrelationskoeffizienten

\+ Die Varianz der Rangdifferenzen ergibt sich daher wie folgt:

(148) $$s_D^2 = \frac{\sum (D_i - \bar{D}.)^2}{n - 1} = \frac{\sum D_i^2}{n - 1}$$

\+ Die Varianz der Ränge in Variable X und Variable Y ist gegeben durch :

(149) $$s_R^2 = \frac{\sum (R_i - \bar{R}.)^2}{n - 1} = \frac{\sum R_i^2 - \left[(\sum R_i)^2 / n\right]}{n - 1}$$

\+ Für die Summe von n quadrierten Rängen - somit die Summe der ersten n quadrierten Zahlen - gilt allgemein

(150) $$\sum R_i^2 = \frac{n\,(n+1)\,(2\,n+1)}{6}$$

Wir setzen nun (146) und (150) in (149) ein und erhalten für die Varianz der Ränge :

(151) $$s_R^2 = \frac{\frac{n\,(n+1)(2\,n+1)}{6} - \left[\left(\frac{n(n+1)}{2}\right)^2 / n\right]}{n - 1}$$

Wir vereinfachen zunächst den Zähler von (151) und erhalten nach einigen Umformungen :

$$\frac{n\,(n^2 - 1)}{12}$$

Für s_R^2 ergibt sich folglich :

(152) $$s_R^2 = \frac{n\,(n^2 - 1)}{12\,(n - 1)}$$ 1)

1) In vielen Büchern finden Sie für $s_R^2 = \frac{n^2 - 1}{12}$; diese Formel ergibt sich dann, wenn bei Berechnung der Varianz die Summe der quadrierten Abweichungen durch n geteilt wird.

Wir setzen nun die errechneten Größen in Formel (145) ein und erhalten :

$$r_s = \frac{\frac{n(n^2-1)}{12(n-1)} + \frac{n(n^2-1)}{12(n-1)} - \frac{\sum D_i^2}{n-1}}{2\sqrt{\frac{n(n^2-1)}{12(n-1)}}\sqrt{\frac{n(n^2-1)}{12(n-1)}}}$$

Wir fassen zusammen und multiplizieren Zähler und Nenner mit 6 :

$$r_s = \frac{\frac{n(n^2-1)}{n-1} - \frac{6\sum D_i^2}{n-1}}{\frac{n(n^2-1)}{n-1}} = \frac{n(n^2-1) - 6\sum D_i^2}{n(n^2-1)}$$

Wir erhalten somit die Rangdifferenzformel (138):

$$(138)\quad r_s = 1 - \frac{6\sum D_i^2}{n(n^2-1)}$$

Eine andere Berechnungsformel, die ebenfalls aus der Produkt-Moment Formel abgeleitet werden kann, ist die folgende Formel, die als "Rangproduktformel" für den Rangkorrelationskoeffizienten bezeichnet wird :

$$(153)\quad r_s = \frac{12\sum R_{xi}R_{yi} - 3n(n+1)^2}{n(n^2-1)}$$

Bezüglich der Formeln (138) und (153) ist zu beachten : Beide Formeln sind zur Bestimmung der Produkt-Moment Korrelation zweier Rangreihen nur dann geeignet, wenn weder in Variable X noch in Variable Y gleiche Ränge (ties) auftreten. Sind ties vorhanden, sollte man r_s nach Formel (139) oder nach einer anderen gültigen Formel für r_{xy} berechnen. Die Verwendung von Formel (138) oder (153) ist bei Vorliegen von ties nur dann tolerabel, wenn in Relation zu n nur sehr wenige ties auftreten.

ZUR INTERPRETATION DES RANGKORRELATIONSKOEFFIZIENTEN r_s

Eine besondere Interpretationsanleitung kann für diesen Koeffizienten nicht gegeben werden. Wir haben gesehen, daß r_s sehr eng mit dem Konzept des Produkt-Moment Koeffizienten verbunden ist - tatsächlich stellt r_s nichts anderes dar als einen Produkt-Moment Koeffizienten, der auf Rängen basierend berechnet wird. Der Rangkorrelationskoeffizient kann folglich nicht kleiner als -1 werden (bei vollkommener Inversion der Rangfolge der Probanden in beiden Variablen) und nicht größer als + 1 (jeder Proband hat in beiden Variablen denselben Rangplatz).

Die Rangdifferenzformel macht die wesentlichen Unterschiede zu r_{xy} deutlich. Bei r_{xy} gehen in die Berechnung von Varianzen (bzw. Standardabweichungen) und Kovarianz die Abweichungen vom jeweiligen Variablenmittelwert ein. Der Produkt-Moment Koeffizient wird vom unterschiedlichen Abstand der Mßewerte in jeder Meßwertreihe beeinflußt. Diese Information wird bei r_s nicht berücksichtigt. Die unterschiedlichen Abstände der Meßwerte innerhalb einer Meßwertreihe werden durch die Transformation in Ränge gleich gemacht und verlieren somit ihre Bedeutung als Informationsträger; die Varianzen der Ränge sind folglich in beiden Rangreihen gleich.[1] Von Bedeutung sind bei r_s ausschließlich die Differenzen der Ränge. Die Kovariation manifestiert sich bei r_s in der Summe der quadrierterten Rangdifferenzen. Varianzeinschränkungen in einer oder beiden Variablen beeinflussen r_s - im Gegensatz zu r_{xy} - nicht (sofern keine ties vorliegen).

Der Rangkorrelationskoeffizient ist somit einmal besonders nützlich bei Vorliegen von Ordinaldaten (z.B. Beurteilungen von Personen oder Sachverhalten mittels eine Rangfolge) und zum anderen bei Intervalldaten, deren bivariate Verteilungsform die Bestimmung eines Produkt-Moment Koeffizienten anhand der Originalmeßwerte nicht erlaubt (z.B. bei einer nichtlinearen, jedoch monoton steigenden oder fallenden Beziehung zwischen den X- und Y-Werten).

12.7. KENDALL's TAU

Alle Korrelationskoeffizienten, die wir bisher besprochen haben, orientierten sich mehr oder minder am Konzept des Produkt-Moment Koeffizienten. Teils sind die Koeffizienten unmittelbar aus r_{xy} ableitbar (r_{pbis}, Phi, r_s), teils dienen sie zur Abschätzung der Größe von r_{xy} (r_{tet}, r_{bis}).

Maurice Kendall entwickelte nun einen Korrelationskoeffizienten, der das Problem der Erfassung von Beziehungen zwischen zwei Variablen auf eine andere, vom Konzept des Produkt-Moment Koeffizienten unabhängige Weise angeht. Der von ihm entwickelte Koeffizient Tau (τ) setzt wie Spearman's r_s voraus, daß in beiden Variablen n fortlaufende und aufeinanderfolgende Ränge (ohne ties) vorliegen. Kendall basierte diesen Koeffizienten auf der Anzahl von Rangpaaren, die sowohl in Variable X als auch in Variable Y in derselben Richtung geordnet sind. Tau ist ein Maß für die mangelnde Übereinstimmung in beiden Rangreihen. Wie geht man bei der Bestimmung von Tau vor?

Wir wollen zur Erläuterung der Prozedur ausgehen von den in Teil A von Tabelle 40 angeführten Daten; liegen die Daten, wie in unserem Fall, nicht unmittelbar in Form von Rängen vor, so sind die Meßwerte in Ränge zu transformieren. Bei der Rangvergabe wird so vorgegangen, daß der größte Meßwert jeder Variable jeweils den Rang 1 erhält, usf. Danach werden die Rangdaten so angeordnet, daß die Person, die in der Variablen X den Rang 1 hat, in der ersten Zeile steht, die mit Rang 2 in der zweiten Zeile, usf.(siehe Teil B von Tabelle 40).

Greifen wir aus Tabelle 40B ein beliebiges Personenpaar, z.B. E und G heraus. E liegt in Variable X über G, aber G liegt in Variable Y über E. Dieser Sachverhalt stellt offenkundig eine Abweichung von einer

---

1) Dies gilt freilich nur dann, wenn keine ties vorliegen

Tabelle 40 : Anordnung der Daten zur Bestimmung von Kendall's Tau (die Daten sind ein Auszug aus Tabelle 39)

[A]

Student	Var. X	R_x	Var. Y	R_y
A	82	7	42	6
B	98	4	46	5
C	87	5	31	7
D	40	8	37	8
E	116	1	65	3
F	113	2	88	1
G	111	3	86	2
H	83	6	56	4

Bei der Rangvergabe erhält der größte Meßwert in X und Y jeweils den Rang 1, usf.

[B]

Student	R_x (Var.X)	R_y (Var.Y)	Anz. der Übereinstimmung.	Anz. der Vertauschungen
E	1	3	5	2
F	2	1	6	0
G	3	2	5	0
B	4	5	3	1
C	5	7	1	2
H	6	4	2	0
A	7	6	1	0
D	8	8	0	0
			P = 23	Q = 5

P = Anzahl der Übereinstimmungen

Q = Anzahl der Vertauschungen

direkten Beziehung zwischen X und Y dar. Diese Vertauschung spricht - zumindest bezüglich der Personen E und G - für eine inverse Beziehung zwischen X und Y. Insgesamt gibt es bei n Personen $n(n - 1)/2$ Personenpaare. Es gilt den Beitrag jedes Paares zur Beziehung zwischen X und Y zu untersuchen. Bei jedem Personenpaar zählen wir dann eine Übereinstimmung, wenn ihre Rangfolge in X und Y gleich ist. Beispiel :

	Ränge X	Ränge Y
Student E	1	3
Student C	5	7

Hier liegt eine Übereinstimmung vor, da Student E gegenüber Student C sowohl autoritärer eingestellt ist als auch über ein stärkeres soziales Statusstreben verfügt.

Weitere Beispiele :

	Ränge Var. X	Ränge Var. Y	
Student A, E	(7,1)	(6,3)	Übereinstimmung
Student A, D	(7,8)	(6,8)	Übereinstimmung
Student G, C	(3,5)	(2,7)	Übereinstimmung
Student C, H	(5,6)	(7,4)	Vertauschung

Sind für alle Personen die Ränge in X und Y gleich, dann gibt es $n(n-1)/2$ Übereinstimmungen und keine Vertauschung. Wenn beide Rangfolgen vollkommen gegenläufig sind - Rang 1 in X entspricht Rang n in Y, Rang 2 in X Rang $(n-1)$ in Y, usf. - dann ist die Anzahl der Übereinstimmungen gleich Null und die der Vertauschungen gleich $n(n-1)/2$.

Der Koeffizient Tau ist nun wie folgt definiert

(154) $$\text{Tau} = \frac{\begin{bmatrix}\text{Anzahl der Über-}\\ \text{einstimmungen}\end{bmatrix} - \begin{bmatrix}\text{Anzahl der Ver-}\\ \text{tauschungen}\end{bmatrix}}{n(n-1)/2}$$

Das Verfahren der Auszählung von Übereinstimmungen und Vertauschungen ist, wenn n groß wird, recht aufwendig. Es kann jedoch wesentlich vereinfacht werden; es sei P die Anzahl der Übereinstimmungen und Q die Anzahl der Vertauschungen. Dann können wir (154) wie folgt schreiben :

(155) $$\text{Tau} = \frac{P - Q}{n(n-1)/2}$$

Wir bezeichnen nun die Differenz $(P - Q)$ als S; dann ist

(156) $$\text{Tau} = \frac{S}{n(n-1)/2}$$

Da die Summe von P und Q gleich $n(n-1)/2$ sein muß, können wir für (155) auch schreiben

$$\text{Tau} = \frac{P - Q}{n(n-1)/2} = \frac{\left[n(n-1)/2 - Q\right] - Q}{n(n-1)/2}$$

Durch Vereinfachung ergibt sich dann

(157) $$\text{Tau} = 1 - \frac{4\,Q}{n(n-1)}$$

Dazu äquivalent ist die folgende Formel

(158) $$\text{Tau} = \frac{4\,P}{n(n-1)} - 1$$

EIN EINFACHERES VERFAHREN ZUR BESTIMMUNG VON P UND Q

(1) Wir ordnen die n Personen in der Variablen X der Größe ihrer Meßwerte nach an. Der größte Meßwert erhält den Rang 1, usf. (siehe Tabelle 40).

(2) Nunmehr werden ausschließlich die Ränge der Personen in Variable Y betrachtet. Man beginnt bei der ersten Person und zählt ab :

(a) Die Zahl der Ränge, die größer sind als der Rang der ersten Person. Das ergibt die Anzahl der Übereinstimmungen für diese Person (für Person E ergibt sich z.B. die Zahl 5).

(b) Die Zahl der Ränge, die kleiner sind als der Rang der ersten Person. Das ergibt die Anzahl der Vertauschungen für diese Person (für Student E z.B. die Anzahl 2).

(3) Man verfährt ebenso mit Person 2, berücksichtigt aber den Rang der ersten Person nicht mehr;(im Beispiel ergeben sich für den Studenten F die Zahlen 6 und 0).

(4) Die Prozedur wird in gleicher Weise bei Person 3 fortgesetzt, ohne die Ränge der Personen 1 und 2 zu berücksichtigen. Betrachtet man Person k, dann werden die Personen 1, 2, ..., k-1 aus dem unter (2) beschriebenen Verfahren ausgeklammert.

(5) Das Verfahren wird für alle n Personen durchgeführt und jeweils die Anzahl von Übereinstimmungen und Vertauschungen notiert (siehe Tabelle 40B). Anschließend ermittelt man P und Q.

(6) Da P + Q stets n(n - 1)/2 sein muß, bietet sich eine Möglichkeit zur Kontrolle der Prozedur

(7) Man bestimmt nun Tau nach Formel (157) oder (158).

Berechnung von Tau für unser Beispiel

$$\text{Tau} = 1 - \frac{4\,Q}{n(n-1)} = 1 - \frac{(4)(5)}{(8)(7)} = 1 - .36 = +.64$$

DIE BESTIMMUNG VON TAU BEI VORLIEGEN VON TIES

Wenn gleiche Ränge entweder in Variable X oder in Variable Y auftreten, so wird P und Q auch in diesem Fall nach dem oben beschriebenen Verfahren bestimmt. Eine Änderung der Tau-Formel erfolgt nur im Nenner; sie lautet dann

$$(159) \quad \text{Tau} = \frac{P - Q}{\sqrt{[n(n-1)/2] - k_x}\ \sqrt{[n(n-1)/2] - k_y}}$$

wobei :

$k_x = 1/2 \sum f_i(f_i - 1)$ bei Variable X

$k_y = 1/2 \sum f_i(f_i - 1)$ bei Variable Y

f_i = Häufigkeit, mit der der gemittelte Rang i in Variable X bzw. Variable Y vorkommt.

In Tabelle 41 ist die Bestimmung von k_x und k_y an einem Zahlenbeispiel demonstriert.

VERGLEICH VON r_S UND TAU

Bezüglich eines Vergleichs der Rangkorrelationskoeffizienten von Spearman und Kendall sei auf einen Artikel von BÖTTCHER & POSTHOFF (1975) verwiesen.

Tabelle 41 : Demonstration der Bestimmung von k_x und k_y für Formel (159)

Person	Meßwerte Variable X	Ränge Var.X	Meßwerte Variable Y	Ränge Var.Y
A	20	1	30	1
B	17	2	24	2.5 } $f_1=2$
C	14	3	24	2.5
D	12	4.5 } $f_1=2$	23	4
E	12	4.5	20	5
F	11	7 } $f_2=3$	18	6.5 } $f_2=2$
G	11	7	18	6.5
H	11	7	16	8
I	10	9	12	9

$$k_x = (\tfrac{1}{2}) \left[\underbrace{(2) \cdot (1)}_{\text{Rang } 4.5} + \underbrace{(3) \cdot (2)}_{\text{Rang } 7} \right] = 4$$

$$k_y = (\tfrac{1}{2}) \left[\underbrace{(2) \cdot (1)}_{\text{Rang } 2.5} + \underbrace{(2) \cdot (1)}_{\text{Rang } 6.5} \right] = 2$$

12.8. DER RANGBISERIALE KORRELATIONSKOEFFIZIENT r_{rb}

Der hier zu besprechende Koeffizient[1], der der Bestimmung der Korrelation für den Fall dient, daß Variable X "echt" dichotom ist und Variable Y ordinal gemessen wurde, weist eine enge Beziehung zu Kendall's Tau auf. In die Definition des rangbiserialen Koeffizienten (symbolisiert mit r_{rb}) gehen die im letzten Abschnitt (12.7.) bereits erläuterten Konzepte "Übereinstimmung" und "Vertauschung" ein. Der von Cureton entwickelte Koeffizient ist dann anwendbar, wenn dichotome bzw. ordinale Information (ohne ties) vorliegt; er variiert zwischen + 1 und - 1 und ist z.B. + 1, wenn die n_1 höchsten Ränge (n = "bester" Rang) in der dichotomen Variablen alle den Wert (1) haben und die n_o niedrigsten Ränge alle den Wert (O). Die Bestimmung des Koeffizienten soll nun an einem Beispiel aufgezeigt werden.[2]

Nehmen wir an, in einer Untersuchung des Entwicklungsdienstes ist der Frage nachgegangen worden, ob eine Beziehung zwischen der von Beurteilern vorhergesagten Eignung von Entwicklungshelfern für diesen Beruf und der von den Entwicklungshelfern nach 2-jähriger Tätigkeit angegebenen Zufriedenheit mit ihrer Aufgabe besteht. Wir wollen annehmen, daß eine Untersuchung dieser Fragestellung die in Tabelle 42A

1) Siehe CURETON, E.E. Rank-biserial correlation. Psychometrika, 1956, 21, 287-290; und GLASS, G.V. Note on rank-biserial correlation. Educational and Psychological Measurement, 1966, 26, 623-631

2) Beispiel nach GLASS & STANLEY (1970, S. 180)

Tabelle 42 : Anordnung der Daten zur Bestimmung des rangbiserialen Koeffizienten (fiktive Daten)

Person	X	Y
A	0	1
B	1	10
C	0	2
D	1	9
E	0	5
F	0	8
G	1	4
H	1	7
I	0	3
J	0	6

[A]

Variable X : Zufriedenheit mit der Tätigkeit als Entwicklungshelfer (nach 2jährigem Dienst durch Befragung erhaltene Angaben)
1 : zufrieden
0 : nicht zufrieden

Variable Y : Vor Antritt der Tätigkeit als Entwicklungshelfer angegebenes Eignungsurteil (die Kandidaten wurden von Beurteilern in eine Rangfolge gebracht, wobei z.B. Rang 10 = beste Eignung).

Ränge in Y für		Übereinstimmung	Vertauschung
X = 1	X = 0		
10		6	
9		6	
	8		2
7		5	
	6		1
	5		1
4		3	
	3		
	2		
	1		
		P = 20	Q = 4

[B]

wiedergegeben Daten erbracht hat. Zur Bestimmung von r_{rb} ordnet man die Daten nun in der in Tabelle 42B gezeigten Weise an. Es erfolgt dann die Bestimmung der Anzahl der "Übereinstimmungen" und der "Vertauschungen"; dies geschieht wie folgt :

* Als Übereinstimmung wird bei jedem Rang in Spalte 1 (X = 1) ausgezählt, wie viele Ränge in Spalte 2 (X = 0) unterhalb dieses Ranges liegen.
* Als Vertauschungen gelten für jeden Rang in Spalte 2 die Anzahl der darunterliegenden Ränge in Spalte 1.

Der rangbiseriale Korrelationskoeffizient r_{rb} ist wie folgt definiert:

(160) $$r_{rb} = \frac{P - Q}{n_o \, n_1}$$

[Rechenkontrolle : P + Q muß gleich $(n_o)(n_1)$ sein]

Diese Formel kann nur dann zur Bestimmung von r_{rb} verwendet werden, wenn keine ties auftreten. In Formel (160) bedeuten :

P = Anzahl der Übereinstimmungen

Q = Anzahl der Vertauschungen

n_o = Anzahl der Personen, die in der Variablen X den Wert 0 haben

n_1 = Anzahl der Personen, die in der Variablen X den Wert 1 haben

Für die Daten von Tabelle 42 ergibt sich für r_{rb}:

$$r_{rb} = \frac{20 - 4}{(4)(6)} = +.67$$

Wenn keine ties vorliegen, so kann r_{rb} auch nach folgender Formel bestimmt werden :

(161) $$r_{rb} = \frac{2}{n} (\bar{R}_1 - \bar{R}_o)$$ [1]

wobei :

n = Anzahl der Meßwertpaare

$\bar{R}_1$ = Arithmetisches Mittel der Ränge der Probanden, die in der dichotomen Variablen den Wert 1 aufweisen

$\bar{R}_2$ = Arithmetisches Mittel der Ränge der Probanden, die in der dichotomen Variablen den Wert 0 haben

Für unser Beispiel ergibt sich :

$$\bar{R}_1 = 30/4 = 7,5 \quad ; \quad \bar{R}_o = 25/6 = 4,17$$

$$r_{rb} = \frac{2}{10} (7,5 - 4,17) = +.67$$

Bei der Interpretation eines erhaltenen r_{rb} ist zu beachten, daß bei z.B. positivem Wert nicht unbedingt von einem "positiven" Zusammenhang zwischen den Variablen gesprochen werden kann. Das Vorzeichen von r_{rb} hängt nämlich davon ab, wie die 0-1-Verschlüsselung in der dichotomen Variablen erfolgt ist und welcher Merkmalsausprägung in der ordinalen Variablen der Rang 1 bzw. n zugewiesen wurde. Bei der Interpretation der Richtung des Zusammenhang ist daher die Verschlüsselung der Variablen zu berücksichtigen.

In unserem Fall bedeutet die positive Korrelation, daß das Eignungsurteil, das über die Entwicklungshelfer zu Beginn ihrer Tätigkeit abgegeben wurde, in positivem Zusammenhang steht mit der Zufriedenheit der Helfer nach 2-jähriger Tatigkeitsdauer. Anders ausgedrückt : diejenigen, die nach zwei Jahren "Zufriedenheit" äußerten, haben bei ihrer Eingangsbeurteilung in der Tendenz höhere Eignungseinstufungen bzw. -Ränge erhalten, als die sich nach zwei Jahren als "nicht zufrieden" mit der Tätigkeit bezeichneten.

---

1) Für den Fall von ties siehe CURETON, E.E. Rank-biserial correlation when ties are present. Educational and Psychological Measurement, 1968, 28, 77-79

12.9. KOMBINATIONEN VON MESSNIVEAUS OHNE SPEZIELLE KORRELATIONSKOEFFIZIENTEN

Für drei Kombinationen der Meßniveaus von X und Y gibt es keine speziellen Korrelationskoeffizienten (vgl. die leeren Felder in Tabelle 32, S. 261). Für diese drei Fälle ist folgendes Vorgehen zu empfehlen:

* Variable X ist "echt" dichotom, Variable Y ist dichotom mit zugrundeliegender Normalverteilung. Am sinnvollsten ist es hier, die Normalitätsannahme bezüglich Y zu übergehen und den Phi Koeffizienten zu berechnen (siehe Abschnitt 12.2.)
* Variable X ist dichotom mit zugrundeliegender Normalverteilung, Variable Y ist ordinal gemessen. Hier empfiehlt es sich, die X-Werte als "echt" dichotom zu behandeln und den rangbiserialen Koeffizienten zu berechnen (siehe Abschnitt 12.8.).
* Variable X ist ordinal-, Variable Y intervall- oder verhältnisskaliert. Am sinnvollsten ist es hier, die Y-Werte in Ränge zu transformieren und einen Rangkorrelationskoeffizienten (nach Spearman oder Kendall, siehe Abschnitt 12.6. bzw. 12.7.) zu berechnen.

13 NICHT-LINEARE KORRELATION UND REGRESSION

Wir haben wiederholt darauf hingewiesen, daß der Pearson Produkt-Moment Korrelationskoeffizient r_{xy} ein Maß für den linearen Zusammenhang zwischen zwei Variablen X und Y ist. Wir wollen nun ein Maß kennenlernen, das wir anwenden können, wenn zwischen zwei Variablen ein nicht-linearer Zusammenhang besteht. Dieses Maß ist das sog. "Korrelationsverhältnis"; man bezeichnet es mit Eta (η). Im Zusammenhang mit der Berechnung dieses Korrelationsmaßes für nicht-lineare Zusammenhänge werden wir auch diskutieren, wie in einem solchen Fall der Nichtlinearität Vorhersagen vom Prädiktor X auf das Kriterium Y vorgenommen werden.

13.1. BEISPIELE FUER NICHT-LINEARE BEZIEHUNGEN

Man findet einen nicht-linearen Zusammenhang häufig dann, wenn man Maße körperlicher oder geistiger Leistung mit dem Alter korreliert. In den Diagrammen von Abbildung 50 sind dafür drei Beispiele angeführt. In Diagramm (A) ist die durchschnittliche Testleistung im Intelligenz-Struktur-Test von AMTHAUER (1970) in Abhängigkeit vom Alter dargestellt. Wir sehen, daß die Testleistung (Summe der Rohwerte im I-S-T) im Altersbereich 12 bis 20 Jahre relativ steil ansteigt und dann bis zu dem hier erfaßten Zeitpunkt von 55 Jahren langsam wieder abfällt.

Abbildung 50 : Beispiele für nicht-lineare Zusammenhänge (Korrelation von körperlichen und geistigen Leistungswerten mit dem Alter)

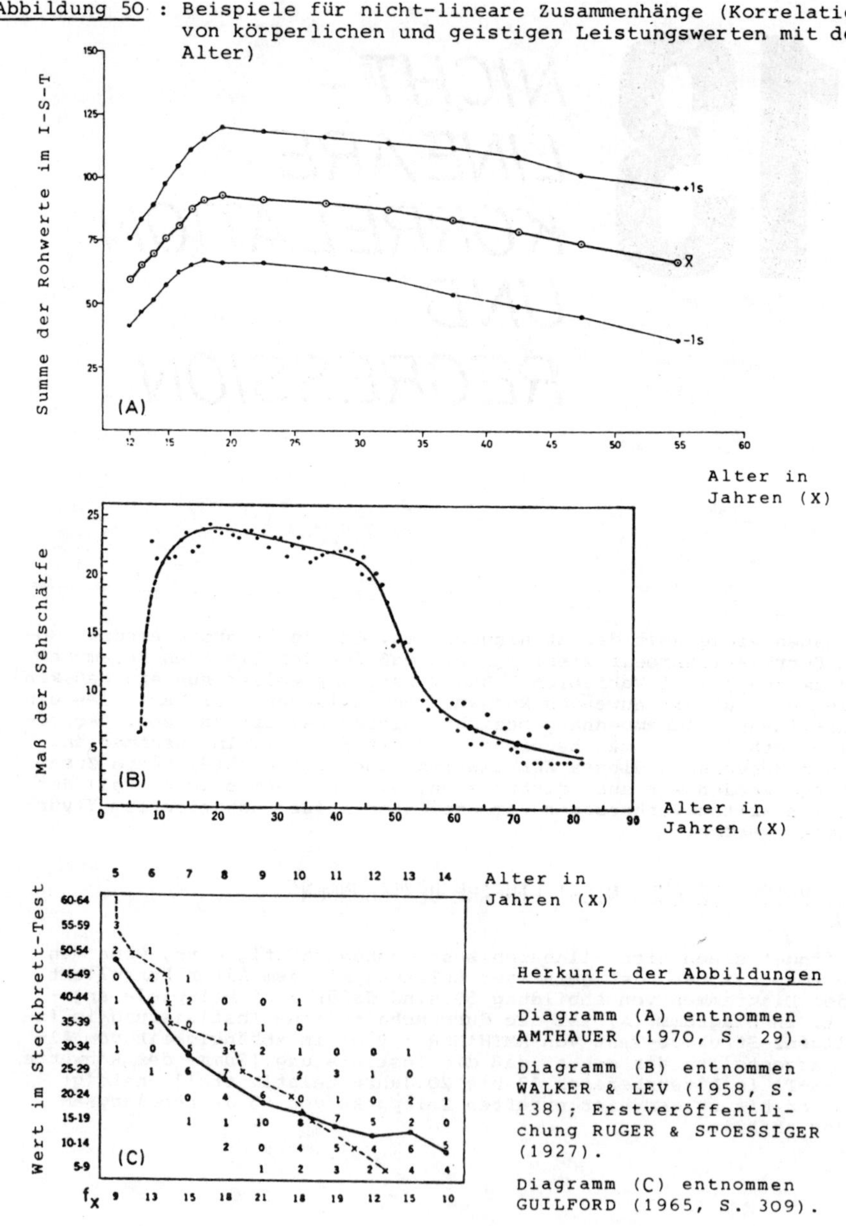

Herkunft der Abbildungen

Diagramm (A) entnommen AMTHAUER (1970, S. 29).

Diagramm (B) entnommen WALKER & LEV (1958, S. 138); Erstveröffentlichung RUGER & STOESSIGER (1927).

Diagramm (C) entnommen GUILFORD (1965, S. 309).

Der Zusammenhang ist - über den gesamten Altersbereich von 12 bis 55 Jahren gesehen - deutlich nicht-linear. Fall es kein Maß für nicht-lineare Zusammenhänge gäbe, könnte man sich in diesem Fall zur Not dadurch behelfen, daß man den Altersbereich in die zwei Unterabschnitte 12 - 20 Jahre und 21 - 55 Jahre teilt und für diese Bereiche getrennt die Korrelation r_{xy} zwischen Alter und Testleistung bestimmt, da in diesen Abschnitten die Beziehung hinreichend linear ist. Unser Ziel ist jedoch, den Zusammenhang über den gesamten Altersbereich in einer einzigen Maßzahl auszudrücken.

Die eben skizzierte Notlösung der Unterteilung der Gesamtbeziehung in Unterabschnitte linearer Beziehung wäre hingegen in dem in Diagramm (B) dargestellten Zusammenhang zwischen Sehrschärfe und Alter kaum noch sinnvoll; dazu müßten mindestens vier Abschnitte gebildet und damit vier r_{xy}-Werte berechnet werden, was natürlich unserer Absicht, den Gesamtzusammenhang in einem Koeffizienten zum Ausdruck zu bringen, noch mehr entgegenläuft.

Die in Diagramm (A) und (B) durch die Leistungsmittel (der einzelnen Altersstufen) gezogene Linie stellt die Regressionslinie für die Regression von Y (Intelligenztestwert bzw. Sehschärfe) auf X (Alter) dar. Ein drittes Beispiel für eine nicht-lineare Beziehung zwischen Alter und Leistungswerten ist mit Diagramm (C) von Abbildung 50 gegeben; es stellt den Zusammenhang zwischen dem Alter (Bereich 5 bis 14 Jahre) und der Leistung in einem Steckbrett-Test in einer Stichprobe von 150 Kindern dar. Der Meßwert im Steckbrett-Test ist die zur Fertigstellung der Aufgabe benötigte Zeit; somit ist ein hoher Punktwert ein Indikator für schlechte Leistung. Wir sehen, daß mit steigendem Alter die zur Lösung benötigte Zeit abnimmt, die Abnahme der Lösungszeit ist während der Jahre 5 bis 7 am stärksten und verringert sich dann von Jahr zu Jahr.

13.2. DAS KORRELATIONSVERHAELTNIS ETA

Für die geschilderten Fälle nicht-linearer Beziehung ist das nun vorzustellende Korrelationsverhältnis Eta das geeignete Korrelationsmaß. Eine Besonderheit bei diesem Maß ist, daß es bei einem gegebenen Korrelationsproblem jeweils zwei Korrelationsverhältnisse gibt, ein Korrelationsverhältnis für die Regression von Y auf X (Eta_{yx}) und ein Korrelationsverhältnis für die Regression von X auf Y Eta_{xy}). Diese beiden Eta-Koeffizienten haben nicht notwendigerweise den gleichen Wert. Dieser Sachverhalt unterscheidet sich vom Fall der linearen Korrelation, wo ja immer $r_{xy} = r_{yx}$ galt.

Wir haben es bei nicht-linearen Beziehungen - abgesehen vom Vorliegen eines perfekten Zusammenhangs zwischen X und Y - immer mit zwei Regressionslinien zu tun, die, da die Regression nicht-linear ist, natürlich Kurven irgendeiner Form sind (und keine Geraden wie bei r_{xy}). Diese beiden Regressionskurven unterscheiden sich sowohl in der Form als auch in der Steigung. In Diagramm (C) von Abbildung 43 sind beide Kurven eingezeichnet. Die Regression der Testwerte auf das Alter gibt die durchgezogene Linie wieder, wobei diese Regressionslinie so erstellt wurde, daß sie die Mittel der Spalten verbindet, d.h. die Testmittelwerte für die einzelnen Jahre. Die Regression des Alters auf die Testwerte ist durch die gestrichelte Linie dargestellt; diese Linie verbindet die Mittel der einzelnen Zeilen, d.h. die Altersmittelwerte für die verschiedenen Testleistungsklassen.

Die beiden Korrelationsverhältnisse Eta_{yx} und Eta_{xy} sind wie folgt definiert :

(162) $$Eta_{yx} = \frac{s_{y'}}{s_y}$$ [Korrelationsverhältnis für die Regression von Y auf X ; d.h. Vorhersage von Y aus X]

(163) $$Eta_{xy} = \frac{s_{x'}}{s_x}$$ [Korrelationsverhältnis für die Regression von X auf Y ; d.h. Vorhersage von X aus Y]

Der Wert von Eta hat einen Range von 0 bis + 1.0, d.h. Eta kann keinen negativen Wert annehmen; in den Formeln (162) und (163) sind :

$$s_{y'} = \sqrt{\frac{\sum_j^J n_j \, (Y'_j - \overline{Y})^2}{N - 1}}$$ = Standardabweichung der aus X vorhergesagten Y-Werte (Y')

$$s_{x'} = \sqrt{\frac{\sum_k^K n_k \, (X'_k - \overline{X})^2}{N - 1}}$$ = Standardabweichung der aus Y vorhergesagten X-Werte (X')

s_y = Standardabweichung der Y-Werte

s_x = Standardabweichung der X-Werte

J = Anzahl unterschiedlicher Werte bzw. Intervalle (Klassen) in X; bezüglich des X-Wertes (oder Intervalls) j sprechen wir im folgenden von der "Spalte" j (in der n_j Y-Werte liegen)

j = 1, 2, ..., J = Subskript zur Kennzeichnung des X-Wertes bzw. -Intervalls

K = Anzahl unterschiedlicher Werte bzw. Intervalle (Klassen) in Y; bezüglich des Y-Wertes (oder Intervalls) k sprechen wir im folgenden von der "Zeile" k (in der n_k X-Werte liegen)

k = 1, 2, ..., K = Subskript zur Kennzeichnung des Y-Wertes bzw. -Intervalls

n_j = Anzahl der Y-Werte in Spalte j

n_k = Anzahl der X-Werte in Zeile k

N = Gesamtzahl aller Personen (Meßwertpaare)

Die Bestimmung der Größen $s_{y'}$ (bzw. $s_{x'}$) wird im folgenden Abschnitt erläutert.

13.2.1. DIE BERECHNUNG EINES KORRELATIONSVERHAELTNISSES

In Abbildung 51 ist das Streuungsdiagramm der Meßwerte von N = 79 Personen wiedergegeben, bei denen eine nicht-lineare Beziehung zwischen X und Y besteht; eingezeichnet ist die Regressionslinie für die Regression von Y auf X (d.h. die Linie verbindet die Spaltenmittel).

Sofern man für ein gegebenes Problem nicht-linearer Korrelation nicht beide Eta-Koeffizienten bestimmen will, ist zu entscheiden, welcher Koeffizient berechnet werden soll. In den meisten Fällen dürfte einer der beiden Koeffizienten aufgrund der Fragestellung besonders angezeigt sein, insbesondere, wenn man sich fragt, welche Variable man u.U. aus der anderen vorhersagen möchte. So wäre es in den von uns angeführten Beispielen des Zusammenhangs zwischen Alter und Leistungswerten - unter der Frage, wie die Leistung vom Alter abhängt - sinnvoll, die Leistung aus dem Alter vorherzusagen, während Vorhersagen in umgekehrter Richtung weniger interesant und sinnvoll wären (die Leistung kann zwar vom Alter abhängen, das Alter jedoch nicht von z.B. dem Abschneiden in einem Intelligenztest).

Für die in Abbildung 51 dargestellten Daten interessiert uns, so wollen wird annehmen, aus inhaltlichen Gründen die Vorhersage von Y aus X (Regression von Y auf X); es geht somit um die Bestimmung von $Eta_{yx} = s_{y'}/s_y$.

In einem Korrelations- bzw. Vorhersageproblem der vorliegenden Art stellt die beste Vorhersage von Y für jede Spalte das Mittel der Y-Werte dieser Spalte dar. Wenn wir so vorgehen, erfüllen wir das Kriterium der kleinsten Quadrate, denn wir wissen von früher : in einem Satz von Werten ist die Summe der quadrierten Abweichungen dieser Werte von ihrem Mittel ein Minimum. Wenn wir also immer das Spaltenmittel als Vorhersage für Y verwenden, so ist die Summe der quadrierten Abweichungen der beobachteten Werte vom vorhergesagten Wert ein Minimum. Noch einmal : Y' (= vorhergesagter Y-Wert) jeder Spalte ist das Mittel dieser Spalte.

Zur Durchführung der Berechnungen empfiehlt sich die Anlage einer Tabelle der Art wie in Tabelle 43. Für jeden Wert X_j (d.h. für jede der J Spalten) wird als erstes die Anzahl der Fälle (n_j) bestimmt und das Spaltenmittel Y'_j (d.h. das Mittel der Y-Werte für den Wert X_j). Diese Mittel sind in Spalte (3) von Tabelle 43 eingetragen.[1]

Wenn nun keine Korrelation besteht, d.h. kein Zusammenhang zwischen X und Y, dann würden diese Y'_j alle in etwa beim Wert des Mittels aller Y-Werte ($\overline{Y}$) liegen; letzteres hat in unserem Fall den Wert 8,16. In einem solchen Fall könnten wir auf der Basis der Kenntnis der X-Werte keine Vorhersage auf Y treffen. Wir würden dann für alle Spalten bzw. X-Werte das Gesamtmittel von Y ($\overline{Y}$ = 8,16) vorhersagen; unser Vorhersagefehler wäre dann gleich s_y, was den maximal möglichen Vorhersagefehler darstellt. Der Vorhersagefehler wäre somit genausogroß wie für den Fall, daß wir keine Kenntnis von den X-Werten der Individuen hätten.

---

1) Eine Zusammenstellung der numerischen Werte von Abbildung 51 enthält Tabelle 44; davon ausgehend sind auch die Spaltenmittel bestimmt worden.

Abbildung 51 : Streuungsdiagramm eines nicht-linearen Zusammenhangs zwischen X und Y; Beispieldaten für die Berechnung eines Korrelationsverhältnisses

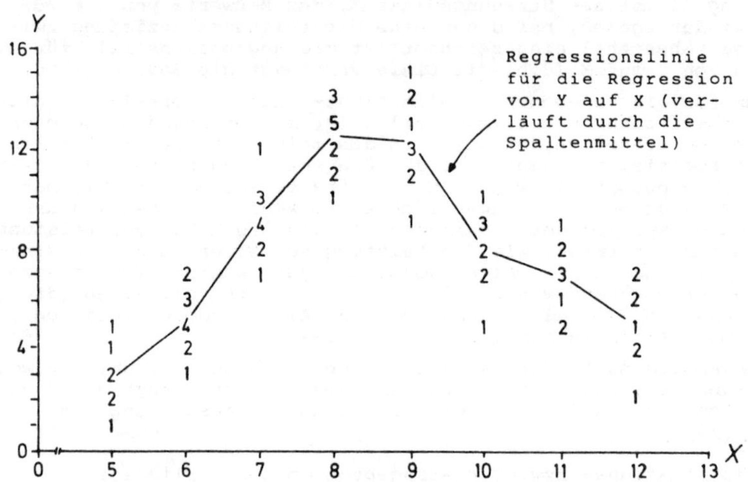

Je mehr die Spaltenmittel vom Mittel aller Y-Werte ($\overline{Y}$) abweichen - relativ zu den Gesamtabweichungen aller Y-Werte von ihrem Mittel ($\overline{Y}$) - um so genauer sind unsere Vorhersagen. Wir sind deshalb daran interessiert, wie sehr die Y'_j-Werte vom Y-Mittel (=8,16) abweichen. Diese Abweichungen ($Y'_j - \overline{Y}$) sind in Spalte (4) von Tabelle 43 eingetragen. Wir quadrieren nun wie gewöhnlich die Abweichungswerte und bestimmen das Mittel der quadrierten Abweichungen. Die quadrierten Abweichungen enthält Spalte (5) von Tabelle 43. Bevor wir das Mittel der quadrierten Abweichungen bilden, müssen wir noch in jeder Spalte j die quadrierte Abweichung mit der jeweiligen Anzahl der Fälle in dieser Spalte (n_j) multiplizieren. Dies ist in Spalte (6) geschehen. Summieren wir die Werte in Spalte (6) auf, so erhalten wir die Summe der quadrierten Abweichungen der vorhergesagten Werte vom Gesamtmittel der Y-Werte ($\overline{Y}$). Dividieren wir diese Summe durch N - 1, dann ergibt dies $s^2_{y'}$, die Wurzel daraus ist das für den Zähler von Eta_{yx} benötigte $s_{y'}$, die Standardabweichung der vorhergesagten Werte :

$$s_{y'} = \sqrt{\frac{\sum_{j}^{J} n_j (Y'_j - \overline{Y})^2}{N - 1}} = \sqrt{\frac{818,68}{78}} = 3,24$$

Wir benötigen für die Berechnung von Eta_{yx} jetzt noch die Standardabweichung der Y-Werte. Diese ist in unserem Fall $s_y = 3,52$. Wir setzen nun in Formel (162) ein :

Tabelle 43 : Demonstration der Bestimmung der für das Korrelationsverhältnis Eta_{yx} benötigten Standardabweichung der vorhergesagten Werte ($s_{y'}$); Daten von Abbildung 51.

	(1)	(2)	(3)	(4)	(5)	(6)
j	Wert in Variable X Spalte j	Anzahl in der Spalte (n_j)	Vorhergesagter Wert Y'_j = Spaltenmittel	$(Y'_j - \overline{Y})$	$(Y'_j - \overline{Y})^2$	$n_j(Y'_j - \overline{Y})^2$
1	5	7	2,86	- 5,30	28,09	196,63
2	6	12	5,25	- 2,91	8,47	101,62
3	7	11	9,18	1,02	1,04	11,44
4	8	13	12,54	4,38	19,18	249,40
5	9	10	12,30	4,14	17,14	171,40
6	10	9	8,00	- 0,16	0,03	0,23
7	11	9	6,89	- 1,27	1,61	14,52
8	12	8	5,13	- 3,03	9,18	73,44
J=8		N=79	$\overline{Y}$ = 8,16; s_y = 3,52; $s'_y = \sqrt{\frac{818,68}{78}}$ = 3,24			818,68 $\sum_j^J n_j(Y'_j - \overline{Y})^2$

$$Eta_{yx} = \frac{s_{y'}}{s_y} = \frac{3,24}{3,52} = .92$$

Wir wollen die Schritte zur Berechnung eines Korrelationsverhältnisses Eta_{yx} noch einmal übersichtlich aufführen:

1. Bestimme das Mittel und die Standardabweichung aller Y-Werte, d.h. $\overline{Y}$ und s_y.
2. Bestimme das Mittel jeder der J Spalten (Y'_j)
3. Bestimme für alle Spalten die Abweichungen $(Y'_j - \overline{Y})$
4. Quadriere in allen Spalten die Abweichungen $(Y'_j - \overline{Y})$; das gibt die $(Y'_j - \overline{Y})^2$-Werte
5. Multipliziere in jeder Spalte die quadrierte Abweichung mit der Anzahl der Fälle in der Spalte (n_j), d.h. $n_j(Y'_j - \overline{Y})^2$
6. Summiere die bei Schritt 5 bestimmten Werte und teile diese Summe durch N - 1. Dies ergibt $s^2_{y'}$; ziehe aus $s^2_{y'}$ die Wurzel

$$\sqrt{\frac{\sum_j^J n_j(Y'_j - \overline{Y})^2}{N - 1}} = s_{y'} = \text{Standardabweichung der vorhergesagten Werte}$$

7. Bestimme Eta_{yx} nach der Formel $$Eta_{yx} = \frac{s_{Y'}}{s_Y}$$

Durch die angeführten Schritte haben wir Eta_{yx} bestimmt, d.h. wir hatten es mit der Vorhersage von Y aus X zu tun. Wollen wir hingegen Eta_{xy} bestimmen (d.h. uns interessiert die Vorhersage von X aus Y), so gehen wir gleichermaßen vor, nur ist dann immer für "Spalten" "Zeilen" und für "Y" die Variable "X" einzusetzen.

13.2.2. ZUR DEFINITION VON ETA

In der statistischen Literatur finden wir Eta häufig auch quadriert definiert - als Eta-Quadrat. Quadrieren wir Gleichung (162) auf beiden Seiten, so ergibt sich

$$(164) \quad Eta^2_{yx} = \frac{s^2_{Y'}}{s^2_Y} = \frac{\left[\sum_j^J n_j (Y'_j - \bar{Y})^2\right] / (N-1)}{\left[\sum_i^N (Y_i - \bar{Y})^2\right] / (N-1)}$$

Um welche Größen handelt es sich nun, die bei Eta^2 ins Verhältnis gesetzt werden? Wir erkennen, daß $s^2_{Y'}$ der Teil der Varianz in Y ist, der mit Variation in X verbunden ist, d.h. die Varianz, die wir aufgrund der X-Variation vorhersagen können. Eta^2 stellt sich dann folgendermaßen dar :

$$(165) \quad Eta^2_{yx} = \frac{\text{Varianz in Y, die mit Variation in X verbunden ist}}{\text{Gesamtvarianz in Y}}$$

Somit gibt Eta^2 den Anteil der Gesamtvarianz in Y an, der mit Variation in X verbunden ist. Wenn wir nun noch einmal die Erörterungen von Abschnitt 11.2. betrachten, insbesondere Gleichung (120) und (121), so erkennen wir die Analogie von Eta^2 mit r^2, dem Determinationskoeffizienten. Nur daß im Falle von Eta^2 die Vorhersage von Y aus X nicht über eine Regressionsgerade erfolgt (wie bei r^2), sondern über eine Regressionskurve.

Ob das Korrelationsverhältnis in der statistischen Literatur nun als Eta oder Eta^2 definiert ist - wir finden in beiden Fällen die Bezeichnung "Korrelationsverhältnis", so daß beim Vergleich von Bestimmungsformeln oder mitgeteilten Werten des Korrelationsverhältnisses darauf zu achten ist, ob das Maß quadriert wurde oder nicht.

13.2.3. ALTERNATIVES VORGEHEN ZUR BESTIMMUNG VON ETA² BZW. ETA

Häufig ist das Korrelationsverhältnis in termini definiert, die bei der Varianzanalyse Verwendung finden :

(166) $$Eta^2_{yx} = 1 - \frac{SAQ_{Innerhalb}}{SAQ_{Gesamt}}$$ oder

(167) $$Eta^2_{yx} = \frac{SAQ_{Zwischen}}{SAQ_{Gesamt}}$$

Die in den Formeln vorkommenden Größen bedeuten

SAQ_{Gesamt} : Für alle N Y-Werte wird die Abweichung vom Mittel aller Y-Werte bestimmt; diese Abweichungen werden quadriert und dann aufsummiert, d.h.

(168) $$SAQ_{Gesamt} = \sum_{j}^{J}\sum_{i}^{n_j}(Y_{ij} - \overline{Y}_{..})^2$$

$SAQ_{Innerhalb}$: Für jeden der N Y-Werte wird die Abweichung vom zugehörigen Spaltenmittel gebildet; diese Abweichungen werden quadriert und dann aufsummiert, d.h.

(169) $$SAQ_{Innerhalb} = \sum_{j}^{J}\sum_{i}^{n_j}(Y_{ij} - \overline{Y}_{.j})^2$$

$SAQ_{Zwischen}$: Für alle N Y-Werte wird die Abweichung des zugehörigen Spaltenmittels vom Gesamtmittel in Y gebildet; diese Abweichungen werden quadriert und dann aufsummiert, d.h.

(170) $$SAQ_{Zwischen} = \sum_{j}^{J} n_j(\overline{Y}_{.j} - \overline{Y}_{..})^2$$

In den Formeln (168) bis (170) bedeuten :

N = Gesamtzahl der Personen
J = Anzahl der Spalten
i = Probandenindex (1, 2, ..., n_j)
j = Spaltenindex (1, 2, ..., J)
n_j = Anzahl der Fälle in Spalte j

Y_{ij} = Y-Wert des Probanden i in der Spalte j
$\bar{Y}_{.j}$ = Y-Mittel der Spalte j
$\bar{Y}_{..}$ = Gesamtmittel aller Y-Werte

Die Gleichungen (168) bis (170) sind allerdings Definitionsgleichungen und zur praktischen Berechnung der Summen der Abweichungsquadrate (SAQ's) nicht gut geeignet. Aus ihnen lassen sich folgende Rechenformeln (sog. Rohwertformeln, weil keine Abweichungswerte bestimmt werden müssen) ableiten :

$$\text{(171)} \quad SAQ_{Gesamt} = \sum_{j}^{J} \sum_{i}^{n_j} Y_{ij}^2 - \frac{\left(\sum_{j}^{J} \sum_{i}^{n_j} Y_{ij} \right)^2}{N}$$

$$\text{(172)} \quad SAQ_{Zwischen} = \sum_{j}^{J} \frac{\left(\sum_{i}^{n_j} Y_{ij} \right)^2}{n_j} - \frac{\left(\sum_{j}^{J} \sum_{i}^{n_j} Y_{ij} \right)^2}{N}$$

$$\text{(173)} \quad SAQ_{Innerhalb} = \sum_{j}^{J} \sum_{i}^{n_j} Y_{ij}^2 - \sum_{j}^{J} \frac{\left(\sum_{i}^{n_j} Y_{ij} \right)^2}{n_j}$$

Zwischen den Summen der Abweichungsquadrate gilt folgende Beziehung :

$$SAQ_{Gesamt} = SAQ_{Zwischen} + SAQ_{Innerhalb} .$$

Wir wollen die Berechnung von Eta^2_{yx} nun für unser bisheriges Zahlenbeispiel nach Formel (166) und (167) durchführen. Dazu empfiehlt sich die Anlage eines Rechenschemas der Art wie in Tabelle 44; im oberen Teil von Tabelle 44 sind dabei die numerischen Werte der Daten von Abbildung 51 angeführt. In der ersten Spalte stehen die $n_1 = 7$ Y-Werte, die in Abbildung 44 über $X_1 = 5$ angeordnet sind, usf. Tabelle 44 enthält in der Spalte "Summenwerte" alle Größen, die wir zum Einsetzen in die SAQ-Formeln (168) bis (170) benötigen; es ergibt sich :

$$SAQ_{Gesamt} = 6231 - \frac{(645)^2}{79} = 964{,}86$$

$$SAQ_{Zwischen} = 6085{,}16 - \frac{(645)^2}{79} = 819{,}02$$

$$SAQ_{Innerhalb} = 6231 - 6085{,}16 = 145{,}84$$

Tabelle 44 : Bestimmung der für Eta^2_{yx} nach Formel (166) und (167) benötigten Größen; gleiche Daten wie Abbildung 51 bzw. Tabelle 43

	Variable X								
	5	6	7	8	9	10	11	12	J = 8
Variable Y	5	7	12	14	15	10	9	7	
	4	7	10	14	14	9	8	7	
	3	6	10	14	14	9	8	6	
	3	6	10	13	13	9	7	6	
	2	6	9	13	12	8	7	5	
	2	5	9	13	12	8	7	4	
	1	5	9	13	12	7	6	4	
		5	9	13	11	7	5	2	
		5	8	12	11	5	5		
		4	8	12	9				
		4	7	11					Summenwerte
		3		11					
				10					
n_j	7	12	11	13	10	9	9	8	N = 79
$\sum_i^{n_j} Y_{ij}$	20	63	101	163	123	72	62	41	$\sum_j^J = 645$
$\frac{\left[\sum_i^{n_j} Y_{ij}\right]^2}{n_j}$	57,14	330,75	927,36	2043,77	1512,90	576,00	427,11	210,13	$\sum_j^J = 6085,16$
$\sum_i^{n_j} Y_{ij}^2$	68	347	945	2063	1541	594	442	231	$\sum_j^J = 6231$
Spaltenmittel	2,86	5,25	9,18	12,54	12,30	8,00	6,89	5,13	

Kontrolle : Ist $SAQ_{Gesamt} = SAQ_{zwischen} + SAQ_{Innerhalb}$? Ja, denn
$964,86 = 819,02 + 145,84$

Wir bestimmen nun Eta^2_{yx} durch Einsetzen in die Formeln (166) und (167)

$$Eta^2_{yx} = 1 - \frac{SAQ_{Innerhalb}}{SAQ_{Gesamt}} = 1 - \frac{145,84}{964,86} = .849$$

$$Eta^2_{yx} = \frac{SAQ_{Zwischen}}{SAQ_{Gesamt}} = \frac{819,02}{964,86} = .849$$

Im konkreten Fall brauchen wir Eta^2 natürlich nur nach einer der beiden Formeln zu berechnen. Ziehen wir aus $Eta^2_{yx} = .849$ die Wurzel, so erhalten wir $Eta_{yx} = .92$; dies ist der gleiche Wert, den wir für Eta_{yx} nach Formel (162) errechnet hatten.

Es empfiehlt sich im übrigen, das Korrelationsverhältnis über das Vorgehen nach Formel (166) oder (167) zu bestimmen und nicht nach der mit Formel (162) verbundenen Rechentechnik. Über Formel (162) ließ sich die Logik von Eta nur besser aufzeigen, sie birgt aber wegen der Notwendigkeit der Bestimmung der Abweichungswerte mehr Möglichkeiten für Rechenfehler.

Es ist schon darauf hingewiesen worden, daß Eta^2_{yx} nicht notwendigerweise gleich Eta^2_{xy} ist. Wir hatten Eta^2_{yx} berechnet, da uns die Vorhersage von Y aus X interessierte. Für die Berechnung von Eta^2_{xy} müssen die Daten genau andersherum angeordnet werden, so daß die Zeilen zu Spalten werden und vice versa. Da man aber meist nur ander Vorhersage in einer Richtung interessiert ist, kann die Datenmatrix ja leicht immer so angelegt werden, daß die Variable, von der aus die Vorhersagen getroffen werden sollen, mit X bezeichnet wird und ihre Werteklassen die Spalten darstellen.

13.2.4. VOR- UND NACHTEILE DES KORRELATIONSVERHAELTNISSES [1]

Der größte Vorteil von Eta ist natürlich der, daß mit ihm die Stärke eines nicht-linearen Zusammenhangs zwischen zwei Variablen bestimmt werden kann. Der Eta-Koeffizient erfordert keinen bestimmten Typ einer funktionalen Beziehung zwischen X und Y. Die Art der Beziehung wird definiert durch den aktuellen, "ungeglätteten" Trend der Spalten- bzw. Zeilenmittelwerte. Darin liegt eine Stärke, aber auch eine Schwäche dieses Maßes. Da wir es dem Regressionskurvenverlauf gestatten, genauso komplex zu verlaufen, wie es durch die erhaltenen Spalten- bzw. Zeilenmittel bestimmt wird, ergibt Eta für einen vorliegenden Datensatz die maximal mögliche (und u.U. überhöhte) Größe eines Korrelationsindexes.

Dies kann von Nachteil sein, da wir nach dem Prinzip der Einfachheit meist versuchen, den Daten die möglichst einfachste mathematische Funktion anzupassen. Und würden wir in die Daten irgend eine (nichtlineare) Funktion legen, dann würde eine Korrelationsindex, der auf dieser Funktion beruht, wahrscheinlich nicht einen so hohen Wert wie Eta ergeben.

Da bei Eta, wie gesagt, die Regressionskurve (für die Regression von Y auf X) exakt den Spaltenmitteln folgt, ist dieser Koeffizient besonders anfällig für Schwankungen, die auf den Stichprobenfehler zurückgehen - und dies um so mehr, je kleiner die Stichprobe ist und je weniger Personen in den einzelnen Spalten bzw. Zeilen vorhanden sind. Diese Spaltenmittel sind dann sehr unzuverlässig und können bei einer anderen Stichprobe ganz anders aussehen.

Man könnte es als Nachteil von Eta ansehen, daß das Vorzeichen dieses Koeffizienten immer positiv ist (wir hatten gesehen, daß Eta Werte zwischen 0 und +1 annehmen kann). Bei r_{xy} hatte uns das Vorzeichen etwas über die Art des Zusammenhangs ausgesagt. Hier muß zugunsten von Eta jedoch gesagt werden, daß dieser Koeffizient uns das mitteilt, woran wir am meisten interessiert sind - die Stärke des kurvilinearen Zusammenhangs zwischen zwei Variablen. Wie die Regressionskurve verläuft, d.h. oder der Trend aufwärts oder abwärts ist, können wir ja leicht durch Inspektion des Streuungsdiagramms feststellen.

1) vgl. GUILFORD (1965, S. 315 - 317)

Ein gewichtiger Nachteil von Eta ist der Sachverhalt, daß es von der Anzahl der Spalten (oder Zeilen) abhängig ist. Die Mindestanzahl von Klassen, die einen kurvilinearen Verlauf erkennen läßt, ist drei. Durch Zusammenfassung der Daten in so wenige Klassen kann es jedoch passieren, daß viel von der tatsächlichen Beziehung verdeckt wird. Mit einer zu geringen Klassenzahl laufen wir somit Gefahr, eine Unterschätzung der tatsächlichen Beziehung zu erhalten. Vergrößern wir andererseits die Anzahl der Klassen, so werden die Klassenmittel weniger stabil, und, da sie dann stärker fluktuieren, können Zufallseinflüsse zu einer "inflatorischen" Erhöhung von Eta führen.

Es gibt nun keine feste Regel, nach der die optimale Klassenanzahl für Eta im konkreten Fall bestimmt werden kann. Der beste Hinweis ist noch der, daß man die Klassen groß genug macht (d.h. daß sie genügend Fälle enthalten), so daß die Klassenmittel genügend stabil sind und die durch sie gezogene Regressionskurve im Streuungsdiagramm einen möglichst glatten Verlauf zeigt (ohne zu viele Zacken und Ausschläge); andererseits sollten genügend viele Klassen da sein, um klar den Verlauf der Regression hervorzubringen. Die Wahl der Klassenzahl hängt somit mit der Stichprobengröße zusammen. Je größer die Stichprobe ist, um so mehr Klassen können eingerichtet werden. Bei sehr kleinen Stichproben kann die Berechnung von Eta überhaupt sinnlos sein.

Eta ist hauptsächlich als deskriptives Maß für eine Stichprobe geeignet. Eine ausführlichere Diskussion dieses Problems findet sich bei HAYS (1969, S.547). Dort wird auch der Zusammenhang von Eta mit dem Koeffizienten Omega^2 und mit der Varianzanalyse[1] diskutiert, Konzepte, die wir hiernoch nicht heranziehen können, da sie in den Bereich der Inferenzstatistik fallen.

13.3. VORHERSAGEN IM FALL NICHT-LINEARER BEZIEHUNG ZWISCHEN X UND Y

Im Rahmen der Erörterungen der vorangegangenen Abschnitte sind wir mehrfach auf das Problem der Vorhersage von Y aus X im Fall nicht-linearer Beziehung eingegangen. Wir wollen die hauptsächlichen Aspekte noch einmal kurz zusammenstellen; weiterhin ist noch die Bestimmung des Vorhersagefehlers im nicht-linearen Fall zu erläutern.

Die Vorhersage (von Y aus X) verläuft so, daß wir für einen gegebenen Wert X jeweils das Mittel der zugehörigen Y-Werte vorhersagen. Dies ist unsere Vorhersageregel; wir erfüllen hierbei das Kriterium der kleinsten Quadrate, denn die Summe der quadrierten Vorhersagefehler

$$\sum_{i}^{N} (Y_i - Y'_i)^2$$

ist ein Minimum. Wenn wir nun jemandem diese Vorhersageregel mitteilen wollen, so geht die nicht mehr durch eine (Geraden-) Gleichung, sondern wir müssen ihm in einer Tabelle für jeden X-Wert bzw. für jede X-Werteklasse das Mittel der zugehörigen Y-Werte - den vorherzusagenden Wert - angeben.

1) Siehe dazu auch GUILFORD (1965, S.313-314)

Auch für den nicht-linearen Fall läßt sich natürlich ein Standardschätzfehler s_e bestimmen, d.h. die Standardabweichung der Vorhersagefehler. Wir müssen dazu bei jeder Person die Abweichung ihres Y-Wertes vom vorhergesagten Wert quadrieren und dann diese quadrierten Abweichungen über alle N Personen summieren; dies ergibt die von Formel (169) her bekannte Größe

$$SAQ_{Innerhalb} = \sum_{j}^{J} \sum_{i}^{n_j} (Y_{ij} - \overline{Y}_{.j})^2$$

Den Standardschätzfehler erhalten wir, wenn wir die SAQ(Innerhalb) durch N - 1 dividieren und daraus die Wurzel ziehen :

$$(174) \quad s_{e[yx]} = \sqrt{\frac{\sum_{j}^{J} \sum_{i}^{n_j} (Y_{ij} - \overline{Y}_{.j})^2}{N - 1}} = \sqrt{\frac{SAQ_I}{N - 1}}$$

Dies ist in unserem Fall

$$s_{e[yx]} = \sqrt{\frac{145{,}84}{78}} = 1{,}37$$

Die Bestimmung des Standardschätzfehlers ist allerdings auch durch die Art möglich, wie wir es im linearen Fall bei r_{xy} gemacht haben. Analog zu Formel (97) ergibt sich :

$$(175) \quad s_{e[yx]} = s_y \sqrt{1 - Eta^2_{yx}}$$ [Standardschätzfehler für die Vorhersage von Y aus X]

Setzen wir in (175) die Werte unserer Daten ein, so ist

$$s_{e[yx]} = 3{,}52 \sqrt{1 - .849} = 1{,}37$$

Gleichermaßen wie im linearen kann auch im nicht-linearen Fall die bivariate Verteilung die Eigenschaft der Homoscedastizität aufweisen oder nicht. Der Wert des Standardschätzfehlers gibt somit nur dann das Ausmaß des Vorhersagefehlers für den gesamten Bereich von X adäquat wieder, wenn Homscedastizität gegeben ist, d.h. wenn die Varianz der Y-Werte in allen X-Klassen (zumindest annähernd) den gleichen Wert hat.

14 MULTIPLE KORRELATION UND REGRESSION

Bisher haben wir uns mit Korrelationen zwischen jeweils zwei Variablen bzw. mit der Vorhersage einer Variablen Y (Kriterium) aufgrund der Kenntnis einer anderen Variablen X (Prädiktor) beschäftigt. Die tatsächlichen Beziehungen zwischen gemessenen Variablen in den Verhaltenswissenschaften entsprechen jedoch im allgemeinen keineswegs diesem einfachen Modell. In den meisten Fällen ist ein Kriterium verknüpft mit oder abhängig von mehr als einer Variablen. Besteht unser Anliegen z.B. in der Vorhersage des Berufserfolgs von Personen unter Verwendung von psychologischen Merkmalen, so kann eine Vorhersage dieses komplexen Kriteriums nicht nur unter Verwendung eines Prädiktors erfolgen: Man wird in einer Vorhersagesituation dieser Art eine Reihe von Merkmalen - die mit dem Berufserfolg in Zusammenhang stehen - verwenden müssen. Modellhaft läßt sich diese Vorhersagesituation wie folgt darstellen:

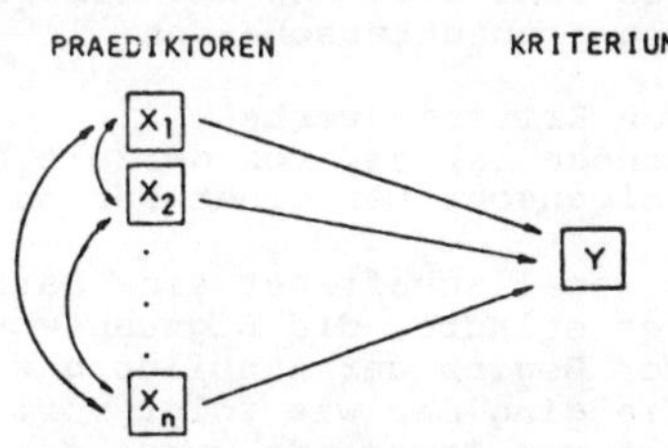

Abbildung 52 : Modell der Situationen, in denen multiple Korrelation bzw. multiple Regression verwendet wird

Der Koeffizient der multiplen Korrelation gibt die Stärke der Beziehung zwischen einer Variablen (dem Kriterium) und einem Satz von Variablen (den Prädiktoren) an. Der multiple Korrelationskoeffizient hängt ab von den Interkorrelationen der Prädiktoren (den korrelativen Beziehungen der Prädiktoren untereinander) und von den Korrelationen jedes einzelnen Prädiktors mit dem Kriterium (in Abbildung 52 durch Pfeile symbolisiert). Wenn wir aufgrund der Kenntnis der Prädiktorenwerte von Personen das Kriterium vorhersagen wollen, so hängt der Grad der Vorhersagbarkeit des Kriteriums vom Betrag des multiplen Korrelationskoeffizienten ab. Die Vorhersage selbst basiert in dieser Situation nicht - wie bei der einfachen linearen Regression - auf einer Regressionsgleichung, in die nur ein Prädiktor eingeht, sondern auf einer sog. multiplen Regressionsgleichung, in der alle Prädiktoren berücksichtigt werden. Man spricht daher auch verkürzt von multipler Regression.

14.1. DIE MULTIPLE REGRESSIONSGLEICHUNG

Bei der multiplen Regressionsrechnung besteht die Zielsetzung in der Formulierung einer Regressionsgleichung. Diese Gleichung soll zwei oder mehrere (allgemein: p) Prädiktoren so gewichten und linear - additiv kombinieren, daß ein Kriterium möglichst gut (d.h. mit möglichst geringem Fehler) vorhergesagt wird. Zur Bestimmung dieser Gleichung ist es erforderlich, daß für eine Stichprobe von Personen sowohl die Punktwerte in den p Prädiktoren (X_1, X_2, ..., X_j, ..., X_p), als auch die Punktwerte im Kriterium (Y) bekannt sind. Anhand der korrelativen Beziehungen aller p Prädiktoren untereinander und anhand der Korrelation der Prädiktoren zum Kriterium bestimmt man die multiple Regressionsgleichung so, daß die für diese Stichprobe bekannten Kriterienwerte Y möglichst gut vorhergesagt werden können. Da sowohl die tatsächlichen Kriterienwerte Y, als auch die vorhergesagten Kriterienwerte Y' gegeben sind, kann man feststellen, wieweit die Vorhersage der Kriterienwerte anhand der Prädiktorenwerte möglich ist. Einen Indikator für die "Güte" der Vorhersage liefert $r_{YY'}$, die Korrelation der tatsächlichen Kriterienwerte mit den vorhergesagten Kriterienwerten.
Diesen Korrelationskoeffizienten bezeichnet man als multiplen Korrelationskoeffizienten R.

Welchen Sinn hat dieses Verfahren der Bestimmung einer multiplen Regressionsgleichung zur Vorhersage von Kriterienwerten, die doch bereits bekannt sind? Welche Informationen lassen sich mithilfe dieses Verfahrens dann eingentlich gewinnen?
Im wesentlichen sind zwei Anwendungsbereiche der multiplen Regressionsrechnung zu unterscheiden:

1) Prognose von Kriterienwerten
Zweck der Prognose ist es, von derzeit bekannten **auf künftige Merkmale und Eigenschaften einer Person** zu schließen.
Beispiel:
Eine Luftfahrtgesellschaft hat eine Batterie von Testverfahren entwickelt, die es erlaubt, die Eignung von Anwärtern für den Beruf des Piloten vor Beginn der Ausbildung zu prüfen. Bei der Entwicklung dieser Batterie ging man wie folgt vor:
Zwei Jahrgängen von Anwärtern wurde der Test vor Ausbildungsbeginn vorgelegt; kein Bewerber wurde aufgrund der Testergebnisse abgelehnt. Die Eignung der Pilotenanwärter wurde am Ende der Ausbildung beurteilt und in einem "Eignungspunktwert" quantifiziert. Man berechnete für die Stichprobe dieser Anwärter die multiple Regressionsgleichung zur Vorhersage des Eignungspunktwertes (Kriterium) anhand der Testergebnisse (Prädiktoren). Da es sich zeigte, daß die Eignung anhand der Testergebnisse hinreichend gut vorhergesagt werden konnte, beschloß man, für alle künftigen Anwärter die Eignung über die multiple Regressionsgleichung vorherzusagen und nur Bewerber aufzunehmen, deren vorhergesagter Kriterienwert Y' über

einem bestimmten "kritischen" vorhergesagten Wert Y'_{krit} liegt.
In diesem Fall wird also der nicht bekannte Kriterienwert für die Eignung zum Beruf des Piloten anhand der Testergebnisse, die der Bewerber in der Einstellungsuntersuchung erzielt, mithilfe der multiplen Regressionsgleichung vorhergesagt, indem man die Testergebnisse eines Bewerbers in die multiple Regressionsgleichung einsetzt.
Von dieser Art der Prognose mithilfe statistischer Vorhersage wird insbesondere im Bereich der Diagnostik/Eignungsdiagnostik Gebrauch gemacht[1].

2) Untersuchung des Zusammenhangs zwischen Prädiktoren und einem Kriterium

Bei dieser Anwendung der multiplen Regressionsrechnung steht nicht die oben beschriebene Frage der Ableitung einer Regressionsgleichung zum Zweck der Prognose im Vordergrund. Es geht hier vielmehr darum, die Struktur der Beziehungen zwischen Variablen zu untersuchen.

Beispiel:

Ein Untersucher hat ein neues Verfahren entwickelt, mithilfe dessen die Fähigkeit von Personen zur Wahrnehmung sozialer Probleme ("Sensitivität für soziale Probleme": SSP) erfaßt werden soll. Da der Untersucher feststellen möchte, mit welchen anderen theoretischen Konzepten SSP Zusammenhänge aufweist (welche anderen Fähigkeiten und Persönlichkeitsmerkmale diese Fähigkeiten "beeinflussen"),gibt er einer Stichprobe von Personen das neue Instrument zusammen mit einigen Instrumenten vor, bei denen die theoretische Einordnung bereits bekannt ist.
Der Punktwert im neuen Instrument wird als Kriterium betrachtet.
Es wird geprüft, welcher Zusammenhang zwischen der Sensitivität für soziale Probleme und den bekannten Konzepten besteht. Je besser sich der Kriterienwert (Punktwert im SSP) mithilfe der multiplen Regressionsgleichung vorhersagen läßt, desto deutlicher ist dieser Zusammenhang.
Auf die relative Bedeutung der bereits bekannten Konzepte für das neu entwickelte Verfahren läßt sich aus der Korrelation der Punktwerte für die Verfahren zur Erfassung der bereits bekannten Konzepte mit den über die Regressionsgleichung vorhergesagten Kriterienwerten schließen.
Auf beide Anwendungen der multiplen Regressionsrechnung wird später in einem Beispiel Bezug genommen. Zuvor wollen wir jedoch auf das Verfahren zur Bestimmung der multiplen Regressionsgleichung näher eingehen.

14.2. BESTIMMUNG DER MULTIPLEN REGRESSIONSGLEICHUNG

Bei der einfachen Regressionsrechnung benötigen wir zur Vorhersage des Kriterienwertes Y_i eines Probanden i eine Gleichung, die einen Zusammenhang zwischen dem vorhergesagten Wert Y'_i und dem beobachteten Wert X_i herstellt. Wir hatten gezeigt (vgl. Abschnitt 9.5.), daß diese Gleichung die einfachste Form annimmt, wenn man nicht von den

1) Über Probleme dieses Ansatzes informieren z.B. DARLINGTON (1968) und KERLINGER & PEDHAZUR (1973).

Rohwerten, sondern von den standardisierten Werten ausgeht. In diesem Fall gilt für den vorhergesagten Wert z'_{Yi} eines Probanden i folgende Gleichung:

(176) $$z'_{Yi} = r_{Y1} z_{1i}$$

r_{Y1} : Korrelation des Prädiktors 1 mit dem Kriterium Y

z_{1i} : Standardisierter Wert des Probanden i im Prädiktor 1

$$z_{1i} = \frac{X_{1i} - \overline{X}_1}{s_1}$$

Wenn nun zwei oder mehrere Prädiktoren in der standardisierten Form vorliegen, so müssen in die Gleichung zur Bestimmung eines vorhergesagten standardisierten Wertes z'_{Yi} nicht nur die Korrelationen jedes einzelnen Prädiktors zum Kriterium eingehen, sondern auch die Korrelationen der Prädiktoren untereinander (denn im Regelfall sind die Prädiktoren nicht voneinander unabhängig).
Die multiple Regressionsgleichung für standardisierte Werte hat folgende Form:

(177) $$z'_{Yi} = \beta_1 z_{1i} + \beta_2 z_{2i} + \ldots + \beta_j z_{ji} + \ldots + \beta_p z_{pi}$$

z_{ji}, der standardisierte Wert eines Probanden i in einem beliebigen Prädiktor j, ergibt sich nach folgender Formel:

$$z_{ji} = \frac{X_{ji} - \overline{X}_j}{s_j}$$

X_{ji} : Rohwert des Probanden i im Prädiktor j

$\overline{X}_j$: Mittelwert des Prädiktors j

s_j : Standardabweichung des Prädiktors j

In Gleichung (177) sind die Koeffizienten $\beta_1, \beta_2, \ldots, \beta_j, \ldots, \beta_p$ unbekannt. Sie werden allgemein als Standardpartialregressionskoeffizienten[1] oder einfach als Beta-Gewichte bezeichnet. Ihre Größe hängt von den Interkorrelationen der p Prädiktoren und von deren Korrelationen zum Kriterium ab. Sie repräsentieren insofern optimale Gewichtungen der standardisierten Prädiktoren, als sie so bestimmt werden, daß sich die geforderte maximale Korrelation[2] zwischen tatsächlichen und vorhergesagten Werten ergibt. Wie bereits oben erwähnt, wird diese Korrelation als multiple Korrelation R

1) Detaillierte Erläuterungen zu semipartiellen Regressionskoeffizienten finden sich z.B. bei GAENSSLEN & SCHUBÖ (1973, S. 96-99)

2) $r_{z'YzY} = r_{Y'Y}$, da die Korrelation von zwei Variablen durch lineare Transformation nicht verändert wird

bezeichnet.
Wir wollen die Bestimmung der Beta-Gewichte zunächst am einfachsten Fall, bei dem zwei Prädiktoren vorliegen, aufzeigen.

14.2.1. BESTIMMUNG DER BETA-KOEFFIZIENTEN BEI p = 2 PRAEDIKTOREN

Die multiple Regressionsgleichung für die Vorhersage des standardisierten Kriteriumwertes z_{Yi} eines Probanden i hat hier folgende einfache Form:

(178) $$z'_{Yi} = \beta_1 z_{1i} + \beta_2 z_{2i}$$

In dieser Gleichung sind die beiden Beta-Gewichte unbekannt. Sie werden so bestimmt, daß die Varianz der Vorhersagefehler $e_i = z_{Yi} - z'_{Yi}$ ein Minimum wird. Man benutzt dabei das bereits im Zusammenhang mit der Ableitung der einfachen Regressionsgleichung verwendete Kriterium der "kleinsten Quadrate" (vgl. Abschnitt 9.3.).
Folgender Ausdruck muß demzufolge ein Minimum annehmen:

(179) $$\sum_i^n \frac{e_i^2}{n-1} = \sum_i^n \frac{(z_{Yi} - z'_{Yi})^2}{n-1}$$

Wir setzen nun (178) in (179) ein und erhalten einen Ausdruck A folgender Form:

(180) $$A = \sum_i^n \frac{\left[z_{Yi} - (\beta_1 z_{1i} + \beta_2 z_{2i})\right]^2}{n-1}$$

Für diesen Ausdruck soll das Minimum bestimmt werden. Dazu müssen die partiellen Ableitungen von A nach β_1 und nach β_2 bestimmt und Null gesetzt werden. Wir erhalten dann zwei Gleichungen mit zwei Unbekannten, die durch Substitution aufgelöst werden können. Zur Vereinfachung der Schreibweise entfällt im folgenden der Index i zur Probandenkennzeichnung. Da stets über alle n Probanden summiert wird, werden bei Summenzeichen die Summationsgrenzen nicht angegeben.

Zunächst wir A aufgelöst. Es ergibt sich

$$A = \frac{\sum z_Y^2 - 2\beta_1 \sum z_1 z_Y - 2\beta_2 \sum z_2 z_Y + 2\beta_1\beta_2 \sum z_1 z_2 + \beta_1^2 \sum z_1^2 + \beta_2^2 \sum z_2^2}{n-1}$$

Dieser Ausdruck kann wesentlich vereinfacht werden

$$A = 1 - 2\beta_1 r_{Y1} - 2\beta_2 r_{Y2} + 2\beta_1\beta_2 r_{12} + \beta_1^2 + \beta_2^2 \qquad \left[\text{da } \Sigma z^2 = n - 1 \text{ und } r_{xy} = \frac{\Sigma z_x z_y}{n - 1} \right]$$

Man bildet nun die partielle Ableitung von A nach β_1 und setzt diese Null:

$$\frac{\partial A}{\partial \beta_1} = -2r_{Y1} + 2\beta_2 r_{12} + 2\beta_1$$

daraus folgt:

(181) $2\beta_1 + 2\beta_2 r_{12} - 2r_{Y1} = 0$

Dann bildet man die partielle Ableitung von A nach β_2 und setzt diese ebenfalls Null:

$$\frac{\partial A}{\partial \beta_2} = -2r_{Y2} + 2\beta_1 r_{12} + 2\beta_2$$

daraus folgt:

(182) $2\beta_2 + 2\beta_1 r_{12} - 2r_{Y2} = 0$

Gleichung (182) wird nun nach β_2 aufgelöst. Das Ergebnis wird in (181) eingesetzt.

$$\beta_2 = r_{Y2} - \beta_1 r_{12}$$

Nach Auflösung erhält man für β_1:

(183) $\beta_1 = \dfrac{r_{Y1} - r_{12} r_{Y2}}{1 - r_{12}^2}$

Nach demselben Verfahren erhält man für β_2:

(184) $\beta_2 = \dfrac{r_{Y2} - r_{12} r_{Y1}}{1 - r_{12}^2}$

Damit haben wir die in Gleichung (178) unbekannten Beta-Gewichte ermittelt. Wir können nun die multiple Regressionsgleichung für die Vorhersage des standardisierten Kriterienwertes z_{Yi}, eines Probanden i anhand der standardisierten Prädiktorenwerte z_{1i} und z_{2i} bestimmen.

<u>Beispiel:</u>
Zwei Prädiktoren zur Vorhersage der Eignung zum Beruf des Piloten korrelieren mit dem Kriterium (Punktwertbewertung in der Abschlußprüfung am Ende der Ausbildung) mit $r_{Y1} = 0{,}40$ und $r_{Y2} = 0{,}50$. Die Korrelation beider Prädiktoren beträgt $r_{12} = 0{,}20$. Zur Bestimmung der Regressionsgleichung in der Standardform werden zunächst beide Beta-Gewichte bestimmt werden:

$$\beta_1 = \frac{0{,}40 - (0{,}20)(0{,}50)}{1 - (0{,}20)^2} = 0{,}3125$$

$$\beta_2 = \frac{0{,}50 - (0{,}20)(0{,}40)}{1 - (0{,}20)^2} = 0{,}4375$$

Für die multiple Regressionsgleichung ergibt sich demnach:

$$z'_{Yi} = (0{,}3125)z_{1i} + (0{,}4375)z_{2i}$$

Der Bewerber Friedrich Luft hat im Test 1 einen Wert von $z_1 = -0{,}5$ (eine halbe Standardabweichung unter dem Durchschnittswert) und im Test 2 einen Wert von $z = +0{,}5$ erzielt. Kann man für diesen Bewerber eine überdurchschnittliche Leistung in der Abschlußprüfung vorhersagen?
Man setzt dazu z_1 und z_2 in die Regressionsgleichung ein und bestimmt z_{FL}, den vorhergesagten Kriterienwert für Herrn Luft:

$$\begin{aligned} z'_{FL} &= (0{,}3125)(-0{,}5) + (0{,}4375)(+0{,}5) \\ &= -0{,}15625 + 0{,}21875 \\ &= +0{,}06625 \end{aligned}$$

Man würde demnach für Herrn Luft eine Leistung vorhersagen, die praktisch mit der durchschnittlichen Leistung übereinstimmt.

14.2.2. BESTIMMUNG DER BETA-KOEFFIZIENTEN BEI p PRAEDIKTOREN

Im allgemeinen Fall der multiplen Regressionsgleichung liegen p Prädiktoren vor. Die Gleichung für die Vorhersage des standardisierten Kriterienwertes z_{Yi} eines Probanden i hat dann folgende Form:

(185) $z'_{Yi} = \beta_1 z_{1i} + \beta_2 z_{2i} + \ldots + \beta_j z_{ji} + \ldots + \beta_p z_{pi}$

Die unbekannten Beta-Gewichte werden analog zu dem im Abschnitt 14.2.1. beschriebenen Verfahren bestimmt, indem man für den Ausdruck der Varianz der Vorhersagefehler (siehe Gleichung (179)) nach jedem der p Beta-Gewichte die partielle Ableitung bildet und Null setzt. Dies ergibt ein Gleichungssystem von p Gleichungen mit p Unbekannten. Die Gleichungen haben folgende Form:

$$\beta_1 r_{11} + \beta_2 r_{12} + \beta_3 r_{13} + \ldots + \beta_p r_{1p} = r_{Y1}$$

$$\beta_1 r_{21} + \beta_2 r_{22} + \beta_3 r_{23} + \ldots + \beta_p r_{2p} = r_{Y2}$$

$$\beta_1 r_{31} + \beta_2 r_{32} + \beta_3 r_{33} + \ldots + \beta_p r_{3p} = r_{Y3}$$

$$\begin{array}{cccccc} \cdot & \cdot & \cdot & \cdot & \cdot & \cdot \\ \cdot & \cdot & \cdot & \cdot & \cdot & \cdot \\ \cdot & \cdot & \cdot & \cdot & \cdot & \cdot \end{array}$$

$$\beta_1 r_{p1} + \beta_2 r_{p2} + \beta_3 r_{p3} + \ldots + \beta_p r_{pp} = r_{Yp}$$

Rechts vom Gleichheitszeichen stehen die p Korrelationen der Prädiktoren zum Kriterium. Links vom Gleichheitszeichen erkennt man neben den Beta-Gewichten die Elemente der Matrix der Interkorrelationen aller Prädiktoren. Für Gleichungssysteme dieser Art gibt es mehrere Lösungsmöglichkeiten. In der Vergangenheit wurde die Lösung nach dem DOOLITTLE-Verfahren, welches die Berechnung der Beta-Gewichte "per Hand" erlaubt, häufig benutzt (siehe z.B. LIENERT, 1967). Da die aufwendigen Berechnungen heute praktisch ausschließlich mit Computerprogrammen durchgeführt werden (vgl. z.B. COOLEY & LOHNES, 1971), brauchen wir auf diese Verfahren hier nicht näher einzugehen.

14.2.3. DIE ALLGEMEINE FORM DER MULTIPLEN REGRESSIONSGLEICHUNG FUER ROHWERTE

Diese Ausführungen haben gezeigt, daß für die Bestimmung der multiplen Regressionsgleichung zur Vorhersage eines standardisierten Kriterienwertes z_{Yi} lediglich die Kenntnis der Interkorrelationen aller Prädiktoren untereinander sowie die Kenntnis der Korrelationen aller Prädiktoren zum Kriterium erforderlich ist.
Häufig ist man jedoch nicht an standardisierten vorhergesagten Werten z'_{Yi}, sondern am vorhergesagten Rohwert Y'_i eines Probanden i interessiert. Dieser Wert läßt sich wie folgt bestimmen:

(186) $$Y'_i = \frac{s_Y}{s_1}\beta_1 X_{1i} + \frac{s_Y}{s_2}\beta_2 X_{2i} + \ldots + \frac{s_Y}{s_p}\beta_p X_{pi} + a$$ [1]

für a gilt:

(187) $$a = \bar{Y} - \frac{s_Y}{s_1}\beta_1 \bar{X}_1 - \frac{s_Y}{s_2}\beta_2 \bar{X}_2 - \ldots - \frac{s_Y}{s_p}\beta_p \bar{X}_p$$

In diesen Formeln bedeuten die einzelnen Größen:

Y'_i	: Vorhergesagter Kriterienwert der Probanden i
s_Y	: Standardabweichung des Kriteriums
$s_1, s_2, \ldots, s_p$	: Standardabweichungen der p Prädiktoren
$\beta_1, \beta_2, \ldots, \beta_p$	: Beta-Gewichte der p Prädiktoren
$X_{1i}, X_{2i}, \ldots, X_{pi}$	: Rohwerte des Probanden i in den p Prädiktoren
$\bar{Y}$	: Mittelwert des Kriteriums
$\bar{X}_1, \bar{X}_2, \ldots, \bar{X}_p$	: Mittelwerte der p Prädiktoren

Ein Beispiel für die Anwendung der Formeln (186) und (187) wird im Abschnitt (14.7.2.) angegeben.

14.3. DER KOEFFIZIENT DER MULTIPLEN KORRELATION

Am Anfang dieses Kapitels hatten wir darauf hingewiesen, daß die vorhergesagten standardisierten Werte z_{Yi} so gewählt werden, daß sich zwischen den tatsächlichen Kriterienwerten z_{Yi} und diesen vorhergesagten Werten z'_{Yi} eine maximale Korrelation ergibt. Diese Korrelation $r_{zYzY'}$ wird als multiple Korrelation von p Prädiktoren mit einem Kriterium Y bezeichnet. Man könnte folglich den Koeffizienten R der multiplen Korrelation bestimmen, indem man die standardisierten tatsächlichen Kriterienwerte mit den standardisierten vorhergesagten Kriterienwerten korreliert:

(188) $$R = r_{zYzY'}$$

Da die Standardisierung nach z eine lineare Transformation von Rohwerten darstellt und die Korrelation gegenüber linearen Transformationen invariant ist (vgl. Abschnitt 8.6.), gilt auch folgende Beziehung für R:

---

1) Die Größen $(s_y/s_1)\beta_1 \ldots (s_y/s_p)\beta_p$ bezeichnet man auch als b-Koeffizienten ($b_1 \ldots b_p$). Die multiple Regressionsgleichung läßt sich dann wie folgt schreiben : $Y'_i = b_1X_{1i} + \ldots b_pX_{pi} + a$.

(189) $R = r_{YY'}$

Die multiple Korrelation von p Prädiktoren-Rohwerten mit einem Kriterium in der Rohwertform ist gleich der Korrelation der Kriterienrohwerte mit den vorhergesagten Kriterienrohwerten.
Es ist unmittelbar einzusehen, daß die Berechnung der multiplen Korrelation nach den Formeln (188) oder (189) äußerst aufwendig wäre. Wesentlich einfacher ist es, R nach folgender Formel zu bestimmen (dabei wird lediglich vorausgesetzt, daß die Beta-Gewichte und die Korrelationen der Prädiktoren zum Kriterium bekannt sind):

(190) $$R = \sqrt{\beta_1 r_{Y1} + \beta_2 r_{Y2} + \ldots + \beta_p r_{Yp}}$$

Wir wollen zunächst am Fall von p = 2 Prädiktoren und verschiedenen Interkorrelationen untersuchen, wie sich R in Abhängigkeit von der Größe der Korrelationen zum Kriterium und der Korrelation der beiden Prädiktoren ändert.

14.3.1. DIE MULTIPLE KORRELATION BEI p = 2 PRAEDIKTOREN

Für das im Abschnitt 14.2.1. erwähnte Beispiel waren folgende Korrelationen gegeben:

$r_{Y1} = 0{,}40;\ r_{Y2} = 0{,}50;\ r_{12} = 0{,}20$

Wir haben daraus die Beta-Gewichte nach den Formeln (183) und (184) berechnet und erhalten:

$\beta_1 = 0{,}3125;\ \beta_2 = 0{,}4375$

Zur Bestimmung von R folgt für p = 2 Prädiktoren nach Formel (190):

$$R = \sqrt{\beta_1 r_{Y1} + \beta_2 r_{Y2}}$$

Wir setzen in diese Formel ein und erhalten:

$$R = \sqrt{(0{,}3125)(0{,}40) + (0{,}4375)(0{,}50)} = \sqrt{0{,}34375} = 0{,}5863$$

Der multiple Korrelationskoeffizient zeigt, daß durch die lineare Kombination beider Prädiktoren die Vorhersage der Leistung im Abschlußtest verbessert werden kann. Da Prädiktor 2 alleine mit dem

Kriterium jedoch bereits mit $r_{Y2} = 0{,}50$ korreliert, ist die Verbesserung nicht sonderlich bedeutsam.
Wir wollen im folgenden an 11 Beispielen untersuchen, wie sich R in Abhängigkeit von r_{Y1}, r_{Y2}, und r_{12} ändert.

Tabelle 45 : Beispiele[1] für die Größe des multiplen Korrelationskoeffizienten R bei unterschiedlichen Korrelationen der Prädiktoren zum Kriterium (r_{Y1}; r_{Y2}) und variierenden Korrelationen der beiden Prädiktoren (r_{12})

Konstellation	r_{Y1}	r_{Y2}	r_{12}	R
1	0,40	0,40	0,00	0,57
2	0,40	0,40	0,40	0,48
3	0,40	0,40	0,90	0,41
4	0,40	0,20	0,00	0,45
5	0,40	0,20	0,40	0,40
6	0,40	0,20	0,90	0,54
7	0,40	0,00	0,00	0,40
8	0,40	0,00	0,40	0,40
9	0,40	0,00	0,90	0,92
10	0,40	0,20	-0,40	0,56
11	0,40	-0,40	-0,40	0,48

Hinweis:
Bei p = 2 Prädiktoren kann R ohne vorherige Bestimmung der Beta-Gewichte nach folgender Formel berechnet werden:

$$(191)\quad R = \sqrt{\frac{r_{Y1}^2 + r_{Y2}^2 - 2r_{Y1}r_{Y2}r_{12}}{1 - r_{12}^2}}$$

1) Siehe GUILFORD (1965, S. 404)

Für Konstellation Nr. 11 ergibt sich z.B.:

$$R = \sqrt{\frac{(0,40)^2 + (-0,40)^2 - (2)(0,40)(-0,40)(-0,40)}{1 - (-0,40)^2}}$$

$$= \sqrt{\frac{(0,32) - (0,128)}{1 - (0,16)}}$$

$$= \quad 0,4781$$

Formel (191) zeigt deutlich, daß der Koeffizient der multiplen Korrelation von der Interkorrelation der Prädiktoren <u>und</u> von den Korrelationen der Prädiktoren zum Kriterium abhängig <u>ist</u>. Besteht keine Korrelation zwischen den Prädiktoren, so wird der dritte Term im Zähler Null. Damit wächst R bei gleicher Korrelation der Prädiktoren zum Kriterium an. Andererseits ist die Konstellation im Sinne einer hohen multiplen Korrelation auch dann günstig, wenn r_{12} relativ groß ist, da sich mit wachsender Annäherung von r_{12} an 1 der Nenner Null nähert. Eine hohe multiple Korrelation wird also entweder durch sehr geringe oder sehr hohe Interkorrelation der Prädiktoren begünstigt. Allerdings ist eine hohe Interkorrelation von Prädiktoren dann effektiver, wenn r_{Y1} und r_{Y2} unterschiedlichen Betrag aufweisen. Das gilt insbesondere dann, wenn eine von beiden Korrelationen sehr gering ist. Wir wollen diese Zusammenhänge an einigen Beispielen (vgl. Tabelle 45) untersuchen:
In Konstellation 1 ist $r_{12} = 0$. In diesem Fall reduziert sich also Formel (191) auf

$$R = \sqrt{r_{Y1}^2 + r_{Y2}^2} \qquad \text{bzw.} \qquad R^2 = r_{Y1}^2 + r_{Y2}^2$$

Jeder einzelne Prädiktor leistet also hier einen spezifischen und unabhängigen Beitrag zur Vorhersage. Da das Quadrat des multiplen Korrelationskoeffizienten analog dem Quadrat des einfachen Korrelationskoeffizienten zu interpretieren ist (vgl. Abschnitt 14. 4.) , läßt sich dieser Sachverhalt auch so formulieren:
Der Anteil der Varianz des Kriteriums, der durch die Kombination beider Prädiktoren vorhergesagt wird, ist gleich der Summe der Varianzanteile, die durch jeden einzelnen Prädiktor vorhergesagt werden. Diese Aussage gilt für beliebig viele Prädiktoren, sofern deren Interkorrelationen Null sind[1].
In denKonstellationen 2 und 3 geht mit der Zunahme von r_{12} eine Abnahme von R einher. In Konstellation 3 ist r_{12} so groß, daß die

1) Dies ist z.B. bei Faktorenwerten meist der Fall.

Kombination der beiden Prädiktoren praktisch keine Verbesserung der Vorhersagemöglichkeit erbringt.
Die Konstellationen 7 bis 9 sind insofern besonders interessant, als hier die Korrelation des Prädiktors 2 zum Kriterium stets Null und die des Prädiktors 1 zum Kriterium stets 0,40 ist. Die Interkorrelation der Prädiktoren variiert von 0,0 über 0,40 nach 0,90.
Besonders eigenartig erscheint Konstellation 9:
Hier hat Prädiktor 2 keine Korrelation zum Kriterium. Man würde zunächst vermuten, daß es deshalb nicht sinnvoll ist, diesen Prädiktor mit einem anderen Prädiktor zur Verbesserung der Vorhersage zu kombinieren. Daß dies jedoch nicht zutreffend ist, zeigt die mit R = 0,92 sehr hohe multiple Korrelation, die sich durch die Kombination der beiden Prädiktoren ergibt.
Man bezeichnet einen Prädiktor, der mit einem Kriterium praktisch nicht korreliert, jedoch mit anderen Prädiktoren eine hohe Korrelation aufweist, als einen SUPPRESSOR.
Der Suppressoreffekt kommt dadurch zustande, daß Prädiktor 1 zwar positiv mit dem Kriterium korreliert, jedoch einen Varianzanteil aufweist, der nicht oder negativ korreliert. Dieser Varianzanteil stört somit die Vorhersage und "verhindert" eine hohe positive Korrelation von Prädiktor 1 zum Kriterium. Zwischen den Prädiktoren 1 und 2 besteht jedoch eine hohe positive Korrelation. Diese Korrelation ist dadurch verursacht, daß beide Prädiktoren den Varianzanteil, der die Vorhersage stört, gemeinsam haben. Prädiktor 2 der mit dem Kriterium nicht korreliert, "übernimmt" und unterdrückt so gewissermaßen die störende Varianzkomponente des Prädiktors 1, so daß sich eine relativ hohe multiple Korrelation ergibt.

14.3.2. BEISPIEL FUER EINEN SUPPRESSOREFFEKT

Wir wollen den Suppressoreffekt im folgenden kurz an einem vereinfachten psychologischen Beispiel erläutern. Dazu nehmen wir an, daß es sich beim vorherzusagenden Kriterium um eine relativ einfache Fertigkeit handelt, zu deren Beherrschung nahezu ausschließlich technisches Verständnis erforderlich ist. Zur Vorhersage dieses Kriteriums Y wird nun ein Prädiktor X benutzt, der primär verbale Fähigkeiten und sekundär technisches Verständnis erfaßt. Ein zweiter Prädiktor X_2, der lediglich verbale Fähigkeiten mißt, liegt ebenfalls vor. Abbildung 53 veranschaulicht die Komponenten, die in die beiden Prädiktoren und das Kriterium eingehen.
Wenn man nun die Korrelation r_{X1Y} bestimmt, so wird diese Korrelation relativ niedrig sein, weil der Prädiktor eine verbale Komponente enthält, die mit der für das Kriterium wesentlichen technischen Komponente nicht korreliert. Kombiniert man aber beide Prädiktoren zur Vorhersage des Kriteriums in der multiplen Regressionsgleichung, so erhält der zweite Prädiktor, der wegen der gemeinsamen verbalen Komponente mit Prädiktor 1 hoch korreliert, ein negatives Beta-Gewicht. Der die Vorhersage störende verbale Anteil des Prädiktors wird dadurch quasi substrahiert. Im Idealfall ergibt sich dann wegen der Unterdrückung der verbalen Komponente eine beträchtliche Verbesserung der Vorhersage. Prädiktor 2 wirkt also in diesem Fall als Suppressor, da er zu einer Unterdrückung und Ausschaltung der Komponente von Prädiktor 1 beiträgt, die für die Vorhersage des Kriteriums irrelevant und störend ist.

Abbildung 53: Illustration zum Suppressoreffekt. Es soll ein Kriterium vorhergesagt werden, für das lediglich die Komponente "Technisches Verständnis ($K_{technisch}$)" wesentlich ist. Zur Vorhersage werden zwei Prädiktoren benutzt: Prädiktor 1 erfaßt neben der Komponente des "Technischen Verständnisses" eine Komponente verbaler Fähigkeiten (K_{verbal}).
Prädiktor 2, der lediglich eine verbale Komponente mißt und daher mit dem Kriterium nicht korreliert, hat wegen der gemeinsamen verbalen Komponenten eine relativ hohe Korrelation zu Prädiktor 1.
Prädiktor 2 repräsentiert die Supressorvariable.

Prädiktoren:	Kriterium:
$X_1 = f(K_{verbal} + K_{technisch})$ [1]	$Y = f(K_{technisch})$
$X_2 = f(K_{verbal})$	

1) Diese symbolische Schreibweise soll bedeuten: Der Punktwert X_1 eines Probanden im Prädiktor 1 ist eine Funktion einer verbalen Fähigkeitskomponenten K_{verbal} und einer Komponente technischen Verständnisses $K_{technisch}$.

14.4. DER MULTIPLE DETERMINATIONSKOEFFIZIENT

Bei der Darstellung der einfachen Korrelationsrechnung hatten wir gezeigt (vgl. Abschnitt 11.2.), daß sich der Anteil der Varianz eines Kriteriums Y, der aus Kenntnis der Varianz eines Prädiktors X vorhersagbar ist, einfach durch Quadrierung des Korrelationskoeffizienten r_{XY} ergibt.
Dieser Koeffizient r^2 wurde als Determinationskoeffizient bezeichnet, da er angibt, in welchem Maß die Varianz des Kriteriums durch die Varianz des Prädiktors bestimmt ist.
Im Fall der multiplen Korrelation ergibt sich der Anteil der aufgrund von p Prädiktoren vorhersagbaren Varianz des Kriteriums nach folgender Formel:

$$R^2 = \beta_1 r_{Y1} + \beta_2 r_{Y2} + \ldots + \beta_p r_{Yp} \quad (192)$$

Auf die Ableitung dieser Formel können wir hier nicht eingehen. Ein Weg zu ihrer Ableitung sei jedoch kurz erläutert: Wir hatten im Zusammenhang mit der Ableitung des einfachen Determinationskoeffizienten gezeigt, daß der Koeffizient wie folgt definiert werden kann:

$$(120)\quad r^2 = \frac{s^2_{Y'}}{s^2_Y}$$

Der Determinationskoeffizient repräsentiert also den Anteil der Varianz der vorhergesagten Kriterienwerte $s^2_{Y'}$ an der Varianz der Kriterienwerte s^2_Y. Drückt man die vorhergesagten und beobachteten Kriterienwerte als Standardwerte aus, so vereinfacht sich diese Formel, da die Varianz der standardisierten Kriterienwerte 1 beträgt:

$$r^2 = s^2_{zY'}$$

Der Determinationskoeffizient ist folglich gleich der Varianz der vorhergesagten standardisierten Kriterienwerte. Diese Beziehung gilt sowohl für den einfachen, als auch für den multiplen Determinationskoeffizienten.
Wir können daher auch schreiben:

$$R^2 = s^2_{zY'}$$

$$= \frac{1}{n-1} \sum_i^n (z'_{Yi} - \bar{z}_Y)^2$$

Da der Mittelwert der vorhergesagten Standardwerte 0 ist, gilt:

$$(193)\quad R^2 = \frac{1}{n-1} \sum_i^n z^2_{Y'i}$$

Setzt man für $z_{Y'i}$ Gleichung (185) ein, so folgt:

$$R^2 = \frac{1}{n-1} \sum_i^n (\beta_1 z_{1i} + \beta_2 z_{2i} + \ldots + \beta_p z_{pi})^2$$

Diese Formel läßt sich in Formel (192) überführen.

14.5. DER RELATIVE BEITRAG DER PRAEDIKTOREN ZUR VORHERSAGE

Im Hinblick auf die im Abschnitt 14.1. erläuterten Anwendungsmöglichkeiten für die multiple Regressions- und Korrelationsrechnung ist insbesondere die Frage wesentlich, welchen Beitrag die einzelnen Prädiktoren zur Vorhersage eines Kriteriums leisten. So einfach diese Frage auf den ersten Blick erscheint, so schwierig ist es, eine befriedigende Antwort darauf zu geben. Das Problem besteht darin, daß wir es ja nicht mit einzelnen voneinander unabhängigen Prädiktoren zu tun haben, sondern daß die Prädiktoren, wie im Abschnitt 14.3.1. erläutert wurde (vgl. Tabelle 45), in komplexer Weise interagieren. In einigen Lehrbüchern zur Statistik finden sich Formeln (vgl. GUILFORD, 1965, S. 399), die zur Beurteilung des Beitrags von Prädiktoren geeignet sein sollen. Diese Formeln basieren meist auf den Beta-Gewichten und den Korrelationen der Prädiktoren zum Kriterium.

Wir halten die Anwendung dieser Formeln für sehr problematisch, weil sie der Interaktion der Prädiktoren nur unzulänglich gerecht werden können. Anstelle solcher Koeffizienten empfehlen wir die Bestimmung von Regressions-Faktor-Strukturkoeffizienten (im folgenden kurz als Strukturkoeffizienten bezeichnet).
Diese Koeffizienten geben die Korrelation der Prädiktoren mit den vorhergesagten Kriterienwerten an.

Sie können nach folgender Formel bestimmt werden[1]:

(194) $$r_{jY'} = \frac{1}{R} r_{jY} \qquad \text{für} \quad j = 1,2,\ldots,p$$

Man berechnet also für einen Prädiktor j den Strukturkoeffizienten, indem man die Korrelation r_{jY} des Prädiktors zum Kriterium durch den multiplen Korrelationskoeffizienten teilt.
Das Quadrat dieses Koeffizienten gibt den Anteil der Varianz des Prädiktors j an der durch alle Prädiktoren vorhersagbaren Varianz R^2 an.

Man bestimmt diese "relativen Determinationskoeffizienten" nach folgender Formel:

(195) $$r^2_{jY'} = \frac{1}{R^2} r^2_{jY} \qquad \text{für} \quad j = 1,2,\ldots,p$$

---

1) Die Ableitung findet sich z.B. bei COOLEY & LOHNES (1971, S. 54-55)

Die Strukturkoeffizienten geben quasi die "Ladungen" der einzelnen Prädiktoren in Bezug auf die Regressionsfunktion an. Im allgemeinen gilt, daß ein Prädiktor für die Regressionsfunktion umsomehr Bedeutung hat, je höher sein Betrag ist. Ist ein Strukturkoeffizient gering, so muß dies jedoch nicht unbedingt darauf hinweisen, daß der Prädiktor für die Regressionsfunktion keine Bedeutung hat: es ist nämlich stets zu berücksichtigen, daß es sich dabei um eine Suppressorvariable handeln kann (vgl. Abschnitt 14.3.1.).

14.6. MULTIPLE KORRELATION UND MULTIPLE REGRESSION : EIN ANWENDUNGSBEISPIEL

In einer Untersuchung (vgl. KOHR, 1974) sollte geklärt werden, welche psychologischen Prädiktoren mit dem Erfolg einer Ausbildung in der Programmiersprache FORTRAN in Zusammenhang stehen und inwieweit sich der Ausbildungserfolg durch eine lineare Kombination von Prädiktoren vorhersagen läßt. Zu diesem Zweck wurden die 63 Teilnehmer eines 14-tägigen Programmierkurses vor Kursbeginn um die Bearbeitung einer Reihe von Testverfahren gebeten. Die Punktwerte in diesen Testverfahren sollten als Prädiktoren für den Ausbildungserfolg herangezogen werden. Als Kriterium für den Ausbildungserfolg sollte das Ausmaß der Programmierkenntnisse und -fertigkeiten am Ende des Kurses benutzt werden. Dieses Kriterium wurde operationalisiert und quantifiziert durch den Punktwert, den die Kursteilnehmer in einem umfangreichen Abschlußtest erzielten. Im Abschlußtest wurden die Kenntnisse geprüft, die die Kursteilnehmer während des Kurses erworben hatten. Tabelle 46 zeigt für eine Auswahl von 5 Prädiktoren deren Interkorrelationen und Korrelationen zum Kriterium.

Tabelle 46 : Interkorrelationen von fünf Prädiktoren (Variable 1 bis 5) und Korrelation der Prädiktoren zum Kriterium (Variable 6) [1]

Kurzbeschreibung der Variablen

1) (AL) : Test zur Erfassung schlußfolgernden Denkens an sprachlichem Material ("Schlußfolgerndes sprachliches Denken")

2) (SW) : Test zur Erfassung des Sinnverständnisses für komplexe sprachliche Inhalte ("Sinnverständnis")

---

1) Quelle : KOHR (1974). Es handelt sich um eine für die Demonstration eines Beispiels vorgenommene Bearbeitung der Originaluntersuchung (Die in der Arbeit benutzten Kurzbezeichnungen für die Prädiktoren wurden beibehalten).

3) (TAD) : Test zur Erfassung der Fähigkeit zur Übertragung sprachlicher Anweisungen in die mathematische Formelsprache ("Formalisierung")

4) (MKA) : Prüfung mathematischer Kenntnisse ("Mathematische Kenntnisse")

5) (RUZ) : Prüfung von Konzentration, Flexibilität und Geschwindigkeit beim Umgang mit Zahlen ("Numerische Flexibilität")

6) (AT) : Leistung der Kursteilnehmer im Abschlußtest. Der Test prüft Programmierkenntnisse und -fertigkeiten

	Prädiktoren					Kriterium		
Variable	AL 1	SW 2	TAD 3	MKA 4	RUZ 5	AT 6	$\overline{X}$	s
1. AL	1,00					0,31	121,8	8,00
2. SW	0,24	1,00				0,31	116,0	9,83
3. TAD	0,32	0,39	1,00			0,37	11,8	3,27
4. MKA	0,32	0,14	0,56	1,00		0,38	11,9	3,39
5. RUZ	0,28	0,25	0,26	0,37	1,00	0,32	33,2	4,83
6. AT	0,31	0,31	0,37	0,38	0,32	1,00	23,2	8,12

Tabelle 46 zeigt, daß alle Prädiktoren zum Kriterium annähernd gleich hoch korrelieren. Aufgrund eines Prädiktors sind im ungünstigsten Fall ca. 10% der Varianz der Leistungen im Abschlußtest vorhersagbar (Prädiktoren 1 und 2), im günstigsten Fall lassen sich anhand der "Mathematischen Kenntnisse" ca. 14% der Varianz des Kriteriums vorhersagen. Zu untersuchen ist nun, ob die Vorhersage durch Kombination der Prädiktoren verbessert werden kann. Da die Interkorrelation der Prädiktoren nur in einem Fall ("Formalisieren" und "Mathematische Kenntnisse") recht hoch sind ($r_{34} = 0,56$), kann man damit rechnen, daß sich durch Kombination der Variablen eine verbesserte Prädiktion ergibt. Dies müßte sich in einer multiplen Korrelation R zeigen, die wesentlich über der höchsten Einzelvalidität (Korrelation von Prädiktor 4 zum Kriterium) liegt.
Die Ergebnisse der multiplen Regressionsanalyse zeigt Tabelle 47.

Tabelle 47 : Ergebnisse der multiplen Regressionsanalyse mit fünf Prädiktoren (vgl. Tabelle 46)

Prädiktor		A	B	C	D
		r_{ij}	β_j	$r_{jY'}$	$r^2_{jY'}$
1. "Schlußfolgerndes sprachliches Denken"	AL	0,31	0,130	0,613	0,376
2. "Sinnverständnis"	SW	0,31	0,172	0,613	0,376
3. "Formalisierung"	TAD	0,37	0,114	0,732	0,536
4. "Mathematische Kenntnisse"	MKA	0,38	0,200	0,752	0,566
5. "Numerische Flexibilität"	RUZ	0,32	0,137	0,633	0,401

Kriterium: Punktwert im Abschlußtest multiple Korrelation R = 0,506

Spalte A : r_{iY} : Korrelation der Prädiktoren zum Kriterium

B : β_j : Beta-Koeffizienten

C : $r_{jY'}$: Strukturkoeffizienten

D : $r^2_{jY'}$: Quadrierte Strukturkoeffizienten ("relative Determinationskoeffizienten")

Berechnungsbeispiele:

$r_{1Y'} = 1/(0,506)(0,31) = 0,613$ (vgl. Formel (194))

$r^2_{4Y'} = (0,752)^2$

$= 1/(0,506)^2(0,38)^2 = 0,566$ (vgl. Formel (195))

$R^2 = (0,130)(0,31) + (0,172)(0,31) + (0,114)(0,37) + (0,200)(0,38) + (0,137)(0,32)$

$= 0,256$ (vgl. Formel (192))

$R = \sqrt{0,256} = 0,506$ (vgl. Formel (190))

Wie aus Tabelle 47 ersehen werden kann, läßt sich durch Kombination der 5 Prädiktoren eine multiple Korrelation von R = 0,506 erzielen: die Vorhersage konnte folglich wesentlich verbessert werden. Ließen sich mithilfe des "besten" Einzelprädiktors nur 14% der Varianz der Leistungen im Abschlußtest vorhersagen, so sind durch die Prädiktorenkombinationen - wie aus R^2 = 0,256 ersichtlich - ca. 26% der Kriteriumsvarianz vorhersagbar. Es ist demnach möglich[1], für eine Person vor Beginn einer Programmierausbildung mithilfe von psychologischen Prädiktoren den wahrscheinlichen Erfolg der Ausbildung vorherzusagen. Man müßte dazu die Prädiktorenwerte in den 5 Testverfahren für diese Person erheben und in die multiple Regressionsgleichung einsetzen. Ein Beispiel für die Berechnung eines vorhergesagten Wertes wird im Abschnitt 14.7.1. erläutert.

Welchen Beitrag leisten nun die Prädiktoren zur Vorhersage des Ausbildungserfolgs? Wir können aus Tabelle 47 ersehen, daß die Prädiktoren entsprechend ihrer Korrelation zum Kriterium (Spalte A) in die Regressionsfunktion eingehen (Spalte C).
Der größte Strukturkoeffizient tritt bei Prädiktor 4 "Mathematische Kenntnisse" auf ($r_{4Y'}$ = 0,752). Demnach haben mathematische Kenntnisse die größte Bedeutung für einen erfolgreichen Kursabschluß. Diese Variable hat mit $r^2_{4Y'}$ = 0,566 den größten Anteil an der durch alle 5 Prädiktoren vorhersagbaren Varianz R^2 = 0,256; ca. 56% der überhaupt vorhersagbaren Varianz von ca. 26% sind durch "Mathematische Kenntnisse" bestimmt[2].
Betrachtet man die übrigen Prädiktoren, so stellt man fest, daß deren Strukturkoeffizienten nicht wesentlich geringer sind: daraus läßt sich schließen, daß die Fähigkeiten und Fertigkeiten, die mithilfe dieser Prädiktoren erfaßt werden, alle annährend gleichermaßen für den Lernerfolg in einem Programmierkurs bedeutsam sind. Zwei mögliche Gründe für die relativ hohe "Ladung" der sprachlichen Tests in der Regressionsfunktion sollen kurz angedeutet werden - eine ausführliche Diskussion ist natürlich an dieser Stelle nicht möglich[3]:

(1) Da es sich beim Programmieren um eine relativ komplexe intellektuelle Tätigkeit handelt, die nicht nur numerisches Denken und mathematische Kenntnisse erfordert, erscheint es plausibel, daß für das Erlernen einer Programmiersprache sprachliches Denken ebenfalls zentral ist.

(2) Die Kenntnisse in einem Programmierkurs werden in erster Linie sprachlich (verbal und schriftlich) mehr oder minder didaktisch geschickt vermittelt. Von dieser Vermittlung dürften Personen mehr profitieren, deren Fähigkeiten im schlußfolgernden, sprachlichen Denken gut ausgeprägt sind, und die den Sinn komplexer sprachlicher Eräuterungen gut zu erkennen vermögen.

---

1) Man muß hierbei voraussetzen, daß Kurssituation, Lernziele des Kurses und Kursteilnehmer vergleichbar sind.

2) Bei der Interpretation quadrierter Strukturkoeffizienten ist jedoch zu beachten, daß die Summe der Koeffizienten nicht 1 ergibt.

3) z.B. WEINBERG (1971). The Psychology of Computer Programming

14.7. DER STANDARDSCHAETZFEHLER BEI VORHERSAGEN UNTER VERWENDUNG MULTIPLER REGRESSIONSRECHNUNG

In den Abschnitten 9.9. bis 9.11.haben wir die Ableitung und Anwendung des Standardschätzfehlers s_e ausführlich erläutert. Da ein grundsätzlicher Unterschied zwischen der Anwendung im Rahmen der einfachen und der multiplen Vorhersage nicht besteht, beschränken wir uns auf die Angabe der Berechnungsformel und die kurze Darstellung eines Beispiels:

(196) $$s_{eR} = s_Y \sqrt{1 - R^2}$$

Handelt es sich um kleine Stichproben, so sollte folgende Formel benutzt werden:

(197) $$s_{eR} = s_Y \sqrt{(1-R^2) \left[\frac{n-1}{n-k}\right]}$$

s_{eR} : Standardschätzfehler für die multiple Vorhersage

R^2 : Quadrat des multiplen Korrelationskoeffizienten R

n : Anzahl der Probanden

k : Zahl der Variablen (Prädiktoren + Kriterium)

14.7.1. VORHERSAGE ANHAND DER STANDARDFORM DER MULTIPLEN REGRESSIONSGLEICHUNG : EIN ANWENDUNGSBEISPIEL

Eine Datenverarbeitungsfirma, die auch in größerem Umfang Programmierer ausbildet, hat die im Abschnitt 14.6. beschriebenen Prädiktoren zur Vorhersage der Leistung ihrer Programmierschüler eingesetzt. Der Betriebspsychologe dieser Firma erhielt eine multiple Korrelation von R = 0,65 zwischen den Prädiktoren und der Leistung am Ende der Ausbildung - man kann folglich die Leistungen von Bewerbern für eine Ausbildung als Programmierer recht gut vorhersagen. Die Geschäftsleitung des Unternehmens beschließt daraufhin, künftig für die Ausbildung nur noch Bewerber aufzunehmen, deren Leistung am Ende der Ausbildung mit einer statistischen Sicherheit von 95% über dem Leistungsdurchschnitt liegen wird.
Nehmen wir an, daß der Bewerber F.G. im Aufnahmetest folgende Werte[1] erzielte:

---

1) Die Punktwerte wurden in z-Werte umgerechnet : $z = (X - \bar{X})/s$

Test 1 : $z_1 = 2{,}00$

Test 2 : $z_2 = 1{,}80$

Test 3 : $z_3 = 1{,}50$

Test 4 : $z_4 = 0{,}40$

Test 5 : $z_5 = 2{,}10$

In welchem Bereich wird nun der standardisierte Kriterienwert von Herrn F.G. mit einer Irrtumswahrscheinlichkeit von $\alpha = 0{,}05$ (mit einer statistischen Sicherheit von $(1-\alpha)(100)\% = (1-0{,}05)(100)\% = 95\%$) liegen? Wird Herr F.G. zur Ausbildung als Programmierer zugelassen werden?

Zur Beantwortung dieser Fragen müssen wir zunächst den vorherzusagenden standardisierten Kriterienwert z'_{FG} für Herrn F.G. bestimmen. Nach Formel (185) ergibt sich dieser Wert wie folgt:

$$z'_{FG} = \beta_1 z_1 + \beta_2 z_2 + \beta_3 z_3 + \beta_4 z_4 + \beta_5 z_5$$

In dieser Gleichung sind die Beta-Werte unbekannt. Wir wollen annehmen, daß folgende Werte berechnet wurden:

$$\beta_1 = 0{,}130;\ \beta_2 = 0{,}172;\ \beta_3 = 0{,}418;\ \beta_4 = 0{,}200;\ \beta_5 = 0{,}137$$

Wir setzen die Beta-Gewichte und die z-Werte für Herrn F.G. ein und erhalten:

$$\begin{aligned} z'_{FG} &= (0{,}130)(2{,}00) + (0{,}172)(1{,}80) + (0{,}418)(1{,}50) + (0{,}200)(0{,}40) \\ &\quad + (0{,}137)(2{,}10) \\ &= 1{,}56 \end{aligned}$$

Über die multiple Regressionsgleichung wird also für Herrn F.G. eine Leistung vorhergesagt, die ca. 1,5 Standardabweichungseinheiten über dem Durchschnitt liegt.
Der Bereich, in dem seine Leistung mit einer statistischen Sicherheit von 95% (d.h. mit einer Irrtumswahrscheinlichkeit von $\alpha = 0{,}05$) liegen wird, hat folgende Grenzen:

Untere Grenze (UG)[1] : $z'_{FG} - z_{\alpha/2}\, s_{eR}$

Obere Grenze (OG) : $z'_{FG} + z_{\alpha/2}\, s_{eR}$ (vgl. Abschnitt 9.11)

$z_{\alpha/2}$: z-Wert, oberhalb dessen ein Flächenanteil von $\alpha/2$ der Fläche der Standardnormalverteilung liegt. In unserem Fall ist $z_{\alpha/2} = 1.96$

s_{eR} : Standardschätzfehler für die multiple Vorhersage. Da das Kriterium in der standardisierten Form vorhergesagt wird, vereinfacht sich Formel (196) zu:

$$s_{eR} = \sqrt{1-R^2} = \sqrt{1-(0{,}65)^2} = 0{,}76$$

1) Bei kleinen Stichproben sollte der t-Wert anstelle des z-Wertes eingesetzt werden

Wir setzen die errechneten Größen ein und erhalten für z_{UG} und z_{OG}:

$$z_{UG} = 1{,}56 - (1{,}96)(0{,}76) = 0{,}07$$

$$z_{OG} = 1{,}56 + (1{,}96)(0{,}76) = 3{,}05$$

Da die Leistung von Herrn F.G. mit einer statistischen Sicherheit von 95% überdurchschnittlich sein wird (das Kovidenzintervall schließt den Wert z = 0 nicht ein), würde Herr F.G., von der Firma angestellt und zur Programmierausbildung zugelassen.

14.7.2. VORHERSAGE ANHAND DER ROHWERTFORM DER MULTIPLEN REGRESSIONSGLEICHUNG : EIN ANWENDUNGSBEISPIEL

Es ist natürlich auch möglich, den nicht-standardisierten Kriterienwert einer Person aufgrund der Prädiktorrohwerte vorherzusagen und das Konvidenzintervall für den Rohwert des Kriteriums zu bestimmen. In diesem Fall wird zunächst der vorherzusagende Rohwert des Kriteriums (Y') nach Formeln (186/187) berechnet. Den Standardschätzfehler s_{eR} bestimmt man nach Formel (196). Für die untere und obere Grenze des Intervalls, indem der Kriterienwert Y mit der Irrtumswahrscheinlichkeit α liegt, gilt dann:

$$Y_{UG} = Y' - z_{\alpha/2}\, s_{eR} \qquad Y_{OG} = Y' + z_{\alpha/2}\, s_{eR}$$

Beispiel:
Wir wollen die erforderlichen Berechnungen[1] am vorher diskutierten Beispiel aufzeigen. Es sei angenommen, daß für die 5 Prädiktoren und das Kriterium folgende Kennwerte gegeben sind:

Prädiktor	$\overline{X}$	s	Beta	Prädiktorenwerte (Herr F.G.)
1	100	10	0,130	120
2	80	8	0,172	94
3	40	6	0,418	49
4	60	6	0,200	62
5	50	5	0,137	61

Mittelwert des Kriteriums : $\overline{Y} = 100$

Standardabweichung des Kriteriums : $s_Y = 15$

1) Die Ergebnisse der Berechnungen wurden gerundet angegeben

Für den vorhergesagten Kriterienwert Y'_{FG} gilt dann nach Gleichung (186):

$$Y'_{FG} = (s_Y/s_1)\beta_1 X_1 + (s_Y/s_2)\beta_2 X_2 + \ldots + (s_Y/s_5)\beta_5 X_5 + a$$

$$= (15/10)(0{,}130(120) + (15/8)(0{,}172)(94) + (15/6)(0{,}418)(49) + (15/6)(0{,}200)(62) + (15/5)(0{,}137)(61) + a$$

$$= 161 + a$$

Nach Gleichung (187) ergibt sich a wie folgt:

$$a = \bar{Y} - \left[(s_Y/s_1)\beta_1\bar{X}_1 + (s_Y/s_2)\beta_2\bar{X}_2 + \ldots + (s_Y/s_5)\beta_5\bar{X}_5\right]$$

$$= 100 - \left[(15/10)(0{,}130)(100) + \ldots + (15/5)(0{,}137)(50)\right]$$

$$= 100 - 138$$

$$= -38$$

Der vorhergesagte Kriterienwert für Herrn F.G. ist demnach:

$$Y'_{FG} = 161 - 38 = 123$$

Nach Formel (196) gilt für den Standardschätzfehler:

$$s_{eR} = s_Y\sqrt{1 - R^2} = 15\sqrt{1 - (0{,}65)^2} = 11{,}4$$

Für die Grenzen des 95%-Konfidenzintervalls gilt dann:

$$Y_{UG} = 123 - (1{,}96)(11{,}4) = 101$$

$$Y_{OG} = 123 + (1{,}96)(11{,}4) = 145$$

Wie die Umrechnung der Grenzen des Konfidenzintervalls in z-Werte zeigt, ergibt sich (von Rundungsfehlern abgesehen) das bereits anhand der standardisierten Form der multiplen Regressionsgleichung berechnete Ergebnis:

$$z_{UG} = \frac{Y_{UG} - \bar{Y}}{s_Y} = \frac{101 - 100}{15} = 0{,}07$$

$$z_{OG} = \frac{Y_{OG} - \bar{Y}}{s_Y} = \frac{145 - 100}{15} = 3.00$$

Welche Form der multiplen Regressionsgleichung man zur Vorhersage benutzt, ist letztlich gleich: Die Standardform hat allerdings den Vorteil, daß man die standardisierten vorhergesagten Werte und die Grenzen des Konfidenzintervalls mithilfe der Standardnormalverteilungstabelle direkt in Prozentränge transformieren kann.
Abschließend sei noch einmal darauf hingewiesen, daß es sich nur um ein zum Zweck der Illustration vereinfachtes und konstruiertes Beispiel handelt. Bei Verwendung der multiplen Regressionstechnik im Rahmen der Vorhersage und Selektion sind zahlreiche Sachverhalte, die hier nicht diskutiert werden können, zu bedenken. Einführungen in die Problematik finden sich z.B. bei DARLINGTON, 1968 und BRANDSTÄTTER, 1970.

14.8. ALLGEMEINE HINWEISE ZUR DURCHFUEHRUNG MULTIPLER REGRESSIONSANALYSEN

Im folgenden werden wir kurz einige Aspekte aufführen, die bei der Berechnung multipler Korrelationen bzw. bei Vorhersagen anhand der multiplen Regressionsgleichung wesentlich sind.

14.8.1. ZUFALLSFEHLER

In die Berechnung der Beta-Koeffizienten gehen sämtliche Korrelationen der Prädiktoren untereinander und die Korrelationen mit dem Kriterium ein. Bei p Prädiktoren sind dies $k = p(p-1)/2 + p$ Korrelationskoeffizienten. Jeder Koeffizient stellt eine Schätzung des Korrelationskoeffizienten in der Population dar. Da aber jede Schätzung mit Fehlern behaftet ist, folgt daraus, daß in die Bestimmung der Beta-Gewichte Zufallsfehler der Stichprobe mit relativ großem Gewicht eingehen.
Es ist leicht einzusehen, daß diese Fehler in der Regel umso bedeutsamer sind, je größer die Zahl der Prädiktoren und je kleiner der Stichprobenumfang ist.

14.8.2. KONTROLLE VON ZUFALLSFEHLERN DURCH KREUZVALIDIERUNG

Im Sinn der Konsistenz der Ergebnisse von Regressionsanalysen über verschiedene Stichproben hinweg ist ein weiteres Faktum zu beachten: Zufallsfehler werden durch das Verfahren so gewichtet, daß sich eine möglichst optimale Vorhersage ergibt. Dadurch wird aber der tatsächliche (d.h. in der Population bestehende) Zusammenhang zwischen den Prädiktoren und dem Kriterium überschätzt. Diese Überschätzung nimmt mit wachsender Zahl der Prädiktoren zu: mit jedem Prädiktor wächst nämlich die Zahl der Möglichkeiten, von zufälligen Beziehungen der Variablen Gebrauch zu machen. Es kann daher nicht verwundern, daß die Ergebnisse von multiplen Regressionsanalysen über verschiedene Stichproben hinweg oft stark differieren. Von diesem Effekt werden besonders die Beta-Koeffizienten betroffen (vgl. z.B. COOLEY & LOHNES, 1971, S. 55-57). Deshalb wird die Kreuzvalidierung von regressionsanalytischen Ergebnissen dringend empfohlen.
Der Grundgedanke der Kreuzvalidierung ist einfach: man prüft die Brauchbarkeit der an einer Stichprobe S_1 gefundenen Lösung an einer Stichprobe S_2 aus derselben Population. In beiden Stichproben werden

die gleichen Variablen gemessen. Die Regressionsgleichung wird an S_1 bestimmt. Man berechnet nun für alle Probanden der Stichprobe S_2 unter Verwendung der an S_1 ermittelten Regressionsgleichung die vorherzusagenden Kriterienwerte Y'. Diese Werte korreliert man mit den tatsächlichen Kriterienwerten Y der Probanden der Stichprobe S_2. Die Korrelation $r_{Y'Y}$ dieser Werte liefert dann eine eher realistische Schätzung für die multiple Korrelation R. In den meisten Fällen wird $r_{Y'Y}$ kleiner als der an Stichprobe 1 bestimmte Koeffizient R sein: je mehr $r_{Y'Y}$ von R abweicht, desto weniger ist die an Stichprobe 1 berechnete Lösung auf eine andere Stichprobe übertragbar; die Diskrepanz der Koeffizienten ist also ein guter Indikator für das Ausmaß der Überschätzung der multiplen Korrelation aufgrund von Stichprobenfehlern.

14.8.3. PROBLEME DER SCHRITTWEISEN MULTIPLEN REGRESSIONSANALYSE

Der Zweck dieses Verfahrens[1] besteht darin, aus einem Satz von q Prädiktoren die p Prädiktoren auszulesen, die zur Vorhersage eines Kriteriums am besten geeignet sind; p soll dabei in Relation zu q möglichst klein werden. Zwei unterschiedliche Strategien werden bei diesem Verfahren üblicherweise benutzt:

1. Man geht von allen q Prädiktoren aus und eliminiert schrittweise die Prädiktoren, die nicht zur Vorhersage beitragen.
2. Man wählt als Ausgangspunkt den Prädiktor, der am besten zur Vorhersage des Kriteriums geeignet ist. In den folgenden Schritten nimmt man jeweils solange je einen Prädiktor hinzu, bis kein Prädiktor einen zusätzlichen Beitrag zur Vorhersage leistet (es existieren auch Strategien, nach denen Prädiktoren, die bereits einbezogen wurden, wieder eliminiert werden können).

Das zentrale Problem dieses Verfahrens besteht darin, daß die gesamte Interkorrelationsmatrix nach den Beziehungen, die die multiple Korrelation erhöhen, systematisch durchsucht wird. Dies bedeutet notwendigerweise, daß zufällig günstige Beziehungen der Variablen eine unrealistisch hohe Bedeutung erhalten. Daraus folgt also das multiple Regressionsgleichungen die mit diesem Verfahren bestimmt werden, in aller Regel zu einer Überschätzung der in der Population vorhandenen Beziehungen zwischen Prädiktoren und dem Kriterium führen[2]. Kreuzvalidierungen sind daher bei der Anwendung solcher Verfahren besonders angebracht.

14.8.4. RELATION VON PERSONEN- UND VARIABLENZAHL

Ist die Zahl der Personen kleiner als die Zahl der Variablen, so kann das Kriterium stets aus den Prädiktoren vollständig vorhergesagt werden (vgl. z.B. GAENSSLEN & SCHUBÖ, 1973, S. 98). Die Verwendung multipler Regressionsanalysen ist also in solchen Fällen sinnlos.

---

1) Eine Darstellung findet sich bei EFROYMSON (1960).

2) McNEMAR (1962, S.185) gibt hierfür ein Beispiel

14.8.5. BEZIEHUNG DER PRAEDIKTOREN

Wenn ein Prädiktor mit einem anderen oder einer Kombination anderer Prädiktoren zu 1 korreliert, dann existiert keine eindeutige Lösung des Vorhersageproblems. Es ist folglich darauf zu achten, daß man nicht Prädiktoren und Linearkombinationen dieser Prädiktoren (z.B. Summenwerte) zugleich in eine multiple Regressionsanalyse einbezieht.

14.8.6. KOMPENSATORISCHE BEZIEHUNG ZWISCHEN PRAEDIKTOREN

Aus der Gleichung für die Bestimmung eines vorhergesagten Wertes wird deutlich, daß wegen der additiven Verknüpfung der Prädiktoren niedrige Punktwerte in einem Prädiktor durch hohe Punktwerte in einem anderen ausgeglichen werden können, ohne daß sich der vorhergesagte Punktwert ändert. Dieser an sich triviale Sachverhalt kann bei der praktischen Anwendung der multiplen Regressionsrechnung z.B. im Bereich der Selektion von Bewerbern leicht übersehen werden.
Wir wollen dies im folgenden kurz an einem Beispiel zeigen:
Angenommen, es existiert eine Batterie von 4 Testverfahren zur Selektion von Bewerbern für den Beruf des Fluglotsen. Der Test enthält Verfahren zur Messung der Konzentrationsfähigkeit (1), der Belastbarkeit (2), der Ausdauer (3) und der Sehschärfe (4).
Mithilfe der multiplen Regressionsgleichung würde man den standardisierten Kriterienwert wie folgt vorhersagen:

$$z' = \beta_1 z_1 + \beta_2 z_2 + \beta_3 z_3 + \beta_4 z_4$$

Wenn man nun diese Formel naiv zur Vorhersage benutzt, indem man unbesehen die Testwerte einer Person einsetzt, so könnte es wegen der kompensatorischen Beziehung sein, daß man eine Person als geeignet empfiehlt, deren Sehschärfe unter dem erforderlichen Minimum liegt. Dieser fatale Fehler könnte einfach dann entstehen, wenn die Person in allen anderen Prädiktoren extrem gute Leistungen zeigt und damit die schlechte Leistung im Prädiktor Sehschärfe ausgleicht.

14.8.7. QUALITATIVE VARIABLE IN DER MULTIPLEN REGRESSIONSRECHNUNG

Es ist grundsätzlich möglich, qualitative Prädiktoren im Rahmen multipler Regressionsrechnung zu verwenden. Allerdings muß vorausgesetzt werden, daß es sich um dichotome Merkmale handelt. Weisen die qualitativen Merkmale dagegen mehr als zwei Kategorien auf, so müssen diese vor Einbezug in die multiple Regressionsrechnung durch Auflösung in einzelne alternative Dummyvariablen umgewandelt werden. Das dazu geeignete Verfahren wird ausführlich bei GAENSSLEN & SCHUBÖ, 1973, S. 143-146 behandelt.

Wird ein dichotomes Kriterium vorhergesagt (z.B. die mit 0/1 kodierte Variable männlich/weiblich), so liegt der Fall vor, der allgemein als einfache Diskriminanzanalyse[1] bezeichnet wird:
Die multiple Regressionsgleichung gewichtet dabei die Prädiktoren so, daß sich eine optimale Vorhersage der Gruppenzugehörigkeit und damit eine maximale Trennung der Gruppen ergibt.

---

1) Bei der multiplen Diskriminanzanalyse handelt es sich um ein Verfahren zur Trennung (bzw. Vorhersage der Gruppenzugehörigkeit) für mehr als zwei Gruppen (siehe z.B. COOLEY & LOHNES, 1971; RULON, TASUOKA, TIEDEMAN & LANGMUIR, 1967)

15 GRUNDZÜGE DER FAKTORENANALYSE

Im folgenden Kapitel wollen wir eine Einführung in ein Verfahren geben, das mit dem Sammelbegriff "Faktorenanalyse (FA)" bezeichnet wird. Im Rahmen dieses Buches ist es wegen der Vielfalt der Ansätze zur FA nicht möglich, einen auch nur annähernd umfassenden Überblick zu geben. Wir müssen uns deshalb auf eine knappe und gelegentlich übersimplifizierte Darstellung eines speziellen faktorenanalytischen Verfahrens, das besonders häufig benutzt wird ("Hauptkomponentenanalyse mit Varimaxrotation") beschränken[1]. Dabei wollen wir auf Details der mathematisch anspruchsvollen Berechnungsmethoden soweit wie möglich verzichten und nur die für das Verständnis und die adäquate Interpretation der Ergebnisse einer FA erforderlichen Grundannahmen und Datenmodelle erläutern.

Den vielfältigen faktorenanalytischen Verfahren ist folgender Grundgedanke gemeinsam: In jeder von v gemessenen Variablen sind f Anteile enthalten, die jede Variable mit den übrigen v - 1 Variablen gemeinsam hat. Ausdruck und Folge dieser Gemeinsamkeit ist die Interkorrelation der v Variablen. Die gemeinsamen Anteile repräsentieren selbst ebenfalls Variable, die jedoch nicht durch Messung unmittelbar erfaßt, sondern lediglich aus der Interkorrelation der gemessenen Variablen rechnerisch bestimmt werden können. Diese hypothetischen Variablen werden als Faktoren bezeichnet. Das Ziel der Faktorenanalyse besteht darin,

(1) die f Faktoren aus der Interkorrelationsmatrix der v Variablen so zu extrahieren, daß möglichst wenig Information über die Beziehungen der gemessenen Variablen untereinander verlorengeht (Hauptkomponentenanalyse/Faktorenextraktion)

---

1) In Abschnitt 15.7.5. ist eine Auswahl weiterführender Literatur angegeben

(2) die Faktoren so zu ordnen und zu strukturieren, daß sich eine möglichst einfache, wissenschaftlich sinnvolle und interpretierbare Struktur ergibt und daß die Faktoren in Termini der gemeinsamen Anteile der Ausgangsvariablen identifiziert und benannt werden können (Varimaxrotation der Faktoren).

Im allgemeinen läßt sich dieses Ziel mit dem hier zu beschreibenden Verfahren umso besser erreichen, je mehr gemeinsame Anteile in den gemessenen Variablen vorhanden sind: es ist dann nämlich möglich, die Interkorrelationen von v Variablen mit relativ geringem Informationsverlust auf f voneinander unabhängige (nicht korrelierende) Faktoren zurückzuführen. Freilich kann man im empirischen Fall nicht erwarten, daß sich die Interkorrelationsmatrix einer Vielzahl von v Variablen mit wenigen Faktoren vollständig reproduzieren läßt: da die Variablen nicht nur mit anderen Variablen gemeinsame, sondern auch spezifische Anteile enthalten, wird es stets nur möglich sein, einen Teil der Variation der Variablen durch die Faktoren aufzuklären. Die Brauchbarkeit einer faktorenanalytischen Lösung wird folglich wesentlich von der Größe des Varianzanteils abhängen, der durch die Faktoren aufgeklärt werden kann.

Bevor wir in den folgenden Abschnitten näher auf das Modell der Hauptkomponentenanalyse eingehen, wollen wir das Anliegen des Verfahrens an einem einfachen Beispiel erläutern.

15.1. ERLAEUTERUNG EINES BEISPIELS

Nehmen wir an, ein Untersucher hat einen Intelligenztest entwickelt, der aus acht Subtests zur Erfassung von Intelligenzkomponenten besteht. Er gibt diesen Test einer größeren Personenstichprobe zur Bearbeitung und registriert die Leistung jeder Person in allen Subtests. Die Leistungen werden dann miteinander korreliert. Es ergibt sich eine Korrelationsmatrix, welche die Beziehungen zwischen den Variablen widerspiegelt.
Da der Untersucher feststellen möchte, welche Variablen ggf. gemeinsame Aspekte der Intelligenz erfassen und wie sich die Variablen ordnen und strukturieren lassen, fertigt er sich eine Skizze an, in der jede der acht Variablen als ein Punkt dargestellt wird; die Abstände zwischen den Punkten wählt er so, daß sie den Korrelationen der Variablen proportional sind (je dichter die Punkte in der Ebene beieinander liegen, desto höher ist die Korrelation der Variablen). Wir wollen annehmen, daß sich zwei relativ weit voneinander entfernte Punktegruppen ergeben.
Der Untersucher prüft nun, welche Fähigkeiten eigentlich durch die Subtests erfaßt werden. Er stellt fest, daß die erste Punktgruppe nur Verfahren repräsentiert, zu deren Bearbeitung verbale Fähigkeiten erforderlich sind. Bei der zweiten Punktgruppe ermittelt er, daß durch diese die Tests symbolisiert werden, deren Bearbeitung numerische Fähigkeiten erfordert. Er setzt nun in seiner Skizze anstelle der Punkte entweder ein "v" oder ein "n" ein, jenachdem ob es sich um einen Test handelt, der verbale oder numerische Fähigkeiten erfaßt. Man kann aus der Skizze deutlich ersehen (vgl. Abbildung 54), daß die je vier Verfahren jeder Variablengruppe untereinander hoch korrelieren und daß zwischen den Variablen beider Variablengruppen nur geringe Beziehungen bestehen.

Abbildung 54 : Skizze zur Illustration des Ziels der Faktorenanalyse. Erläuterungen (näheres dazu im Text): v, n : Symbole für je vier Tests zur Erfassung von Komponenten der verbalen bzw. numerischen Intelligenz: je dichter die Symbole in der Ebene beieinanderliegen, desto größer sei die Korrelation der Testverfahren, für die die Symbole stehen. Man erkennt zwei Variablen-Cluster: innerhalb beider Cluster sind die Korrelationen hoch, zwischen den Variablen beider Cluster bestehen nur geringe Korrelationen. Daher liegt der Schluß nahe, daß die Korrelationen innerhalb der beiden Cluster durch zwei Faktoren (V: "Verbale Intelligenz" und N: "Numerische Intelligenz") bestimmt werden; beide Faktoren sind voneinander unabhängig.

	Korrelationen		Faktoren
Variablen-Cluster V	v v v v	--------►	Faktor V: "Verbale Intelligenz"
Variablen-Cluster N	n n n n	--------►	Faktor N: "Numerische Intelligenz"

Aufgrund dieser Struktur der Korrelationen liegt nun der Schluß nahe, daß die Korrelation in jeder Variablengruppe durch eine nicht gemessene, hypothetische Variable bestimmt wird: man könnte diese hypothetischen Variablen als Faktoren der "Numerischen Intelligenz" und der "Verbalen Intelligenz" bezeichnen.

Wir haben in diesem Beispiel versucht, durch Analogie zu verdeutlichen, nach welchem Grundprinzip und zu welchem Zweck Faktorenanalysen im allgemeinen durchgeführt werden. Im folgenden wollen wir in Anknüpfung an dieses Beispiel erläutern, welche Schwierigkeiten im allgemeinen bei der Strukturierung von Korrelationsmatrizen entstehen, wenn es sich nicht um Modellbeispiele, sondern um Ergebnisse empirischer Untersuchungen handelt.
Nehmen wir an, der oben erwähnte Untersucher hat seine Verfahren an einer repräsentativen Stichprobe entwickelt. Er möchte nun prüfen, ob sich die beschriebene Struktur seines aus acht Subtests bestehenden Intelligenztests auch bei einer Stichprobe von überdurchschnittlich begabten Personen nachweisen läßt.
Er läßt die Verfahren deshalb von einer größeren Stichprobe von Studenten bearbeiten. Seine Hypothese: "Es handelt sich um je vier Verfahren zur Erfassung der Faktoren numerische und verbale Intelligenz". Er will durch eine Faktorenanalyse die Interkorrelationen der acht Verfahren untersuchen. Das Ergebnis der Korrelationsberechnungen zeigt Tabelle 48 .

Tabelle 48 : Korrelationsmatrix für acht Subtests eines Testverfahrens zur Erfassung numerischer und verbaler Intelligenz[1]

Subtest	"Numerische Subtests"				"Verbale Subtests"			
	GR	SCH	ZN	ER	GW	AL	SP	WG
	A							B
GR	1.00	.44	.34	.44	-.05	.02	.13	.14
SCH	.44	1.00	.44	.44	.04	.32	.27	.08
ZN	.34	.44	1.00	.48	.06	.34	.05	.30
ER	.44	.44	.48	1.00	-.05	.16	.19	.15
	C							D
GW	-.05	.04	.06	-.05	1.00	.45	.48	.27
AL	.02	.32	.34	.16	.45	1.00	.24	.15
SP	.13	.27	.05	.19	.48	.24	1.00	.20
WG	.14	.08	.30	.15	.27	.15	.20	1.00

Damit die korrelativen Beziehungen besser überschaut werden können, wurden die Subtests der Hypothese des Untersuchers entsprechend angeordnet:

- in dem mit A bezeichneten Ausschnitt der Korrelationsmatrix sind die Korrelationen der numerischen Subtests untereinander wiedergegeben;
- Ausschnitt D zeigt die Interkorrelationen der verbalen Subtests;
- die Ausschnitte B und C geben die Korrelationen wieder, die zwischen den verbalen und numerischen Subtests bestehen: B und C enthalten natürlich dieselben Koeffizienten, wobei einer Spalte in B eine Zeile in C entspricht.

Welche Informationen lassen sich nun dieser Korrelationsmatrix entnehmen? Ist es wahrscheinlich, daß die Hypothese des Untersuchers empirisch bestätigt werden kann?
Wir sehen, daß die je vier Verfahren zur Erfassung der numerischen und der verbalen Intelligenz untereinander relativ hoch korrelieren. Zwischen den Tests beider Subtestgruppen sind die Korrelationen

1) Die Daten entstammen einer unveröffentlichten Untersuchung (KOHR, 1974), in der u.a. der WILDE-Intelligenztest (vgl. JÄGER, 1963) benutzt wurde. Zum Zweck der Illustration wurden die Verfahren, die die Komponenten der numerischen und verbalen Intelligenz erfassen, zusammen analysiert.

deutlich geringer.
Eine grundlegende Voraussetzung für die Bestätigung der Hypothese des Untersuchers ist damit gegeben: die Gemeinsamkeit innerhalb der Testgruppen ist größer als die Gemeinsamkeit zwischen den Testgruppen. Allerdings ist dieses Ergebnis nicht so eindeutig, wie dies der Untersucher wohl wünschen würde: die mutmaßlich verbalen Subtests AL und WG korrelieren recht beträchtlich mit den entsprechend der Hypothese numerischen Subtests SCH und ZN. Es ist also zu klären, ob aus der vorliegenden Struktur der Interkorrelationen der Subtests geschlossen werden kann, daß die Beziehungen zwischen diesen durch zwei voneinander unabhängige Faktoren der numerischen und verbalen Intelligenz bestimmt sind.
Eine Antwort auf diese Frage liefert uns die Faktorenanalyse: Wenn die Hypothese des Untersuchers zutrifft, dann müßten sich (1) die postulierten Faktoren nachweisen lassen und (2) müßte die Interkorrelation der Variablen durch die Faktoren hinreichend gut erklärbar und reproduzierbar sein.
Wir werden später die Ergebnisse der Faktorenanalyse dieser Korrelationsmatrix diskutieren (vgl. Abschnitt 15.2.3.). Zuvor wollen wir jedoch ausführlicher auf das faktorenanalytische Modell und die diesem zugrunde liegenden Annahmen eingehen.

15.2. FAKTORENANALYSE NACH DER HAUPTKOMPONENTENMETHODE MIT ANSCHLIESSENDER VARIMAX-ROTATION

Im folgenden Abschnitt wollen wir die Grundzüge dieses wohl derzeit am häufigsten benutzten faktorenanalytischen Verfahrens kurz erläutern. Wir werden dabei die für die Interpretation der Ergebnisse einer Analyse (und das bedeutet in der Praxis: für das Verständnis des Ausdrucks eines Computerprogramms) wesentlichen Begriffe und Konzepte vorstellen, ohne mathematische Ableitungen zu erläutern; dazu verweisen wir auf die im letzten Abschnitt angegebenen Literaturhinweise.
Das hier zu erörternde faktorenanalytische Verfahren besteht im Grunde aus zwei Schritten: im ersten Schritt (der Analyse von Faktoren nach dem Hauptkomponentenmodell) geht es darum, aus einer Korrelationsmatrix Faktoren so zu extrahieren, daß die Korrelationen der Variablen durch möglichst wenige Faktoren möglichst gut erklärt werden können. Dabei ist die Reduktion der Komplextät der Beziehungen, die zwischen v Variablen bestehen, durch Bestimmung von f Faktoren primär.
Wenn die Faktoren bestimmt wurden, so kann man zwar die Korrelationen der Variablen durch die Faktoren mehr oder weniger gut erklären, man weiß jedoch in der Regel noch nicht, wie die Faktoren benannt und interpretiert werden können. Die Hauptachsenanalyse führt nämlich zu Faktoren, die nicht am Kriterium der Interpretierbarkeit, sondern lediglich an dem der maximalen Varianzaufklärung orientiert sind. Deshalb ist ein zweiter Schritt erforderlich: die Faktoren müssen so rotiert (d.h. in eine Variablenkonfiguration ohne Veränderung der Konfiguration eingepaßt)werden, daß sie sich vorhandenen Variablencluster möglichst gut anpassen, und Informationen darüber liefern, welche Variablen zu welchen Clustern gehören. Es gibt eine Vielzahl von Rotationsmöglichkeiten und -methoden: wir werden auf eine häufig benutzte Rotationsmethode eingehen, die zu den orthogonalen Rotationen zu zählen ist, da auch die rotierten Faktoren voneinander unabhängig sind.

Bei diesem als VARIMAX-Rotation bezeichneten Verfahren werden die Faktoren so in die Variablenkonfiguration eingepaßt, daß sich eine möglichst einfach interpretierbare Struktur ergibt.

Eine solche Struktur liegt - grob gesprochen - dann vor, wenn jede Variable nur mit einem der Faktoren hoch und mit den übrigen Faktoren gering oder garnicht korreliert (in der Terminologie der "Faktorenanalytiker" ausgedrückt: wenn eine Variable nur in einem Faktor eine hohe Ladung hat). Man erhält im Idealfall pro Faktor einige hohe Ladungen, die übrigen Ladungen sind geringfügig oder 0. Aus dieser Struktur der Ladungen läßt sich im allgemeinen leicht erkennen, welche Variablen welche Faktoren definieren. Die inhaltlich-wissenschaftliche Analyse der Aspekte, die diesen Variablen gemeinsam sind, liefert dann Hinweise zur Benennung und Interpretation der Faktoren.

Wir wollen zunächst die in der Terminologie der Faktorenanalyse üblichen Begriffe: Faktor, Faktorwert, Ladung, Faktorenstruktur, Varianz eines Faktors und Kommunalität erläutern. Diese Begriffe haben bei unrotierten und rotierten Faktoren dieselbe Bedeutung. Anschließend wird auf das Verfahren der Hauptachsenanalyse eingegangen. Die Erläuterungen zur faktorenanalytischen Terminologie schließen mit einer knappen Darstellung des Rotationsproblems und der Rotation nach dem VARIMAX-Kriterium ab. Die vorgestellten Begriffe und Konzepte werden jeweils an dem im ersten Abschnitt erwähnten Beispiel der acht Testverfahren zur Erfassung von Faktoren der verbalen und der numerischen Intelligenz deutlich gemacht; wir werden dazu die Ergebnisse einer Faktorenanalyse der in Tabelle 48 wiedergegebenen Korrelationsmatrix diskutieren.

15.2.1. DIE KORRELATIONSMATRIX ALS BASIS DER FAKTORENANALYSE

Im allgemeinen (jedoch nicht notwendigerweise)[1] geht man bei dem hier zu diskutierenden Verfahren der Faktorenanalyse von der Matrix aller Korrelationen zwischen den v standardisierten Variablen[2] (Mittelwert 0 und Standardabweichung 1) aus. Tabelle 49 zeigt die allgemeine Form einer Korrelationsmatrix für v Variable $z_1, z_2, \ldots, z_v$.

---

1) vgl. dazu z.B. GAENSSLEN & SCHUBÖ (1973, S. 200-204)

2) Die Standardisierung nach z hat natürlich auf die Korrelationen keinen Einfluß; für die folgenden Konzepte muß aber vorausgesetzt werden, daß die Variablen standardisiert wurden.

Tabelle 49 : Korrelationsmatrix von v Variablen; die Matrix hat v Zeilen (l = 1, 2, ..., v) und v Spalten (m = 1, 2, ..., v)

Variable	1	2	...	m	...	v
1	1.00	r_{12}		r_{1m}		r_{1v}
2	r_{21}	1.00		r_{2m}		r_{2v}
.	.	.		.		.
.	.	.		.		.
.	.	.		.		.
l	r_{l1}	r_{l2}		r_{lm}		r_{lv}
.	.	.		.		.
.	.	.		.		.
.	.	.		.		.
v	r_{v1}	r_{v2}		r_{vm}		1.00

Der Korrelationskoeffizient r_{lm} steht im Schnittpunkt von Zeile l und Spalte m der Matrix; er gibt die Korrelation der Variablen l und m an.

15.2.2. FAKTOREN, FAKTORGEWICHTE UND FAKTORENWERTE

Wir hatten festgestellt, daß die Faktorenanalyse in erster Linie ein Instrument zur Reduktion der Vielfalt der Beziehungen zwischen einer großen Zahl von v Variablen auf einige wenige hypothetische Variable darstellt; diese hypothetischen Variablen werden als Faktoren bezeichnet. Sie werden rechnerisch so bestimmt, daß sie wechselweise voneinander unabhängig sind (Orthogonalität der Faktoren).
Liegt im allgemeinen Fall zur Erklärung der Korrelation zwischen v Variablen (j = 1, 2, ..., v) eine Anzahl von f Faktoren (k = 1, 2, ..., f) vor, so kann man für jede Person bestimmen, welchen Wert die Person in jedem der Faktoren hat. Diese Werte einer Person wollen wir als Faktorwerte bezeichnen. Hat man z.B. zwei Faktoren F_1 : "Numerische Intelligenz" und F_2 : " Verbale Intelligenz" extrahiert, so lokalisieren die Faktorwerte F_{1i} und F_{2i} eine beliebige Person i auf diesen beiden hypothetischen Dimensionen oder Faktoren. In die Bestimmung von Faktorwerten gehen alle standardisierten Variablenwerte einer Person ein.
Für den Faktorwert einer beliebigen Person i in einem beliebigen Faktor k gilt folgende Gleichung:

(198) $$F_{ki} = g_{1k}z_{1i} + g_{2k}z_{2i} + \dots + g_{jk}z_j + \dots + g_{vk}z_v$$

Ein Faktorwert ist also eine Linearkombination der standardisierten Variablenwerte. Jeder Variablenwert wird mit einer Größe "gewichtet". Diese Größe g_{jk} nennt man das Faktorgewicht der Variablen j für Faktor k. Die Größe eines Faktorgewichts ist abhängig von der Korrelation der Variablen j mit allen übrigen Variablen. Die Faktorgewichte dürfen nicht mit den für die Interpretation der Faktorenanalyse zentralen Ladungen (siehe nächsten Abschnitt) verwechselt werden: die Ladungen können nämlich erst dann berechnet werden, wenn die Faktorgewichte vorliegen.
Auf die Bestimmung von Faktorgewichten und Faktorwerten[1)] können wir hier nicht eingehen. denn die dazu erforderlichen mathematischen Verfahren setzen detaillierte Kenntnisse der Matrizenrechnung voraus.

Wir meinen, daß diese Einschränkung im Grunde für den Leser keine entscheidenden Nachteile mit sich bringt. Einerseits kann nämlich das Prinzip der Faktorenanalyse durchaus ohne die genaue Kenntnis der mathematischen Lösungsstrategien und -verfahren verstanden werden; andererseits hat die Kenntnis der zur Lösung des mathematischen Problems erforderlichen Verfahren für die praktische Durchführung kaum Vorteile: die Berechnungen sind so aufwendig, daß sie mit einem Tischrechner ohnehin nicht durchgeführt werden können. Man muß sich daher bei der Durchführung einer Faktorenanalyse stets vorliegender Computerprogramme bedienen und dabei kommt es darauf an, daß man die Ergebnisse, die diese Programme liefern, sinnvoll interpretieren kann. Im folgenden wird also davon ausgegangen, daß die Ergebnisse eines Computerprogramms bereits vorliegen.

15.2.3. FAKTORENLADUNGEN UND LADUNGSMATRIX

Wenn man die Faktorwerte aller Personen mit den Punktwerten (oder den standardisierten Werten) der Personen in den Ausgangsvariablen korreliert, so erhält man Korrelationskoeffizienten, die als Faktorenladungen oder einfach als Ladungen der Variablen bezeichnet werden. Diese Ladungen geben Auskunft darüber, welcher Zusammenhang zwischen den Variablen und den Faktoren besteht. Sie zeigen, in welchem Ausmaß Faktoren und Variable Gemeinsamkeiten aufweisen. Je höher die Ladung einer Variablen ist, desto größer ist die Bedeutung der Variablen für den Faktor, desto mehr wird der Faktor durch die Komponenten bestimmt, die durch die Variablen erfaßt wurden. Für die Interpretation der Ergebnisse einer Faktorenanalyse haben die Ladungen daher eine zentrale Bedeutung.
Zur übersichtlichen Darstellung ordnet man die Faktoren in einer Ladungsmatrix an. Wenn v Variable (j = 1, 2, ..., v) und f Faktoren (k = 1, 2, ..., f) gegeben sind, hat diese Matrix die in Tabelle 50 wiedergegebene Form.

Tabelle 51 zeigt die Ladungsmatrix für das im ersten Abschnitt dieses Kapitels diskutierte Beispiel. Zur Prüfung der Hypothese des Untersuchers, daß sich zwei Cluster von Variablen feststellen lassen, die numerische bzw. verbale Intelligenz erfassen, wurden die Korrelationsmatrix analysiert und zwei Faktoren rotiert.

---

1) Wir verweisen auf die in Abschnitt 15.7.5. angegebene Speziallitteratur; die Bestimmung von Faktorgewichten und Faktorwerten wird z.B. bei ÜBERLA (1968, Kap. III bzw. Kap IV) ausführlich erläutert.

Tabelle 50 : Allgemeine Form der Matrix der Faktorenladungen (Ladungsmatrix) bei v Variablen und f Faktoren

Variable	Faktoren 1	2	...	k	...	f
1	a_{11}	a_{12}		a_{1k}		a_{1f}
2	a_{21}	a_{22}		a_{2k}		a_{2f}
.	.	.		.		.
.	.	.		.		.
.	.	.		.		.
j	a_{j1}	a_{j2}		a_{jk}		a_{jf}
.	.	.		.		.
.	.	.		.		.
.	.	.		.		.
v	a_{v1}	a_{v2}		a_{vk}		a_{vf}

a_{21} repräsentiert z.B. die Ladung der Variablen 2 im Faktor 1. Diese Ladung gibt die Korrelation der Faktorenwerte aller Personen im Faktor 1 mit den Punktwerten der Personen in Variable 2 wieder.

Tabelle 51 : Ladungsmatrix für acht Variable und zwei Faktoren

Variable	Faktor 1	Faktor 2	Bezeichnung der Variablen
1. GR	.74	-.04	Grundrechnen
2. GW	-.17	.87	Gleiche Wortbedeutung
3. AL	.20	.68	Analogien
4. SCH	.73	.22	Schätzen
5. SP	.11	.69	Sprichwörter
6. ZN	.72	.21	Zahlenreihen
7. ER	.79	.06	Eingekleidetes Rechnen
8. WG	.21	.45	Wortgewandtheit

Die Ladungsmatrix zeigt deutlich, daß die Subtests, die numerische Komponenten der Intelligenz erfassen, ausschließlich im Faktor 1 hohe Ladungen aufweisen; man könnte diesen Faktor folglich als "Numerische Intelligenz" bezeichnen. In Faktor 2 laden dagegen die Tests hoch, die verbale Fähigkeitskomponenten prüfen. Eine gewisse Ausnahme stellt lediglich Test 8 dar: "Wortgewandtheit"; hier ist die Ladung im Faktor 2 mit $a_{28} = .45$ recht niedrig[1]. Trotzdem erscheint es sinnvoll, den zweiten Faktor als Faktor "Verbale Intelligenz" zu bezeichnen. Insgesamt können die Ergebnisse als eine Bestätigung der Hypothese des Untersuchers gewertet werden.

15.2.4. VARIANZANTEILE DER FAKTOREN

Wenn wir die Ladungen in der Ladungsmatrix quadrieren, so repräsentieren die Ladungsquadrate zu Determinationskoeffizienten analoge Größen: a_{jk}^2 gibt also an, welcher Anteil der Varianz der Variablen j aufgrund des Faktors k vorhergesagt werden kann. Die Umkehrung dieser Formulierung ist ebenfalls sinnvoll: das Ladungsquadrat gibt den Varianzanteil des Faktors k an, der aus Kenntnis der Varianz der Variablen j vorhersagbar ist. Hier wird deutlich, was eigentlich mit dem Begriff der "gemeinsamen Varianz" von Variable und Faktor gemeint ist: es handelt sich um einen wechselseitig vorhersagbaren und in diesem Sinne erklärbaren Varianzanteil.
Da die Variablen nach z standardisiert wurden, ist die Varianz einer Variablen $s_j^2 = 1$. Wenn im allgemeinen Fall v Variable vorliegen, so gilt demnach für die Gesamtvarianz s_v^2 aller Variablen:

$$(199) \quad s_v^2 = \sum_j^v s_j^2 = (v)(s_j^2) = v$$

Bildet man nun für jeden der f Faktoren die Summe der Ladungsquadrate der Ladungen aller v Variablen, so erhält man die durch jeden Faktor erklärbare Varianz. Für die durch einen Faktor k erklärbare Varianz aller v Variablen gilt demnach:

$$(200) \quad s_k^2 = \sum_j^v a_{jk}^2$$

Beispiel:
Wir wollen ermitteln, welche Varianz durch Faktor 2: "Verbale Intelligenz" (vgl. Tabelle 51) erklärt werden kann. Dazu werden die in Spalte 2 wiedergegebenen Ladungen quadriert und summiert.

---

1) In diesem Subtest geht neben einer Fähigkeits- auch eine relativ starke Geschwindigkeitskomponente ein

Für s_2^2 ergibt sich dann:

$$s_2^2 = (-0{,}04)^2 + (0{,}87)^2 + (0{,}68)^2 + (0{,}22)^2 + (0{,}69)^2 + (0{,}21)^2 + (0{,}06)^2 + (0{,}45)^2 = 2{,}00$$

Für die Varianz des Faktors 1: "Numerische Intelligenz" erhält man folgenden Wert:

$$s_1^2 = 2{,}35$$

In mathematischen Termini ausgedrückt stellen diese Summen der Ladungsquadrate den Eigenwert eines Faktors dar.

Einen Indikator für die relative Bedeutsamkeit eines beliebigen Faktors k kann man nun einfach dadurch erhalten, daß man den Anteil (bzw. Prozentsatz) der Gesamtvarianz s_v^2 bestimmt, der durch Faktor k aufklärbar ist:

$$(201)\quad P_k = s_k^2 \,/\, s_v^2$$

In unserem Beispiel erhalten wir für Anteile der Gesamtvarianz, die durch jeden der beiden Faktoren aufklärbar ist, folgende Werte:

$P_1 = 2{,}35/8 = 0{,}2938$ (in Prozent ausgedrückt: 29,38%)

$P_2 = 2{,}00/8 = 0{,}2500$ (in Prozent ausgedrückt: 25,00%)

Da die Faktoren in dem Verfahren, das wir hier diskutieren, von einander unabhängig sind, ergibt sich die durch alle f Faktoren erklärbare Varianz s_g^2 einfach durch Summierung der Varianzanteile, die durch jeden einzelnen Faktor aufgeklärt werden können. Für die durch alle f Faktoren vorhersagbare (und in diesem Sinne gemeinsame) Varianz s_g^2 kann also geschrieben werden:

$$(202)\quad s_g^2 = \sum_{k}^{f} s_k^2$$

Der Anteil P (bzw. Prozentsatz) der durch alle f Faktoren aufklärbaren Varianz kann dann wie folgt bestimmt werden:

(203) $$P = \sum_{k}^{f} P_k$$

oder:

(204) $$s_g^2/s_v^2$$

Für unser Beispiel ergibt sich demnach:

$$P = P_1 + P_2 = 0{,}2938 + 0{,}2500 = 0{,}5438$$ (in Prozent ausgedrückt 54,38%)

$$= s_g^2 \;/\; s_v^2 = 4{,}35 \;/\; 8 \qquad = 0{,}5438$$

Mit beiden Faktoren konnten also ca. 54% der Varianz der 8 Variablen aufgeklärt werden; es verbleibt demnach ein Rest von ca. 46% Variablenvarianz, der nicht durch die beiden Faktoren erklärt werden kann.
Wir sehen, daß P eine Information darüber liefert, wie groß der Informationsverlust ist, den man bei Erklärung der Beziehungen zwischen v Ausgangsvariablen durch eine geringe Zahl von f Faktoren in Kauf nehmen muß: P ist 1 (bzw. 100%), wenn die Gesamtvarianz durch f Faktoren restlos aufgeklärt werden kann. Dieser Fall würde dann auftreten, wenn man ebensoviele Faktoren extrahiert, wie Ausgangsvariable vorhanden sind. Damit wäre jedoch im Sinne der wissenschaftlichen Ökonomie nichts gewonnen - das Ziel der Faktorenanalyse besteht ja gerade darin, die Beziehungen zwischen den v Variablen durch eine möglichst geringe Zahl von f Faktoren zu erklären. Extrahiert man aber nur wenige Faktoren, so wird man in empirischen Fällen stets nur einen bestimmten Anteil der Gesamtvarianz aufklären können: P wird also kleiner als 1 (bzw. kleiner als 100%) sein.

15.2.5. KOMMUNALITAETEN

Der Anteil der Varianz einer Variablen, der durch alle f Faktoren erklärt werden kann, wird die Kommunalität einer Variablen genannt. Die Kommunalität ergibt sich nach folgender Gleichung:

(205) $$h_j^2 = a_{j1}^2 + a_{j2}^2 + \ldots + a_{jk}^2 + \ldots + a_{jf}^2$$

Man bestimmt also die Kommunalitäten einer beliebigen Variablen j, indem man die in Zeile j der Ladungsmatrix eingetragenen Ladungen quadriert und summiert. Die Kommunalität gibt für jede Variable den Anteil gemeinsamer Faktoren an; sie ist für eine Variable um so größer, je besser die Varianz der Variablen durch die f Faktoren erklärt werden kann.
Da die Gesamtvarianz aufgrund der Standardisierung der Variablen für jede Variable 1 ist, gilt für die aufgrund gemeinsamer Faktoren nicht erklärbaren Residualvarianz s_{uj}^2 einer Variablen j:

(206) $s_{uj}^2 = 1 - h_j^2$

Die Residualvarianz einer Variablen ist umso größer, je kleiner der durch gemeinsame Faktoren erklärbare Varianzanteil einer Variablen ist; s_{uj}^2 stellt also einen Indikator für den spezifischen Anteil einer Variablen dar[1].

Tabelle 52 zeigt die Ladungsmatrix und die Kommunalitäten der Variablen für unser Beispiel. Die Varianz der Variablen 2: "Gleiche Wortbedeutung" kann durch die beiden Faktoren am besten erklärt werden (h_2^2 = .79). Bei Variable 8: "Wortgewandtheit" gelingt die Erklärung durch die Faktoren "Numerische Intelligenz" und "Verbale Intelligenz" hingegen kaum: nur 25% der Varianz lassen sich aus den Faktoren vorhersagen. Es handelt sich um eine Variable, bei der ein hoher spezifischer (d.h. nicht durch die extrahierten Faktoren erklärbarer) Varianzanteil vorliegt.

Tabelle 52 : Ladungsmatrix und Kommunalitäten für acht Variable; zwei Faktoren wurden extrahiert und rotiert (vgl. Tabelle 51).

Variable	Ladungen im Faktor 1 a_{j1}	Ladungen im Faktor 2 a_{j2}	Kommunalitäten h_j^2
1. Grundrechnen	.74	-.04	.55
2. Gleiche Wortbedeutung	-.17	.87	.79
3. Analogien	.20	.68	.50
4. Schätzen	.73	.22	.58
5. Sprichwörter	.11	.69	.49
6. Zahlenreihen	.72	.21	.56
7. Eingekleidetes Rechnen	.79	.06	.63
8. Wortgewandtheit	.21	.45	.25
Spaltenquadratsummen:	$s_1^2 = 2,35$	$s_2^2 = 2,00$	
Summe der Kommunalitäten:			4,35

1) Auf die Frage der Untergliederung der Varianzanteile wird im nächsten Abschnitt ausführlich eingegangen

Betrachtet man in Tabelle 52 die Spaltenquadratsummen und die Summe der Kommunalitäten, so stellt man fest, daß zwischen der Summe der Kommunalitäten und der Summe der Varianzen der beiden Faktoren folgende Beziehung besteht:

$$\sum_{j}^{8} h_j^2 = s_1^2 + s_2^2$$

Die Summe der Kommunalitäten ist also gleich der Summe der durch beide Faktoren aufgeklärten Varianz (und damit gleich der insgesamt aufgeklärten Varianz s_g^2, da nur zwei Faktoren extrahiert wurden). Im allgemeinen Fall ($j = 1, 2, \ldots, v$ Variable; $k = 1, 2, \ldots, f$ Faktoren) gelten zwischen Kommunalitäten, Ladungen und Varianzanteilen folgende Beziehungen: Die Summe aller Kommunalitäten ist gleich der Summe aller Ladungsquadrate:

(207) $$\sum_{j}^{v} h_j^2 = \sum_{j}^{v} \sum_{k}^{f} a_{jk}^2$$

Die durch alle Faktoren aufklärbare (allen Faktoren gemeinsame) Varianz s_g^2 ist gleich der Summe der Kommunalitäten (Gleichung (208)) bzw. gleich der Summe aller Ladungsquadrate (Gleichung (209)) bzw. gleich der Summe der durch die einzelnen Faktoren aufklärbaren Varianz (Gleichung (210)):

(208) $$s_g^2 = \sum_{j}^{v} h_j^2$$

(209) $$s_g^2 = \sum_{j}^{v} \sum_{k}^{f} a_{jk}^2$$

(210) $$s_g^2 = \sum_{k}^{f} s_k^2$$ (vgl. Abschnitt 15.2.4.)

15.2.6. DAS PROBLEM DER KOMMUNALITAETENSCHAETZUNG

Bei der Faktorenanalyse nach dem Hauptkomponentenmodell ist das Ziel die Erklärung der gesamten Variablenvarianz durch möglichst wenige unabhängige Faktoren. Man geht davon aus, daß alle Variable nur Varianzanteile enthalten, die sie mit anderen Variablen gemeinsam haben und daß es deshalb prinzipiell möglich ist, die Variablenvarianz vollständig zu erklären. Die Kommunalitäten aller Einzelvariablen haben also nach diesem Modell maximal den Wert 1. Im Modell der multiplen Faktorenanalyse[1] wird demgegenüber angenommen, daß die Vorstellung, man könne durch Faktoren die gesamte Variablenvarianz erklären, unrealistisch ist. Man nimmt bei diesem Modell vielmehr an, daß in der Faktorenanalyse nur der Teil der Variablenvarianz durch Faktoren erklärt werden kann, der auf kommunalen (d.h. in jeder Variable vorhandenen, gemeinsamen) Faktoren beruht. Die diesem Modell zugrundeliegende Vorstellung über die Varianzkomponenten einer Variablen j zeigt Abbildung 55 .

Abbildung 55 : Komponenten der Varianz einer Variablen j (k = 1, 2, ..., f Faktoren)

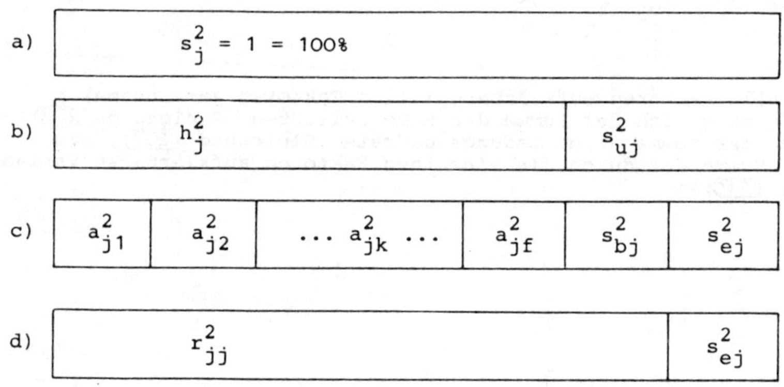

Man sieht, daß die Gesamtvarianz s_j^2 einer standardisierten Variablen j (daher $s_j^2 = 1$) aus verschiedenen Komponenten zusammengesetzt ist; zunächst kann man zwei Komponenten differenzieren: den Teil der Varianz, den die Variable mit anderen Variablen gemeinsam hat (Kommunalität h_j^2) und den verbleibenden Teil, der nicht von kommunalen Faktoren erklärt werden kann (Residualvarianz, Einzelvarianz, merkmaleigene Varianz s_{uj}^2)[2] .
Der nächste Quader veranschaulicht, daß die Kommunalität aus der Summe der Varianzanteile besteht, die eine Variable mit den Faktoren

1) vgl. ÜBERLA (1968, S. 58, S. 139)

2) In der englischsprachigen Literatur wird diese Komponente als "uniqueness" bezeichnet

gemeinsam hat und die somit aus den Faktoren vorhergesagt werden kann. Außerdem wird gezeigt, daß die Residualvarianz in zwei Komponenten zerlegt werden kann: den Teil s_{ej}^2 der Variablenvarianz, der auf Fehler (Meßfehler, Zufallseinflüsse) zurückgeführt werden kann, und den Teil s_{bj}^2, der für die Variable spezifisch ist; s_{bj}^2 wird deshalb als die Spezifität einer Variablen j bezeichnet. Aus der Spezifität und der Kommunalität einer Variablen ergibt sich die Reliabilität r_{jj}: diese gibt die Zuverlässigkeit der Messung der Variablen j an:

(211) $r_{jj} = h_j^2 + s_{bj}^2 = 1 - s_{ej}^2$.

Aus dieser Gleichung folgt, daß die Kommunalität einer Variablen nach dem Modell der multiplen Faktorenanalyse maximal gleich der Reliabilität einer Variablen ist. Da aber sozialwissenschaftliche Messungen nie vollkommen zuverlässig sind, kann die Kommunalität praktisch nicht den Betrag 1 erreichen. Hier unterscheiden sich also Hauptkomponentenmodell und Modell der multiplen Faktorenanalyse.

Die beschriebene Aufteilung der Varianzkomponenten macht deutlich, daß es unter theoretischen Gesichtspunkten angebracht ist, die dem Hauptkomponentenmodell zugrundeliegende Annahme, die Varianz einer Variablen lasse sich im Prinzip durch die Faktoren vollständig aufklären, aufzugeben, und die überhaupt kommunalen Anteile vor Beginn der Faktorenextraktion zu schätzen.

Konkret bedeutet dies für das Verfahren der Faktorenextraktion, daß man nicht wie beim Hauptkomponentenmodell von der Korrelationsmatrix, deren Diagonalelemente 1 sind, ausgeht (und damit die Kommunalitäten mit 1 schätzt), sondern in die Diagonale der Korrelationsmatrix möglichst realistische Kommunalitätenschätzungen einsetzt[1].

Als Schätzung für die Kommunalitäten der Variablen wird meist das Quadrat der multiplen Korrelation jeder Variablen mit allen übrigen Variablen benutzt; dieser multiple Determinationskoeffizient gibt nämlich den Anteil der Varianz der Variablen j an, der aus allen übrigen Variablen vorhersagbar ist bzw. den Variable j mit allen anderen Variablen gemeinsam hat.

Andere Schätzverfahren basieren auf Iterationsverfahren. Man setzt in die Diagonale der Korrelationsmatrix zunächst eine Anfangsschätzung für die Kommunalität jeder Variablen ein: z.B. das Quadrat des multiplen Korrelationskoeffizienten. Dann prüft man nach der Faktorenextraktion wie gut die Schätzung und die berechneten Kommunalitäten übereinstimmen. Ist die Übereinstimmung unzulänglich, so werden die anhand der Faktorenlösungen bestimmten Kommunalitäten als neue Anfangsschätzung benutzt und in die Diagonale der Korrealtionsmatrix eingesetzt. Diese Iterationsprozedur wird solange fortgesetzt, bis die Übereinstimmung zwischen Anfangsschätzung und Berechnung hin-

---

1) Da das Verfahren der Faktorenextraktion bei verschiedenen Kommunalitätenschätzungen im Prinzip gleich ist, kann man bei den meisten Computerprogrammen zur Faktorenanalyse wählen, ob in die Diagonale der Korrelationsmatrix der Wert 1 eingesetzt werden soll, oder ob man eine Kommunalitätenschätzung vornehmen lassen möchte.

reichend gut ist.
Die Praxis der Anwendung der Faktorenanalyse hat gezeigt, daß dem Problem der Kommunalitätenschätzung mehr theoretische als praktische Bedeutung zukommt: die Ergebnisse von Faktorenanalysen ändern sich nämlich bei verschiedenen Kommunalitätenschätzungen in der Regel nur unwesentlich[1]. Wir halten es deshalb für zweckmäßig, vom Hauptkomponentenmodell mit der Korrelationsmatrix[2] als Basis auszugehen (d.h. als Kommunalitätenschätzung 1 zu benutzen).

15.2.7. RUECKRECHNUNG DER KORRELATIONSMATRIX

Wir hatten festgestellt, daß das Ziel der Faktorenanalyse darin besteht, die Korrelation zwischen v Variablen durch f Faktoren möglichst gut zu erklären. Wenn nun die Erklärung durch die Faktoren vollständig möglich wäre, so müßte sich die Korrelationsmatrix R anhand der Faktorenladungen genau reproduzieren lassen. In der Praxis wird man natürlich keine genaue Reproduktion der Korrelationsmatrix erzielen können, weil es nicht möglich ist, die gesamte Varianz der Variablen durch gemeinsame Faktoren aufzuklären. Die reproduzierte Korrelationsmatrix R' wird also mit der Matrix R nur mehr oder weniger gut übereinstimmen.
Die Korrelation r'_{lm} zwischen zwei beliebigen Ausgangsvariablen l und m lassen sich anhand der Ladungen nach folgender Gleichung "zurückrechnen":

$$(212)\quad r'_{lm} = a_{l1}a_{m1} + a_{l2}a_{m2} + \ldots + a_{lk}a_{mk} + \ldots + a_{lf}a_{mf}$$

Man multipliziert also für den ersten Faktor die Ladungen der beiden Variablen, dann die Ladungen der beiden Variablen im zweiten Faktor, usf. bis zum letzten Faktor f; die Summe der Ladungsprodukte ergibt dann die gesuchte rückgerechnete Korrelation r'_{lm}.
Wir wollen dieses Verfahren kurz an unserem Beispiel erläutern. Aus Tabelle 48 können wir entnehmen, daß die Korrelation der beiden Subtests "Zahlenreihen" und "Eingekleidetes Rechnen" r = .48 beträgt. Die zum Einsetzen in Gleichung (212) erforderlichen Ladungen sind in Tabelle 51 wiedergegeben:

	Ladungen im	
	Faktor 1	Faktor 2
Zahlenreihen	.72	.21
Eingekleidetes Rechnen	.79	.06

Wir setzen die Ladungen ein und erhalten:

$$r' = (0{,}72)(0{,}79) + (0{,}21)(0{,}06)$$
$$= .58$$

1) Dies wird später an einem Beispiel aufgezeigt (Abschnitt 15.6); vgl. weiterhin auch REVENSTORFF (1978).

2) vgl. dazu GAENSSLEN & SCHUBÖ (1973, S.278-279)

Der rückgerechnete Wert stimmt lediglich in der Größenordnung mit der Korrelation der Variablen überein; die Übereinstimmung wäre besser, wenn die Struktur der Beziehungen durch die beiden Faktoren klarer bestimmt wäre, d.h. wenn beide Faktoren einen höheren Anteil der Varianz der Variablen aufklärten. Es besteht also ein Zusammenhang zwischen den Kommunalitäten der Variablen und der Größe der Diskrepanz zwischen r und r'. Wir wollen dies an einem weiteren Beispiel zur Rückrechnung zeigen: wir suchen dazu in Tabelle 51 die beiden Subtests mit den höchsten Kommunalitäten. Dies sind die Subtests "Gleiche Wortbedeutung" ($h^2 = .79$) und "Eingekleidetes Rechnen" ($h^2 = .63$). Die Korrelation beider Subtests ist $r = -.05$. Für diese Tests liegen folgende Ladungen in den beiden Faktoren vor:

	Ladungen im Faktor 1	Faktor 2
Gleiche Wortbedeutung	-.17	.87
Eingekleidetes Rechnen	.79	.06

Für r' ergibt sich dann:

$$r' = (-0,17)(0,79) + (0,87)(0,06)$$

$$= -0,08$$

Wir sehen, daß in diesem Fall die Differenz zwischen r und r' nur minimal ist.
Zur Beurteilung der Brauchbarkeit einer faktorenanalytischen Lösung ist es zweckmäßig, die reproduzierbare Korrelationsmatrix R' zu bestimmen. Sie gibt die Struktur der Zusammenhänge zwischen den Variablen so wieder, wie sie durch die extrahierten Faktoren bestimmt wird.

15.3. DIE EXTRAKTION VON FAKTOREN

Ziel der Faktorenextraktion ist es, die Faktoren so zu bestimmen, daß sie (1) voneinander unabhängig sind und daß (2) durch eine möglichst geringe Zahl von Faktoren ein möglichst großer Teil der Varianz der standardisierten Ausgangsvariablen erklärt wird.
Das mathematische Verfahren, das hierzu benutzt wird, heißt Hauptachsenmethode. Wir können hier nur auf das Grundprinzip dieser Methode eingehen.
Bei der Hauptachsenmethode wird der erste Faktor F_1 aus der Korrelationsmatrix so berechnet, daß die durch F_1 aufgeklärte Varianz aller Variablen maximal ist; folgende Größe soll also ein Maximum annehmen:

$$s_1^2 = \sum_j^v a_{j1}^2 = \max$$

Für die Bestimmung des nächsten Faktors F_2 gilt analog die Bedingung, daß die Varianz s_2^2 maximal werden soll:

$$s_2^2 = \sum_{j}^{v} a_{j2}^2 = \max$$

Nach dem gleichen Prinzip werden solange Faktoren extrahiert, bis alle f Faktoren bestimmt sind[1]. Das Ergebnis dieser Extraktion sind - in der Terminologie der Faktorenanalyse gesprochen - unrotierte Faktoren, deren Ladungen in der Regel nicht interpretierbar sind. Zum Zwecke der Interpretation müssen diese Faktoren im allgemeinen rotiert werden. Aufgrund der Kriterien, nach denen die Faktoren bestimmt werden, nehmen die durch sie aufgeklärten Varianzanteile von Faktor zu Faktor ab. Für die Varianzen von f Faktoren gilt also folgendes:

(213) $s_1^2 > s_2^2 > \ldots s_k^2 \ldots > s_f^2$

15.3.1. GEOMETRISCHE VERANSCHAULICHUNG ZUR METHODE DER FAKTOREN-EXTRAKTION

Im folgenden wollen wir zunächst kurz erläutern, wie man die Korrelation zwischen Variablen geometrisch darstellen kann. Nach dieser Einführung wird dann das Prinzip der Hauptkomponentenanalyse an einem einfachen Beispiel mit zwei Faktoren beschrieben.
Bei der geometrischen Veranschaulichung der Korrelation von zwei Variablen werden die Variablen als Vektoren dargestellt. Vektoren sind Strecken mit bestimmter Richtung und Länge. Man wählt zur zeichnerischen Darstellung einer standardisierten Variable die Länge 1.
Will man z.B. die Korrelation $r_{lm} = .80$ der Variablen z_l und z_m geometrisch veranschaulichen, so zeichnet man zunächst für eine der beiden Variablen (z.B. für z_l) den Vektor der Länge 1 mit beliebiger Richtung ein; der Einfachheit halber trägt man z_l in der Waagrechten ab.
Nun schlägt man um den Ursprung O des Vektors einen Kreis mit dem Durchmesser 1. Auf dem Vektor z_l errichtet man dann am Punkt $z_l = .80$ die Senkrechte. Wenn man dann den Schnittpunkt der Senkrechten mit dem Einheitskreis bestimmt und von diesem Punkt eine Linie zum Ursprung O zieht, dann repräsentiert diese Linie den Vektor für die zweite Variable z_m.
Für den von den Vektoren z_l und z_m eingeschlossenen Winkel ß gilt

1) In den Computerprogrammen kann man wahlweise entweder die Zahl der zu extrahierenden Faktoren festlegen oder angeben, wieviel Prozent der Varianz durch die Faktoren aufgeklärt werden soll. Es werden dann so lange Faktoren extrahiert, bis der festgesetzte Prozentsatz erreicht ist.

nun folgende Beziehung (vgl. Abbildung 56):

$$\cos \beta = \frac{\text{Ankathete}}{\text{Hypothenuse}} = r_{lm} / 1 = r_{lm}$$

Die Korrelation der beiden Variablen ist gleich dem Cosinus des durch sie eingeschlossenen Winkels ß; die Richtung des Vektors z_m relativ zu z_l wird also durch die Korrelation r_{lm} festgelegt.

Abbildung 56 : Geometrische Darstellung der Korrelation r_{lm} zwischen zwei Variablen z_l und z_m

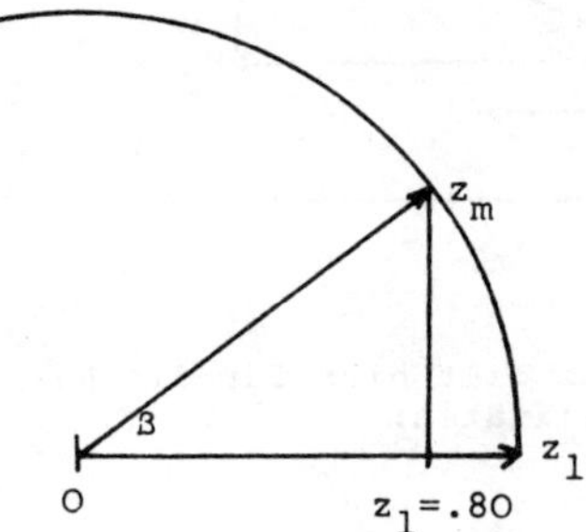

Wenn die Korrelation $r_{lm} = 0$ ist, dann stehen die beiden Vektoren aufeinander senkrecht und der Winkel ß ist 90°: Die Variablen sind voneinander unabhängig (orthogonal). Je größer die Korrelation r_{lm} ist, desto kleiner ist der Winkel ß. Bei $r_{lm} = 1$ ist der Winkel ß=0. Die beiden Vektoren sind in diesem Fall deckungsgleich.

Wenn mehr als zwei Variable korreliert werden, so lassen sich die Korrelationen der Variablen nach dem beschriebenen Verfahren in der Ebene nur darstellen, wenn jede Variable sich als Linearkombination von zwei anderen Variablen ergibt. Bei drei Variablen würde das z.B. bedeuten, daß jede Variable sich durch die übrigen beiden Variablen erklären läßt. Für Korrelationen von empirisch erfaßten Variablen sind Sachverhalte dieser Art eigentlich nie gegeben. Anders stellen sich jedoch die Verhältnisse nach Durchführung einer Hauptachsenanalyse für den Fall dar, daß die Korrelationen der Variablen durch zwei Faktoren vollständig erklärt werden können: in diesem Fall ist die Kommunalität gleich 1, d.h. die Korrelation der Ausgangsvariablen können restlos durch die Faktoren erklärt und aus beiden Faktoren reproduziert werden. Ist diese Situation gegeben, dann kann man die Ladungen ebenfalls geometrisch veranschaulichen (vgl. Abbildung 57).

Abbildung 57 : Geometrische Darstellung der Faktorenladungen von zwei Variablen z_l und z_m in der durch zwei orthogonale Faktoren gegebene Ebene. Die beiden Faktoren erklären die Variablen vollständig (die beiden Kommunalitäten sind 1).

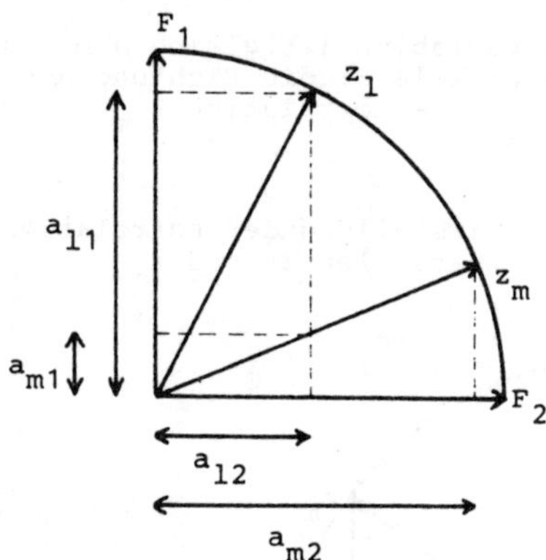

Nach dem Satz des Phythagoras gilt hier für die Beziehung zwischen den Ladungen und den Kommunalitäten:

$$h_l^2 = a_{l1}^2 + a_{l2}^2 = 1 = z_l^2$$

$$h_m^2 = a_{m1}^2 + a_{m2}^2 = 1 = z_m^2$$

Diese Veranschaulichungsmöglichkeit kann man nun nutzen, um auf Plausibilitätsebene zu zeigen, wie die Faktoren F_1 und F_2 durch die Hauptachsenanalyse in eine Variablengesamtheit gelegt werden. Wir wollen annehmen, daß sechs Variablen vorliegen, die in zwei Variablencluster zu je drei Variablen unterteilt sind.
In den Abbildungen 58 und 59 sind die beiden Faktoren in dieselbe Variablenkonfiguration verschieden gelegt worden: Abbildung 58 zeigt die Lage von Faktor 1 so, wie sie nach dem der Hauptachsenmethode zugrundeliegenden Prinzip bestimmt würde - die Summe der Ladungsquadrate <u>aller</u> Variablen ist hier für Faktor 1 ein Maximum. Faktor 1 liegt "zwischen" den beiden Variablenclustern. Ein Vergleich mit Abbildung 59 macht deutlich, daß hier die Lage des ersten Faktors nach einem anderen Prinzip bestimmt wurde: der erste Faktor wurde so positioniert, daß er "innerhalb" des Clusters 2 liegt. Diese Faktorenrotation führt zwar zu hohen Ladungen der Variablen z_4 bis z_6, aber zu niedrigen Ladungen der übrigen drei Variablen. Es liegt folglich keine Lösung vor, die dem am Anfang dieses Abschnitts skizzierten Kriterium der Maximierung der aufgeklärten Varianz <u>aller</u> Variablen durch den ersten Faktor genügt.

Abbildung 58 : Lage von zwei Faktoren, die nach dem Kriterium der Maximierung der aufgeklärten Varianz aller sechs Variablen durch den ersten Faktor F_1 in die Variablenkonfiguration gelegt wurden. Faktor 1 liegt "zwischen" den beiden Variablenclustern.

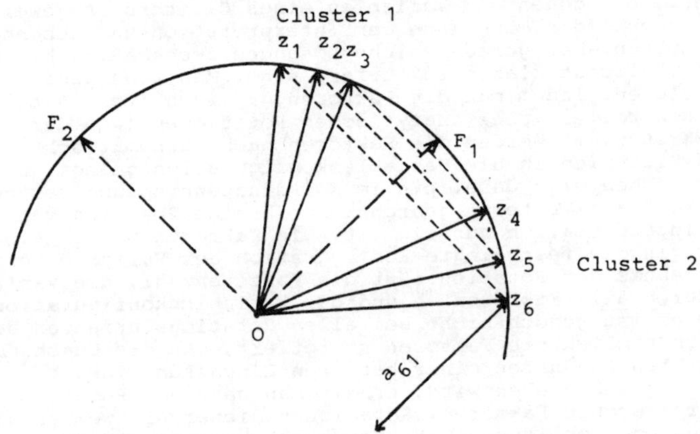

Abbildung 59 : Lage von zwei Faktoren, die so in die Variablenkonfiguration rotiert wurden, daß der Faktor F_1 "innerhalb" des Clusters 2 liegt.

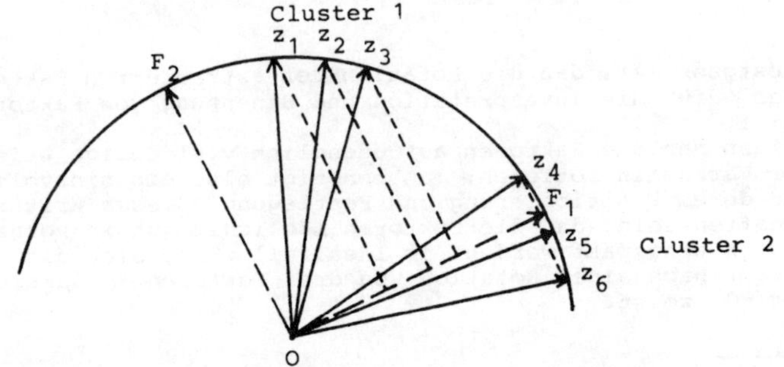

Erläuterung:
In beiden Abbildungen wird dieselbe Variablenkonfiguration in der durch zwei Faktoren F_1 und F_2 gegebenen Ebene dargestellt; die beiden Faktoren sind orthogonal. Die Variablen z_1, z_2 und z_3 bilden Cluster 1, die Variablen z_4, z_5 und z_6 Cluster 2. Die Faktoren F_1 und F_2 sind mit gestrichelten, die Variablen mit durchgezogenen Vektoren dargestellt. Die Projektionslinien der Variablen auf Vektor 1 zeigen die Ladungen aller sechs Variablen auf Vektor 1 an (der Ladung a_{61} entspricht z.B. die Strecke vom Ursprung O bis zum Schnittpunkt von Faktor 1 mit der Projektion von z_6 auf Faktor 1).

15.4. DIE ROTATION VON FAKTOREN

Die im letzten Abschnitt besprochene geometrische Veranschaulichung hat gezeigt, daß die Hauptkomponentenanalyse in der Regel nicht zu Lösungen führt, bei denen die Variablen eines Clusters in jeweils einem Faktor hoch laden. Im Sinne der Interpretation und Benennung der Faktoren wären aber gerade solche Lösungen zweckmäßig, bei denen die Faktoren möglichst klar strukturiert sind. Man kann diese Lösungen erreichen, indem man die Faktoren grafisch (vgl. Abbildung59) oder analytisch rotiert. Bei analytischen Rotationen (wie der nach dem VARIMAX-Kriterium) werden die Faktoren nach mathematisch formulierten Kriterien in die Variablenkonfiguration gelegt. Bildlich gesprochen wird dabei ein im Koordinatenursprung festgemachter "Winkel" aus Vektoren gedreht und in eine Position gebracht, die für die Interpretation günstig ist. Die Faktoren werden also lediglich neu in die festgelegte Konfiguration der Variablen eingepaßt: das Ergebnis der Rotation läßt die Faktorenzahl, die Varianzaufklärung durch alle Faktoren[1] und die Variablenkonfiguration unverändert. Dies ist jedoch nicht bei allen Rotationsverfahren der Fall. Wenn man nämlich die Faktoren so rotiert, daß die Unabhängigkeit der Faktoren zugunsten einer besseren Einpassung in die Variablencluster aufgegeben wird, erhält man nach der Rotation miteinander korrelierende Faktoren. Rotationen dieser Art werden als schiefwinklige oder oblique Rotationen bezeichnet. Ausführungen zu diesen Verfahren, auf die wir hier nicht eingehen können, finden sich z.B. bei ÜBERLA, 1968, S. 211 - 234.

15.4.1. EINFACHSTRUKTUR ALS KRITERIUM FUER DIE ROTATION VON FAKTOREN

Wir hatten festgestellt, daß die Rotation der extrahierten Faktoren im allgemeinen[2] für die Interpretation und Benennung von Faktoren unerläßlich ist.
Prinzipiell kann man die Faktoren auf unendlich vielfältige Weise im System der Variablen rotieren: man benötigt also ein sinnvolles Kriterium für deren Positionierung und Festlegung. Dieses Kriterium soll so beschaffen sein, daß die Faktoren möglichst gut in vorhandene Variablencluster eingepaßt werden. Im Idealfall würde sich die Faktorenstruktur nach einer Rotation von drei Faktoren so darstellen, wie Abbildung 60 zeigt.

---

1) Hat man z.B. fünf Hauptachsenfaktoren bestimmt, so kann man diese auch sequentiell rotieren; man rotiert dabei zuerst zwei, dann drei, dann vier und zuletzt fünf Faktoren. Die meisten Computerprogramme erlauben solche sukzessiven Rotationen. Nehmen wir an, daß die rotierte Drei-Faktoren-Lösung vorliegt. Mit dieser Lösung wird dann ebensoviel Varianz aufgeklärt wie mit der unrotierten Lösung. Es ändern sich im Vergleich zur unrotierten Lösung lediglich die durch die einzelnen Faktoren aufgeklärten Varianzanteile, die Kommunalitäten und die Ladungen.

2) Auf spezielle Fälle, bei denen eine Rotation nicht angebracht ist, gehen GAENSSLEN & SCHUBÖ (1973, S. 258-259) ein.

Abbildung 60 : Idealisierte Darstellung einer "Einfachstruktur". Acht Variable haben jeweils in einem der drei Faktoren eine hohe Ladung, die nahe bei 1 liegt (durch das Zeichen "+" symbolisiert) und in den übrigen Faktoren eine von 0 nur unwesentlich abweichende Ladung (durch das Zeichen "0" dargestellt).

Variable	Faktor 1	Faktor 2	Faktor 3
1	+	0	0
2	0	+	0
3	0	0	+
4	0	+	0
5	+	0	0
6	0	+	0
7	+	0	0
8	0	0	+

In diesem nur theoretisch vorstellbaren Fall, der in der Empirie nur in mehr oder minder guter Annäherung auftritt, bilden die Variablen 1, 5 und 7 ein Cluster, die Variablen 2, 4 und 6 ein zweites und die Variablen 3 und 8 ein drittes Cluster.
Liegt ein solches Muster von Ladungen vor, so spricht man von einer "Einfachstruktur". Der Vorteil der Einfachstruktur ist leicht erkennbar: da jeder Faktor nur mit einigen wenigen Variablen korreliert (und mit den übrigen Variablen nicht), kann man durch inhaltlich-wissenschaftliche Analyse der Gemeinsamkeiten der Clustervariablen relativ leicht den Faktor benennen und interpretieren (wir haben dies bereits an unserem Beispiel der acht Intelligenzsubtests gezeigt).
Wegen dieser Vorzüge der Einfachstruktur wird im Regelfall anschließend an die Faktorenextraktion eine Faktorenrotation vorgenommen, die an diesem Kriterium orientiert ist.

15.4.2. DIE ANALYTISCHE ROTATION NACH DEM VARIMAX-KRITERIUM

Grafische Rotationen nach dem Kriterium der Einfachstruktur sind bei mehr als zwei Faktoren (also im Regelfall) praktisch nicht mehr durchführbar: man ist daher auf eine mathematische Lösung angewiesen, welche die gleichzeitige Rotation mehrerer Faktoren im Sinne der Einfachstruktur erlaubt.
Die Schwierigkeit der Konzipierung eines solchen Verfahrens besteht darin, daß ein quantifizierbares Kriterium für die Einfachstruktur formuliert werden muß. Das sog. VARIMAX-Kriterium, nach dem die meisten Computerprogramme für orthogonale Rotationen von Faktoren arbeiten, stellt einen Zahlenwert dar, der angibt, wie gut sich die rotierten

Faktoren der Einfachstruktur annähern. Je größer der Zahlenwert ist, desto besser ist die Annäherung. In einem iterativen Prozeß wird nun - vereinfacht gesagt - unter den möglichen orthogonal rotierten Faktorenkonfigurationen diejenige Konfiguration gesucht, für die das VARIMAX-Kriterium den größten Wert annimmt. Auf Details des Verfahrens können wir hier nicht eingehen. Wir verweisen dazu auf die im Anhang angegebene Spezialliteratur.

15.5. DIE BESTIMMUNG DER FAKTORENZAHL

Ein schwieriges und im Grunde nicht eindeutig lösbares Problem besteht darin, zu entscheiden, wieviele Faktoren zur Erklärung der Beziehungen zwischen den Ausgangsvariablen erforderlich bzw. hinreichend sind. In der faktorenanalytischen Spezialliteratur wird dieses Problem zwar ausführlich diskutiert, ein im echten Sinne objektives und voll befriedigendes Kriterium zur Bestimmung der Zahl notwendiger Faktoren existiert jedoch nicht.

Zwei pseudo-rationale Kriterien werden recht häufig benutzt : Kriterium 1 besagt, daß alle Faktoren, deren Eigenwert (vgl. Abschnitt 15.2.4.) größer als 1 ist, zu berücksichtigen sind. Dieses Kriterium wird u.a. damit begründet, daß jeder extrahierte Faktor wenigsten soviel Varianz erklären soll, wie durch jede Variable für sich erklärbar ist (eine Variable kann zumindest den ihr eigenen Varianzanteil erklären).

Ein besser brauchbares, aber letztenendes auch nicht recht überzeugendes Kriterium ist der sog. SCREE-Test. Bei diesem Verfahren (vgl. CATTELL, 1958) wird ein Diagramm erstellt, in dem auf der Ordinate die Eigenwerte[1] der Hauptachsenfaktoren und auf der Abszisse die seriellen Nummern der Eigenwerte abgetragen sind (vgl. Abbildung 61). Aufgrund der Methode der Faktorenextraktion (vgl. Abschnitt 15.3.) nimmt der Eigenwert von Faktor zu Faktor ab. Wenn sich in der Korrelationsmatrix keine Struktur der Variablen ausdrückt - d.h. wenn lediglich Zufallskorrelationen vorliegen - dann liegen die Eigenwerte ungefähr auf einer von links nach rechts abfallenden Geraden. In der Abbildung sind die Eigenwerte einer solchen Zufallsstruktur durch Punkte gekennzeichnet.

Abbildung 61 : Veranschaulichung des SCREE-Tests (Erläuterungen siehe Test)

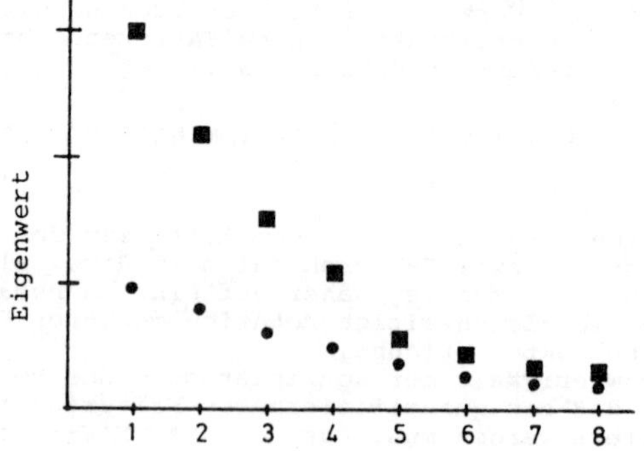

1) Da die Eigenwerte als Varianzanteile aufgefaßt werden können, gibt ein solches Diagramm die relative Größe der durch die einzelnen Faktoren erklärten Varianzanteile wieder

Ist hingegen eine Strukturierung und Clusterung der Variablen vorhanden, dann nehmen die ersten Eigenwerte von Eigenwert zu Eigenwert rasch ab (die Eigenwerte dieser Struktur sind durch Quadrate gekennzeichnet). Nach einem bestimmten Eigenwert (in Abbildung 61 Nr. 4) ist ein mehr oder minder deutlicher "Eigenwertknick" zu erkennen. Die restlichen Eigenwerte können dann ähnlich wie bei einer Zufallsstruktur durch eine Gerade approximiert werden: sie sind daher zu vernachlässigen. Dieses Kriterium hat sich zwar zur Eingrenzung der Zahl der erforderlichen Faktoren in der Praxis bewährt, es gibt jedoch ebenfalls die Zahl erforderlicher Faktoren nicht definitiv an.
Die Praxis der Anwendung faktorenanalytischer Verfahren hat gezeigt, daß es in der Regel nicht zweckmäßig ist, sich überwiegend nach solchen mehr oder minder pseudo-rationalen Kriterien zu orientieren. Nach unserem Verständnis besteht das Ziel der Faktorenanalyse darin, Variablen sinnvoll zu ordnen und zu beschreiben. Zur Erreichung dieses Ziels hat sich folgendes Verfahren in der Praxis als brauchbar erwiesen: Man bestimmt zunächst aufgrund wissenschaftlich-inhaltlicher Überlegungen quasi provisorisch die Maximalzahl f_{max} der mutmaßlich relevanten Faktoren. Diese Faktoren läßt man durch ein entsprechendes Computerprogramm (vgl. Abschnitt 15.7.1.) extrahieren und rotiert dann sukzessive zunächst zwei, dann drei, usf. bis f_{max} Faktoren. Die Ergebnisse dieser Rotationen, die geeignete Computerprogramme in <u>einem</u> Ergebnisausdruck wiedergeben, werden dann auf ihre Interpretierbarkeit hin überprüft. <u>Wenn</u> Variablencluster vorhanden sind, für deren Ladungsmatrix sich annähernd Einfachstruktur ergibt, so wird man unter den rotierten Lösungen <u>eine</u> Lösung finden,die im Sinne der Interpretation am besten geeignet ist.
Anhand der Kommunalitäten und der Varianzanteile der einzelnen Faktoren kann man anschließend prüfen, ob diese Lösung zur Erklärung der Beziehungen zwischen den Variablen nach wissenschaftlichen Kriterien befriedigend ist. Die Rückrechnung der Korrelationsmatrix (vgl. Abschnitt 15.2.7.) kann bei der Beurteilung dieser Fragen zusätzliche Aufschlüsse geben.
Diese Strategie hat natürlich den Nachteil, daß das Ergebnis von subjektiven Beurteilungen des Anwenders mitbestimmt wird. Wir halten dies jedoch deshalb nicht für entscheidend, weil die Faktorenanalyse nach unserer Auffassung lediglich ein Instrument der deskriptiven Statistik darstellt, das unter dem pragmatischen Gesichtspunkt der Datenordnung und -strukturierung benutzt werden sollte und dem Anwender nützliche Informationen zur Konkretisierung von Hypothesen liefern kann: zur <u>Prüfung</u> von Hypothesen erscheint uns die Faktorenanalyse jedoch wenig geeignet.

15.6. EIN ANWENDUNGSBEISPIEL AUS DEM BEREICH DER EINSTELLUNGSFORSCHUNG

Im folgenden Abschnitt wollen wir die Ergebnisse einer Faktorenanalyse von Items zur Erfassung sozio-politischer Einstellungen ausführlich wiedergeben. Es handelt sich dabei um eine Re-Analyse von drei Skalen eines umfangreichen Instruments, das im Auftrag der Bundeszentrale für politische Bildung von der Forschungsgruppe ELLWEIN/ZOLL in den Jahren 1967 bis 1969 unter Benutzung des von uns beschriebenen faktorenanalytischen Verfahrens entwickelt wurde; der umfangreiche Itempool wurde einer repräsentativen Stichprobe von n = 2894 Bundesbürgern im November 1969 vorgelegt und die Items nach den Ergebnissen einer Faktorenanalyse verschiedenen Skalen zugeordnet.

Inzwischen liegt ein Manual[1] vor, das die Skalen der Öffentlichkeit zugänglich macht. Ein Teil dieser Skalen wurde in einer im März 1976 durchgeführten Repräsentativbefragung (n = 2505 Bundesbürger) über "Voraussetzungen für soziales und bürgerschaftliches Engagement als einem Inhalt von freier Zeit ..."[2] zur Erfassung sozio-politischer Einstellungen der Bundesbürger einbezogen. Dadurch ergab sich die Möglichkeit zu prüfen, ob die Skalen, seit deren Entwicklung nunmehr ca. acht Jahre vergangen sind, auch heute noch entsprechend dem ursprünglichen Ansatz benutzt werden können.
Es ist an dieser Stelle nicht möglich, sämtliche Befunde dieser Re-Analyse wiederzugeben, wir wollen aber zur Illustration der Anwendung der Faktorenanalyse im Rahmen der Einstellungsforschung die Ergebnisse der Faktorenanalyse der insgesamt 32 Items folgender drei Skalen darstellen[3].

Skala 1 : "Politische Entfremdung" (12 Items)[4]

Skala 2 : "Unpolitische Haltung" (8 Items)

Skala 3 : "Anomie" (12 Items)

Anhand der Inhalte der Einzelitems werden die Skalen im oben erwähnten Manual wie folgt gekennzeichnet:

Politische Entfremdung:
"Kennzeichnend für diese Einstellung ist ein allgemeines Mißtrauen gegen Politiker. Ihnen wird all das abgesprochen, was gemeinhin als gute Charaktereigenschaften gilt: Ehrlichkeit, Leistungsbereitschaft, Verantwortungsbewußtsein. Politiker wird man nach dieser Einstellung vorwiegend aus eigennützigen Interessen: Interesse an Macht, Geld, schönen Reisen usw.. Um dieses Ziel zu erreichen ist dem Politiker jedes Mittel recht. Einmal gegebene Versprechungen haben für ihn keine Verbindlichkeit; sie erfolgen nach vordergründigen Opportunitätsgesichtspunkten und werden auch entsprechend jederzeit verändert". (Manual, S. 37)

Unpolitische Haltung:
"Zentrales Moment der unpolitischen Haltung ist die Betonung von Ruhe und Ordnung. Nach dem Motto "Ruhe ist die erste Bürgerpflicht" wird die Disziplin zur zentralen staatsbürgerlichen Tugend. Staat wird als "starker Staat" verstanden, d.h. also ein Staat, der diese Ruhe garantiert bzw. garantieren muß. Jede Kritik an diesem Staat wird als Angriff auf die staatliche Ordnung verstanden, den es abzuwehren gilt. Deswegen ist mit dieser Einstellung auch eine aggressive Komponente verbunden: diejenigen, die diesen Staat doch nur kritisieren, sollen ihn doch lieber gleich verlassen". (Manual, S. 37 - 38)

---

1) Meßinstrument für sozio-politische Einstellungen. Bundeszentrale für politische Bildung, August 1976.

2) Die Studie wurde von der Forschungsgruppe ELLWEIN/ZOLL im Auftrag des Bundesministeriums für Jugend, Familie und Gesundheit durchgeführt.

3) Die Formulierungen der Items werden später zusammen mit den Ergebnissen der Faktorenanalyse angegeben (vgl. Tabelle 55).

4) KOHR (1977), unveröffentlichtes Manuskript.

Anomie:
"Anomie ist durch ein allgemeines Gefühl der Unsicherheit und Orientierungslosigkeit gekennzeichnet. Die Gegenwart wird als zu unstrukturiert und kompliziert empfunden, als daß in ihr noch eine Orientierung möglich wäre. Vorherrschend ist das Gefühl, daß es keine verbindlichen Ziele und keine Ordnung mehr gibt und daß man sich auf nichts mehr verlassen kann".
(Manual, S. 38)

Diese drei Einstellungen werden gemessen, indem man den Personen, deren Einstellung man erfassen möchte, die Itemformulierungen schriftlich vorlegt; man bitte nun die Personen, durch entsprechendes Ankreuzen anzugeben, ob sie dem Iteminhalt zustimmen oder nicht zustimmen. Die Reaktionen der Personen auf die Items werden dann codiert, indem der Reaktion "stimmt" der Zahlenwert 1 bzw. der Reaktion "stimmt nicht" der Zahlenwert 0 zugeordnet wird.
Wenn man nun den Grad der Anomie einer Person feststellen möchte, so kann man die Punktbewertungen seiner Reaktionen auf die Items summieren, welche die unterschiedlichen Aspekte anomischer Einstellung durch ihren Inhalt erfassen. Voraussetzung für diese Möglichkeit der Lokalisierung einer Person auf dem hypothetischen Kontinuum "Anomie" durch eine solche Punktwertbildung ist natürlich, daß die Items, die man zur Erfassung der Anomie benutzt, tatsächlich auch verschiedene Facetten des Konstrukts Anomie wiedergeben. Wäre das nicht der Fall, so würde man durch die Summierung Punktwerte erhalten, die schlechterdings sinnlos sind.
Es muß also geprüft werden, ob die Items wirklich jeweils eine Einstellung oder - in der faktorenanalytischen Terminologie ausgedrückt - einen Faktor repräsentieren. Nur wenn dies nachgewiesen werden kann, ist die beschriebene Punktwertbildung sinnvoll.
Mit unserer Re-Analyse der drei Skalen soll nun durch die Faktorenanalyse der 32 Items geprüft werden, ob sich die drei Faktoren auch für die oben beschriebene Repräsentativstichprobe vom März 1976 nachweisen lassen.
Kann der Nachweis geführt werden, so handelt es sich um ein brauchbares Instrument, mit dem von der aktuellen politischen Situation relativ unabhängige Einstellungsstrukturen erfaßt werden können.
Zugleich würde dadurch gezeigt, daß die nach den Ergebnissen einer Faktorenanalyse vorgenommene Skalenbildung "stabil" ist, d.h. daß die Ergebnisse der ursprünglichen Faktorenanalyse nicht wesentlich durch zufällig hohe oder niedrige Korrelationen - in der Stichprobe von 1969 - beeinträchtigt worden sind.
Zur Überprüfung dieser Fragestellungen haben wir zwei Faktorenanalysen mit den 32 Items durchgeführt; bei der ersten Analyse gingen wir von der Korrelationsmatrix aus, d.h. die Kommunalitäten der $v = 32$ Items ($j = 1, 2, ..., 32$) wurden mit $h_j^2 = 1$ gewählt. In der zweiten Analyse haben wir dagegen eine Kommunalitätenschätzung benutzt; in die Diagonale der Korrelationsmatrix wurden als Anfangsschätzungen für den iterativen Schätzprozess die Quadrate der multiplen Korrelation jeweils eines Items mit den übrigen 31 Items eingesetzt[1]. Wir können

---

1) Zur Durchführung der Faktorenanalysen haben wir das im ehemaligen Deutschen Rechenzentrum Darmstadt von P. SCHNELL und F. GEBHARDT geschriebene Programm "PAFA" (Principal Axis Factor Analysis) benutzt; dieses Programm, das wohl in der Bundesrepublik bisher am häufigsten benutzt wurde, erlaubt verschiedene Kommunalitätenschätzungen. Die extrahierten Faktoren können im Anschluß an die Faktorenanalyse sukzessive rotiert werden, wobei die Rotation nach dem VARIMAX-Kriterium erfolgt.

also in diesem Fall die Ergebnisse der Faktorenanalyse nach dem Hauptkomponentenmodell mit denen der multiplen Faktorenanalyse (Modell gemeinsamer Faktoren) vergleichen.
Nach unserer Hypothese müßten wir mit drei Faktoren rechnen; quasi zur Sicherheit ließen wir jedoch vom Programm vier Faktoren extrahieren. Tabelle 53 zeigt die Eigenwerte und die durch die jeweiligen Faktoren aufgeklärten Varianzanteile für die unrotierte Lösung.

Tabelle 53 : Eigenwerte, Varianzanteile und kumulierte Varianzanteile der drei Faktoren. Bei Analyse 1 wurde keine Kommunalitätenschätzung vorgenommen, bei Analyse 2 erfolgte die Kommunalitätenschätzung durch die Quadrate der multiplen Korrelation je eines Items zu den übrigen 31 Items.

	Analyse 1			Analyse 2[1)]		
Faktor	Eigenwert	Varianz	Varianz (kum)	Eigenwert	Varianz	Varianz (kum)
1	8,47	26,47	26,47	8,04	45,63 (25,13)	45,63 (25,13)
2	2,85	8,90	35,37	2,41	13,68 (7,53)	59,31 (32,66)
3	2,27	7,10	42,47	1,83	10,39 (5,71)	69,70 (38,37)
4	1,20	3,75	46,22	0,70	3,97 (2,19)	73,67 (40,56)

1)

Die bei Analyse 2 wiedergegebenen Varianzanteile beziehen sich nicht auf die Gesamtvarianz aller Items (diese ist gleich der Itemzahl, also 32), sondern auf den durch Kommunalitätenschätzung bestimmten Anteil der gemeinsamen Varianz der Items. Der Varianzanteil wird berechnet, indem man die durch den Iterationsprozeß bestimmten Kommunalitäten aller 32 Items summiert (diese Größe wird in Programmausdrucken häufig als "Spur" bezeichnet), und dann für jeden Faktor den Quotienten aus Eigenwert und Spur errechnet. In unserem Beispiel ist die Spur der Korrelationsmatrix 17,62. Der Anteil der allen Variablen gemeinsamen Varianz an der Gesamtvarianz ist folglich 17,62/32 = .5506 (oder ca. 55%). Die Varianzangaben beziehen sich auf diese 55% gemeinsame Varianz. Die Angaben über die von den Faktoren aufgeklärten Varianzanteile sind also garnicht unmittelbar vergleichbar, weil die Prozentuierungsbasis unterschiedlich ist. Hierauf wird aber in Cumputerausdrucken selten hingewiesen (z.B. fehlt ein solcher Hinweis im PAFA-Programm). Wir empfehlen deshalb, bei Computerausdrucken stets darauf zu achten, ob sich die angegebenen Varianzanteile auf die Gesamtvarianz oder die gemeinsame Varianz beziehen. Wir haben oben die bei Analyse 2 erklärten Anteile der Gesamtvarianz in Klammern angegeben. Ein Vergleich mit den unter Analyse 1 verzeichneten Varianzprozenten zeigt, daß sich kein wesentlicher Unterschied zwischen den Ergebnissen von Analyse 1 und Analyse 2 feststellen läßt.

Tabelle 54 : Matrix der Ladungen der 32 Einstellungsitems in drei unrotierten Faktoren [1]

Item-Nr.	a_{j1}	a_{j2}	a_{j3}	h^2	a_{j1}	a_{j2}	a_{j3}	h^2
1	.35	.45	.37	.47	.34	-.42	.36	.42
2	.53	.19	-.13	.34	.52	-.18	-.11	.31
3	.67	.08	-.27	.52	.65	-.08	-.25	.49
4	.69	.13	-.37	.62	.68	-.14	-.36	.62
5	.46	.19	-.22	.29	.44	-.17	-.18	.25
6	.24	.35	.34	.29	.23	-.29	.29	.22
7	.39	.20	.16	.22	.37	-.17	.13	.18
8	.56	-.40	.17	.50	.55	.38	.15	.47
9	.55	-.39	.20	.49	.53	.36	.18	.45
10	.56	-.25	.18	.41	.54	.22	.16	.37
11	.43	.48	.27	.49	.42	-.44	.26	.44
12	.54	-.35	.20	.45	.52	.33	.18	.41
13	.55	-.32	.11	.42	.53	.30	.10	.38
14	.57	-.30	.21	.46	.56	.28	.19	.42
15	.66	.12	-.32	.55	.64	-.12	-.30	.52
16	.56	-.23	.21	.41	.54	.21	.19	.37
17	.62	.10	-.37	.53	.60	-.10	-.34	.49
18	-.21	.05	.51	.31	-.20	-.04	.43	.22
19	.51	-.24	.23	.37	.49	.22	.20	.33
20	.41	.46	.27	.45	.40	-.42	.25	.40
21	.56	-.28	.09	.40	.55	.26	.08	.38
22	.52	.16	-.20	.34	.50	-.14	-.16	.30
23	.58	-.23	.08	.40	.56	.21	.07	.37
24	-.23	.10	.32	.17	-.22	-.08	.27	.13
25	.63	.10	-.36	.53	.62	-.10	-.32	.50
26	.41	.49	.27	.48	.39	-.44	.26	.42
27	.40	.46	.16	.40	.38	-.41	.14	.34
28	.54	.17	-.22	.37	.52	-.15	-.18	.33
29	.67	.15	-.35	.59	.66	-.15	-.33	.57
30	.30	.46	.36	.43	.29	-.43	.35	.39
31	.51	-.28	.25	.40	.49	.26	.22	.36
32	.56	-.39	.14	.49	.55	.37	.12	.46

Tabelle 53 zeigt, daß beide Analysemethoden zu praktisch äquivalenten Ergebnissen bezüglich der Faktorenzahl und der Varianzaufklärung der Faktoren führen; was die Faktorenzahl betrifft, können die Ergebnisse beider Analysen als Bestätigung der Hypothese gewertet werden, denn der vierte Faktor trägt nur noch unwesentlich zur Varianzaufklärung bei. Wir können also im folgenden von drei Faktoren ausgehen.

Als nächster Schritt ist zu prüfen, ob die Faktoren mit den im Manual angegebenen Faktoren übereinstimmen; wäre dies der Fall, so müßten alle Anomie-Items auch in unserer Analyse in einem Faktor hohe und in den beiden anderen Faktoren niedrige Ladungen aufweisen. Gleiches

1) Spalten 1-4 bzw. 5-8 : Ladungen und Kommunalitäten der Analysen ohne bzw. mit Kommunalitätenschätzungen durch das Quadrat der multiplen Korrelation.

Tabelle 55 : Matrix der Ladungen der 32 Einstellungsitems in drei nach dem VARIMAX-Kriterium rotierten Faktoren.[1)]

	a_{j1}	a_{j2}	a_{j3}	h^2	a_{j1}	a_{j2}	a_{j3}	h^2
1. Demokratie heißt vor allem erst einmal Ruhe und Ordnung	.09	**.68**	.04	.47	.09	**.64**	.04	.42
2. Früher waren die Leute besser dran, weil jeder wußte, was er zu tun hatte	.18	.28	**.47**	.34	.19	.28	**.44**	.31
3. In der heutigen Zeit schaut man nicht mehr durch, was eigentlich passiert	.29	.17	**.64**	.52	.29	.18	**.61**	.49
4. Die Dinge sind heute so schwierig geworden, daß man nicht mehr weiß was los ist	.23	.16	**.74**	.62	.23	.17	**.73**	.62
5. Den meisten Menschen fehlt ein richtiger Halt	.10	.20	**.49**	.29	.12	.21	**.44**	.25
6. Wer dauernd Kritik übt, soll erst einmal vor der eigenen Haustür kehren	.07	**.53**	-.03	.29	.07	**.46**	-.01	.22
7. Die Führung der Regierung sollte einem Mann anvertraut werden, der über dem Parteiengezänk steht	.19	**.39**	.17	.22	.19	**.34**	.17	.18
8. Die Abgeordneten interessieren sich kaum für die Probleme der Leute, von denen sie gewählt werden	**.69**	.01	.15	.50	**.66**	.02	.15	.47
9. Die meisten Äußerungen der Politiker sind reine Propaganda	**.69**	.03	.12	.49	**.66**	.04	.12	.45
10. In der Politik dreht sich doch alles nur um das Geld	**.60**	.13	.17	.41	**.57**	.14	.17	.37
11. Wer dauernd durch Demonstrationen zeigt, daß ihm etwas nicht paßt, sollte doch lieber gleich unseren Staat verlassen	.09	**.67**	.17	.49	.10	**.64**	.16	.44
12. In der Politik geschieht selten etwas, was dem kleinen Mann nützt	**.66**	.06	.12	.45	**.63**	.07	.13	.41
13. Die Bevölkerung wird sehr oft von Politikern betrogen	**.62**	.03	.20	.42	**.58**	.05	.20	.38
14. Es hat wenig Sinn, an Abgeordnete zu schreiben, weil sie sich wenig für die Probleme des kleinen Mannes interessieren	**.65**	.11	.14	.46	**.62**	.12	.15	.42
15. Heute ändert sich alles so schnell, daß man oft nicht weiß, woran man sich halten soll	.24	.17	**.68**	.55	.24	.18	**.65**	.52
16. Politiker sagen einmal dies, einmal jenes, je nachdem, wie es ihnen in den Kram paßt	**.60**	.16	.15	.41	**.57**	.16	.16	.37

Fortsetzung Tabelle 55 :

17. In diesen Tagen ist alles so unsicher, daß man auf alles gefaßt sein muß	.20	.12	.69	.53	.21	.13	.65	.49
18. Das Leben der Menschen ist auch in der heutigen Zeit klar und geordnet	.03	.23	-.50	.31	.01	.18	-.44	.22
19. Viele Politiker machen auf unsere Kosten schöne Reisen	.59	.14	.10	.37	.54	.14	.13	.33
20. Wenn jeder gleich auf die Straße geht, weil ihm etwas nicht paßt, dann haben wir bald ein Chaos	.09	.65	.16	.45	.09	.61	.15	.40
21. Es kommt garnicht darauf an, welche Partei die Wahlen gewinnt, die Interessen des kleinen Mannes zählen ja doch nicht	.59	.53	-.03	.40	.57	.07	.23	.38
22. Moralische Grundsätze gelten heute nichts mehr	.17	.21	.51	.34	.18	.22	.47	.30
23. Die Parteien sollten sich nicht wundern, wenn sie bald niemand mehr wählt	.57	.10	.26	.40	.54	.10	.26	.37
24. Wenn man an die Zukunft denkt, kann man eigentlich sehr zuversichtlich sein	-.09	.16	-.36	.17	-.10	.12	-.32	.13
25. Wenn man so die Ereignisse der letzten Jahre betrachtet, wird man richtig unsicher	.22	.13	.69	.53	.22	.14	.65	.50
26. Die ganzen politischen Krawalle zeigen, daß es vielen einfach zu gut geht	.07	.67	.16	.48	.08	.62	.15	.42
27. Es ist ein Hauptübel in unserem Volk, daß so viel kritisiert wird	.03	.58	.23	.40	.05	.53	.22	.34
28. Heute ist jeder so mit sich selbst beschäftigt, daß er nicht an morgen denken kann	.17	.22	.54	.37	.19	.22	.49	.33
29. Es ist heute alles so in Unordnung geraten, daß niemand mehr weiß, wo er eigentlich steht	.21	.18	.72	.59	.22	.19	.69	.57
30. Eine Demokratie verlangt vom Staatsbürger vor allem erst einmal Disziplin	.05	.65	.01	.43	.05	.62	.01	.39
31. Für das, was die Politiker leisten, werden sie zu hoch bezahlt	.62	.12	.08	.40	.58	.13	.09	.36
32. Was ein Politiker verspricht hält er selten oder nie	.68	.00	.17	.49	.65	.02	.18	.46

1) Spalten 1 - 4 bzw. 5 - 8: Ladungen und Kommunalitäten der Analysen ohne bzw. mit Kommunalitätenschätzung durch das Quadrat der multiplen Korrelation.

Tabelle 56: Items des Faktors 1; die 12 Items wurden nach der Größe der Ladungen[1] in diesem Faktor angeordnet. Der Faktor repräsentiert "Politische Entfremdung"

8.	Die Abgeordneten interessieren sich kaum für die Probleme der Leute, von denen sie gewählt werden	.69	.66
9.	Die meisten Äußerungen der Politiker sind reine Propaganda	.69	.66
32.	Was ein Politiker verspricht, hält er selten oder nie	.68	.65
12.	In der Politik geschieht selten etwas, was dem kleinen Mann nützt	.66	.63
14.	Es hat wenig Sinn, an Abgeordnete zu schreiben, weil sie sich wenig für die Probleme des kleinen Mannes interessieren	.65	.62
13.	Die Bevölkerung wird sehr oft von Politikern betrogen	.62	.58
31.	Für das, was die Politiker leisten, werden sie zu hoch bezahlt	.62	.58
10.	In der Politik dreht sich doch alles nur um das Geld	.60	.57
16.	Politiker sagen einmal dies, einmal jenes, je nachdem, wie es ihnen in den Kram paßt	.60	.57
19.	Viele Poltiker machen auf unsere Kosten schöne Reisen	.59	.54
21.	Es kommt gar nicht darauf an, welche Partei die Wahlen gewinnt, die Interessen des kleinen Mannes zählen ja doch nicht	.59	.57
23.	Die Parteien sollten sich nicht wundern, wenn sie bald niemand mehr wählt	.57	.54

Tabelle 57: Items des Faktors 2; die 8 Items wurden nach der Größe der Ladungen[1] in diesem Faktor angeordnet. Der Faktor repräsentiert "Unpoltische Haltung"

1.	Demokratie heißt vor allem erst einmal Ruhe und Ordnung	.68	.64
11.	Wer dauernd durch Demonstrationen zeigt, daß ihm etwas nicht paßt, sollte doch lieber gleich unseren Staat verlassen	.67	.64
26.	Die ganzen politischen Krawalle zeigen, daß es vielen einfach zu gut geht	.67	.62
20.	Wenn jeder gleich auf die Straße geht, weil ihm etwas nicht paßt, haben wir bald ein Chaos	.65	.61
30.	Eine Demokratie verlangt vom Staatsbürger vor allem erst einmal Disziplin	.65	.62
27.	Es ist ein Hauptübel in unserem Volk, daß soviel kritisiert wird	.58	.53
6.	Wer dauernd Kritik übt, soll erst einmal vor der eigenen Haustür kehren	.53	.46
7.	Die Führung der Regierung sollte einem Mann anvertraut werden, der über dem Parteiengezänk steht	.39	.34

1) Fußnote siehe nächste Seite

Tabelle 58: Items des Faktors 3; die 12 Items wurden nach der Größe der Ladungen[2] in diesem Faktor angeordnet. Der Faktor repräsentiert "Anomie"

Item		
4. Die Dinge sind heute so schwierig geworden, daß man nicht mehr weiß, was los ist	.74	.73
29. Es ist heute alles so in Unordnung geraten, daß niemand mehr weiß, wo er eigentlich steht	.72	.69
17. In diesen Tagen ist alles so unsicher, daß man auf alles gefaßt sein muß	.69	.65
25. Wenn man so die Ereignisse der letzten Jahre betrachtet, wird man richtig unsicher	.69	.65
15. Heute ändert sich alles so schnell, daß man oft nicht weiß, woran man sich halten soll	.68	.65
3. In der heutigen Zeit schaut man nicht mehr durch, was eigentlich passiert	.64	.61
28. Heute ist jeder so mit sich selbst beschäftigt, daß er nicht an morgen denken kann	.54	.49
22. Moralische Grundsätze gelten heute nichts mehr	.51	.47
5. Den meisten Menschen fehlt ein richtiger Halt	.49	.44
2. Früher waren die Leute besser dran, weil jeder wußte, was er zu tun hatte	.47	.44
24. Wenn man an die Zukunft denkt, kann man eigentlich sehr zuversichtlich sein	-.36	-.32
18. Das Leben der Menschen ist auch in der heutigen Zeit klar und geordnet	-.50	-.44

1) Fußnote von Seite 370

Die erste Ladung bezieht sich auf die Analyse ohne Kommunalitätenschätzung, die zweite auf die Analyse, bei der die Kommunalitäten durch das Quadrat der multiplen Korrelation geschätzt wurden.

2) Die erste Ladung bezieht sich auf die Analyse ohne Kommunalitätenschätzung, die zweite auf die Analyse, bei der die Kommunalitäten durch das Quadrat der multiplen Korrelation geschätzt wurden.

Die negativen Ladungen der Items 24 und 18 sind dadurch zu erklären, daß bei den übrigen 10 Items der Skala Zustimmung, bei diesen beiden Items jedoch Ablehnung des Iteminhalts ein Indikator für Anomie ist.

gilt für die Items zur Erfassung der politischen Entfremdung und der unpolitischen Haltung.
Wir hatten festgestellt, daß die Matrix der Ladungen der unrotierten Faktoren zur Beurteilung dieser Fragen in der Regel ungeeignet ist. Wir haben diese Matrix in Tabelle 54 wiedergegeben. Eine kurze Inspektion zeigt, daß diese Regel sich auch in unserem Fall bestätigt: die unrotierten Ladungen zeigen kein Muster, das auch nur annähernd dem der Einfachstruktur entspricht.
Die Ergebnisse der nach dem VARIMAX-Kriterium rotierten Faktoren zeigt Tabelle 55 . Zur besseren Übersicht sind die höchsten Ladungen jedes Items unterstrichen.
Zunächst kann der Tabelle 55 entnommen werden, daß sich die Ladungen der meisten Items der Einfachstruktur recht gut annähern. Ausnahmen bilden lediglich die Items 7 und 24: hier sind die Ladungen insgesamt niedrig und die Diskrepanz von der höchsten zur nächstniedrigen Ladung sind relativ gering. Die Items sind also nicht so klar einem Faktor zuzuordnen, wie dies im Sinne der Bestätigung unserer Hypothese wünschenswert wäre.
Ein Vergleich der nach beiden Analyseverfahren (ohne und mit Kommunalitätenschätzung) bestimmten Ladungen und Kommunalitäten zeigt keine wesentliche Diskrepanz: beide Verfahren führen praktisch zum selben Ergebnis.
Um zur Frage der Reproduzierbarkeit der im Manual angegebenen Zuordnung von Items zu Skalen durch unsere Analyse Stellung nehmen zu können, haben wir in den folgenden Tabellen pro Faktor die Items nach der Höhe der Ladungen herausgezogen; die Ladungen sind für beide Analyseverfahren neben den Items angegeben.
Vergleicht man nun die im Manual für jede Skala angegebenen Items mit der anhand der Ergebnisse unserer Faktorenanalyse vorgenommenen Zuordnung der Items zu den Skalen, so läßt sich eine völlige Übereinstimmung feststellen: unsere Faktorenanalyse der im März 1976 erhobenen Daten führte - von geringfügigen Abweichungen abgesehen - zum selben Ergebnis wie die Faktorenanalyse der Daten aus dem Jahr 1969. Dies kann als gute Bestätigung für die Stabilität und Brauchbarkeit der Skalen gewertet werden.

15.7. ALLGEMEINE HINWEISE ZUR DURCHFUEHRUNG VON FAKTORENANALYSEN

Im Folgenden wollen wir kurz einige Aspekte anführen, die bei der Durchführung von Faktorenanalysen wesentlich sind.

15.7.1. COMPUTERPROGRAMME ZUR FAKTORENANALYSE

Erläuterungen zu Computerprogrammen[1] finden sich z.B. in folgenden Büchern bzw. Manualen zum Gebrauch der Programme:

BEUTEL, P. KÜFFNER, H. SCHUBÖ, W.	SPSS 8: Statistik-Programm-System für die Sozialwissenschaften. Stuttgart (G. Fischer Verlag) 1980, 3. Aufl.

1) Der Buchstabe P gibt an, daß die Publikation auch FORTRAN-Programme enthält

COOLEY, W.W. / LOHNES, P.R. — Multivariate Data Analysis. New York (Wiley) 1972 (P)

DIXON, W.J. / BROWN, M.B. — BMDP-77: Biomedical Computer Programs, P-Series. Berkeley (University of California Press) 1977

HULL, C.H. / NIE, N.H. — SPSS Update: New procedures and facilities for releases 7 and 8. New York (McGraw Hill) 1979

NIE, N.H. / HULL, C.H. / et al. — SPSS: Statistical Package for the Social Sciences, 2nd. ed. New York (McGraw Hill) 1975

SCHUCHARD-FICHER, C. / BACKHAUS, K. / et al. — Multivariate Analysemethoden. Eine anwendungsorientierte Einführung. Berlin (Springer Verlag) 1980

VELDMAN, D.J. — FORTRAN programming for the behavioral sciences. New York (Holt, Rinehart & Winston) 1967 (P)

15.7.2. RELATION VON PERSONEN- UND VARIABLENZAHL

Faktorenanalysen sind grundsätzlich nur dann sinnvoll, wenn die Stichprobe, an der die Korrelationen bestimmt wurden, hinreichend groß ist; als Faustregel kann gelten, daß die Personenzahl mindestens 100 betragen soll. Darüberhinaus muß die Zahl der Personen größer als die der Variablen sein: oft wird empfohlen, daß das Verhältnis von Probanden- zu Variablenzahl mindestens 3:1 betragen soll.
Diese Forderungen haben an sich nichts mit dem Verfahren der Faktorenextraktion und -rotation zu tun; da man hierbei meist von der Korrelationsmatrix ausgeht (und diese auch in vielen faktorenanalytischen Programmen als Daten einlesen kann), ist es für den formalen Verfahrensablauf unerheblich, auf welcher Stichprobengröße die Korrelationsmatrix beruht. Deshalb wird man im allgemeinen auch Lösungen erhalten, die sich möglicherweise sogar gut interpretieren lassen[1].
Diese Lösungen sind jedoch bei geringen Personenzahlen äußerst instabil, d.h. bei der Analyse der an einer neuen Stichprobe gleichen Umfangs erhobenen Variablen wird man wegen der Fluktuation der Korrelationen kaum zu vergleichbaren Ergebnissen gelangen.

15.7.3. FAKTORENANALYSE UND SKALENNIVEAU

Der Effekt des Einbezugs qualitativ-dichotomer Daten in eine Faktorenanalyse ist äußerst schwierig zu beurteilen; dies hängt damit zusammen, daß der Produkt-Moment-Korrelationskoeffizient dichotomer Daten, der allgemein als Phi-Koeffizient bezeichnet wird (vgl. dazu Abschnitt 12.2.) nicht wie bei quantitativen Daten in allen Fällen zwischen 0 und 1 variieren kann - er ist durch die Randverteilungen

---

1) Wie die Erfahrung gezeigt hat, wird ein kreativer Sozialwissenschaftler für fast jede Faktorenstruktur eine scheinbar plausible Erklärung finden.

der Variablen im Variationsbereich eingeschränkt. Wenn nun keine Strukturierung der dichotomen Variablen vorliegt, die man in eine Faktorenanalyse einbezieht, so können artifizielle Schwierigkeitsfaktoren extrahiert werden, deren Interpretation leicht zu Fehlschlüssen führen kann (vgl. GAENSSLEN & SCHUBÖ, 1973, S. 268 - 269). Bei der Verwendung von dichotomen Variablen ist also Vorsicht angebracht: daß die Verwendung von dichotomen Variablen jedoch durchaus sinnvoll sein kann, hat das im letzten Abschnitt dargestellte Beispiel gezeigt.
Handelt es sich um ordinal skalierte Variable, so ist deren Faktorenanalyse nach unserer Auffassung "lediglich" in Bezug auf die Interpretation und Generalisierung der Ergebnisse ein Problem: denn es ist - bildlich gesprochen - für das faktorenanalytische Verfahren nicht erkennbar, ob es sich beim Zahleninput um im echten Sinne quantitative Daten oder lediglich um Ordinaldaten handelt.
Unsere Bedenken bei der Verwendung nicht-quantitativer Daten - seien diese dichotom oder ordinal - betreffen also das Problem der Verwertbarkeit der Ergebnisse von Faktorenanalysen; die Frage: "ist die Faktorenanalyse mit solchen Daten zulässig" zielt nach unserer Auffassung in die falsche Richtung.

15.7.4. FAKTORENANALYTISCHE UNTERSUCHUNGSPLAENE [1]

Wir sind bisher davon ausgegangen, daß die Korrelation zwischen Variablen mit dem Ziel untersucht wird, Faktoren zu finden, die diese Korrelation erklären können; bei dieser "Normalanwendung" der Faktorenanalyse - der sog. R-Analyse - geht es also um die Bestimmung und Interpretation von Variablenclustern.
Bei einer anderen Anwendung der Faktorenanalyse - der sog. Q-Analyse - werden nicht Variable, sondern Personen miteinander korreliert. Die Faktorenanalyse liefert hier Faktoren, die als Cluster von Personen aufgefaßt werden können. Auf Einzelheiten des Verfahrens, mit dessen Anwendung zahlreiche Probleme verbunden sind, können wir hier nicht eingehen.

15.7.5. AUSWAHL WEITERFUEHRENDER LITERATUR ZUR FAKTORENANALYSE

CATTELL, R.B. (Hrsg.) Handbuch der multivariaten Experimentalpsychologie. Frankfurt (Fachbuchhandlung für Psychologie) 1980

COAN, R.W. Factors, Facts, and Artifacts Psychological Review, 1964, 71, 123-140

GUILFORD, J.P. Factorial Angles to Psychology Psychological Review, 68, 1961, 1-20

HARMAN, H.H. Modern Factor Analysis Chicago: University of Chicago Press, 1967

HORST, P. Factor Analysis of Data Matrices New York: Holt, Rinehart and Winston, 1965

1) Einen umfassenden Überblick gibt dazu CATTELL (1980)

KALVERAM, K.T. Über Faktorenanalyse
Archiv für die gesamte Psychologie, 1970, 122, 92-118

KEMPF, W.F. Zur Bewertung der Faktorenanalyse als psychologische Methode
Psychologische Beiträge, 14, 1972, 610-625

LEVIN, J. Three Mode Factor Analysis
Psychological Bulletin, 1965, 64, 442-452

OVERALL, J.E. Note on the Scientific Status of Factors
Psychological Bulletin, 61, 1964, 270-276

PAWLIK, K. Dimensionen des Verhaltens
Bern: Huber, 1968

PETERSON, D.R. Scope and Generality of Verbally Defined Personality Factors
Psychological Review, 72, 1965, 48-59

REVENSTORF, D. Lehrbuch der Faktorenanalyse
Stuttgart/Berlin/Köln/Mainz: Kohlhammer, 1976

REVENSTORF , D. Vom unsinnigen Aufwand. Archiv für Psychologie, 1978, 130, 1-36

THOMSON, J.W. Meaningful and Unmeaningful Rotation of Factors
Psychological Bulletin, 1962, 59, 211-223

ÜBERLA, K. Faktorenanalyse: eine systematische Einführung für Psychologen, Mediziner, Wirtschafts- und Sozialwissenschaftler
Berlin/Heidelberg/New York; Springer, 1968

16 ITEMANALYSE NACH DEM KONZEPT DER KLASSISCHEN TESTTHEORIE

Im folgenden Kapitel wollen wir eine Reihe von Strategien und Verfahren erläutern, die zur statistischen Analyse von Tests und Fragebogen entwickelt wurden. Diese Strategien und Verfahren werden im allgemeinen kurz und summarisch als "Itemanalyse" bezeichnet. Eigentlich handelt es sich dabei jedoch um eine ganze Klasse von Verfahren, deren Grundlagen z.T. recht unterschiedliche theoretische Positionen sind. Wir wollen hier nur das derzeit noch am häufigsten benutzte Itemanalyseverfahren erörtern, das auf dem Konzept der klassischen Testtheorie[1] basiert und lediglich die Kenntnis der Korrelationsrechnung voraussetzt.
In den letzten Jahren sind neue Ausarbeitungen von Testtheorien[2] vorgestellt worden; diese sind nicht mehr durch deterministische, sondern durch probabilistische Modelle gekennzeichnet (z.B. RASCH-Modell; MOKKEN-Analyse). Ihr Vorzug besteht vor allem darin, daß sie von Meßmodellen ausgehen, die den Problemen des Messens in den Sozialwissenschaften besser angepaßt sind: Itemanalysen nach verschiedenen Konzepten der modernen Testtheorie werden deshalb zunehmend häufig (und meist zusammen mit der klassischen Itemanalyse) zur statistischen Prüfung von Tests und Fragebogen eingesetzt. Wir müssen dennoch auf die Darstellung dieser Theorien und der entsprechenden itemanalytischen Techniken verzichten: es handelt sich nämlich um Verfahren, deren rechentechnische Durchführung mit Problemen verbunden ist, die mit den in diesem einführenden Buch vorgestellten statistischen Konzepten nicht hinreichend verstanden und entsprechend gelöst werden können. Darüber hinaus sind einige Probleme der praktischen Durchführung und Anwendung noch nicht befriedigend gelöst. Informationen über diese Verfahren und ihre Anwendung finden sich in der im Abschnitt 16.5. wiedergegebenen Auswahl von Spezialliteratur.

---

1) Die Grundzüge dieser Theorie psychologischer Testverfahren werden im Abschnitt 16.2. vorgestellt.

2) In Abhebung von der klassischen Testtheorie wird oft pauschal von moderner Testtheorie gesprochen.

16.1. GRUNDLAGEN UND ZIELSETZUNGEN DER ITEMANALYSE [1)]

In den Sozialwissenschaften - speziell in der Psychologie - ist man daran interessiert, Merkmale (d.h. Eigenschaften, Fähigkeiten, Fertigkeiten, Einstellungen etc.) von Personen zu erfassen.
Man benutzt dazu u.a. aus Gründen der Ökonomie sehr häufig die Form der schriftlichen Vorgabe von Fragen: einer Person werden verbale Reize vorgelegt, auf die die Person reagieren soll. Diese Reize werden als Items bezeichnet. Wir wollen zunächst einige Beispiele für Items aus verschiedenen Forschungsbereichen angeben [2)]:

1) Gegeben ist die folgende Zahlenreihe. Ihre Aufgabe besteht darin, diese Zahlenreihe fortzusetzen und die nächste Zahl anzugeben.

   5 10 12 24 26 52 54 ?

   (Prüfung numerischen Denkens)

2) Bitte suchen Sie in den unten angegebenen Antwortalternativen die bestpassende für folgende sprachliche Beziehung:

   "Fleiß verhält sich zu Faulheit wie Tapferkeit zu ? "

   a) Treue b) Mut c) Kühnheit d) Feigheit e) Charakterschwäche

   (Prüfung analogen Denkens)

   Items dieses Typs werden als Mehrfachwahlaufgaben (multiple choice items) bezeichnet.

3) Geben Sie bitte bei der folgenden Aussage durch entsprechendes Ankreuzen an, ob diese Aussage für Sie persönlich zutrifft oder nicht:

   "Wenn ich etwas anfasse, dann geht es meistens schief"

   (Erfassung von pessimistischer Lebenseinstellung)

   Bei Items dieser Art wird meist ein mehrstufiges Reaktionsschema vorgegeben, in dem die Person die Alternative ankreuzen soll, die ihre Auffassung am besten wiedergibt.

   Beispiel für ein Reaktionsschema: Diese Aussage ist für mich persönlich . . .

	5	4	3	2	1	
völlig zutreffend	( ) ++	( ) +	( ) +/-	( ) -	( ) --	völlig unzutreffend

---

1) Wenn im folgenden von Itemanalyse gesprochen wird, so sind die Strategien, Konzepte und Verfahren gemeint, die auf der klassischen Testtheorie basieren.

2) Eine umfassende Darstellung möglicher Itemformen gibt WESMAN (1971) in seinem Artikel "Writing the test item".

4) Die folgende Liste enthält Themen, die in der Tageszeitung behandelt werden. Kreuzen Sie bitte an, wie oft Sie Berichte zu folgenden Themen lesen:

	immer	häufig	manchmal	selten	nie
	5	4	3	2	1
"Wissenschaft und Technik"	( )	( )	( )	( )	( )
"Mode/Kosmetik"	( )	( )	( )	( )	( )
"Politik"	( )	( )	( )	( )	( )

(Erfassung von Mediennutzung)

5) Im folgenden finden Sie eine Reihe von Feststellungen, denen Sie zustimmen können (STIMMT) oder die Sie ablehnen können (STIMMT NICHT). Falls Ihnen bei einer Feststellung die Entscheidung schwer fällt, kreuzen Sie bitte das an, was Ihrer Meinung noch am besten entspricht.

	STIMMT	STIMMT NICHT
	1	0
"Es ist ein Hauptübel in unserem Volk, daß soviel kritisiert wird"	( )	( )
"Moralische Grundsätze gelten heute nichts mehr"	( )	( )

(Erfassung von "Unpolitischer Haltung" bzw."Anomie")

6) Laden Sie gern Freunde/Bekannte zu sich nach Hause ein? ( )ja ( )nein
0 1

Diese Itembeispiele zeigen die Vielfalt der Möglichkeiten Reize verbal zu formulieren und die Reaktionen zu quantifizieren (jeder Reaktion wird ein Zahlenwert zugeordnet; Beispiele für solche Zuordnungen sind oben angegeben).
Auf den ersten Blick mag der Eindruck entstehen, daß die Konstruktion eines Tests oder Fragebogens eigentlich recht unproblematisch und einfach ist: man formuliert einige Items, die zur Erfassung des interessierenden Merkmals geeignet sind und hat damit ein Instrument zur Messung des Merkmals konstruiert. Daß die Konstruktion von Tests oder Fragebogen keineswegs so einfach vorgenommen werden kann, wollen wir im Folgenden an einem einfachen Beispiel verdeutlichen.
Nehmen wir an, es soll ein Verfahren zur Erfassung von Mathematik-Kenntnissen entwickelt werden. Man formuliert dazu ad hoc z.B. 20 Items, die mathematische Kenntnisse prüfen und behauptet, man habe nunmehr einen Mathematik-Kenntnistest erstellt. Daß dieses naive Vorgehen aber völlig unzulänglich ist, wollen wir durch Hinweise auf grobe Fehler, die dabei entstehen können, verdeutlichen:

a) es könnte z.B. sein, daß man Items formuliert, die zu leicht (oder zu schwer) sind und von allen Personen, für die der Test konzipiert wurde, gelöst werden (bzw. von keiner Person gelöst werden können). Eine Differenzierung von Personen nach den mathematischen Kenntnissen wäre aber dann anhand dieses Items nicht möglich und dessen Verwendung sinnlos. Man könnte sich darüber hinaus Extremfälle vorstellen, in denen nicht nur ein Item, sondern die Mehrzahl der Items zu leicht oder zu schwer ist. In diesem Fall wäre der gesamte Test sinnlos (Fälle dieser Art können z.B. dann auftreten, wenn man ein Verfahren ohne genaue Kenntnis des allgemeinen Niveaus der Mathematik-Kenntnisse für eine bestimmte Gruppe von Personen mit über- oder unterdurchschnittlichen mathematischen Kenntnissen konstruiert). Items dieser Art, die nicht zur Differenzierung zwischen Personen geeignet sind, weisen - in der Terminologie der Itemanalyse ausgedrückt - keine "Trennschärfe" und zu hohe bzw. zu niedrige "Schwierigkeit" auf.

b) Es ist möglich, daß der Test Items enthält, die (z.B. wegen mißverständlicher Formulierungen) von Personen mit hohem Kenntnisstand <u>nicht</u> gelöst werden, die aber von Personen mit geringen mathematischen Kenntnissen richtig beantwortet werden; solche Items mit "negativer Trennschärfe" sind natürlich ebenfalls nicht zur Kenntnisprüfung geeignet.

c) Der Test könnte Items enthalten, deren Lösung wenig oder garnichts mit mathematischen <u>Kenntnissen</u> zu tun hat, weil die Items z.B. intellektuelle Fähigkeiten prüfen. Items dieser Art können also ebenfalls nicht zur Differenzierung beitragen. Ihre Trennschärfe wird sehr gering sein; sie werden mit den übrigen Items praktisch nicht korrelieren.

d) Betrachtet man das Merkmal "Mathematik-Kenntnisse" etwas differenzierter, so wird man feststellen, daß es <u>die</u> mathematischen Kenntnisse eigentlich garnicht gibt: man müßte vielmehr nach Kenntnisbereichen unterscheiden (z.B. Statistik, Algebra, Mengenlehre, Geometrie usf.). Es ist nämlich sehr wohl möglich, daß eine Person z.B. in Geometrie über ausgezeichnete Kenntnisse verfügt, jedoch praktisch keine Statistikkenntnisse aufweist. Man wird wohl (etwa durch Faktorenanalysen der Items) feststellen müssen, inwieweit die formulierten Items ein "homogenes Ganzes" repräsentieren (dann müßte ihre durchschnittliche Interkorrelation hoch sein), d.h. man wird prüfen müssen, ob die Annahme <u>eines</u> Kontinuums "Mathematische Kenntnisse", das von "nicht vorhanden" bis "sehr hoch ausgeprägt" reicht, überhaupt sinnvoll bzw. für den vorliegenden Itemsatz haltbar ist.

Diese Überlegungen zeigen, daß Test- bzw. Fragebogenitems sorgfältig auf ihre Brauchbarkeit geprüft werden müssen. Man gibt dazu die Vorform eines Tests, die wegen der wahrscheinlich beträchtlichen Zahl von ungeeigneten Items eine große Zahl von Items enthalten muß, einer Stichprobe von Personen zur Bearbeitung und analysiert die Ergebnisse durch eine Itemanalyse.

Das Ergebnis dieser Analyse ist ein aus einzelnen Items bestehendes Instrument, das im Bereich der Eignungs-, Leistungs- und Fähigkeitsdiagnostik als Test, im Bereich der Persönlichkeits- oder Einstellungsforschung als Skala oder Fragebogen bezeichnet wird. Dieses Instrument soll Messungen erlauben, die interindividuelle (d.h. zwischen verschiedenen Personen bestehende) und intraindividuelle (d.h. bei ein und derselben Person zu verschiedenen Zeitpunkten vorhandene) Gleichheit bzw. Unterschiedlichkeit von Merkmalsausprägungen möglichst genau abbilden.

Daraus ergibt sich nun die Frage, wie Instrumente beschaffen sein müssen und nach welchen Kriterien im Rahmen der Itemanalyse entschieden werden kann, ob sich die Instrumente zur Erfassung inter- bzw. intraindividueller Differenzen eignen.
Im klassischen Werk der einschlägigen deutschsprachigen Literatur - "Testaufbau und Testanalyse" von G.A. LIENERT - werden folgende Testgütekriterien als zentral bezeichnet: Objektivität, Reliabilität und Validität. Unter diesen drei Kriterien ist folgendes zu verstehen:
Objektivität ist der Grad, indem die Ergebnisse einer Messung vom Untersucher unabhängig sind; Meßinstrumente sind demnach objektiv, wenn der Untersucher Meßvorgang und -ergebnis nicht beeinflußt; Zuverlässigkeit (Reliabilität) eines Instruments liegt dann vor, wenn sich die mit diesem vorgenommenen Messungen prinzipiell reproduzieren lassen. Reliabilität betrifft also den Grad der Genauigkeit und Konsistenz eines Meßinstruments. Demzufolge ist ein Instrument in dem Maß nicht reliabel, wie das Ergebnis der Messung eines Merkmals von Personen, die zum Zeitpunkt t_1 vorgenommen wird, bei Konstanz des Merkmals zu einem unterschiedlichen Ergebnis führt, wenn dieselben Personen zum Zeitpunkt t_2 mit diesem Instrument gemessen werden. Als Ausdruck für die Reliabilität kann vor allem die Korrelation der beiden Messungen gelten: sie ist bei einem ideal zuverlässigen Meßinstrument 1. Für die Reliabilität eines Instruments ist es im übrigen gleichgültig, ob das Instrument tatsächlich das Merkmal mißt, das damit gemessen werden soll. Es handelt sich also um ein formales Kriterium für die Güte eines Instruments. Die Frage: "Mißt das Instrument wirklich das Merkmal, zu dessen Messung es konstruiert wurde" betrifft nicht die Reliabilität, sondern die Validität eines Instruments. Validität ist dann gegeben, wenn das Instrument genau das Merkmal mißt, das es messen soll (und nicht ein anderes Merkmal, das mit diesem in Zusammenhang steht). Soll ein Fragebogen z.B. den Grad der Anomie von Personen erfassen, so ist das Instrument dann valide, wenn es nur und ausschließlich Anomie mißt. Man kann an diesem Beispiel leicht erkennen, daß die Validität eines Instruments äußerst schwierig zu prüfen ist: die Prüfung würde nämlich - streng genommen - voraussetzen, daß es genau ein meßbares, objektives und zuverlässiges Kriterium für Anomie gibt. Gäbe es ein solches Kriterium, so könnte man durch Korrelation der Anomiepunktwerte mit den Anomiekriterienwerten die Validität bestimmen. Daß jedoch ein Kriterium dieser Art für Anomie ebensowenig existiert wie z.B. ein Kriterium für Intelligenz, Neurotizismus etc. liegt auf der Hand (wären einfache und meßbare Kriterien vorhanden, so brauchte man die Messung durch Tests oder Fragebogen nicht vorzunehmen). Die Untersuchung der Validität ist daher ein besonders schwieriges und komplexes Problem, auf das wir hier nicht näher eingehen können (gute Einführungen finden sich bei CRONBACH, 1970, S. 115-150 oder bei MAGNUSSON, 1969, S. 134-147). Diese Einschränkung ist insofern nicht problematisch, als die Validitätsfrage im Grunde nicht die der Messung im engeren Sinne berührt, sondern sich zugleich auf den Ausgangspunkt und das Ergebnis eines Meßvorgangs bezieht: bei der Konstruktion eines Meßinstruments zur Erfassung eines Merkmals X geht man gewissermaßen provisorisch davon aus, daß dieses Instrument das Merkmal X "wirklich" mißt, d.h. valide ist. Man prüft anschließend die Eignung des Instruments nach eher formalen Kriterien mithilfe der Itemanalyse. Wenn das Instrument diesen Kriterien genügt, dann kann man davon ausgehen, daß es zur Messung geeignet ist. Streng genommen weiß man dann aber nur, daß irgendein Merkmal mit diesem Instrument objektiv und zuverlässig gemessen werden kann. Ob dies tatsächlich Merkmal X ist, muß letztenendes

durch die Validitätsprüfung festgestellt werden. In diesem Sinne ist die Validitätsprüfung dem Nachweis der formalen Brauchbarkeit eines Instruments nachgeordnet. Der erste Schritt besteht darin, ein Instrument nach vorwiegend formalen Kriterien auf seine Eignung als Instrument zu prüfen. Erst wenn diese Prüfung positiv ausgefallen ist, hat es Sinn die Validität zu untersuchen.

16.2. GRUNDZUEGE DER KLASSISCHEN TESTTHEORIE : DAS MESSMODELL UND DAS PROBLEM DER RELIABILITAETSBESTIMMUNG

In der klassischen Testtheorie geht man davon aus, daß jede Person in einem Test einen Wert hat, welcher der "wahren" Merkmalsausprägung (z.B. Leistung) der Person entspricht: dieser "wahre Wert" wird im folgenden als T_i bezeichnet (T steht hierbei für "true score"). Allerdings kann man nicht annehmen, daß psychologische Testverfahren ausschließlich diesen wahren Wert messen. Die Diskussion im Abschnitt 16.1. hat uns nämlich gezeigt, daß psychologische Meßverfahren in der Praxis nie vollkommen zuverlässig messen. Wir müssen daher davon ausgehen, daß in eine psychologische Messung eine zweite Komponente eingeht, die die Größe des Meßfehlers repräsentiert: diese Komponente wollen wir als E_i bezeichnen (E steht hierbei für "error score").
Der beobachtete Wert X_i eine Person i im Test X setzt sich also aus dem wahren Wert T_i und einer Fehlerkomponenten E_i zusammen:

(214) $X_i = T_i + E_i$

Hierbei handelt es sich um ein Axiom der klassischen Testtheorie: diese Annahme ist in gewissem Grad plausibel, jedoch nicht nachprüfbar. Zusätzlich zu diesem Axiom werden folgende Annahmen gemacht:

(215) $\overline{X}_E = 0$

Es wird angenommen, daß es sich bei den Fehlern um Zufallsfehler handelt. Wenn dies zutrifft (was in der klassischen Testtheorie vorausgesetzt wird), dann muß der Mittelwert aller Zufallsfehler 0 sein. Da es sich um Zufallsfehler handelt, besteht keine Korrelation zwischen den wahren Werten und Fehlern, d.h. es gilt ferner:

(216) $r_{TE} = 0$

Tabelle 59 zeigt die Beziehungen zwischen wahrem Wert, Fehler und beobachtetem Wert für ein hypothetisches Beispiel der entsprechenden Werte von zehn Personen. Das Beispiel wurde so konstruiert, daß die Beziehungen zwischen den einzelnen Komponenten den oben formulierten Axiomen entsprechen.

Tabelle 59 : Veranschaulichung der Beziehungen zwischen wahrem Wert T_i, Fehler E_i und gemessenem Wert X_i für 1o Personen.

Person	T_i	E_i	X_i
1	10	-2	8
2	12	+4	16
3	14	+2	16
4	10	-6	4
5	6	+1	7
6	16	-1	15
7	12	+2	14
8	17	+1	18
9	13	+1	14
10	20	-2	18
(Mittelwerte)	13	0	13
(Standardabweichungen)	4	2,828	4,899
(Varianzen)	16	8	24

Aus Gleichung (214) folgt nun, daß die Gesamtvarianz s_X^2 eines Tests sich aus der Summe der Varianz der wahren Werte (s_T^2) und der Fehlervarianz s_E^2 ergibt[1].

(217) $s_X^2 = s_T^2 + s_E^2$

Diese Beziehungen veranschaulichen die Daten in Tabelle 59 : die Gesamtvarianz $s_X^2 = 24$ ist gleich der Summe der Fehlervarianz $s_E^2 = 8$ und der Varianz der wahren Werte s_T^2. Zwischen wahren Werten und Fehlerwerten ist die Korrelation $r_{TE} = 0$.
Nach dem Konzept der klassischen Testtheorie ist die Reliabilität eines Tests definiert als der Anteil der "wahren Varianz" (d.h. der Varianz der wahren Werte) an der Gesamtvarianz; für den Reliabilitätskoeffizienten r_{TT} kann demnach geschrieben werden:

---

1) Da die Korrelation der wahren Werte und der Fehlerwerte 0 ist, ergibt sich die Varianz der Summe dieser Werte (d.h. die Gesamtvarianz des Tests) einfach aus der Summe der Fehlervarianz und der Varianz der wahren Werte (vgl. dazu Abschnitt 16.4.5.)

(218) $r_{TT} = s_T^2 \,/\, s_X^2$

Häufig wird auch die folgende Gleichung für den Reliabilitätskoeffizienten angegeben:

(219) $r_{TT} = 1 - s_E^2 \,/\, s_X^2$ (diese Gleichung ergibt sich, indem man oben $s_T^2 = s_X^2 - s_E^2$ einsetzt und vereinfacht)

In unserem Beispiel erhalten wir für die Reliabilität:

$r_{TT} = 16/24 = 1 - 8/24 = 0{,}67$

Man kann den Reliabilitätskoeffizienten auch als einen Determinationskoeffizienten[1] betrachten. Er gibt nämlich - wie Gleichung (218) zeigt- den Anteil der wahren Varianz an der Gesamtvarianz bzw. Testvarianz an. Demzufolge gilt für die Korrelation r_{TX} der wahren Werte mit den gemessenen Testwerten:

(220) $r_{TX} = \sqrt{r_{TT}}$

bzw.

(221) $r_{TX}^2 = r_{TT}$

Die Reliabilität kann also als Anteil der wahren Varianz aufgefaßt werden, der sich anhand der Varianz der Testwerte vorhersagen läßt; es handelt sich um den Varianzanteil, der Testwerten und wahren Werten gemeinsam ist.
In der Praxis kann man die Reliabilität natürlich nicht nach diesen Formeln bestimmen, da nur die Testvarianz bekannt ist und die wahren und Fehlerwerte nicht getrennt erfaßt werden können. Man ist deshalb auf Verfahren angewiesen, die eine Schätzung der Reliabilität erlauben. Folgende Überlegungen skizzieren die Grundlage dieser Verfahren:
Wenn man völlig fehlerfrei Messungen durchführen könnte, würde die Reliabilität eines Tests die obere Grenze $r_{TT} = 1$ erreichen, da in diesem Fall die Fehlerkomponenten entfielen (vgl. Tabelle 59). Man würde deshalb in diesem Fall die wahren Werte mit sich selbst korrelieren. Die Reliabilität ließe sich demnach schätzen, wenn man für <u>einen</u> Test <u>zwei</u> wahre Werte bestimmen und diese korrelieren könnte. Wie ist es nun möglich, für einen Test zwei Messungen zu erhalten, aus denen dann r_{TT} geschätzt werden kann?
Im Prinzip gibt es hierzu drei verschiedene Ansätze, die mehr oder minder zur selben Schätzung führen:

---

1) vgl. Abschnitt 11.2.

1) Man führt die Messungen mit dem Test an derselben Stichprobe zweimal durch und erhält so zwei Schätzungen für die wahren Werte jeder Person (Retest-Reliabilität);

2) man konstruiert eine zum vorhandenen Test vollkommen äquivalente Parallelform. Test und Parallelform werden einer Stichprobe von Personen vorgelegt; man erhält ebenfalls zwei Schätzungen der wahren Werte (Paralleltest-Reliabilität);

3) man halbiert den vorhandenen Test, indem man die Items z.B. nach Zufall auf beide Testhälften aufteilt. Auch nach dieser Methode ergeben sich folglich zwei Schätzungen für die wahren Werte einer Person. In der Praxis wird meist die sog. odd-even-split-half Methode benutzt. Dabei werden die fortlaufend numerierten Items so zugeordnet, daß die geradzahlig numerierten Items Testhälfte 1 und die ungeradzahlig numerierten Testhälfte 2 bilden. Diese Verfahren schätzen die Reliabilität eines Tests über dessen interne Konsistenz; Grundlage hierfür ist die Korrelation der Testhälften (Reliabilität als interne Konsistenz).

Aus naheliegenden Gründen wird meist die Reliabilität durch Bestimmung der internen Konsistenz geschätzt: hierbei ist nämlich die erneute Testdurchführung bzw. die Konstruktion eines Paralleltests nicht erforderlich.
Allen drei Methoden ist gemeinsam, daß sie für jede Person zu zwei Testwerten führen, die sich nach dem Meßmodell jeweils aus dem wahren Wert und dem Fehlerwert zusammensetzen. Es ist nun zu zeigen, daß man durch diesen Kunstgriff der Doppelmessung die Reliabilität tatsächlich schätzen kann.
Um dies nachzuweisen, bestimmen wir die Korrelation r_{X1X2} der Messungen X_1 und X_2. Wenn sich diese Korrelation in die Definitionsformel der Reliabilität überführen läßt, dann ist damit auch gezeigt, daß die "Doppelmessung" tatsächlich zur Reliabilitätsschätzung geeignet ist.
Zur Vereinfachung der Ableitung gehen wir davon aus, daß alle Werte als Abweichungen vom jeweiligen Mittelwert ausgedrückt werden. Dies ist zulässig, weil dadurch weder Varianzen, noch Korrelationen verändert werden. Um die Schreibweise nicht unnötig zu komplizieren, wird in den folgenden Formeln der sonst zur Kennzeichnung der Probanden benutzte Index i weggelassen. Da stets über alle Probanden summiert wird, entfallen außerdem in den Summenzeichen die Angaben für die Summationsgrenzen.

Die Abweichungswerte ergeben sich folgendermaßen:

$$x_1 = X_1 - \overline{X}_1 \qquad t_1 = T_1 - \overline{T}_1 \qquad e_1 = E_1$$ [1]

$$x_2 = X_2 - \overline{X}_2 \qquad t_2 = T_2 - \overline{T}_2 \qquad e_2 = E_2$$

Wir gehen von folgender Formel zur Bestimmung der Korrelation beim Vorliegen von Abweichungswerten aus[2]:

---

1) Nach Gleichung (215) ist der Mittelwert der Fehler O

2) vgl. Abschnitt 8.2.1.

$$r_{X1X2} = \frac{\sum x_1 \, x_2}{(n-1) \; s_{x1} \; s_{x2}}$$

Nun setzen wir für $x_1 = t_1 + e_1$ und für $x_2 = t_2 + e_2$ ein:

$$r_{X1X2} = \frac{\sum (t_1 + e_1)(t_2 + e_2)}{(n-1) \; s_{x1} \, s_{x2}}$$

$$= \frac{\sum (t_1 t_2 + t_1 e_2 + e_1 t_2 + e_1 e_2)}{(n-1) \; s_{x1} \; s_{x2}}$$

$$= \frac{\sum t_1 t_2 + \sum t_1 e_2 + \sum e_1 t_2 + \sum e_1 e_2}{(n-1) \; s_{x1} \; s_{x2}}$$

In dieser Formel können nun einige Vereinfachungen vorgenommen werden. Nach Gleichung (216) besteht keine Korrelation zwischen wahren Werten und Fehlerwerten: die Terme zwei und drei im Zähler entfallen also. Außerdem besteht keine Korrelation zwischen den Fehlerwerten, da es sich um Zufallsfehler handelt: Der vierte Term wird deshalb ebenfalls 0 und entfällt. Es ergibt sich dann:

$$r_{X1X2} = \frac{\sum t_1 t_2}{(n-1) \; s_{x1} \; s_{x2}}$$

Wenn nun - wie gefordert - für jeden Probanden zwei völlig äquivalente Messungen vorliegen, dann werden durch beide Tests dieselben wahren Werte gemessen. Außerdem sind die Standardabweichungen beider Tests in diesem Fall gleich. Daher folgt:

$$r_{X1X2} = \frac{\sum t^2}{(n-1) \; s_x^2} = \frac{s_t^2}{s_x^2} = \frac{s_T^2}{s_X^2} = r_{TT}$$

Wir haben damit gezeigt, daß man die Reliabilität r_{TT} eines Tests durch die Korrelation zweier äquivalenter Messungen schätzen kann. Unter formalen Gesichtspunkten ist es unwesentlich, ob die äquivalenten Messungen durch die Retest-Methode, die Paralleltest-Methode oder die Testhalbierungsmethode erhoben wurden. Unter praktischen Gesichtspunkten ist jedoch nicht jede Methode in allen Fällen zur Schätzung der Reliabilität gleich gut geeignet. Dies im einzelnen zu erläutern, würde hier zu weit führen (vgl. GUILFORD, 1965, S. 449-455).

Da die Reliabilität eines Tests meist über die interne Konsistenz geschätzt wird, wollen wir anschließend noch auf einige Bestimmungsformeln eingehen. Wir hatten bereits festgestellt, daß bei der Schätzung der internen Konsistenz die oben skizzierte Testhalbierungsmethode häufig benutzt wird. Man könnte nun die Reliabilität einfach durch die Korrelation der Testhälften schätzen. Dabei würde man jedoch übersehen, daß mit der Halbierung ein Informationsverlust einhergeht, der zu einer Unterschätzung der Reliabilität führt: die Korrelation der Testhälften muß also "aufgewertet" werden, d.h. es muß eine Korrektur durchgeführt werden, durch welche die Reliabilität so geschätzt wird, als ob zwei Paralleltests mit der Itemzahl des halbierten Tests vorlägen. Dafür ist folgende Formel[1] - die sog. SPEARMAN-BROWN Formel - geeignet:

$$(222)\quad r_{TT} = \frac{2r_{12}}{1 + r_{12}}$$

r_{TT} : Reliabilitätsschätzung nach "Aufwertung"

r_{12} : Korrelation der Testhälften

In diese Formel geht die Annahme ein, daß die Mittelwerte und Standardabweichungen der Testhälften gleich sind. Ist dies nicht der Fall, so kann man zur Schätzung folgende Formel[2] von FLANAGAN verwenden:

$$(223)\quad r_{TT} = \frac{4s_1 s_2 r_{12}}{s_1^2 + s_2^2 + 2r_{12}s_1 s_2}$$

s_1 : Standardabweichung der Testhälfte 1

s_2 : Standardabweichung der Testhälfte 2

r_{12} : Korrelation der Testhälften

Nach KRISTOF[2] führt die folgende Formel zu einer verbesserten Schätzung der internen Konsistenz:

---

1) Die Ableitung dieser Formel findet sich z.B. bei MAGNUSSON (1971, S.81)

2) zit. nach LIENERT (1967, S. 221-223)

(224) $$r_{TT} = \frac{2}{n-1} + \frac{n-3}{n-1} \cdot \frac{4s_1s_2r_{12}}{s_1^2 + s_2^2 + 2r_{12}s_1s_2}$$

n : Anzahl der Probanden

Auf einem anderen Konzept der Schätzung der internen Konsistenz baut die von CRONBACH entwickelte Formel auf; hier wird nicht von den Korrelationen der Testhälften, sondern von den Varianzen der Items und der Testvarianz ausgegangen:

(225) $$\alpha = \frac{m}{m-1} \left(1 - \frac{\sum_{j}^{m} s_j^2}{s_X^2} \right)$$

s_j^2 : Varianz des Items j (j = 1, 2, ..., m)

m : Anzahl der Items des Tests

s_X^2 : Varianz des Tests

Wir haben die einzelnen Formeln hier angeführt, weil sie in Computerprogrammen zur Itemanalyse[1] häufig zur Schätzung der Reliabilität benutzt werden. Die Erfahrungen mit der Anwendung der verschiedenen Schätzformeln haben gezeigt, daß sie nur bei extremen Datenstrukturen zu unterschiedlichen Ergebnissen führen; im Normalfall sind die Ergebnisse annähernd gleich oder identisch.

16.3. RELIABILITAETSKOEFFIZIENTEN UND STANDARDFEHLER

Im folgenden Abschnitt wollen wir aufzeigen, welche Probleme aus dem Bereich der Diagnostik sich durch die Bestimmung von Standardfehlern, die auf den Reliabilitätenkoeffizienten basieren, lösen lassen.

16.3.1. DER STANDARDMESSFEHLER

Wir hatten festgestellt, daß für die Reliabilität eines Tests folgende Beziehung gilt:

(219) $$r_{TT} = 1 - s_E^2 / s_X^2$$

---

1) vgl. z.B. Itemanalyseprogramme DATANA und ITAMIS (KOHR 1972; 1976)

Daraus folgt für s_E^2 :

$$s_E^2 = s_X^2 \; (1 - r_{TT})$$

Für s_E, den Standardmeßfehler, ergibt sich dann:

$$(226) \quad s_E = s_X \sqrt{1 - r_{TT}}$$

<u>Anwendungsbeispiel:</u>
Man möchte feststellen, in welchem Bereich der "wahre Wert" T, den ein Proband in einem Intelligenztest erreicht hat, mit einer statistischen Sicherheit von 95% liegt. Folgende Daten sind gegeben:

s_X = 10 (Standardabweichung des Intelligenztests)

r_{TT}= .84 (Reliabilität dieses Tests)

X = 120 (Testpunktwert eines Probanden)

Der wahre Wert T dieses Probanden liegt mit einer statistischen Sicherheit von 95% in folgendem Bereich:

$$(227) \quad T = X \pm 1{,}96 \; s_E$$

Wir bestimmen zunächst s_E und erhalten:

$$s_E = 10 \sqrt{1 - .84} = 4$$

Für die Bestimmung des Konfidenzintervalls ergibt sich dann:

$$T = 120 \pm (1{,}96)(4)$$

$$= 120 \pm 7{,}84$$

Mit einer statistischen Sicherheit von 95% liegt also die wirkliche Leistung des Probanden in dem Bereich von 112,16 bis 127,84.

16.3.2. DER STANDARDFEHLER INTRAINDIVIDUELLER DIFFERENZEN

Im Bereich der Leistung- und Fähigkeitsdiagnostik tritt häufig die Frage auf, ob die Leistung einer Person in zwei Testverfahren signifikant unterschiedlich ist. Wenn die Standardabweichungen der beiden Tests gleich sind, dann kann man den Standardfehler intraindividueller Differenzen wie folgt bestimmen[1].

(228) $$s_{E(Intra)} = s \sqrt{2 - (r_{11} + r_{22})}$$

s : Standardabweichung der beiden Tests

r_{11} : Reliabilität des Tests 1

r_{22} : Reliabilität des Tests 2

Man kann nun berechnen, wie groß die Differenz zweier Meßwerte sein muß, damit ein (auf einem gegebenen Signifikanzniveau) bedeutsamer Unterschied vorliegt.

Beispiel:
Die Punktwerte in zwei Subtests wurden so transformiert, daß ihre Standardabweichung 10 ist. Test 1 hat die Reliabilität $r_{11} = .90$, die Reliabilität des Tests 2 beträgt $r_{22} = .74$

Wir setzen diese Daten in Gleichung (228) ein und erhalten:

$$s_{E(Intra)} = 10 \sqrt{2 - (.90 + .74)}$$
$$= 6$$

Wir wollen nun bestimmen, um wieviele Punkte der Punktwert eines Probanden im Test 2 größer sein muß als der Punktwert im Test 1, damit die Differenz auf dem 5%-Niveau signifikant ist. Da ein gerichteter Test vorliegt, müssen wir in der Standardnormalverteilung den z-Wert bestimmen, oberhalb dessen ein Flächenanteil von .05 liegt. Dies ist der Wert z = 1,65. Die gesuchte Differenz ist dann folglich (1,65)(6) = 10 Punkte. Wenn der Punktwert eines Probanden im Test 2 mindestens 10 Punkte über seinem Punktwert im Test 1 liegt, dann liegt eine signifikant höhere Leistung im Test 2 vor.

---

1) vgl. MAGNUSSON (1971, S. 100)

16.3.3. DER STANDARDFEHLER INTERINDIVIDUELLER DIFFERENZEN

Ebenso häufig ist bei Eignungs- oder Leistungsdiagnostischen Untersuchungen zu entscheiden, ob sich zwei Personen hinsichtlich ihrer Leistungen im gleichen Test signifikant unterscheiden. Der zur Lösung dieser Frage erforderliche Standardfehler interindividueller Differenzen kann nach folgender Formel bestimmt werden[1].

(229) $$s_{E(Inter)} = s \sqrt{2(1 - r_{TT})}$$

s : Standardabweichung des Tests

r_{TT} : Reliabilität des Tests

Beispiel:
Es soll bestimmt werden, wie groß die Differenz der Punktwerte zweier Probanden im gleichen Test sein muß, damit ein auf dem 10%-Niveau signifikanter Leistungsunterschied der Probanden vorliegt. Es handelt sich also im Prinzip um dieselbe Fragestellung, die wir im Zusammenhang mit dem Standardfehler für intraindividuelle Differenzen erörtert haben.
Wir wollen annehmen, daß der Test eine Standardabweichung von s = 20 und eine Reliabilität von r_{TT} = .92 aufweist.
Zunächst wird der Standardfehler bestimmt:

$$s_{E(Inter)} = 20 \sqrt{2(1 - .92)}$$

$$= 8$$

Wir wollen nun bestimmen, um wieviele Punktwerte der Punktwert des Probanden A über dem eines Probanden B liegen muß, damit die Differenz auf dem 10%-Niveau signifikant ist. Da es sich um eine gerichtete Fragestellung handelt, suchen wir zur Beantwortung dieser Frage in der Standardnormalverteilungstabelle den z-Wert auf, oberhalb dessen ein Flächenanteil von .10 liegt. Diesen Wert (z = 1,28) multiplizieren wir mit dem Standardfehler und erhalten für die minimal erforderliche Differenz ca. 10 Punkte. Proband A hat also in diesem Test dann einen signifikant höheren Punktwert erzielt, wenn sein Punktwert mindestens 10 Punkte über dem Punktwert des Probanden B liegt.

---

1) vgl. MAGNUSSON (1971, S. 101)

16.4. DURCHFUEHRUNG EINER ITEMANALYSE NACH DEM KONZEPT DER KLASSISCHEN TESTTHEORIE

Der Zweck einer Itemanalyse besteht darin, die Items einer Test- oder Fragebogenvorform anhand von statistischen Kennwerten unter Berücksichtigung inhaltsbezogener Erwägungen auf ihre Brauchbarkeit zur Messung eines Konstrukts zu prüfen und ungeeignete Items auszulesen. Im wesentlichen sind für die Beurteilung der Brauchbarkeit eines Items zwei Kennwerte maßgeblich: die Trennschärfe (d.h. die Korrelation des Items zum Skalenwert) und die Schwierigkeit (d.h. der Mittelwert) des Items.

Für die Itemselektion repräsentieren die Trennschärfekoeffizienten die wichtigsten Kennwerte: im Abschnitt 16.4.1. werden wir daher auf Verfahren zur Berechnung und auf allgemeine Fragen der Interpretation von Trennschärfen ausführlich eingehen. Eine detaillierte Darstellung spezieller Probleme gibt z.B. LIENERT, 1967 in den Kapiteln 5 bis 7.

Im Abschnitt 16.4.2.wird die Bedeutung der Itemschwierigkeit und der Antwortverteilung (Häufigkeit, mit der jede Antwortalternative besetzt ist) für die Itemselektion erläutert. Der Abschnitt 16.4.3. informiert in Kurzform über Methoden und Berechnungsverfahren zur Schätzung der Reliabilität eines Tests oder Fragebogens durch Bestimmung von Maßen für die interne Konsistenz. Im Rahmen dieser Einführung können allerdings nur Grundfragen erörtert werden: eine ausführliche Darstellung mit Hinweisen zur Behandlung spezieller Probleme findet sich bei LIENERT, 1967 im Kapitel 10. Auf Probleme und Techniken der Validitätsprüfung können wir nicht eingehen. Wir verweisen dazu auf die detaillierte Darstellung bei CRONBACH, 1970: Kapitel 5; LIENERT, 1967: Kapitel 10; MAGNUSSON, 1975: Kapitel 10 und 13.

Den Abschluß bildet Abschnitt 16.4.4., in dem einige Literaturangaben zu Computerprogrammen für Itemanalysen vorgestellt werden.

16.4.1. PRUEFUNG DER ITEM-TRENNSCHAERFEN

Test und Fragebogen sind sozialwissenschaftliche Meßinstrumente. Sie bestehen aus Items, die verschiedene Teilaspekte eines mehr oder minder komplexen Konstrukts[1] erfassen. Aus der Reaktion von Personen auf die Items wird der Meßwert bestimmt, der die Ausprägung/Intensität des Konstrukts bei einer Person repräsentiert.

Das einfachste und am häufigsten benutzte Verfahren zur Bestimmung solcher Meßwerte besteht darin, für jede Person die Itemwerte - d.h. die mit einem numerischen Wert versehenen Reaktionen einer Person auf jedes Item - zu summieren[2]. Gesamtpunktwerte, die man auf diese

1) Siehe dazu CRONBACH & MEEHL (1967) : "Construct validity in psychological tests".

2) Über andere Ansätze zur Bestimmung von Skalenwerten informiert z.B. GUILFORD (1954) ausführlich.

Weise für jede Person bestimmen kann, wollen wir als Skalenwerte bezeichnen.

Dieses Verfahren setzt natürlich voraus, daß die Items, über die man bei der Berechnung des Skalenwertes summiert, Indikatoren für ein und dasselbe Konstrukt darstellen - andernfalls wäre die Summierung sinnlos. Es muß also geprüft werden, welche Items einer Vorform in zureichendem Ausmaß Teilaspekte desselben Konstrukts erfassen. Items, die nichts zur Messung des Konstrukts beitragen, müssen ausgesondert werden.

Bei der statistischen Prüfung von Items geht man von folgender Überlegung aus: Wenn die Items Indikatoren für ein Konstrukt sein sollen, dann müssen sie eine deutliche Beziehung zu diesem Konstrukt aufweisen. In der Terminologie der Korrelationsrechnung heißt dies: die Itemwerte müssen mit den Skalenwerten hinreichend korrelieren.

Wir wollen den Grundgedanken der Itemselektion anhand der Item-Skalen-Korrelation zunächst an einem Beispiel erläutern. Nehmen wir einmal an, es liegt ein analysierter Test zur Erfassung der komplexen Fähigkeit "Verbale Intelligenz" vor. Wir geben diesen Test, der aus 20 Items besteht, einer Stichprobe von 100 Probanden vor. Dann stellen wir fest, welche Aufgaben von jeder Person gelöst und welche falsch bearbeitet wurden. Richtigen Lösungen weisen wir den Meßwert 1, falschen den Meßwert 0 zu. Wir berechnen nun durch Summierung aller Meßwerte jedes Probanden dessen Skalenwert. Diesen Skalenwert wollen wir im folgenden mit g bezeichnen. Für jeden Probanden liegen uns also die 20 Itemwerte und der Skalenwert g vor. Wir können nun für jedes Item die Korrelation der Itemwerte mit den Skalenwerten berechnen; für ein beliebiges Item i wollen wir diese Korrelation mit mit r_{ig} bezeichnen. Diese Korrelation gibt uns an, in welchem Ausmaß das Item i zum Skalenwert g beiträgt. Die Koeffizienten r_{ig} sind also recht gut zur Beurteilung der Frage geeignet, ob Items tatsächlich Teilaspekte eines Konstrukts messen. Allerdings haben diese Koeffizienten noch einen Nachteil: da der Skalenwert durch Summierung aller Itemwerte (also auch der des Items i) berechnet wird, ist dieser in der Korrelation r_{ig} gewissermaßen zweifach vorhanden, nämlich im Item i und im Skalenwert g. Wir sind aber eigentlich daran interessiert, wie das Item i zur Summe der übrigen Itemwerte (und damit zum "bereinigten" Skalenwert) korreliert: deshalb bestimmen wir r_{ig-i}, die korrigierte Item-Skalen-Korrelation für jedes Item.

Wenn es sich um brauchbare Items handelt, bei denen - wie gefordert - jedes Item zum Gesamt der übrigen Items "paßt", so müssen diese Koeffizienten für alle Items positiv und hinreichend hoch sein[1]. Items, die nicht mit einer Skala korrelieren, können nichts zur Trennung zwischen Probanden mit hoher und niedriger Verbaler Intelligenz beitragen.

---

1) Die Koeffizienten sollten in der Regel mindestens $r_{ig-i} = .30$ betragen

Nehmen wir an, wir stellen bei der Analyse unserer Daten fest, daß ein Item lediglich eine Item-Skalen-Korrelation von $r_{ig-i} = .03$ aufweist. Wir müßten daraus schließen, daß dieses Item keinen Indikator für verbale Intelligenz (so wie sie in diesem Test operationalisiert wurde) darstellt. Dieses Item, das nicht zur Trennung zwischen Probanden mit hoher und solchen mit niedriger Verbaler Intelligenz beitragen kann, müßte aus dem Test entfernt werden. Die Item-Skalen-Korrelationen informieren also darüber, inwieweit Items zur Trennung von Probanden mit hoher und niedriger Ausprägung in einem Konstrukt geeignet sind: sie werden deshalb auch als Trennschärfekoeffizienten (oder kurz: Trennschärfen) bezeichnet. Wenn Items negative Trennschärfen aufweisen, hängt es von der Art des Instruments ab, ob diese Items als Indikatoren brauchbar sind. Handelt es sich um Leistungs- oder Fähigkeitstests, so bedeutet die negative Trennschärfe eines Items, daß dieses Item tendenziell von den besser befähigten Personen falsch und von den weniger Befähigten richtig gelöst wird. Ein Item dieser Art wäre zwar prinzipiell brauchbar (man müßte bei diesem Item einfach der falschen Lösung den Meßwert 1, den man sonst bei richtigen Lösungen vergibt, zuordnen), dieses Verfahren ist aber unüblich. Man würde das Item entweder neu formulieren oder aussondern. Allerdings kann eine negative Trennschärfe auch durch den trivialen Sachverhalt zustande kommen, daß versehentlich bei der Auswertung bzw. beim Kodieren falsche und richtige Lösungen systematisch vertauscht wurden.

16.4.1.1. INVERTIERUNG/UMPOLUNG VON ITEMS

Die Kodierungsproblematik ist insbesondere bei Fragebogen zu beachten (z.B. bei Einstellungsskalen). Bei diesen Verfahren werden in der Regel Aussagen formuliert. Die Probanden können Zustimmung oder Ablehnung der Aussagen durch Ankreuzen auf einem zwei- oder mehrstufigen Reaktionsschema angeben (vgl. Abschnitt 16.1.). Um systematischen Reaktionstendenzen[1], wie z.B. der Bevorzugung von zustimmenden Reaktionen, vorzubeugen, formuliert man im allgemeinen Items so, daß bei etwa der Hälfte der Items Zustimmung eine hohe Ausprägung des Konstrukts angibt; der Rest der Items wird so formuliert, daß Ablehnung der Aussage die "symptomatische" Reaktion repräsentiert.
Beispiel:
Im Kapitel "Faktorenanalyse" wurde die Skala "Anomie" ausführlich erläutert. Diese Skala enthält u.a. die folgenden Items:

1) "Heute ist jeder mit sich selbst so beschäftigt, daß er nicht an morgen denken kann"
2) "In diesen Tagen ist alles so unsicher, daß man auf alles gefaßt sein muß"
3) "Wenn man an die Zukunft denkt, kann man eigentlich sehr zuversichtlich sein"

Die Mehrzahl der Items dieser Skala ist so formuliert, daß Zustimmung

---

1) Eine einführende Darstellung zum Problem der "response sets" gibt z.B. GUILFORD (1954, S. 451-456)

zum Iteminhalt einen hohen Grad von Anomie indiziert (siehe Items 1 und 2), es sind jedoch auch Items enthalten, bei denen Ablehnung des Iteminhalts auf höheren Anomiegrad hinweist (vgl. Item 3). Da es üblich ist, daß bei allen Items einer Skala dasselbe Reaktionsschema benutzt und dieselbe Kodierung der Reaktionen vorgenommen wird (z.B. "1" für Zustimmung, "0" für Ablehnung), muß man die Itemwerte vor Bestimmung des Skalenwertes durch "Umpolen" so verändern, daß ein hoher Punktwert stets eine hohe Ausprägung des Konstrukts indiziert. (In unserem Beispiel würde man also einem Probanden bei Ablehnung von Item 3 nachträglich die "1", bei Zustimmung die "0" zuweisen.) Dieses Verfahren wird im allgemeinen als Umpolen oder "Invertieren" von Items bezeichnet. Treten bei Persönlichkeits- oder Einstellungsfragebogen negative Trennschärfen auf, so ist meist lediglich die Invertierung vergessen oder fehlerhaft vorgenommen worden.

16.4.1.2. EIN BEISPIEL FUER DIE TRENNSCHAERFEBERECHNUNG

Im folgenden Beispiel wollen wir an einem einfachen und überschaubaren Beispiel zeigen, wie Trennschärfen berechnet werden. Damit die Berechnungen übersichtlich bleiben und leicht nachvollzogen werden können, gehen wir von der in der Praxis natürlich nicht realistischen Annahme aus, daß ein Fähigkeitstest mit nur 6 Items einer Stichprobe von 10 Probanden vorgelegt wurde. Tabelle 60 zeigt die Datenmatrix von der wir bei unseren Berechnungen ausgehen wollen.

In jeder Zeile dieser Datenmatrix sind in den ersten sechs Spalten die Itemwerte eines Probanden verzeichnet. Der Meßwert 1 stehe für eine richtige, der Wert 0 für eine falsche Lösung. In Spalte g sind die Skalenwerte oder Gesamtwerte[1] (Summe der Itemwerte pro Person) wiedergegeben. Die folgenden sechs Spalten enthalten die um den jeweiligen Itemwert reduzierten Summenwerte g-1, g-2, ..., g-6. Diese Summenwerte werden zur Berechnung von korrigierten Trennschärfen benötigt. Die letzten beiden Spalten g_1 und g_2 enthalten die Summenwerte für die ungeradzahlig numerierten Items 1, 3 und 5 bzw. für die geradzahlig numerierten Angaben 2, 4 und 6. Diese Summenwerte werden später bei der Berechnung von Reliabilitätsschätzungen benutzt. Anhand dieser Datenmatrix lassen sich nun die Trennschärfen einfach durch Produkt-Moment Korrelationen bestimmen: Die sechs nicht korrigierten Trennschärfen erhält man, indem man die Itemwerte in den Spalten 1, 2, ..., 6 jeweils mit den Skalenwerten g korreliert. Die korrigierten Trennschärfen ergeben sich aus der Korrelation der Werte in Spalte 1 mit den Werten in Spalte g-1, Spalte 2 mit Spalte g-2, usf. Die Ergebnisse der Trennschärfenberechnung zeigt Tabelle 61.

---

1) Oft wird auch vom Testwert oder Summenwert eines Probanden gesprochen.

Tabelle 60 :Item- und Summenwerte für 6 Items und 10 Probanden

Proband	Item 1	2	3	4	5	6	g	g-1	g-2	g-3	g-4	g-5	g-6	g_1	g_2
1	1	1	0	0	1	1	4	3	3	4	4	3	3	2	2
2	0	1	1	0	1	0	3	3	2	2	3	2	3	2	1
3	0	0	0	0	0	0	0	0	0	0	0	0	0	0	0
4	1	1	1	1	1	1	6	5	5	5	5	5	5	3	3
5	1	0	0	1	0	1	3	2	3	3	2	3	2	1	2
6	0	1	0	1	1	0	3	3	2	3	2	2	3	1	2
7	1	1	1	1	1	1	6	5	5	5	5	5	5	3	3
8	1	1	0	0	0	1	3	2	2	3	3	3	2	1	2
9	1	1	1	0	1	1	5	4	4	4	5	4	4	3	2
10	0	0	1	1	0	0	2	2	2	1	1	2	2	1	1

Erläuterungen:

Spalten 1-6 : Itemwerte für die 6 Items
g : Skalenwert/Summenwert (Summe der Itemwerte)
g-1 : Korrigierter Summenwert (Summe der Itemwerte der Items 2, 3, 4, 5 und 6)
.
.
.
g-6 : Korrigierter Summenwert (Summe der Itemwerte der Items 1, 2, 3, 4 und 5)
g_1 : Summenwert der Itemwerte der ungeradzahlig numerierten Items 1, 3 und 5
g_2 : Summenwert der Itemwerte der geradzahlig numerierten Items 2, 4 und 6

Hinweis : Die Daten wurden so konstruiert, daß die Korrelation der Items 1 und 6 $r_{16} = 1$ beträgt; die Itemwerte beider Items sind für alle 10 Probanden identisch.

Tabelle 61 : Ergebnisse der Trennschärfeberechnung für die in Tabelle 60 wiedergegebenen Daten

Item	$\overline{X}$	s	r_{ig}	r_{ig-i}
1	.60	.52	.70	.51
2	.70	.48	.69	.51
3	.50	.53	.52	.26
4	.50	.53	.29	.00
5	.60	.52	.70	.51
6	.60	.52	.70	.51
g	3,50	1,84		

Erläuterungen:

$\overline{X}$: Item-Mittelwert
s : Item-Standardabweichung
r_{ig} : Unkorrigierter Trennschärfekoeffizient
r_{ig-i} : Korrigierter Trennschärfekoeffizient
g : Summenwert/Skalenwert. In dieser Zeile wird also der Skalenmittelwert und die Standardabweichung wiedergegeben.

Die Tabelle zeigt, daß die korrigierten Trennschärfen wesentlich kleiner als die unkorrigierten Koeffizienten sind. Besonders deutlich wird dies bei Item 4: die unkorrigierte Korrelation beträgt $r_{ig} = .29$, die korrigierte $r_{ig-i} = 0$. Item 4 ist folglich für diese Skala ungeeignet.

Die Diskrepanzen zwischen korrigierten und unkorrigierten Trennschärfen hängen entscheidend von der Itemzahl ab. Je kleiner die Itemzahl ist, desto kleiner sind die korrigierten im Vergleich zu den unkorrigierten Koeffizienten. Dieser Sachverhalt ist dadurch zu erklären, daß der Beitrag eines Items zur Summe der Items bei kleiner Itemzahl natürlich besonders hoch ist: in diesem Fall repräsentiert das Item selbst bereits einen erheblichen Teil des Tests. Betrachten wir den Extremfall von nur zwei Items: bei der Bestimmung unkorrigierter Trennschärfen korreliert man jedes Item mit dem Summenwert, in den dieses und das zweite Item eingehen. Es ist klar, daß hier r_{ig} aufgrund der Teil-Ganzes-Beziehung einen Wert annehmen muß, der beträchtlich über dem Wert des entsprechenden korrigierten Koeffizienten r_{ig-i} liegt (in diesem Fall wäre r_{ig-i} gleich der Korrelation der beiden Items). Mit wachsender Itemzahl nimmt der Effekt der Korrektur, die in der englischsprachigen Literatur als part-whole correction bezeichnet wird, deutlich ab. Allerdings sind r_{ig} und r_{ig-i} nur bei sehr hohen Itemzahlen annähernd gleich. Wir empfehlen deshalb, daß man bei der Beurteilung der Brauchbarkeit von Items stets von korrigierten Trennschärfen ausgeht.

In unserer 6-Item-Skalenvorform sind zwei der sechs Koeffizienten r_{ig-i} unzureichend[1]. Wenn man diese beiden Items aussondert, verändern sich durch diese Item-Selektion natürlich auch die Summenwerte und damit die Trennschärfen der vier verbleibenden Items. Wie Tabelle zeigt, sind die Trennschärfen infolge der Homogenisierung durch die Aussonderung der beiden ungeeigneten Items beträchtlich angestiegen. Die restlichen vier Items bilden eine Skala, die nach dem Kriterium der Höhe der Trennschärfe als befriedigend bezeichnet werden kann. Wir sind bei der Beurteilung der Brauchbarkeit der Items lediglich vom Kriterium der Trennschärfe ausgegangen. Um Mißverständnissen bezüglich der allgemeinen Strategie der Itemselektion vorzubeugen, möchten wir nochmals darauf hinweisen, daß man sich bei der Itemauslese nicht nur an den Trennschärfen, sondern auch an der Verteilung der Antworten und den Item-Schwierigkeiten orientieren sollte (vgl. Abschnitt 16.4.2.): die Trennschärfenanalyse ist zwar das wichtigste, jedoch nicht das einzige Mittel zur Beurteilung der Brauchbarkeit von Items.

16.4.1.3. DIE BERECHNUNG KORRIGIERTER TRENNSCHAERFEN BEIM VORLIEGEN UNKORRIGIERTER TRENNSCHAERFEN

Bei der Berechnung korrigierter Trennschärfen sind wir davon ausgegangen, daß für jeden Probanden ein zu jedem Einzelitem i korrespondierender korrigierter Summenwert g-i vorliegt. Die korrigierte Trennschärfe r_{ig-i} ließ sich dann einfach durch Korrelation von Itemwerten mit den jeweiligen korrigierten Summenwerten bestimmen (vgl. Tabelle 60). Wenn zahlreiche Items und große Probandenzahlen vorliegen, ist diese Methode natürlich außerordentlich aufwendig und wenig effektiv. Man kann jedoch die korrigierte Trennschärfe r_{ig-i} eines Items auch aus der unkorrigierten Trennschärfe r_{ig} mithilfe folgender Formel berechnen:

$$r_{ig-i} = \frac{r_{ig}s_g - s_i}{\sqrt{s_g^2 + s_i^2 - 2r_{ig}s_is_g}} \qquad (230)$$

1) Es ist üblich, Items auszusondern, deren korrigierte Trennschärfe kleiner als $r_{ig-i} = .30$ ist. Dabei handelt es sich allerdings lediglich um eine Konvention. Man wird im konkreten Fall das Selektionskriterium in Abhängigkeit von der Komplexität eines Konstrukts ggf. niedriger oder höher ansetzen.

s_g : Standardabweichung des Skalenwerts/Summenwerts
s_i : Standardabweichung des Items i
r_{ig} : Unkorrigierte Trennschärfe des Items i

Nach dieser Formel ergibt sich z.B. für die korrigierte Trennschärfe des Items 4 in Tabelle 61 :

$$r_{4g-4} = \frac{(0,29)(1,84) - (0,53)}{\sqrt{(1,84)^2 + (0,53)^2 - (2)(0,29)(0,53)(1,84)}}$$

$$= 0$$

Bei der Ableitung dieser Formel gehen wir zunächst von einer bekannten Definitionsformel (vgl. Kapitel 8) aus und adaptieren diese Formel für die Korrelation von Itemwerten des Items i mit den Summenwerten g.

Diese Formel lautet dann:

(231) $$r_{ig} = \frac{s_{ig}}{s_i s_g}$$

Für den korrigierten Trennschärfekoeffizienten können wir dann schreiben:

(232) $$r_{ig-i} = \frac{s_{ig-i}}{s_{g-i}\, s_i}$$

In dieser Formel ist lediglich s_i, die Standardabweichung des Items i, bekannt. Die Kovarinaz s_{ig-i} der Itemwerte mit den korrigierten Summenwerten g-i ist unbekannt. Gleiches gilt für s_{g-i}, die Standardabweichung der korrigierten Summenwerte.

Wir wollen zunächst s_{g-i} betrachten. Da die Berechnung der Varianzen bzw. Standardabweichungen von Summen und Differenzen im Anhang zu diesem Kapitel ausführlich dargestellt wird, wollen wir die Ableitung hier möglichst knapp darstellen. Zur Vereinfachung der Schreibweise sollen dabei folgende Symbole benutzt werden:

$\underline{i}$: Itemwert eines Probanden im Item i
$\bar{i}$: Mittelwert des Item i
$\underline{g}$: Summenwert eines Probanden (Summe aller Itemwerte)
$\bar{g}$: Mittelwert der Summenwerte. Es wird stets über alle n Probanden summiert, deshalb entfällt der Index zur Kennzeichnung der Probanden.

Für die Varianz der Differenzen g-i kann geschrieben werden:

$$s^2_{g-i} = \frac{\sum_1^n \left[(g-i) - (\bar{g}-\bar{i}) \right]^2}{n-1} = \frac{\sum_1^n \left[(g-\bar{g}) - (i-\bar{i}) \right]^2}{n-1}$$

$$= \frac{\sum_1^n (g-\bar{g})^2 + \sum_1^n (i-\bar{i})^2 - 2 \sum_1^n (g-\bar{g})(i-\bar{i})}{n-1}$$

$$= s^2_g + s^2_i - 2s_{gi}$$

Da $s_{gi} = s_g s_i r_{ig}$ (vgl. Formel (231)), gilt für die gesuchte Standardabweichung:

(233) $$s_{g-i} = \sqrt{s^2_g + s^2_i - 2r_{ig}s_i s_g}$$

Damit haben wir also die Standardabweichung der korrigierten Summenwerte in Termini der Standardabweichungen des Itemwertes i, des Summenwertes g und der unkorrigierten Trennschärfe des Items i formuliert.

Für die Kovarianz s_{ig-i} läßt sich schreiben:

$$s_{ig-i} = \frac{\sum_1^n (i-\bar{i}) \left[(g-i) - (\bar{g}-\bar{i}) \right]}{n-1}$$

$$= \frac{\sum_{1}^{n} (i-\bar{i}) \left[(g-\bar{g}) - (i-\bar{i}) \right]}{n - 1}$$

$$= \frac{\sum_{1}^{n} (i-\bar{i})(g-\bar{g}) - \sum_{1}^{n} (i-\bar{i})(i-\bar{i})}{n - 1}$$

$$= s_{ig} - s_i^2$$

(234) $s_{ig-i} = s_g s_i r_{ig} - s_i^2$

Damit ist auch die Kovarianz der Itemwerte mit den korrigierten Summenwerten in Abhängigkeit von s_i, s_g und r_{ig} dargestellt.

Wir können nun in Formel (232) einsetzen:

$$r_{ig-i} = \frac{s_{ig-i}}{s_{g-i}\ s_i} = \frac{s_g s_i r_{ig} - s_i^2}{\sqrt{s_g^2 + s_i^2 - 2r_{ig}s_i s_g}\ \ s_i}$$

Da s_i im Zähler ausgeklammert werden kann, ergibt sich:

$$r_{ig-i} = \frac{s_i\ (s_g r_{ig} - s_i)}{\sqrt{s_g^2 + s_i^2 - 2r_{ig}s_i s_g}\ \ s_i}$$

Da s_i im Zähler und im Nenner auftritt, kann gekürzt werden. Man erhält - wie zu zeigen war - Formel (230):

(230) $$r_{ig-i} = \frac{s_g r_{ig} - s_i}{\sqrt{s_g^2 + s_i^2 - 2r_{ig}s_i s_g}}$$

16.4.1.4. TRENNSCHAERFEANALYSE BEI MEHR ALS EINER SKALA

Bei unseren bisherigen Überlegungen sind wir davon ausgegangen, daß die Items einer Test- oder Fragebogenvorform zur Messung eines einzelnen Konstrukts konzipiert wurden. Insbesondere im Bereich der Einstellungsforschung ist jedoch nicht selten die Problemstellung weiter gefaßt: man entwickelt Items, die einen ganzen Einstellungsbereich betreffen. Dabei liegt die Hypothese zugrunde, daß jeweils Gruppen von Items zur Messung je eines Konstrukts geeignet sind. Mithilfe der Trennschärfeanalyse soll geprüft werden, ob die a priori aufgrund theoretischer Erwägungen und/oder anhand der Ergebnisse von Faktoren- oder Clusteranalysen getroffene Zuordnung von Items zu Skalen sich bestätigen läßt. Ein Weg zur Überprüfung besteht natürlich in dem oben beschriebenen Verfahren: man betrachtet jede Skala einzeln und stellt fest, ob die Trennschärfen den zuvor festgelegten Kriterien genügen. Items, deren Trennschärfen unzureichend sind, werden ausgesondert. Wenn der gesamte Itempool in mehrere Itemgruppen, die jeweils ein Konstrukt erfassen (sollen), untergliedert ist, hat dieses Verfahren jedoch zwei wesentliche Nachteile:

(1) man prüft nämlich dabei nicht, ob ein nach der Höhe der Trennschärfe als brauchbar befundenes Item besser zur Messung eines der anderen Konstrukte geeignet ist;
(2) es wird nicht untersucht, ob ein ausgesondertes Item sich zur Messung eines der übrigen Konstrukte eignet.

Beiden Fragestellungen kann in einem Analyseschritt durch Betrachtung der Trennschärfen nachgegangen werden, die jedes Item in Bezug auf die übrigen Skalen aufweist. Wir wollen diese Trennschärfen als "Fremd-Trennschärfen" bezeichnen. Im Gegensatz dazu soll die Trennschärfe eines Items zu der Skala, der ein Item a priori vor Beginn der Trennschärfenanalyse zugeordnet wurde, im folgenden "Eigen-Trennschärfe" genannt werden.

Die Fremd-Trennschärfen lassen sich einfach durch Korrelation eines jeden Items mit den Summenwerten der Fremdskalen bestimmen. Anhand dieser Koeffizienten kann beurteilt werden, ob die a priori getroffene Zuordnung eines Items zu einer Skala zweckmäßig war. Wir wollen zunächst ein Beispiel für eine Fremd-Trennschäfenmatrix erläutern. Dazu greifen wir auf die im Kapitel "Faktorenanalyse" vorgestellten drei Skalen zur Messung von Einstellungen aus dem sozio-politischen Bereich zurück. Tabelle 62 zeigt die Eigen-Trennschärfen der Skala "Unpoltische Haltung" und die Fremd-Trennschärfe der Items dieser Skala in Bezug auf die Skalen "Politische Entfremdung" und "Anomie". Betrachten wir zunächst die Eigen-Trennschärfen in Spalte 1, so können wir feststellen, daß alle Items genügend hohe Koeffizienten aufweisen (da es sich um ein relativ komplexes Konstrukt handelt, ist nicht damit zu rechnen, daß Koeffizienten über $r_{ig-i} = .60$ liegen). Hinsichtlich der Eigen-Trennschärfen handelt es sich also um eine gut zur Messung[1] geeignete Skala. Die Fremd-Trennschärfen in den Spalten 2 und 3 zeigen darüber hinaus, daß die Items - wie zu fordern - lediglich als Indikatoren für "Unpolitische Haltung" geeignet sind: zu den beiden anderen sozio-politischen Einstellungen "Politische Entfremdung" und "Anomie" weisen die Items keine bedeutsamen Beziehungen auf. Die Fremd-Trennschärfen sind nur geringfügig von 0 verschieden[2]. Es handelt sich demnach bei der "Unpolitischen Haltung" um ein Konstrukt, das empirisch relativ klar gegen die beiden anderen Einstellungen aus dem sozio-politischen Bereich abgegrenzt werden kann.

Tabelle 63 zeigt eine Eigen/Fremd-Trennschärfenmatrix für Items, die sich nicht eindeutig zuordnen lassen. Die Eigen-Trennschärfen (Spalte 1) sind zwar durchaus befriedigend, die Items könnten jedoch nahezu ebensogut zur Messung der Konstrukte 2 oder 3 benutzt werden: sie sind zur Diskrimination zwischen Konstrukten ungeeignet. Den Fall, in dem die Neuzuordnung eines Items angezeigt wäre, zeigt Tabelle 64. Das Item 4, dessen Eigen-Trennschärfe lediglich $r_{ig-i} = .12$ beträgt, ließe sich besser der Skala 2 zuordnen ($r_{ig-i} = .43$).

Diese Beispiele sollten die Nützlichkeit von Eigen/Fremd-Trennschärfematrizen zur Beurteilung der Frage aufzeigen, ob die a priori vorgenommenen Item-Skalen-Zuordnungen brauchbar sind und sich empirisch bestätigen lassen. Bei der Analyse solcher Matrizen kann man sich an folgenden Kriterien orientieren:

(1) Ist die Eigen-Trennschärfe eines Items größer als sämtliche Fremd-Trennschärfen dieses Items? Ist das nicht der Fall, so sollte geprüft werden, ob das Item der Skala zugeordnet werden kann, für die die Fremd-Trennschärfe maximal ist. Bevor man sich jedoch für eine Neuzuordnung entscheidet, wird man die Differenz der maximalen Fremd-Trennschärfe zur nächst kleineren untersuchen. Ist diese Differenz sehr gering, so wird man das Item wegen seines geringen Beitrags zur Diskrimination zwischen verschiedenen Konstrukten eventuell aussondern:

---

1) Diese Aussage bezieht sich auf die Skala <u>als Meßinstrument</u>. Die Trennschärfeanalyse erlaubt jedoch keine Aussage über die Validität des Instruments.

2) Die Signifikanzprüfung von Trennschärfekoeffizienten ist äußerst problematisch, weil die Koeffizienten jeweils vom Kontext der übrigen Items abhängig sind. Befriedigende Lösungen für dieses Problem existieren u.W. nicht.

Tabelle 62: Trennschärfen für die Items der Skala "Unpolitische Haltung". In Spalte 1 sind die Eigen-Trennschärfen angegeben, in den Spalten 2 und 3 finden sich die Fremd-Trennschärfen in Bezug auf die Skalen "Politische Entfremdung" und "Anomie"

Item				
1.	Wer dauernd Kritik übt, soll erst einmal vor der eigenen Haustür kehren	.39	.01	.01
2.	Eine Demokratie verlangt vom Staatsbürger vor allem erst einmal Disziplin	.49	.01	.06
3.	Die ganzen politischen Krawalle zeigen, daß es vielen einfach zu gut geht	.55	.07	.16
4.	Demokratie heißt vor allem erst einmal Ruhe und Ordnung	.51	.06	.09
5.	Es ist ein Hauptübel in unserem Volk, daß soviel kritisiert wird	.47	.04	.18
6.	Wenn jeder gleich auf die Straße geht, weil ihm etwas nicht paßt, dann haben wir bald ein Chaos	.55	.08	.18
7.	Die Führung der Regierung sollte einem Mann anvertraut werden, der über dem Parteiengezänk steht	.33	.14	.16
8.	Wer dauernd durch Demonstrationen zeigt, daß ihm etwas nicht paßt, sollte doch lieber gleich unseren Staat verlassen	.57	.09	.18
Durchschnittliche Trennschärfen		.49	.06	.13

Tabelle 63: Eigen/Fremd-Trennschärfenmatrix für fünf Items. Die Struktur der Trennschärfen zeigt, daß die Items nicht nur zu der "Eigenskala" korrelieren (Spalte 1), sondern auch zu den übrigen beiden Skalen hohe Korrelationen (Fremd-Trennschärfen) aufweisen.

Item	1	2	3
1	.40	.39	.30
2	.52	.42	-.40
3	.41	.34	.38
4	.59	.40	.52
5	.38	.20	.41

Tabelle 64: Eigen/Fremd-Trennschärfenmatrix für sechs Items. Die Eigen-Trennschärfen (Spalte 1) sind insgesamt befriedigend, Item 4 paßt jedoch nicht in diese Skala (r_{ig-i} = .12), sondern in Skala 2 (r_{ig-i} = .43).

Item	1	2
1	.60	.18
2	.45	.13
3	.53	.02
4	.12	.43
5	.40	.11
6	.53	-.03

(2) Nach der ggf. mehrfach zu revidierenden Zuordnung[1)] von Items zu Skalen ist zu prüfen, ob die Eigen/Fremdtrennschärfematrix "Einfachstruktur" aufweist. Diese optimale Struktur liegt dann vor, wenn die Eigen-Trennschärfen hoch sind und die Fremd-Trennschärfen nahe bei 0 liegen (ein Beispiel für diesen Fall zeigt Tabelle 62):

(3) Die Beurteilung der Zweckmäßigkeit der Itemzuordnung kann darüber hinaus (bzw. zusätzlich) auch anhand von duchschnittlichen Trennschärfekoeffizienten erfolgen. Bei einer optimalen Zuordnung müßte die durchschnittliche Fremd-Trennschärfe annährend 0 sein, die durchschnittliche Eigen-Trennschärfe sollte hingegen einen hohen Betrag aufweisen. Eine wenig günstige Situation liegt dann vor, wenn die durchschnittlichen Fremd-Trennschärfen untereinander gleich sind und sich nur geringfügig vom Durchschnitt der Eigen-Trennschärfen unterscheiden.

16.4.1.5. DIE BERECHNUNG VON DURCHSCHNITTLICHEN TRENNSCHAERFEN

Zur Berechnung durchschnittlicher Trennschärfen werden die Koeffizienten nach dem üblichen Mittelungsverfahren für Korrelationskoeffizienten zunächst nach FISHER's z' transformiert:

$$z' = \frac{1}{2}\left[\log_e (1 + r_{ig-i}) - \log_e (1 - r_{ig-i})\right]$$

1) Eine Beschreibung verschiedener Zuordnungsalgorithmen findet sich bei KOHR (1972, S. 18-24)

Für diese z′- Werte wird der Mittelwert bestimmt:

$$\bar{z}' = \sum_{1}^{m} z_i / m \qquad m = \text{Anzahl der Items}$$

Aus $\bar{z}'$ wird durch Rück-Transformation der durchschnittliche Trennschärfekoeffizient errechnet:

$$\bar{r}_{ig-i} = (e^{2\bar{z}'} - 1) / (e^{2\bar{z}'} + 1)$$

Tabelle 65 zeigt die korrigierten Trennschärfen und die entsprechenden z′-Werte für die acht Eigen-Trennschärfen der Skala "Unpolitische Haltung". Wir wollen die Berechnung von z′ nach der oben angegebenen Formel nur für Item 8 zeigen; im allgemeinen ist die Berechnung von z′ ohnehin nicht erforderlich, da z′ bei gegebenem r bzw. r bei gegebenem z′ aus Tabellen entnommen werden kann. Eine Tabelle dieser Art findet sich im Tabellenanhang.

Tabelle 65 : Bestimmung der durchschnittlichen Trennschärfe für die in Spalte 1 der Tabelle 62 verzeichneten Eigen-Trennschärfen der acht Items der Skala "Unpolitische Haltung"

Item	r_{ig-i}	z′
1	.39	.41
2	.49	.54
3	.55	.62
4	.52	.58
5	.47	.51
6	.55	.62
7	.33	.34
8	.57	.65

$\bar{z}' = .53$

$\bar{r}_{ig-i} = .49$

$$z' = 1/2 \left[\log_e (1 + .57) - \log_e (1 - .57) \right]$$

$$= \left[.45 - (-.84) \right]$$

$$= .65$$

Für $\bar{r}_{ig-i}$ ergibt sich:

$$\bar{r}_{ig-i} = (e^{(2)(.53)} - 1) \; / \; (e^{(2)(.53)} + 1)$$

$$= 1{,}886 \; / \; 3{,}886$$

$$= .49$$

16.4.1.6. TRENNSCHAERFEBESTIMMUNG ANHAND DER ITEM-KOVARIANZMATRIX

Die bisher vorgestellten Überlegungen haben uns gezeigt, daß die Item-Trennschärfen von der Kovariation der Items abhängig sind. Je größer die Kovariation der Items ist, desto stärker und deutlicher ist deren wechselseitiger Zusammenhang: wenn die Items ein gemeinsames Konstrukt erfassen, muß folglich deren Kovarianz relativ hoch sein.

Im folgenden Abschnitt wollen wir zeigen, wie man die Trennschärfen auch ohne Kenntnis von Summenwerten allein aus Kenntnis der Kovarianzen der Items bestimmen kann. Auf ausführliche Erläuterungen und Ableitungen müssen wir allerdings an dieser Stelle verzichten (vgl. dazu KOHR, 1978).

Wir hatten festgestellt, daß der Summenwert g eines Tests sich einfach durch Summierung der Itemwerte aller Items ergibt. Die Trennschärfe eines Items, d.h. dessen Korrelation mit dem Summenwert g, kann demnach aufgefaßt werden als Kovarianz von Item i mit dem Summenwert g, standardisiert auf das Produkt aus der Standardabweichung des Items i und des Summenwertes g:

(231) $r_{ig} = \dfrac{s_{ig}}{s_i \, s_g}$ (vgl. Abschnitt 16.4.1.3.)

Wenn wir feststellen wollen, wie sich die gesuchten Trennschärfen berechnen lassen, wenn lediglich die Itemwerte bekannt sind (g also nicht vorliegt), müssen wir g durch die Itemwerte ersetzen. Wir wollen die Ableitung für den Fall zeigen, daß drei Items vorliegen. Die Itemwerte dieser Items wollen wir mit a, b und c bezeichnen. Für den Summenwert jedes Probanden gilt also: g = a + b + c. Da stets über alle n Probanden summiert wird, lassen wir zur Vereinfachung der Schreibweise im folgenden den Index zur Kennzeichnung der Probanden weg.

Für die Trennschärfe des Items a kann - analog zu Formel (231) - geschrieben werden:

(235) $$r_{ag} = \frac{s_{a,a+b+c}}{s_a \; s_{a+b+c}}$$

Die Kovarianz des Items a mit dem Summenwert g = a+b+c läßt sich wie folgt schreiben:

(236) $$s_{a,a+b+c} = \frac{\sum_{1}^{n}(a-\bar{a})\left[(a+b+c) - (\bar{a}+\bar{b}+\bar{c})\right]}{n-1}$$

$$= \frac{\sum_{1}^{n}(a-\bar{a})\left[(a-\bar{a}) + (b-\bar{b}) + (c-\bar{c})\right]}{n-1}$$

$$= \frac{\sum_{1}^{n}(a-\bar{a})(a-\bar{a}) + \sum_{1}^{n}(a-\bar{a})(b-\bar{b}) + \sum_{1}^{n}(a-\bar{a})(c-\bar{c})}{n-1}$$

$$= s_{aa} + s_{ab} + s_{ac}$$

Die Kovarianz eines Items mit der Summe aller Items ergibt sich also dadurch, daß man die Kovarianzen dieses Items mit sich selbst ($s_{aa} = s_a^2$ = Item-Varianz) und die Kovarianzen mit allen anderen

Items (s_{ab} und s_{ac}) summiert. Für den allgemeinen Fall mit $i = 1, 2, ..., m$ Items können wir also schreiben:

(237) $$s_{ig} = s_{1i} + s_{2i} + \ldots + s_{ii} + \ldots + s_{mi}$$

Wie läßt sich nun die Standardabweichung des Summenwertes $g = a+b+c$ in Termini von Item-Varianzen und Kovarianzen formulieren? Da die Ableitung der Varianz bzw. Standardabweichung von Summen im Anhang[1)] zu diesem Kapitel ausführlich behandelt wird, wollen wir hier nur das Ergebnis wiedergeben:

(238) $$s_{a+b+c} = s_{aa} + s_{bb} + s_{cc} + 2s_{ab} + 2s_{ac} + 2s_{bc}$$

Diese Formel sieht zwar auf den ersten Blick recht kompliziert aus, bezeichnet aber eine sehr einfache Rechenvorschrift: die Kovarianzen jedes Items mit jedem anderen Item und mit sich selbst (d.h. die Item-Varianzen) sind zu bestimmen und zu summieren. Wenn im allgemeinen Fall m Items vorliegen, müssen also m mal m Kovarianzen berechnet und summiert werden, d.h. alle Elemente der Kovarianzmatrix der Items sind zu addieren.

Diese Ableitungen haben gezeigt, daß zur Bestimmung von r_{ig} lediglich Item-Kovarianzen und Item-Varianzen erforderlich sind. Wenn die Kovarianzmatrix der Items vorliegt, ist also die Durchführung einer Itemanalyse <u>ohne</u> Bestimmung von Summenwerten möglich. Neben der theoretischen Bedeutung dieses Sachverhalts ist dies auch für die Berechnungspraxis außerordentlich nützlich: man kann nämlich ohne allzu großen Aufwand Itemanalysen auch mit einem Tischrechner durchführen. Häufig liegt jedoch nicht die Kovarianz- sondern die Korrelationsmatrix der Items vor. In diesem Fall kann man die Kovarianz zweier Items i und j einfach nach folgender Formel aus der Korrelation r_{ij} und den Standardabweichungen der Items i und j errechnen:

$$s_{ij} = r_{ij}\, s_i\, s_j$$

Die allgemeine Form einer Item-Kovarianzmatrix zeigt Tabelle 66.

---

1) Siehe Abschnitt 16.4.5.

Tabelle 66 : Item-Kovarianzmatrix für m Items. In der Diagonalen der Matrix stehen die Kovarianzen der Items mit sich selbst, d.h. die Item-Varianzen $s_1^2, s_2^2, \ldots, s_m^2$.

Item	1	2	...j...	m
1	s_{11}	s_{12}	s_{1j}	s_{1m}
2	s_{21}	s_{22}	s_{2j}	s_{2m}
.				
.				
.				
i	s_{i1}	s_{i2}	s_{ij}	s_{im}
.				
.				
.				
m	s_{m1}	s_{m2}	s_{mj}	s_{mm}

Über und unter der Diagonalen der Kovarianzmatrix sind die Itemkovarianzen wiedergegeben ($s_{ij} = s_{ji}$), in der Diagonalen stehen die Item-Varianzen.

Die unkorrigierte Trennschärfe r_{ig} kann nun nach folgender Formel berechnet werden:

$$(239)\quad r_{ig} = \frac{\sum_{j}^{m} s_{ij}}{\sqrt{\sum_{j}^{m} \sum_{k}^{m} s_{jk}} \quad s_i}$$

Für die Bestimmung der unkorrigierten Trennschärfe eines Items i gilt also die folgende einfache Vorschrift:

- bilde die Summe aller Elemente der Kovarianzmatrix in der Zeile i (Summe Zeile i);

- bestimme die Summe aller m mal m Elemente der Kovarianzmatrix (Gesamtsumme);
- bestimme s_i, die Standardabweichung des Items i.

Für r_{ig} gilt dann:

$$\text{(240)}\quad r_{ig} = \frac{\text{Summe Zeile i}}{\sqrt{\text{Gesamtsumme}}\; s_i}$$

Die korrigierte Trennschärfe kann z.B. nach der im Abschnitt abgeleiteten Formel bestimmt werden:

$$r_{ig-i} = \frac{s_g\, r_{ig} - s_i}{\sqrt{s_g^2 + s_i^2 - 2r_{ig}\, s_g\, s_i}}$$

(vgl. Abschnitt 16.4.1.3., Formel (230))

(s_g ist gleich der Wurzel aus der Summe aller m mal m Elemente der Kovarianzmatrix)

Will man die korrigierte Trennschärfe unmittelbar anhand der Kovarianzmatrix berechnen, so ist folgende Formel - auf deren Ableitung (vgl. KOHR, 1977) hier verzichtet wird - anwendbar:

$$\text{(241)}\quad r_{ig-i} = \frac{\sum_{j}^{m} s_{ij}}{\sqrt{\sum_{j}^{m} \sum_{k}^{m} s_{jk}}\quad s_i} \qquad (j,\ k \neq i)$$

Für die Bestimmung der korrigierten Trennschärfe eines Items i gilt folglich folgende Vorschrift:

- bilde die Summe aller Elemente der Kovarianzmatrix in der Zeile i. Substrahiere von dieser Summe die Itemvarianz $s_{ii} = s_i^2$; (korrigierte Zeilensumme i)

- bestimme in der Kovarianzmatrix die Summe aller Elemente, die den Index i nicht enthalten; (korrigierte Gesamtsumme)

- bestimme die Standardabweichung s_i des Items i.

Für r_{ig-i} gilt dann:

$$(242)\quad r_{ig-i} = \frac{\text{Korrigierte Zeilensumme i}}{\sqrt{\text{Korrigierte Gesamtsumme}} \quad s_i}$$

Im folgenden wollen wir die Berechnung von Trennschärfen nach dieser Methode am Beispiel der Kovarianzmatrix für die acht Items der Skala "Unpolitische Haltung" (vgl. Abschnitt 16.4.1.4.) erläutern.

Zunächst soll die unkorrigierte Trennschärfe r_{4g} des Items 4 bestimmt werden. Aus Tabelle 67 können wir entnehmen (siehe Zeilensummen):

- Summe aller Elemente in Zeile 4 = 0,671

- Gesamtsumme aller Elemente der Kovarianzmatrix = 5,256

- Varianz des Items 4 = 0,198. Daraus ergibt sich eine Standardabweichung von s_4 =0,445. Wir setzen diese Werte in Formel (240) ein und erhalten:

$$r_{4g} = \frac{0{,}671}{\sqrt{5{,}256} \quad 0{,}445}$$

$$= 0{,}66$$

Zur Bestimmung der korrigierten Trennschärfe des Items 4 werden folgende Größen benötigt:

- Summe aller Elemente in Zeile 4 minus Varianz des Items 4 = 0,671 - 0,198 = 0,473

- Summe aller Elemente der Kovarianzmatrix, die den Index i = 4 nicht enthalten = 5,256 - (0,671 + 0,671) = 3,914

- Standardabweichung von Item 4 = 0,445. Diese Werte werden in Formel (242) eingesetzt:

Tabelle 67: Kovarianzmatrix der acht Items der Skala "Unpolitische Haltung" (vgl. Abschnitt 16.4.1.4.)

	Item	Spaltenindex j = 1	2	3	4	5	6	7	8	Zeilensumme
Zeilenindex i =	1	.166	.058	.051	.045	.047	.056	.037	.048	.508
	2	.058	.187	.068	.097	.053	.056	.036	.070	.625
	3	.051	.068	.222	.082	.085	.094	.041	.103	.746
	4	.045	.097	.082	.198	.071	.061	.038	.079	.671
	5	.047	.053	.085	.071	.250	.080	.045	.098	.729
	6	.056	.056	.094	.061	.080	.200	.051	.099	.697
	7	.037	.036	.041	.038	.045	.051	.189	.055	.492
	8	.048	.070	.103	.079	.098	.099	.055	.236	.788
Spaltensumme		.508	.625	.746	.671	.729	.697	.492	.788	5.256

Tabelle 68: Korrelationsmatrix der acht Items der Skala "Unpolitische Haltung".
In der Spalte r_{ig-i} sind die korrigierten Trennschärfen wiedergegeben.

Item	1	2	3	4	5	6	7	8	r_{ig-i}
1	1.00								.39
2	.33	1.00							.49
3	.26	.33	1.00						.55
4	.25	.51	.39	1.00					.54
5	.23	.25	.36	.32	1.00				.47
6	.31	.29	.45	.31	.36	1.00			.55
7	.21	.19	.20	.20	.21	.26	1.00		.33
8	.24	.34	.45	.37	.40	.46	.26	1.00	

$$r_{4g-4} = \frac{0,473}{\sqrt{3,914 \quad 0,445}}$$

$$= 0,54$$

Aus der Kovarianzmatrix kann die Korrelation der Items i und j einfach nach folgender Formel bestimmt werden:

$$r_{ij} = \frac{s_{ij}}{\sqrt{s_{ii} \; s_{jj}}}$$

Für die Korrelation der Items 4 und 6 ergibt sich z.B. (vgl. Tabelle 67 und 68):

$$r_{46} = \frac{0,061}{\sqrt{(o,198)(0,200)}}$$

$$= .306$$

Die Korrelationsmatrix aller acht Items der Skala "Unpolitische Haltung" zeigt Tabelle 68. Die Spalte r_{ig-i} enthält die korrigierten Trennschärfen der Items dieser Skala.

16.4.2. PRUEFUNG DER ITEM-SCHWIERIGKEITEN

Wir hatten bereits darauf hingewiesen, daß Items eines Fähigkeits- oder Leistungstests, die zu leicht oder zu schwer sind (d.h. von nahezu allen bzw. nur von sehr wenigen Probanden gelöst werden), wenig oder garnichts zur Differenzierung zwischen Probanden beitragen können. Man wird deshalb im Rahmen einer Itemanalyse neben der Trennschärfe auch die Schwierigkeit eines Items untersuchen und zu schwere oder zu leichte Items aussondern. Die Schwierigkeit eines Items wird allgemein als der Item-Mittelwert definiert. Dabei ist zu beachten, daß der Ausdruck Item-Schwierigkeit leicht mißverstanden werden kann: Ein Item ist nämlich umso schwieriger, je <u>kleiner</u> der Item-Mittelwert ist. Es wäre deshalb eigentlich sinnvoller, wenn man von "Item-Leichtigkeit" spräche.

<u>Beispiel:</u>

Ein Item des Subtests "Zahlenreihen" eines Intelligenztests hat die Schwierigkeit $\overline{X}_i = 0,90$, richtige Antworten der Probanden wurden mit

"1", falsche Antworten mit "0" kodiert. Der numerisch hohe Schwierigkeitskoeffizient (Maximalwert 1) dieses Items teilt uns mit, daß dieses Item von 90% der Probanden richtig gelöst wurde: es handelt sich also um ein <u>leichtes</u> Item.

Natürlich ist es nur bei Items von Fähigkeits-, Fertigkeits- und Leistungstests sinnvoll, von der Schwierigkeit eines Items zu sprechen. Wenn es sich dagegen um Items eines Persönlichkeitsfragebogens oder einer Einstellungsskala handelt, gibt der Item-Mittelwert lediglich Auskunft über die zentrale Tendenz der Reaktionen der Probanden auf ein Item.

<u>Beispiel:</u>
Die Vorform eines Fragebogens zur Erfassung der Einstellung gegenüber Gastarbeitern enthalte u.a. folgendes Item: "Man sollte allen Gastarbeitern die Arbeitserlaubnis entziehen"
Folgendes Reaktionsschema sei vorgegeben:

	5	4	3	2	1	
starke Zustimmung	( )	( )	( )	( )	( )	starke Ablehnung
	++	+	+/-	-	--	

Die folgenden Beispiele zeigen, daß der Itemmittelwert für die Beurteilung der Brauchbarkeit solcher Items nützliche Informationen liefern kann. Gehen wir im Beispiel 1 davon aus, daß sich für dieses Item in einer bestimmten Stichprobe ein Mittelwert von $\overline{X} = 4,84$ ergibt. In diesem Fall kann man dem Item-Mittelwert entnehmen, daß nahezu alle Probanden dieser Stichprobe eine extrem negative Einstellung aufweisen (der maximale Item-Mittelwert würde 5 betragen). Das Item trägt mithin in dieser Stichprobe kaum zur Differenzierung von Personen hinsichtlich der Einstellung zu Gastarbeitern bei - man könnte daher dieses Item als wenig brauchbar bezeichnen und aussondern. Das Beispiel verdeutlicht aber ein Problem der Auslese nicht differenzierender Items: unter inhaltlichen Gesichtspunkten kann gerade ein solch "extremes" Item sehr nützliche und aufschlußreiche Informationen liefern. Um im Beispiel zu bleiben: es wäre zweifellos wichtig festzustellen, daß bezüglich der Arbeitserlaubnis eine derart negative Einstellung vorherrscht. Man wird daher insbesondere bei der Analyse von Einstellungsfragebogen gelegentlich den eher technischen Gesichtspunkt der Brauchbarkeit eines Items zur Differenzierung zwischen Personen gegen den inhaltsbezogenen Gesichtspunkt der Erfassung und Beschreibung extremer Einstellungen abwägen.

Im Beispiel 2 wollen wir annehmen, daß der Mittelwert des Items mit $\overline{X}_i = 2,94$ ziemlich genau der neutralen Reaktion (+/-) entspricht. Was läßt sich nun aus diesem Item-Mittelwert folgern?
Eine kurze Überlegung zeigt, daß dieser Wert praktisch nicht interpretierbar ist, da er auf ganz unterschiedliche Weise zustande gekommen sein kann. Wir wollen dies anhand von drei <u>Antwortverteilungen</u> (vgl. Tabelle 69) zeigen, bei denen der Item-Mittelwert gleich ist.

Tabelle 69 : Verschiedene Antwortverteilungen bei gleichem Item-Mittelwert $\overline{X}_i$ = 2,94. (Fünfstufiges Reaktionsschema; n = 100 Probanden haben das Item beantwortet; s_i : Item-Standardabweichung.)

Antwortverteilung	Reaktionsschema					s_i
	1 --	2 -	3 +/-	4 +	5 ++	
Nr. 1	2	5	90	3	0	0,40
2	40	11	2	9	38	1,82
3	23	19	19	19	20	1,46

Betrachten wir zunächst Verteilung 1: 90 der 100 Probanden haben sich hier für die neutrale Reaktion entschieden. Dies weist darauf hin, daß die Probanden einer Stellungnahme zu diesem Item ausgewichen sind. Man würde ein Item mit einer Antwortverteilung dieser Art aussondern, weil es nicht zur Differenzierung beiträgt. Zu beachten ist jedoch, daß die Reaktion der Probanden auf dieses Item durchaus psychologisch bedeutsame und wichtige Informationen liefert: das Item ist also nicht "an sich" unbrauchbar, es ist lediglich für eine Skala zur Erfassung der Einstellung gegenüber Gastarbeitern in dieser Stichprobe ungeeignet.

Antwortverteilung 2 ist - in grober Annäherung - U-förmig: hier handelt es sich um eine Verteilung von Reaktionen, die auf eine starke Polarisierung der Einstellung in der untersuchten Stichprobe hinweist (etwa die Hälfte der Probanden stimmt dem Item zu und die andere Hälfte lehnt das Item ab). Dieses Item dürfte (sofern es mit den übrigen Items genügend korreliert, d.h. hinreichend trennscharf ist) gut zur Differenzierung der Probanden geeignet sein.

Bei Antwortverteilung 3 ist jede der fünf Reaktionsmöglichkeiten von ca. 20% der Probanden gewählt wordem - es liegt annähernd Gleichverteilung vor. Wenn man bedenkt, daß eine solche Verteilung erwartet werden kann, wenn die Probanden auf dieses Item lediglich nach Zufall reagiert haben, erscheint die Brauchbarkeit des Items sehr zweifelhaft.

In Tabelle 69 haben wir in der mit s_i überschriebenen Spalte jeweils die Standardabweichungen des Items angegeben. Man kann für Antwortverteilung 1 aus der mit s_i = 0,40 sehr geringen Standardabweichung des Items deutlich ersehen, daß die Variabilität der Reaktionen der Probanden auf dieses Item sehr gering ist. Item-Mittelwert und Item-Standardabweichung zusammen beschreiben daher in diesem Fall die tatsächliche Antwortverteilung recht genau. Betrachtet man jedoch die beiden anderen Antwortverteilungen, so wird deutlich, daß man sich allein aufgrund der Kenntnis der Item-Mittelwerte und der Item-Standardabweichung kein hinreichend genaues Bild von der Antwortverteilung machen kann. Wir ersehen daraus, daß bei mehrfach abgestuften Reaktionsschemata auf die Betrachtung der Antwortverteilung nicht verzichtet werden kann.

Zusammenfassend läßt sich folgendes feststellen:

- wenn es sich um "Leistungsdaten" vom 0/1-Typ handelt, empfielt es sich in der Regel, Items mit zu hohem oder zu geringem Mittelwert auszusondern. Allerdings können auch extrem "schwere" oder extrem "leichte" Items sinnvoll sein, wenn man besonderen Wert auf Differenzierung von Probanden mit besonders hoch bzw. niedrig ausgeprägten Fähigkeiten oder Fertigkeiten legt;

- liegt ein mehrfach abgestufter Reaktionsmodus vor, so ist es nicht angebracht, Items allein nach dem Item-Mittelwert und der Item-Standarabweichung auszusondern. Es ist zweckmäßig, daß man die Antwortverteilungen genau untersucht.

16.4.3. DIE RELIABILITAETSSCHAETZUNG DURCH BESTIMMUNG VON MASSEN DER INTERNEN KONSISTENZ

Bei der Diskussion des Reliabilitätsproblems hatten wir festgestellt, daß die Reliabilität von Tests[1] oder Fragebogen meist - in erster Linie aus Gründen der Ökonomie - mithilfe der Methode der Testhalbierung geschätzt wird, indem man Koeffizienten der internen Konsistenz berechnet. Sieht man von CRONBACH´s Konzept, das auf den Varianzen der Einzelitems und der Testvarianz beruht, einmal ab, so gehen alle Schätzmethoden, die im Abschnitt 16.2. erwähnt wurden, von der Korrelation r_{12} der Testhälften 1 und 2 aus. Um eine adäquate Schätzung zu erhalten, wird diese Korrelation auf verschiedene Weise "aufgewertet". Das der Aufwertung zugrundeliegende Konzept hängt von den Annahmen ab, die man bezüglich der Parallelität der Items bzw. der Testhälften für akzeptabel hält. Im Grunde sind die verschiedenen Schätzungen jedoch weitgehend äquivalent.

Wir wollen im folgenden Abschnitt die Berechnung der bereits bei der Darstellung der Grundzüge der klassischen Testtheorie erwähnten Koeffizienten an dem im Abschnitt 16.4.1.2. angegebenen Datenbeispiel erläutern. Dabei beziehen wir uns auf die in Tabelle 60 wiedergegebenen Daten. In den mit g_1 und g_2 überschriebenen Spalten dieser Tabelle sind die Summen der Itemwerte der ungeradzahlig numerierten Items 1, 3 und 5, sowie die Summen der Itemwerte der geradzahlig numerierten Items 2, 4 und 6 für jeden der 10 Probanden abgebildet: die Summenwerte g_1 und g_2 wurden also nach dem gebräuchlichsten Verfahren der Testhalbierung - der sog. odd-even split-half Methode - bestimmt. Für diese Summenwerte ergeben sich die folgenden statistischen Kennwerte:

s_1 = 1,06 (Standardabweichung der g_1 - Werte)

s_2 = 0,92 (Standardabweichung der g_2 - Werte)

r_{12} = 0,73 (Korrelation der g_1 - und g_2 - Werte, oder kurz: Korrelation der Testhälften)

---

1) Bei sog. speed-tests (Testverfahren, bei deren Bearbeitung es ausschließlich oder überwiegend auf Schnelligkeit ankommt) ist diese Methode jedoch ungeeignet. Näheres dazu findet sich z.B. bei GUILFORD (1954, S. 365-370 und S. 391-392).

Nach der SPEARMAN-BROWN Formel gilt für r_{TT}:

$$r_{TT} = \frac{2r_{12}}{1 + r_{12}} \qquad \text{(vgl. Formel (222))}$$

$$= \frac{(2)(0,73)}{1 + 0,73} .$$

$$= 0,84$$

Setzt man die Kennwerte der Testhälften in die Formel von FLANAGAN ein, so erhält man für r_{TT}:

$$r_{TT} = \frac{4s_1\ s_2\ r_{12}}{s_1^2 + s_2^2 + 2r_{12}\ s_1\ s_2} \qquad \text{(vgl. Formel (223))}$$

$$= \frac{(4)(1,06)(0,92)(0,73)}{(1,06)^2 + (0,92)^2 + (2)(0,73)(1,06)(0,92)}$$

$$= 0,84$$

Beide Verfahren führen zu identischen Koeffizienten der internen Konsistenz (nahezu denselben Wert erhält man, wenn man die Formel von KRISTOF (vgl. Abschnitt 16.2.) benutzt).

CRONBACH´s Konsistenzkoeffizient α ergibt sich nach folgender Formel:

$$\alpha = \frac{m}{m-1}\left(1 - \frac{\sum_{j}^{m} s_j^2}{s_x^2}\right) \qquad \text{(vgl. Formel (225))}$$

m : Anzahl der Testteile ($j = 1, 2, \ldots, m$)

s_j^2 : Varianz des Testteils j

s_x^2 : Varianz des Gesamttestwerts

Für unser Beispiel gilt demnach:

$$\alpha = \frac{2}{2-1}\left[1 - \frac{(1,06)^2 + (0,92)^2}{3,39}\right]$$

$$\alpha = 0,84$$

Auch dieser Koeffizient ergibt also denselben Wert für die interne Konsistenz.

CRONBACH's Koeffizient α repräsentiert eine verallgemeinerte Formel zur Reliabilitätsschätzung. Als Testteile kann man z.B. auch die Einzelitems[1] auffassen. Dann ist m die Zahl der Items, s_j^2 die Varianz eines Items j. Berechnet man die interne Konsistenz nach dieser Formel, so handelt es sich natürlich nicht mehr um eine Schätzung der Reliabilität nach dem Konzept der Testhalbierungsmethode. Man wird daher u.U. - insbesondere aber bei kleinen Itemzahlen - einen erheblich von der Habierungsschätzung abweichenden Koeffizienten erhalten (für unser Beispiel ergibt sich z.B. ein Koeffizient von 0,64).

Abschließend wollen wir kurz auf die Frage eingehen, wie hoch ein Koeffizient der internen Konsistenz mindestens sein sollte. Wenn man bedenkt, daß die Qualität eines Tests- oder Fragebogens als Meßinstrument entscheidend von der Reliabilität des Instruments abhängig ist, kann man auf diese Frage nur antworten: so hoch wie irgend möglich. In der Regel sollten Konsistenzkoeffizienten aber mindestens $r_{TT} = 0,80$ erreichen. Wenn es sich um Verfahren aus dem Bereich der Eignungs- oder Leistungsdiagnostik handelt, sollten die Koeffizienten deutlich über 0,80 liegen, damit der Konfidenzbereich für den "wahren Wert" eines Probanden nicht zu breit ist (vgl. dazu Abschnitt 16.3.1.). Koeffizienten über 0,90 sind natürlich wünschenswert, werden aber leider in der Praxis nur selten erreicht.

16.4.4. COMPUTERPROGRAMME ZUR ITEMANALYSE

Wenn umfangreiches Datenmaterial zu analysieren ist, kann eine Itemanalyse praktisch nicht mehr mithilfe von Tischrechnern durchgeführt werden: man benutzt Computerprogramme, die an nahezu allen Universitätsrechenzentren zur Verfügung stehen. Erläuterungen zu solchen Programmen finden sich z.B. in folgenden Publikationen:

KOHR, H.-U. : DATANA - ein Programmsystem zur Daten- und Itemanalyse nach dem Konzept der klassischen Testtheorie
Berichte aus dem Psychologischen Institut der Universität Gießen, Nr. 4, 1972

---

1) In den Computerprogrammen DATANA und ITAMIS (KOHR 1972, 1976) wird dieses Verfahren benutzt

Der Bericht beschreibt das Konzept, den Aufbau und die vielfältigen Leistungen eines umfangreichen Programmsystems, mit dem praktisch alle im Rahmen der Itemanalyse üblichen Berechnungen durchgeführt werden können.

KOHR, H.-U. : ITAMIS - ein benutzerorientiertes FORTRAN-Programmsystem zur Test- und Fragebogenanalyse
Sozialwissenschaftliches Institut der Bundeswehr, Berichte: Heft 6, München, 1976

Die Leistungen dieses Programmsystems sind im wesentlichen mit denen von DATANA vergleichbar. Um vollständige Behandlung fehlender Itemwerte ("echte" Missing-Data Behandlung) zu ermöglichen, mußte das Programm jedoch vollkommen neu entwickelt werden. ITAMIS enthält im Vergleich zu DATANA darüber hinaus ein sehr flexibles System zum Datenmanagement.

SCHNITTJER, C.A. CARTLEDGE, C.M. Item-Analysis Programs: A Comp rative Investigation of Performance
Educational and Psychological Measurement, 1976, 36, 183 - 187

In dieser Arbeit werden die Leistungen von in den USA gebräuchlichen Programmen zur Itemanalyse verglichen.

VELDMAN, D.J. Fortran Programming for the Behavioral Sciences
New York: Holt, Rinehart and Winston, 1967

In dieser Publikation wird u.a. das Programm TESTAT, ein einfaches Programm zur Itemanalyse, beschrieben.

BEUTEL, P. KÜFFNER, H. SCHUBÖ, W. SPSS 8: Statistik-Programm-System für die Sozialwissenschaften. Stuttgart (G. Fischer Verlag) 1980, 3. Aufl.

HULL, C.H. NIE, N.H. SPSS Update: New procedures and facilities for releases 7 and 8. New York (McGraw Hill) 1979

NIE, N.H. HULL, C.H. et al. SPSS: Statistical Package for the Social Sciences. New York (McGraw Hill) 1975, 2nd ed.

Itemanalysen können bei SPSS mittels der Prozedur RELIABILITY durchgeführt werden.

16.4.5. ANHANG: BESTIMMUNG DER VARIANZ VON SUMMEN UND DIFFERENZEN

Im Bereich der psychologischen und erziehungswissenschaftlichen Forschung tritt häufig die Frage auf, wie man die Varianz von Summen bzw. Differenzen zweier Variablen, die wir mit X und Y bezeichnen wollen, bestimmen kann, wenn nur statistische Kennwerte für jede einzelne Variable vorliegen, Kennwerte für die Summenwerte $(X_i + Y_i)$ bzw. Differenzwerte $(X_i - Y_i)$ jedoch unbekannt sind: eher methodische Fragestellungen dieser Art haben wir bereits in den Abschnitten 16.4.1.3. und 16.4.1.6. im Zusammenhang mit der Berechnung von Trennschärfen kennen gelernt. Wir wollen deshalb die Bestimmung der Varianz von Summen und Differenzen im folgenden an eher inhaltsbezogenen Beispielen erläutern.

16.4.5.1. BESTIMMUNG DER VARIANZ VON SUMMEN

In einem Testverfahren, das die Konzentrationsfähigkeit und Arbeitsgeschwindigkeit von Personen erfassen sollte, wurden den Probanden zwei Serien mit jeweils 20 Aufgaben vorgelegt, zu deren Lösung einfache Additionen, Subtraktionen und Multiplikationen erforderlich waren. Die Konzentrationsaufgabe bestand darin, daß die Probanden eine Umdefinition der Zahlenwertigkeit zu erinnern hatten. Vor einer Aufgabe wurde z.B. vereinbart:

Zahl 1 erhält den Wert 3, Zahl 3 erhält den Wert 7, Zahl 5 den Wert 1, etc.

Dann folgte z.B. folgende Aufgabe:

(1 + 3) mal 5 = ?

Die Aufgabe mußte von den Probanden nach "Umdefinition" gelöst werden (im Beispiel ist 10 die richtige Lösung).

Bei Serie A wurde für alle 20 Aufgaben nur eine Umdefinition gegeben, bei Serie B erfolgte vor jeder Aufgabe eine neue Umdefinition.

Bei einer Stichprobe von n = 64 Probanden ergaben sich folgende Kennwerte[1]:

Variable X (Richtige Lösungen in Serie A): $s_x^2 = 30$

Variable Y (Richtige Lösungen in Serie B): $s_y^2 = 20$

Zwischen beiden Meßwertreihen wurde ein Produkt-Moment-Korrelationskoeffizient von $r_{xy} = .90$ ermittelt. Dieser Koeffizient zeigt, daß

1) Es handelt sich hierbei um hypothetische, zugunsten des einfachen Rechenvorgangs angenommene Werte

beide Variablen weitgehend dieselbe Fähigkeit ansprechen. Daher ist es zweckmäßig, für jeden Probanden die Summe $(X_i + Y_i)$ zu bilden. Wie kann man nun ausgehend von s_x^2, s_y^2 und r_{xy} die Varianz der Summe - $s^2_{(x+y)}$ - bestimmen?

Die Varianz von X + Y kann wie folgt definiert werden:

(243) $$s^2_{x+y} = \frac{\sum_1^n \left[(X_i + Y_i) - (\bar{X}. - \bar{Y}.)\right]^2}{n-1}$$

Wir können die Ausdrücke in der eckigen Klammer umordnen und schreiben:

(244) $$s^2_{x+y} = \frac{\sum_1^n \left[(X_i - \bar{X}.) + (Y_i - \bar{Y}.)\right]^2}{n-1}$$

Nach Multiplikation und Auflösung folgt:

(245) $$s^2_{x+y} = \underbrace{\frac{\sum_1^n (X_i-\bar{X}.)^2}{n-1}}_{A} + \underbrace{2\frac{\sum_1^n (X_i-\bar{X}.)(Y_i-\bar{Y}.)}{n-1}}_{B} + \underbrace{\frac{\sum_1^n (Y_i-\bar{Y}.)^2}{n-1}}_{C}$$

Wir erkennen sofort, daß es sich bei den mit (A) und (C) bezeichneten Ausdrücken in (245) um s_x^2 bzw. s_y^2 handelt. Der mit (B) gekennzeichnete Term repräsentiert die Kovarianz von X und Y, multipliziert mit 2. Folglich läßt sich für (245) schreiben:

(246) $$s^2_{x+y} = s_x^2 + s_y^2 + 2s_{xy}$$

Einer bekannten Definitionsformel zufolge ist:

$$r_{xy} = \frac{s_{xy}}{s_x\, s_y}$$

Lösen wir diese Formel nach s_{xy} auf, so erhalten wir für die Kovarianz folgende Bestimmungsformel:

$$s_{xy} = r_{xy}\, s_x\, s_y \qquad (247)$$

Setzen wir nun Formel (247) in (246) ein, so ergibt sich für die Varianz einer Summe folgendes:

$$s^2_{x+y} = s^2_x + s^2_y + 2r_{xy}\, s_x\, s_y \qquad (248)$$

Diese Formel zeigt, daß die Varianz einer Summe dann bestimmt werden kann, wenn die Varianzen bzw. Standardabweichungen der zu summierenden Variablen und deren Korrelation bekannt sind.

In unserem Berechnungsbeispiel erhalten wir für s^2_{x+y} :

$$s^2_{x+y} = (30) + (20) + (2)(.90)(\sqrt{30})(\sqrt{20})$$

$$= 94.1$$

16.4.5.2. BESTIMMUNG DER VARIANZ VON DIFFERENZEN

Nicht selten stellt sich die Frage, welche Varianz Differenzwerte aufweist. Denken Sie z.B. an die Fragestellung, wie homogen bzw. heterogen ein experimenteller Eingriff auf eine Stichprobe von Personen wirkt. Stellen Sie sich folgende Untersuchung vor, in der geklärt werden soll, ob der Effekt, den eine erneute Applikation (Retest) eines Intelligenztests auf Probanden hat, homogen ist. Jedem Probanden wird der Test zum Zeitpunkt t_1 und zum Zeitpunkt t_2 vorgelegt. Wenn der Retest einen homogenen Effekt auf alle Probanden hat, so wäre damit zu rechnen, daß die Zunahme der Intelligenztestpunktwerte, ausgedrückt durch die Differenz $(X_i - Y_i)$ - Punktwert zum Zeitpunkt t_2 minus Punktwert zum Zeitpunkt t_1 - bei allen Probanden annähernd gleich mit anderen Worten die Varianz der Differenzwerte annähernd Null ist.

Bei der Bestimmung der <u>Varianz der Differenz</u> gehen wir von folgender Formel aus:

$$(249)\quad s^2_{x-y} = \frac{\sum_1^n \left[(X_i - Y_i) - (\bar{X}. - \bar{Y}.)\right]^2}{n - 1}$$

$$= \frac{\sum_1^n \left[(X_i - \bar{X}.) - (Y_i - \bar{Y}.)\right]^2}{n - 1}$$

$$= \frac{\sum_1^n (X_i - \bar{X}.)^2 + \sum_1^n (Y_i - \bar{Y}.)^2 - 2\sum_1^n (X_i - \bar{X}.)(Y_i - \bar{Y}.)}{n - 1}$$

$$= s^2_x + s^2_y - 2s_{xy}$$

$$(250)\quad s^2_{x-y} = s^2_x + s^2_y - 2r_{xy}\, s_x\, s_y$$

Wir können Formel (250) entnehmen, daß die Varianz der Differenzen $(X_i - Y_i)$ umso <u>kleiner</u> wird (die Effekte umso homogener sind), je <u>größer</u> die Kovariation zwischen beiden Meßwertreihen ist.

Tabelle 70 zeigt die Veränderung der Formeln und Ergebnisse für $s^2_{(x+y)}$ und $s^2_{(x-y)}$ in Abhängigkeit von speziellen Werten für r_{xy} auf.

+ Die Varianz der Differenzen ist Null, wenn $r_{xy} = 1$ und $s_x = s_y$ (bzw. $s^2_x = s^2_y$)
+ Die Varianz der Summen ist Null, wenn $r_{xy} = -1$ und $s_x = s_y$ (bzw. $s^2_x = s^2_y$)

Tabelle 70 : Veränderungen der Formeln für die Varianz von Summen und Differenzen bei Vorliegen bestimmter Korrelationskoeffizienten

r_{xy}	Reduzierung der Formel für $s^2_{(x+y)}$ auf:	Ergebnis	Reduzierung der Formel für $s^2_{(x-y)}$ auf:	Ergebnis
$r_{xy} = 1$	$s_x^2+s_y^2+2s_xs_y$	Maximum	$s_x^2+s_y^2-2s_xs_y$	Minimum
$r_{xy} = 0$	$s_x^2 + s_y^2$	$s^2_{(x+y)} = s^2_{(x-y)}$	$s_x^2 + s_y^2$	$s^2_{(x-y)} = s^2_{(x+y)}$
$r_{xy} = -1$	$s_x^2+s_y^2-2s_xs_y$	Minimum	$s_x^2+s_y^2+2s_xs_y$	Maximum

16.4.5.3. DIE BESTIMMUNG DER VARIANZ VON SUMMEN UND DIFFERENZEN, WENN MEHR ALS ZWEI VARIABLE VORLIEGEN

Sind z.B. die Variablen (X, Y, Z) gegeben, so bestimmt man $s^2_{(x+y+z)}$ auf folgende Weise:

$$s^2_{(x+y+z)} = \frac{\sum_1^n \left[(X_i + Y_i + Z_i) - (\bar{X}. + \bar{Y}. + \bar{Z}.)\right]^2}{n - 1}$$

(251) $s^2_{(x+y+z)} = s_x^2+s_y^2+s_z^2+2r_{xy}s_xs_y+2r_{xz}s_xs_z+2r_{yz}s_ys_z$

Die Varianz der Differenz bestimmt sich wie folgt:

(252) $s^2_{(x-y-z)} = s_x^2+s_y^2+s_z^2-2r_{xy}s_xs_y-2r_{xz}s_xs_z-2r_{yz}s_ys_z$

Abschließend wollen wir zeigen, wie man im allgemeinen Fall die Varianz der Summe von m Variablen bestimmt. Wir gehen dabei von der Kovarianzmatrix der m Variablen aus. Diese Matrix hat m Zeilen (i = 1, 2, ..., m) und m Spalten (j = 1, 2, ..., m). In der Diagonalen dieser Matrix stehen die Kovarianzen jeder Variablen mit sich selbst, d.h. die Varianzen jeder Variablen. Für die Varianz einer beliebigen Variablen i - d.h. die Kovarianz dieser Variablen mit sich selbst - läßt sich schreiben:

$$s_{ii} = s_i^2 = r_{ii} s_i s_i \qquad (r_{ii}\text{, die Korrelation einer Variablen mit sich selbst ist 1})$$

Über und unter der Diagonalen der Kovarianzmatrix sind die Kovarianzen der Variablen enthalten. Für die Kovarianz von zwei beliebigen Variablen i und j kann geschrieben werden:

$$s_{ij} = r_{ij} s_i s_j$$

Da die Kovarianz der Variablen i und j natürlich gleich der Kovarianz der Variablen j und i ist, sind die Elemente über und unter der Diagonalen der Kovarianzmatrix gleich: es ist also wegen $s_{ij} = s_{ji}$ ausreichend, wenn man lediglich die Diagonale und die Kovarianzen unter bzw. über der Diagonalen angibt.

Tabelle 71 zeigt eine Kovarianzmatrix für m = 4 Variable. Für diese vier Variablen soll die Varianz der Summenwerte bestimmt werden.

Tabelle 71 : Kovarianzmatrix für m = 4 Variable. Da $s_{ij} = s_{ji}$, werden lediglich die Diagonalelemente (Varianzen) und die Elemente unter der Diagonalen (Kovarianzen) angegeben.

Variable	j = 1	j = 2	j = 3	j = 4
i = 1	$s_{11} = s_1^2$			
i = 2	s_{21}	$s_{22} = s_2^2$		
i = 3	s_{31}	s_{32}	$s_{33} = s_3^2$	
i = 4	s_{41}	s_{42}	s_{43}	$s_{44} = s_4^2$

Für die Varianz der Summe der vier Variablen gilt nun:

$$s^2_{(1+2+3+4)} = s_1^2+s_2^2+s_3^2+s_4^2+ 2(s_{12}+s_{13}+s_{14}+s_{23}+s_{24}+s_{34})$$

$$= s_1^2+s_2^2+s_3^2+s_4^2+$$

$$2(r_{12}s_1s_2+r_{13}s_1s_3+r_{14}s_1s_4+r_{23}s_2s_3+r_{24}s_2s_4+r_{34}s_3s_4)$$

Die Varianz der Summe ergibt sich also einfach dadurch, daß man die Diagonalelemente (Varianzen) und sämtliche Elemente über und unter der Diagonalen (Kovarianzen) summiert - mit anderen Worten: man bestimmt die Varianz der Summe, indem man sämtliche Elemente der Kovarianzmatrix addiert.

Für den allgemeinen Fall der Varianz der Summe von m Variablen gilt demnach:

(253) $s^2_{(1+2+...+m)}$ = Summe aller m mal m Elemente der Kovarianzmatrix

= (Summe der m Elemente in der Diagonalen) + 2(Summe der m(m-1)/2 Elemente unterhalb der Diagonalen)

= (Summe der m Varianzen) + 2(Summe der m(m-1)/2 Kovarianzen)

Eine weiterführende Diskussion zu Problemen der Bestimmung von Varianzen von Summen bzw. Differenzen findet sich bei:

EDWARDS, A.L. : "Expected values of discrete random variables and elementary statistics". New York: Wiley, 1964, S. 15 - 23

SPEARMAN, C. : "Correlations of Sums or Differences" British Journal of Psychology, 1913, S. 417 - 426

16.5. AUSWAHL WEITERFUEHRENDER LITERATUR ZUR ITEMANALYSE UND ZUR TESTTHEORIE

CRONBACH, L.J. — Essentials of Psychological Testing
New York: Harper International Edition,
3. Auflage, 1970

CRONBACH, L.J., MEEHL, P.E. — Construct Validity in Psychological Tests
In: JACKSON, D.N. & MESSICK, S. : Problems in Human Assessment, New York: McGraw-Hill, 1967, S. 57 - 77

FISCHER, G. — Einführung in die Theorie psychologischer Tests
Bern: Huber, 1974

GUILFORD, J.P. — Psychometric Methods
New York/Tokyo: McGraw-Hill/Kogakusha, International Student Edition, 2. Aufl., 1954

GULLIKSEN, H. — Theory of Mental Tests
New York: Wiley, 1950

KOHR, H.-U. — Die Item-Kovarianzmatrix als Basis der Testanalyse nach dem Konzept der klassischen Testtheorie
Psychologische Beiträge, 1978, 20, 277 - 293

KRANZ, H.T. — Einführung in die klassische Testtheorie.
Frankfurt: Fachbuchhandlung für Psychologie, 1978.

LIENERT, G.A. — Testaufbau und Testanalyse
Weinheim: Beltz, 1967

LORD, F.M., NOVICK, M.R. — Statistical Theories of Mental Test Scores
Readig/Mass.: Addison-Wesley, 1968, 2. Aufl. 1974

MAGNUSSON, D. — Testtheorie
Wien: Deuticke, 1971

MOKKEN, R.J. — A Theory and Procedure of Scale Analysis
Paris/Den Haag: Mounton, 1971

NUNALLY, J.C. — Psychometric Theory
New York: McGraw-Hill, 1978, 2nd ed.

RASCH, G. — Probabilistic Models for some Intelligence and Attainment Tests
Kopenhagen: The Danish Institute for Educational Research, 1960

WESMAN, A.G. — Writing the Test Item
In: THORNDIKE, R.L. (Hrsg.): Educational Measurement
Washington, D.C.: American Council on Education, 2. Auflage, 1971, S. 81 - 129

ANHANG A ÜBUNGSAUFGABEN ZU DEN KAPITELN 2-16

Ein großer Teil der Übungsaufgaben bezieht sich auf die in Datenliste 1 und 2 wiedergegebenen Daten. Sofern möglich, sollten diese Aufgaben (auch wegen des Umfangs der durchzuführenden Tabellierungs- und Rechenarbeit) mittels eines geeigneten Computerprogramms durchgeführt werden. Da von uns das weitverbreitete "Statistik-Programm-System für die Sozialwissenschaften SPSS 8" (BEUTEL et al. 1980) zur Bearbeitung der entsprechenden Aufgaben herangezogen wurde, empfiehlt sich zur besseren Vergleichbarkeit der eigenen Ergebnisse mit den im Anhang B mitgeteilten Lösungen ebenfalls die Verwendung von SPSS. Für die entsprechenden SPSS-Prozeduren sind bei den Lösungen auch jeweils die Steueranweisungen wiedergegeben.

Stehen keine Computer(programme) zur Verarbeitung der Daten von Datenliste 1 zur Verfügung, so empfiehlt es sich, wenn umfängliche Tabellierungsarbeit vermieden werden soll, bei der Aufgabenstellung bereits von einem Teil der bei den Lösungen mitgeteilten (Häufigkeits-)Tabellen auszugehen.

Die Berechnungen für einen großen Teil der Aufgaben von Kapitel 14 (Multiple Korrelation und Regression) sowie für die Aufgaben zur Faktoren- und Itemanalyse (Kapitel 15 und 16) sind allerdings nicht mehr ohne Computerhilfe durchzuführen. Bei den Lösungen zu diesen Kapiteln sind jedoch die Programmausdrucke ausführlich wiedergegeben, sodaß eine eingehende Besprechung der Befunde erfolgen kann.

```
*************************************
DATENLISTE 1 (DESKRIPTIVE STATISTIK)
*************************************
SPALTE:   1111111111222222222233333333
1234567890123456789012345678901234567
^^^^^^^^^^^^^^^^^^^^^^^^^^^^^^^^^^^^^

001  2 21 178 71 127 3 1 1 15 2   2 2
002  2 27 181 78 195 1 1 2      1 2 1
003  1 19 178 65 105 1 1 1  2 2   2 2
004  2 25 191 75 110 4 2 2      2 2 2
005  1 22 178 70 122 4 1 2      1 2 2
006  2 25 171 69 120 1 1 2      1 1 2
007  2 39 170 69 150 1 1 2      1 2 2
008  2 19 180 60 180 5 1 2      2 2 2
009  1 20 164 54 150 2 2 2      2 2 1
010  2 22 172 64 130 1 2 1 15 2   2 2
011  2 23 185 82 180 2 2 1 20 2   2 1
012  2 19 182 68 118 1 1 2      2 1 1
013  2 20 174 62 150 2 2 1 18 1   1 1
014  2 19 185 65 180 6 2 1 10 1   2 2
015  2 21 188 70 140 3 2 1 15 1   2 2
016  1 20 160 53 100 2 2 1 15 2   1 2
017  1 20 155 70 115 7 1 2      2 2 2
018  2 45 171 69 210 1 2 2      2 1 1
019  2 27 175 65 240 1 1 2      2 2 2
020  1 20 163 54 150 2 1 2      1 2 2
021  2 24 157 45 170 3 2 2      2 2 2
022  1 20 170 56 100 1 2 2      2 1 2
023  1 19 167 50 230 1 2 2      2 1 2
024  2 22 189 79  78 1 1 1 20 1   1 2
025  1 20 171 53  35 1 1 1  3 1   2 2
026  1 22 168 53 180 2 1 1 15 1   2 1
027  1 20 164 53     1 1 2      1 2 2
028  1 25 170 60 170 2 1 2      2 1 2
029  1 20 172 62     1 1 2      1 2 2
030  1 19 159 52 110 3 1 2      2 2 2
031  1 20 162 53 217 1 1 2      1 1 1
032  1 21 170 58 185 3 1 1 10 2   2 2
033  2 20 180 77 150 1 1 2      2 1 2
034  1 20 165 58 117 3 1 2      2 2 2
035  2 19 190 83 160 1 2 2 10 2   2 2
036  2 24 172 55 165 1 1 2      2 2 2
037  1 29 154 50 140 1 1 2      2 1 2
038  1 19 171 51 140 5 2 2      2 2 2
039  1 25 159 53 150 2 1 2      1 2 2
040  1 22 168 68 180 2 1 1 15 1   2 2
041  1 23 174 57 115 9 1 1  2 1   2 1
042  1 26 174 60 140 4 2 2      1 1 1
043  1 25 170 55 120 1 2 1 20 2   1 2
044  1 19 171 61     1 1 2      2 2 2
045  1 19 170 59 130 1 1 2      2 2 2
046  1 19 181 75 225 3 1 1  1 1   1 2
047  2 21 172 68  90 1 2 2      2 2 2
048  2 19 185 68 115 2 1 2      2 2 2
049  2 41 184 93 480 1 1 2        1 2
050  1 20 170 54 116 3 1 2      2 1 2
051  1 18 158 50 141 1 1 2      2 2 2
052  1 18 156 50 190 8 1 2      2 2 2
053  1 20 165 59 110 5 1 2      1 2 2
054  2 19 194 83     1 1 2      2 2 2
055  2 26 178 60 225 1 2 1 13 1   2 2
056  1 26 164 54 290 1 1 2      1 1 2
057  1 21 170 61 150 5 1 2      2 2 2
058  2 23 185 76 103 1 2 1 20 2   2 1
059  1 20 163 50 160 9 1 2      2 2 2
```

Die Daten wurden mittels eines Fragebogens an den Teilnehmern eines Statistik I Kurses erhoben.

Ein Muster des Fragebogens ist auf der nächsten Seite wiedergegeben.

Auf der übernächsten Seite ist aufgeschlüsselt, in welchen Spalten die Daten der einzelnen Variablen angeordnet sind.

```
060  1 19 175 60     1 1 2      2 1 1
061  1 23 167 47 195 1 1 1 20 1   2 2
062  2 24 179 63 220 7 2 1 40 2   2 2
063  1 24 163 53 180 5 2 2      1 2 2
064  2 24 180 60 155 5 2 2      2 2 2
065  2 21 173 64  90 1 1 2      2 2 2
066  2 21 178 60 141 5 1 2      2 2 2
067  1 24 165 63 130 2 1 2      1 1 2
068  2 23 180 70 165 2 2 1 20 1   1 2
069  2 22 182 66 120 1 1 2      1 1 2
070  1 21 163 50 145 5 1 2      2 1 2
071  1 22 165 53 140 3 2 1 15 2   2 2
072  1 20 165 59 250 1 1 1 11 2   2 2
073  2 25 174 65 130 5 1 1 10 2   1 2
074  2 23 180 65 160 1 1 2      2 1 1
075  2 21 182 90 180 6 1 2      1 1 1
076  1 20 160 45 120 6 2 2      2 2 2
077  2 24 185 85 150 1 1 2      1 2 2
078  1 23 167 57 170 2 1 1 20 1   1 2
079  1 21 153 53 140 5 1 1 12 1   2 2
080  1 21 160 61 140 2 2 1  2 1   1 2
081  2 21 180 69     1 1 1  5 1   2 1
082  1 24 170 57 195 9   2      2 2 2
083  1 28 172 56 160 4 1 2      2 1 2
084  2 19 173 68 135 1 1 1  2 1   2 2
085  2 19 168 65 140 6 1 2      2 1 2
086  2 18 175 68 130 1 2 2      2 2 2
087  1 24 166 52     1 1 1  6 2   2 2
088  1 18 164 59 200 6 1 1 15 2   2 2
089  2 19 186 73 210 2 2 1 15 2   1 2
090  2 19 190 75     1 1 2      2 2 2
091  1 21 165 58 120 6 1 2      2 1 2
092  1 20 162 50 180 1 1 2      2 1 2
093  1 19 178 70 170 1 1 1 10 1   1 1
094  1 28 158 55 350 9 1 2      1 2 2
095  1 18 176 54     1 1 1  5 2   2 1
096  1 18 160 53 190 1 1 2      2 2 2
097  1 19 164 60 117 2 1 1 10 1   2 1
098  1 20 173 63 180 1 1 1  2 1   1 1
099  2 22 186 70 120 3 2 1 20 1   2 2
100  1 20 162 60 160 2 1 1 10 1   2 2
101  2 20 170 59  50 1 1 2      2 1 1
102  2 26 191 85 185 3 1 1 20 1   1 1
103  2 23 178 68 200 1 2 2      1 2 1
104  2 19 179 69 150 2 2 1 20 2   1 1
```

FRAGEBOGEN ZUR ERHEBUNG DER DATEN VON "DATENLISTE 1"

Beantworten Sie die nachfolgenden Fragen bitte durch Ankreuzen der für Sie zutreffenden Antwort bzw. durch das Hinschreiben der zutreffenden Angabe.

(1) Geschlecht ☐ weiblich ☐ männlich

(2) Alter ☐☐ Jahre

(3) Körpergröße ☐☐☐ cm

(4) Körpergewicht ☐☐☐ kg

(5) Wieviel Miete zahlen Sie pro Monat für Ihr Zimmer ? ☐☐☐ DM — Bitte anteiligen Betrag angeben, falls Sie mit mehreren eine Wohnung haben

(6) Aus welchem Bundesland kommen Sie ? ______________________

(7) Sind Sie dafür, daß in den Veranstaltungen des Fachbereichs Psychologie ein Rauchverbot (außer in der Pause) durchgesetzt wird ?
☐ Ja ☐ Nein

(8) Sind Sie Zigarettenraucher ?
☐ Ja ☐ Nein

(9) Falls JA bei Frage (8):
Wie viele Zigaretten rauchen Sie im allgemeinen pro Tag ? ☐☐ Stück/Tag

(10) Falls JA bei Frage (8):
Haben Sie schon einmal ernsthaft versucht, das Rauchen aufzugeben ?
☐ Ja ☐ Nein

(11) Falls NEIN bei Frage (8):
Haben Sie früher mal längere Zeit geraucht ?
☐ Ja ☐ Nein

Wie steht es bezüglich des Zigarettenrauchens bei Ihren Eltern ?

(12) Vater raucht : ☐ Ja ☐ Nein

(13) Mutter raucht: ☐ Ja ☐ Nein

DATENPLAN FÜR "DATENLISTE 1"		
Spalte	Variablen Nr.	Variable und numerische Kodierung der Antworten
1 - 3	-	Personen-Nr.
4 - 6	1	Geschlecht 1 = weiblich 2 = männlich
7 - 9	2	Alter in Jahren
10 - 13	3	Körpergröße in cm
14 - 16	4	Körpergewicht in kg
17 - 20	5	Monatsmiete in DM
21 - 22	6	Herkunfts-Bundesland 1 = Hessen 2 = Nordrhein-Westfalen 3 = Baden-Würthemberg 4 = Bayern 5 = Rheinland-Pfalz 6 = Niedersachsen 7 = Schleswig-Holstein 8 = Saarland 9 = Ausländer
23 - 24	7	Rauchverbot in Veranstaltungen? 1 = Ja 2 = Nein
25 - 26	8	Zigarettenraucher? 1 = Ja 2 = Nein
27 - 29	9	Anzahl der Zigaretten pro Tag
30 - 31	10	Schon versucht, das Rauchen aufzugeben? 1 = Ja 2 = Nein
32 - 33	11	Früher längere Zeit geraucht? 1 = Ja 2 = Nein
34 - 35	12	Ist Vater Zigarettenraucher? 1 = Ja 2 = Nein
36 - 37	13	Ist Mutter Zigarettenraucherin? 1 = Ja 2 = Nein
SPSS-Eingabeformat: (3X,2F3.0,F4.0,F3.0,F4.0,3F2.0,F3.0,4F2.0)		

```
******************************
        DATENLISTE 2
  (DESKRIPTIVE STATISTIK)
******************************

411441111214113441441144     1
4223221133323244 3231132     2
4414214412134232424  144     3
441112113443444414421433     4
411222113334424411121132     5
322322344442112332342143     6
213311233333213131332132     7
421 11111444414421241141     8
431313222344133132242234     9
223441122112132141443144    10
322421321113223341322142    11
342322124334244442342433    12
441233222333343231341442    13
441223223344444323242424    14
341114334444343333322341    15
242223332433342332332442    16
441232123434444233431442    17
213423443442322232343131    18
242111233323341121212432    19
312313233324214222242134    20
324223442442343123233443    21
332223233443243133342442    22
243224323443344222223413    23
332323333443 4344234 343    24
331223323333233222232323    25
431324124444323322243342    26
444444111111144141411444    27
322312223333333422233232    28
312441142222122141442143    29
333222224443434442222344    30
332111232233422241331231    31
321422332244241242342243    32
213411442233313341442143    33
212323231222212131242142    34
342412331233243141242144    35
332312223443213332332342    36
332112224333223333222422    37
243211222333241241442443    38
133322443341141332344434    39
231333324433332234442333    40
113421441111111141443144    41
342223444443344133133442    42
331113223333444423222322    43
133323333333131231344444    44
312432332222222231242143    45
342433443443342343442434    46
332244334443142122232434    47
213432433221112332333141    48
114433233223324342343214    49
243113242331141222124443    50
32212244444324 242332443    51
322 23 23 32323222322232    52
332212332433343431322432    53
441222223334324333322332    54
242323442332332242342444    55
331313233333223332344234    56
312431344334213142442144    57
342223243443323233341333    58
332323333233233431442244    59
332223244333313221332224    60
144233333441144444442444    61
```

Die Erläuterungen zu "Datenliste 2" werden bei den Übungsaufgaben von Kapitel 15 und 16 gegeben.

```
321441121214434341341142    62
311411223333212321132132    63
332223234443343241441444    64
332222223332233222232342    65
342133224444343434332432    66
311322134434313321241221    67
341223123334444431331442    68
322443223333132143342244    69
 3212333244 24323323 432    70
33 212333443243344342442    71
223444331333222341343234    72
421422123434314433242323    73
332422342333232332242233    74
312421111333313131332144    75
243111344442241124233442    76
441214234444444324222441    77
424312113234343441341242    78
133413441321131241342344    79
232322442333113241342242    80
343 13333333142131242444    81
114421443333111141443144    82
123444332231112141444444    83
143442132422141143343344    84
342212333344333233332344    85
411411331314212241242144    86
441111113444223221122421    87
31141 222333111332442142    88
33 113342334434141444444    89
432112342331231231244442    90
133342443342121244344334    91
243343433342141234344444    92
```

KAPITEL 2: ÜBUNGSAUFGABEN

1. Die Temperaturskala nach Celsius ist eine Intervallskala. Zu welchem Skalentyp gehört die Fahrenheitskala?

2. Normale (=1), Neurotiker (=2), Psychotiker (=3): um welche Skala handelt es sich?

3. Kann man bei einer Intervallskala sagen, daß eine Person A, die auf dieser Skala einen Wert von 20 aufweist, doppelt so viel von dem gemessenen Merkmal hat wie eine Person B, deren Wert 10 beträgt?

4. a. Wenn wir zu jedem Meßwert (auf Intervallniveau) 10 addieren, auf welchem Skalenniveau befinden sich dann die transformierten Werte?
   b. Was passiert mit dem Skalenniveau, wenn wir jeden Meßwert mit 10 multiplizieren?

5. Bestimmen und diskutieren Sie für die nachfolgenden Fälle das Skalenniveau:
   a. Postleitzahlen
   b. Anzahl der Personen im Statistikkurs zu einem bestimmten Veranstaltungstermin
   c. Gewicht (in kg), das ein Junge hochheben kann
   d. Telefonnummern
   e. Metrisches System zur Entfernungsmessung
   f. Anzahl der Fragen, die jemand in einer Klausur richtig beantwortet hat
   g. Schulnoten
   h. Numerische Kodierung der Antworten auf die Aussage "Ich verhalte mich meinen Mitmenschen gegenüber rücksichtsvoll": stimmt (=4), stimmt überwiegend (=3), stimmt überwiegend nicht (=2), stimmt nicht (=1)

6. Ein Lehrer entnimmt dem Duden eine Zufallsstichprobe von 300 Wörtern der Alltagssprache, die er seinen Schülern diktiert. Er zählt anschließend bei jedem Schüler die Anzahl der richtig geschriebenen Wörter und nennt diese Summe ein Maß für die "Allgemeine Rechtschreibefähigkeit". Auf welchem Skalenniveau befinden sich hier die Meßwerte?

KAPITEL 3: ÜBUNGSAUFGABEN

1. Bestimmen Sie bei den nachfolgend aufgeführten festgestellten Werten jeweils die Grenzen des exakten Wertes:

Variable	Festgestellter Wert	Genauigkeit der Messung
a. Alter	10 Jahre, 4 Monate	1 Monat
b. Gewicht	150 kg	1 kg
c. Länge	14,5 cm	0,5 cm
d. Geldwert eines Gegenstandes	450 DM	1 DM
e. Zeit zum Zurücklegen einer Strecke	57,35 sec	1/100 sec

2. Nennen Sie drei Beispiele für eine kontinuierliche und drei Beispiele für eine diskrete Variable.

3. X_{ij} sei der Wert des Probanden i in der Gruppe j (wobei es J Gruppen gibt). Schreiben Sie das Symbol
   a. für Proband 3 in Gruppe 2
   b. für den letzten Probanden in einer beliebigen Gruppe
   c. für den 10. Probanden in der letzten Gruppe.

4. Es sei: $X_1 = 3$; $X_2 = 4$; $X_3 = 0$; $X_4 = 1$; $X_5 = 7$; $c = 2$; $n = 5$.
   Berechnen Sie die nachfolgenden Ausdrücke:

   a. $\sum_{i=1}^{5} X_i$ b. $\sum_{i=1}^{n} c\,X_i$ c. $\sum_{i=1}^{n} (X_i - c)$ d. $\left(\sum_{i=1}^{n} X_i\right)^2$

5. Überführen Sie die nachfolgenden Ausdrücke in die Summenzeichen-Schreibweise:
   a. $7X_1 + 7X_2 + 7X_3$
   b. $(X_1 + \ldots + X_{10})^2$
   c. $(X_1 + \ldots + X_n)/n$
   d. $(cX_1Y_1 + cX_2Y_2 + \ldots + cX_{n-1}Y_{n-1})$
   e. $(X_1^2 + X_1) + (X_2^2 + X_2) + \ldots + (X_5^2 + X_5)$
   f. $(X_1 + \ldots + X_n) + 7n$

6. Folgende Daten sind gegeben:

   $X_{11} = 8$ $X_{12} = 6$
   $X_{21} = 4$ $X_{22} = 4$
   $X_{31} = 12$ $X_{32} = 2$
   $X_{41} = 6$ $X_{42} = 10$

   Berechnen Sie:

   a. $\sum_{j=1}^{J} \sum_{i=1}^{n} X_{ij}$

   b. $\sum_{i=1}^{n} X_{i1}$ c. $\sum_{j=1}^{J} X_{3j}$ d. $\sum_{i=1}^{n} X_{i2}^2$

KAPITEL 4: ÜBUNGSAUFGABEN

Für die Berechnung der Übungsaufgaben dieses Kapitels wird Datenliste 1 benötigt.

1. Erstellen Sie - getrennt für männliche und weibliche Personen - (a) die primären und (b) die sekundären Häufigkeitsverteilungen für die Variable Körpergröße.

2. a. Stellen Sie die sekundären Häufigkeitsverteilungen von (1b) in Form von Histogrammen und Polygonzügen dar.
   b. Zeichnen Sie - ausgehend von den primären Häufigkeitsverteilungen von (1a) - die Summenkurven ("kleiner") von Männern und Frauen.

3. a. Bestimmen Sie bei den Frauen und bei den Männern das Perzentil 25 und das Perzentil 75 in der Variablen Körpergewicht.
   b. Welchem Prozentrang entspricht bei den Männern und bei den Frauen die Körpergröße 175 cm?

4. Bestimmen Sie auf der Skala des Zigarettenkonsums die beiden Punkte, zwischen denen die mittleren 60% der Gesamtgruppe der Raucher liegen.

5. Stellen Sie die Verteilung der Beträge graphisch dar, die in der Gesamtgruppe für die monatliche Miete ausgegeben werden.

6. a. Stellen Sie in Form eines Säulendiagramms dar, mit welcher Häufigkeit die Befragten den einzelnen (Bundes-)Ländern entstammen.
   b. Stellen Sie in Form eines Kreisdiagramms dar, mit welcher Häufigkeit die Teilnehmer den folgenden vier (Bundes-)Ländern bzw. Ländergruppen entstammen: Hessen (1), NRW (2), Baden-Würthemberg + Rheinland Pfalz (3 + 5), Restliche Länder (4 + 6 + 7 + 8 + 9).

7. Berechnen Sie bei Männern und Frauen jeweils den Anteil der Raucher und Nichtraucher. Besteht eine Beziehung zwischen Geschlecht und Rauchgewohnheit?

8. Untersuchen Sie, ob zwischen Rauchern und Nichtrauchern ein Unterschied im Ausmaß der Bejahung eines Rauchverbots für Veranstaltungen besteht.

9. Erstellen Sie (Kreuz)Tabellen, denen sich entnehmen läßt, ob ein Zusammenhang besteht
   a. zwischen dem Zigarettenrauchverhalten des Vaters (Raucher/Nichtraucher) und dem Rauchverhalten der befragten Person (Raucher/Nichtraucher),
   b. zwischen dem Rauchverhalten der Mutter und dem Rauchverhalten der befragten Person ,
   c. zwischen dem Rauchverhalten beider Elternteile,
   d. zwischen dem Geschlecht der Befragten und dem Ausmaß der Bejahung eines Rauchverbots für Veranstaltungen.

KAPITEL 5 + 6: ÜBUNGSAUFGABEN

1. Nebenstehend sind für die weiblichen und männlichen Raucher jeweils die Anzahl der pro Tag gerauchten Zigaretten wiedergegeben.

   Berechnen Sie für beide Gruppen:

   a. Mittelwert ($\bar{X}$.)

   b. Varianz (s^2)

   c. Standardabweichung (s).

   Diskutieren Sie etwaige Unterschiede in den Mitteln und/ oder Varianzen.

Raucher Männer		Raucher Frauen	
20	15	15	6
20	40	2	11
10	2	20	1
10	15	10	3
20	18	15	12
20	20	10	2
5	20	5	20
15	13	15	10
20	15	2	10
10		20	15
		2	15

Ziehen Sie für die Diskussion auch die Ergebnisse von Aufgabe (7, Kap. 4) heran.

2. Auf Seite 451f. sind die primären Häufigkeitsverteilungen der Größenwerte von Männern und Frauen wiedergegeben. Berechnen Sie von diesen Daten ausgehend für beide Geschlechter

   a. Mittelwert
   b. Median
   c. Varianz
   d. Standardabweichung.
   e. Mittleren Quartilabstand

3. Die Meßwerte zweier Gruppen sind die folgenden:

Gruppe a	Gruppe b
13	28
11	26
10	25
9	24
7	22

   Die Varianz in beiden Gruppen beträgt $s_a^2 = s_b^2 = 5$. Wenn wir nun die beiden Gruppen zu einer Gesamtgruppe zusammenfassen, was läßt sich bezüglich der Varianz dieser Gesamtgruppe vorhersagen? Wird sie größer als 5, kleiner als 5, bleibt sie gleich?

4. Gegeben sind die Werte: 13; 28; 26; 19; 15; 16. Wieweit verändern sich deren Mittel, Varianz und Standardabweichung, wenn

   a. jeder Wert mit 2 multipliziert wird,
   b. zu jedem Wert 10 addiert wird,
   c. zu jedem Wert zuerst 10 addiert und das Ergebnis jeweils mit 2 multipliziert wird?

5. Berechnen Sie, ausgehend von den bei Aufgabe (1) bestimmten Gruppenmitteln und -varianzen,

   a. das Mittel ($\bar{X}_G$)
   b. die Varianz (s_G^2)

   für die Gesamtgruppe der Raucher ($N = n_♀ + n_♂$).

6. Berechnen Sie, ausgehend von den bei Aufgabe (1) bestimmten Gruppenvarianzen,

   a. die durchschnittliche Varianz innerhalb der Gruppen (s_I^2),
   b. die durchschnittliche Standardabweichung innerhalb der Gruppen.

7. Eine Fernsehserie, die in sieben Folgen ausgestrahlt wurde, erhielt nach den einzelnen Sendungen folgende Anzahlen von Zuschauerbriefen:

Sendung 1:	95 Briefe
Sendung 2:	110 "
Sendung 3:	127 "
Sendung 4:	146 "
Sendung 5:	168 "
Sendung 6:	193 "
Sendung 7:	222 "

   Berechnen Sie das geometrische Mittel.

KAPITEL 7: ÜBUNGSAUFGABEN

1. Bestimmen Sie für die nachfolgenden I-S-T IQ's die Prozentränge (beim I-S-T liegt Normalverteilung vor, das Mittel ist 100 und die Standardabweichung gleich 10): (a) 100; (b) 120; (c) 75; (d) 130.

2. Die Punktwerte eines Tests zur Erfassung von Englischkenntnissen sind normalverteilt; es gibt nur ganze Punkte. Der Mittelwert beträgt 50, die Standard-

abweichung 12. Es wurden n=1000 Schüler untersucht. Bestimmen Sie, wieviele Schüler einen Punktwert haben, der

(a) über 55, (b) unter 35, (c) zwischen 30 und 60 liegt.

Berechnen Sie diese Anzahlen unter Verwendung dieser Intervallmittelpunkte sowie unter Einsetzen der exakten Intervallgrenzen.

3. Bestimmen Sie bei einer Standardnormalverteilung den z-Wert,

   a. oberhalb dessen 20% der Werte liegen,

   b. unterhalb dessen 65% der Werte liegen.

4. Wo liegen (a) bei einer Normalverteilung und (b) bei einer Standardnormalverteilung das Perzentil 25 und das Perzentil 75?

5. Bestimmen Sie bei einer Standardnormalverteilung den Mittleren Quartilabstand (MQA)

6. In zwei Untertests eines Intelligent-Struktur-Tests hat eine Person die Punktwerte $X_1 = 12$ und $X_2 = 23$. Die (hinreichend normalverteilten) Subtests weisen folgende Mittelwerte und Standardabweichungen auf:

   $\bar{X}_1 = 10$ $\quad \bar{X}_2 = 20$

   $s_1 = 2$ $\quad s_2 = 3$

   Kann man sagen, daß diese Person in beiden Tests "gleich gut" ist?

7. Man teilt Ihnen mit, daß ein Proband in einem Test eine Standardabweichungseinheit über dem Mittelwert liegt. Welche weiteren Informationen benötigen Sie, um den Prozentrang für diesen Probanden bestimmen zu können?

8. Bestimmen Sie, wieviel Prozent der Fälle (a) bei einer Normalverteilung und (b) bei einer Standardnormalverteilung in dem Bereich (Mittelwert ± 1,5 Standardabweichungseinheiten) liegen.

9. Gegeben ist folgende primäre Häufigkeitsverteilung:

   a. Transformieren Sie die Verteilung nach z.

   b. Transformieren Sie die Verteilung in Stanine-Werte; stellen Sie die Stanine Verteilung auch graphisch dar.

Wert	f_{abs}	Wert	f_{abs}
3	11	14	17
4	20	15	16
5	40	16	15
6	43	17	11
7	56	18	9
8	62	19	7
9	39	20	5
10	42	21	4
11	36	22	2
12	26	23	1
13	23	24	1

KAPITEL 8: ÜBUNGSAUFGABEN

1. An 15 Personen wurden die Punktwerte in zwei Tests zur Erfassung von Geographiekenntnissen erhoben.

   a. Zeichnen Sie das Streuungsdiagramm

   b. Berechnen Sie den Wert von r_{xy}.

Person	Test X	Test Y
1	34	141
2	30	125
3	39	145
4	40	159
5	28	110
6	29	139
7	33	150
8	36	146

Person	Test X	Test Y
9	37	154
10	39	166
11	32	137
12	28	126
13	33	118
14	35	132
15	36	160

2. Es sollte untersucht werden, in welchem Zusammenhang die durch einen Test erfaßte Leistungsmotivation mit der Leistung in einer motorischen Geschicklichkeitsaufgabe steht. Nebenstehend die an 15 Personen erhaltenen (fiktiven) Daten.
   a. Zeichnen Sie das Streuungsdiagramm.
   b. Berechnen Sie den Wert von r_{xy}.
   c. Diskutieren Sie die Höhe des Koeffizienten und die Art des Zusammenhangs.

Person	Leistungsmot. (X)	Gesch. Aufgabe (Y)
1	73	10
2	83	12
3	70	6
4	91	5
5	76	13
6	80	15
7	90	7
8	85	14
9	70	8
10	72	6
11	80	12
12	87	8
13	89	11
14	75	10
15	86	11

3. Für diese Aufgabe wird Datenliste 1 benötigt.
   a. Berechnen Sie - getrennt für männlich und weiblich - die Korrelation zwischen Körpergröße und Gewicht.
   b. Erstellen Sie für die Gesamtgruppe (♀ + ♂) das Streuungsdiagramm für den Zusammenhang von Körpergröße und Gewicht.
   c. Berechnen Sie für die Gesamtgruppe die Korrelation zwischen Körpergröße und Gewicht.

4. In einem Datensatz sind $s_x = 4$ und $s_y = 5$. Welchen Wert kann hier s_{xy} maximal annehmen?

5. Beweisen Sie, daß

$$\sum_{i}^{n} z_i^2 = n - 1$$

6. Beweisen Sie, daß die Korrelation von X und Y gleich +1 ist, wenn $z_{xi} = z_{yi}$ (für alle i).

KAPITEL 9: ÜBUNGSAUFGABEN

1. Unter welchen Bedingungen ist der Regressionkoeffizient für die Vorhersage von Y aus X gleich dem Korrelationskoeffizienten r_{xy}?

2. Für diese Aufgabe wird Datenliste 1 benötigt. Es geht um den Zusammenhang zwischen Körpergröße und Gewicht in der Gruppe der Frauen und in der Gruppe der Männer. Die entsprechenden Korrelationskoeffizienten sind bereits bei Aufgabe 3a (Kap. 8) berechnet worden.

a. Fertigen Sie für die Gruppe der Männer (n = 48) ein Streuungsdiagramm für den Zusammenhang zwischen Körpergröße (X) und Gewicht (Y) an.

b. Zeichnen Sie in das Diagramm beide Regressionsgeraden ein.

c. Bestimmen Sie bei Männern und bei Frauen

   1. das vorherzusagende Gewicht bei Größe 170 cm,

   2. die vorherzusagende Größe bei Gewicht 68 kg.

d. Berechnen Sie bei den Männern und bei den Frauen den Standardschätzfehler für die Vorhersage des Gewichts (Y) aus der Körpergröße (X).

e. Berechnen Sie bei den Frauen und bei den Männern das Intervall, in dem das Körpergewicht einer Person, die eine Größe von 170 cm hat, mit einer statistischen Sicherheit von 50% liegt.

3. Beurteilen Sie, ob die folgenden Aussagen zutreffend sind und begründen Sie Ihre Beurteilung:

   a. Je größer der Regressionskoeffizient ist, desto größer ist r_{xy}.

   b. Die Genauigkeit der Vorhersage ist nur vom Betrag des Korrelationskoeffizienten abhängig.

   c. Wenn zwischen Prädiktor und Kriterium keine Korrelation besteht ($r_{xy} = 0$), so ist eine Vorhersage dennoch möglich.

   d. Bei nichtlinearen Zusammenhängen zwischen X und Y existiert zwischen X und Y in keinem Fall ein $|r_{xy}| > 0$.

   e. Das Mittel aller n Vorhersagefehler hat einen Wert, der um so größer ist, je mehr die Y-Werte um die Regressionsgerade für die Vorhersage von Y aus Kenntnis von X streuen.

   f. In einer Stichprobe vom Umfang n wird in der Variablen X zum Wert jedes Probanden c = 17 addiert. Für einen bestimmten Wert X_i soll Y_i' vorhergesagt werden. Unterscheidet sich die Vorhersage, wenn man X_i bzw. von $(X_i + 17)$ ausgeht?

KAPITEL 10: ÜBUNGSAUFGABEN

1. Geben Sie drei Beispiele für korrelative Beziehungen zwischen Variablen, wo erkennbar ist, daß die vorliegende Korrelation kein Indikator für das Vorhandensein einer kausalen Beziehung zwischen beiden Variablen sein kann.

2. Läßt sich einem berechneten Korrelationskoeffizienten r_{xy} entnehmen, ob die Beziehung beider Variablen von der Linearität abweicht?

3. Welchen Effekt hat es auf den Wert von r_{xy}, wenn die Regression von X auf Y von der Linearität abweicht?

4. Aus welchen Gründen sollte eine bivariate Verteilung die Eigenschaft der Homoscedastizität aufweisen?

5. Welchen Effekt hat es auf den Wert von r_{xy},

   a. wenn die Verteilung von X im mittleren Bereich keine Werte aufweist (d.h. hier unterbrochen ist),

   b. wenn der Range (die Varianz) der Werte von X oder Y eingeschränkt wird?

6. Bei den Werten von Datenliste 1 hatte sich bei den Männern zwischen Körpergewicht und Größe ein Korrelationskoeffizient von .68 ergeben, bei den Frauen ein Wert von .52. Die Korrelation beider Variablen in der Gesamtgruppe ergibt jedoch einen Wert von $r_{xy} = .79$.

   Erläutern Sie, wieso der Koeffizient der Gesamtgruppe (so viel) höher ausfällt als die Koeffizienten beider Untergruppen.

7. An 15 Personen wurden die Werte in den Variablen X, Y und Z erhoben.

   Berechnen Sie die Semi-Partialkorrelation zwischen X und Y unter Auspartialisierung des Effekts von Z

   a. bei der Variablen X

   b. bei der Variablen Y.

   c. Berechnen Sie die Partialkorrelation von X und Y unter Auspartialisierung des Einflusses von Z.

Person	Z	X	Y
1	14	26	27
2	17	27	25
3	10	22	23
4	9	16	13
5	18	26	23
6	5	15	19
7	8	23	21
8	13	19	17
9	16	24	27
10	7	17	20
11	7	20	19
12	12	22	21
13	14	22	19
14	10	18	19
15	15	28	30

KAPITEL 11 + 12: ÜBUNGSAUFGABEN*)

1. Zwischen den Variablen X und Y besteht eine Korrelation von $r_{xy} = -.64$.

   a. Welchen Wert haben Alienations- und Determinationskoeffizient?

   b. Was sagen die Werte von Alienations- und Determinationskoeffizient aus?

2. Es interessiert die Frage, ob in einer Klasse von n = 15 Schülern ein Zusammenhang zwischen Geschlecht und der Leistung in einem Mathematiktest besteht. Die Untersuchung erbrachte die nebenstehenden Daten:

Schüler	Geschlecht(Y) 1 = männlich 0 = weiblich	Punktwert im Mathetest(X)
1	1	59
2	0	67
3	1	63
4	1	65
5	0	55
6	1	72
7	0	62
8	0	60
9	1	64
10	1	66
11	1	63
12	0	61
13	1	62
14	0	63
15	0	60

*) Beispiele 2 - 4 nach Glass & Stanley (1970, S. 159 - 170).

3. Es wurden 12 Kinder untersucht, die Schwierigkeiten in der Schule hatten. Die interessierenden Variablen waren das Geschlecht des Kindes und der Sachverhalt, ob es am Ende des Schuljahres sitzenblieb oder nicht. Frage: besteht ein Zusammenhang zwischen dem Geschlecht der Kinder und dem Sitzenbleiben. Nebenstehend die erhaltenen Daten.

   Berechnen Sie (a) den Phi-Koeffizienten und (b) Phi_{max} und Phi_{min}.

Kind	Geschlecht(X) 1 = männlich 0 = weiblich	Sitzenbleiben nach 1 Jahr 1 = ja; 0 = nein
1	0	0
2	1	1
3	0	1
4	0	0
5	1	1
6	1	0
7	0	0
8	1	1
9	0	0
10	0	1
11	0	0
12	1	1

4. Ein Lehrer möchte die Länge der Zeit, die Schüler zu Hause übungshalber zur Lösung mathematischer Gleichung aufwendeten (X), in Beziehung setzen zur Fähigkeit dieser Schüler, mathematische Gleichungen zu lösen (Y); d.h. er fragt sich z.B., ob Schüler, die zu Hause längere Zeit das Lösen von Gleichungen übten, auch bessere Ergebnisse bei der Lösung erzielen. Die Meßwerte in der Variablen X erhält er dadurch, daß er die Schüler angeben läßt, wie viele Stunden sie in der letzten Woche zu Hause das Lösen solcher Gleichungen geübt haben. Der Lehrer könnte nun die Fähigkeit, solche Gleichungen zu lösen, durch einen zu diesem Zweck konstruierten Leistungstest mit einer Reihe von Gleichungsproblemen erfassen, wobei er diesen Test so erstellen würde, daß sich annähernd normalverteilte Testwerte ergeben. Der Lehrer ist nun aber aus Zeitgründen nicht in der Lage, einen solchen Test zu konstruieren; er beschließt deshalb, den Schülern zum Test ihrer Fähigkeiten nur ein Gleichungsproblem vorzulegen, das sie zu lösen haben. Wenn sie die Gleichung richtig lösen, erhalten Sie den Punktwert (1), sonst den Wert (0). Es wird nun hierbei die Annahme gemacht, daß eine normalverteilte Fähigkeit, solche Gleichungen zu lösen, diesen 0-falsch und 1-richtig Werten für die Testaufgabe zugrunde liegt. Es ergaben sich die obenstehenden Daten.

Schüler	Häusliche Übungszeit in Stunden (X)	Wert im Testitem (Y) 1 = gelöst 0 = nicht gelöst
1	16	1
2	12	0
3	11	0
4	7	1
5	15	1
6	14	1
7	10	0
8	11	0
9	15	1
10	9	0
11	13	1
12	7	0
13	13	1
14	11	1
15	10	0
16	11	1
17	10	1
18	11	1

5. An einer Stichprobe von 11 Jugendlichen (5 weiblich, 6 männlich) wurden die Werte in einem Konzentrationstest erhoben. Der Testbeste erhielt den Rang 11, usf. Nachfolgend sind die Geschlechts- und Rangdaten der 11 Jugendlichen wiedergegeben. Besteht ein Zusammenhang zwischen dem Geschlecht und der Leistung im Konzentrationstest?

Person	Geschlecht m = 1 ; w = 0	Rang im Konzentrationstest
1	1	2
2	0	10
3	1	8
4	0	1
5	1	11
6	0	5

Person	Geschlecht	Rang
7	0	3
8	1	7
9	1	9
10	1	6
11	0	4

6. Aus einer Schulklasse liegen für die n = 12 Schüler Rangplätze hinsichtlich der Intelligenztestleistung (X) und der Leistung in einem Chemiekenntnistest (Y) vor.

   Diese Rangdaten sind nebenstehend wiedergegeben. In beiden Variablen erhielt der Testbeste den Rang 1, usf. Berechnen Sie die Rangkorrelation beider Variablen

   a. nach Spearman

   b. nach Kendall.

Schüler	Rang im Intell. Test (X)	Rang im Chemie-Test (Y)
1	3	1
2	7	4
3	8	8
4	4	5
5	12	10
6	2	2
7	6	9
8	5	6
9	11	11
10	10	12
11	1	3
12	9	7

7. Es interessiert für die unter (a) und (b) wiedergegeben Daten der Zusammenhang zwischen der Lösung zweier Items aus einem Leistungstest. Bei richtiger Lösung wurde eine (1) vergeben, bei falscher Lösung oder Auslassen eine (0).

   Die Kontingenztafeln (a) und (b) enthalten die Anzahlen der Personen unter den einzelnen Lösungsbedingungen. Berechnen Sie die geeigneten Korrelationskoeffizienten.

Item 2 (Y)		Item 1 (X) falsch 0	Item 1 (X) richtig 1	
richtig	1	5	25	30
falsch	0	64	6	70
		69	31	100

Item 2 (Y)		(X) 0	(X) 1	
richtig	1	31	10	41
falsch	0	5	14	19
		36	24	60

8. Bei den Aufgaben 8 + 9 von Kapitel 4 wurden im Zusammenhang mit dem Rauchverhalten mehrere Kreuztabellen (Kontingenztafeln) erstellt. Berechnen Sie, ausgehend von diesen Tabellen, den Phi-Koeffizienten für den Zusammenhang zwischen

   a. der Rauchgewohnheit (Raucher/Nichtraucher) und dem Ausmaß der Bejahung eines Rauchverbots in Veranstaltungen,

   b. der Rauchgewohnheit des Vaters und der Rauchgewohnheit der befragten Person,

   c. der Rauchgewohnheit der Mutter und der Rauchgewohnheit der Person,

   d. dem Rauchverhalten von Vater und Mutter,

   e. dem Geschlecht der befragten Person und dem Ausmaß der Bejahung eines Rauchverbots.

KAPITEL 13: ÜBUNGSAUFGABEN

1. An N = 44 Personen wurde der Zusammenhang zwischen Alter (X) und den Punktwerten in einem Leistungstest (Y) analysiert. Nachfolgend sind die Daten für die untersuchten Altersstufen wiedergegeben. Erstellen Sie das Streuungsdiagramm für die Regression von Y auf X. Eine Inspektion zeigt, daß zwischen Alter und Testleistung ein deutlich kurvilinearer Zusammenhang besteht. Berechnen Sie deshalb als Maß für die Stärke des Zusammenhangs das Korrelationsverhältnis Eta^2_{yx}.

Alter	12	16	20	24	28	32	36	40	44	48
(Y) Werte im Leistungstest	54	56	58	58	61	63	61	59	58	57
	52	53	55	59	58	62	63	61	59	55
	55	54	59	56	62	64	61	58	56	55
	54	54	57	58	59	61	61	57	57	56
			57			60	60	58		

2. Berechnen Sie den Standardschätzfehler für die Vorhersage von Y aus X.

3. Welchen Testwert sagen Sie für den Alterswert X = 32 vorher?

KAPITEL 14: ÜBUNGSAUFGABEN

An n = 20 Personen wurden die Werte in vier Prädiktorvariablen ($P_1, \ldots, P_4$) und in zwei Kriteriumsvariablen (K_1, K_2) erhoben. Es ergaben sich die nachfolgend wiedergegebenen Daten; weiterhin angeführt sind auf der nächsten Seite die Mittelwerte und Standardabweichungen von Prädiktoren und Kriterien sowie deren Interkorrelationen.

1. Berechnen Sie den multiplen Korrelations- und Determinationskoeffizienten für den Zusammenhang zwischen P_1, P_2 und K_1.

2. a) Berechnen Sie (mittels eines geeigneten Computerprogramms) den multiplen Korrelations- und Determinationskoeffizienten für den Zusammenhang zwischen P_1, P_2, P_3, P_4 und K_2.

   b) Stellen Sie die Ergebnisse der multiplen Regressionsanalyse in Form der folgenden Tabelle dar und diskutieren Sie die Bedeutung der einzelnen Prädiktoren für die Vorhersage des Kriteriums.

Prädiktor	Beta-Gewicht	Korrelation Prädiktor - Kriterium
P_1		
P_2		
P_3		
P_4		

R o h d a t e n

P_1	P_2	P_3	P_4	K_1	K_2	Nr.
31	32	37	38	39	135	1
32	37	30	32	31	134	2
30	32	32	26	20	117	3
22	22	31	34	9	112	4
26	24	33	30	13	110	5
35	26	32	35	28	131	6
29	26	39	35	29	126	7
24	32	35	27	18	120	8
27	19	28	26	1	97	9
25	33	37	30	25	128	10
27	31	35	31	24	121	11
28	28	37	29	22	125	12
35	40	34	34	43	140	13
33	32	35	32	32	135	14
39	37	39	35	50	147	15
26	40	35	27	17	121	16
31	20	28	30	30	116	17
29	33	35	32	10	129	18
25	25	30	28	25	118	19
33	26	27	34	15	133	20

c) Wie lautet die multiple Regressionsgleichung für Rohwerte für die Vorhersage von K_2 aufgrund der Prädiktoren P_1 bis P_4?

d) Eine Person hat die Prädiktorwerte $P_1 = 32$, $P_2 = 37$, $P_3 = 30$, $P_4 = 32$. Welchen Wert sagen Sie für K_2 vorher?

e) Berechnen Sie den Wert des Standardschätzfehlers s_{eR}.

f) Führen Sie (mittels eines geeigneten Computerprogramms) eine schrittweise Regressionsanalyse mit den vier Prädiktoren und dem Kriterium K_2 durch. Diskutieren Sie den Verlauf des Zuwachses von R bzw. R^2 mit steigender Anzahl der in die Analyse aufgenommenen Prädiktoren.

Mittelwerte, Standardabweichungen und Interkorrelationen der Prädiktoren und Kriterien (Berechnet mit SPSS-Prozedur REGRESSION)

VARIABLE	MEAN	STANDARD DEV	CASES
P1	29.3500	4.3076	20
P2	29.7500	6.1974	20
P3	33.4500	3.6052	20
P4	31.2500	3.4317	20
K1	24.0000	11.8810	20
K2	124.7500	11.5707	20

CORRELATION COEFFICIENTS.

	P1	P2	P3	P4	K1
P2	.33664				
P3	.08422	.51647			
P4	.52784	.11446	.27971		
K1	.69931	.51037	.44727	.53701	
K2	.73253	.67800	.46462	.66043	.79519

KAPITEL 15: ÜBUNGSAUFGABEN

Auf der nächsten Seite ist ein faktorenanalytisch konstruierter Fragebogen zur Erfassung von Aspekten der Einstellung zur Statistik (ESTAT) wiedergegeben.[1] Die 24 Items werden drei Subskalen zugeordnet; die Zuordnung zu diesen Skalen ESTAT 1, ESTAT 2 und ESTAT 3 ist in der Kästchen-Spalte "stimmt" kenntlich gemacht. Die nächste Spalte enthält die Angaben zur Polung der Items bei der Skalenbildung. Diese Polung kann allerdings im Rahmen der Übungsaufgaben dieses Kapitels größtenteils außer Betracht bleiben; auf sie wird bei den Aufgaben des nächsten Kapitels zurückzukommen sein. Die Antwortkategorien wurden für die Datenverarbeitung wie kenntlich gemacht von (1) bis (4) kodiert.[2]

In der Tabelle auf der übernächsten Seite sind die Benennungen der Skalen, der jeweils mögliche Range der Skalenwerte sowie die Kurzbeschreibungen der Bedeutung von hohen und niedrigen Skalenwerten wiedergegeben. Datenliste 2 (S. ...) enthält die ESTAT-Daten von 92 Befragten eines Statistikkurses; die Items sind hier noch ungepolt.

---

1) Beschreibung der Fragebogenkonstruktion siehe DIEHL (1981)

2) Die Bildung der Skalenwerte einer Person ist auf Seite 17 (Abb. 4) am Beispiel der Skala ESTAT 1 demonstriert.

Machen Sie bitte bei jeder Aussage durch ein Kreuz in das entsprechende Kästchen kenntlich, wie weit Sie der Aussage zustimmen oder nicht zustimmen

Nr.	Aussage	stimmt 1	stimmt überwiegend 2	stimmt überwiegend nicht 3	stimmt nicht 4
1	Statistik hat eigentlich für Psychologie wenig Nutzen	1			
2	An den Mathematikunterricht in der Schule habe ich keine guten Erinnerungen	2			
3	Statistische Konzepte und Modelle sind angesichts der Komplexität des Gegenstandes in der Psychologie unentbehrlich	1	1		
4	Ich arbeite gern mit Zahlen	3	1		
5	Es befriedigt mich, wenn ich die Lösung eines statistischen Problems habe finden können	3	1		
6	Wenn ich mit Zahlen und Formeln arbeiten muß, fühle ich mich meistens gespannt	2			
7	Unzureichende Kenntnisse in Statistik verhindern die kompetente Auseinandersetzung mit psychologischen Hypothesen und Theorien	1	1		
8	Psychologische Fachkompetenz kann man nur dem zusprechen, der auch über fundierte statistische Kenntnisse verfügt	1	1		
9	Es irritiert mich, daß ich in der Statistik mit Buchstaben und Symbolen arbeiten muß, deren Bedeutung mir oft unklar ist	2			
10	Statistik ist für mich zu schwierig	2			
11	Wenn ich eine statistische Berechnung machen muß, habe ich das Gefühl, daß ich nicht mehr klar denken kann	2			
12	Statistische Methodem passen nicht zum Gegenstand der Psychologie	1			
13	Die Psychologie sollte sich um ein Verständnis des Menschen bemühen, ohne ihn mit Zahlen zu beschreiben	1			
14	In der Schule hatte ich oft Angst, daß ich im Mathematikunterricht nach vorn an die Tafel gerufen würde	2			
15	Ich finde, daß ein Psychologe die Statistik besser den Mathematikern überlassen und sich mit anderen Bereichen seines Faches beschäftigen sollte	1			
16	Ich glaube, daß ich auch ohne Ausbildung in Methoden in meinem Beruf erfolgreich sein kann	1			
17	Es macht mir Spaß, Tabellen aufzustellen	3	1		
18	Das Ärgerliche an Methodenkursen ist, daß man so sehr viel Zeit investieren muß um mitzukommen	2			
19	Es macht mir Spaß, grafische Darstellungen anzufertigen	3	1		
20	Mathematisch-statistische Formeln faszinieren mich	3	1		
21	Der Versuch, menschliches Verhalten und Erleben zu quantifizieren, ist zwar problematisch, aber ohne diesen Versuch kann die Psychologie nicht weiterkommen	1	1		
22	Mathematik war noch nie meine starke Seite	2			
23	Verwaltungsarbeit mache ich eigentlich ganz gern	3	1		
24	Es fasziniert mich, daß man mit einer einzigen Formel Aussagen über unübersehbare Datenmengen machen kann	3	1		
		*)	**)		

**) Skalenzuordnung der Items*
***) Polung der Items (1 = Inversion)*

Benennung der Skala	Range der Skalenwerte	Kurzbeschreibung der Bedeutung von hohen und niedrigen Skalenwerten
1 Einstellung zu Sinn und Nutzen statistischer Methoden in der Psychologie	9 - 36	Hoher Wert: Sinn und Nutzen statistischer Methoden werden positiv beurteilt. Niedriger Wert: Sinn und Nutzen statistischer Methoden werden negativ beurteilt.
2 (Ausmaß der) Aversion gegen mathematisch-statistische Methoden und Vorgehensweisen	8 - 32	Hoher Wert: Geringe (keine) Aversion gegen mathematisch-statistische Methoden. Niedriger Wert: (Hohes Ausmaß an) Aversion gegen mathematisch-statistische Methoden.
3 (Ausmaß der) Freude am Umgang mit statistischen Methoden	7 - 28	Hoher Wert: (Hohes Ausmaß von) Freude am Umgang mit statistischen Methoden. Niedriger Wert: Geringe (keine) Freude am Umgang mit statistischen Methoden.

Führen Sie mit den Beantwortungen der 24 Items (Datenliste 1) eine Hauptachsenfaktorenanalyse mit anschließender Varimax-Rotation durch (z.B. mittels der SPSS-Prozedur FACTOR, Voreinstellung PA2 + VARIMAX).

a. Für welche Faktorenlösung würden Sie sich entscheiden?

b. Wählen Sie die Drei-Faktoren-Lösung aus und stellen Sie die rotierte Ladungsmatrix in folgender Tabellenform dar:

Item	Ladungen Faktor 1	Faktor 2	Faktor 3	Kommunalitäten
Item 1				
Item 2				
Item 3				
⋮				

c. Wieweit läßt sich die an anderen Daten faktorenanalytisch bestimmte Skalenzuordnung der 24 Items an den Daten der jetzigen Stichprobe replizieren?

   Bilden die Itemgruppen der ESTAT-Skalen 1 - 3 jeweils eigene, deutliche Faktoren?

KAPITEL 16: ÜBUNGSAUFGABEN

Führen Sie mit den Fragebogendaten von Datenliste 2 eine Itemanalyse nach dem Konzept der klassischen Testtheorie durch (SPSS-Prozedur RELIABILITY bzw. Programmsystem ITAMIS). Die Skalenzuordnungen und Polungen der 24 Items des ESTAT sind im Rahmen der Übungsaufgaben von Kap. 15 beschrieben worden (vgl. speziell S. 445).

a. Stellen Sie skalenweise die wichtigsten Itemkennwerte zusammen (Item-Mittelwerte und -standardabweichungen, korrigierte Trennschärfekoeffizienten, Fremdtrennschärfen). Welche Höhe weisen die Koeffizienten der inneren Konsistenz auf?

b. Stellen Sie die Verteilung der Skalenwerte von ESTAT 1, 2 und 3 graphisch dar. Was läßt sich bezüglich der Verteilungsformen sagen?

c. Auf S. 17 (Abb. 4) sind für die Skala ESTAT 1 die Itemtrennschärfen aus der Stichprobe wiedergegeben, aufgrund deren Daten die ESTAT-Skalen konstruiert worden waren (N = 80). Vergleichen Sie diese mit den an der jetzigen Stichprobe erhaltenen.

d. Diskutieren Sie die Interkorrelationen der drei ESTAT-Skalen.

e. Nehmen Sie - unter Einbeziehung der Ergebnisse der 3-Faktoren-Lösung der Faktorenanalyse (Übungsaufgaben Kap. 15) sowie der item- und skalenanalytischen Ergebnisse - eine kurze abschließende Beurteilung der Güte der Skalen des Fragebogens vor.

ANHANG B
LÖSUNGEN DER ÜBUNGSAUFGABEN

Lösungen:

Die Berechnungen mit den Programmsystemen SPSS 8 und ITAMIS wurden am Hochschulrechenzentrum der Justus-Liebig-Universität Gießen (Außenstation FB 06 Psychologie) durchgeführt.

Kapitel 2: Lösungen der Übungsaufgaben

1. Die Fahrenheitskala ist dann ebenfalls eine Intervallskala, da sie eine lineare Transformation der Celsiusskala darstellt.

2. Hängt davon ab, was die Zahlen ausdrücken sollen. Geht es nur um die numerische Kennzeichung der Gruppen, sind die Zahlen wie nominalskalierte Werte zu behandeln. Sollen sie hingegen den Grad der psychischen Störung ausdrücken, so können sie als ordinalskalierte Werte behandelt werden; eine Person mit dem Wert 3 ist dann stärker gestört als eine mit 2 oder 1.

3. Nein, das Meßwertverhältnis 2:1 ist lediglich das Produkt des willkürlich gesetzten Nullpunkts.

4. a. Ebenfalls auf Intervallniveau, da Addition einer Konstanten eine lineare Transformation (Nullpunkttransformation) darstellt.

   b. Ebenfalls auf Intervallniveau, da lineare Transformation (Einheitentransformation.

5. a. Nominalskala. Allerdings läßt sich den Zahlen teilweise auch Information über größer/kleiner Verhältnisse entnehmen; z.B. sind Städte mit einer Zahl und drei Nullen größer als Städte mit weniger Nullen in der Postleitzahl.

   b. Absolutskala, wenn es lediglich um die Erfassung von Teilnehmerzahlen (und z.B. deren Vergleich mit Vorjahreswerten) geht. Sollen hingegen die Teilnehmerzahlen z.B. als Indikator für die "Güte" einer Veranstaltung oder deren "Interessantheit" genommen werden, bedarf das Skalenniveau weiterer Oberlegungen.

   c. Wenn das gehobene Gewicht lediglich für sich selbst steht (z.B. bei einem Wettbewerb), dann handelt es sich um Verhälnismessung; Person B hebt dann z.B. doppelt so viel wie Person A. Steht das Gewicht hingegen für etwas anderes, soll es z.B. Indikator des Ernährungszustandes sein, dann ist zu prüfen, wieweit die Zahlenrelationen den Relationen auf der Merkmalsseite entsprechen.

   d. Nominales Niveau; die Teilnehmer haben statt Namen Nummern.

   e. Wenn die "Entfernung" das ist, was gemessen werden soll: Verhältnisskala. Sollen die Entfernungswerte hingegen Indikator der Ausprägung eines anderen Merkmals sein, kann auch das Skalenniveau ein anderes sein. Beispiel: Man will von den Werten, die Schüler beim Kugelstoßen erreichen, auf die "Güte des Sportunterrichts" der Schule schließen.

   f. Man kann hier zwar sagen, daß Person A dreimal so viele Aufgaben gelöst hat wie Person B (Verhältnisaussage). Ist Person A jedoch auch "dreimal so gut in Statistik" wie Person B? Diese Aussage würde man wahrscheinlich nicht für gerechtfertigt halten. Man würde die Punktwerte wahrscheinlich als intervall- oder ordinalsskaliert behandeln, wobei jedoch sichergestellt sein müßte, daß alle Aufgaben gleich schwierig gewesen sind; anderenfalls hätte eine Punktvergabe zu erfolgen, die die unterschiedlichen Aufgabenschwierigkeiten berücksichtigen würde.

   g. Aspekte des Skalenniveaus von Schulnoten bei der Messung von Schulwissen werden auf S. 22-24 diskutiert. Ist man bereit, Schulnoten zu mitteln, so behandelt man sie als intervallskaliert.

   h. Geht es nur um die Bestimmung der Antworthäufigkeiten in einer Stichprobe von Personen, so indizieren die Zahlen lediglich nominale Klassen. Berechnet man jedoch für die Stichprobe z.B. die durchschnittliche Beantwortung der Aussage, so behandelt man die Daten als intervallskaliert. Dies ist auch dann der Fall, wenn man für eine Person die Antworten mehrerer Aussagen zu einem 'Skalenwert' summiert.

Bei der Behandlung der Daten als intervallskaliert bleibt natürlich die Frage bestehen, ob das Merkmal "Rücksichtsnahme" wirklich auf diesem Niveau gemessen wird: sind (oder sehen sich) zwei Personen, die beide mit 'stimmt' (=4) geantwortet haben, gleich "rücksichtsvoll", entsprechen die Abstände zwischen den Zahlen den Abständen beim gemessenen Merkmal "Rücksichtsnahme", usf.

6. Dieses Auszählen der richtig geschriebenen Wörter berücksichtigt nicht, welcher Art die Worte sind, bei denen Schreibfehler gemacht wurden (kurz oder lang, leicht oder schwierig, etc.). Wenn man dies für korrekt hält, wäre eine Behandlung der gebildeten Summenwerte als ordinal- oder intervallskaliert berechtigt. Ist es nicht gleichgültig, bei welchem Wort ein Fehler gemacht wird, dann müßte vor einer Summation eine Gewichtung der falsch oder der richtig geschriebenen Worte erfolgen.

KAPITEL 3: LÖSUNGEN DER ÜBUNGSAUFGABEN

1. a) 10 Jahre, 3,5 Monate - 10 Jahre, 4,5 Monate
   b) 149,5 kg - 150,5 kg
   c) 14,25 cm - 14,75 cm
   d) 449,50 DM - 450,50 DM
   e) 57,345 sec - 57,355 sec

3. a) X_{32} (oder $X_{3;2}$)
   b) X_{n_jJ} (oder $X_{n_j;J}$)
   c) X_{10J} (oder $X_{10;J}$)

Falls Verwechselungen bei den Indices möglich sind, empfiehlt sich eine Trennung von i und j durch Semikolon.

4. a) $3 + 4 + 0 + 1 + 7 = 15$
   b) $2 \sum X_i = (2)(15) = 30$
   c) $(\sum X_i) - nc = 15 - 10 = 5$
   d) $15^2 = 225$

5. a) $7(X_1 + X_2 + X_3) = 7 \sum_i^3 X_i$
   b) $(\sum_i^{10} X_i)^2$
   c) $\frac{1}{n} \sum_i^n X_i$
   d) $c \sum_i^{n-1} X_i Y_i$
   e) $\sum_i^5 (X_i^2 + X_i) = \sum_i^5 X_i^2 + \sum_i^5 X_i$
   f) $(\sum_i^n X_i) + 7n$

6. a) 52 b) 30 c) 14 d) 156

KAPITEL 4: LÖSUNGEN DER ÜBUNGSAUFGABEN

Die für die Lösung der Obungsaufgaben benötigten primären Häufigkeitsverteilungen und Kreuztabellen wurden mittels der SPSS-Prozeduren FREQUENCIES und CROSSTABS erstellt. Wenn bei den Lösungen von SPSS gelieferte Tabellen wiedergegeben sind, sind diese jeweils durch die Bezeichnung 'SPSS-Tabelle' kenntlich gemacht.

Nachfolgend die Auflistung der verwendeten SPSS-Steuerkarten:

```
RUN NAME          SPSS-PROZEDUREN "FREQUENCIES" UND "CROSSTABS" ZUR LOESUNG
                  DER UEBUNGSAUFGABEN ZU KAPITEL 4
VARIABLE LIST     V01 TO V13
INPUT FORMAT      (3X,2F3.0,F4.0,F3.0,F4.0,3F2.0,F3.0,4F2.0)
MISSING VALUES    ALL(-0)
VAR LABELS        V01 GESCHLECHT/V02 ALTER/V03 KOERPERGROESSE/
                  V04 KOERPERGEWICHT/V05 MONATSMIETE/V06 BUNDESLAND/
                  V07 RAUCHVERBOT IN VERANST/V08 ZIGARETTENRAUCHER/
                  V09 ZIGARETTEN PRO TAG/V10 VERSUCHT RAUCHEN AUFZUGEGEN/
                  V11 FRUEHER GERAUCHT/V12 VATER RAUCHT/V13 MUTTER RAUCHT/
VALUE LABELS      V01(1) WEIBLICH (2) MAENNLICH/
                  V06(1) HESSEN (2) NRW (3) BADEN-WUERT (4) BAYERN
                  (5) RHEINL-PFALZ (6) NIEDERSACHSEN (7) SCHL-HOLSTEIN
                  (8) SAARLAND (9) AUSLAENDER/
                  V07 TO V08 (1) JA (2) NEIN/
                  V10 TO V13 (1) JA (2) NEIN/
*SELECT IF        (V01 EQ 1)
FREQUENCIES       GENERAL = V03 V04
OPTIONS           3,5
STATISTICS        1,3,4,5,6,7,8
*SELECT IF        (V01 EQ 2)
FREQUENCIES       GENERAL = V03 V04
OPTIONS           3,5
STATISTICS        1,3,4,5,6,7,8
FREQUENCIES       GENERAL = V05 V06 V09
OPTIONS           3,5
STATISTICS        1,3,4,5,6,7,8
CROSSTABS         V07, V08 BY V01/ V07, V12, V13 BY V08/ V12 BY V13
STATISTICS        2
FINISH
```

1A

SPSS-Tabelle: Primäre Häufigkeitsverteilung der Variablen 'Körpergröße' (Frauen)

CODE	FREQ	ADJ PCT	CUM PCT	CODE	FREQ	ADJ PCT	CUM PCT	CODE	FREQ	ADJ PCT	CUM PCT
153.	1	2	2	163.	4	7	33	172.	2	3	84
154.	1	2	3	164.	5	9	41	173.	1	2	86
155.	1	2	5	165.	6	10	52	174.	2	3	90
156.	1	2	7	166.	1	2	53	175.	1	2	91
158.	2	3	10	167.	3	5	59	176.	1	2	93
159.	2	3	14	168.	2	3	62	178.	3	5	98
160.	4	7	21	170.	8	14	76	181.	1	2	100
162.	3	5	26	171.	3	5	81				

MEAN	166.328	MEDIAN	165.333	MODE	170.000
STD DEV	6.364	VARIANCE	40.505	KURTOSIS	-.357
SKEWNESS	.109				
VALID CASES	58	MISSING CASES	0		

SPSS-Tabelle: Primäre Häufigkeitsverteilung der Variablen 'Körpergröße' (Männer)

CODE	FREQ	ADJ PCT	CUM PCT	CODE	FREQ	ADJ PCT	CUM PCT	CODE	FREQ	ADJ PCT	CUM PCT
157.	1	2	2	175.	2	4	33	185.	5	11	80
168.	1	2	4	178.	4	9	41	186.	2	4	85
170.	2	4	9	179.	2	4	46	188.	1	2	87
171.	2	4	13	180.	6	13	59	189.	1	2	89
172.	3	7	20	181.	1	2	61	190.	2	4	93
173.	2	4	24	182.	3	7	67	191.	2	4	98
174.	2	4	28	184.	1	2	70	194.	1	2	100

MEAN	179.522	MEDIAN	179.833	MODE	180.000
STD DEV	7.399	VARIANCE	54.744	KURTOSIS	.537
SKEWNESS	-.399				
VALID CASES	46	MISSING CASES	0		

1B

Größenklasse	Klassenmitte	Frauen f_{abs}	Frauen $f_{\%}$	Männer f_{abs}	Männer $f_{\%}$
153-155	154	3	5	0	0
156-158	157	3	5	1	2
159-161	160	6	10	0	0
162-164	163	12	21	0	0
165-167	166	10	17	0	0
168-170	169	10	17	3	7
171-173	172	6	10	7	15
174-176	175	4	7	4	9
177-179	178	3	5	6	13
180-182	181	1	2	10	22
183-185	184	0	0	6	13
186-188	187	0	0	3	7
189-191	190	0	0	5	11
192-194	193	0	0	1	2
	n	58	100%	46	100%

Sekundäre Häufigkeitsverteilung der 'Körpergröße' von Männern und Frauen (Klassenbreite i = 3)

2.A

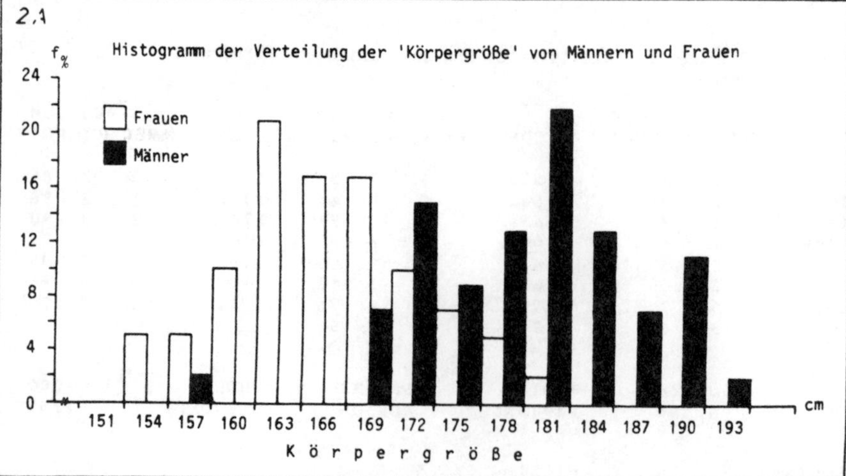

Polygon der Verteilung der 'Körpergröße' von Männern und Frauen
f%
24
20
16
12
8
4
0
Frauen
Männer
cm
151 154 157 160 163 166 169 172 175 178 181 184 187 190 193 196
K ö r p e r g r ö ß e

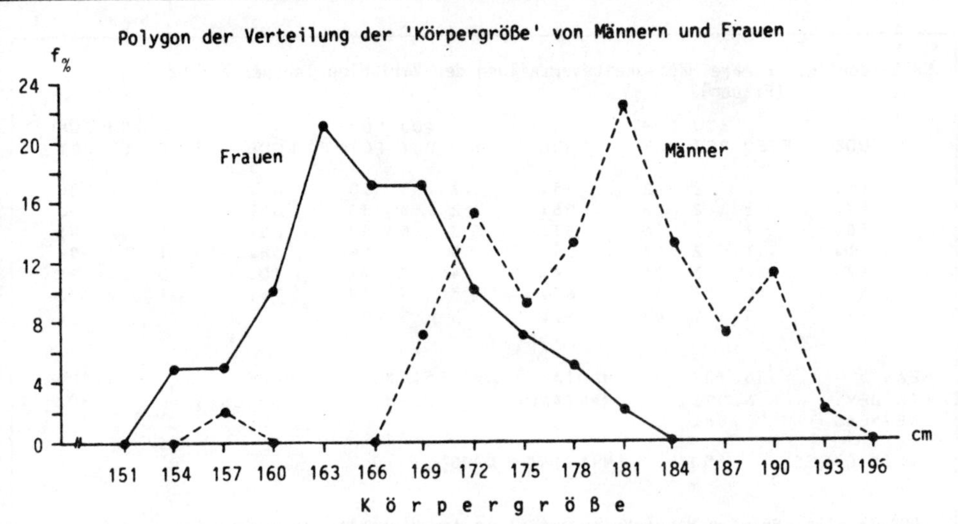

2B

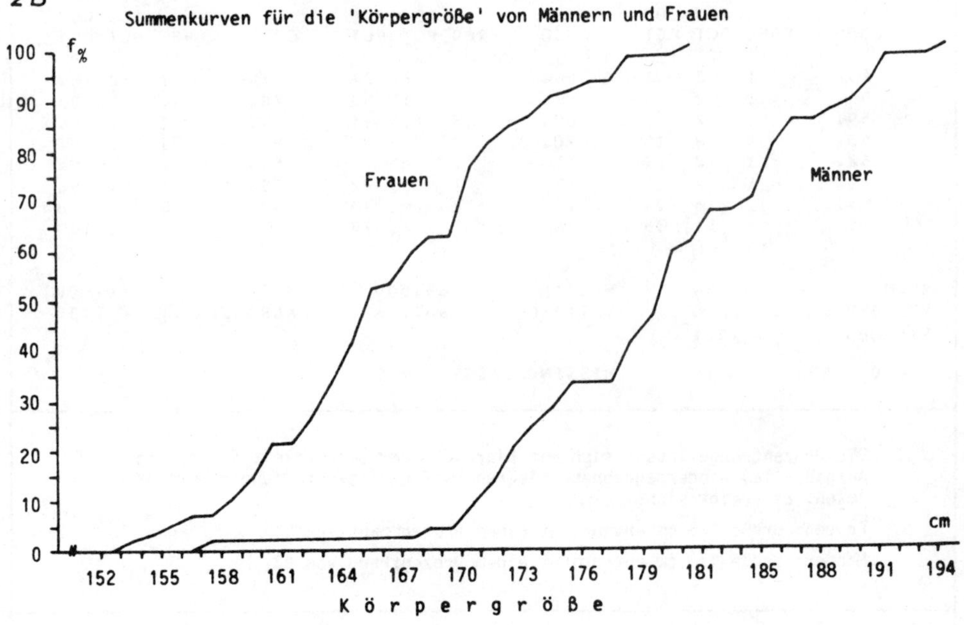

Summenkurven für die 'Körpergröße' von Männern und Frauen
f%
100
90
80
70
60
50
40
30
20
10
0
Frauen
Männer
cm
152 155 158 161 164 167 170 173 176 179 181 185 188 191 194
K ö r p e r g r ö ß e

3A

Die Perzentile lassen sich mit hinreichender Genauigkeit über die kumulierten prozentualen Häufigkeiten ("cum pct") der primären Häufigkeitsverteilung ermitteln (Verteilung der Variablen 'Körpergewicht' siehe nächste Seite).

Es ist: P_{25} (weiblich) = 53 ; P_{75} (weiblich) = 60

P_{25} (männlich) = 65 ; P_{75} (männlich) = 75.

SPSS-Tabelle: Primäre Häufigkeitsverteilung der Variablen 'Körpergewicht' (Frauen)

CODE	FREQ	ADJ PCT	CUM PCT	CODE	FREQ	ADJ PCT	CUM PCT	CODE	FREQ	ADJ PCT	CUM PCT
45.	1	2	2	55.	2	3	50	62.	1	2	86
47.	1	2	3	56.	2	3	53	63.	2	3	90
50.	7	12	16	57.	3	5	59	65.	1	2	91
51.	1	2	17	58.	3	5	64	68.	1	2	93
52.	2	3	21	59.	4	7	71	70.	3	5	98
53.	10	17	38	60.	5	9	79	75.	1	2	100
54.	5	9	47	61.	3	5	84				

MEAN	56.707	MEDIAN	55.500	MODE	53.000
STD DEV	6.081	VARIANCE	36.983	KURTOSIS	.802
SKEWNESS	.861				
VALID CASES	53	MISSING CASES	0		

SPSS-Tabelle: Primäre Häufigkeitsverteilung der Variablen 'Körpergewicht' (Männer)

CODE	FREQ	ADJ PCT	CUM PCT	CODE	FREQ	ADJ PCT	CUM PCT	CODE	FREQ	ADJ PCT	CUM PCT
45.	1	2	2	66.	1	2	37	77.	1	2	80
55.	1	2	4	68.	6	13	50	78.	1	2	83
59.	1	2	7	69.	5	11	61	79.	1	2	85
60.	4	9	15	70.	3	7	67	82.	1	2	87
62.	1	2	17	71.	1	2	70	83.	2	4	91
63.	1	2	20	73.	1	2	72	85.	2	4	96
64.	2	4	24	75.	2	4	76	90.	1	2	98
65.	5	11	35	76.	1	2	78	93.	1	2	100

MEAN	69.804	MEDIAN	68.500	MODE	68.000
STD DEV	9.280	VARIANCE	86.116	KURTOSIS	.730
SKEWNESS	.321				
VALID CASES	46	MISSING CASES	0		

3 B Die Prozentränge lassen sich mit hinreichender Genauigkeit in der bei Aufgabe (1a) wiedergegebenen primären Häufigkeitsverteilung direkt ablesen. Es ergibt sich:

Frauen: Größe 175 cm entspricht einem Prozentrang von 91

Männer: Größe 175 cm entspricht einem Prozentrang von 33

4 Gesucht sind die Perzentile P_{20} und P_{80}. Diese Perzentile würden sich zwar rechnerisch exakt bestimmen lassen. Da gewöhnlich jedoch nur ganze Zigaretten geraucht werden, empfiehlt es sich, auch ganze Werte als Punkte anzugeben. Zwischen diesen ganzzahligen Werten liegen dann allerdings nicht exakt die mittleren 60% der Fälle. Wenn man - ausgehend von der kumulativen Häufigkeitsverteilung (siehe nächste Seite) - die Punkte 5 und 18 Zigaretten/Tag (einschließlich) wählt, so liegen zwischen diesen Werten 56% der Fälle. Eine bessere Annäherung an die 'mittleren 60%' ist bei dieser Meßwertverteilung nicht möglich.

SPSS-Tabelle: Primäre Häufigkeitsverteilung der Variablen 'Zigaretten pro Tag' in der Gruppe der Raucher (n = 41)

CODE	FREQ	ADJ PCT	CUM PCT	CODE	FREQ	ADJ PCT	CUM PCT	CODE	FREQ	ADJ PCT	CUM PCT
1.	1	2	2	10.	7	17	41	18.	1	2	73
2.	5	12	15	11.	1	2	44	20.	10	24	98
3.	1	2	17	12.	1	2	46	40.	1	2	100
5.	2	5	22	13.	1	2	49				
6.	1	2	24	15.	9	22	71				

MEAN	12.902	MEDIAN	14.556	MODE	20.000
STD DEV	7.703	VARIANCE	59.340	KURTOSIS	2.340
SKEWNESS	.751				
VALID CASES	41	MISSING CASES	63		

5 SPSS-Tabelle: Primäre Häufigkeitsverteilung der Variablen 'Monatsmiete' (Gesamtgruppe)

CODE	FREQ	ADJ PCT	CUM PCT	CODE	FREQ	ADJ PCT	CUM PCT	CODE	FREQ	ADJ PCT	CUM PCT
35.	1	1	1	127.	1	1	28	195.	3	3	85
50.	1	1	2	130.	5	5	34	200.	2	2	87
78.	1	1	3	135.	1	1	35	210.	2	2	89
90.	2	2	5	140.	8	8	43	217.	1	1	91
100.	2	2	7	141.	2	2	45	220.	1	1	92
103.	1	1	8	145.	1	1	46	225.	2	2	94
105.	1	1	9	150.	9	9	56	230.	1	1	95
110.	3	3	13	155.	1	1	57	240.	1	1	96
115.	3	3	16	160.	5	5	62	250.	1	1	97
116.	1	1	17	165.	2	2	64	290.	1	1	98
117.	2	2	19	170.	4	4	68	350.	1	1	99
118.	1	1	20	180.	9	9	78	480.	1	1	100
120.	6	6	26	185.	2	2	80				
122.	1	1	27	190.	2	2	82				

MEAN	158.021	MEDIAN	149.889	MODE	150.000
STD DEV	57.402	VARIANCE	3294.978	KURTOSIS	10.686
SKEWNESS	2.291				
VALID CASES	95	MISSING CASES	9		

Histogramm der Verteilung der Variablen 'Monatsmiete' (Intervallbreite i = 10)

f_{abs}

14
12
10
8
6
4
2
0

bis 80 | 81 - 90 | 91 - 100 | 101 - 110 | 111 - 120 | 121 - 130 | 131 - 140 | 141 - 150 | 151 - 160 | 161 - 170 | 171 - 180 | 181 - 190 | 191 - 200 | 201 - 210 | 211 - 220 | 221 - 230 | 231 - 240 | 241 - 250 | 251 u.m.

M o n a t s m i e t e (DM)

6A SPSS-Tabelle: Primäre Häufigkeitsverteilung der Variablen 'Herkunftsland' (Gesamtgruppe)

CODE	FREQ	ADJ PCT	CUM PCT	CODE	FREQ	ADJ PCT	CUM PCT	CODE	FREQ	ADJ PCT	CUM PCT
1.	48	46	46	4.	4	4	78	7.	2	2	95
2.	18	17	63	5.	10	10	88	8.	1	1	96
3.	11	11	74	6.	6	6	93	9.	4	4	100

Die kumulativen prozentualen Häufigkeiten ("cum pct") werden zwar von der SPSS-Prozedur mitausgegeben, sind jedoch bei einer nominalen Variablen wie 'Herkunftsland' ohne empirischen Sinn. Bei einer Neuschrift der Tabelle wären Sie deshalb nicht aufzuführen.

Herkunftsland der Befragten: Histogramm der Verteilung auf verschiedene (Bundes)Länder

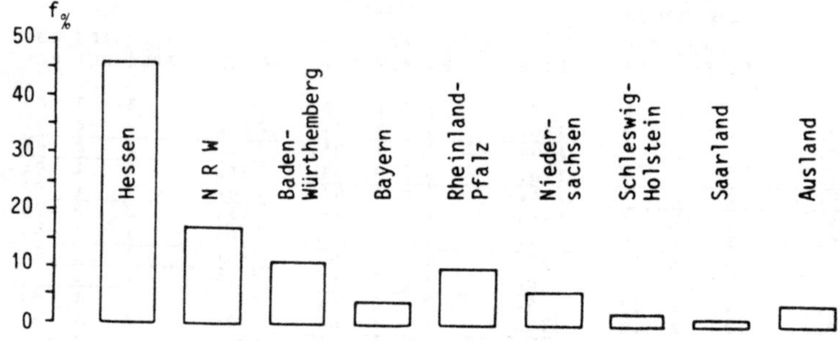

6B Herkunftsland der Befragten: Kreisdiagramm der Verteilung auf vier Länder bzw. Ländergruppen

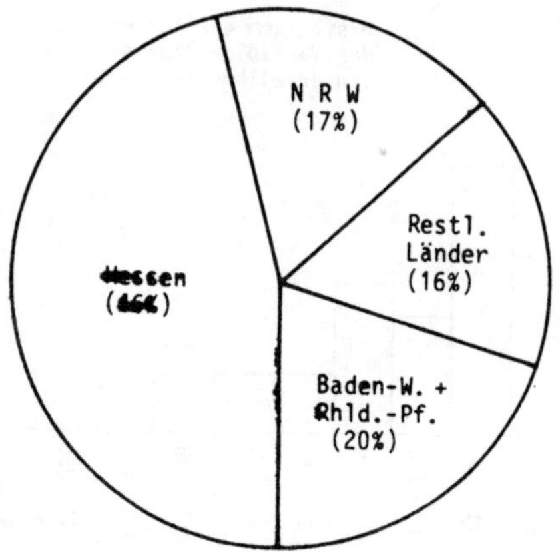

Länder	f_{abs}	$f_{\%}$	α
Hessen (1)	48	46,2	166°
N R W (2)	18	17,3	62°
Baden-W. (3) + Rheinland-Pfalz (5)	21	20,1	72°
Restliche Länder (4, 6 - 9)	17	16,3	59°
	104	100%	360°

$\alpha = (f_{\%})(3{,}6°)$

7

V01 Geschlecht

V08 Zigaretten-raucher(in)?	COUNT / ROW PCT / COL PCT / TOT PCT	WEIBLICH 1.	MAENNLIC H 2.	ROW TOTAL
1. JA	COUNT	22	18	40
	ROW PCT	55.0	45.0	38.5
	COL PCT	37.9	39.1	
	TOT PCT	21.2	17.3	
2. NEIN	COUNT	36	28	64
	ROW PCT	56.3	43.8	61.5
	COL PCT	62.1	60.9	
	TOT PCT	34.6	26.9	
COLUMN TOTAL		58	46	104
		55.8	44.2	100.0

PHI = .01224

SPSS-Kreuztabelle: Geschlecht (V01) und Rauchgewohnheit (V08)

Raucher (Frauen): 37,9%
Raucher (Männer): 39,1%

Es besteht keine Beziehung zwischen Rauchgewohnheit und Geschlecht.

Der Anteil der Raucher (bzw. Nichtraucher) ist bei Männern und Frauen praktisch gleich.

8

V08 Raucher(in)?

V07 Rauch-verbot?	COUNT / ROW PCT / COL PCT / TOT PCT	JA 1.	NEIN 2.	ROW TOTAL
1. JA	COUNT	24	48	72
	ROW PCT	33.3	66.7	69.9
	COL PCT	60.0	76.2	
	TOT PCT	23.3	46.6	
2. NEIN	COUNT	16	15	31
	ROW PCT	51.6	48.4	30.1
	COL PCT	40.0	23.8	
	TOT PCT	15.5	14.6	
COLUMN TOTAL		40	63	103
		38.8	61.2	100.0

PHI = .17203

NUMBER OF MISSING OBSERVATIONS = 1

SPSS-Kreuztabelle: Rauchgewohnheit (V08) und Ausmaß der Bejahung eines Rauchverbots (V07)

Von den Rauchern sind nur 60% für ein Rauchverbot in Veranstaltungen, von den Nichtrauchern hingegen 76,2%.

Es besteht somit ein (schwacher) Zusammenhang zwischen Rauchgewohnheit und Bejahung eines Rauchverbots.

9A

V08 Raucher(in)?

V12 Vater Raucher?	COUNT / ROW PCT / COL PCT / TOT PCT	JA 1.	NEIN 2.	ROW TOTAL
1. JA	COUNT	14	24	38
	ROW PCT	36.8	63.2	36.5
	COL PCT	35.0	37.5	
	TOT PCT	13.5	23.1	
2. NEIN	COUNT	26	40	66
	ROW PCT	39.4	60.6	63.5
	COL PCT	65.0	62.5	
	TOT PCT	25.0	38.5	
COLUMN TOTAL		40	64	104
		38.5	61.5	100.0

PHI = .02526

SPSS-Kreuztabelle: Rauchgewohnheit der befragten Person (V08) und Rauchgewohnheit des Vaters (V12)

Bei den Rauchern sind 35% der Väter ebenfalls Raucher, bei den Nichtrauchern praktisch gleich viele (37,5%).

Es besteht somit kein Zusammenhang zwischen dem Rauchverhalten von Vater und Sohn/Tochter.

9B

V08 Raucher(in)?

V13 Mutter Raucherin?	COUNT / ROW PCT / COL PCT / TOT PCT	JA 1.	NEIN 2.	ROW TOTAL
JA	1.	12 52.2 30.0 11.5	11 47.8 17.2 10.6	23 22.1
NEIN	2.	28 34.6 70.0 26.9	53 65.4 82.8 51.0	81 77.9
	COLUMN TOTAL	40 38.5	64 61.5	104 100.0

PHI = .15019

SPSS-Kreuztabelle: Rauchgewohnheit der befragten Person (V08) und Rauchgewohnheit der Mutter (V13)

Bei den Rauchern sind 30% der Mütter ebenfalls Raucher, bei den Nichtrauchern hingegen nur 17,2%.

Es besteht somit die (schwache) Tendenz, daß der Sohn/die Tochter eher raucht, wenn die Mutter Raucherin ist.

9C

V13 Mutter Raucherin?

V12 Vater Raucher?	COUNT / ROW PCT / COL PCT / TOT PCT	JA 1.	NEIN 2.	ROW TOTAL
JA	1.	13 34.2 56.5 12.5	25 65.8 30.9 24.0	38 36.5
NEIN	2.	10 15.2 43.5 9.6	56 84.8 69.1 53.8	66 63.5
	COLUMN TOTAL	23 22.1	81 77.9	104 100.0

PHI = .22114

SPSS-Kreuztabelle: Rauchgewohnheit der Mutter (V13) und Rauchgewohnheit des Vaters (V12)

Es besteht die Tendenz, daß beide Elternteile Raucher oder Nichtraucher sind. Wenn keine Beziehung zwischen dem Rauchverhalten beider bestände, würde man erwarten, daß bei den männlichen Rauchern der Anteil von rauchenden und nichtrauchenden Ehefrauen (etwa) gleich ist. Das Verhältnis ist jedoch:

56,5% (Raucher) : 39,0% (Nichtraucher).

9D

V01 Geschlecht

V07 Rauchverbot?	COUNT / ROW PCT / COL PCT / TOT PCT	WEIBLICH 1.	MAENNLICH 2.	ROW TOTAL
JA	1.	46 63.9 80.7 44.7	26 36.1 56.5 25.2	72 69.9
NEIN	2.	11 35.5 19.3 10.7	20 64.5 43.5 19.4	31 30.1
	COLUMN TOTAL	57 55.3	46 44.7	103 100.0

PHI = .26208

NUMBER OF MISSING OBSERVATIONS = 1

SPSS-Kreuztabelle: Geschlecht (V01) und Bejahung eines Rauchverbots (V07)

Von den Frauen sind 80,7% für ein Rauchverbot, von den Männern hingegen nur 56,5%.

Es besteht somit die Tendenz, daß Frauen ein Rauchverbot in Veranstaltungen eher bejahen als Männer.

KAPITEL 5 + 6: LÖSUNGEN DER ÜBUNGSAUFGABEN

1. Männer: $\Sigma X = 308 \quad \Sigma X^2 = 6122 \quad n = 19$

Frauen: $\Sigma X = 221 \quad \Sigma X^2 = 3077 \quad n = 22$

a) (10) $\bar{X}_♂ = 16,21$ b) (25) $s^2_♂ = 62,73$ c) $s_♂ = 7,92$

(10) $\bar{X}_♀ = 10,05$ (25) $s^2_♀ = 40,81$ $s_♀ = 6,39$

In der untersuchten Stichprobe ist zwar bei Männern und Frauen der Anteil der Raucher praktisch gleich, die männlichen Raucher rauchen jedoch im Durchschnitt deutlich mehr Zigaretten pro Tag.

2. Männer: $\Sigma X = 8258 \quad \Sigma X^2 = 1.484.954 \quad n = 46$

Frauen: $\Sigma X = 9647 \quad \Sigma X^2 = 1.606.871 \quad N = 58$

a) (11) $\bar{X}_♂ = 179,52$ b) (28) $s^2_♂ = 54,74$ d) $s_♂ = 7,40$

$\bar{X}_♀ = 166,34$ $s^2_♀ = 40,51$ $s_♀ = 6,36$

c) (9) $Md_♂ = 179,5 + 1[(46/2 - 21)/6] = 179,83$

(9) $Md_♀ = 164,5 + 1[(58/2 - 24)/6] = 165,33$

e) Männer: (7) $P_{25} = 173,5 + ([(25/100)(46) - 11]/2)(1) = 173,75$

(7) $P_{75} = 184,5 + ([(75/100)(46) - 32]/5)(1) = 185,00$

(21) $MQA = (185,00 - 173,75)/2 = 5,63$

Frauen: (7) $P_{25} = 161,5 + ([(25/100)(58) - 12]/3)(1) = 162,33$

(7) $P_{75} = 169,5 + ([(75/100)(58) - 36]/8)(1) = 170,44$

(21) $MQA = (170,44 - 162,33)/2 = 4,06$

3. Die Gesamtvarianz wird größer werden, da die Mittel beider Gruppen sich deutlich unterscheiden und somit bei der Zusammenlegung die Variation 'zwischen den Gruppen' hinzukommt. Es ist: $s^2_G = 66,9$.

4. $\bar{X} = 19,5$; $s^2 = 37,90$; $s = 6,16$

a) $\bar{X}_{neu} = (2)(19,5) = 39$ b) $\bar{X}_{neu} = 19,5 + 10 = 29,5$

$s^2_{neu} = (2^2)(37,9) = 151,6$ $s^2_{neu} = 37,9$

$s_{neu} = (2)(6,16) = 12,32$ $s_{neu} = 6,16$

c) $\bar{X}_{neu} = 2(\bar{X} + 10) = 2\bar{X} + 20 = (2)(19,5) + 20 = 59,0$

$s^2_{neu} = (2^2)(37,9) = 151,6$

$s_{neu} = (2)(6,16) = 12,32$

5. a) (13) $\bar{X}_G$ = [(19)(16,21) + (22)(10,05)]/41 = 12,90

b) (32) s_G^2 = [(18)(62,73)+(21)(40,81)+(19)(16,21 - 12,9)^2+(22)(10,05-12,9)^2]/40 = 59,33

6. a) (36) s_I^2 = [1/(41 - 2)] [(62,73)(18) + (40,81)(21)] = 50,93

b) (38) s_I = $\sqrt{50,93}$ = 7,14

7. (15) GM = $\sqrt[7]{(95)(110)(127)(146)(168)(193)(222)}$ = 145,71

(16) log GM = (15,1445)/(7) = 2,1635 ; entspricht einem Numerus GM = 145,71

KAPITEL 7: LÖSUNGEN DER ÜBUNGSAUFGABEN

1.

	I-S-T IQ	z = (IQ - 100)/10	Prozentrang
a)	100	0	50
b)	120	2,00	98
c)	75	-2,50	0,6
d)	130	3,00	99,9

2.

	Intervallmitte	$z = (X_i - 50)/12$	Flächenanteil	Anzahl
a)	55	0,42	0,3372	337 (über 55)
b)	35	-1,25	0,1056	106 (unter 35)
c)	30 bis 60	-1,67 bis 0,83	0,7492	749 (zwischen 30 - 60)

	Exakte Intervallgrenzen	z	Fläche	Anzahl
a)	55,5	0,46	0,3228	323 (über 55,5)
b)	34,5	-1,29	0,099	99 (unter 34,5)
c)	29,5 - 60,5	-1,71 bis 0,88	0,767	767 (zwischen 29,5 - 60,5)

3. a) Oberhalb von z = 0,84 liegen 20% der Werte
   b) Unterhalb von z = 0,39 liegen 65% der Werte

4. a) Normalverteilung $N(\bar{X}; s)$: $P_{25} = \bar{X} - 0,67\,s$; $P_{75} = \bar{X} + 0,67\,s$
   da $z_{25} = (P_{25} - \bar{X})/s$; $P_{25} = z_{25}\,s + \bar{X}$

   b) Standardnormalverteilung N(0; 1): $z_{25} = -0,67$; $z_{75} = +0,67$

5. MQA = $(z_{75} - z_{25})/2$ = $(0{,}67 - [-0{,}67])/2$ = 0,67

6. Beide Punktwerte liegen eine Standardabweichungseinheit über dem Mittel. Da beide Tests hinreichend normalverteilt sind, hat die Person in beiden Tests den gleichen Prozentrang und ist somit in beiden Tests "gleich gut".

7. (1.) Kenntnis, ob Test normalverteilt ist.
   (2.) Wenn ja, weiterhin z-Tabelle:
   Da $(X_i - \bar{X}) = +1s$, ist $z = (+1s)/s = 1{,}00$. Die Fläche links von z = 1,00 mal 100 gibt den Prozentrang an (PR = 84).

8. Bei beiden Verteilungen liegen 86,6% der Fläche zwischen $\bar{X} \pm 1{,}5$ Standardabweichungseinheiten (= Fläche zwischen z = -1,5 und z = +1,5 in der Standardnormalverteilung).

9. Transformation in z- und Stanine-Werte:

X_i	f_i	z_i	f_i	$f_\%$	Stanine $f_\%$	Stanine S_i
3	11	-1,60	31	6	4	1
4	20	-1,36				
5	40	-1,12	40	8	7	2
6	43	-0,88	43	9	12	3
7	56	-0,64	56	12	17	4
8	62	-0,40	101	21	20	5
9	39	-0,17				
10	42	0,07				
11	36	0,31	104	21	17	6
12	26	0,54				
13	23	0,79				
14	17	1,02	56	12	12	7
15	16	1,26				
16	15	1,50				
17	11	1,74	35	7	7	8
18	9	1,98				
19	7	2,21				
20	5	2,45				
21	4	2,69	20	4	4	9
22	2	2,93				
23	1	3,17				
24	1	3,40				
	486		486	100%	100%	

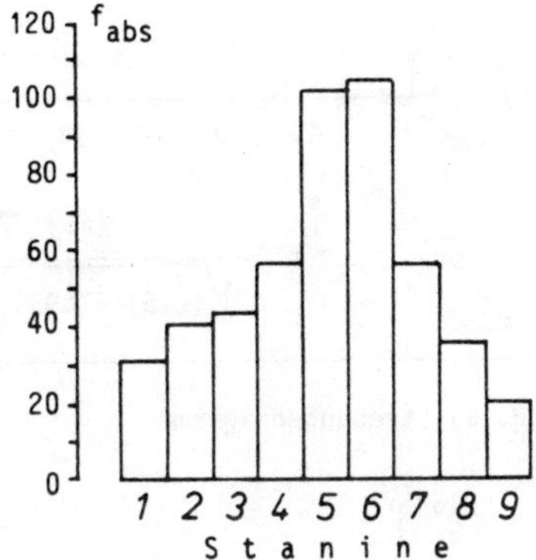

n = 486 $\bar{X}$ = 9,7

K = 22 s = 4,2

$\sum_i^K f_i X_i = 4712$

$\sum_i^K f_i X_i^2 = 54.256$

$z_i = (X_i - 9{,}7)/4{,}2$

S_i = Stanine-Wert

KAPITEL 8: LÖSUNGEN DER ÜBUNGSAUFGABEN

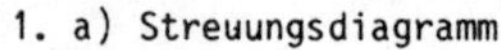

1. a) Streuungsdiagramm

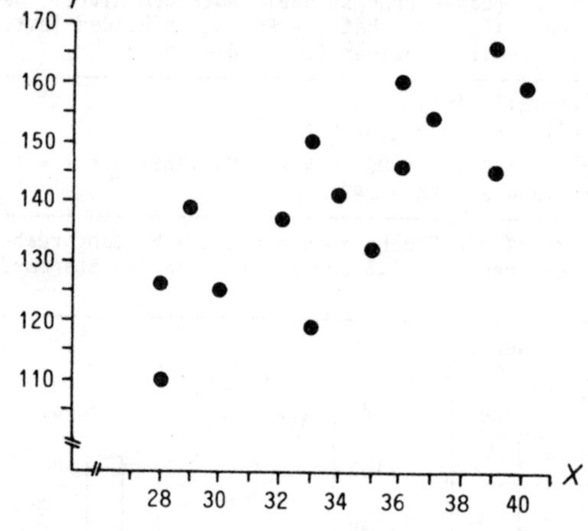

b) Berechnung von r_{xy}

$\Sigma X = 509$

$\Sigma X^2 = 17.495$

$\Sigma Y = 2.108$

$\Sigma Y^2 = 299.914$

$\Sigma XY = 72.234$

(65) $$r_{xy} = \frac{(15)(72234) - (509)(2108)}{\sqrt{[(15)(17495) - (509)^2][(15)(299914) - (2108)^2]}} = .777$$

2. a) Streuungsdiagramm

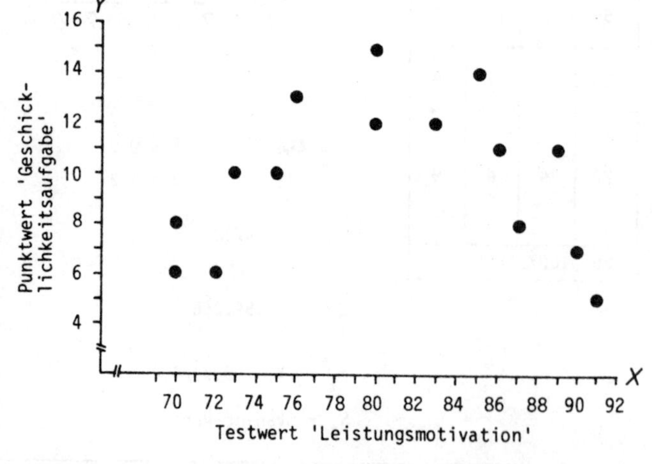

b) Berechnung von r_{xy}

$\Sigma X = 1.207$

$\Sigma X^2 = 97.895$

$\Sigma Y = 148$

$\Sigma Y^2 = 1.594$

$\Sigma XY = 11.932$

(65) $$r_{xy} = \frac{(15)(11932) - (1207)(148)}{\sqrt{[(15)(97895) - (1207)^2][(15)(1594) - (148)^2]}} = .071$$

c) Mit r_{xy} wird die Stärke des linearen Zusammenhangs zwischen X und Y ermittelt. Ein linearer Zusammenhang besteht hier jedoch nicht, wie das Streuungsdiagramm zeigt. Es existiert eine deutlich kurvilineare (umgekehrt u-förmige) Beziehung zwischen X und Y, die jedoch von r_{xy} nicht erfaßt wird.

3. a) Frauen (n = 58)

$\Sigma X = 9.647$

$\Sigma X^2 = 1.606.871$

$\Sigma Y = 3.289$

$\Sigma Y^2 = 188.617$

$\Sigma XY = 548.196$

$r_{xy} = .5188$ (65)

Männer (n = 46)

$\Sigma X = 8.258$

$\Sigma X^2 = 1.484.954$

$\Sigma Y = 3.211$

$\Sigma Y^2 = 228.017$

$\Sigma XY = 578.555$

$r_{xy} = .6831$ (65)

b) Das mittels der SPSS-Prozedur SCATTERGRAM erzeugte Streuungsdiagramm für den Zusammenhang zwischen Körpergröße und Gewicht ist auf der nächsten Seite wiedergegeben.

c) $\Sigma X = 17.905$ $\quad \Sigma Y = 6.500$

$\Sigma X^2 = 3.091.825$ $\quad \Sigma Y^2 = 416.634$

$\Sigma XY = 1.126.751$ $\quad r_{xy} = .785$ (65)

4. Es ist $r_{xy} = s_{xy}/(s_x s_y)$; r_{xy} kann maximal 1 werden. Wenn $r_{xy} = 1$ ist, dann ist:

$$s_{xy} = r_{xy}\, s_x\, s_y = (1)(4)(5) = 20.$$

5. Der Beweis wird in der Fußnote aus Seite 166 gegeben.

6. Es ist $r_{xy} = \Sigma z_{xi}\, z_{yi}/(n-1)$. Da $z_{xi} = z_{yi}$ (für alle i), ist

$r_{xy} = \Sigma z_i^2/(n-1)$. Da $\Sigma z_i^2 = n - 1$ (s.o.), ist $r_{xy} = (n - 1)/(n - 1) = 1$.

KAPITEL 9: LÖSUNGEN DER ÜBUNGSAUFGABEN

1. Wenn $s_x = s_y$ ist, nach Formel: (81) $b_{yx} = r_{xy}(s_y/s_x)$.

2. a) Das mittels der SPSS-Prozedur SCATTERGRAM erzeugte Streuungsdiagramm für den Zusammenhang zwischen Körpergröße und Gewicht bei den Männern ist auf der übernächsten Seite wiedergegeben.

b) Es ist bei den Männern (n = 46):

$\bar{X} = 179,52$

$\bar{Y} = 69,80$

$s_x = 7,40$

$s_y = 9,28$

$r_{xy} = .6831$

(81) $b_{yx} = 0,6831(9,28/7,4) = 0,857$

(81) $a_{yx} = 69,8 - (0,857)(179,52) = -84,0$

(85) $b_{xy} = 0,6831(7,4/9,28) = 0,545$

(86) $a_{xy} = 179,52 - (0,545)(69,8) = 141,5$

SPSS-Plot: Streuungsdiagramm für den Zusammenhang zwischen Körpergröße und Gewicht (Kap. 8, Aufgabe 3 b).

```
SPSS-Steuerkarten:  SCATTERGRAM      VC4,V03
                    OPTIONS          4,6,7
                    STATISTICS       1,2,3,4,5,6
```

```
     156.00    162.00    168.00    174.00    180.00    186.00    192.00

95.00

        SCATTERGRAM OF
70.00
         (DOWN)   V04        KCERPERGEWICHT
         (ACROSS) V03        KOERPERGROESSE

85.00

80.00

75.00

70.00

65.00

60.00

55.00

50.00

45.00

153.00    159.00    165.00    171.00    177.00    183.00    189.00    195.00
```

```
CORRELATION (R)-         .78499    INTERCEPT (A)    -       -80.78286
R SQUARED       -        .61621    SLOPE (B)        -          .83225
SIGNIFICANCE P  -        .00001    STD ERR OF EST   -         6.25069
```

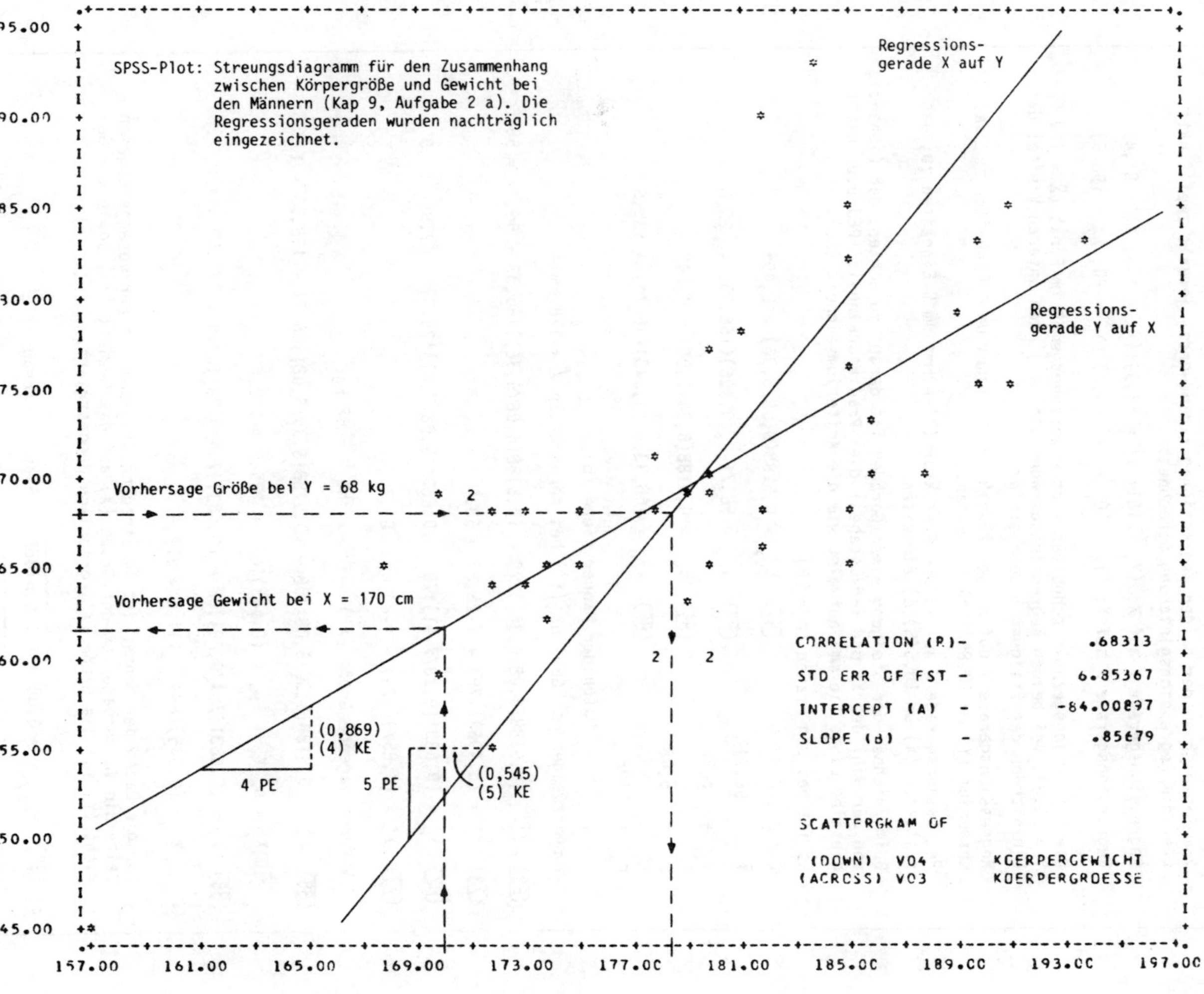

SPSS-Plot: Streungsdiagramm für den Zusammenhang zwischen Körpergröße und Gewicht bei den Männern (Kap 9, Aufgabe 2 a). Die Regressionsgeraden wurden nachträglich eingezeichnet.

Zum Einzeichnen der beiden Regressionsgeraden wurden jeweils zwei Punkte über die Regressionsgleichung berechnet.

Regressionsgerade Y auf X: (X_1 = 161; Y_1' = 53,9);(X_2 = 193; Y_2' = 81,4)

Regressionsgerade X auf Y: (Y_1 = 50; X_1' = 168,7);(Y_2 = 90; X_2' = 190,5).

Die Regressionsgeraden schneiden sich erwartungsgemäß im Punkt ($\bar{X}$ = 179,52; $\bar{Y}$ = 69,8). Bei beiden Regressionsgeraden ist im linken unteren Viertel das Einzeichnen der Steigung b demonstriert.

Regressionsgerade Y auf X: Der Prädiktor (X) nimmt um 4 Einheiten zu, das Kriterium (Y) um (0,857)(4) Einheiten.

Regressionsgerade X auf Y: Der Prädiktor (Y) nimmt um 5 Einheiten zu, das Kriterium (X) um (0,545)(5) Einheiten.

Beim Zeichnen der Steigung einer Geraden ist darauf zu achten, daß (abhängig von der Wahl des X- und Y-Maßstabes) die Prädiktoreinheit (PE) u.U. nicht dieselbe Länge (in mm) aufweist wie die Kriteriumseinheit (KE).

c) Es ist bei den Frauen (n = 58):

$\bar{X}$ = 166,33

$\bar{Y}$ = 56,71

s_x = 6,36

s_y = 6,08

r_{xy} = .5188

(81) b_{yx} = 0,5188(6,08/6,36) = 0,496

(81) a_{yx} = 56,71 - (0,496)(166,33) = -25,8

(85) b_{xy} = 0,5188(6,36/6,08) = 0,543

(86) a_{xy} = 166,33 - (0,543)(56,71) = 135,5

Daten der Männer siehe (b).

* Vorherzusagendes Gewicht (Y') bei Körpergröße X = 170 cm:

(82) $Y_♀'$ = (0,5188[6,08/6,36]}170 - (0,5188[6,08/6,36])166,33 + 56,71 = 58,5

(73) $Y_♀'$ = (0,496)(170) + (-25,8) = 58,5

(82) $Y_♂'$ = (0,6831[9,28/7,4])170 - (0,6831[9,28/7,4])179,52 + 69,8 = 61,6

(73) $Y_♂'$ = (0,857)(170) + (-84,0) = 61,7

* Vorherzusagende Größe (X') bei Gewicht Y = 68 kg:

(88) $X_♀'$ = (0,5188[6,36/6,08])68 - (0,5188[6,36/6,08])56,71 + 166,33 = 172,5

$X_♀'$ = $b_{xy}Y_i + a_{xy}$ = (0,543)(68) + 135,5 = 172,4

(88) $X_♂'$ = (0,6831[7,4/9,28])68 - (0,6831[7,4/9,28])69,9 + 179,52 = 178,5

$X_♂'$ = (0,545)(68) + 141,5 = 178,6

Für die Daten der Männer ist im Streuungsdiagramm auf der vorangegangenen Seite die Vorhersage von der Größe (X) auf das Gewicht (Y') sowie vom Gewicht (Y) auf die Größe (X') graphisch demonstriert.

d) (97) $s_{e(yx)} = 6{,}08\sqrt{1 - 0{,}5188^2} = 5{,}20$ (Frauen)

(97) $s_{e(yx)} = 9{,}28\sqrt{1 - 0{,}6831^2} = 6{,}78$ (Männer).

Der von der SPSS-Prozedur SCATTERGRAM für die Männer errechnete Wert des Standardschätzfehlers beträgt 6,854 (vgl. Streuungsdiagramm). Der Unterschied zu unserem Wert hat seinen Grund darin, daß bei SCATTERGRAM s_e unter Division durch n - 2 berechnet wird (bei uns: Division durch n - 1); dadurch ist s_e ein erwartungstreuer Schätzwert des Populationsstandardschätzfehlers. Wenn wir in Formel (97) die Standardabweichung von Y unter Verwendung von n - 2 im Nenner berechnen, erhalten wir den SPSS-Wert:

$$s_{e(yx)} = 3875,239/44\sqrt{1 - 0,6831^2} = 6,854.$$

e) 

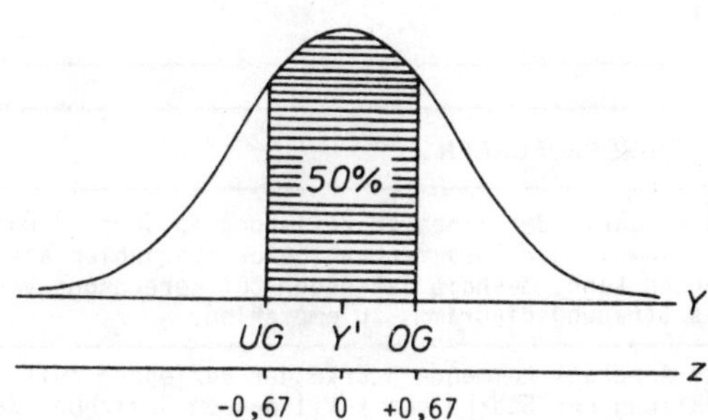

Für Größe X = 170 ist

$Y'_{♀} = 58,5$

$Y'_{♂} = 61,6$

$s_e = 5,20$ (Frauen)

$s_e = 6,78$ (Männer)

$UG_{♀} = 58,5 - (0,67)(5,2) = 55,0$; $OG_{♀} = 58,5 + (0,67)(5,2) = 62,0$

$UG_{♂} = 61,6 - (0,67)(6,78) = 57,1$; $OG_{♂} = 61,6 + (0,67)(6,78) = 66,1$

Das Gewicht eines Mannes (einer Frau), der (die) die Körpergröße 170 cm hat, liegt mit einer statistischen Sicherheit von .50 in dem Intervall 55 bis 62 kg (♀) bzw. 57 bis 66 kg (♂). Die angestellten Berechnungen (sowie diese Aussage) sind jedoch nur dann sinnvoll, wenn die Annahme der Normalverteilung der Y-Werte um Y' (bei X = 170) hinreichend erfüllt ist.

3. a) Nach Formel (81) ist $b_{xy} = r_{xy}(s_y/s_x)$. Daraus folgt: der Satz gilt nicht (sofern nicht $s_x = s_y$); b_{yx} wird auch größer, wenn s_y größer (oder s_x kleiner) wird. Einheitentransformationen verändern b_{yx}.

b) (1) Nein, wenn wir "Genauigkeit der Vorhersage" als s_e definieren; s_e hängt auch vom Wert von s_y ab: (97) $s_e = s_y\sqrt{1 - r^2_{xy}}$.

(2) Nehmen wir s_y als konstant an, dann variiert s_e in Abhängigkeit von r_{xy}.

(3) Sind beide Variablen nach z transformiert, dann ist die Aussage richtig; dann ist: $s_e(\text{z-Form}) = \sqrt{1 - r^2_{xy}}$.

c) Prinzipiell ist auch in diesem Fall eine Vorhersage möglich, die das Kriterium der kleinsten Quadrate erfüllt: für alle X-Werte wird $\bar{Y}$ vorhergesagt. Praktisch wäre dies natürlich wenig sinnvoll.

d) Falsch: r_{xy} kann auch $\neq 0$ sein, wenn der Zusammenhang kurvilinear ist. Am Wert von r_{xy} ist nicht ablesbar, ob eine Beziehung von der Linearität abweicht oder nicht.

e) Nein, es ist in jedem bivariaten Datensatz $\bar{e} = \Sigma(Y - Y')/n = 0$, (vgl. S. 196).

3. f) Nein, der vorhergesagte Wert in Y bleibt gleich. Beweis:

(82) $Y_i' = (r_{xy}[s_y/s_x])X_i - (r_{xy}[s_y/s_x])\bar{X}. + \bar{Y}.$

$= bX_i - b\bar{X}. + \bar{Y}.$

Für (X_i + 17) ergibt sich (r_{xy} und s_x bleiben durch die Addition unverändert):

$Y_i' = b(X_i + 17) - b(\bar{X}. + 17) + \bar{Y}.$

$= bX_i + 17b - b\bar{X}. -17b + \bar{Y}.$

$= bX_i - b\bar{X}. + \bar{Y}.$

KAPITEL 10: LÖSUNGEN DER ÜBUNGSAUFGABEN

2. Nein: r_{xy} gibt immer nur die Stärke der linearen Beziehung zwischen X und Y wieder, unabhängig davon, wieweit der Zusammenhang beider Variablen als "wirklich" linear bezeichnet werden kann; deshalb ist neben der Berechnung von r_{xy} jeweils eine Inspektion des Streuungsdiagramms zu empfehlen.

3. Die in dem Wert von r_{xy} zum Ausdruck kommende Stärke der Beziehung zwischen X und Y stellt eine Unterschätzung der Stärke der kuvilinearen Beziehung dar. Letztere muß allerdings mit einem anderen Maß (dem Korrelationsverhältnis) erfaßt werden.

4. Nur wenn Homoscedastizität hinreichend gegeben ist, gibt r_{xy} die Stärke des Zusammenhangs zwischen X und Y für den gesamten Wertebereich beider Variablen adäquat wieder. Gleichermaßen gilt auch nur dann der an den Gesamtdaten berechnete Standardschätzfehler s_e für alle Bereiche von X. Weicht die Verteilung deutlich von der Homoscadastizität ab, müssen r_{xy} und s_e u.U. für verschiedene Wertebereiche von X separat berechnet werden.

5. a) Der Koeffizient fällt bei der unterbrochenen Verteilung höher aus als in der kontinuierlichen; r_{xy} wird dabei um so größer, je größer die Unterbrechung der Verteilung in der Mitte ist. Das an solchen atypischen Verteilungen gewonnene (und künstlich erhöhte) r_{xy} ist kein adäquates Maß für die Stärke der Beziehung in der kontinuierlichen Verteilung.

   b) Wenn die bivariate Verteilung hinreichend die Eigenschaft der Homoscedastizität aufweist, dann führen Range- bzw. Varianzeinschränkungen in X und/ oder Y zu einer Verkleinerung des Wertes von r_{xy} (gegenüber dem uneingeschränkten Fall). An künstlich eingeschränkten Daten erhobene r_{xy}-Werte sind deshalb keine adäquaten Maße für die Beziehung im uneingeschränkten Fall.

6. Wir haben es hier mit heterogenen Untergruppen zu tun: sowohl die Durchschnittsgröße ($\bar{X}$) als auch das Durchschnittsgewicht ($\bar{Y}$) der Männer sind deutlich höher als die Mittelwerte der Frauen. Faßt man derartig mittelwertsheterogene Gruppen zusammen, so führt dies zu einem r_{xy}-Wert in der Gesamtgruppe, der höher ausfällt als die Koeffizienten in den Subgruppen (vgl. Abbildung 45, S. 222).

7. Es ist: $r_{xz} = .800$; $r_{yz} = .579$; $r_{xy} = .840$

   a) (106) $r_{ye_{x.z}} = (r_{xy} - r_{xz}r_{yz})/\sqrt{1 - r_{xz}^2}$

   $= (0{,}84 - [0{,}8][0{,}579])/\sqrt{1 - 0{,}8^2} = 0{,}628$

b) (106) $r_{xe_{y.z}} = (r_{xy} - r_{xz}r_{yz})/\sqrt{1 - r^2_{yz}}$
$= (0,84 - [0,8][0,579])/\sqrt{1 - 0,579^2} = 0,462$

c) (114) $r_{xy.z} = (0,84 - [0,8][0,597])/\sqrt{(1 - 0,8^2)(1 - 0,579^2)} = 0,77$

KAPITEL 11 + 12: LÖSUNGEN DER ÜBUNGSAUFGABEN

1. a) Alienationskoeffizient: (117) $k = \sqrt{1 - (-.64)^2} = .768$

Determinationskoeffizient: (121) $r^2 = .41$

Es ist: $r^2 + k^2 = 1$ (.59 + .41 = 1).

b) Alienationskoeffizient: Der Standardschätzfehler weist noch 77% seines maximal möglichen Wertes auf; m.a.W.: nur 23% des maximal möglichen Vorhersagefehlers sind bei einer Korrelation von $r_{xy} = -.64$ eliminiert.

Determinationskoeffizient: 41% der Varianz in Y sind verbunden mit Varianz in X; m.a.W.: aufgrund der Kenntnis von X sind 41% der Y-Varianz vorhersagbar ("aufklärbar"), X und Y haben 41% "gemeinsame" Varianz.

2. Punktbiserialer Korrelationskoeffizient: X = intervallskaliert (bzw. wird als intervallskaliert behandelt), Y = echt dichotom.

Berechnungen nach Formel (127). Es ist

$\bar{X}_{.1} = 64,25$ (♂) $n_1 = 8$

$\bar{X}_{.0} = 61,14$ (♀) $n_0 = 7$

$s_x = 3,91$ $n = 15$

(127) $r_{pbis} = ([64,25 - 61,14]/3,91)\sqrt{([8][7])/([15][14])} = .41$

Numerische Interpretation: Hohen Zahlen in Y gehen mit hohen Zahlen in X einher, d.h. Y = 1 in der Tendenz mit hohen X-Werten.

Inhaltliche Interpretation: Es besteht ein (schwacher) Zusammenhang zwischen Geschlecht und Leistung im Mathematiktest; die Jungen scheiden im Durchschnitt etwas besser ab als die Mädchen.

3. Phi-Korrelationskoeffizient: X = echt dichotom, Y = echt dichotom (bzw. wird von uns so behandelt).

a) Berechnung von Phi nach Formel (122). Es ist

$p_x = 5/12 = 0,4167$ (1 in X) $q_y = 6/12 = 0,5000$ (0 in Y)

$p_y = 6/12 = 0,5000$ (1 in Y) $p_{xy} = 4/12 = 0,3333$ (1 in X und Y)

$q_x = 7/12 = 0,5833$ (0 in X)

(122) $Phi = (0,333 - [0,4167][0,5])/\sqrt{(0,4167)(0,5833)(0,5)(0,5)} = .507$

Der gleiche Wert ergibt sich, wenn wir die Daten mittels einer r_{xy}-Formel verarbeiten; je nach Art des Taschenrechners geht dies sogar (wesentlich) schneller.

Numerische Interpretation: Einsen in X gehen in der Tendenz mit Einsen in Y einher.

Inhaltliche Interpretation: Jungen (X = 1) blieben häufiger sitzen (Y = 1) als Mädchen; es besteht zwischen Geschlecht und Sitzenbleiben ein Zusammenhang der Stärke .50.

b) Bestimmung von Phi_{max} und Phi_{min}:

(125) $Phi_{max} = \sqrt{(0,5/0,5)(0,4167/0,5833)} = .845$

(126) $Phi_{min} = -\sqrt{(0,5833/0,4167)(0,5/0,5)} = -.845.$

Phi_{max} und Phi_{min} sind äquidistant von Null, da $p_j = q_j$. Phi hat im vorliegenden Fall die Grenzen +.85 und -.85.

4. Biserialer Korrelationskoeffizient: X = intervallskaliert (bzw.: wird als intervallskaliert behandelt), Y = künstlich dichotom (es ist die Annahme berechtigt, daß der Dichotomie eine kontinuierliche, normalverteilte Variable zugrunde liegt).

Berechnungen nach Formel (133). Es ist:

$\bar{X}_{.1} = 12,36$ ($\bar{X}$ für "gelöst") $n_1 = 11$

$\bar{X}_{.0} = 10,00$ ($\bar{X}$ für "nicht gelöst") $n_0 = 7$

$s_x = 2,55$ $n = 18$

u = 0,3836 (Höhe der Ordinate in der Standardnormalverteilung bei z = -0,28, dem Punkt, oberhalb dessen ein Flächenanteil von $n_1/n = 11/18 = 0,6111$ liegt).

(133) $$r_{bis} = \frac{12,36 - 10,00}{2,55} \cdot \frac{(11)(7)}{(0,3836)(18)\sqrt{18^2 - 18}} = .59$$

Numerische Interpretation: Einsen in Y (d.h. "hohe Werte" in Y) gehen mit hohen Werten in X einher.

Inhaltliche Interpretation: Es besteht ein Zusammenhang zwischen häuslicher Übungsdauer und dem Abschneiden bei der Testaufgabe; Personen, die die Aufgabe richig lösten, haben im Durchschnitt zu Hause länger geübt.

5. Rangbiserialer Korrelationskoeffizient: X = echt dichotom, Y = Rangvariable.

Anordnung der Daten:

Ränge in Y für X = 1	X = 0	Übereinstimmung	Vertauschung
11		5	
	10		5
9		4	
8		4	
7		4	
6		4	
	5		1
	4		1
	3		1
2		1	
	1		
Σ 44	23	P = 22	Q = 8

$n_0 = 5$

$n_1 = 6$

$n = 11$

$\bar{R}_1 = 43/6 = 7,17$

$\bar{R}_2 = 23/5 = 4,60$

5. (160) r_{rb} = (22 - 8)/([5][6]) = .467

(161) r_{rb} = (2/11)(7,17 - 4,6) = .467.

Numerische Interpretation: Hohe Rangwerte in Y gehen mit Einsen (= hohen Werten) in X einher.

Inhaltliche Interpretation: Es besteht ein Zusammenhang zwischen Geschlecht und Testleistung: die Männer erzielen (im Durchschnitt) höhere Ränge, d.h. schneiden im Test besser ab.

6. Rangkorrelationskoeffizient, da es sich bei X und Y um Rangvariable handelt.

a) Spearman Rangkorrelationskoeffizient:

Schüler	D_i	D_i^2
1	2	4
2	3	9
3	0	0
4	-1	1
5	2	4
6	0	0
7	-3	9
8	-1	1
9	0	0
10	-2	4
11	-2	4
12	2	4
		Σ 40

(138) $r_s = 1 - ([6][40])/(12[12^2 - 1]) = .86$

Den gleichen Wert erhalten wir, wenn wir auf die Rangwerte eine r_{xy}-Formel anwenden.

Numerische Interpretation: Hohe Ränge in X gehen mit hohen Rängen in Y einher.

Inhaltliche Interpretation: Die Leistung im Intelligenztest korreliert positiv mit der Leistung im Chemietest.

b) Kendall's Rangkorrelationskoeffizient:

Schüler	R_x	R_y	Überein-stimmung	Vertau-schung
11	1	3	9	2
6	2	2	9	1
1	3	1	9	0
4	4	5	7	1
8	5	6	6	1
7	6	9	3	3
2	7	4	5	0
3	8	8	3	1
12	9	7	3	0
10	10	12	0	2
9	11	11	0	1
5	12	10	0	0
			P = 54	Q = 12

(158) $\text{Tau} = \frac{(4)(54)}{12(12 - 1)} = .64$

Hinsichtlich der numerischen und inhaltlichen Interpretation des erhaltenen Tau-Wertes gilt das bei (a) Gesagte.

Gründe für die unterschiedlichen Werte von r_s und Tau:

Die Koeffizienten behandeln die in den Rangwerten enthaltene Information unterschiedlich. Spearmans r_s ist ein auf Rangwerte angewandter Produkt-Moment-Korrelationskoeffizient. Das bedeutet, daß die Abstände zwischen den Rangwerten als "bedeutsame" Information in den Berechnungen verarbeitet werden. Eine derartige Berücksichtigung der Abstände ist jedoch im Grunde nicht sinnvoll, da sie auf "echtem" Ordinalniveau keine emprische Bedeutung haben.

Ein "echter" Rangkorrelationskoeffizient sollte gegenüber monotonen Transformationen der Rangwerte invariant sein, denn monotone Transformationen sind auf ordinalem Niveau zulässig. Eine derartige Invarianz ist jedoch bei r_s nicht gegeben.

Dagegen ist Tau ein Koeffizient, der nur Ranginformation verarbeitet: er berücksichtigt nur die größer-kleiner-gleich Relationen zwischen den Werten (die Abstände hingegen nicht). Er ist dementsprechend invariant gegenüber monotonen Transformationen der Rangwerte.

Fazit: da beide Koeffizienten den gleichen Daten Unterschiedliches entnehmen und sie unterschiedlich verarbeiten, führen sie auch zu unterschiedlichen Werten.

7. Wir nehmen an, daß den Dichotomien von X und Y jeweils kontinuierliche, normalverteilte Variablen zugrunde liegen. In einem solchen Fall ist der tetrachorische Korrelationskoeffizient angemessen.

   a) (131) $r_{cos\text{-}pi} = \cos\left([180° \sqrt{(5)(6)}]/[\sqrt{(5)(6)} + \sqrt{(25)(64)}]\right) = \cos 21{,}69°$
   $= .93$

   Verwendung von TABELLE C: (bc)/(ad) = [(25)(64)]/[(5)(6)] = 53,33; wir lesen ab (direkt): $r_{cos\text{-}pi} = .93$.

   b) Verwendung von TABELLE C: (bc)/(ad) = [(10)(5)]/[(31)(14)] = 0,12. Da der Wert kleiner als 1 ist, verwenden wir: (ad)/(bc) = [(31)(14)]/[(10)(5)] = 8,68; $r_{cos\text{-}pi} = -.70$.

   Numerische Interpretation: (a) Hohe Werte in X (= 1 = Item gelöst) gehen mit hohen Werten in Y (= 1 = Item gelöst) einher; (b) hohe Werte in X (= 1 = Item gelöst) gehen mit niedrigen Werten in Y (= 1 = Item nicht gelöst) einher.

   Inhaltliche Interpretation: (a) die Leistungen in beiden Items korrelieren positiv, Personen, die das eine Item lösen können, beantworten (in der Tendenz) auch das andere richtig; (b) die Leistungen in beiden Items stehen in inverser (negativer) Beziehung. Personen, die das eine Item richtig lösen können, beantworten (in der Tendenz) das andere falsch.

8. a) (124) $Phi = [(48)(16) - (24)(15)]/\sqrt{(40)(63)(72)(31)} = .172$

   b) $Phi = [(24)(26) - (14)(40)]/\sqrt{(40)(64)(38)(66)} = .025$

   c) $Phi = [(11)(28) - (12)(53)]/\sqrt{(40)(64)(23)(81)} = -.150$

   d) $Phi = [(25)(10) - (13)(56)]/\sqrt{(23)(81)(38)(66)} = -.221$

   e) $Phi = [(26)(11) - (46)(20)]/\sqrt{(57)(46)(72)(31)} = -.262$

   Die Art der jeweiligen Zusammenhänge wurde bei den Aufgaben 8 + 9 von Kap. 4 an Hand der Kreuztabellen erläutert. Die von der SPSS-Prozedur CROSSTABS errechneten Phi-Werte stimmen mit unseren dem Betrag nach überein; von CROSSTABS werden nur die Beträge von Phi-Koeffizienten ausgegeben.

KAPITEL 13: LÖSUNGEN DER ÜBUNGSAUFGABEN

1. Das Streuungsdiagramm (Regression von der Testleistung Y auf das Alter X) sowie eine Tabelle mit (Zwischen)Werten für die J Altersklassen sind auf der nächsten Seite wiedergegeben. Es ist:

   $\sum_j^J \sum_i^{n_j} Y_{ij} = 2551 \qquad \sum_j^J (\sum_i^{n_j} Y_{ij})^2/n_j = 148202{,}2 \qquad \sum_j^J \sum_i^{n_j} Y_{ij}^2 = 148267$

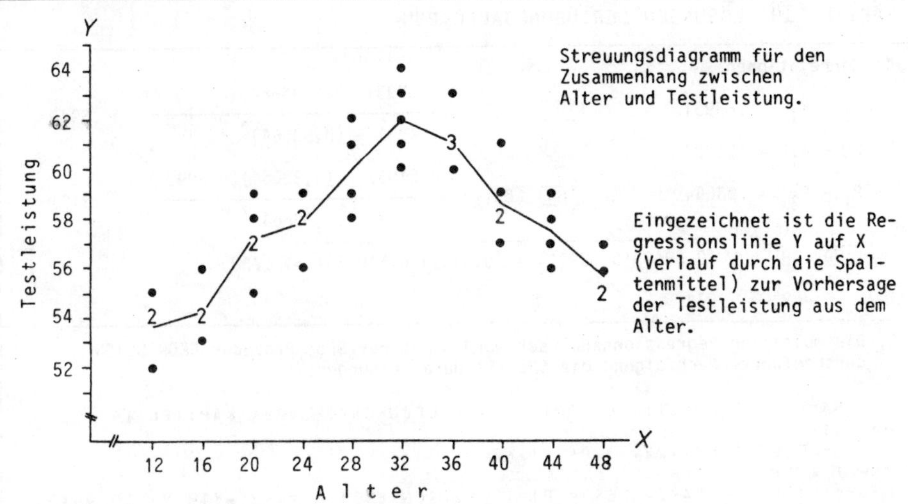
Y
64
62
60
58
56
54
52
Testleistung
Streuungsdiagramm für den Zusammenhang zwischen Alter und Testleistung.
Eingezeichnet ist die Regressionslinie Y auf X (Verlauf durch die Spaltenmittel) zur Vorhersage der Testleistung aus dem Alter.
X
12 16 20 24 28 32 36 40 44 48
A l t e r

Alter	12	16	20	24	28	32	36	40	44	48	Σ
j	1	2	3	4	5	6	7	8	9	10	
$n_{.j}$	4	4	5	4	4	5	5	5	4	4	N = 44
ΣY_{ij}	215	217	286	231	240	310	306	293	230	223	2551
$\bar{Y}_{.j}$	53,8	54,3	57,2	57,8	60,0	62,0	61,2	58,6	57,5	55,8	

(171) $SAQ_{gesamt} = 148267{,}0 - (2551)^2/44 = 366{,}98$

(172) $SAQ_{zwischen} = 148202{,}2 - (2551)^2/44 = 302{,}18$

(173) $SAQ_{innerhalb} = 148267{,}0 - 148202{,}2 = 64{,}80$

Es ist $SAQ_I + SAQ_Z = SAQ_G$; $64{,}8 + 302{,}18 = 366{,}98$

(167) $Eta^2_{yx} = 302{,}18/366{,}98 = .82$; $Eta_{yx} = .91$

Es besteht somit ein enger umgekehrt u-förmiger Zusammenhang zwischen Alter und Testleistung; 82% der Variation im Leistungstest ist verbunden mit Variation im Alter (82% der Testvarianz ist aus Kenntnis des Alters vorhersagbar). Die festgestellte Art und Stärke der Beziehung gilt allerdings nur für die gebildeten Altersklassen.

2. (174) $s_{e(yx)} = \sqrt{64{,}8/43} = 1{,}23$

3. Wenn wir für jede X-Klasse (Altersklasse) das zugehörige Testmittel ($\bar{Y}_{.j}$) vorhersagen, erfüllen wir das Kriterium der kleinsten Quadrate.

   Danach wäre für X = 32 der Wert $Y' = \bar{Y}_6 = 62$. Für eine 33-jährige Person sagen wir einen Testwert von 62 vorher.

KAPITEL 14: LÖSUNGEN DER ÜBUNGSAUFGABEN

1. Korrelationen:

$P_1 - K_1 = .69931$

$P_2 - K_1 = .51037$

$P_1 - P_2 = .33664$

(183) $\beta_1 = \dfrac{0{,}69931 - (0{,}33664)(0{,}51037)}{1 - (0{,}33664)^2} = .5949$

(184) $\beta_2 = \dfrac{0{,}51037 - (0{,}33664)(0{,}69931)}{1 - (0{,}33664)^2} = .3101$

(190) $R = \sqrt{(0{,}5949)(0{,}69931) + (0{,}3101)(0{,}51037)} = .758$

$R^2 = .574$

2. Die multiplen Regressionsanalysen wurden mit der SPSS-Prozedur REGRESSION durchgeführt. Nachfolgend die SPSS-Steueranweisungen:

```
RUN NAME        MULTIPLE KORRELATION UEBUNGSAUFGABEN KAPITEL 14
PAGESIZE        EJECT
VARIABLE LIST   P1,P2,P3,P4,K1,K2
INPUT FORMAT    (6F4.0)
REGRESSION      VARIABLES = P1 TO K2/REGRESSION = K2 WITH P1 TO P4(2)/
                REGRESSION = K2 WITH P1 TO P4(1)
STATISTICS      1,2
```

Es wird als erstes eine multiple Regressionsanalyse unter gleichzeitigem Einschluß aller vier Prädiktoren durchgeführt, anschließend die schrittweise Prozedur (für Aufgabe f). Bei den wiedergegeben SPSS-Ausdrucken ist die Anordnung der Tabellen aus Formatgründen teilweise geändert worden.

a) Die Ergebnisse der Prozedur REGRESSION (gleichzeitiger Einschluß aller Prädiktoren) sind auf der nächsten Seite wiedergegeben. Danach ist:

$R = .9381$; $R^2 = .8800$.

b)

Prädiktor	Beta-Gewicht	Korr. Prädiktor - Kriterium
P_1	.3596	.733
P_2	.4700	.678
P_3	.0815	.465
P_4	.3941	.660

Dem Prädiktor P_3 kommt sowohl univariat (Einzelkorrelation $P_3 - K_2$) als auch multivariat im Prädiktorsatz (Beta-Gewicht) die geringste Bedeutung bei der Vorhersage des Kriteriums zu.

Die übrigen drei Prädiktoren sind uni- und multivariat annähernd gleich bedeutsam.

c) (186) $K'_{2i} = b_1P_1i + b_2P_{2i} + b_3P_{3i} + b_4P_{4i} + a$

$= (0{,}9658)P_{1i} + (08771)P_{2i} + (0{,}2616)P_{3i} + (1{,}3287)P_{4i} + a$

$a = \bar{K}_2 - b_1\bar{P}_1 - b_2\bar{P}_2 - b_3\bar{P}_3 - b_4\bar{P}_4$

$= 124{,}75 - (0{,}9658)(29{,}35) - (0{,}8771)(29{,}75) - (0{,}2616)(33{,}45) - (1{,}3287)(31{,}25) = 20{,}04$

d) $K'_{2i} = (0{,}9658)(32) + (0{,}8771)(37) + (0{,}2616)(30) + (1{,}3287)(32) + 20{,}04$

$= 133{,}76$

e) (196) $s_{eR} = 11{,}571 \sqrt{1 - 0{,}88} = 4{,}01$

(197) $s_{eR} = 11{,}571 \sqrt{(1 - 0{,}88)(19/15)} = 4{,}51$

f) Die von der Prozedur REGRESSION ausgegebenen Ergebnisse der schrittweisen Regressionsanalyse sind auf den nächsten Seiten wiedergegeben. Danach ergibt sich für die einzelnen Schritte der folgende Verlauf der R- bzw. R²-Werte:

Schritt	Aufgenommener Prädiktor	R	R^2
1	P_1	.73	.54
2	P_2	.86	.75
3	P_4	.94	.88
4	P_3	.94	.88

Bei den Schritten 1 bis 3 ist durch die Hinzunahme weiterer Prädiktoren jeweils eine deutliche Verbesserung von R bzw. R² festzustellen. Die Hereinnahme des Prädiktors P_3 im vierten Schritt verbessert hingegen die Vorhersagemöglichkeiten nicht mehr. Ist man (für Vorhersagezwecke) an einem möglichst kleinen Prädiktorsatz interessiert, so würde man sich für die Prädiktoren P_1, P_2 und P_4 entscheiden.

```
*****************************************************************************
              Regressionsanalyse: alle Prädiktoren gleichzeitig
*****************************************************************************

DEPENDENT VARIABLE..     K2

MEAN RESPONSE         124.75000       STD. DEV.        11.57072

VARIABLE(S) ENTERED ON STEP NUMBER    1..    P1
                                             P3
                                             P4
MULTIPLE R                .93810             P2
R SQUARE                  .88004
ADJUSTED R SQUARE         .84805
STD DEVIATION            4.51042

ANALYSIS OF VARIANCE    DF         SUM OF SQUARES          MEAN SQUARE
REGRESSION              4.              2238.59208            559.64802
RESIDUAL               15.               305.15792             20.34386
COEFF OF VARIABILITY   3.6 PCT
                                                   F      SIGNIFICANCE
                                              27.50943            .000

-------------------- VARIABLES IN THE EQUATION ---------------------

VARIABLE            B             STD ERROR B          F              BETA
                                                  ------------    ----------
                                                  SIGNIFICANCE    ELASTICITY

P1              .96584678        .31376027       9.4759019        .3595683
                                                      .008          .22724
P3              .26155119        .36375788       .51688399        .0814937
                                                      .483          .07013
P4             1.3287253         .38413893       11.964479        .3940756
                                                      .004          .33285
P2              .87705792        .21579873       16.518050        .4697622
                                                      .001          .20916
(CONSTANT)     20.038370        12.362440        2.6273405
                                                      .126
```

```
*****************************************************************************************
                        Schrittweise Regressionsanalyse
*****************************************************************************************

DEPENDENT VARIABLE..   K2

MEAN RESPONSE        124.75000       STD. DEV.       11.57072

VARIABLE(S) ENTERED ON STEP NUMBER   1..   P1

MULTIPLE R                  .73256
R SQUARE                    .53667
ADJUSTED R SQUARE           .51093                       F       SIGNIFICANCE
STD DEVIATION              8.09178                20.84957              .000

ANALYSIS OF VARIANCE        DF       SUM OF SQUARES            MEAN SQUARE
REGRESSION                  1.          1365.16540             1365.16540
RESIDUAL                   18.          1178.58460               65.47692
COEFF OF VARIABILITY       6.5 PCT

---------------------- VARIABLES IN THE EQUATION ----------------------

VARIABLE              B            STD ERROR B          F                BETA
                                                   ------------      ----------
                                                   SIGNIFICANCE      ELASTICITY

P1             1.9678060          .43095683        20.849566          .7325806
                                                        .000            .46297
(CONSTANT)     68.994894          12.777343        27.491744
                                                        .000

---------- VARIABLES NOT IN THE EQUATION -----------

VARIABLE        PARTIAL      TOLERANCE          F
                                          ------------
                                          SIGNIFICANCE

P2              .67304        .88667      14.077639
                                               .002
P3              .59406        .99291       9.2711817
                                               .007
P4              .47350        .72138       4.9130067
                                               .041

*****************************************************************************************

VARIABLE(S) ENTERED ON STEP NUMBER   2..   P2

MULTIPLE R                  .86403
R SQUARE                    .74655
ADJUSTED R SQUARE           .71674                       F       SIGNIFICANCE
STD DEVIATION              6.15824                25.03758              .000

ANALYSIS OF VARIANCE        DF       SUM OF SQUARES            MEAN SQUARE
REGRESSION                  2.          1899.04408              949.52204
RESIDUAL                   17.           644.70592               37.92388
COEFF OF VARIABILITY       4.9 PCT
```

```
---------------------- VARIABLES IN THE EQUATION ----------------------

VARIABLE              B              STD ERROR B          F            BETA
                                                    ------------   ----------
                                                    SIGNIFICANCE   ELASTICITY

P1             1.5278674          .34830831        19.241710       .5687990
                                                       .000           .35946
P2              .90834757         .24209574        14.077639       .4365213
                                                       .002           .21662
(CONSTANT)    52.883752          10.426136         25.727507
                                                       .000

---------- VARIABLES NOT IN THE EQUATION -----------

VARIABLE      PARTIAL    TOLERANCE        F
                                    ------------
                                    SIGNIFICANCE

P3            .38617       .72419     2.8042592
                                          .113
P4            .71440       .71687    16.677118
                                          .001

******************************************************************************

VARIABLE(S) ENTERED ON STEP NUMBER   3..   P4

MULTIPLE R               .93590
R SQUARE                 .87590
ADJUSTED R SQUARE        .85263                      F       SIGNIFICANCE
STD DEVIATION           4.44180               37.64358          .000

ANALYSIS OF VARIANCE       DF        SUM OF SQUARES         MEAN SQUARE
REGRESSION                 3.          2228.07667           742.69222
RESIDUAL                  16.           315.67333            19.72958
COEFF OF VARIABILITY     3.6 PCT

---------------------- VARIABLES IN THE EQUATION ----------------------

VARIABLE              B              STD ERROR B          F            BETA
                                                    ------------   ----------
                                                    SIGNIFICANCE   ELASTICITY

P1              .89820582         .29476864         9.2851552      .3343867
                                                       .008           .21132
P2              .96490603         .17516666        30.343603       .5168147
                                                       .000           .23011
P4             1.4322417          .35071619        16.677118       .4247766
                                                       .001           .35879
(CONSTANT)    24.924151          10.169930          6.0062693
                                                       .026

---------- VARIABLES NOT IN THE EQUATION -----------

VARIABLE      PARTIAL    TOLERANCE        F
                                    ------------
                                    SIGNIFICANCE

P3            .18251       .62245      .51088399
                                          .483

******************************************************************************
```

```
VARIABLE(S) ENTERED ON STEP NUMBER   4..   P3

MULTIPLE R               .93810
R SQUARE                 .88004
ADJUSTED R SQUARE        .84805
STD DEVIATION           4.51042                    F        SIGNIFICANCE
                                              27.50943          .000
ANALYSIS OF VARIANCE      DF       SUM OF SQUARES          MEAN SQUARE
REGRESSION                4.          2238.59208            559.64802
RESIDUAL                 15.           305.15792             20.34386
COEFF OF VARIABILITY      3.6 PCT

-------------------- VARIABLES IN THE EQUATION --------------------

VARIABLE              B             STD ERROR B         F             BETA
                                                    ------------   ----------
                                                    SIGNIFICANCE   ELASTICITY

P1               .96584678         .31376027        9.4759019      .3595683
                                                         .009         .22724
P2               .87705792         .21579873        16.518050      .4697622
                                                         .001         .20916
P4              1.3287253          .38413893        11.964479      .3940756
                                                         .004         .33285
P3               .26155119         .36375788        .51688399      .0814937
                                                         .483         .07013
(CONSTANT)      20.038370         12.362440         2.6273405
                                                         .126

*******************************************************************************

                         S U M M A R Y   T A B L E

STEP        VARIABLE                    F TO          SIGNIFICANCE   MULTIPLE R
       ENTERED    REMOVED          ENTER OR REMOVE

  1    P1                            20.84957            .000          .73258
  2    P2                            14.07764            .002          .86403
  3    P4                            16.67712            .001          .93590
  4    P3                              .51688            .483          .93810

STEP
        R SQUARE   R SQUARE    SIMPLE R          OVERALL F    SIGNIFICANCE
                   CHANGE
  1    P1
  2    P2   .53667    .53667    .73258          20.84957         .000
  3    P4   .74655    .20988    .67800          25.03758         .000
  4    P3   .87590    .12935    .66043          37.64358         .000
            .88004    .00413    .46462          27.50943         .000
```

KAPITEL 15: LÖSUNGEN DER ÜBUNGSAUFGABEN

Mittels der SPSS-Prozedur FACTOR wurde eine Hauptachsenfaktorenanalyse der Beantwortungen der 24 ESTAT Items durchgeführt (Voreinstellung PA2). Da die Überprüfung des Faktoren-bzw. Skalenmusters der drei ESTAT-Skalen im Vordergrund stand, wurden die ersten drei Faktoren variamax-rotiert. Nachfolgend die Auflistung der verwendeten SPSS-Steueranweisungen:

```
RUN NAME        FAKTORENANALYSE DER ESTAT ITEMS
PAGESIZE        EJECT
VARIABLE LIST   ITEM1 TO ITEM24
INPUT FORMAT    (24F1.0)
MISSING VALUES  ALL(-0)
FACTOR          VARIABLES = ITEM1 TO ITEM24/ NFACTORS = 3/
OPTIONS         2
STATISTICS      4,6
```

SPSS-Tabelle: Ergebnisse der Faktorenanalyse mittels Prozedur FACTOR (aus Formatgründen ist die Anordnung der Tabellen teilweise geändert)

VARIABLE	EST COMMUNALITY	FACTOR	EIGENVALUE	PCT OF VAR	CUM PCT
ITEM1	.66693	1	6.04430	25.2	25.2
ITEM2	.70408	2	4.26180	17.8	42.9
ITEM3	.66017	3	2.01915	8.4	51.4
ITEM4	.75371	4	1.65265	6.9	58.2
ITEM5	.45930	5	1.44902	6.0	64.3
ITEM6	.46187	6	1.02317	4.3	68.5
ITEM7	.65633	7	.99415	4.1	72.7
ITEM8	.70774	8	.77338	3.2	75.9
ITEM9	.55294	9	.72846	3.0	78.9
ITEM10	.70330	10	.68668	2.9	81.8
ITEM11	.70425	11	.56312	2.3	84.1
ITEM12	.63402	12	.49688	2.1	86.2
ITEM13	.59641	13	.45339	1.9	88.1
ITEM14	.67007	14	.44909	1.9	90.0
ITEM15	.64802	15	.37213	1.6	91.5
ITEM16	.38375	16	.36018	1.5	93.0
ITEM17	.67229	17	.34038	1.4	94.4
ITEM18	.50926	18	.29899	1.2	95.7
ITEM19	.51322	19	.23046	1.0	96.7
ITEM20	.56105	20	.21365	.9	97.5
ITEM21	.54481	21	.17624	.7	98.3
ITEM22	.82285	22	.16634	.7	99.0
ITEM23	.41595	23	.14949	.6	99.6
ITEM24	.46877	24	.09692	.4	100.0

CONVERGENCE REQUIRED 6 ITERATIONS.

FACTOR	EIGENVALUE	PCT OF VAR	CUM PCT
1	5.52489	51.0	51.0
2	3.79500	35.0	86.1
3	1.50823	13.9	100.0

VARIMAX ROTATED FACTOR MATRIX
AFTER ROTATION WITH KAISER NORMALIZATION

	FACTOR 1	FACTOR 2	FACTOR 3	COMMUNALITY
ITEM1	-.74902	.00482	-.18582	.59559
ITEM2	-.10306	.79621	.05942	.64809
ITEM3	.58434	.05570	.28044	.42320
ITEM4	.16742	-.62133 ←→	.46892	.63396
ITEM5	.11817	-.02343	.46687	.23248
ITEM6	.08831	.49310	-.03936	.25249
ITEM7	.66800	.11430	.05172	.46196
ITEM8	.68891	.07025	.04549	.48160
ITEM9	-.02476	.43211	-.41689	.36113
ITEM10	-.04460	.55682	-.46873	.53175
ITEM11	.07129	.59068	-.43268	.54120
ITEM12	-.62663	.01467	-.18414	.42679
ITEM13	-.58590	.17444	-.28662	.45587
ITEM14	-.04833	.76727	.14902	.61325
ITEM15	-.67918	.13457	-.12646	.49539
ITEM16	-.43619	.05841	-.18038	.22621
ITEM17	.19956	-.13278	.74638	.61454
ITEM18	.02436	.54865	-.16865	.33005
ITEM19	.08552	-.02662	.62683	.40094
ITEM20	.27811	-.21883	.32642	.23178
ITEM21	.71710	.09614	-.03873	.52498
ITEM22	.05918	.90546	-.03273	.82443
ITEM23	.15915	-.06454	.38619	.17864
ITEM24	.30977	.01182	.49567	.34179

a) Hinweise für die auszuwählende Anzahl von Faktoren (geeignete Faktorenlösung) gibt u.a. der Verlauf der Eigenwerte. Er ist nachfolgend grafisch dargestellt.

SCREE-Test: Verlauf der Eigenwerte der ersten 8 Faktoren

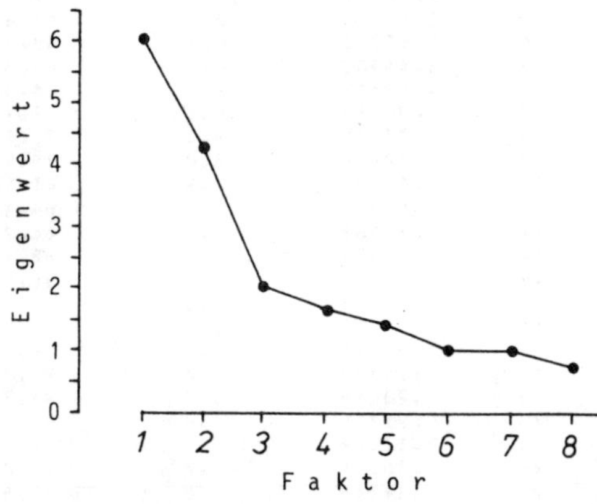

Der "Knick" nach dem dritten Faktor in der Eigenwertskurve gibt Hinweise darauf, daß es sinnvoll ist, die Extraktion nach diesen drei Faktoren abzubrechen.

Da es uns um die Überprüfung der dreifaktoriellen Struktur der Itembeantwortungen ging, entspricht dies auch unseren Absichten.

Insofern stellt unser Vorgehen einen Spezialfall der Anwendung der Faktorenanalyse da. Wir fragen in bezug auf die vorliegenden Daten letzlich nicht, wie viele Faktoren sinnvoll sind, sondern, ob unsere Hypothese des Vorhandenseins von (hauptsächlich) drei Faktoren sinnvoll ist.

Hat man keine Voraushypothese über die Anzahl der sinnvollerweise zu extrahierenden Faktoren, so liefert ein Verfahren wie der Scree-Test in der Regel nur erste Hinweise auf die sinnvolle (d.h. zu berücksichtigende) Faktorenzahl. Letztlich meist entscheidend ist in einem solchen Fall dann, wieweit sich die verschiedenen Faktorenlösungen psychologisch ausreichend interpretieren lassen und wieweit die einzelnen Faktoren der verschiedenen Lösungen bedeutsam genug sind (d.h. noch genügend viele Items mit substantiellen Ladungen aufweisen), um als eigenständige Faktoren berücksichtigt zu werden.

b) Die varimax-rotierte Faktorenmatrix ist im unteren Teil der vorangegangenen Seite wiedergegeben. Es zeigt sich, daß die den drei ESTAT-Skalen zugeordneten Items relativ deutlich auch eigene Faktoren konstituieren (vgl. die unterstrichenen Ladungen). Auf Faktor 1 laden in bedeutsamer Höhe die Items der Skala ESTAT 1. Entsprechend der Skalenbenennung würde man auch hier den Faktor benennen können (Faktor 1: Einstellung zu Sinn und Nutzen statistischer Methoden in der Psychologie). Die Items der Skala ESTAT 2 laden alle bedeutsam auf dem zweiten Faktor und die Items der Skala 3 auf den dritten Faktor. Bis auf das Item 4 weisen alle Items zu dem Faktor die höchste Beziehung (Ladung) auf, dem Sie unseren Voraushypothesen nach "zugehören". Da das Item 4 auch bedeutsam mit dem dritten ("seinem") Faktor korreliert, ist der Verbleib dieses Items in der Skala 3 jedoch berechtigt.

Prüft man die Ladungsmatrix auf Einfachstruktur (Prinzip: ein Item sollte möglichst hoch auf "seinem" Faktor und möglichst gering auf den übrigen laden), so zeigt sich, daß der erste Faktor sich besonders deutlich von den beiden übrigen abhebt, während auf den Faktoren 2 und 3 einige Items auftreten, die nicht unbedeutend auf dem "Fremdfaktor" laden.

Insgesamt kann jedoch gesagt werden, daß sich die an einer früheren Stichprobe bestimmte Faktoren- und Skalenstruktur des ESTAT in den Daten der jetzigen Stichprobe relativ gut replizieren läßt.

KAPITEL 16: LÖSUNGEN DER ÜBUNGSAUFGABEN

Die ESTAT-Daten wurden zum einen mit der SPSS-Prozedur RELIABILITY und zum anderen mit dem Programmsystem ITAMIS (KOHR 1978) analysiert. Die Darstellung der item- und skalenanalytischen Ergebnisse erfolgt an Hand der Ausgabe des Programms ITAMIS.

Die (geringfügigen) Unterschiede in den von RELIABILITY und ITAMIS bestimmten Trennschärfekoeffizienten haben ihre Ursache in der unterschiedlichen Art der Missing-Data-Ersetzung. Bei RELIABILITY wurde von uns für fehlende Werte jeweils der Wert 2,5 eingesetzt. ITAMIS ersetzte hingegen den bei einem Item fehlenden Wert einer Person jeweils durch das (ganzzahlig gerundete) Mittel aus den Antworten dieser Person auf die übrigen Items der Skala.

(1) Steueranweisungen für die SPSS-Prozedur RELIABILITY

```
RUN NAME          ITEMANALYSE ESTAT-FRAGEBOGEN (UEBUNGSAUFGABEN KAPITEL 16)
PAGESIZE          EJECT
VARIABLE LIST     ITEM1 TO ITEM24
INPUT FORMAT      (24F1.0)
RECODE            ITEM3 TO ITEM5,ITEM7,ITEM8,ITEM17,ITEM19 TO ITEM21,
                  ITEM23,ITEM24 (1=4)(2=3)(3=2)(4=1)/
                  ITEM1 TO ITEM24 (BLANK = 2.5)
RELIABILITY       VARIABLES = ITEM1 TO ITEM24/
                  SCALE(ESTAT1) = ITEM1,ITEM3,ITEM7,ITEM8,ITEM12,ITEM13,ITEM15,
                                  ITEM16,ITEM21/
                  SCALE(ESTAT2) = ITEM2,ITEM6,ITEM9,ITEM10,ITEM11,ITEM14,ITEM18,
                                  ITEM22/
                  SCALE(ESTAT3) = ITEM4,ITEM5,ITEM17,ITEM19,ITEM20,ITEM23,
                                  ITEM24/
                  MODEL = ALPHA
STATISTICS        4,9
```

(2) Steueranweisungen für das Programm ITAMIS

```
TEXTKAITEMANALYSE DES FRAGEBOGENS "EINSTELLUNG ZUR STATISTIK" (ESTAT)
PROBLM   92 24 3 2 0    1      11141 1 111                                    20
(24I1,3X,2A1)
DRUCKFORMATKARTE
(10X,3I3,5X,2A1)
SUBSKALENSCHABLONE
ZUWEIS01001,003,007,008,012,013,015,016,021
ZUWEIS02002,006,009,010,011,014,018,022
ZUWEIS03004,005,017,019,020,023,024
ENDE
INVERTIERUNGSSCHABLONE
ZUWEIS01003,004,005,007,008,017,019,020,021,023,024
ENDE
SUBSKALENKENNZEICHNUNGSKARTEN
1.EINSTELLUNG ZU SINN UND NUTZEN STATISTISCHER METHODEN IN DER PSYCHOLOGIE
2.AVERSION GEGEN MATHEMATISCH-STATISTISCHE METHODEN UND VORGEHENSWEISEN
3.FREUDE AM UMGANG MIT STATISTISCHEN METHODEN
ITEMKENNZEICHNUNGSKARTEN
01 STATISTIK HAT EIGENTLICH FUER PSYCHOLOGIE WENIG NUTZEN
03 STATISTISCHE KONZEPTE UND MODELLE ... SIND UNENTBEHRLICH
07 UNZUREICHENDE KENNTNISSE IN STATISTIK ... VERHINDERN KOMPETENTE ...
08 PSYCHOLOGISCHE FACHKOMPETENZ NUR ... WER STATISTISCHE KENNTNISSE HAT
12 STATISTISCHE METHODEN PASSEN NICHT ZUM GEGENSTAND DER PSYCHOLOGIE
13 DIE PSYCHOLOGIE SOLLTE SICH UM EIN VERSTAENDNIS DES MENSCHEN BEMUEHEN ...
15 EIN PSYCHOLOGE SOLLTE STATISTIK DEN MATHEMATIKERN UEBERLASSEN ...
16 GLAUBE, DASS ICH AUCH OHNE AUSBILDUNG IN METHODEN ERFOLGREICH SEIN KANN
21 VERSUCH,MENSCHLICHES VERHALTEN ZU QUANTIFIZIEREN IST NOTWENDIG
02 AN DEN MATHEUNTERRICHT ... HABE ICH KEINE GUTEN ERINNERUNGEN
06 FUEHLE MICH GESPANNT BEIM ARBEITEN MIT ZAHLEN UND FORMELN
09 DIE BUCHSTABEN UND SYMBOLE IN DER STATISTIK IRRITIEREN MICH
10 STATISTIK IST FUER MICH ZU SCHWIERIG
11 BEI STATISTISCHEN BERECHNUNGEN KANN ICH NICHT MEHR KLAR DENKEN
14 HATTE ANGST, IN MATHE AN DIE TAFEL GERUFEN ZU WERDEN
18 IN METHODENKURSE MUSS VIEL ZEIT INVESTIERT WERDEN,UM MITZUKOMMMEN
```

```
22 MATHEMATIK WAR NOCH NIE MEINE STARKE SEITE
04 ICH ARBEITE GERN MI ZAHLEN
05 DIE LOESUNG EINES STATISTISCHEN PROBLEMS BEFRIEDIGT MICH
17 ES MACHT MIR SPASS, TABELLEN AUFZUSTELLEN
19 ES MACHT MIR SPASS, GRAFISCHE DARSTELLUNGEN ANZUFERTIGEN
20 MATHEMATISCH-STATISTISCHE FORMELN FASZINIEREN MICH
23 VERWALTUNGSARBEIT MACHE ICH EIGENTLICH GANZ GERN
24 FORMELN FUER UNUEBERSEHBARE DATENMENGEN FASZINIEREN MICH
FINISH
```

(3) SPSS-Tabelle: Ergebnisse der Itemanalyse mittels Prozedur RELIABILITY (aus Formatgründen ist die Anordnung der Tabellen teilweise geändert)

STATISTICS FOR	MEAN	VARIANCE	STD DEV	VARIABLES
SCALE	23.61957	35.25478	5.93757	9

ITEM-TOTAL STATISTICS	SCALE MEAN IF ITEM DELETED	SCALE VARIANCE IF ITEM DELETED	CORRECTED ITEM-TOTAL CORRELATION	ALPHA IF ITEM DELETED
ITEM1	20.82065	27.77243	.71047	.84192
ITEM3	20.69565	29.03822	.57646	.85393
ITEM7	21.07065	27.99770	.58478	.85332
ITEM8	21.39130	28.11443	.61880	.84991
ITEM12	20.72283	28.32068	.63627	.84852
ITEM13	21.26630	28.09039	.57415	.85438
ITEM15	20.94022	27.33979	.65757	.84601
ITEM16	21.22826	29.10667	.44667	.86753
ITEM21	20.82065	29.11309	.61283	.85125

ALPHA = .86621

STATISTICS FOR	MEAN	VARIANCE	STD DEV	VARIABLES
SCALE	21.27174	33.95282	5.82690	8

ITEM-TOTAL STATISTICS	SCALE MEAN IF ITEM DELETED	SCALE VARIANCE IF ITEM DELETED	CORRECTED ITEM-TOTAL CORRELATION	ALPHA IF ITEM DELETED
ITEM2	18.54348	25.24534	.66199	.83322
ITEM6	18.94022	28.58155	.46364	.85507
ITEM9	18.60870	28.26828	.47971	.85362
ITEM10	18.17935	27.79440	.62638	.83994
ITEM11	18.19565	27.09866	.65202	.83628
ITEM14	18.54348	25.06952	.61561	.84009
ITEM18	19.30435	27.04372	.56855	.84435
ITEM22	18.58696	23.08576	.77581	.81739

ALPHA = .85774

STATISTICS FOR	MEAN	VARIANCE	STD DEV	VARIABLES
SCALE	14.59239	17.34027	4.16417	7

ITEM-TOTAL STATISTICS	SCALE MEAN IF ITEM DELETED	SCALE VARIANCE IF ITEM DELETED	CORRECTED ITEM-TOTAL CORRELATION	ALPHA IF ITEM DELETED
ITEM4	12.32609	12.04085	.56350	.73568
ITEM5	11.62500	13.20124	.44025	.76218
ITEM17	12.70652	12.69314	.67391	.71676
ITEM19	12.38587	13.17090	.56276	.73732
ITEM20	12.97826	13.60392	.51035	.74766
ITEM23	13.07065	15.03067	.30154	.78218
ITEM24	12.46196	12.75403	.47962	.75462

ALPHA = .77688

(4) ITAMIS-Tabelle: Ergebnisse der Itemanalyse mit dem Programm ITAMIS (aus Formatgründen ist die Anordnung der Tabellen teilweise geändert)

ITEMANALYSE DES FRAGEBOGENS "EINSTELLUNG ZUR STATISTIK" (ESTAT)

AUSGABE DER SKALENSUMMENWERTE

32	9	7	1	23	20	11	32	26	14	19	63
32	19	18	2	21	12	11	33	26	27	11	64
25	14	9	3	20	12	15	34	24	22	18	65
35	29	20	4	22	18	12	35	29	31	17	66
36	16	22	5	26	22	16	36	30	18	19	67
20	20	13	6	26	24	22	37	34	25	16	68
21	14	17	7	21	22	13	38	22	22	8	69
36	15	19	8	12	25	13	39		27	19	70
26	22	15	9	24	27	12	40	24	28	15	71
19	12	7	10	11	8	9	41	20	18	9	72
25	10	14	11	21	30	18	42	33	21	15	73
30	26	13	12	31	25	23	43	22	20	14	74
29	24	14	13	15	23	12	44	27	12	12	75
32	28	17	14	21	13	12	45	15	29	20	76
27	30	20	15	22	29	9	46	31	32	21	77
23	26	16	16	20	29	15	47	31	19	14	78
33	27	14	17	16	14	14	48	13	19	11	79
17	20	15	18	22	17	12	49	19	17	13	80
21	22	23	19	14	25	21	50	19	25	14	81
26	16	16	20	20	26	15	51	12	14	9	82
17	26	17	21	25	19	19	52	13	19	7	83
23	28	15	22	26	23	19	53	16	24	8	84
23	29	21	23	31	23	18	54	25	25	15	85
26	26	12	24	19	24	11	55	25	10	12	86
27	22	19	25	24	21	14	56	30	23	25	87
30	26	16	26	22	16	8	57	24	15	13	88
24	20	10	27	25	26	15	58	23	22	13	89
27	20	19	28	25	20	11	59	17	21	18	90
20	12	8	29	24	20	17	60	12	24	10	91
29	25	15	30	19	30	10	61	14	29	10	92
26	16	19	31	33	12	10	62				

Erläuterung

Pro Skala waren 20% Missing Data als tolerabel (und ersetzbar) angegeben worden (Spalte 79-80 der Parameterkarte). Proband # 70 hatte auf der Skala ESTAT 1 drei blanks (= 33%). Es wurde deshalb für ihn kein Skalenwert ESTAT 1 bestimmt (= blank).

SKALA 1 EINSTELLUNG ZU SINN UND NUTZEN STATISTISCHER METHODEN IN DER PSYCHOLOGIE

KOEFFIZIENT	ERLAEUTERUNG
9	ITEMZAHL
23.67	MITTELWERT
5.97	STANDARDABWEICHUNG

KONSISTENZSCHAETZUNGEN(ODD-EVEN SPLIT-HALF)

.78	KORRELATION DER HAELFTEN
.87	CRONBACH ALPHA (BZW. KR 20)
.88	SPEARMAN-BROWN
.86	FLANAGAN
.86	KRISTOF

DURCHSCHNITTLICHE TRENNSCHAERFEKOEFFIZIENTEN(FISHER-Z-TRANSFORMIERT)

.61	PART-WHOLE KORRIGIERT (SKALA)
.70	UNKORRIGIERT (SKALA)
.43	PART-WHOLE KORRIGIERT (GESAMT)

SUMMENWERT	FREQUENZ	PROZENT	FREQUENZ (KUMULIERT)	PROZENT (KUMULIERT)	Z-WERT	T=50+10Z	PROZENTRANG
11	1	1.10	1	1.10	-2.12	29	1
12	3	3.30	4	4.40	-1.95	30	3
13	2	2.20	6	6.59	-1.79	32	5
14	2	2.20	8	8.79	-1.62	34	8
15	2	2.20	10	10.99	-1.45	35	10
16	2	2.20	12	13.19	-1.28	37	12
17	3	3.30	15	16.48	-1.12	39	15
19	5	5.49	20	21.98	-.78	42	19
20	6	6.59	26	28.57	-.61	44	25
21	6	6.59	32	35.16	-.45	46	32
22	6	6.59	38	41.76	-.28	47	38
23	5	5.49	43	47.25	-.11	49	45
24	7	7.69	50	54.95	.06	51	51
25	7	7.69	57	62.64	.22	52	59
26	9	9.89	66	72.53	.39	54	68
27	4	4.40	70	76.92	.56	56	75
29	3	3.30	73	80.22	.89	59	79
30	4	4.40	77	84.62	1.06	61	82
31	4	4.40	81	89.01	1.23	62	87
32	3	3.30	84	92.31	1.39	64	91
33	3	3.30	87	95.60	1.56	66	94
34	1	1.10	88	96.70	1.73	67	96
35	1	1.10	89	97.80	1.90	69	97
36	2	2.20	91	100.00	2.06	71	99

SKALA 1 EINSTELLUNG ZU SINN UND NUTZEN STATISTISCHER METHODEN IN DER PSYCHOLOGIE

INR	LF	SK	I	D	R	MDC	U	O	MITT	STAB	NMDI	RCSKA	R-SKA	RCGES	ITEMKENNZEICHNUNG
1	1	1				0	1	4	2.80	.90	1	.71	.78	.50	01 STATISTIK HAT EIGENTLICH
3	2	1	1			0	1	4	2.93	.87	2	.56	.67	.42	03 STATISTISCHE KONZEPTE
7	3	1	1			0	1	4	2.55	1.01	1	.58	.69	.33	07 UNZUREICHENDE KENNTNISSE
8	4	1	1			0	1	4	2.23	.95	0	.62	.71	.37	08 PSYCHOLOGISCHE FACHKOMPE
12	5	1				0	1	4	2.90	.91	1	.64	.72	.44	12 STATISTISCHE METHODEN
13	6	1				0	1	4	2.36	1.01	1	.58	.69	.58	13 DIE PSYCHOLOGIE SOLLTE
15	7	1				0	1	4	2.67	1.01	1	.66	.75	.51	15 EIN PSYCHOLOGE SOLLTE
16	8	1				0	1	4	2.39	1.05	0	.45	.58	.38	16 GLAUBE, DASS ICH AUCH
21	9	1	1			0	1	4	2.91	.83	3	.61	.70	.30	21 VERSUCH,MENSCHLICHES

AUSGABE DER PART-WHOLE KORRIGIERTEN TRENNSCHAERFEN IN BEZUG AUF ALLE SKALEN

SKALA 1 EINSTELLUNG ZU SINN UND NUTZEN STATISTISCHER METHODEN IN DER PSYCHOLOGIE

ITEMKENNZEICHNUNG(1-24)	INR	LF	SK	1	2	3
01 STATISTIK HAT EIGENTL	1	1	1	.71	.05	.34
03 STATISTISCHE KONZEPTE	3	2	1	.58	.02	.32
07 UNZUREICHENDE KENNTNI	7	3	1	.58	-.10	.23
08 PSYCHOLOGISCHE FACHKO	8	4	1	.62	-.05	.26
12 STATISTISCHE METHODEN	12	5	1	.64	.08	.22
13 DIE PSYCHOLOGIE SOLLT	13	6	1	.58	.20	.44
15 EIN PSYCHOLOGE SOLLTE	15	7	1	.66	.14	.29
16 GLAUBE, DASS ICH AUCH	16	8	1	.45	.11	.25
21 VERSUCH,MENSCHLICHES	21	9	1	.61	-.10	.14
DURCHSCHNITTLICHE TRENNSCH.(KORR.)				.61	.04	.28

Erläuterungen

- INR : Item-Nr. im Gesamtfragebogen
- LF : Item-Nr. innerhalb der Skala
- SK : Skala-Nr.
- I : 1 = Inversion
- D : Dichotomisierung
- R : Richtig-Falsch
- MDC : Missing Data Code
- MITT : Mittel nach Inversion
- STAB : Standardabweichung
- NMDI : Zahl der Missing Data/Item
- RCSKA : Korrigierte Trennschärfe
- R-SKA : unkorrigierte Trennschärfe
- RCGES : Korrelation zu Summe aller Items (nur sinnvoll, wenn "Gesamtskala" sinnvoll)

SKALA 1 EINSTELLUNG ZU SINN UND NUTZEN STATISTISCHER METHODEN IN DER PSYCHOLOGIE

ITEMTEXT(1-48)	NVP	INR	LF	SK	I	0	1	2	3	4
01 STATISTIK HAT	91	1	1	1		0	10	17	45	19
EIGENTLICH FUER						0	10	17	45	19
PSYCHOLOGIE WEN						0.0	11.0	18.7	49.5	20.9
03 STATISTISCHE	92	3	2	1	1	0	26	38	20	6
KONZEPTE UND MOD						0	6	20	40	26
ELLE ... SIND UN						0.0	6.5	21.7	43.5	28.3
07 UNZUREICHENDE	92	7	3	1	1	0	19	28	28	16
KENNTNISSE IN S						0	16	28	29	19
TATISTIK ... VER						0.0	17.4	30.4	31.5	20.7
08 PSYCHOLOGISCH	92	8	4	1	1	0	9	27	32	24
E FACHKOMPETENZ						0	24	32	27	9
NUR ... WER STAT						0.0	26.1	34.8	29.3	9.8
12 STATISTISCHE	91	12	5	1		0	9	15	43	24
METHODEN PASSEN						0	9	15	43	24
NICHT ZUM GEGENS						0.0	9.9	16.5	47.3	26.4
13 DIE PSYCHOLOG	92	13	6	1		0	23	26	29	13
IE SOLLTE SICH U						0	23	26	30	13
M EIN VERSTAENDN						0.0	25.0	28.3	32.6	14.1
15 EIN PSYCHOLOG	92	15	7	1		0	15	20	35	21
E SOLLTE STATIST						0	15	21	35	21
IK DEN MATHEMATI						0.0	16.3	22.8	38.0	22.8
16 GLAUBE, DASS	92	16	8	1		0	22	29	24	17
ICH AUCH OHNE AU						0	22	29	24	17
SBILDUNG IN METH						0.0	23.9	31.5	26.1	18.5
21 VERSUCH,MENSC	91	21	9	1	1	0	15	51	14	9
HLICHES VERHALTE						0	9	14	53	15
N ZU QUANTIFIZIE						0.0	9.9	15.4	58.2	16.5

Erläuterungen

Antwortverteilung:
- f_{abs} vor Inversion
- f_{abs} nach Inversion
- $f_{\%}$ nach Inversion

NVP: Anzahl der Meßwerte nach Missing-Data-Ersetzung

SKALA 2 AVERSION GEGEN MATHEMATISCH-STATISTISCHE METHODEN UND VORGEHENSWEISEN

KOEFFIZIENT	ERLAEUTERUNG
8	ITEMZAHL
21.26	MITTELWERT
5.33	STANDARDABWEICHUNG

KONSISTENZSCHAETZUNGEN(ODD-EVEN SPLIT-HALF)

.76	KORRELATION DER HAELFTEN
.86	CRONBACH ALPHA (BZW. KR 20)
.86	SPEARMAN-BROWN
.86	FLANAGAN
.86	KRISTOF

DURCHSCHNITTLICHE TRENNSCHAERFEKOEFFIZIENTEN(FISHER-Z-TRANSFORMIERT)

.62	PART-WHOLE KORRIGIERT (SKALA)
.72	UNKORRIGIERT (SKALA)
.41	PART-WHOLE KORRIGIERT (GESAMT)

SUMMENWERT	FREQUENZ	PROZENT	FREQUENZ (KUMULIERT)	PROZENT (KUMULIERT)	Z-WERT	T=50+10Z	PROZENTRANG
8	1	1.09	1	1.09	-2.27	27	1
9	1	1.09	2	2.17	-2.10	29	2
10	2	2.17	4	4.35	-1.93	31	3
12	6	6.52	10	10.87	-1.59	34	8
13	1	1.09	11	11.96	-1.42	36	11
14	5	5.43	16	17.39	-1.24	38	15
15	2	2.17	18	19.57	-1.07	39	18
16	4	4.35	22	23.91	-.90	41	22
17	2	2.17	24	26.09	-.73	43	25
18	3	3.26	27	29.35	-.56	44	28
19	5	5.43	32	34.78	-.39	46	32
20	8	8.70	40	43.48	-.22	48	39
21	3	3.26	43	46.74	-.04	50	45
22	8	8.70	51	55.43	.13	51	51
23	4	4.35	55	59.78	.30	53	58
24	5	5.43	60	65.22	.47	55	62
25	7	7.61	67	72.83	.64	56	69
26	7	7.61	74	80.43	.81	58	77
27	4	4.35	78	84.78	.98	60	83
28	3	3.26	81	88.04	1.16	62	86
29	6	6.52	87	94.57	1.33	63	91
30	3	3.26	90	97.83	1.50	65	96
31	1	1.09	91	98.91	1.67	67	98
32	1	1.09	92	100.00	1.84	68	99

SKALA 2 AVERSION GEGEN MATHEMATISCH-STATISTISCHE METHODEN UND VORGEHENSWEISEN

INR	LF	SK	I	D	R	MDC	U	O	MITT	STAB	NMDI	RCSKA	R-SKA	RCGES	ITEMKENNZEICHNUNG
2	1	2				0	1	4	2.73	1.12	0	.66	.76	.44	02 AN DEN MATHEUNTERRICHT
6	2	2				0	1	4	2.33	.92	1	.47	.59	.22	06 FUEHLE MICH GESPANNT
9	3	2				0	1	4	2.66	.94	0	.48	.60	.46	09 DIE BUCHSTABEN UND
10	4	2				0	1	4	3.09	.83	1	.62	.71	.54	10 STATISTIK IST FUER
11	5	2				0	1	4	3.08	.89	0	.65	.73	.48	11 BEI STATISTISCHEN
14	6	2				0	1	4	2.73	1.21	0	.62	.74	.34	14 HATTE ANGST, IN MATHE
18	7	2				0	1	4	1.97	1.00	0	.57	.68	.35	18 IN METHODENKURSE MUSS
22	8	2				0	1	4	2.68	1.25	0	.78	.85	.42	22 MATHEMATIK WAR NOCH

AUSGABE DER PART-WHOLE KORRIGIERTEN TRENNSCHAERFEN IN BEZUG AUF ALLE SKALEN

SKALA 2 AVERSION GEGEN MATHEMATISCH-STATISTISCHE METHODEN UND VORGEHENSWEISEN

ITEMKENNZEICHNUNG(1-24)	INR	LF	SK	1	2	3
02 AN DEN MATHEUNTERRICH	2	1	2	.08	.66	.23
06 FUEHLE MICH GESPANNT	6	2	2	-.05	.47	.07
09 DIE BUCHSTABEN UND SY	9	3	2	.14	.48	.35
10 STATISTIK IST FUER MI	10	4	2	.17	.62	.39
11 BEI STATISTISCHEN BER	11	5	2	.06	.65	.36
14 HATTE ANGST, IN MATHE	14	6	2	.01	.62	.14
18 IN METHODENKURSE MUSS	18	7	2	.04	.57	.16
22 MATHEMATIK WAR NOCH N	22	8	2	-.05	.78	.27
DURCHSCHNITTLICHE TRENNSCH.(KORR.)				.05	.62	.25

SKALA 2 AVERSION GEGEN MATHEMATISCH-STATISTISCHE METHODEN UND VORGEHENSWEISEN

ITEMTEXT(1-48)	NVP	INR	LF	SK	I	0	1	2	3	4
02 AN DEN MATHEU	92	2	1	2		0	19	16	28	29
NTERRICHT ... HA						0	19	16	28	29
BE ICH KEINE GUT						0.0	20.7	17.4	30.4	31.5
06 FUEHLE MICH G	92	6	2	2		0	20	29	34	8
ESPANNT BEIM ARB						0	20	30	34	8
EITEN MIT ZAHLEN						0.0	21.7	32.6	37.0	8.7
09 DIE BUCHSTABE	92	9	3	2		0	13	22	40	17
N UND SYMBOLE IN						0	13	22	40	17
DER STATISTIK I						0.0	14.1	23.9	43.5	18.5
10 STATISTIK IST	92	10	4	2		0	4	15	40	32
FUER MICH ZU SC						0	4	16	40	32
HWIERIG						0.0	4.3	17.4	43.5	34.8
11 BEI STATISTIS	92	11	5	2		0	8	9	43	32
CHEN BERECHNUNGE						0	8	9	43	32
N KANN ICH NICHT						0.0	8.7	9.8	46.7	34.8
14 HATTE ANGST,	92	14	6	2		0	21	19	16	36
IN MATHE AN DIE						0	21	19	16	36
TAFEL GERUFEN ZU						0.0	22.8	20.7	17.4	39.1
18 IN METHODENKU	92	18	7	2		0	38	28	17	9
RSE MUSS VIEL ZE						0	38	28	17	9
IT INVESTIERT WE						0.0	41.3	30.4	18.5	9.8
22 MATHEMATIK WA	92	22	8	2		0	25	15	16	36
R NOCH NIE MEINE						0	25	15	16	36
STARKE SEITE						0.0	27.2	16.3	17.4	39.1

SKALA 3 FREUDE AM UMGANG MIT STATISTISCHEN METHODEN

KOEFFIZIENT	ERLAEUTERUNG
7	ITEMZAHL
14.59	MITTELWERT
4.20	STANDARDABWEICHUNG

KONSISTENZSCHAETZUNGEN(ODD-EVEN SPLIT-HALF)

.59	KORRELATION DER HAELFTEN
.78	CRONBACH ALPHA (BZW. KR 20)
.75	SPEARMAN-BROWN
.70	FLANAGAN
.71	KRISTOF

DURCHSCHNITTLICHE TRENNSCHAERFEKOEFFIZIENTEN(FISHER-Z-TRANSFORMIERT)

.52	PART-WHOLE KORRIGIERT (SKALA)
.67	UNKORRIGIERT (SKALA)
.44	PART-WHOLE KORRIGIERT (GESAMT)

SUMMENWERT	FREQUENZ	PROZENT	FREQUENZ (KUMULIERT)	PROZENT (KUMULIERT)	Z-WERT	T=50+10Z	PROZENTRANG
7	3	3.26	3	3.26	-1.81	32	2
8	4	4.35	7	7.61	-1.57	34	5
9	5	5.43	12	13.04	-1.33	37	10
10	5	5.43	17	18.48	-1.09	39	16
11	6	6.52	23	25.00	-.85	41	22
12	8	8.70	31	33.70	-.62	44	29
13	7	7.61	38	41.30	-.38	46	37
14	8	8.70	46	50.00	-.14	49	46
15	11	11.96	57	61.96	.10	51	56
16	5	5.43	62	67.39	.34	53	65
17	5	5.43	67	72.83	.57	56	70
18	5	5.43	72	78.26	.81	58	76
19	9	9.78	81	88.04	1.05	61	83
20	3	3.26	84	91.30	1.29	63	90
21	3	3.26	87	94.57	1.53	65	93
22	2	2.17	89	96.74	1.77	68	96
23	2	2.17	91	98.91	2.00	70	98
25	1	1.09	92	100.00	2.48	75	99

SKALA 3 3.FRFUDE AM UMGANG MIT STATISTISCHEN METHODEN

INR	LF	SK	I	D	R	MDC	U	O	MITT	STAB	NMDI	RCSKA	R-SKA	RCGES	ITEMKENNZEICHNUNG
4	1	3	1			0	1	4	2.27	1.07	3	.57	.73	.66	04 ICH ARBEITE GERN
5	2	3	1			0	1	4	2.97	.99	0	.44	.62	.28	05 DIE LOESUNG EINES
17	3	3	1			0	1	4	1.89	.83	1	.68	.78	.55	17 ES MACHT MIR SPASS,
19	4	3	1			0	1	4	2.21	.85	0	.57	.70	.36	19 ES MACHT MIR SPASS,
20	5	3	1			0	1	4	1.60	.81	1	.54	.67	.46	20 MATHEMATISCH-STATIS
23	6	3	1			0	1	4	1.52	.75	0	.30	.46	.31	23 VERWALTUNGSARBEIT
24	7	3	1			0	1	4	2.13	1.03	0	.49	.66	.40	24 FORMELN FUER UNUEBE

SKALA 3 3.FRFUDE AM UMGANG MIT STATISTISCHEN METHODEN

ITEMTEXT(1-48)	NVP	INR	LF	SK	I	0	1	2	3	4
04 ICH ARBEITE G	92	4	1	3	1	0	14	24	22	29
ERN MI ZAHLEN						0	29	23	26	14
						0.0	31.5	25.0	28.3	15.2
05 DIE LOESUNG E	92	5	2	3	1	0	31	39	10	12
INES STATISTISCH						0	12	10	39	31
EN PROBLEMS BEFR						0.0	13.0	10.9	42.4	33.7
17 ES MACHT MIR	92	17	3	3	1	0	2	20	34	35
SPASS. TABELLEN						0	35	34	21	2
AUFZUSTELLEN						0.0	38.0	37.0	22.8	2.2
19 ES MACHT MIR	92	19	4	3	1	0	5	29	38	20
SPASS. GRAFISCHE						0	20	38	29	5
DARSTELLUNGEN A						0.0	21.7	41.3	31.5	5.4
20 MATHEMATISCH-	92	20	5	3	1	0	2	13	23	53
STATISTISCHE FOR						0	54	23	13	2
MELN FASZINIEREN						0.0	58.7	25.0	14.1	2.2
23 VERWALTUNGSAR	92	23	6	3	1	0	2	8	26	56
BEIT MACHE ICH E						0	56	26	8	2
IGENTLICH GANZ G						0.0	60.9	28.3	8.7	2.2
24 FORMELN FUER	92	24	7	3	1	0	8	31	18	35
UNUEBERSEHBARE D						0	35	18	31	8
ATENMENGEN FASZI						0.0	38.0	19.6	33.7	8.7

```
AUSGABE DER PART-WHOLE KORRIGIERTEN TRENNSCHAERFEN IN BEZUG AUF ALLE SKALEN
---------------------------------------------------------------------------

SKALA  3    FREUDE AM UMGANG MIT STATISTISCHEN METHODEN
===========================================================================

ITEMKENNZEICHNUNG(1-24)*INR*LF*SK*    1       2       3
04 ICH ARBEITE GERN MI Z   4  1  3   .24     .62     .57
05 DIE LOESUNG EINES STA   5  2  3   .19     .06     .44
17 ES MACHT MIR SPASS, T  17  3  3   .34     .26     .68
19 ES MACHT MIR SPASS, G  19  4  3   .18     .14     .57
20 MATHEMATISCH-STATISTI  20  5  3   .28     .23     .54
23 VERWALTUNGSARBEIT MAC  23  6  3   .26     .14     .30
24 FORMELN FUER UNUEBERS  24  7  3   .38     .06     .49

DURCHSCHNITTLICHE TRENNSCH.(KORR.)   .27     .23     .52


INTERKORRELATION DER SUMMENWERTE (MISSING DATA KORRELATIONEN)
-------------------------------------------------------------

UNTER DER DIAGONALEN STEHEN DIE ANZAHLEN DER KREUZPRODUKTE

NR.  SKALENBEZEICHNUNG                          1     2     3
  1     EINSTELLUNG ZU SINN UND NUTZEN STA     91.   .06   .41
  2     AVERSION GEGEN MATHEMATISCH-STATIS     91.   92.   .34
  3     FREUDE AM UMGANG MIT STATISTISCHEN     91.   92.   92.

DURCHSCHNITTLICHE KORRELATION DER SKALENSUMMENWERTE =    .27
```

a) Zusammenstellung der wichtigsten Itemkennwerte, gezeigt am Beispiel der Skala ESTAT 1 (Da es um die Demonstration der Darstellung itemanalytischer Ergebnisse geht, sind die Itemformulierungen nur auszugsweise wiedergegeben).

Skala ESTAT 1 Einstellung zu Sinn und Nutzen statistischer Methoden in der Psychologie	Polung (1=Inversion)	$\bar{x}$ (vor Inversion)	$\bar{x}$ (nach Inversion)	Standardabweichung	Trennschärfe (korrigiert)	Korrelation mit Skala		Antwortverteilung (vor Inversion) $f_{\%}$				N (vor MD Ersetzung)
						2	3	1	2	3	4	N
1 Statistik hat eigentlich für		2,8	2,8	0,90	.71	.05	.34	11	19	49	21	91
3 Statistische Konzepte und	1	2,1	2,9	0,87	.58	.02	.32	29	42	22	7	90
7 Unzureichende Kenntnisse in	1	2,4	2,6	1,01	.58	-.10	.23	21	31	31	18	91
8 Psychologische Fachkompetenz	1	2,2	2,2	0,95	.62	-.05	.26	10	29	35	26	92
12 Statistische Methoden passen		2,9	2,9	0,91	.64	.08	.22	10	16	47	26	91
13 Die Psychologie sollte sich		2,4	2,4	1,01	.58	.20	.44	25	29	32	14	91
15 Ich finde, daß ein Psychologe ...		2,7	2,7	1,01	.66	.14	.29	16	22	38	23	91
16 Ich glaube, daß ich auch ohne ..		2,4	2,4	1,05	.45	.11	.25	24	32	26	18	92
21 Der Versuch, menschliches	1	2,2	2,8	0,83	.61	-.10	.14	17	57	16	10	89

Cronbach alpha: ESTAT 1 (.87); ESTAT 2 (.86); ESTAT 3 (.78)

b) Wie eine Inspektion der Histogramme zeigt, verteilen sich die Werte der Skalen ESTAT 1 und 2 annähernd symmetrisch über den gesamten Wertebereich. Die Skala ESTAT 3 weicht hingegen erkennbar von der Symmetrie ab; ein hohes Ausmaß der "Freude am Umgang mit statistischen Methoden" ist seltener als das geringe oder fehlende Vorhandensein einer derartigen "Freude". Die Verteilungen demonstrieren, daß bei allen durch die Skalen erfaßten Aspekten der Einstellung gegenüber Statistik unter Psychologieanfängern (nach einem Semester) sowohl deutlich negative wie deutlich positive Ausprägungen auftreten, wobei jedoch der überwiegende Teil der Personen eine mittlere Einstellungsposition einnimmt.

Verteilung der Skalenwerte ESTAT 1		Verteilung der Skalenwerte ESTAT 2		Verteilung der Skalenwerte ESTAT 3	
9		8	X	7	XXX
10		9	X	8	XXXX
11	X	10	XX	9	XXXXX
12	XXX	11		10	XXXXX
13	XX	12	XXXXXX	11	XXXXXX
14	XX	13	X	12	XXXXXXXX
15	XX	14	XXXXX	13	XXXXXXX
16	XX	15	XX	14	XXXXXXXX
17	XXX	16	XXXX	15	XXXXXXXXXXX
18		17	XX	16	XXXXX
19	XXXXX	18	XXX	17	XXXXX
20	XXXXXX	19	XXXXX	18	XXXXX
21	XXXXXX	20	XXXXXXXX	19	XXXXXXXXX
22	XXXXXX	21	XXX	20	XXX
23	XXXXX	22	XXXXXXXX	21	XXX
24	XXXXXXX	23	XXXX	22	XX
25	XXXXXXX	25	XXXXXXX	23	XX
26	XXXXXXXXX	26	XXXXXXX	24	
27	XXXX	27	XXXX	25	X
28		28	XXX	26	
29	XXX	29	XXXXXX	27	
30	XXXX	30	XXX	28	
31	XXXX	31	X		
32	XXX	32	X		
33	XXX				
34	X				
35	X				
36	X				

Primäre Häufigkeitsverteilung der ESTAT-Skalenwerte (f_{abs})

c)

	Frühere Stichpr.	Jetzige Stichpr.
Item 1	.78	.71
Item 3	.78	.58
Item 7	.67	.58
Item 8	.70	.62
Item 12	.79	.64
Item 13	.71	.58
Item 15	.73	.66
Item 16	.76	.45
Item 21	.72	.61

Die Trennschärfekoeffizienten fallen in der jetzigen Stichprobe durchgehend niedriger aus als in der früheren Stichprobe (aufgrund deren Daten die ESTAT-Skalen konstruiert worden waren). Man kann jedoch sagen, daß das Trennschärfemuster hinreichend erhalten geblieben ist und die "Skalengüte" von ESTAT 1 eine ausreichende Stichprobenunabhängigkeit aufweist (diese Aussage wird auch bestätigt durch weitere itemanalytische Befunde zu ESTAT 1 an anderen Stichproben).

d) Interkorrelationen:

	ESTAT 2	ESTAT 3
ESTAT 1	.06	.41
ESTAT 2		.34

Die "Einstellung zu Sinn und Nutzen statistischer Methoden in der Psychologie" (1) ist praktisch unabhängig vom Ausmaß der "Aversion gegen mathematisch-statistische Methoden und Vorgehensweisen" (2). Die übrigen Skaleninterkorrelationen sind zwar nicht unbedeutend, jedoch so niedrig, daß man davon ausgehen kann, daß mit den Subskalen des ESTAT insgesamt hinreichend unterschiedliche Aspekte der Einstellung zur Statistik erfaßt werden.

e) Die Zuordnung der 24 Items zu den drei Subskalen hat sich durch die Faktorenanalyse bestätigen lassen. Den Skalen liegen somit faktoriell begründbare Einstellungsdimensionen zugrunde. Die Kennwerte der Item- und Skalengüte weisen bei den Skalen ESTAT 1 und 2 eine befriedigende Höhe auf. Bei ESTAT 3 könnte man von "noch befriedigend" sprechen, da die Trennschärfe des Items 23 relativ niedrig ausfällt und das Item 4 praktisch gleich hoch zur Skala ESTAT 2 korreliert. Die Skalen erfassen drei voneinander relativ unabhängige Einstellungsaspekte.

Anmerkungen zum Programm ITAMIS

Das Programmsystem ITAMIS steht an einem Teil der Hochschul-Rechenzentren der Bundesrepublik zur Verfügung. Beschreibungen des Systems sind erhältlich bei:

Dr. Heinz U. Kohr
Sozialwissenschaftliches Institut
der Bundeswehr
Winzererstr. 52

8000 München 40

ANHANG C
SYMBOLVERZEICHNIS*)

a	Ordinatenabschnitt, Regression Y auf X 185, 189 (81)
a_{jk}	Ladung Variable j im Faktor k 345-346, 352
a_{yx}	Ordinatenabschnitt, Regression Y auf X 191
a_{xy}	Ordinatenabschnitt, Regression X auf Y 191 (86)
b	Steigung; Regressionskoeffizient Y auf X 185, 189 (81)
b_{yx}	Regressionskoeffizient Y auf X 191
b_{xy}	Regressionskoeffizient X auf Y 191 (85)
cum_f	Kumulierte absolute Häufigkeit 42
$cum_{f/n}$	Kumulierte relative Häufigkeit 43
$cum_{f\%}$	Kumulierte prozentuale Häufigkeit 44
DA	Durchschnittliche Abweichung vom Mittel 108 (39) (40)
DA_{Median}	Durchschnittliche Abweichung vom Median 109
e_i	$(= Y_i - Y_i')$ Vorhersagefehler bei Person i 196
Eta_{yx}	Korrelationsverhältnis, Y auf X 300 (162)
Eta^2_{yx}	Korrelationsverhältnis, Y auf X 304, 305 (164) (166) (167)
Eta_{xy}	Korrelationsverhältnis, X auf Y 300 (163)
f_{abs}	Absolute Häufigkeit 42
f_i	Häufigkeit im Intervall i 67-68
f/n	Relative Häufigkeit 42
$f\%$	Prozentuale Häufigkeit 42
GM	Geometrisches Mittel 81 (15) (16)
h^2_j	Kommunalität der Variablen j 349, 353 (205)
HM	Harmonisches Mittel 85 (17)
i	Probandenindex 30
j	Gruppenindex 30
J	Anzahl der Gruppen 30
k	Alienationskoeffizient 242 (117)
KHM	Kontraharmonisches Mittel 87 (18) (19)
Md	Median 63, 65 (9)
Mo	Modalwert 62
MQA	Mittlerer Quartilabstand 91 (20) (21)
n	Anzahl der Fälle (Meßwerte) 30
N	Anzahl der Meßwerte (Population) 93
n_j	Fallzahl in Gruppe j 30
$N(0;1)$	Standardnormalverteilung 123
$N(\mu;\sigma)$	[bzw. $N(\bar{X};s)$]: beliebige Normalverteilung 122
P_{25}, P_{75}	Perzentil 25 bzw. 75; 57 (7)
Phi	Phi-Korrelationskoeffizient 262, 265 (122) (124)
PR	Prozentrang 60 (8)
Q_1, Q_3	Quartil 1 bzw. 3; 91
r^2	Determinationskoeffizient 246 (121)
r_{bis}	Biserialer Korrelationskoeffizient 280-281 (133) (134)
r_{ig-i}	$(= r_{it-i})$: korrigierter Trennschärfekoeffizient 392, 397, 410-411 (230)
r_{pbis}	Punktbiserialer Korrelationskoeffizient 272 (127) (128) (129)
r_{rb}	Rangbiserialer Korrelationskoeffizient 294-295 (160) (161)
r_s	Spearman Rangkorrelationskoeffizient 283, 285, 288 (138) (139) (153)
r_{tet}	Tetrachorischer Korrelationskoeffizient 276 (131) (132)
r_{TT}	$(= r_{tt})$: Reliabilitätskoeffizient 383, 386-387 (218) (222) (223) (224) (225)
$r_{xe_{y.z}}$	Semi-Partialkorrelationskoeffizient 230-231 (101) (106)
r_{xy}	Pearson Produkt-Moment-Korrelationskoeffizient (Stichprobe) 155-158, 216 (58) (64) (65) (99)
$r_{xy.z}$	Partialkorrelationskoeffizient 233, 235 (109) (114)
$r_{1(2.3)}$	Semi-Partialkorrelationskoeffizient 231 (107)
$r_{12.3}$	Partialkorrelationskoeffizient 235 (115)
$r_{12.34}$	Partialkorrelationskoeffizient 2. Ordnung 237 (116)

R	Multipler Korrelationskoeffizient 319-321 (188) (190) (191)
R^2	Multipler Determinationskoeffizient 324 (192)
s	Standardabweichung (Stichprobe) 100 (31)
SAQ	Summe der Abweichungsquadrate 93, 97 (22) (27)
s_e	Standardschätzfehler (Regression Y auf X) 198 (97)
s_E	Standardmeßfehler 388 (226)
s_{eR}	Standardschätzfehler (Multiple Regression) 331 (196) (197)
$s_{e(yx)}$	Standardschätzfehler (Regression Y auf X) 198 (97)
$s_{e(xy)}$	Standardschätzfehler (Regression X auf Y) 198 (98)
$s_{e[yx]}$	Standardschätzfehler (nichtlineare Regression Y auf X) 310 (174) (175)
s_x	Standardabweichung (Variable X) 189
s_{xy}	Kovarianz (Stichprobe) 154 (56b)
s_y	Standardabweichung (Variable Y) 189
s^2	Varianz (Stichprobe) 95-96 (24) (25) (26) (28) (29)
s_e^2	Varianzschätzfehler (Regression Y auf X) 196-197 (93) (96)
s_G^2	Gesamtvarianz von J Gruppen 105 (32)
s_I^2	Durchschnittliche Varianz innerhalb von J Gruppen 106-107 (33) (34) (36) (37)
$s_{x'}^2$	Varianz der vorhergesagten X-Werte 300
$s_{y'}^2$	Varianz der vorhergesagten Y-Werte 245
s_{x+y}^2	Varianz der Summe X + Y 421, 426 (243) (246) (248)
s_{x-y}^2	Varianz der Differenz X - Y 423, 426 (249) (250)
Tau	Kendall's Rangkorrelationskoeffizient Tau 291-292 (157) (158) (159)
u	Höhe der Ordinate (Standardnormalverteilung) 118
X, Y, Z	Variable X, Y, Z 29
x_i	$(= X_i - \bar{X}.)$: Abweichungswert der Person i in X 72
x_i'	$(= X_i' - \bar{X}.)$: Vorhergesagter Abweichungswert in X 191 (89)
X_i	Meßwert der Person i in X 29
X_{ij}	Meßwert der Person i in Gruppe j 30
X_i'	Vorhergesagter Wert in X 191 (87) (88)
$\bar{X}.$	$(= \bar{X})$: Arithmetisches Mittel in X 66 (10) (11) (12)
$\bar{X}_G$	Gesamtmittel von J Gruppen 76 (13) (14)
y_i	$(= Y_i - \bar{Y}.)$: Abweichungswert der Person in in Y 191
y_i'	$(= Y_i' - \bar{Y}.)$: Vorhergesagter Abweichungswert in Y 190 (83)
Y_i	Meßwert der Person i in Y 29
Y_i'	Vorhergesagter Wert in Y 183, 185, 189 (73) (82)
$\bar{Y}.$	$(= \bar{Y})$: Arithmetisches Mittel in Y 189
$\bar{Y}!$	Mittel der vorhergesagten Y-Werte 195
z_i	z-Wert der Person i 123, 137 (44) (54)
z'_{xi}	Vorhergesagter z-Wert in X 192 (90)
z'_{yi}	Vorhergesagter z-Wert in Y 190 (84)
β_1, β_2	Beta-Gewichte 314, 316, 319 (183) (184)
μ	(Mü): Arithmetisches Mittel (Population) 93
σ	(Sigma): Standardabweichung (Population) 100 (30)
σ^2	Varianz (Population) 94 (23)
σ_{xy}	Kovarianz (Population) 153 (56a)
ρ_{xy}	(Rho): Produkt-Moment-Korrelationskoeffizient (Population) 155, 156 (57)

---

*) *Die Seiten- und Formelnummern geben jeweils an, auf welcher Seite bzw. in welcher Formel das Symbol definiert wird.*

Die griechischen Symbole sind am Ende aufgeführt.

ANHANG D
ENGLISCH-DEUTSCHES VERZEICHNIS DESKRIPTIVSTATISTISCHER BEGRIFFE

abscissa	Abszisse
absolute frequency	absolute Häufigkeit
area	Fläche (unter einer Kurve)
association	Beziehung, Zusammenhang
assumption	Annahme, Voraussetzung
average	Durchschnitt
averaged	gemittelt
bar diagram	Säulendiagramm
beta weight	Beta-Gewicht
biased	verzerrt, nicht erwartungstreu
blank	fehlender (kein) Wert, blank
bivariate	bivariat, bivariabel
breakdown	Unter-, Aufgliederung, Aufschlüsselung (von Daten, Ergebnissen)
breakdown by	aufgliedern nach
category	Kategorie
centile rank	Prozentrang, Centil-Rang
central tendency	zentrale Tendenz
chance	Zufall, Wahrscheinlichkeit, Chance
chart	Diagramm, graphische Darstellung, Tabelle, Tafel, Schaubild
coefficient of alienation	Alienationskoeffizient
coefficient of determination	Determinationskoeffizient
coefficient of internal consistency	Konsistenzkoeffizient
column	Spalte (einer Datenmatrix oder Tabelle), senkrechte Zahlenreihe
communality	Kommunalität
comparison	Vergleich
computation	Berechnung
computational formula	Rechenformel
contingency	Kontingenz
correlation	Korrelation
correlation ratio	Korrelationsverhältnis
count	zählen, Anzahl, Endzahl
covariance	Kovarianz
criterion	Kriterium
cross product	Kreuzprodukt
cross tabulation	Kreuztabellarisierung, -auszählung, -auswertung (von 2 oder mehr Variablen)
cross validation	Kreuzvalidierung
cube root	Kubikwurzel, 3. Wurzel
cumulative frequency	kumulierte Häufigkeit
curvilinear	nichtlinear, kurvilinear

data	Daten
dependent	abhängig
derivation	Ableitung
descriptive statistics	deskriptive (beschreibende) Statistik
deviation	Abweichung
deviation score	Abweichungswert
digital (digit)	digital, ziffernmäßig (Ziffer)
discriminatory power	Trennschärfe
dispersion	Dispersion, Streuung
distribution	Verteilung
eigenvalue	Eigenwert
empirical	empirisch
encode	verschlüsseln, codieren
equation	Gleichung
error	Fehler
estimate	schätzen, Schätzung, Schätzgröße, -wert
expectancy	Erwartung
explained variance	aufgeklärte, gemeinsame, vorhersagbare Varianz
factor loadings	(Faktoren-) Ladungen
factor scores	Faktor(en)werte
fraction	Bruch
frequency distribution	Häufigkeitsverteilung
grand mean	Gesamtmittel
graph	Diagramm, graphische Darstellung, Kurve
grouped frequency distribution	sekundäre (gruppierte) Häufigkeitsverteilung
goodness-of-fit	Güte der Anpassung
hardware	Apparatur (maschinenmäßiger Teil einer Rechenanlage)
heterogeneous	heterogen
homoscedasticity	Homoscedastizität
hypothesis	Hypothese
inferential statistics	Inferenzstatistik, schließende Statistik
input	Eingabe, eingegebene Information
input data	Eingabedaten
intercept	Ordinatenabschnitt a
inter-item coefficient	Konsistenzkoeffizient
internal consistency	interne Konsistenz
item analysis	Itemanalyse
item-total-correlation (corrected)	Trännschärfekoeffizient (korrigiert)
J-shaped-distribution	J-Verteilung
kurtosis	Exzess
label	Label, Kennzeichnung
least squares	kleinste Quadrate
level of measurement	Skalenniveau (Meßniveau)
linearity	Linearität
marginal distribution	Randverteilung
mean	arithmetisches Mittel
mean deviation (about the mean)	durchschnittliche Abweichung (vom Mittel)
mean square deviation	mittlere quadratische Abweichung

mean square error	mittlerer quadratischer Fehler
measurement	Messen, Messung
median	Median
mid point	(Intervall-)Mitte, Mittelpunkt
missing values (cases)	fehlende Werte (Fälle)
mode	Modalwert
multi-modal	mehrgipflig
multiple correlation (regression)	multiple Korrelation (Regression)
number of cases (n of cases)	Zahl der Fälle (n)
non-response	Antwortausfall, Nichtbeantwortung
observation	Beobachtung
ordinate	Ordinate
output	Ausgabe, ausgegebene Ergebnisse
parentheses	(runde) Klammern
part correlation	Semi-Partialkorrelation
partial correlation	Partialkorrelation
percentage	Prozentsatz
percentile curve	Ogive
positively/negatively skewed	positive/negative Schiefe
prediction	Vorhersage
prediction line	Vorhersage- (Regressions-)Gerade
predictor	Prädiktor
principal axes factor analysis	Hauptachsen-, Hauptkomponentenanalyse
probability	Wahrscheinlichkeit
property	Eigenschaft
punch card	Lochkarte
quantification	Quantifizierung
quartile	Quartil
quartile deviation	Quartilabweichung
questionnaire	Fragebogen
random	zufällig, Zufalls ...
random digits	Zufallszahlen
random generator	Zufallszahlengenerator
randomize	randomisieren
rank oder correlation	Rangkorrelation
ratio	Verhältnis, Quotient
raw score	Rohwert
reciprocal	Kehrwert
regression of Y on X	Regression von Y auf X
regression line	Regressionsgerade
relationship	Beziehung
relative frequency	relative Häufigkeit
reliability	Reliabilität, Zuverlässigkeit
response	Antwort, Reaktion
restriction of range	Einschränkung des Range
root	Wurzel
round off	abrunden
round up	aufrunden
rounding error	Rundungsfehler
row	Zeile (einer Datenmatrix oder Tabelle)
rule	Regel

sample	Stichprobe
sampling	Stichprobenziehung, Auswahlverfahren
sampling error	Stichprobenfehler
scale	Skala
scaling	Skalierung
scatter diagram (scattergram)	Streuungsdiagramm
score	Wert, Testwert
second order factor	Faktor zweiter Ordnung
semi-interquartile range	mittlerer Quartilabstand
sigma notation	Summenzeichen-Schreibweise
significance	Signifikanz, Bedeutung
simple structure	Einfachstruktur
skewness	Schiefe
slope	Steigung (einer Geraden)
smoothed curve	geglättete Kurve
software	Programmteil (Programme) einer Rechenanlage
solution	Lösung
split-half reliability	Split-Half Reliabilität
square root	Quadratwurzel
standard deviation	Standardabweichung
standard error of estimate	Standardschätzfehler
standard error of measurement	Standardmeßfehler
standardization	Standardisierung, Normierung
statistic	Stichprobenkenntwert (im Gegensatz zu Parameter)
statistics	Statistik
stepwise regression	schrittweise Regression
straight line (straight-line)	Gerade (linear)
subscript	Index, Subskript
sum of squares (SS)	Summe der Abweichungsquadrate (SAQ)
sum score	Summenscore
summation	Summation, Summierung
table	Tabelle, Tafel
term	Term, Ausdruck
test theory (theory of mental tests)	Testtheorie
test-retest reliability	Retest-Reliabilität
ties	gleiche (Rang-)Werte
total	(Gesamt-)Summe
trace	Spur
unbiased	unverzerrt, erwartungstreu
unbiased estimate	erwartungstreue Schätzgröße
uncertainty	Unsicherheit
ungrouped frequency distribution	(primäre) Häufigkeitsverteilung
unit normal curve	Standardnormalverteilung
U-shaped curve	U-Kurve
valid cases	gültige Werte (Fälle)
validity	Validität, Gültigkeit
variance	Varianz
variance error of estimate	Varianzschätzfehler
weight	gewichten, Gewicht
zero order correlation	Nullkorrelation
z-value	z-Wert

ANHANG E
STATISTISCHE TABELLEN

<u>Bestimmung des Flächenanteils unterhalb/oberhalb eines z-Wertes in der Standardnormalverteilung (TABELLE A)</u>:

a) Gesucht ist der Flächenanteil unterhalb z_A. In diesem Fall kann der Anteil neben dem Wert von z_A direkt abgelesen werden. Beispiel: Unterhalb von z_A = -1,00 liegt ein Flächenanteil von 0,1587.

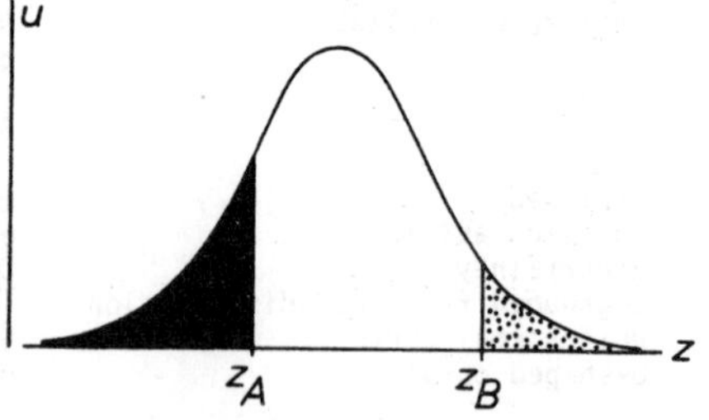

b) Gesucht ist der Flächenanteil oberhalb von z_B. Aufgrund der Symmetrie der Verteilung liegt unterhalb von $-z_B$ der gleiche Flächenanteil wie oberhalb von $+z_B$. Der für $+z_B$ gesuchte Anteil läßt sich deshalb bei $-z_B$ ablesen. Beispiel: Der Flächenanteil oberhalb von $+z_B$ = 1,70 ist 0,0446, abgelesen bei -1,70.

TABELLE A : STANDARDNORMALVERTEILUNGSTABELLE (Z-TABELLE)

Z-WERT	FLAECHE	ORDINATE	Z-WERT	FLAECHE	ORDINATE
-3.00	.0013	.0044	-2.50	.0062	.0175
-2.99	.0014	.0046	-2.49	.0064	.0180
-2.98	.0014	.0047	-2.48	.0066	.0184
-2.97	.0015	.0048	-2.47	.0068	.0189
-2.96	.0015	.0050	-2.46	.0069	.0194
-2.95	.0016	.0051	-2.45	.0071	.0198
-2.94	.0016	.0053	-2.44	.0073	.0203
-2.93	.0017	.0055	-2.43	.0075	.0208
-2.92	.0018	.0056	-2.42	.0078	.0213
-2.91	.0018	.0058	-2.41	.0080	.0219
-2.90	.0019	.0060	-2.40	.0082	.0224
-2.89	.0019	.0061	-2.39	.0084	.0229
-2.88	.0020	.0063	-2.38	.0087	.0235
-2.87	.0021	.0065	-2.37	.0089	.0241
-2.86	.0021	.0067	-2.36	.0091	.0246
-2.85	.0022	.0069	-2.35	.0094	.0252
-2.84	.0023	.0071	-2.34	.0096	.0258
-2.83	.0023	.0073	-2.33	.0099	.0264
-2.82	.0024	.0075	-2.32	.0102	.0270
-2.81	.0025	.0077	-2.31	.0104	.0277
-2.80	.0026	.0079	-2.30	.0107	.0283
-2.79	.0026	.0081	-2.29	.0110	.0290
-2.78	.0027	.0084	-2.28	.0113	.0297
-2.77	.0028	.0086	-2.27	.0116	.0303
-2.76	.0029	.0088	-2.26	.0119	.0310
-2.75	.0030	.0091	-2.25	.0122	.0317
-2.74	.0031	.0093	-2.24	.0125	.0325
-2.73	.0032	.0096	-2.23	.0129	.0332
-2.72	.0033	.0099	-2.22	.0132	.0339
-2.71	.0034	.0101	-2.21	.0136	.0347
-2.70	.0035	.0104	-2.20	.0139	.0355
-2.69	.0036	.0107	-2.19	.0143	.0363
-2.68	.0037	.0110	-2.18	.0146	.0371
-2.67	.0038	.0113	-2.17	.0150	.0379
-2.66	.0039	.0116	-2.16	.0154	.0387
-2.65	.0040	.0119	-2.15	.0158	.0396
-2.64	.0041	.0122	-2.14	.0162	.0404
-2.63	.0043	.0126	-2.13	.0166	.0413
-2.62	.0044	.0129	-2.12	.0170	.0422
-2.61	.0045	.0132	-2.11	.0174	.0431
-2.60	.0047	.0136	-2.10	.0179	.0440
-2.59	.0048	.0139	-2.09	.0183	.0449
-2.58	.0049	.0143	-2.08	.0188	.0459
-2.57	.0051	.0147	-2.07	.0192	.0468
-2.56	.0052	.0151	-2.06	.0197	.0478
-2.55	.0054	.0154	-2.05	.0202	.0488
-2.54	.0055	.0158	-2.04	.0207	.0498
-2.53	.0057	.0163	-2.03	.0212	.0508
-2.52	.0059	.0167	-2.02	.0217	.0519
-2.51	.0060	.0171	-2.01	.0222	.0529

TABELLE A

Z-WERT	FLAECHE	ORDINATE	Z-WERT	FLAECHE	ORDINATE
-2.00	.0228	.0540	-1.50	.0668	.1295
-1.99	.0233	.0551	-1.49	.0681	.1315
-1.98	.0239	.0562	-1.48	.0694	.1334
-1.97	.0244	.0573	-1.47	.0708	.1354
-1.96	.0250	.0584	-1.46	.0721	.1374
-1.95	.0256	.0596	-1.45	.0735	.1394
-1.94	.0262	.0608	-1.44	.0749	.1415
-1.93	.0268	.0620	-1.43	.0764	.1435
-1.92	.0274	.0632	-1.42	.0778	.1456
-1.91	.0281	.0644	-1.41	.0793	.1476
-1.90	.0287	.0656	-1.40	.0808	.1497
-1.89	.0294	.0669	-1.39	.0823	.1518
-1.88	.0301	.0681	-1.38	.0838	.1539
-1.87	.0307	.0694	-1.37	.0853	.1561
-1.86	.0314	.0707	-1.36	.0869	.1582
-1.85	.0322	.0721	-1.35	.0885	.1604
-1.84	.0329	.0734	-1.34	.0901	.1626
-1.83	.0336	.0748	-1.33	.0918	.1647
-1.82	.0344	.0761	-1.32	.0934	.1669
-1.81	.0351	.0775	-1.31	.0951	.1691
-1.80	.0359	.0790	-1.30	.0968	.1714
-1.79	.0367	.0804	-1.29	.0985	.1736
-1.78	.0375	.0818	-1.28	.1003	.1758
-1.77	.0384	.0833	-1.27	.1020	.1781
-1.76	.0392	.0848	-1.26	.1038	.1804
-1.75	.0401	.0863	-1.25	.1056	.1826
-1.74	.0409	.0878	-1.24	.1075	.1849
-1.73	.0418	.0893	-1.23	.1093	.1872
-1.72	.0427	.0909	-1.22	.1112	.1895
-1.71	.0436	.0925	-1.21	.1131	.1919
-1.70	.0446	.0940	-1.20	.1151	.1942
-1.69	.0455	.0957	-1.19	.1170	.1965
-1.68	.0465	.0973	-1.18	.1190	.1989
-1.67	.0475	.0989	-1.17	.1210	.2012
-1.66	.0485	.1006	-1.16	.1230	.2036
-1.65	.0495	.1023	-1.15	.1251	.2059
-1.64	.0505	.1040	-1.14	.1271	.2083
-1.63	.0516	.1057	-1.13	.1292	.2107
-1.62	.0526	.1074	-1.12	.1314	.2131
-1.61	.0537	.1092	-1.11	.1335	.2155
-1.60	.0548	.1109	-1.10	.1357	.2179
-1.59	.0559	.1127	-1.09	.1379	.2203
-1.58	.0571	.1145	-1.08	.1401	.2227
-1.57	.0582	.1163	-1.07	.1423	.2251
-1.56	.0594	.1182	-1.06	.1446	.2275
-1.55	.0606	.1200	-1.05	.1469	.2299
-1.54	.0618	.1219	-1.04	.1492	.2323
-1.53	.0630	.1238	-1.03	.1515	.2347
-1.52	.0643	.1257	-1.02	.1539	.2371
-1.51	.0655	.1276	-1.01	.1562	.2396

TABELLE A

Z-WERT	FLAECHE	ORDINATE	Z-WERT	FLAECHE	ORDINATE
-1.00	.1587	.2420	-.50	.3085	.3521
-.99	.1611	.2444	-.49	.3121	.3538
-.98	.1635	.2468	-.48	.3156	.3555
-.97	.1660	.2492	-.47	.3192	.3572
-.96	.1685	.2516	-.46	.3228	.3589
-.95	.1711	.2541	-.45	.3264	.3605
-.94	.1736	.2565	-.44	.3300	.3621
-.93	.1762	.2589	-.43	.3336	.3637
-.92	.1788	.2613	-.42	.3372	.3653
-.91	.1814	.2637	-.41	.3409	.3668
-.90	.1841	.2661	-.40	.3446	.3683
-.89	.1867	.2685	-.39	.3483	.3697
-.88	.1894	.2709	-.38	.3520	.3712
-.87	.1922	.2732	-.37	.3557	.3725
-.86	.1949	.2756	-.36	.3594	.3739
-.85	.1977	.2780	-.35	.3632	.3752
-.84	.2005	.2803	-.34	.3669	.3765
-.83	.2033	.2827	-.33	.3707	.3778
-.82	.2061	.2850	-.32	.3745	.3790
-.81	.2090	.2874	-.31	.3783	.3802
-.80	.2119	.2897	-.30	.3821	.3814
-.79	.2148	.2920	-.29	.3859	.3825
-.78	.2177	.2943	-.28	.3897	.3836
-.77	.2206	.2966	-.27	.3936	.3847
-.76	.2236	.2989	-.26	.3974	.3857
-.75	.2266	.3011	-.25	.4013	.3867
-.74	.2296	.3034	-.24	.4052	.3876
-.73	.2327	.3056	-.23	.4090	.3885
-.72	.2358	.3079	-.22	.4129	.3894
-.71	.2389	.3101	-.21	.4168	.3902
-.70	.2420	.3123	-.20	.4207	.3910
-.69	.2451	.3144	-.19	.4247	.3918
-.68	.2483	.3166	-.18	.4286	.3925
-.67	.2514	.3187	-.17	.4325	.3932
-.66	.2546	.3209	-.16	.4364	.3939
-.65	.2578	.3230	-.15	.4404	.3945
-.64	.2611	.3251	-.14	.4443	.3951
-.63	.2643	.3271	-.13	.4483	.3956
-.62	.2676	.3292	-.12	.4522	.3961
-.61	.2709	.3312	-.11	.4562	.3965
-.60	.2743	.3332	-.10	.4602	.3970
-.59	.2776	.3352	-.09	.4641	.3973
-.58	.2810	.3372	-.08	.4681	.3977
-.57	.2843	.3391	-.07	.4721	.3980
-.56	.2877	.3410	-.06	.4761	.3982
-.55	.2912	.3429	-.05	.4801	.3984
-.54	.2946	.3448	-.04	.4840	.3986
-.53	.2981	.3467	-.03	.4880	.3988
-.52	.3015	.3485	-.02	.4920	.3989
-.51	.3050	.3503	-.01	.4960	.3989

TABELLE A

Z-WERT	FLAECHE	ORDINATE	Z-WERT	FLAECHE	ORDINATE
0.00	.5000	.3989	.50	.6915	.3521
.01	.5040	.3989	.51	.6950	.3503
.02	.5080	.3989	.52	.6985	.3485
.03	.5120	.3988	.53	.7019	.3467
.04	.5160	.3986	.54	.7054	.3448
.05	.5199	.3984	.55	.7088	.3429
.06	.5239	.3982	.56	.7123	.3410
.07	.5279	.3980	.57	.7157	.3391
.08	.5319	.3977	.58	.7190	.3372
.09	.5359	.3973	.59	.7224	.3352
.10	.5398	.3970	.60	.7257	.3332
.11	.5438	.3965	.61	.7291	.3312
.12	.5478	.3961	.62	.7324	.3292
.13	.5517	.3956	.63	.7357	.3271
.14	.5557	.3951	.64	.7389	.3251
.15	.5596	.3945	.65	.7422	.3230
.16	.5636	.3939	.66	.7454	.3209
.17	.5675	.3932	.67	.7486	.3187
.18	.5714	.3925	.68	.7517	.3166
.19	.5753	.3918	.69	.7549	.3144
.20	.5793	.3910	.70	.7580	.3123
.21	.5832	.3902	.71	.7611	.3101
.22	.5871	.3894	.72	.7642	.3079
.23	.5910	.3885	.73	.7673	.3056
.24	.5948	.3876	.74	.7704	.3034
.25	.5987	.3867	.75	.7734	.3011
.26	.6026	.3857	.76	.7764	.2989
.27	.6064	.3847	.77	.7794	.2966
.28	.6103	.3836	.78	.7823	.2943
.29	.6141	.3825	.79	.7852	.2920
.30	.6179	.3814	.80	.7881	.2897
.31	.6217	.3802	.81	.7910	.2874
.32	.6255	.3790	.82	.7939	.2850
.33	.6293	.3778	.83	.7967	.2827
.34	.6331	.3765	.84	.7995	.2803
.35	.6368	.3752	.85	.8023	.2780
.36	.6406	.3739	.86	.8051	.2756
.37	.6443	.3725	.87	.8078	.2732
.38	.6480	.3712	.88	.8106	.2709
.39	.6517	.3697	.89	.8133	.2685
.40	.6554	.3683	.90	.8159	.2661
.41	.6591	.3668	.91	.8186	.2637
.42	.6628	.3653	.92	.8212	.2613
.43	.6664	.3637	.93	.8238	.2589
.44	.6700	.3621	.94	.8264	.2565
.45	.6736	.3605	.95	.8289	.2541
.46	.6772	.3589	.96	.8315	.2516
.47	.6808	.3572	.97	.8340	.2492
.48	.6844	.3555	.98	.8365	.2468
.49	.6879	.3538	.99	.8389	.2444

TABELLE A

Z-WERT	FLAECHE	ORDINATE	Z-WERT	FLAECHE	ORDINATE
1.00	.8413	.2420	1.50	.9332	.1295
1.01	.8438	.2396	1.51	.9345	.1276
1.02	.8461	.2371	1.52	.9357	.1257
1.03	.8485	.2347	1.53	.9370	.1238
1.04	.8508	.2323	1.54	.9382	.1219
1.05	.8531	.2299	1.55	.9394	.1200
1.06	.8554	.2275	1.56	.9406	.1182
1.07	.8577	.2251	1.57	.9418	.1163
1.08	.8599	.2227	1.58	.9429	.1145
1.09	.8621	.2203	1.59	.9441	.1127
1.10	.8643	.2179	1.60	.9452	.1109
1.11	.8665	.2155	1.61	.9463	.1092
1.12	.8686	.2131	1.62	.9474	.1074
1.13	.8708	.2107	1.63	.9484	.1057
1.14	.8729	.2083	1.64	.9495	.1040
1.15	.8749	.2059	1.65	.9505	.1023
1.16	.8770	.2036	1.66	.9515	.1006
1.17	.8790	.2012	1.67	.9525	.0989
1.18	.8810	.1989	1.68	.9535	.0973
1.19	.8830	.1965	1.69	.9545	.0957
1.20	.8849	.1942	1.70	.9554	.0940
1.21	.8869	.1919	1.71	.9564	.0925
1.22	.8888	.1895	1.72	.9573	.0909
1.23	.8907	.1872	1.73	.9582	.0893
1.24	.8925	.1849	1.74	.9591	.0878
1.25	.8944	.1826	1.75	.9599	.0863
1.26	.8962	.1804	1.76	.9608	.0848
1.27	.8980	.1781	1.77	.9616	.0833
1.28	.8997	.1758	1.78	.9625	.0818
1.29	.9015	.1736	1.79	.9633	.0804
1.30	.9032	.1714	1.80	.9641	.0790
1.31	.9049	.1691	1.81	.9649	.0775
1.32	.9066	.1669	1.82	.9656	.0761
1.33	.9082	.1647	1.83	.9664	.0748
1.34	.9099	.1626	1.84	.9671	.0734
1.35	.9115	.1604	1.85	.9678	.0721
1.36	.9131	.1582	1.86	.9686	.0707
1.37	.9147	.1561	1.87	.9693	.0694
1.38	.9162	.1539	1.88	.9699	.0681
1.39	.9177	.1518	1.89	.9706	.0669
1.40	.9192	.1497	1.90	.9713	.0656
1.41	.9207	.1476	1.91	.9719	.0644
1.42	.9222	.1456	1.92	.9726	.0632
1.43	.9236	.1435	1.93	.9732	.0620
1.44	.9251	.1415	1.94	.9738	.0608
1.45	.9265	.1394	1.95	.9744	.0596
1.46	.9279	.1374	1.96	.9750	.0584
1.47	.9292	.1354	1.97	.9756	.0573
1.48	.9306	.1334	1.98	.9761	.0562
1.49	.9319	.1315	1.99	.9767	.0551
1.50	.9332	.1295	2.00	.9772	.0540

TABELLE A

Z-WERT	FLAECHE	ORDINATE	Z-WERT	FLAECHE	ORDINATE
2.00	.9772	.0540	2.50	.9938	.0175
2.01	.9778	.0529	2.51	.9940	.0171
2.02	.9783	.0519	2.52	.9941	.0167
2.03	.9788	.0508	2.53	.9943	.0163
2.04	.9793	.0498	2.54	.9945	.0158
2.05	.9798	.0488	2.55	.9946	.0154
2.06	.9803	.0478	2.56	.9948	.0151
2.07	.9808	.0468	2.57	.9949	.0147
2.08	.9812	.0459	2.58	.9951	.0143
2.09	.9817	.0449	2.59	.9952	.0139
2.10	.9821	.0440	2.60	.9953	.0136
2.11	.9826	.0431	2.61	.9955	.0132
2.12	.9830	.0422	2.62	.9956	.0129
2.13	.9834	.0413	2.63	.9957	.0126
2.14	.9838	.0404	2.64	.9959	.0122
2.15	.9842	.0396	2.65	.9960	.0119
2.16	.9846	.0387	2.66	.9961	.0116
2.17	.9850	.0379	2.67	.9962	.0113
2.18	.9854	.0371	2.68	.9963	.0110
2.19	.9857	.0363	2.69	.9964	.0107
2.20	.9861	.0355	2.70	.9965	.0104
2.21	.9864	.0347	2.71	.9966	.0101
2.22	.9868	.0339	2.72	.9967	.0099
2.23	.9871	.0332	2.73	.9968	.0096
2.24	.9875	.0325	2.74	.9969	.0093
2.25	.9878	.0317	2.75	.9970	.0091
2.26	.9881	.0310	2.76	.9971	.0088
2.27	.9884	.0303	2.77	.9972	.0086
2.28	.9887	.0297	2.78	.9973	.0084
2.29	.9890	.0290	2.79	.9974	.0081
2.30	.9893	.0283	2.80	.9974	.0079
2.31	.9896	.0277	2.81	.9975	.0077
2.32	.9898	.0270	2.82	.9976	.0075
2.33	.9901	.0264	2.83	.9977	.0073
2.34	.9904	.0258	2.84	.9977	.0071
2.35	.9906	.0252	2.85	.9978	.0069
2.36	.9909	.0246	2.86	.9979	.0067
2.37	.9911	.0241	2.87	.9979	.0065
2.38	.9913	.0235	2.88	.9980	.0063
2.39	.9916	.0229	2.89	.9981	.0061
2.40	.9918	.0224	2.90	.9981	.0060
2.41	.9920	.0219	2.91	.9982	.0058
2.42	.9922	.0213	2.92	.9982	.0056
2.43	.9925	.0208	2.93	.9983	.0055
2.44	.9927	.0203	2.94	.9984	.0053
2.45	.9929	.0198	2.95	.9984	.0051
2.46	.9931	.0194	2.96	.9985	.0050
2.47	.9932	.0189	2.97	.9985	.0048
2.48	.9934	.0184	2.98	.9986	.0047
2.49	.9936	.0180	2.99	.9986	.0046
2.50	.9938	.0175	3.00	.9987	.0044

TABELLE B : FISHERS Z'-TRANSFORMATION VON r_{xy}

r_{xy}	Z'_r	r_{xy}	Z'_r	r_{xy}	Z'_r	r_{xy}	Z'_r	r_{xy}	Z'_r
.000	.000	.200	.203	.400	.424	.600	.693	.800	1.099
.005	.005	.205	.208	.405	.430	.605	.701	.805	1.113
.010	.010	.210	.213	.410	.436	.610	.709	.810	1.127
.015	.015	.215	.218	.415	.442	.615	.717	.815	1.142
.020	.020	.220	.224	.420	.448	.620	.725	.820	1.157
.025	.025	.225	.229	.425	.454	.625	.733	.825	1.172
.030	.030	.230	.234	.430	.460	.630	.741	.830	1.188
.035	.035	.235	.239	.435	.466	.635	.750	.835	1.204
.040	.040	.240	.245	.440	.472	.640	.758	.840	1.221
.045	.045	.245	.250	.445	.478	.645	.767	.845	1.238
.050	.050	.250	.255	.450	.485	.650	.775	.850	1.256
.055	.055	.255	.261	.455	.491	.655	.784	.855	1.274
.060	.060	.260	.266	.460	.497	.660	.793	.860	1.293
.065	.065	.265	.271	.465	.504	.665	.802	.865	1.313
.070	.070	.270	.277	.470	.510	.670	.811	.870	1.333
.075	.075	.275	.282	.475	.517	.675	.820	.875	1.354
.080	.080	.280	.288	.480	.523	.680	.829	.880	1.376
.085	.085	.285	.293	.485	.530	.685	.838	.885	1.398
.090	.090	.290	.299	.490	.536	.690	.848	.890	1.422
.095	.095	.295	.304	.495	.543	.695	.858	.895	1.447
.100	.100	.300	.310	.500	.549	.700	.867	.900	1.472
.105	.105	.305	.315	.505	.556	.705	.877	.905	1.499
.110	.110	.310	.321	.510	.563	.710	.887	.910	1.528
.115	.116	.315	.326	.515	.570	.715	.897	.915	1.557
.120	.121	.320	.332	.520	.576	.720	.908	.920	1.589
.125	.126	.325	.337	.525	.583	.725	.918	.925	1.623
.130	.131	.330	.343	.530	.590	.730	.929	.930	1.658
.135	.136	.335	.348	.535	.597	.735	.940	.935	1.697
.140	.141	.340	.354	.540	.604	.740	.950	.940	1.738
.145	.146	.345	.360	.545	.611	.745	.962	.945	1.783
.150	.151	.350	.365	.550	.618	.750	.973	.950	1.832
.155	.156	.355	.371	.555	.626	.755	.984	.955	1.886
.160	.161	.360	.377	.560	.633	.760	.996	.960	1.946
.165	.167	.365	.383	.565	.640	.765	1.008	.965	2.014
.170	.172	.370	.388	.570	.648	.770	1.020	.970	2.092
.175	.177	.375	.394	.575	.655	.775	1.033	.975	2.185
.180	.182	.380	.400	.580	.662	.780	1.045	.980	2.298
.185	.187	.385	.406	.585	.670	.785	1.058	.985	2.443
.190	.192	.390	.412	.590	.678	.790	1.071	.990	2.647
.195	.198	.395	.418	.595	.685	.795	1.085	.995	2.994

TABELLE C : TABELLE ZUR BESTIMMUNG VON r_{tet} (r_{cos-pi})

r_{tet}	bc/ad oder ad/bc	r_{tet}	bc/ad oder ad/bc	r_{tet}	bc/ad oder ad/bc	r_{tet}	bc/ad oder ad/bc
0	1.000	.26	1.941–1.993	.51	4.068–4.205	.76	11.513–12.177
.010	1.013–1.039	.27	1.994–2.048	.52	4.206–4.351	.77	12.178–12.905
.02	1.040–1.066	.28	2.049–2.105	.53	4.352–4.503	.78	12.906–13.707
.03	1.067–1.093	.29	2.106–2.164	.54	4.504–4.662	.79	13.708–14.592
.04	1.094–1.122	.30	2.165–2.225	.55	4.663–4.830	.80	14.593–15.574
.05	1.123–1.151	.31	2.226–2.288	.56	4.831–5.007	.81	15.575–16.670
.06	1.152–1.180	.32	2.289–2.353	.57	5.008–5.192	.82	16.671–17.899
.07	1.181–1.211	.33	2.354–2.421	.58	5.193–5.388	.83	17.900–19.287
.08	1.212–1.242	.34	2.422–2.491	.59	5.389–5.595	.84	19.288–20.865
.09	1.243–1.275	.35	2.492–2.563	.60	5.596–5.813	.85	20.866–22.674
.10	1.276–1.308	.36	2.564–2.638	.61	5.814–6.043	.86	22.675–24.766
.11	1.309–1.342	.37	2.639–2.716	.62	6.044–6.288	.87	24.767–27.212
.12	1.343–1.377	.38	2.717–2.797	.63	6.289–6.547	.88	27.213–30.105
.13	1.378–1.413	.39	2.798–2.881	.64	6.548–6.822	.89	30.106–33.577
.14	1.414–1.450	.40	2.882–2.968	.65	6.823–7.115	.90	33.578–37.815
.15	1.451–1.488	.41	2.969–3.059	.66	7.116–7.428	.91	37.816–43.096
.16	1.489–1.528	.42	3.060–3.153	.67	7.429–7.761	.92	43.097–49.846
.17	1.529–1.568	.43	3.154–3.251	.68	7.762–8.117	.93	49.847–58.758
.18	1.569–1.610	.44	3.252–3.353	.69	8.118–8.499	.94	58.759–71.035
.19	1.611–1.653	.45	3.354–3.460	.70	8.500–8.910	.95	71.036–88.964
.20	1.654–1.697	.46	3.461–3.571	.71	8.911–9.351	.96	88.965–117.479
.21	1.698–1.743	.47	3.572–3.687	.72	9.352–9.828	.97	117.480–169.503
.22	1.744–1.790	.48	3.688–3.808	.73	9.829–10.344	.98	169.504–292.864
.23	1.791–1.838	.49	3.809–3.935	.74	10.345–10.903	.99	292.865–923.687
.24	1.839–1.888	.50	3.936–4.067	.75	10.904–11.512	1.00	923.688– ∞
.25	1.889–1.940						

TABELLE C ist entnommen aus G.V. GLASS & J.C. STANLEY. Statistical Methods in Education and Psychology. Englewood Cliffs 1970 (S. 535); die Übernahme erfolgte mit freundlicher Genehmigung des Verlags Prentice-Hall

LITERATURVERZEICHNIS

Amthauer R. Intelligenz-Struktur-Test I-S-T 70. Göttingen 1970

Anastasi A. Differential Psychology. New York 1969

Anderson NH. Scales and statistics: parametric and nonparametric. Psychological Bulletin 1961 (58) 305-316 (Wiederabdruck in Steger 1971, S. 23-38)

Baaker BO, Hardyck CD, Petrinovich LF. Weak measurements vs. strong statistics: an empirical critique of S.S. Stevens proscriptions on statistics. Educational and Psychological Measurement 1966 (26) 291-309 (Wiederabdruck in Steger 1971, S. 39-52)

Beutel P, Küffner H, Schubö W. SPSS 8: Statistik-Programm-System für die Sozialwissenschaften. Eine Beschreibung der Programmversionen 6, 7 und 8. Stuttgart 1980

Böttcher HF, Posthoff C. Die mathematische Behandlung der Rangkorrelation - eine vergleichende Betrachtung der Koeffizienten von Kendall und Spearman. Zeitschrift für Psychologie 1975 (183) 201-217

Brandstätter H. Leistungsprognose und Erfolgskontrolle. Bern 1970

Brown MB, Benedetti JK. On the mean and variance of the tetrachoric correlation coefficient. Psychometrika 1977 (43) 347-355

Bundeszentrale für politische Bildung. Meßinstrument für soziopolitische Einstellungen. Bonn, August 1976

Carroll JB. The nature of the data, or how to choose a correlation coefficient. Psychometrika 1961 (26) 347-372

Cattell RB (ed.). Handbuch der multivariaten Experimentalpsychologie. Frankfurt 1980

Coan RW. Factors, facts, and artifacts. Psychological Review 1964 (71) 123-140

Cooley WW, Lohnes PR. Multivariate data analysis. New York 1972

Cronbach LJ. Essentials of psychological testing. New York 1970, 3rd ed.

Cronbach LJ, Meehl PE. Construct validity in psychologival tests. S. 57-77 in: Jackson ND, Messick S. Problems in human assessment. New York 1967

Cureton EE. Rank-biserial correlation. Psychometrika 1956 (21) 287-290

Cureton EE. Rank-biserial correlation when ties are present. Educational and Psychological Measurement 1968 (28) 77-79

Darlington R. Multiple regression in psychological research and practice. Psychological Bulletin 1968 (69) 161-182

Diehl JM. Untersuchungen zur Einstellung von Psychologiestudenten gegenüber Statistik und Statistik-Veranstaltungen. Unveröffentlichtes Manuskript. Gießen, Oktober 1981

Diehl JM (Betreuer), Alt C, Fettig I, Hein W. Item- und Faktorenanalyse eines Fragebogens zur Beurteilung von Hochschulveranstaltungen im Fach Psychologie. Unveröffentlichte Semesterarbeit am FB 06 Psychologie, Gießen 1976

Diehl JM, Kohr HU. Entwicklung eines Fragebogens zur Beurteilung von Hochschulveranstaltungen im Fach Psychologie. Psychologie in Erziehung und Unterricht 1977 (24) 61-75

Dixon WJ, Brown MB. BMDP-77: Biomedical Computer Programs P-Series. Berkeley 1977

Drever J, Fröhlich WD. Wörterbuch zur Psychologie. München 1968

Efroymson MA. Multiple regression analysis. S. 191-203 in: Ralston A, Wilf (eds). Mathematical methods for digital computer. New York 1960

Ellwein/Zoll (Forschungsgruppe). Voraussetzungen für soziales und bürgerschaftliches Engagement als einem Inhalt von freier Zeit und Ansätze zur Beeinflussung dieser Rahmenbedingungen. Unveröffentlichter Forschungsbericht im Auftrag des Bundesministeriums für Jugend, Familie und Gesundheit. München 1977

Fischer G. Einführung in die Theorie psychologischer Tests. Bern 1974

Gaenslen H, Schubö W. Einfache und komplexe statistische Analyse. München 1973

Glass GV. Note on rank-biserial correlation. Educational and Psychological Measurement 1966 (26) 623-631

Glass GV, Stanley JC. Statistical methods in education and psychology. Englewood Cliffs 1970

Guilford JP. Psychometric methods. New York 1954, 2nd ed.

Guilford JP. Factorial angles to psychology. Psychological Review 1961 (68) 1-20

Guilford JP. Fundamental statistics in psychology and education. New York 1965, 4th ed.

Guilford JP, Fruchter B. Fundamental statistics in psychology and education. Tokyo 1973, 5th ed.

Gulliksen H. Theory of mental tests. New York 1950

Harman HH. Modern factor analysis. Chicago 1967

Hays WL. Statistics. London 1969

Heemskerk JJ. "Statistikphobie" - Struktur negativer Einstellungen zur Methodenausbildung der Sozial- und Erziehungswissenschaften. Psychologie in Erziehung und Unterricht 1975 (22) 65-77

Hornke L. Verfahren zur Mittelung von Korrelationen. Psychologische Beiträge 1973 (15) 87-105

Hornke LF. Auswirkung der Informationsreduktion polychotomisierter Daten auf ihre Interkorrelation. Psychologische Beiträge 1975 (17) 283-303

Horst P. A proof that the point from which the sum of the absolute deviations is a minimum is the median. Journal of Educational Psychology 1931 (22) 463-464

Horst P. Factor analysis of data matrices. New Yoek 1965

Hull CH, Nie NH. SPSS update: new procedures and facilities for releases 7 and 8. New York 1979

Jäger AO. Der Wilde-Test, ein neues Intelligenzdiagnostikum. Zeitschrift für Experimentelle und Angewandte Psychologie 1963 (10) 260-278

Jäger R. Methoden zur Mittelung von Korrelationen. Psychologische Beiträge 1974 (16) 417-427

Jenkins WL. An improved method for tetrachoric r. Psychometrika 1955 (20) 253-258

Kann A. Theoretische Statistik. Düsseldorf 1973

Kalveram KT. Über Faktorenanalyse. Archiv für die gesamte Psychologie 1970 (122) 92-118

Karabinus RA. The r-point biserial limitation. Educational and Psychological Measurement 1975 (35) 277-282

Kempf WF. Zur Bewertung der Faktorenanalyse als psychologische Methode. Psychologische Beiträge 1972 (14) 610-625

Kerlinger F, Pedhazur E. Multiple regression in behavioral rsearch. New York 1973

Kohr HU. DATANA - Ein Programmsystem zur Daten- und Itemanalyse nach dem Konzept der klassischen Testtheorie. Bericht aus dem FB 06 Psychologie der Universität Gießen, 1972, #4

Kohr HU. Die Vorhersage des Erfolgs einer Programmierausbildung: Probleme und Ergebnisse einer Begleituntersuchung von Prädikatoren und Korrelaten der erworbenen Kenntnisse und Fertigkeiten in der Programmiersprache FORTRAN. Dissertation ab FB 06 Psychologie, Gießen 1974

Kohr HU. ITAMIS - Ein beutzerorientiertes FORTRAN-Programmsystem zur Test- und Fragebogenanalyse. Sozialwissenschaftliches Institut der Bundeswehr, Berichte Heft 6, München 1978, 2. Aufl. (1. Aufl. 1976)

Kohr HU. Re-Analyse niger Skalen zur Erfassung sozio-politischer Einstellungen. Unveröffentlichtes Manuskript. Soziawissenschaftliches Institut der Bundeswehr, München 1977

Kohr HU. Die Item-Kovarianzmatrix als Basis der Testanalyse nach dem Konzept der klassischen Testtheorie. Psychologische Beiträge 1978 (20) 277-293

Kranz HT. Einführung in die klassische Testtheorie. Frankfurt 1978

Labovitz S. Some observations on measurement and statistics. Social Forces 1967 (46) 152-160

Levin J. Three mode factor analysis. Psychological Bulletin 1965 (64) 442-452

Lienert GA. Über die Anwendung von Variablentransformationen in der Psychologie. Biometrische Zeitschrift 1962 (4) 145-181

Lienert GA. Testaufbau und Testanalyse. Weinheim 1967

Lienert GA, Hofer M. Mathematiktest für Abiturienten und Studienanfänger M-T-A-S (Handanweisung). Göttingen 1972

Lord FM. On the statistical treatment of foorball numbers. American Psychologist 1953 (8) 750-751 (Wiederabdruck in Steger 1971, S. 19-22)

Lord FM, Novick MR. Statistical theories of mental test scores. Readig 1974 2nd ed.

Magnusson D. Testtheorie. Wien 1971

Michael WB. An interpretation of the coefficients of predicative validity and of determination in terms of proportions of correct inclusions or exclusions in cells of a fourfold table. Educational and Psychological Measurement 1966 (26) 419-426

Mokken RJ. A theory and procedure of scale analysis. Paris 1971

Nie NH, Hull CH et al. SPSS: Statistical Package for the Social Sciences. New York 1975, 2nd. ed.

Nunnally JC. Psychometric theory. New York 1978, 2nd ed.

Overall JE. Note on the scientific status of factors. Psychological Bulletin 1964 (61) 270-276

Pawlik K. Dimensionen des Verhaltens. Bern 1968

Peterson DR. Scope an generality of verbally defined personality factors. Psychological Review 1965 (72) 48-59

Pettibone TJ, Diamond JJ. Problems of symmetry. Educational and Psychological Measurement 1974 (34) 585-589

Rasch G. Probabilistic models for some intelligence and attainment tests. Kopenhagen (The Danish Institute for Educational Research) 1960

Revenstorf D. Lehrbuch der Faktorenanalyse. Stuttgart 1976

Revenstorf D. Vom unsinnigen Aufwand. Archiv für Psychologie. 1978 (130) 1-36

Ruger HA, Stoessiger B. On the growth curves of certain characters in man (males). Annals of Eugenigs 1927 (2) 76-110

Rulon PJ, Tiedeman DV, Tatsuoka MM, Langmuir CR. Multivariate statistics for personal classification. New York 1967

Schnell P, Gebhardt F. PAFA - Hauptachsen- und Faktorenanalyse. Deutsches Rechenzentrum Dardmstadt, Programm-Information PI-33, 1969, S. 64-69

Schnittjer CA, Cartledge CM. Item-analysis programs: a comparative investigation of performance. Educational and Psychological Measurement 1976 (36) 183-187

Schuchard-Ficher C, Backhaus K, et al. Multivariate Analysemethoden. Eine anwendungsorientierte Einführung. Berlin 1980

Senders VL. Measurement and statistics. New York 1958

Siegel S. Nonparametric statistics for the behavioral scinces. New York 1956. Deutsch: Nichtparametrische statistische Methoden. Frankfurt 1976

Stanley JC. An important similarity between biserial r and the Brodgen-Cureton-Glass biserial r for ranks. Educational and Psychological Measurement 1968 (28) 249-253

Steger JA (ed). Readings in statistics for the behavioral scientist. New York 1971

Stevens SS. Measurement, statistics, and the schemapiric view. Science 1968 (161) 849-856

Stevens SS. Scales of measurement. S. 8-18 in Steger (1971)

Taylor HC, Russell JT. The relationship of validity coefficients to the practical effectiveness of tests in selection: discussion and tables. Journal of Applied Psychology 1939 (23) 565-578

Thomson JW. Meaningful and unmeaningful rotation of factors. Psychological Bulletin 1962 (59) 211-223

Tiffin J, McCormick EJ. Industrial psychology. London 1969, 5th ed.

Oberla K. Faktorenanalyse. Eine systematische Einführung für Psychologen, Mediziner, Wirtschafts- und Sozialwissenschaftler. Berlin 1968

Veldman DJ. FORTRAN programming for the behavioralsciences. New York 1967

Walker HM Statistische Methoden für Psychologen und Pädagogen. Weinheim 1964

Walker HM, Lev J. Elementary statistical methods. New York 1958

Weinberg GM. The psychology of computer programming. New York 1971

Wesman AG. Writing the test item. S. 81-129 in: Thorndike RL (ed). Educational measurement. Washington (American Council of Education) 1971, 2nd ed.

SACHREGISTER